SEBASTIEN VAILLANT

BOTANICON

PARISIENSE.

BOTANICON PARISIENSE
OU
DENOMBREMENT
PAR
ORDRE ALPHABETIQUE
DES PLANTES,
Qui se trouvent

AUX ENVIRONS DE PARIS

Compris dans la Carte de la Prevoté & de l'Election de la dite Ville
par le Sieur DANET GENDRE année MDCCXXII.

*Avec plusieurs Descriptions des Plantes, leurs Synonymes,
le Tems de fleurir & de grainer*

Et une Critique des Auteurs de Botanique

PAR FEU MONSIEUR

SEBASTIEN VAILLANT,

*De l'Academie Royale des Sciences, & Demonstrateur des Plantes
au Jardin Royal de Paris.*

Enrichi de plus de trois cents Figures, dessinées par le Sieur

CLAUDE AUBRIET,
Peintre du Cabinet du Roy.

A LEIDE & A AMSTERDAM,
Chez
JEAN & HERMAN VERBEEK,
ET
BALTHAZAR LAKEMAN.

MDCCXXVII.

SEBASTIANVS VAILLANT.
Primus hic ante alios florum connubia vidit,
Ordinat & Stirpes Classebus inde suis.

ILLUSTRISSIMO, NOBILISSIMOQUE, VIRO,

DOMINO

D. JOANNI PAULO

BIGNON,

COMITI CONSISTORIANO,

ABBATI SANCTI QUINTINI,

SUMMO BIBLIOTHECAE REGIAE PRAEFECTO,

ACADEMIAE GALLICAE SOCIO,

REGIAE UTRIUSQUE
SCIENTIARUM

&

HUMANIORUM LITTERARUM
ACADEMIAE PRAESIDI.

HERMANNUS BOERHAAVE.

TIBI, virorum Illuftriffime, nobile hoc VAILLANTII Tui opus, cura mea editum, venerabundus infcribo. Princeps quippe es Academici Ordinis, cujus ille pars haud fuit exigua. atque ea quoque micat Tuæ in Divinis humanisque difciplinis fapientiae gloria, ut cenforem idoneum operum, bonique in iisdem reperti defenforem, feveriores Mufae Te agnofcant unicum. Facilis ideo excipias, atque exploratum

*   be-

benigne tuearis, & Poſthumum hunc eximii ſcriptoris partum. Maximo ſane liberalium ſcientiarum bono natum Te ſapientes gaudent. quidquid enim natalium ſplendor, avita virtus, loci dignitas, ſummaque ad res gerendas auctoritas, eximii Tibi dederunt, omne vero illud ita confers ad verae ſapientiae cultores demerendos, ut in Te potens praeſidium atque dulce reperiant decus. Tantarum quidem virtutum, fortunarumque tuarum contemplatio optimos quoſque litteratorum excitat, ut, quoties inceptis ſuis ſucceſſuum favorem benignius reſpondiſſe putant, quodcunque eſt praecipui apud te deponant, laudesque Tuas ſuperſtiti, ſi qua valent, commendent famae. me autem, praeter haec, grata movet recordatio ſingularis beneficii nunquam immemorem futurum. Juſſiſti enim, ut liceret petenti deſcribenda curare, quae in manuſcriptis Graecis bibliothecae REGIS habebantur, pro ſupplendis Aëtii ineditis. Anxie quaeſivi opportunitatem commemorandi publice tanti benefacti magnitudinem; natam hanc jam demum arripui. Utinam fuiſſet praeſto, quo genium Tuum adoraſſem, proprium donum! nunc quod offero alienum, a me nihil habet aliud, niſi pietatis, qua manes VAILLANTII proſequor, notam, atque ingentis dulcium antè omnia Muſarum amoris, quarum ſacra ipſe imprimis ferre ſoles. Sed & teſtatur, maximo me virtutes Tuas & ſapientiam cultu proſequi. Faxit Deus feliciter diu agas!

Lugduni Batavorum xviii. Id. Decembris anno Chriſti
MDCCXXVI.

A MONSEIGNEUR

JEAN PAUL BIGNON,

CONSEILLER D'ESTAT ORDINAIRE,

ABBÉ DE SAINT QUENTIN,

BIBLIOTHECAIRE DU ROY,

L'UN DES QUARANTE DE L'ACADEMIE FRANCOISE, PRESIDENT DES ACADEMIES ROYALES DES SCIENCES ET DES BELLES LETTRES.

Monseigneur.

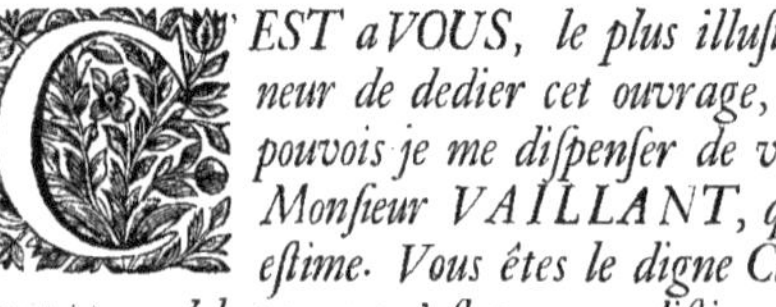

C'EST a VOUS, le plus illustre des sçavants, que j'ay l'honneur de dedier cet ouvrage, qui voit le jour par mes soins. pouvois je me dispenser de vous l'offrir , il est du fameux Monsieur VAILLANT, que vous honnoriés de VOTRE estime. Vous êtes le digne Chef d'une sçavante Compagnie, où ce grand homme ne s'est pas peu distingué. La gloire, que vos lumieres vous ont acquises dans les sciences divines & humaines , jett' un tel

* 2

éclat,

éclat, que les ſcavants les plus difficils reconnoiſſent en vous ſeul & le plus judicieux critique de leurs productions, & le plus zelé partiſan de ce qu'elles renferment de bon. j'oſe vous ſupplier d'agreer de jetter quelques regards ſur cet ouvrage poſtume d'un ſi excellent écrivain, & de le prendi ſous vôtre protection. Ce n'eſt pas ſans raiſon, que les ſcavants publient, que vous êtes né pour le bonheur des lettres, dont vous faites le principal ornement. Car tout ce qui vous diſtingue, la gloire de vôtre naiſſance, la vertu de vos anceſtres, l'éclat de vôtre rang, ce credit & cette grande habileté dans les affaires, vous ne faites ſervir tous ces grands avantages qu'a favoriſer les gens de lettres, qui trouvent toujours en vous leur gloire & leur ſolide appui. La vuë d'une ſi grande puiſſance & de tant de belles qualités engagent tout ce qu'il y a de ſcavants, lorſque le ſuccés couronne leurs entrepriſes, a vous en faire hommage, & a tranſmettre, autant qu'il eſt en eux, vôtre nom a la poſterité. mais outre ces puiſſants motifs, je m'y ſens porté par le ſouvenir d'un ſervice important, que je n'oublieray de ma vie. avec quelle bonté n'ordonnâtes vous pas qu'on me communiquat les manuſcrits Grecs de la Bibliotheque du Roy, ſur la ſimple demande que je vous en fis, pour tranſcrire les ſupplements d'Aëtius, qui n'avoient point encor vû le jour. j'ay cherché avec empreſſement l'occaſion de rendre publique ma reconnoiſſance pour ce bien fait ſignalé. Celle cy s'étant preſentée, je l'ay ſaiſie avec bien du plaiſir. Heureux ſi j'euſſe pû trouver dans mon propre fond de quoy faire hommage a cet excellent genie qui vous anime: mais ſi je prends la liberté de vous offrir l'ouvrage d'autruy, je vous prie de le regarder comme une marque de mon Zele pour la memoire du fameux Monſieur VAILLANT; comme une preuve d'un amour dominant pour les Muſes, aux quelles vous ſacrifiés, plus que perſonne, vos plus precieux moments, & comme un temoignage de la veneration, que j'ay pour la ſuperiorité de vos lumieres & de vos rares qualités. puiſſe le Tout Puiſſant conſerver long tems une vie ſi chere au public!

Je ſuis avec un tres profond reſpect,

MONSEIGNEUR

Vôtre tres humble & tres obeiſſant ſerviteur.

a Leyde le 15. Decembre 1726.

HERMAN BOERHAAVE.

PRAEFATIO

CONTINENS QUAE ET AD OPUS, ET AD

VITAM AUTORIS,

SPECTANT.

PREFACE,

OU L'ON TRAITE DE L'OUVRAGE

ET DE LA

VIE DE L'AUTHEUR.

L E C T O R I

H E R M A N N U S B O E R H A A V E.

S.

uae natas per universum, humanisque exploratas sensibus, res enarrat, historia appellatur naturalis. Atque illa quidem inter caeteras, quae hominum industria excultae, scientias facile semper habita fuit princeps. Materiem quippe spectare si velis, quam ea tractat, non haec actuosae mentis inventa, saepe subtilia nimis, quandoque & vana, sed omniparentis naturae vera Tibi effecta, exhibet. Et, quoniam aliud promittit nihil, praeter illa demum, quae fidelibus subjiciuntur & corporeis animae humanae instrumentis, nec fallacia unquam, neque vel figmento, erit insidiosa. Quid miri ergo, si duplex haec disciplinae hujus, & praeclara sane, dos effecerit, ut, vel prisco olim aevo, sapientissimis mortalium, prae aliis omnibus, haec praecipue fuerit exculta? Dum ab ultimis rerum monumentis, usque in novissima haec tempora, optimos quosque vitam suam per disciplinam hanc inprimis excoluisse constat. Horum vero ut alius aliam vastae scientiae partem exornavere; ita quoque ex collatis symbolis condita materies, unde depromerent posteri, quotiescunque componere atque concinnare vellent aliquid, quod ad corporis universi faciem expoliendam faceret; ut ita tandem improbo, & sero, labore scientia rerum integre posset comparari, quantum humanae datum est perspicientiae.

Ubi vero copiam consideramus rerum, qua contemplatio nostra exercetur, quando scrutamur naturae opera, ita comparatum cum hac arte videmus, ut in diversis partibus has habeat usibus magis praeclaras hominum, alias autem ab utilitate minus commendatas: quumque solo ex utili vera quaeratur gloria, laudata fuit horum inprimis opera prae aliis, qui beneficas potissimum hominibus partes historiae naturalis excussere, atque perfecerunt.

Stirpium ergo doctrinam quis non celebret prae omnibus ab usu quam maxime commendatam? hac neque vita carere queat, absque hac nefas sit ulla voluptate frui. Agricultura certe sola fuit inter universas artes, quam priscis mortalibus dura necessitas ipsa imposuit ante omnes alias; ad hanc gloriae saturos rediisse cernimus, hac usos etiam ad levandum animum, ut taedia expellerent, & tristem aegrimoniam. Quin etiam credibile habetur, ratione hujus ad alias deinde circumspexisse disciplinas hominem. Siderum ortus varios speculari, astrorumque labores discere, agricolarum intererat. Imo & diae mathesios originem quis non huic primo tribuat? Sive enim coeli plagas dimetiri vellent, seu agris dimensis limites statuere, opus erat geometria. Denique justior nec fuit alia causa metalla de visceribus terrae eruendi, haecque in usus hominum ducendi, quam ut agris, plantisque colendis apta pararentur instrumenta.

Bo-

A U

L E C T E U R.

On appelle *histoire naturelle* la connoiſſance des choſes, qui ſont produites dans l'Univers, & que les hommes peuvent découvrir par les ſens. Entre toutes les ſciences qui ont été cultivées par l'induſtrie des hommes celle-ci a toujours paſſé avec raiſon pour une des principales. Car ſi l'on veut faire attention aux choſes qu'elle traite, on verra qu'elle ne nous preſente pas les inventions, d'une imagination échauffée, d'ordinaire trop ſubtiles & ſouvent même fauſſes, mais les veritables effets de la nature qui produit toutes choſes. Et comme l'hiſtoire naturelle ne nous promet rien, que ce que nous pouvons découvrir nous mêmes par nos ſens bien diſpoſés, elle ne doit pas être ſupçonnée de nous dreſſer des embuſches pour nous faire tomber dans l'erreur, ou pour nous faire prendre la fiction pour la verité. A t'on donc lieu de s'étonner ſi ces excellens avantages de cette ſcience ont porté autrefois dans les premiers ſiécles les plus ſçavants d'entre les mortels à la cultiver avec ſoin préferablement à toutes les autres. Il eſt certain que depuis les ſiecles les plus reculés juſqu'à ces derniers tems, on a vû les plus excellens genies paſſer leur vie principalement dans l'étude de cette ſcience, & les uns en traiter une partie pendant que les autres ſe ſont attachés à une autre; ce ſont ces differentes parties jointes enſemble qui fourniſſent des materiaux à ceux, qui ſe proposent d'expliquer quelque ſujet, qui a du rapport à la ſtructure de l'Univers, & qui travaillent à donner au corps entier de cette ſcience autant d'étendue & de perfection, que les bornes de l'eſprit humain le peuvent permettre.

Mais lorſque nous conſiderons l'abondance des choſes, qui s'offrent à nôtre vuë, quand nous fouillons dans les ouvrages de la nature, nous voyons, que dans les differentes parties de cette ſcience, il y en a qui ſont plus nobles & plus propres aux uſages des hommes, & d'autres, qui ſont moins recommandables à cauſe de leur peu d'utilité, & comme la veritable gloire ne ſe trouve que dans ce qui eſt utile, on a ſurtout loué le travail de ceux, qui ont examiné & perfectionné ces parties de l'hiſtoire naturelle, qui pouvoient procurer le plus de bien & le plus de profit aux hommes.

Qui eſt ce donc qui n'eſtimera pas la Botanique, ſi recommandable par ſon utilité, par deſſus toutes les autres ſciences? puiſqu'on ne peut s'en paſſer dans cette vie, & qu'on ne peut jouïr d'aucun plaiſir ſans elle. Certainement l'Agriculture eſt le ſeul de tous les Arts, que la dure neceſſité fit de couvrir avant tous les autres aux hommes des premiers ſiécles; on a vû des hommes degoutés de la gloire s'attacher à la culture de la terre, & d'autres s'occuper du même travail pour donner du relache à leur eſprit, pour charmer leurs ennuis & pour diſſiper leurs chagrins. Il eſt même croiable, que c'eſt l'Agriculture qui a porté les hommes à s'attacher aux autres ſciences. Il étoit de l'interêt du Laboureur d'obſerver les divers levres & le Cours des Aſtres. Qui encôre refuſera de donner la même origine aux Mathematiques? car ſoit que ceux, qui cultivoient la terre vouluſſent determiner la ſituation de leurs champs par rapport aux differens aſpects du Ciel, ou qu'ils vouluſſent mettre des bornes à ces mêmes champs, ils avoient beſoin de la Geometrie. Enfin l'on ne peut trouver d'autre cauſe plus vraie, qui ait engagé les hommes de tirer les metaux des entrailles de la terre, & de les appliquer aux uſages qu'ils en ont fait, que celle d'avoir des inſtrumens propres à cultiver les champs & les plantes. La Botanique eſt cette partie de l'hiſtoire naturelle, qui enſeigne à connoître les plantes: & comme elles ſont produites par la Nature ſuivant une loy toujours ſimple & conſtante, elles ont par tout la même ſtructure, de la quelle elles ne s'ecartent jamais. On n'en a jamais trouvé de nouvelles, qui ne duſſent leur origine à celles qui les avoient précedées, & on a toujours remarqué, qu'elles avoient été produites par leurs ſemblables, c'eſt pourquoy elles ne ſont pas infinies, ni innombrables.

** 2

Les

P R AE F A T I O.

Botanice naturalis hiftoriae pars illa, cujus doctrina ftirpium cognitionem tradit. Hae vero, quia fimplici femper atque conftanti omnino lege a natura producuntur, certam fane ubique fabricam agnofcunt, a qua nunquam receditur. Neque ullae unquam novae, nifi a praegreffis prius ortae, repertae fuerunt; fed, a majoribus fuis progenitae fimilibus, tantum deprehenduntur. Quare infinitae non funt, aut numero carentis, multitudinis. Poterunt igitur, imo certè & debebunt, omnes, quotquot fuperftites vigent creatae, humanis obfervari laboribus, fuosque poftea in numeros lege ordinis digeri. Ut enim periiffe forfan aliquas ex illis, quas orbi condito infeverat Creator, haud negem, ita plane fcimus, fecundum promulgatas naturae leges ne unam quidem fponte ortam obfervari. Primae igitur hac in difciplina partes erunt, omnes plantas defcribere, quotquot de tellure prodeunt; fed & ita fermone, figurifque, exprimere, ut pofteri, quandocunque commentariis hifce evolvendis mentem applicabunt, dubitare ne quidem poffint, an illae, quas defcriptas inveniunt, eaedem fint his, quas illi ipfi fuo jam tempore reperiunt. Quam quidem ad rem duplex evitandus error erit: fcilicet peccatur, fi quae omittetur, etiam, fi una pro diverfis repetitur, inani numero fallimur. Facit autem loci varietas, aut diverfitas appellationis, tum & nata ex incidenti differentia, ut una eademque pro multis detur, maxime quidem ubi fupina accefferit ofcitantia. Neglectus profecto utriufque dati modo moniti effecit, ut hodie a veteribus memoratas quamplurimas penitus ignoremus ftirpes, utque diverfis per varios Auctores eidem plantae datis nominibus decipiamur, utroque autem hoc vitio difciplinae huic promovendae impedimenta nafcuntur. Quo igitur liberetur his doctrina Botanica, opus omnino erit, ut fuo quaeque loco fponte natae ftirpes, atque laeta ibidem foetura pereuntium gregem affiduo fupplentes, fic defcribantur, veluti nativam illic fuam faciem offerunt: ita enim genuina cujufque imago dabitur, atque poftea in hoc eodem natali loco denuo quaeri poterit, fi forte de eadem dubitabitur. Quando autem in alias translatae plagas, hinc peregrino in folo habitum mutantes, depinguntur, una fane eademque pro plurimis exhibetur, dum interim vera ab origine fpecies nulla remanet. Quod idem quoque obtinet, dum delatae in opimos hortos, atque follicito tractatae cultu, redduntur ipfa hac curatura mutatae adeo, ut priftini olim propria in gleba habitus vix notam referant. Quafi laboribus fractum membra, exuftum fole, atque atro pane & aqua fuftentatum mefforem, ad otia, balnea, & ad epulas, in aulam Sardanapali delatum, fotumque quam molliffime, fpectares. Atque eo quidem in negotio vel prudentiffimi decepti errores doluere fuos, falfi variata per incidens fpecie, qua dein exuta priftina & propria redibat forma, quam a naturali cafus alienaverat.

Id habet praecipue temporum noftrorum felicitas, quod plantarum claffes, & genera, conftituantur certa nec turbanda deinceps;& quidem per notas conftantes, quas fcilicet immutabilis fabrica ftirpium ipfa offert. Hae enim,

ex

PREFACE.

Les hommes pourront donc parvenir & parviendront certainement à la connoissance de toutes les plantes, qui sont restées depuis la Création, & ils pourront les ranger dans differentes Classes. Car, quoyque je ne nie pas, que peut-être quelques unes de celles, que le Créateur avoit fait naître au commencement ne soient perduës, nous sommes cependant assurés, que par les loix de la Nature, qui nous sont connuës, on n'en a jamais observé aucune, qui ait été produite d'elle même. La première chose donc qu'il faut observer dans cette science, c'est de decrire toutes les plantes, que la terre produit, & d'en donner des desseins exacts, desorte que ceux qui viendront après nous, & qui s'appliqueront à parcourir ces ouvrages ne pourront douter, si les plantes qu'ils trouvent decrites sont les mêmes, que celles que la terre leur produit. A cet égard il y a deux defauts à éviter, on peut manquer, lors qu'on en omet quelqu'une, & l'on peut se tromper, si l'on prend une même plante pour plusieurs differentes. La difference du lieu, du nom, ou quelque changement accidentel, fait qu'on prend la même plante pour plusieurs differentes, surtout lors qu'on l'examine avec peu d'attention.

Le peu de cas qu'on a fait de ces deux avis, est cause que nous ignorons aujour d'hui un grand nombre de plantes, dont les Anciens ont fait mention, & que nous tombons dans l'erreur par la diversité des noms, que les differens Auteurs ont donné à la même plante. C'est de ces deux defauts, que naissent les obstacles aux progrés de cette science. Afin donc d'exemter la Botanique de ces obstacles, il sera absolument necessaire, que toutes les plantes, qui croissent sans culture dans leur lieu natal, & qui par leur grande fertilité suppléent continuellement au grand nombre, qui en perit, soient decrites de la maniere que la nature nous les represente dans l'état naturel, par ce moien nous aurons la figure naturelle de chaque plante, & on pourra ensuite la rechercher dans le même endroit, ou elle a été produite, si par hazard on doutoit que ce fut la même.

Mais lorsqu'elles sont transplantées dans d'autres Climats, elles changent de naturel dans ce fond étranger, si alors on veut les depeindre, on represente la même plante sous la figure de plusieurs differentes, dans le tems qu'il ne reste plus la moindre trace de sa première origine.

La même chose arrive aussi quand on les plante dans des jardins, & qu'on les cultive avec beaucoup de soin, par là elles changent si fort, qu'à peine conservent elles quelque marque de ce qu'elles étoient dans leur lieu natal. On pourroit les comparer à un Moissonneur, qui rompu de travail, brulé du soleil, & accoutumé de manger du pain noir & de boire de l'eau, seroit transporté dans une cour efféminée, ou il vivroit dans l'oisivité & dans la mollesse. C'est à cet égard, que les Botanistes les plus prudens ont eu le chagrin de se tromper, seduits par le changement accidentel, qui étoit arrivé à des plantes, cette difference étant otée, ils ont ensuite reconnu la premiere & la propre figure de ces plantes, que le hazard avoit fait changer de leur état naturel.

Nôtre siecle a surtout ce bonheur particulier, de voir qu'on établit les Classes des plantes & leurs genres d'une maniere si certaine, qu'on ne pourra les confondre dans la suite, à cause qu'on les établit sur des marques certaines & fixes, que la structure immuable des plantes offre elle même. Ces

* * *

mar-

P R AE F A T I O.

ex individuo illarum ingenio natae, firmo charactere, eoque nec delebili, nec mutabili, suo cuique generi proprio fideliter adstringunt plantas ita, ut alieno deinceps gregi ulla immiscere se nequeat, quin suo ex habitu mox agnoscatur. Quum vero nomina ex genere & classe, juxta hanc disciplinam, petantur; cautum est, ne ex turbatis appellationibus erretur deinceps.

Quin & fortunas seculi hujus laudare vel inde fas est, atque rei quoque herbariae, quod aptos undique viros excitet, qui scripta de his rebus omnia evolvant, nomina in illis occurrentia plantarum, datasque descriptiones, imo effigies caelatas, cum ipsis vivis conferant stirpibus; ut certo discant, quoties, & ubi, una stirps sub multis intelligatur nominibus, indeque ex vero definiant numerum vegetantium, & suam cuique historiam assignent.

Postremo & sapientiae botanicae gloria crescit, vigetque, hac inprimis tempestate; qua idonei ubique, atque ad sacra nati talia, viri suis in locis singulas observant, notant, describunt, depingunt, atque inter chartas conservant stirpes: ut ea lege immortalia cumulent monumenta artis nunquam moriturae.

Si quis vero alius tria haecce munera implevit nostro seculo, is merito suo censendus est SEBASTIANUS VAILLANT. Taceam caetera, praesens id clamat, quod cum maxime damus, opus. Quod ut pulchrius prodeat, patiaris, quaeso, hoc de Viro pauca ut tradam.

Vigesimo ille & sexto Maji anni millesimi sexcentesimi, sexagesimi noni, in loco dicto Vignis, sito citra Pontoise, natus est Patre Dionysio VAILLANT mercatore, & matre Margarita Pinson, quartus natu ex sex liberis; dum mater tres ante illum filias, binos post hunc editum filios, peperit.

Cura parentum quatuor modo natum annos discendis literarum elementis, atque sacrorum initiis, applicuit, inque scholas demisit publicas.

Genius autem vix quinquennem duxit puellum ad contemplationem plantarum, quas in vicinis loci natalis plagis legebat undique, si quid in illis formosi oculis puerilibus alludebat. Quin & tenello cura statim fuit in paternum quotidie hortum deferre, ibidemque solo committere, quas invenerat; ita quidem, ut brevi hortulum tanto oneraverit numero, ut sylvestrium plenus incultum referret agrum. Noluit naturalem filii impetum genitor retundere, nec tulit tamen totum agrestibus foedari herbis hortum; quare partem fundi assignavit parvulo, in qua libere coleret suas delicias. Ille autem, postquam inculta exhauserat, in hortos ubique callide se insinuavit vicinos, novas ut videret, visasque suum in agellum laetus inferret stirpes.

Sexennem deinde Pater Pontosae tradidit filium disciplinae Domini Subtil, qui ibidem in parochia Sancti Petri sacerdos erat, ut legere, literas pingere, atque Latinae linguae elementa, & sacra patria, edoceretur.

Neque haud ita diu postea febre laboravit intermittente, quae, eludens lecta remedia, atque exquisitam diaetam, a Medico praescripta, observata

P R E F A C E.

marques étant prises de leurs propriétés inséparables attachent par un caractere fixe, ineffaçable, & immuable, chaque plante si fidelement à son genre, que dans la suite elle ne peut être confonduë, qu'on ne la reconnoisse aussi tot par ses qualités. Et comme en suivant cette Methode les noms se prennent du genre & de la Classe, on a eu soin, de prevenir les erreurs qui pouvoient naître dans la suite de la confusion de leurs noms.

On doit encôre feliciter nôtre siécle & par consequent la Botanique, en ce que le premier suscite par tout des personnes capables, qui lisent tous les ouvrages, qui traitent de cette science, qui comparent avec les plantes mêmes tous les noms qu'on leur a donné, leurs descriptions, aussi bien que les figures qu'on en a gravées, afin qu'ils apprennent surement combien de fois & en quels lieux une même plante est comprise sous plusieurs noms, & qu'ils determinent au juste le nombre des vegetaux, & ce qu'on peut dire avec certitude touchant chaque plante.

Enfin on peut dire que la gloire de la Botanique s'augmente sur tout en ce tems, ou de toutes parts des hommes habiles & nés pour de tels misteres, observent dans les lieux, ou ils demeurent, chaque plante en particulier, qu'ils les marquent, les decrivent, en donnent des desseins, & les conservent entre de feuilles de papier, afin que par là ils augmentent les monumens immortels d'un art, qui ne perira jamais.

S'il y a quelqu'un, qui ait dignement rempli ces trois choses, l'on peut dire avec justice que c'est Monsr. SEBASTIEN VAILLANT, il est inutile d'en alleguer d'autres preuves, que l'ouvrage, que nous donnons au public, & pour luy donner plus de lustre, nous rapporterons quelques circonstances de la vie de l'Auteur.

Il naquit le 26. May de l'année 1669. à Vigny, lieu situé au dessus de Pontoise, il étoit le quatrième de six enfans, scavoir trois filles, qui étoient les ainées, & trois garçons dont il étoit le premier, qui naquirent du mariage de Denys Vaillant Marchand, & de Marguerite Pinson, ses Pere & Mere.

A l'âge de quatre ans ses Parens l'envoyerent à l'école pour lui faire apprendre à lire, & pour commencer à l'instruire dans sa religion.

Son inclination naturelle le porta des l'âge de cinq ans à contempler les plantes, qu'il trouvoit aux environs de son lieu natal; & a ramasser celles, qui lui paroissoient les plus belles & qui le frappoient le plus, non content de cela, il en apportoit tous les jours de nouvelles dans le jardin de son Pere, & en chargea en peu de tems tellement le terrain, qu'il ressembloit à une terre inculte & pleine d'herbes sauvages, le Pere qui ne vouloit pas reprimer l'ardeur de son fils, ni cependant souffrir qu'il infectât tout le jardin de ces plantes sauvages, lui en marqua un endroit, dans le quel il lui permit de cultiver ses plantes. Ayant épuisé la campagne, il se glissa adroitement dans tous les jardins voisins pour en decouvrir des nouvelles, & lors qu'il en trouvoit quelques unes à son grés, il les apportoit tout joyeux dans son petit jardin.

A l'âge de six ans son Pere le mit en pension à Pontoise chés Monsr. Subtil, Prestre habitué dans la Paroisse de Saint Pierre de cette Ville, pour lui apprendre à lire, & à écrire, & pour lui enseigner le Latin & sa religion.

Peu de tems après il fut incommodé d'une fievre intermittente, qui non obstant les remedes, que le Medecin lui prescrivit, & la diéte exacte qu'on lui fit tenir, dura plus de

* * * 2

-qua

ab eo, ultra quatuor mensium spatia languidum trahebat. Ille, instinctu felici impulsus, suas per herbas pulchram sane sibimet medicinam fecit puerulus: opportunitatem namque nactus, dum omnes ad sacra colenda exiverant; solus de lecto surgit, herbas petit, legit in horto lactucas, hasque solo resperfas aceto avide comedit palato gratissimas suo, atque corpori salubres: ilico quippe incolumis evasit, atque convaluit integre. Viderat interea Magistri severitatem junior VAILLANTIUS, qui ne minimum delictum discipulis remitteret, quare sedulo operam dedit ut pareret praeceptis, ut evitaret, quas in caeteros quotidie exercitas spectabat, castigationes. Inquietus inde dormiebat prae timore, ne forte elaberetur per somnum tempus necessarium ad fungendum suo munere. Insueto itaque remedio usus fuit, quo maturius evigilaret mane; follem scilicet clavo aereo eminenti instructum capiti suppofuit dormituri. atque per incommoda duri hujus pulvinaris ipse quidem tempori pepercit, habuitque plures discendis lectionibus horas, caeterum per clavum ita offendit caput, ut tumor in nucha atheromaticus nasceretur, qui per omnem dein vitam illi adhaesit. Effecit interim his diligentiae & obsequii officiis, ut, punitus nunquam, a praeceptore diligeretur laeto, dum videret junioris discipuli progressus brevi tempore feliciffimos.

Mos erat Magistro feriatis diebus in agros ducere exspatiatum auditores suos; ea occasione VAILLANTIUS semper a reliquis discedens, ludosque mittens, undique evagatus, plantulas quaerebat.

Pater contentus hisce gnati initiis, primisque progressibus Musicae addiscendae filium applicuit, utque, cymbala pulsare doctus, organa dein tractaret musica, voluit. Praeceptore ad haec usus Organista Sancti Macloud urbis Pontoise, cito tantum profecit, ut Magister sibi saepe illum substituerit, hoc ut munere fungeretur.

Mortuo etiam hoc Artifice anno 1680. VAILLANTIUS undecim annorum puer, capax habitus, qui fungeretur defuncti munere, a Reverendis Patribus Benedictinis electus, qui impleret locum; placuit, accepit, rite functus est.

Haud ita diu post haec Virgines sacrae in eadem urbe persuaserunt juniori Artifici, ut & illis esset a Musicis sacris, victum offerentes & locum in coenobio suo, & hoc quoque oblatum accepit.

Horis a munere vacuis, ibat visum tractationem aegrorum, qui in nosocomio urbano erant, Chirurgis se applicuit, cum iis de hac arte colloquebatur, animumque induxit Chirurgica addiscere; mox Anatomicos & Chirurgicos libros mutuo acceptos evolvit, semet in Chirurgia erudiendum curavit, statimque receptus est in nosocomio Dei Pontoisiano famulus Chirurgus. Totum ibi se dedit tractandis aegris, his levandis; si quid sinistri occurrebat, ilico id Magistro Chirurgo proponebat, ut prodesset miseris, ut instrueret se. Quod restabat temporis sedulo impendebat perlegendis Auctorum optimis, qui Anatomica & Chirurgica scriptis tradiderunt; noctis vero partem

tem

quatre mois, lui poussé par un heureux instinct fut trouver entre ses herbes de quoy se guerir; ayant trouvé une occasion favorable dans le tems que tout le monde étoit allé à la Messe, il se leva, il cueillit dans le jardin des laituës, il les assaisonna avec du vinaigre seulement, il mangea cette salade avec avidité, il la trouva fort bonne & fort saine, car depuis ce tems là, il ne ressentit aucun accès de fievre, & il se trouva parfaitement gueri.

Le jeune VAILLANT s'étant apperceu, que son maître étoit severe, qu'il ne pardonnoit aucune faute à ses écoliers, fit tous ses efforts pour le satisfaire, afin d'éviter les chatimens, qu'il voioit tous les jours infliger aux autres, comme la crainte l'empechoit de dormir en repos, apprehendant de n'avoir pas assés de tems pour remplir ses devoirs, il s'avisa d'un moien tout a fait extraordinaire pour s'eveiller de grand matin, ce fut de mettre le soir en se couchant sous sa téte un soufflet, qui étoit garni dans son milieu d'un fort gros clou de cuivre relevé en bosse. Couché sur ce chevet dur & incommode, il dormoit moins & gagna plusieurs heures pour apprendre ses leçons, mais ce clou lui blessa tellement la tête, qu'il lui vint ensuite une loupe à la nuque du coû, la quelle il a porté pendant toute sa vie. Par sa diligence & l'attachement à son devoir, il evita non seulement les chatimens de son Maître, mais il gagna au contraire son amitié, parce que ce Maître étoit charmé de voir les heureux progrés, que son jeune disciple avoit fait en si peu de tems.

Le Maître avoit coutume de mener promener les jours de congé ses écoliers à la Campagne. VAILLANT profitant de cette occasion s'éloignoit de ses camarades plûtôt que de jouër avec eux, il courroit d'un côté & d'autre pour decouvrir des plantes.

Le Pere qui étoit très satisfait de ces commencemens & de premiers progrés qu'avoit fait son fils, souhaitta qu'il apprit la Musique & à jouër du Clavessin, dans le dessein de lui faire apprendre ensuite à jouër des orgues, il lui donna pour Maître l'Organiste de Saint Macloud de la ville de Pontoise, il s'y rendit en peu de tems si habile, que son Maître l'envoyoit souvent toucher l'Orgue en sa place.

Cet Organiste étant mort en 1680. le jeune VAILLANT qui n'étoit âgé que d'onze ans, fut trouvé capable de remplir cette charge, il fut choisi par les R. P. Benedictins pour remplir la place du defunt, elle lui plût, il l'accepta, & s'en acquitta très bien.

Peu de tems aprés les Religieuses de cette même ville engagerent ce jeune Organiste à venir desservir l'Orgue de leur Eglise, elles lui presenterent pour cet effet sa nourriture & un logement dans leur Maison, il accepta aussi leur offre.

A ses heures de loisir il alloit voir panser les malades dans l'hopital de ce lieu, il fit connoissance avec les Chirurgiens qui y travailloient, il s'entretint avec eux de leur art, & forma ensuite le dessein d'apprendre la Chirurgie, pour s'y disposer il emprunta des livres d'Anatomie & de Chirurgie, il les lût, & après s'être fait instruire, il fut receu à l'hotel Dieu de Pontoise en qualité de garçon Chirurgien, il s'attacha entierement à panser les malades, & à les soulager, s'il survenoit quelque chose de dangereux, il le proposoit aussitot au Maître Chirurgien, afin de soulager les malades, & de s'instruire en même tems de sa profession. Il employoit le reste de son tems à la lecture des meilleurs Auteurs d'Anatomie & de Chirurgie, il passoit une partie de la nuit dans sa

** **

Cham-

tem diſſecandis in cubiculo ſuo partibus corporis humani tranſigebat.

Uſque ad annum 1688. ibi hanc vitam egit, quando novendecim natus annos inde receſſit in urbem Normandiae Evreux dictam, ubi chirurgiam porro exercuit ſub Magiſtro Artis. Diſceſſit inde anno 1690, ut pareret Marchioni de Goville Centurioni in legione Sclopetariorum Regiorum, qui plurimi faciens VAILLANTIUM, multumque fiduciae in ejuſdem peritia concipiens, eum rogabat, vellet in caſtris fungi munere Chirurgi in cohorte, cui praeerat; duxit eum Lutetias, ubi ſupplementa legebat, impetravitque a VAILLANTIO, ut optionis titulo ſupplementa lecta in legionem reduceret;quod & feliciter praeſtitit, legione jam per Flandrias in excercitu agente.

In caſtris bellicum & maſculum animum oſtendit; multis, gravibusque periculis defunctus; primo Julii anni 1690. in praelio Fleuruſano, occiſi Marchionis de Goville cadaver, poſtquam Dux Luxemburgiae praelio victor, quaeſivit, pedibuſque equorum contritum & deforme difficulter reperit, ſepulchro condidit; famulos dein & bona domum remiſit; ipſe hac occaſione plurima Flandriae oppida pervidit ſuo in reditu.

Reverſus Evreux Chirurgiam exercuit ad annum 1691. uſque, quando Lutetias Pariſiorum petiit, ut ibidem in noſocomio (l'hotel Dieu) ut externus artem exerceret. Ibi demum intellexit, Virum in arte Principem, Joſephum Pittonium Tourneſortium, quem nulla tacebunt ſecula, plantas quotannis in horto Regio demonſtrare. Hujus ille praelectiones diligentiſſime, ſumma cum voluptate, audivit; nomina ſcripſit ſtirpium, quae ſummus ille Vir dictabat; didicitque ita appellationes earum ſtirpium, quas a teneris, ſola natura duce, de facie cognoverat; mox totum ſe huic ſcientiae devovit.

Sagaciſſimus Tourneſortius ocyus VAILLANTII ſingularem diligentiam, profectuſque inſignes in arte animadvertit, hunc eximium habuit, caeteris praedicens, eum evaſurum in arte peritiſſimum, aliiſque in exemplum proponens quam frequentiſſime: talem ille ardorem ad addiſcendam hanc diſciplinam animo gerebat nunquam defeſſo. Anno dein 1692. Chirurgus VAILLANTIO familiaris perſuaſit illi, ut habitaret cum illo prope Pariſios, in loco dicto Neuilly, Chirurgicae artis exercendae gratia; aſſenſit; quotidie vicina loca uſque ad quatuor milliarium diſtantiam peragravit aegrotantium cauſa; legit, ſi nova in itinere ſe offerebat plantula, hanc ſedulo. Curas ſuas gratis impendit aegris & artem, quin & remedia neceſſaria de ſuo indulgebat.

Licet tamen tot, tantiſque, diſtraheretur laboribus aſſiduo, Demonſtrationes in horto Regio anniverſarias neglexit nunquam: quotidie vero, ſummo mane diſceſſit Pariſios, fuitque ſemper matutina quinta in horto praeſens, omnium primus, abſoluto jam prius binorum milliarium itinere ſpatio horulae: adferebatque ſaepe ſtirpes, quas noverat horto deëſſe ad demonſtrationem, eaſque ex votis Tourneſortii ſuis inſerebat generibus; ut ibi ſtudioſis demonſtrarentur

Finita demonſtratione plantarum in horto, ſeceſſit in amphitheatrum, ad

de-

Chambre à disséquer quelque partie du corps humain.

Il passa sa vie de cette maniere à Pontoise jusqu'en l'Année 1688, d'ou il se retira âgé de dix neuf ans pour aller à Evreux Ville de Normandie, ou il continua d'exercer la Chirurgie sous Maître: en 1690. il quitta Evreux par complaisance pour Monsieur le Marquis de Goville Capitaine dans le regiment des Fuseliers du Roy, ce Marquis par la confiance, qu'il avoit dans l'habilité de Monsr. VAILLANT, l'avoit prié de vouloir faire la Campagne avec lui en qualité de Chirurgien de sa compagnie, pour cet effet il le mena à Paris, ou ce Marquis fit une recrue, & il chargea Monsr. VAILLANT, (avec le titre de Lieutenant) de la conduire au Regiment, qui avoit joint l'armée de Flandres, ce qu'il fit heureusement.

Pendant son sejour à l'armée, il donna des preuves de son courage, il courrut plusieurs dangers, il se trouva à la bataille de Fleurus le 1. de Juillet de l'Année 1690. le Marquis de Goville ayant eu le malheur d'y étre tué, Monsr. VAILLANT chercha son corps parmy les morts, après que Monsieur le Duc de Luxembourg eut gagné la bataille, il eut assés de peine à le reconnoître à cause qu'il étoit très defiguré, les chevaux l'ayant foulés aux pieds, il fit enterrer le corps & renvoya les Domestiques & les equipages à la Maison du Defunt, pour lui il profita de cette occasion pour voir plusieurs Villes de Flandre en s'en retournant chez lui.

De retour à Evreux il continua à exercer la Chirurgie jusqu' en 1691. qu'il en partit pour aller à Paris dans le dessein de travailler dans l'hotel Dieu de cette ville en qualité d'externe. Ce fut là qu'il apprit seulement, qu'un des premiers Botanistes de ce siecle, scavoir Monsieur Joseph Pitton Tournefort, dont la memoire ne s'effacera jamais, démontroit, toutes les Années les plantes au jardin Royal, il se trouva très assidument & avec un singulier plaisir aux leçons de ce Cours des plantes, il en écrivit les noms, que ce Celebre Professeur dictoit, & il apprit pour la premiere fois comment se nommoient ces plantes, qu'il avoit connuës de vuë dès sa tendre jeunesse, instruit par la nature seule, charmé de les connoître, il se livra entierement à l'etude de cette science.

Monsr. Tournefort qui remarquoit tout s'appercut bientot de la grande assiduité de Monsr. VAILLANT & des grande progrés qu'il faisoit dans cette science, il concut de l'estime pour lui & predit qu'il deviendroit un très habile Botaniste, il avoit coutume aussi de le proposer pour modele, telle étoit l'ardeur de ce Disciple infatigable dans l'étude de cette science.

En 1692. Un Chirurgien des Amis de Mr. VAILLANT l'engagea à demeurer avec lui à Neuilly proche de Paris pour y exercer la Chirurgie, Monsr. VAILLANT parcourroit tous les jours les environs de cet endroit, dont il s'écartoit quelquefois de trois ou quatre lieux pour soulager les malades, s'il decouvroit en chemin faisant quelque plante nouvelle, il la cueilloit soigneusement Il exerçoit son art sans exiger de recompense, & même il faisoit present aux malades des remedes necessaires.

Non obstant ces exercices fatiguans & continuels, il se trouvoit toujours aux cours des demonstrations du jardin Royal, il venoit tous les jours de grand matin à Paris, il arrivoit au jardin ordinairement le premier à cinq heures du matin, quoy qu'il eut deja fait plus de deux lieux de chemin en moins d'une heure de tems: Il apportoit souvent des plantes de la Campagne, qui manquoient au jardin, & il les plaçoit chacune selon son genre à la requisition de Monsr. Tournefort; qui les demontroit aux étudiants.

A la sortie de la demonstration il alloit à l'amphitheatre pour y ecrire les vertus des plan-

tes,

defcribendas herbarum Vires ex dictatis Celeberrimi Domini Affortii Pro-
fefforis publici.

Pomeridiano tempore praelectiones Anatomicas Clariffimi du Verneyi
frequens audiebat.

Denique & Chemica fub Domino Saint Yon coluit.

Omnibus his perfunctus, vefperi domum rediens, curabat aegros.

Diebus Mercurii, quando, celebrata doctrina Botanica publice in horto
Regio, Tournefortius herbatum eduxit ftudiofos: ut plantas demonftraret
fponte crefcentes nativis locis, VAILLANTIUS ubique primus, quaqua-
verfum exfpatiatus, adduxit crebro, nec fine periculo, inventas rariores.

Quum deinde anno 1694. fortunato ederentur elementa Botanica Tour-
nefortiana, haec VAILLANTIUS ilico avidiffime in fuccum redegit & fan-
guinem, iifque femper ufus fuit ad notas ftirpium.

Ubi fimul magnus & indefeffus Tournefortius hiftoriam meditabatur ftirpium in viciniis Lutetiarum locis nafcentium, rogavit VAILLANTIUM,
ut cum eo participaret fua inventa, quod libentiffime fecit, & quoties novam reperiffet, ilico attulit: Id & Tournefortius grato, & generofo in-
ftituto agnovit, citato faepe, & celebrato noftri nomine.

Relicto dein Neuilly, dolentibus abitum ejus loci incolis, functus eft
munere actuarii apud Reverendum Patrem de Valois Jefuitam, Confefforem
DUCIS BOURGOGNE, & Principum infantum Galliae.

Ubi degentem Nobiliffimus Fagonius forte eum invenit mufcos ex fimili-
tudine ordinatos tum maxime agglutinantem, laudavit ordinem pulchrum,
atque elegantem laboris concinnitatem, inprimis vero appellationes nitidiffi-
mo charactere cuique plantulae fubfcriptas fummus hic herbarum admirator,
atque difciplinae promotor. Nec ita diu poft eo reverfus teftabatur
VAILLANTIO, fe ei bene velle, rogans fimul ecqua re prodeffe poffet? ala-
cer ille refpondit, nihil fe flagrantius cupere, quam remotiffimas vifere re-
giones, ut quaefitis ibi ftirpibus Botanicen promoveret, fimulque expedi-
ret multa dubia fuper quamplurimis exorta plantis. Quum intelligeret, rem
cordi fore Archiatro Fagonio, miffionem petiit, obtinuitque a Reverendo
P. Valois, mox cubiculum conduxit Parifiis, totum fe Botanicae immerfit,
fpernens caetera, quotidie omnia vicina loca percurrens, omnia vivida oculorum acie attingens, femper plantas novas referens, aut dubia refolvens.
Haud latuere dotes Viri egregium Fagonium; quare rogavit illum, habitaret fecum, atque actuarii domeftici fungeretur officio: lactus oblatum
accepit favorem, nactus ita opportunitatem feliciffimam curandi herbariam
difciplinam. Quam nunc excolebat acerrime, obtenta etiam facultate a Rege, fecretiffima hortorum loca, invia aliis, adfpiciendi; undique legens ergo incolas, peregrinafque ftirpes, eafdem arte quam optima exficcans, fu-
pellectilem herbariam Fagonianam, Tournefortianam, quin & fuam mire
ditabat. Diligentia incredibili, pedumque mira velocitate, undique ex ab-
ditiffimis angulis eductas plantas in hortum quotidie adferebat regium. Quibus rebus factum fuit, ut ipfam horti regii curam in eum contulerit Fa-
go-

tes , que Monſr. le Profeſſeur Afforti dictoit.

Après midi il aſſiſtoit aux leçons d'Anatomie du Celebre Monſr. du Verney.

Il ſe trouvoit enſuite à celles de Chymie de Monſr. Saint Yon.

Après avoir fait tout cela, il retournoit le ſoir chés lui, & en chemin faiſant il viſitoit les malades.

Tous les Mecredi après que le Cours des demonſtrations publiques étoit achevé dans le jardin Royal, Monſr. Tournefort menoit ſes etudiants à la Campagne pour y demontrer les plantes , qui y croiſſent naturellement, Monſr. VAILLANT ſe trouvoit par tout le premier pour deterrer quelque nouvelle plante , qu'il apportoit enſuite à Monſr. Tournefort, il s'écartoit d'un côté & d'autre non ſans danger.

En 1694. parurent heureuſement les Elements de Botanique de Monſr. Tournefort, Monſr. VAILLANT les lût, il les devora avec avidité, & dans la ſuite il ſe ſervit toujours de cette Methode.

Comme le grand & infatigable Monſr. Tournefort meditoit de donner au public l'hiſtoire des plantes, qui naiſſent aux environs de Paris, il pria Monſr. Vaillant de lui faire part de ſes decouvertes ceque celui-cy lui accorda trés volontiers, & lorsqu'il decouvroit quelque plante il la lui apportoit auſſitot, Monſr. Tournefort reconnut ces ſervices d'une maniere genereuſe , & en fit honneur à Monſr. VAILLANT en le citant dans les endroits, ou il faiſoit mention de ſes decouvertes.

Monſr. VAILLANT quitta enſuite Neuilly, ou il fut regretté d'un chacun , il fut demeurer comme ſecretaire chés le R. P. de Valois Jeſuite, Confeſſeur du feu Duc de Bourgogne, & des Princes Enfants de France.

Ce fut là, que l'Illuſtre Monſr. Fagon le trouva par hazard, & s'apperceut qu'il étoit occupé à ranger des mouſſes ſuivant leurs eſpeces & à les coller , il loua le bel ordre & la proprieté de ce travail, ce grand Admirateur des plantes & digne Promoteur des ſciences s'attacha ſurtout à lire les fraſes qu'il avoit écrites en beaux caracteres au bas de chacune de ces plantes.

Quelque tems après, Monſr. Fagon étant retourné chés le R. P. de Valois temoigna à Monſr. VAILLANT, qu'il étoit bien intentionné pour lui, il lui demanda en quoy il pouvoit lui rendre ſervice, Monſr. VAILLANT lui repondit ſur le champ , quil ne ſouhaittoit rien avec plus d'ardeur, que de voyager dans les pays étrangers les plus reculés, afin d'enrichir la Botanique de ſes decouvertes, & en même tems pour y éclaircir beaucoup de doutes, qu'il avoit ſur de certaines plantes.

Monſr. le premier Medecin Fagon lui aiant donné à connoître, qu'il auroit ſoin de cette affaire, Monſr. VAILLANT pria le R. P. de Valois de lui permettre de ſe retirer, l'aiant obtenu , il loua un appartement à Paris, il ſe livra entierement à la Botanique, dont il faiſoit ſon unique objet , tous les jours il parcourroit les environs de Paris, rien n'echappoit à l'excellence de ſa vuë , il ne revenoit presque jamais chés lui qu'il n'eut decouvert quelque nouvelle plante, ou qu'il n'eut verifié quelques unes ſur les quelles il avoit des doutes.

Monſr. Fagon decouvrit bien-tot les talents de Monſr. VAILLANT, il lui dit qu'il ſouhaittoit qu'il vint demeurer chés lui en qualité de ſon ſecretaire : Monſr. VAILLANT accepta avec d'autant plus de jöie la faveur qu'on lui offroit qu'elle lui procuroit la plus favorable, occaſion qu'il pouvoit eſperer de ſatisfaire ſa paſſion favorite pour les plantes, à la quelle il s'étoit devoué entierement; il obtint auſſi du Roy la permiſſion d'entrer dans tous les lieux les plus reſervés des jardins de ſa Majeſté, ou il decouvroit beaucoup de plantes , tant de celles qui croiſſent dans le Pays que des étrangeres, il les deſſechoit trés proprement, il en enrichit les beaux herbiers de Meſſr. Fagon & Tournefort , de même que le ſien. Il apportoit tous les jours avec une diligence extraordinaire dans le jardin Royal de nouvelles plantes, qu'il deterroit dans les coins les plus cachés. Ce qui fut la raiſon que Monſr. Fagon donna à Monſr. VAILLANT la di-

*** **

rection

gonius; Ille vero hoc adeptus munus, mox omnia movit, ut hortum dita-
ret, idque eo perfecit succeſſu, ut nunquam inſtructior is fuerit a plantis,
quam Auſpice Fagonio, procurante VAILLANTIO.

Quum porro anno poſtea 1700. Tournefortianum opus ingens, titulo
Inſtitutionum Rei herbariae prodiret, totum evolvit librum VAILLAN-
TIUS, ſtatim excuſſit ſumma cum cura; ut ſciret, an plantae, relatae ibidem ad ſua genera, re ipſa omnes referrent notas generibus adſcriptas; ſolli-
citiſſime ergo diſſecuit, perſpexit, contulit, verum a falſo diſtinxit. Hinc
natae obſervationes in methodum Tournefortianam, quas omnium primo
Illuſtri Fagonio exhibuit; qui, iiſdem cum cura perlectis, ſcite reſpondit,
ſe, licet mane viſum opus Tournefortii laudaverit, neutiquam tamen negare
comprobationem obſervationibus VAILLANTIANIS viſis ad meridianam lucem. Has vero ipſas anno demum 1721. 17. Decembris Academiae ſcientiarium praelegit, impreſſas inter monumenta Academiae anni
1722. pag. 243.

Sed in Principio anni 1708. Fagonius ſummum, quod habuit, pretium
VAILLANTIO perſolvit, cujus liberalia erga ſe officia tanto jam tempore fuerat expertus, cujus fidem, taciturnitatem, & caeteras virtutes, in animo Viri ſitas, perſpexerat, cujus maximam ſapientiam in Botanicis cognoverat, cujus ſumma denique in hortum regium merita a multis annis quotidie viderat. Reſignavit enim honorificum munus, quod tanta cum laude diu ipſe
geſſerat, contulitque in VAILLANTIUM, Profeſſoris ſcilicet & Praedemonſtra-
toris plantarum hortiRegii. Quod quidem antiquiſſimum eſt, ordineque primum
eſt, in horto Regio munus, locumque dat eminentem ſupra Profeſſorem & De-
monſtratorem ſtirpium in horto Regio. Saepius petiverat a Fagonio dignitatem
hanc Tournefortius, repulſam toties paſſus. Unde perſpectis VAILLANTIA-
NIS meritis ſumma gloria; dum nec ambiens nobilem locum occupavit;
Fagoniano hoc encomio magis receſſit laudatus VAILLANTIUS, quam ſi
caeterorum omnium in arte Principum applauſu fuiſſet decoratus: ita &
ſenſit ipſe. Inſignis ille hoc titulo, muneris adminiſtratione magis ſe honoratum
praeſtitit: Mox in loca inculta ſtudioſos eduxit, plantas ſponte creſcentes
ipſis demonſtravit, ut ſola naturae cura formatae diverſiſſimas a cultis partes
exhibent. Hic anatomen docebat ſtirpium, characteres demonſtrabat, indi-
cabat uſum ad medicinam. Nulli labori pepercit; occaſionem neglexit nul-
lam; ne horulam remiſit; nihil arcani ſibi retinuit; obſervata ſua, manu-
ſcripta propria, ipſum catalogum plantarum hoc libro deſcriptarum, cui-
cunque petenti communicavit; arte ſiccatas plantas inter auditorum diligen-
tiſſimos diſtribuit; privatas ipſis ſcholas aperuit; in hortum regium deduxit;
exemplo, muneribus, verbis, incitavit.

Fagonius omnis boni auctor ad commoda ſtudioſorum medicinae pro-
movenda, ex munificentia Ludovici XIV. amphitheatrum ampliſſimum ex-
ſtruendum curavit, & theſaurum materiae medicae; mox VAILLANTIUM
juſſit comparare undique ſelectiſſimam rei medicae ſupellectilem, quam ille
di-

P R E F A C E.

rection du jardin Royal, il n'eut pas été plûtôt revetu de cette charge, qu'il se donna beaucoup de mouvement pour enrichir le jardin, ce qu'il fit avec tant de succés que jamais le jardin n'a été plus riche ni plus abondant en plantes que dans le tems que Monsr. *VAILLANT* en avoit la direction sous les ordres de Monsr. Fagon.

En l'Année 1700. parut le grand ouvrage de Monsr. Tournefort sous le titre d'Institutiones rei herbariae, Monsr. *VAILLANT* l'aiant tout parcouru, voulut l'examiner avec beaucoup de soin, pour s'assûrer si les plantes, qui y etoient rapportées à leurs genres, portoient les caracteres de ceux, aux quels elles étoient attribuées, pour y parvenir il examina ces plantes scrupuleusement, il les anatomisa avec beaucoup de soin, il les compara avec attention, par ce moyen il separa le vrai d'avec le faux. De ces observations il fit des remarques sur la Methode de Monsr. Tournefort, qu'il communiqua premierement à Monsr. Fagon, qui les lût avec beaucoup d'attention, & qui lui dit agréablement que quoy qu'il eut approuvé le livre de Monsr. Tournefort qu'il avoit vû le matin, qu'il ne refuseroit pas son approbation à ses remarques, qu'il avoit veuës à Midi; il lût seulement ses remarques sur la Methode de Monsr. Tournefort à l'Academie Royales des sciences le 17. Decembre 1721. qui ne furent imprimées dans les Memoires de cette Academie qu'en l'année 1723. Pag. 242.

Au commencement de l'Année 1708. Monsr. Fagon charmé des services que Monsr. *VAILLANT* lui rendoit depuis long tems avec un attachement desinteressé, connoissant d'ailleurs sa probité, sa discretion, & ses autres bonnes qualités, de même que son grand scavoir en Botanique, voulut lui donner une des plus grandes marques de sa reconnoissance; il lui resigna la charge honorable de Professeur & de sous demonstrateur des plantes du jardin Royal, charge qu'il avoit lui même exercée avec de trés grands applaudissemens, & qui est la premiere & la plus ancienne du jardin Royal, ses titres lui donnent la préeminence & la superiorité au dessus de celle de Professeur & de Demonstrateur des plantes de ce jardin. Monsr. Tournefort avoit prié plusieurs fois Monsr. Fagon de lui donner cette charge, mais il n'avoit jamais voulu lui accorder sa demande, ce qui fait voir l'estime & la distinction particuliere que Monsr. Fagon faisoit du Merite de Monsr. *VAILLANT*, qui fut pourveu de cette charge sans l'avoir demandée; ce choix de Monsr. Fagon fit plus d'honneur à Monsr. *VAILLANT* que tous les eloges & toutes les louanges, qu'on auroit pû lui donner, aussi celui ci y fut il trés sensible. Honoré de ce titre, il se distingua encôre plus par l'exercice de sa nouvelle charge, il mena aussitot les etudiants en Botanique à la Campagne pour leur demontrer les plantes, qui y croissent naturellement, & pour leur faire voir la difference qu'il y a entre les parties de celles, qui sont cultivées, & de celles qui viennent sans art & par les soins seuls de la Nature. Il leur apprenoit l'Anatomie des plantes, & leur enseignoit les caracteres & l'usage qu'on en doit faire dans la Medecine. Il n'epargnoit aucune peine, il ne laissoit echapper aucune occasion, & ne perdoit jamais un moment de tems, quand il s'agissoit d'être utile à ses disciples; il n'avoit rien de reservé pour eux, il communiquoit à tous ceux qui les lui demandoient, ses remarques, ses propres manuscripts, & le Catalogue même des plantes qui sont decrites dans cet ouvrage, à ceux qui étoient les plus assidûs, il leur faisoit present de plantes dessechées, il leur donnoit des leçons particulieres, il les menoit dans le jardin Royal, & les encouragoit par son exemple, par des presens & par des paroles.

Monsr. Fagon toujours porté au bien & qui ne souhaitoit rien tant que l'avancement des etudiants en Medecine, fit construire par la liberalité de Louis XIV. un bel Amphitheatre & un magnifique Cabinet de Drogues au jardin Royal, Monsr. *VAILLANT* receut aussitot l'ordre d'acheter & de faire venir de tous les endroit les drogues les mieux choisies pour orner le Cabinet, il eut le soin de les ran-

* * * * * * 2

ger

digeſtam ex ordine, & caucaliis inſertam cryſtallinis diſpoſuit ; ut vel hodie ſpectantur, foſſilia, animalia, vegetantia in armariis ſplendidis repoſita, quae cryſtallinis inſtructas luminibus valvas habent. · Nec mora , abſoluto pulcherrimo operi cuſtodiendo unus praefectus fuit VAILLANTIUS; qui Caeſari Ruſſiae, plurimis Principibus, Legatis, atque unicuique rerum naturalium ſtudioſo, indicavit, explicuit.

Interea unum id nobilem urebat VAILLANTIUM , quod doleret abeſſe horto opportunum locum ſucculentis, atque de fervida delatis Zona, alendis plantis. Hic vero vicit animum, nihil quidquam rogare certum, ſtirpium ingens amor ; una hac vice proprium expugnavit pudorem. Adit generoſum Fagonium, proponit magno Viro, an non reſponderet Sereniſſimi Ludovici liberaliſſimis ceptis, caldaria fornacibus inſtructa in horto Regio aedificanda curare, ut inter Batavos feliciſſimo dudum factum fuerat ſucceſſu, ad alendas , conſervandaſque plantarum ſpecioſiſſimas. Movit Archiatrum, qui mox a Rege impetravit facultatem hybernacula conſtruendi requiſita, quae Julio anni 1714. perfecta fuerunt.

Ad initia anni 1716, abſque ambitu, multumque ipſe urgentibus repugnans amicis, inſcriptus eſt Academiae Regiae Scientiarium, quam ornavit feliciſſime. Sequenti anno indicavit Fagonio hybernacula non ſufficere, quae anno 1714 erecta fuerant; hic liberaliſſimo generoſiſſimi animi inſtituto, binis inſtructum fornacibus aliud, priori duplo ſpatioſius, repraeſentato proprio de aere curavit conficiendum, menſe Junio.

Tum demum menſe, annoque , eodem , Profeſſor publicus plantarum horti regii, publica auctoritate abſens, praeſcius, ſe non futurum opportuno tempore Pariſiis ad demonſtrandas ſtirpes in horto, literis rogavit VAILLANTIUM, hac vice illas pro ſe demonſtraret. Conferens ſuper hac re cum illuſtri Fagonio VAILANTIUS facultatem obtinuit, abſentis Profeſſoris hoc munere fungendi, ſimulque participandi cum ſtudioſis obſervationes proprias. Programmate publicato ſtatim indicavit ſexta matutina , decima Junii, auſpicaturum ſe decurſum rei herbariae· Fama Viri eo alliciebat omnium ordinum auditores numeroſiſſimos, qui pari admiratione perculſi ſtupebant obſervationum pulcherrimarum abundantem copiam , acerrimam ingenii aciem , facultatem eximiam ˜criſios in Autores , dictionem penitus ſingularem, quae verbis intima de arte petitis, & prorſus propriis , ipſam rei naturam quam vividiſſime exprimeret. Mox a prima demonſtratione in amphitheatro ſermonem recitavit de florum fabrica, & de uſu partium in flore deprehenſarum. Dein caeteras plantarum partes coram expedivit, reſolvitque. Reverſo Profeſſore, urgebant ſtudioſi , pergeret ; negavit, atque deinceps ad Profeſſorem ablegavit petentes: qui repulſi precibus flexere Fagonium, juberet VAILLANTIUM incepta abſolvere ; obediit ergo, demonſtrationesque ſuas ad finem perduxit, ubique propriis ornatas obſervatis.

Quibus omnium cum applauſu peractis , peritiam Viri laudabant
uno

ger & de les renfermer dans des bocaux de criſtal, dans l'ordre methodique ou on les voit aujour
d'hui, tous ces bocaux contenants les mineraux, les vegetaux, & les animaux ſont renfermés dans
des très belles armoires garnies par devant de fort grandes glaces de Criſtal d'une ſeule piece.

Des qu'il eut mis ce beau Cabinet en bon ordre, il fut fait Garde du Cabinet des Drogues du Roy,
& depuis Monſr. VAILLANT montra & expliqua les raretés de ce Cabinet à ſa Majeſté Czarien-
ne, à pluſieurs Princes, à des Ambaſſadeurs, & generalement à un grand nombre de curieux & de
ſcavants Naturaliſtes.

Il y avoit une choſe qui lui faiſoit de la peine, il ſe chagrinoit de voir, qu'il n'y avoit pas de
place propre au jardin pour cultiver des plantes graſſes & celles des Païs chauds. La Paſſion qu'il
avoit pour les plantes lui fit ſurmonter dans cette occaſion le ſcrupule qu'il avoit de demander quelque choſe. Il fut trouver le genereux Monſr. Fagon, il lui propoſa, ſi ce ne ſeroit pas repondre aux
grands deſſeins de ſa Majeſté, que de faire conſtruire dans le jardin Royal une ſerre à fourneaux de
la manière qu'on le faiſoit en Hollande depuis fort long tems pour conſerver & nourrir les plantes les
plus precieuſes.

Il perſuada ſi bien ce Premier Medicin, qu'il en parla au Roy, & il obtint auſſitot de ſa Majeſté la liberté de faire conſtruire cette ſerre qu'on jugeoit neceſſaire, & qui fut achevée au mois de
Juillet de l'Année 1714. Au commencement de l'Année 1716. il entra à l'Academie Royale des
ſciences ſans l'avoir ſollicité, & aux preſſantes inſtances de ſes Amis, qui eurent aſſés de peine à lui
faire accepter cette place, qu'il a toujours ſi dignement remplie.

L'Année ſuivante il repreſenta à Monſr. Fagon, que la ſerre batis l'Année 1714. ne ſuffiſoit
pas pour contenir toutes les plantes, il engagea ce genereux Protecteur des ſciences a faire conſtruire
au mois de Juin de l'Année 1717. une ſeconde ſerre double de la premiere, & à deux fourneaux,
dont ce dernier en fit lui même les avances.

Il arriva qu'au même mois & dans le même année le Profeſſeur ordinaire des plantes du jardin
du Roy, étant abſent par des ordres ſuperieurs, & prévoyant qu'il ne ſeroit pas aſſés à tems à Paris
pour démontrer les plantes au jardin, écrivit à Monſr. VAILLANT, qu'il le prioit de les démontrer à ſa place pendant ſon abſence. Il en confera avec Monſr. Fagon, le quel lui permit
de faire en l'abſence du Profeſſeur les démonſtrations des plantes, & en même tems de faire part
aux étudiants de ſes remarques & de ſes obſervations Botaniques. Il fit afficher auſſitot des pro-
grammes, dans les quels il avertiſſoit le public, qu'il démontreroit les plantes au jardin du Roy,
& que l'ouverture du cours ſe feroit le 10. jour de Juin à ſix heures du ma-
tin.

La reputation qu'il s'étoit acquiſe y attira un grand nombre d'Auditeurs de tout rang, qui furent tous également charmés du grand nombre d'excellentes obſervations, qu'il avoit faites, de la
force de ſon eſprit, de ſes judicieuſes critiques des Auteurs, de même que des termes & des ex-
preſſions particulieres, qu'il avoit empruntées de l'art même, & qu'il avoit ſcu approprier très bien
pour exprimer de la manière la plus vive la nature même des choſes. Cette premiere démonſtration
étant finie, il prononce adans l'amphitheatre un diſcours ſur la ſtructure des fleurs, & ſur l'uſage
des differentes praties, que l'on y découvre. Le Profeſſeur étant de retour, les étudiants preſſe-
rent Monſr. VAILLANT de continuer comme à l'ordinaire ſes démonſtrations, il leur dit, qu'il ne
le pouvoit pas, il les renvoya à celles du Profeſſeur, eux ſans ſe rebuter par ce refus, ſupplierent
Monſr. Fagon, qu'il lui plut d'ordonner à Monſr. VAILLANT de continuer ſes démonſtrations, il
obeit aux ordres, qu'il reçut, & continua juſqu'à la fin du cours ſes démonſtrations, qu'il embellit
par tout de ſes propres obſervations.

Il y reuſſit ſi bien, & fut ſi generalement applaudi par tous ceux qui s'y trouverent, que
** ** **
Monſr.

uno ore omnes : ut fama impulfus Anatomicorum Princeps Jofephus du Verney, Regius Anatomes Profeffor , & digniffimum Academiae Regiae fcientiarum membrum, obnixe rogaverit defunctum , ut vellet ei quafdam de Anatome plantarum demonftrationes exhibere. Lubens id fecit, quumque undecim dein vel duodecim exhibuiffet , teftatus eft Anatomicorum Coryphaeus mire hafce fibi placuiffe. Plures vero in fcientia jam confummati herbaria praecepta artis ab eo audire, excipere, laudare haudquaquam dedignati funt, quos inter & Primi de exteris regionibus fe profeffi fuerant. Quin & excurfibus Botanicis, quos annorum quatuordecim decurfu publica auctoritate cum ftudiofis inftituit, interfuiffe vifi funt, primi in arte Viri. Caeterum folus faepe , quandoque cum uno, alterove, amicorum, itinera fufcepit in loca diffita, tantum inveftigandis intentum plantis animum gerens; ut inprimis a 17. Septembris 1707 ad 18. Octobris, cum amico Botanico, pedes Normandiae oras & Bretanniae peragravit; anno 1710. cum binis fociis Botanicis, Rhothomagum, & Dieppe , rurfumque anno 1716. cum iisdem aliud iter Conches verfum fufcepit; ut ftirpes , foffilia, marina , animalia, quaererent.

Quum ergo acie oculorum acerrima, velocitate pedum fingulari, corporis agilitate fumma, viribus nunquam exhauftis, inftinctuque ad cognofcendas plantas flagrantiffimo, fagaci pariter & penetrabili mente, inftructus effet a natura; has eximias ad artem hanc colendam dotes labore conftanti, acri, excoluit, perfecitque: qua in re profuit illi haud aliud magis , quam maximi Tournefortii difciplina, qua plures per annos publice, privatimque, feliciffime ufus eft, cum quo familiaris vixit, cujus excurfibus Botanicis femper interfuit, doctrina illius ubique ufus & fcriptis, quin & herbario.

Accedebat perpetua Guidonis Crefcentii Fagonii, Archiatrorum Comitis, Regique a Sanctioribus confiliis, amicitia , affidua inftructio ; qui exquifita fua Botanices cognitione, ardore ad promovendam hanc flagrantiffimo, Bibliotheca confummata, herbario completiffimo, praeceptis , tot per annos illum juvit, & facultatibus.

Sed & habitatio affidua ipfo in horto Regio , data copia ad omnes hortorum Regiorum reconditiffimos accedendi receffus , quae aliis negatur omnibus, quantum adjumenti dedit ?

Poftremo demandata Viro cura, ut per commercia Botanica per omnes terras excolenda, cum quibufcunque in arte Magiftris , horto profpiceret Parifino, effecit, ut cuncta ad illum mitterentur, diftribuerentur ab eodem, femina, plantae, literae fuerint; quum Archiater Regius gratia potentiffimi Regis non uteretur nifi ad haec commercia per extremas orbis habitati oras extendenda, limitefque ultimos, intimofque receffus, Africae, Afiae, Europae, Americae, excutiendos pro quaerendis, atque in hortum Lutetianum transmittendis, plantis.

Omnibus ergo hifce contigit , ut putaverit tandem , poftquam univerfis his diligentiffime ad fe perficiendum ufus effet , fe poffe methodum plantarum

PREFACE.

Monſr. Joseph du Verney , un des premiers Anatomiſtes de ce ſiécle , Profeſſeur d'Anatomie au jardin du Roy & un des plus dignes membres de l'Academie Royale des ſciences entrainé par la reputation de ce Botaniſte, le pria inſtanment de lui donner quelques leçons ſur l'Anatomie des plantes, ce qu'il fit volontiers, il lui en donna onze ou douze, dont cet excellent Anatomiſte temoigna être trés content. Pluſieurs perſonnes conſommées dans la ſcience des plantes, entre les quels on vit les principaux Botaniſtes des Pays étrangers, ne crurent point s'abaiſſer en s'inſtruiſant, & en prenant des leçons de lui, ils le jugerent auſſi digne de leurs éloges. On a vû auſſi pluſieurs Botaniſtes du premier rang l'accompagner avec ſes étudiants dans les herboriſations qu'il a faites pendant 14 ans conſecutivement par des ordres ſuperieurs pour découvrir des plantes. Aureſte il faiſoit ſouvent, ſeul ou accompagné d'un ou deux de ſes amis des voyages dans des endroits fort éloignés , uniquement dans la vuë de découvrir de nouvelles plantes.

Il fit entr'autres un voyage à pied avec un de ſes amis Botaniſtes depuis le 17. Septembre 1707. jusqu'au 18. Octobre de la même année , dans le quel ils parcoururent les côtes de Normandie & de Bretagne. En 1710. il fit avec deux de ſes amis un voyage à Rouen, & à Diéppe, & en 1716. il fit encóre avec ces mêmes Amis un autre voyage à Conches , tant pour chercher des plantes , que pour amaſſer des foſſiles, des productions de la Mer, & des animaux.

Il avoit une vuë perçante , & il marchoit d'une viteſſe extraordinaire, & avec une agilité étonnante, à ces avantages du corps étoit joint un eſprit des plus penetrans avec une paſſion en quelque ſorte demeſurée pour connoître les plantes , il a cultivé & perfectioné ces excellentes diſpoſitions pour la Botanique par un travail aſſidû, en quoy rien ne lui a été plus avantageux, que l'inſtruction qu'il a reçuë tant en public qu'en particulier pendant pluſieurs années de Monſr. Tournefort avec le quel il vivoit familiairement, ce qui lui étoit d'un grand ſecours, il l'accompagnoit auſſi dans ſes herboriſations, & profitoit de ſon ſcavoir de ſes livres & de ſon herbier.

Mais l'amitié, qu'avoit pour lui, Monſr. Guy Creſcent Fagon premier Medecin & Conſeiller privé de ſa Majeſté, & les ſcavans entretiens, qu'il avoit avec lui, ne lui furent pas non plus d'un petit ſecours. Il ne profita pas ſeulement pendant pluſieurs années des connoiſſances rares qu'avoit en Botanique ce Medecin, de ſon zele ardent pour l'avancement de cette ſcience, de ſa bibliotheque qui étoit des mieux fournies, & de ſon herbier qui étoit des plus complete, mais ce ſcavant & grand Homme l'aida encóre de ſes inſtructions, & lui fit ſentir les effets de ſa liberalité.

Ajoutes à cela ſa demeure dans le jardin Royal, & la permiſſion qu'il avoit d'aller par tout, & de viſiter les endroits les plus cachés de tous les jardins du Roy, qui étoient inacceſſibles aux autres, & on conçoit aiſément quels avantages il a dû en tirer.

Enfin étant chargé du ſoin de lier commerce & d'entretenir des correſpondances pour les plantes avec les principaux Botaniſtes dans tous les Païs du monde, afin de pourvoir le jardin du Roy à Paris de toutes les plantes neceſſaires, il falloit, qu'il eut le ſoin de recevoir & d'écrire les lettres, d'envoyer & de recevoir les plantes & les graines, & cela dans le tems, que Monſr. le premier Medecin ſe ſervoit de la faveur, dont le Roy l'honnoroit, pour étendre ces correſpondances par tous les endroits du monde habité, & pour découvrir dans toutes les extremités, & dans tous les endroits les plus cachés de l'Afrique, de l'Aſie, de l'Europe, & de l'Amerique, de nouvelles plantes afin d'en enrichir le jardin Royal.

Enfin, & aprés s'être ſervi avec tout le ſoin poſſible de toutes les occaſions, qu'il avoit eu pour ſe perfectionner, il crût, qu'il pourroit enfin établir une Methode generale des plantes, en prenant

* * ** * *   2

dans

tarum generalem confcribere, in qua notas Claffium a flore, generum Characteres ex quacunque parte, promifcue peteret, prout facili difciplinae inprimis accommodaretur.   Animum vero induxerat claffibus , generibufque,
folidiffime, & diftinctiffime, conftitutis ea imponere nomina , quae unius
vocis compendio attributa clara , diftincta , propria, certa, continerent.
Species dein promittebat, addito propriam illi notam exprimente vocabu-
lo uno, alterove, adeo faciles reddere cognitu; ut ad certo cognofcendam
fingularem quamque plantam, vix alia foret diftinctione opus.

Denique cuilibet characteri imaginem veram, cuilibet plantae icona opti-
mam, omniaque fynonyma fupponere· Hanc ille difciplinam animo non
modo affectaverat, fed pene abfolverat·, ambiguis in unum repofitis locum.   Exempla dedit in Cynarocephalis, Corymbiferis, Cichoraceis, Di-
pfaceis.   Fundamenta vero folida fuae doctrinae jecit in fermone habito x.
Junii 1717. & in notis fuis ad Methodum Tournefortii.   Vifa haec Auto-
ris opera movent omnes Herbarum Cultores ; inanibus ut votis optent, in-
conditisque exclament vocibus, utinam viveres ad perficiendum opus ! utinam ante properata fata abfolviffes !

Sed firmam, fanum, maximeque agile corpus, curfu immodico, decu-
bitu fub Jove frigido, feveriffimis nimifque protractis ftudiis, Vigiliis incre-
dibilibus, laboribus maximis, afflixit; ille contra nitendo , laborefque in-
tendendo potius quam laxando, ulterius illud fregit, pulmonem infecit, ut
calculos ultra quadringentos exiles, durofque excreaverit , inde afthmatica
incurabili affectione laborans, ut quatuor ante obitum annis fufcepta haec
mala violentiffimis interim defatigationibus quotidie adauxerit·

Praefaga lethi mens dolebat, Botanicon fuum Parifienfe, in quo confcri-
bendo totus fuerat triginta fex annorum fpatio, interiturum. Amabat hunc
fuum foetum, putabatque, lambendo diu , utcunque illum perpoliviffe.
Difcruciabat languentem, tot exhauftos labores, tot injurias toleratas coeli, tot toediofas Auctorum collationes cum repertis ftirpibus fuftentas, tot
depictas artificiofiffime & fideliffime plantarum imagines, tot obfervationes
annotatas, fine fructu publico, perire· Ut ergo cura haec provideret in-
fortunia, rogavit me literis decimo quinto Maji anno vigefimo primo hujus
feculi datis, vellemne evulgandi operis laborem fufcipere : effe fibi, cur fer-
vidiffime id cuperet, idoneas rationes, nec aperiendas. Urgebat, facerem,
Ampliffimus Gulielmus Sherard , cui Viro nemo bonus quidquam petenti
negaverit. Ubi parui, intellexi , ultra tercentenas imagines arte Claudii
Aubrietti pictas ad opus hoc pertinere, quas egregius hic artifex ex votis
VAILLANTII confecerat quidem, fed, pretio laboris necdum foluto, proprias retinuerat, has ego omnes redemi aëre meo repraefentato , brevique
poftea manufcripta huc pertinentia , tabellasque pictas, accepi. Quietus
dein animo, meditationi mortis totum fe dedens , atque pietatis officiis, nihil fere quidquam de Botanica, aliisve fcientiis, poft haec agere voluit, uni
intentus DEO, animaeque faluti fuae, patriifque ita defunctus cerimoniis ,

pla-

dans les fleurs les marques pour distinguer les classes, quant aux caracteres des genres, il vouloit les prendre de toutes les parties indifferemment selon que cela s'accomoderoit mieux avec sa methode. Il s'étoit aussi proposé, après qu'il auroit établi les classes & les genres le plus solidement & le plus distinctement, qu'il étoit possible, de leur donner des noms, dont la seule dénomination auroit donné une idée distincte, propre & certaine de leurs attributs, il promettoit ensuite de faire connoître les especes avec tant de facilité, en ajoutant seulement un mot ou deux pour exprimer leur marque particuliere, qu'on n'auroit eu presque aucun besoin d'autre distinction pour connoître avec certitude toute sorte de plantes. Enfin il promettoit de donner la vraie représentation de chaque caractere, & un dessein exact de chaque plante, au bas du quel il devoit marquer tous les synonymes. Il n'avoit pas seulement conçu le plan de cette Methode, mais il l'avoit presque achevée, aiant mis de côté toutes les plantes, qui lui avoient paru douteuses, il a donné des exemples de sa methode dans les Cynarocephales, les Corymbiferes, les Cichoracées, les Dipsacées, & dans un discours, qu'il a prononcé le 10. Juin 1717. comme aussi dans ses remarques sur la Methode de Monsr. Tournefort, il a jetté les fondemens solides de sa nouvelle doctrine. Tous les Amateurs de la Botanique, qui verront ces ouvrages de Monsr. VAILLANT en seront touchés, & ne pourront s'empecher de faire des souhaits inutils, & de s'écrier d'une voix entrecouppée, Ah que n'est il en vie pour achever cet ouvrage! ou pourquoy n'a t'il pû l'achever avant que de mourir.

Quoyque robuste & agile il altera sa santé par ses fatigues excessives, il passoit les nuits au milieu des champs, ses études étoient immoderées, & au lieu de relacher de son travail, il s'opiniatroit malgré sa foiblesse à travailler encore d'avantage, par là il acheva de ruiner entierement son corps; son poumon fut attaqué, il rendit par la bouche de petites pierres dures, dont le nombre monta à plus de 400. ce qui lui attira un Asthme, qui devint incurable, & dont pendant les quatre dernieres années de sa vie il augmenta encôre les incommodités par l'excés de ses travaux.

Se sentant mourir, il s'affligeoit de voir, que son ouvrage des plantes des environs de Paris, au quel il avoit travaillé pendant 26. ans, alloit être perdu. Il aimoit cet ouvrage, & il croioit l'avoir en quelque maniere perfectionné par le soin, qu'il avoit pris de le repasser souvent. Tout languissant il se chagrinoit de voir, qu'après s'être épuisé de travail, après avoir été exposé tant de fois aux injures de l'air, & avoir comparé avec tant de soin & d'ennui, toutes les citations des Auteurs avec les plantes, qu'il trouvoit, enfin que toutes ses figures des plantes representées avec tant d'art & de fidelité, de même que ses remarques, alloient perir sans avoir été d'aucune utilité au Public. Afin de prevenir ce malheur il m'écrivit le 15. May 1721. pour me prier de vouloir me charger du soin de publier son livre, qu'il avoit des fortes raisons, qu'il ne pouvoit dire, pour souhaiter que je me chargeasse de ce soin, c'est à quoy l'illustre Monsr. Sherard, à qui l'on ne sauroit rien refuser, me détermina par ses instances. Lorsque je me fus declaré, j'appris que Monsr. Claude Aubriet habile dessinateur avoit dessiné sous les yeux & par la direction de Monsr. VAILLANT plus de trois cent figures appartenantes à cet ouvrage, qui étoient encôre entre les mains de ce dessinateur, qui n'en avoit pas encôre reçu le payement, je les achetai toutes, & peu de tems aprés, je reçus ces desseins avec les manuscripts, qui appartenoient à cet ouvrages. Des lors Monsr. VAILLANT se tranquillisa, ne songeant plus qu'à sa fin, & se donnant entierement à la Pieté, il ne voulut plus ensuite parler de Botanique, n'y s'entretenir des autres sciences. Uniquement attaché à Dieu, & occupé des affaires de son salut, il expira paisiblement le 26. May de l'Année 1722. à six

* ** ** ** *

heu-

P R AE F A T I O.

placidiffime exfpiravit fexta matutina, vicefimo primo Maji anno vigefimo hujus feculi & fecundo, omnibus Bonis flebilis, nulli flebilior quam Botanicis.

Herbarium reliquit, poft Sherardianum, forte optimum. propria confectum arte, completiffimumque, flore, fructuque plerunque appofito; cum adfcriptis, nomine, Synonymis, & obfervationibus ad plerafque, tum & criticis in Autores notis. Ditiffimum quoque inter fua reliquit Fagonianum herbarium, quo donatus fuit ab Ampliffimo filio Ejus, poft paternam mortem, in quo Tournefortii, & VAILLANTII, labores eminent. Thefaurum etiam poffederat rerum naturalium, quem Sereniffimus Galliarum Rex, LUDOVICUS decimus quintus redimendum curavit a Domina Francifca Nicolaa Boffonneta vidua defuncti: quam xiv. Octobris 1710. uxorem duxerat, cum qua tenerrimo in amore conjugali vixerat, beato, nifi quod prole careret, conjugio. Juffit hunc Rex locari inter pulcherrima, quibus hortum fuum Parifinum inftruxit, ut ftudiofi rerum naturalium ex Regia munificentia habeant, quo defideriis fatisfaciant fuis. Collegerat & bibliothecam exquifitiffimam Auctorum, qui hiftoriae naturali operam navant. Quam lectiffima Domina Vidua ufque retinet.

Corpore erat ipfe fatis procero, concinno, agili, firmo. Mente excelfa, candida, proba, prudente, femper actuofa cum cura cuncta agente atque vera methodo. Animus illi erat beneficus, fidus, verax, fimplex, generofus, impatiens falfi, perfidiae, adulationis, amicitiae Sanctus cultor, laudis contemtor fuae, parcus alienae, nihil minus quam lucrum fpirans. Atque horum Ille omnium exempla dedit fplendida.

Quum enim eximius Tournefortius genus quoddam plantae conftituiffet Ejus de nomine dictum, idque Actis Regiae fcientiarum Academiae anni 1706. pag. 85. curaffet inferendum Titulo VAILLANTIAE quadrifoliae, Verticillatae; quin & addidiffet, hoc plantae genus appellari a Domino VAILLANT inter Botanicos feculi Principes; ficque teftatus fuiffet, quam magnifice fentiret de meritis Ejufdem, & fcientia in re herbaria. Hic tamen, re mature excuffa, reftituit Cruciatis, minus vere obfervatam Tournefortio, fuumque illi negavit nomen. Quum in Rei herbariae Inftitutionibus oblatam a VAILLANTIO plantulam Tournefortius appellaffet, Alfinen, Hyperici folio. VAILLANT. Hic fuis mox eam Inventoribus reftituit. Magnificus Fagonius, officiofam VAILLANTII fidem expertus, dum fectionem veficae pro educendo calculo in aetate provecta fuftinuiffet, atque inde decumberet, ut gratum teftaretur animum, ceffit Illi jus, quod in medicatos poffidebat fontes. Sed utcunque moliretur, negavit accipere VAILLANTIUS, magnitudine fane animi incomparabili, quum neque ipfe in re lauta effet, & Fagonio noctes, diefque, praefens femper, & pervigil, tantum fidei, officiorum, imo & liberalis fervitii, difficili hoc tempore inprimis praeftitiffet, quantum homini homo facere poteft. Sed liberalitati nullus erat ab aliis VALLANTIANUM ad animum aditus, nulla unquam a quoquam munera admifit, bene licet merita. Quae

heures du matin, après avoir reçu les Sacremens, il fut generalement regretté, mais surtout des Botanistes.

Il a laißé un herbier, qui aprés celui de Monsr. Sherard, est peutêtre le plus beau & le plus parfait qu'il y ait, il l'a fait lui même, la plupart des plantes se trouvent ornées de leurs fleurs & de leurs graines, on y voit les noms & les Synonymes de ces plantes, sur plusieurs des quelles il a fait des remarques, il a joint à quelques autres .de judicieuses critiques des Auteurs. Entre ce qu'il a laißé on a trouvé le riche herbier de Monsr. Fagon, dont l'Illustre Monsieur Fagon le fils lui avoit fait present aprés la mort de Monsr. son Pere, l'on y distingue surtout le travail de Messrs. Tournefort & VAILLANT. Il avoit außi raßemblé un grand nombre de curiosité, que fournit l'histoire naturelle, & il en avoit fait un Cabinet, que sa Majesté le Roy Louis XV. a fait acheter de sa Veuve Mademoiselle Françoise Nicole Boßonet. Il avoit épousé cette Demoiselle le 14. Octobr. 1701. il a conservé pour elle jusques à la fin un amour tendre, il n'a point laißé d'enfans, & c'est la seule chose, qui manquoit au bonheur de son mariage. Le Roy fit placer ce Cabinet parmi ce qu'il y a de plus rare dans son jardin de Paris, afin que ceux qui s'attachent à l'histoire naturelle, pußent par un effet de sa liberalité y trouver de quoy satisfaire leurs curiosité. Monsr. VAILLANT avoit außi recueilli une bibliotheque des mieux choisies des Auteurs, qui ont écrits de l'histoire naturelle, elle est encôre entre les mains de Mademoiselle Boßonet sa Veuve.

Monsr. VAILLANT étoit d'une aßés grande taille, bien proportionnée, il étoit robuste & agile, il avoit le coeur grand, l'esprit droit, integre & prudent, toujours en action, faisant tout avec soin, & de la maniere la plus convenable. Il étoit bien faisant, discret, sincere, naturel, genereux, ne pouvant souffrir le mensonge, la perfidie, ni la flatterie, ami toujours sincere, faisant peu de cas de louanges qu'on lui donnoit, & trés reservé sur celles qu'il donnoit aux autres, à ces qualités il joignoit un desintereßement parfait, il a donné de toutes plusieurs preuves éclatantes. Dont nous nous contenterons de donner un petit nombre d'exemples.

Monsr. Tournefort voulant marquer à Monsr. VAILLANT l'estime, qu'il faisoit de son merite & de sa capacité dans la Botanique, donna le nom de ce sçavant Botaniste à un genre de plante qu'il appella VAILLANTIA quadrifolia Verticillata, il l'a fit inserer sous ce nom dans les Memoires de l'Academie Royalle des sciences de l'Année 1706. pag. 85. & il y a ajouta, que ce genre de plante portoit le nom d'un des plus habiles Botanistes de ce siècle.

Monsr. VAILLANT après un meur examen refusa son nom à cette plante, que Monsr. Tournefort n'avoit pas consideré avec aßes de soin, & il la rendit aux Cruciatae. Lorsque Monsr. Tournefort voulut dans ses institutions faire honneur à Monsr. VAILLANT en nommant Alsinea, Hyperici folio VAILLANTII, une plante, que Monsr. VAILLANT lui avoit presentée, celui ci la refusa, & en fit honneur à ceux qui l'avoient découverte.

Monsieur Fagon aiant été taillé de la pierre dans un âge fort avancé, voulant reconnoître les services, que Monsr. VAILLANT lui avoit rendu pendant sa maladie, lui ceda les droits, qu'il avoit sur les eaux minerales, mais, non obstant toutes ses instances, Monsr. VAILLANT, quoyque peu partagé des biens de la fortune refusa ce bien fait par une grandeur d'ame & un desintereßement sans égal; cependant il avoit bien merité cette reconnoißance, aiant paßé les nuits & les jours auprès de Monsieur Fagon, lui temoignant tout l'attachement poßible, & lui rendant tous les services, que pouvoient exiger des circonstances außi difficiles.

Mais ce n'étoit pas par interêt qu'il s'attachoit aux personnes, jamais il ne voulut recevoir aucun present, quelque bien qu'il l'eut merité. S'il avoit seulement voulu recevoir ceux, qui lui ont étés pre-

·· ·· ·· ★ 2

sen-

fi voluiffet fponte oblata capere, rem familiarem auctiorem longe poffediffet: quum in ea vitam ageret conditione, atque cum iis verfaretur quotidie, unde o- pima adfpiraret opulentiae, & abfque invidia, occafio. Ille vero dona fpernens, oblata novella herbula longe laetior exfultabat, quam Attalicis conditionibus, vel divitiis Croefi. Rem expertus ipfe fincera fide enarro.

Reftat denique, paucula de opere hoc ipfo tandem praefari: ut pateat, quid de eo cenfendum fit. Atque illud quidem ad me, quomodo, quando, quibufque pervenerit legibus, antea dictum fuit; unde & intelligitur facile rei geftae ratio & caufa. Caeterum, ubi accepi, ocyus evolvi, apparuit- que fatis elaboratum, atque rite digeftum; ita tamen, ut quaedam depre- henfa fuerint, quae emendaturus erat, fi licuiffet, Autor, quaedam, quae fup- pleviffet.

Id inprimis contigit faepius in annotatione omiffa locorum, ubi citatae nafcuntur plantae; fed tum loca omiffa fere in pulchro opere Tournefortia- no de nafcentibus circa Parifios reperiunda dantur. Neque aegre etiam fe- rendum, quod peregrinas hinc inde, vel & cultas, inferat fpontaneis, con- tra propofitum, ut videretur. Sed confulto id vidi factum in iis tantum, quae jam etiam; ut fieri natum eft, in locis incultis fparfae reperiuntur: quo ftudiofi, quorum gratia liber prodit, in tali loco occurrentem iiico cogno- fcere queant; in pfeudo-acacia, pyris, cerafis, paucis aliis, id apparet. Quin & in iconibus pauciffimis repetitio bis vel femel accidit; ut in mufco uno, alterove. Quia vero volebant plurimi, ut plantae in fex excurfibus Botanicis Tournefortianis relatae, ordine Alphabetico difponerentur; quo confeftim apparerent, neque repeterentur toties, quoties in diverfis excur- fibus recurrunt eaedem; hinc hoc potiffimum ordine fimpliciffimo editur in lucem; Additis inprimis illis, quae undique occupatiffimum Tournefortium effugerant, quaeque praefixis jam afterifcis notantur, detectae nimirum poft editum praeclarum Viri opus. In prodromo edendo vitia quaedam, hinc in- de irrepfere, praecipue in addendis afterifcis, quae, hic emendata, in cata- logo errorum recitantur. In fungis, graminibus, mufcis, multa fane pertur_ bata erant; primi enim in fchedulis fparfis erant defcripti, poftremi quoque. Unde labor natus incredibilis ad hos ordinandos, defcribendos, iconibus fuis affignandos. Augebatur difficultas; quod fungi, & mufci, hic picti, defcri- ptique, vix alibi appareant, hinc de libris addifci nequeant, neque intelligi, nifi ab Artifice in hifce peritiffimo. fortunato igitur accidebat, quod inten- tus digerendo operi hofpitem tum maxime haberem Ampliffimum Sherar- dum, qui mortalium fane in cognofcendis plantis Princeps. Hic Sanctus VAILLANTII amicus, & admirator, poft fata manes pura pietate profe- quens, faepe coram viderat, unaque excufferat, quae confcripta Ille poffi- debat; quumque ultra fedecies millenas ipfe in herbarios digeftas habeat, examinaveritque; unus forte aptus fupererat, qui fparfa haec ordinaret. Ne- que candidiffima haec anima aliud fpirat, quam ut amicos juvet, emendet artem, publico profit. Quum itaque in villa mea elapfae aeftatis amoenif- fimam partem tranfigebamus, a prima Aurora in feram vefperam huic fe la-
bo-

fentés, il auroit joui d'une meilleure fortune: il vivoit dans un poste éclatant & voyoit tous les jours des personnes, qui pouvoient lui procurer de belles occasions pour faire sa fortune sans donner de l'envie, mais il meprisoit les presens qu'on vouloit lui faire, une plante nouvelle le touchoit beaucoup plus, que tous les honneurs & toutes les richesses du monde, je rapporte avec sincerité ce dont j'ai eu moi même des preuves.

Enfin il me reste à dire quelque chose de l'ouvrage, dont on donne ici l'édition, on scaura par la quel jugement on en doit porter; j'ai deja dit ci-dessus comment cet ouvrage m'est parvenu, en quel tems & sous quelles conditions, par ou l'on comprend facilement la raison de ce que j'ai fait. Au-reste dès que je l'eu receu, je le parcouru d'abord, & il me parut assés bien travaillé, & redigé en bon ordre, j'y remarquai pourtant des choses, que l'Auteur, s'il en avoit eu l'occasion, auroit corrigées, d'autres qu'il auroit ajoutées. Surtout il a souvent omis de marquer les lieux, ou naissent les plantes, dont il parle, mais on trouve la plûpart de ces lieux dans le bel ouvrage de Monsr. Tournefort qu'il a donné touchant les plantes qui naissent aux environs de Paris. On ne doit pas aussi trouver mauvais, de ce que parci par-là il mele, à ce qu'il semble contre son dessein, des plantes é-trangeres, & même de celles qui viennent par la culture avec celles, qui naissent d'elles mêmes, j'ai vû qu'il avoit fait cela à dessein, & seulement a l'égard de celles, qui se trouvent aussi dans les lieux incultes; afin que les curieux, en faveur des quels ce livre paroit, puissent les reconnoitre aussitot, qu'ils les trouveront dans ces endroits, cela se peut voir dans le Pseudo acacia, dans les poires, dans les Cerises & dans peu d'autres. On trouve aussi une repetition ou deux dans les figures, comme cela se voit à l'égard de quelques mousses. Plusieurs personnes aiant souhaitté, qu'on rangea suivant l'or-dre Alphabetique les plantes rapportées dans les six Herborisations de Monsr. Tournefort, afin que les mêmes se presentassent sur le Champ, & qu'elles ne fussent pas repetées autant de fois, qu'elles se trouvent dans les differens cours. On a cru devoir publier le present ouvrage dans ce même ordre, qui est le plus simple; on a ajouté les plantes, qui avoient échappées à l'exactitude de Monsr. Tournefort, qui étoit fort occupé d'ailleurs, nous les avons marquées par une Asterique, elles ont étés decouvertes après que l'excellent ouvrage de ce scavant homme eut paru.

Il s'est glissé quelques fautes dans l'edition de l'essay de cet ouvrage surtout en ajoutant les Asteriques, on les a marqué ici dans l'errata. Il y avoit beaucoup de confusion dans l'arrangement des champi-gnons, des chiens dents, & des Mousses, car les premiers & les derniers étoient écrites sur de petits billets dispersez, & il a falu un travail incroiable pour les mettre en ordre, les decrire, & les rapporter à leurs figures. Ce qui a augmenté encôre la difficulté, c'est que les Champignons & les Mousses, qui se trou-vent ici peintes & decrites ne se trouvent presque point ailleurs, ce qui fait que les livres ne peuvent é-tre d'aucun secours, & qu'il faut une grande habilité pour les connoître. Heureusement dans le tems, que j'étois occupé à mettre cet ouvrage en ordre, Monsr. Sherard étoit logé chéz moi, qui sans contre-dit est un des premiers Botanistes de ce Siécle. Il avoit toujours été l'intime Ami & le grand Admirateur de Monsr. VAILLANT, & conservoit pour lui une sincere estime. Il l'avoit souvent vû, & avoit examiné avec lui ses ecrits. Monsr. Sherard qui a ramassé, & qui conserve au de là de seixe mille plantes rangées dans des herbiers, étoit peut etre le seul, qui pût mettre en ordre ces écrits dispersés, dont nous venons de parler. Comme il ne souhaitte autre chose, que d'être utile à ses amis & au public, & de perfectionner son art, il s'attacha avec soin, lors que nous passames la plus belle par-tie de l'été passé à ma Campagne, à repasser cet ouvrage, il travailloit depuis la pointe du jour jusques au soir.

il

bori totum dedit, eumque ita abfolvit feliciter, ut ne una defecerit. Si quid ergo in his pulchri eft, id vero SHERARDO debetur totum, id debent. Illi VAILLANTII manes. Absque eo fuiffet, nemo his ordinandis, expediendifque par repertus. Caetera fumma, qua potui, accuratione, & fide, perfeci: cujus ut habeam publica documenta; omnia manufcripta, ad quae opus editum, omnesque iconas manu Aubriettana pictas in unum redacta volumen, Bibliothecae Academiae Batavae, donavi, ut de fidelitate amici votis praeftita publice conftaret. Si enim, aliud quid, poft pietatem in DEUM, fanctiffime fane colenda amicitia habetur, maxime quoties res agitur fato jam functi amici. Quare & animus mihi movebatur paululum legenti praefationem Clariffimi Bernardi de Juffieu. Egregius enim Autor cenfuit, fuum effe, ut moneret publicum, prodromum, quem edendum curavi Ipfe anno 1723. editum videri juxta defcriptum, informe, vagumque exemplum. Doleo tam abjecte fentire Nobilem Virum de mea erga amicum fide. Utique fanctius amicitias colere inftituo, quam ut tantam ego rem tam negligenter agerem. Precor itaque, credat vera, quae fcripfi in praefatione, *SEBASTIANUM VAILLANT hujus autorem libelli, fecum femper affuetum hunc fumere, quoties prodibat herbatum.* Ipfa quippe manu Viri exaratus fcitiffime, in bibliotheca, publica jam affervatur. Quin & voluit diferte Autor hunce libellum, ut ultimi ftudii fructum, fequerer in majori opere edendo, fi quando differrent inter fe. Haud nego, paucis locis notula praefixa plantas reperiri in hoc opufculo a Tournefortio memoratas prius; fed id memini modo contigiffe in illis, quae modo correcta jam dabuntur· Quam facile vero hujufmodi errores ex macula, vel litura, qua deturpatur forte charta accidant, Celebetrimus Autor in edito Tournefortiano etiam hinc inde expertus fuerit. Caeteras, quas addendas putavit, notas criticas ad elevandam opufculi praeftantiam, ad me non attinent. Si quis legere haud dedignatur praefationem modo citatum, videbit, gloriae maximi Tournefortii detractum nihil per ea, quae VAILLANTIUS fuperaddidit. Effe quidem nova addita, eaque multa fatis, Fungi, Gramina, Lycoperda, Mufci, praeter alia, doceant. Sed & pulchrum hoc in opere eft, quod ubique Characteres defignandis generibus quam accuratiffimi, & evidentiffimi, intermifceantur: ita ut vix dubii quid fuperfit. Applicatio autem fynonymorum fevera cum cura hic exculta habetur, quae plurimum facit ad intellectum hiftoriae herbariae. Et evolventi ejus placebit, credo, crifis, quam exercuit crebro in defcriptiones, effigies, & appellationes, quae in hiftoria ftirpium apud Auctores apparebant: hujus enim ufus per omnem artem ingens erit. Poftremo figurae, quibus ornatur opus, fuperant, quas vidi, omnes: five artis pingendi excellentiam libuerit fpectare, five exquifitam naturae ipfius expreffionem. Caeterum pulcherrima Tournefortii methodus femper religiofe retenta in hoc opere, nifi quandoque res ipfa reluctantem coëgerit. Notatae fedulo citationes illorum Auctorum, qui appellatae plantae appofitiffimam dedere imaginem, quique omnium facillimi comparantur. Addita fimul nota iis, quae annuae, vel flore & fructu dato pereunt, ut a vivacibus diftinguantur, fimili compendio notantur, quae commendatae inprimis ab ufu funt. Scias tandem, Gallice hanc praefationem vertiffe Virum eruditiffimum Pellerin, Medicinae Doctorem peritiffimum.

Vale! atque hifce fruere. Scripfi 17⅑. 26.

P R E F A C E.

Il l'acheva avec tant de succés, qu'il rangea toutes les plantes sans en omettre une seule. Si l'on trouve quelque chose de beau dans cet ouvrage, c'est a Monsr. Sherard qu'il est dû, & c'est à lui que la memoire de Monsr. VAILLANT en est redevable, Monsr. Sherard étoit le seul capable de mettre cet ouvrage dans l'état qu'on le donne. J'ai achevé le reste avec toute l'exactitude & avec toute la fidelité possible, & pour en avoir des preuves authentiques, j'ai fait present à la Bibliotheque de l'Academie à Leide de tous les Manuscripts, sur les quels cet ouvrage a été imprimé, & de toutes les figures, qui ont étés dessinées de la propre main de Monsr. Aubriet, on a relié le tout en un volume, qui pourra toujours servir à prouver l'exactitude, avec la quelle j'ai satisfait aux souhaits de mon Ami Monsr. VAILLANT, s'il y a quelque chose au monde, qu'on doive observer religieusement, après les devoirs de la Religion, ce sont ceux de l'amitié, surtout lorsqu'il s'agit des interest d'un Ami defunt. C'est par cette raison, qu'en lisant la Préface de Monsr. Bernard de Jussieu, je ne pû m'empecher d'étre touché, de voir que cet Excellent Auteur, a cru qu'il étoit de son devoir d'avertir le public, que le Prodrome, que j'avois fait imprimer en l'année 1723. paroissoit avoir été imprimé suivant un exemplaire manuscript mal digeré, & sur le quel on ne doit pas faire grand fond. Je suis faché, que ce grand Homme ait des sentimens si des avantageux de ma bonne foy envers un Ami. Certainement j'ai d'autres idées des devoirs de l'amitié, & je suis incapable de faire une chose de cette importance avec tant de negligence. C'est pourquoy je prie Monsr. de Jussieu de croire, que je n'ai rien avancé dans la préface du prodrome en question, qui ne fut vrai, scavoir, que Monsr. SEBASTIEN VAILLANT, Auteur de ce petit traité, avoit coutume de le porter avec lui toutes les fois qu'il alloit herboriser. Pour preuve de ce que j'avance, on peut voir le Manuscript de l'Auteur méme écrit trés proprement, qu'on garde dans nôtre Bibliotheque. Lui méme a voulu trés expressément, qu'en publiant le grand ouvrage je suivisse ce petit traité comme le fruit de ses dernieres études, lors qu'il se trouveroit quelque difference entre ces deux ouvrages. Je ne nie pas, qu'en quelques endroits de ce petit ouvrage on ne trouve marqué, comme nouvelles quelques plantes, dont Monsr. Tournefort a fait mention auparavant, mais cela n'est arrivé qu'à l'égard de celles qu'on trouvera corrigées dans le present ouvrage. Monsieur de Jussieu n'ignore pas aussi, par ce qu'il a pû remarquer par-ci par-là dans l'ouvrage qu'il a fait imprimer de Mr. Tournefort, combien il est facile que de pareilles fautes se glissent dans un livre par quelque tache, ou par quelque rature. Les autres remarques Critiques que Monsr. de Jussieu a crû devoir ajouter pour diminuer le merite de ce petit traité, ne me regardent point. Si quelqu'un veut bien se donner la peine de lire la préface du livre qui vient d'étre cité, il verra que les choses que Monsr. VAILLANT a ajoutées aux decouvertes de Monsr. Tournefort ne diminuent en rien la gloire de cet Illustre Botaniste. Il est vrai, que les choses nouvelles ajoutées par Monsr. VAILLANT, sont en assés grand nombre. Les Champignons, les Chiens dents, les vesses de Loup, & les Mousses sans parler d'autres, en font foy. Mais il y a encôre ceci de beau dans cet ouvrage, c'est qu'on y trouve marqué les caracteres, qui servent à designer les genres, & ils sont très exacts & trés clairs, de manière qu'il n'est presque pas possible, qu'on soit embarassé. Les synonymes se trouvent ici marqués avec la derniere exactitude, ce qui contribue beaucoup à l'intelligence de l'histoire des plantes. La critique, qu'il fait en plusieurs endroits, des descriptions, des figures, des noms, qui se trouvent ches les Auteurs, plairont je m'assure à ceux, qui liront cet ouvrage, & qui pourront en tirer des usages pour toute la Botanique.

Enfin les figures qui sont l'ornement de l'ouvrage surpassent toutes celles que j'ai vuës, soit qu'on envisage l'excellence du dessein, ou l'expression parfaite de la Nature méme. Aureste on a toujours observé religieusement dans cet ouvrage la belle Methode de Monsr. Tournefort, à moins que la chose méme ne forçat à l'abandonner. On a cité avec soin les Auteurs, qui se trouvent le plus facilement, & qui ont donné les meilleures figures des plantes, qui y sont nommées, on a eu soin aussi de mettre une marque aux plantes qui sont annuelles, & qui meurent dans la méme année, aprés avoir porté leur fleur & leurs graines, pour les distinguer des vivaces, ou de celles qui durent plusieurs années, par cette methode abregée on a remarqué aussi celles qui sont recommandables par leur usage.

a Leide le 1er. Aoust 1726.

HERMAN BOERHAAVE.

* * * * * * * * 2

EXIMIO VIRO

HERMANNO BOERHAAVE

PROFESSORI LUGDUNO BATAVO

S. P. D.

G. SHERARD.

Ardius quam par eſt, ultimis literis tuis reſpondeo, citius etenim expe-
ctabam naves a Carolina reduces, quae tandem appulerunt. Duas hiſce na-
ctus ſum pyxides, unam ſtirpibus exſiccatis, alteram fructibus ſeminibus-
que repletam, quorum copiam horto privato tuo, famigeratiſſimoque Publico tribuo, laetamque ex iis tibi auguror meſſem.

Laetatus ſum quam maxime cum nuper hic vidiſſem, novam Veſalii editio-
nem, omnibus numeris abſolutam, de qua tibi & reip. literariae gratulor, immo & mihimet
ipſi: quamvis enim te quotidie occupatum noverim, aliquid tamen otii tibi jam fore ſpero;
tantumque. communis noſtri (heu quondam) amici, operi poſthumo praelo committendo
relinquendum, quantum a publico officio & munere vacabis. Priori quidem editione
Authorem, ſi quem alium, celebrem & inventu rariſſimum Anatomicis familiarem reddi-
diſti, hac vero alterum in arte ſua non minus verſatum doctumque è tenebris erues & publico Botanicorum uſui expones. Generoſae quippe humanitati tuae hoc munus acceptum refer-
re debent omnes.

Quis enim alius tot ſumptus pro plantis delineatis erogaſſet? quis tot pro iis aeri inci-
dendis numeraſſet? cum blattis & tineis certe luctandum eſſet adhuc, ni tu manus auxi-
liatrices crumenamque commodaſſes.

Poſtquam figuras Pariſiis penes authorem mihi videre contigerat, ſummo flagrabam deſi-
derio, ut publici juris fierent, idque me ſollicitum continuo, neque uno quidem nomine
tenuit. Author etenim eo tempore nec ſatis firma utebatur valetudine, neque ſumptus pro
iis imprimendis, absque rei familiaris damno, ſuppeditare poterat: quid? quod & in ador-
nandis tribus flore compoſito plantarum Claſſibus, omne ei neceſſe erat tempus impendere.
Quapropter a me petiit, ut non illas ſolummodo inſpicere vellem, ſed & ſententiam de iis
edendis mcam libere & amice communicarem, quod lubens feci & poſt reditum in patriam
ad ipſum reſcribere promiſi.

Pariſiis in Belgicum bona mea fortuna profectus, memini me tibi amici noſtri mentem
aperuiſſe. Humanitas vero ac comitas qua me excipere dignatus, nec non ſingularis tuus in
Botanicen amor & ſtudium animum mihi dedere, ut a te impetrarem id oneris in te velles ſu-
ſcipere, quod brevi poſtea, emptis ſcil. tabulis te feciſſe mihi ſignificaſti. Cum vero anno
elapſo hoſpitio tuo fruerer, deque iis inter nos fuerit ſermo, egregias delineationes, perita
D. Aubrietii manu dignas, illico protuliſti, una cum Authoris Manuſcripto, quibus perlu-
ſtrandis ac recenſendis, dies non paucos, horis tibi ſubſecivis, laetabundi conſumpſimus;
Quo peracto inſolitus illas edendi generoſum pectus tuum inceſſit ardor, non ut ſumptus
pro iis impenſos, recuperares, (norunt enim omnes, quotquot Te probe norunt, quam ſis
ἀφιλάργυϱ⊙) ſed eadem ratione impulſus, qua fuit Author ipſe in opere adornando: in Rei
Botanicae ſcil. commodum & utilitatem. Et quid quaeſo, huic fini magis conducere poſſet,
quam obſervationes ſedulo & exacte factae, novorum Generum finitiones naturales, Syno-

a

ny-

II.

nymorum confenfus & denique in Authores ubique facilis & commoda Crifis ? non eo con-
filio fcripta, ut deceffores perftringeret, fed ut futuros inftrueret Florae amafios dirige-
retque.

Amici noftri inter Botanicos, primi faltem fubfellii, fatis jamjam precrebuit fama, a vul-
gato hoc opere, caeteris omnibus celebranda ; quippe in eo de plantis Europae indigenis,
nec Galliae folummodo peculiaribus tractat, quod ad ufum propius, ad fructum uberius,
fpectat, omnibusque magis univerfale reddit opus hocce, quam quod de Generum definitione
luculenter & nervofe non ita dudum ante mortem evulgavit.

Summe certe dolendum eft, eum infirma atque aegra fuiffe valetudine, & tam praematu-
re vitae curriculum finiiffe, antequam caeteras hactenus notas plantas illuftraffet, & in proprias reduxiffet Claffes.

Singulari tamen hujufce fcientiae fato, ac propitio in eam genio factum fuit, ut poft Ce-
leberr. Tournefortium fupereffet, qui non tantum Botanices pomoeria promovere, fed & ejufdem limites figere, illique pene ne plus ultra imponere, fi quis alius, fuit capax. Sed ma-
num de tabula.

Interim liceat mihi, vir Amiciffime hoc a Te exigere. ut volumen integrum Botanici Parifienfis praefatione promiffum, quam primum tuo fieri poffit commodo, praelo committas,
cui utinam fubnectere velles, ejufdem *Animadverfiones* in Celeber Tournefortii Inftitutiones
rei herbariae, ni judices has magis commode, tribus flore compofito plantarum Claffibus,
caeterifque ejufdem lucubrationibus, Latio donatis, fore jungendas. Vale.

Dabam Londini
pridie Calend. Decembris.
1725.

FRATRIS, AD FRATREM
DE
CONNUBIIS FLORUM
EPISTOLA PRIMA.

uae mentis natura, diu, quae fabrica rerum,
Quisve Opifex, quaesivi avidus ; nec poenitet astra
Cartesio ducente, novem lustrâsse per annos.
Hinc adeo *Florae* in Campos formosaque regna
Votivum meditatus iter , ductore carebam :
Oblatus sed enim manifesto munere divum
Ecce aderat VALIANTUS : eo (foret aequa Minerva)
Auspice , *Morisonis* didicissem arcana Magistris
Invia , laurigeris didicissem abscondita *Raïs.*

Vix etenim VALIANTUM in luminis edidit auras
Flora parens , vix laeta infans cunabula circum
Sensit odoratis *Zephyros* colludere pennis ,
Cum gestu peteret , materna crepundia , flores.
Concepit majora puer. nunc ludus in hortos
Ire sub *Auroram* ; nunc currere ludus in arva
Lustrandi plantas studio ; juvat ire per imbres ,
Per medium juvat ire gelu , juvat ire per aestum ;
Tantus amor varias florum internoscere *gentes.*

Carpentem flores observantemque per arva
Saepe virum *Dryades* , studiis rivalibus actae ,
Optavere sibi ; sed vincere'digua tulisti
Hoc, *Bosonaea* , decus ; te praetulit omnibus unam.
Floraque Vertumnusque probant ; *Pomona* Choreas
Egit , & aspirant *Zephyri* plaudente susurro.

Callibus insistat veterum pede turba sequaci ,
Vulgaresque animae , servûm genus ; at sibi stravit
Intactum VALIANTUS iter. quâ callidus arte
Dirigat in flores etiam sua tela *Cupido* ,
Vidit , & herbarum detexit primus amores.

Discite Romulidae , miracula ; discite Graji :
Urit amor plantas etiam suus : accola florem
Flos amat , inque vicem non dedignandus amatur.
Ollis par aetas , par gens , par gloria formae ,
Par dos , par animus , par didita flamma medullis.
Ergo *Cupidineas* ubi persensere sagittas
Et procus & virgo , seu sint communia tecta ,
Seu variis habitent discreti sedibus ambo ;
Jungit eos *Hymenaeus :* ovat cum matre *Cupido.*
Aureus interea pennis trepidantibus inter
Papilio lascivit *Apes :* fit ludus in hortis ;
Et carmen geniale canit *Philomela* sub *Ulmo.*

Si capiat domus una duos ; dat pronuba signum
Aurora exoriens : mas fulminis ocyor alis
Cinctus odoratâ testudine protinus auram
Ejaculatur ; eo spiracula coeca *tubarum*
Intrat ; eo subitus petit abdita claustra *placentae* ;
Inde per aequantes *tubulos* ruit acer in *ova* ;
Ova tument , gaudet flos foemina prole futurâ.
Hac gravidatur *Ophris* , gravidatur lege *Papaver.*

    Sin diversa domus; flos masculus, ante reclusis
Aedibus, emittit sua dona: volatile semen
Excipiunt *Zephyri*, portantque curulibus alis
Conjugis in gremium: conjux respondet amori,
Absentique probat simili se prole marito.
Sic vos, *Castaneae*, sobolem, Sic *palma* propagat.
Exin conceptos utero cupidissima foetus
Mater alit, moriturque lubens, ubi visa propago
Grandior, extinctosque habilis renovare parentes.

    Altera deinde parens tellus ubi lapsa feraci
Semina concepit gremio, salibusque liquatis,
Jam laxae patuere viae; vagus humor hiantes
Arietat in *tubulos*; vasa emollita patescunt,
Et sensim admittit segnes *radicula* succos.
Illi aegro lenti motu enituntur in altum
Mille per anfractus & inenarrabile textum
Ad positas utrinque, duo incernicula, mammas.
Inde laborati variis se in viscera *plumae*
Ductibus insinuant, vitamque & pabula spargunt.

    Parva latet primo, mox eminet herbula, versis
In folia uberibus, caeloque potitur aperto.
Quisquis amas flores, cave barbara dextra trucidet
Haec folia ante diem: nutricibus orba periret
Herbula, & incassum speret sibi serta Colonus.

    Interea superûm concessi munere rores
Et pluviae auxilio veniunt; seu terra bibendo
Aërios latices nitrumque volatile venis
Hauriat, ac coeli reddat cum foenore dona;
Seu nimium rigidas laxent ea balnea fibras,
Et lapsae per caeca cutis spiracula guttae
Restituant liquidis justum per vasa fluorem.

    Ac veluti quoties spirarum amplexibus arctis
Porrigitur, summâque imam cor parte refugit,
Sanguineum elidens amnem vomit; ille repente,
Qua fuga, dives opum ruit; Oscillantia vasa
Torrentem scisso de gurgite, vascula, rivos
Accipiunt, truduntque; it cunctos vita per artus.
Ast ubi purpureus languet Maeander, eundo
Factus inops, redit in gyrum, cordique premendus
Redditur; inde cibis, expresso lacte, refectus
Liberiore agitat cursu per membra Choreas.
Haud aliter succos ut hiansque premensque vicissim
Vere novo bibulis hausit *radicibus* arbor;
Fit via vi; tortis per viscera callibus humor
Tollitur in sublime; fluentes undique rivi
Truncum animant, *ramos*que avidos, *frondes*que bibaces.
At pars, quae saturis nescit coalescere fibris,
Quaeque nequit luctans exire per ostia *libri*,
Extrorsum diversa redit per vascula praeceps,
*Radicem*que petit succo miscenda recenti.

    Dat sol dat stimulos; motum inchoat, adjuvat, auget
Namque calens arctis fruticum in pulmonibus aër
Aestuat, & rapitur spatia in majora: premuntur

Cum

Cum *tubulis* latices, preſſique hâc arte docentur
Haud interruptos defcribere curſibus orbes.
  Nunc age, quae fexus diſtinguant figna docebo.
Servat ubique fuum conſtans natura tenorem.
Omnia, quae prolem generant, genus omne virile,
Foemineum genus omne, fuos armantur in ufus.
Ergo etiam & plantae gaudent genitalibus armis;
Et funt omnigeni, totidem genitalia, *flores:*
Sed *petala* & *calices* florum non dignor honore,
Quidquid in adverſum vulgus crepat; ecce paluſtris
Nuda *Typha* eſt *petalis*; ea tegmina *Fraxine* fpernis,
Graminaque *Triticum*que & aquatica *Limnopeuce.*
Oderunt *Betae calices*, odêre *Tulipae*,
*Lilia*que & grave-olens *Atriplex*, capitisque *Veratrum*
Pernicies, pulchrumque rubens *Amarantus* in hortis,
Et plures fudo quam fufpicis aethere ſtellas.
  Si varios igitur flores expendere geſtis,
Vel fola occurrent abeuntia *ſtamina* teſtes
Saepius in geminos, vel fola *ovaria* cernas
Enatis fuppoſta *tubis*, impoſta *placentis*;
Aut ambo junĉta invenies. filamina geſtat
Cannabis haec florens; *Ovaria, Cannabis* illa:
At fociata ferunt *Jaſminum, Althaea, Roſae*que.
Nunquam ego *ſtamineos* vidi fobolefcere flores:
Poſt Venerem exhalant animas; exinde domorum
Fornicibus moeſtis exfanguia corpora pendent,
Aut per agros paſſim volitant ludibria ventis.
At vidua extinĉtos renovant *ovaria* patres :
Inde genus redivivum; hinc furgit poſthuma proles.
Si tamen ante diem, fi taedas ante jugales
Caſtaneae (miferum) praecidat *ſtamina* quisquam,
Stamina difcretis femper nafcentia ramis;
Accola connubii fpe lufa, abfumptaque luĉtu
Tabuit, ac ſterilis moritur; ni fortè remoti
Detulerit ventus gravidantem Conjugis auram.
Saepe haec errantes ignota per aequora nautas
Aura regit, portusque jubet fperare propinquos:
Ibant Hiſpani velis audacibus ultra
Herculeas longe metas, folemque cadentem.
Hortator *Columba* viae : ter cornua Phoebe
Induerat, poſuitque, Ceres confumta, Lyaei
Munera defecêre, furit plebs, ardet in iras,
Correptumque Ducem malo alligat; ille Minerva
Plenus, ait, fenfi flores, contendite remis,
In manibus terrae: volat aequore concita claſſis,
Apparent nova regna procul, promiſſaque tellus,
Confedere rates portu, dat Flora corollas
*Columbam*que fuum donis gemmantibus ornat.
Hinc adeo Florae de nomine Florida mittit
Suaveolens Safafras, parat hinc quandoque liquorem
Neĉtareum ; praefertque epulis *Cytheraea* Deorum.
  Sed mihi digreſſae redeant ad penfa Camaenae,
Edico : florum vel mas, vel foemina quifque,

Vel

Vel mixtum hinc genus est. Si quando apparet in hortis
Luxurie *petalorum* & odoro insignis amictu,
Quem neque foemineis maribusque nec hermaphroditis
Annumerare queas florem, de gente spadonum est,
Vel monstrum infelix naturae devius error.
Malvarum saepe est, saepe est fortuna *Rosarum:*
Nam dum omnes rapiunt *petala* insidiantia succos,
Stamina degenerant, formas oblita priores,
Embryo vitali fraudatur nectare, sensim
Languescit moriens, sequiturque heu! floris abortus.

 At satis haud fuerit florum distinguere sexus;
Addere cuique super signum gentile memento.
His adsunt *Calices*; ollis natura negavit;
Hic picturatis non ducit in aedibus aevum,
Si nudum *Zephyris* se proluat; ille coruscans,
Ambrosiaeque satur, natali vivit in aulâ,
Quae vincat candore nives, praefulgeat ostro,
Rivalem jubeat se condere nubibus *Irin.*
Est genus haud simili ingenio; non audeat astris
Ferre caput vitae metuens, ni providus autor
Et *petala* & *calices*, duo Daedala tecta, dedisset
Ad frigus nimium, nimios munimen ad aestus.

 Indicat & varias *petalorum* copia gentes:
Se gens haec uno vestit, se pluribus illa.
Aspice, quos habeant vultus *Boheravia*, *Malvae.*
Nec *petalis* idem locus est: pars margine summa
Inclusi floris medium complectitur axem.
Haec vos forma juvat, *Crambe*, *Campanula*, *Thlaspi.*
Pars, abnorme genus, discordem nacta figuram
Hinc a flore minus, magis exlex inde recedit,
Et circum diffusa, *tubas* ac *stamina* vallat.
Salvia sic medicis, livent *Aconita* novercis.
Ast alia in centro rutilum fortita cubile
Externos interna gerunt *testes*que *tubas*que.
Sic floret pratis gavisa palustribus *Iris.*

 Hactenus explicitus flos est mihi carmine simplex.
Nunc tibi compositos perstringam ex ordine flores.
Namque sui totidem *calices* si millibus adsunt;
Mille etiam densi *calice* involvuntur eodem.
Gens brevibus contexta *tubis* glomeratur in orbem
Spinosae in morem *Cynarae*; gens ora biformis;
Cichoreum dixere; humiles flos quilibet ima
Parte refert *tubulos*; sed *lingula* plana superne est,
Nunc Philiræ contorta modo, nunc aspera *sulcis*,
Multiplici nunc dente minax, nunc secta profundum.
At geminam hanc radians *gentem* complectitur *Aster*,
Sacraque virginibus *Caltha*, & tua, *Phoebe*, *Corona·*

 Adjicit his, quidquid longo observaverat usu;
Quae *calyces* structura juvet, quae forma *placentas*
Quae placeant *foliis*, *cauli*, *radicibus*, ora;
Ordine quo surgant *flores*, quo *semina* ritu;
Pluraque divino vix enarranda *Maroni.*

 Hinc longos habuit magni *Fagonis* amores,

Re-

Regum qui Medicos tantum fupereminet omnes,
Laurigero quantum *Lodoicus* vertice reges :
Hinc focium adfcivit cupidis *Academia* votis;
Illius hinc magnum volitavit fama per orbem.
    Vidi ego floriferos fpectacula rara per agros:
Mille aderant juvenes extremi è finibus orbis,
Quique *Iftrum*, *Tanaim*que bibunt, *Tamefim*que, *Tagum*que,
Et mifti *Suecis Itali*, *Erigenae*que frequentes,
Acre genus bello, ftudiis genus acre Minervae,
Devotumque mori pro Rege fideque tuendis.
Addiderant Comites fe Franca quot agmina Caftris
Bellantur, medicina, tuis, vectique per undas
Peruvii, veniensque plagis *Armenus Eoïs*.
Sed nihil, heu! nihil eft, ex omni parte beatum.
Ecce manus tonftrix vacuis emiffa tabernis
Pone fequebatur; fed mente haud itur eâdem :
Imus difcendi ftudio; turba illa canendi,
Atque importunis rumpit garritibus aures.
Quis concurfus io! Regem fic undique circum
Cum *Fucis* glomerantur *Apes*, ubi vere recenti
Signa canunt atque ille petit convivia *Florae*.
    Agmina convenere; locum docet: imus in arva:
Tum dux oblato fubfiftens flore profatur,
Defignans *genera* herbarum viresque medendi.
Pendebant ipfi dicentis ab ore *Sherardi*;
Sequana converfis curfum oblivifcitur undis;
Miratae fteterunt *Dryades*, ftupet ipfa *Diana*.
Namque docebat uti tenerâ fub origine mundi
Semina, plantarum compendia, finxerit author
Lux fua, lexque Deus. Concepit germina tellus
Virgo finu: crefcunt foetus, & tempore juffo
Flos hic erigitur, flos pullulat ille fub auras.
Hofpitibus laetata novis dat *Cynthia* lucem
Clarior; attonito dat laetior aethere *Titan*.
Sparferat *Ova* Deus; fed in *Ovis* abdidit intus
Ovula, mortales longe fugientia vifus
Ovula, quot *Pelago Doris*, quot *Naias* in undis,
Quot *Dryas* in fylvis, quot *Oreades* atque *Napaeae*,
Quotque *Ceres* Campis, & quot *Pomona* per hortos
Hâc aluere tenus, vel alent per faecula plantas.
Omnibus indiderat vires ad commoda vitae,
Omnibus ad morbos. Sed quis mihi nuncius aures
Perculit? effertur VALIANTIUS, heu! brevis ævi.
Plura dolor prohibet. Signetur Epiftola Ceris:
Altera, quam meditor, fratrum optime plura docebit.

MAC-ENCROE *Hibernus*,
Medicinae Doctor.

IN

IN EFFIGIEM
VIRI CLARISSIMI
SEBASTIANI VALLANT,
ACADEMIAE REGIAE SCIENTIARUM SOCII,
&
IN HORTO REGIO PARISIENSI
BOTANICES PROFESSORIS,
EPIGRAMMA.

ic oculos, sic ora tulit VALLANTIUS: unus,
   Queis sit structa modis arbor & herba, docet.
Non furax doctrinam alio de fonte petivit:
   Expavitque viri livor & error opus.
Hei mihi! nulla meo quod profuit herba magistro.
   Hunc unum florem flet sua Flora *brevem.*

Offerebat amantissimus discipulus,
ALARICUS GRIMMER, SUECUS,
Doctor Medicus.

AD LECTOREM.

Dum matutino lustrat pede *Florea* rura
   Observans, planta haec, planta quid illa struat.
Vidit ad Aurorae roseos VALIANTIUS ignes
   Sponte sua flores, hiscere: regnat amor,
En, etiam flores novere *Cupidinis* arcus,
   Dixit; & hinc orbis totus amoris opus.
An non, qui florum ditavit amoribus orbem
   Dum vivent homines, audiet orbis amor?

NEDSON, Doctor Medicus Hibernus

AD BOTANOPHYLOS.

Omnibus in terris quaesitum ad Florea *regna,*
   Et nemo in terris inveniebat iter;
At nunc si patuit, si flos hic masculus, ille
   Foemineus, vel mas foemineusque simul;
Arma viri melius si stamina *credimus esse,*
   Pistillum *melius conjugis esse* tubam,
Nec latet, inque tubas *inque* Ova *ut Fulguris instar*
   Manè ferax rigidi staminis *aura ruat;*
(Audiat Elysiis *haec* Turnefortus *in arvis.)*
   Inventum decus est hoc VALIANTE tuum.

DEMETRIUS DE LA CROIX,
Doctor Medicus.

AD

AD BOTANOPHYLOS.

Floreus hic liber eft, hoc libro *Flora* fuperbit;
 Et dici poffit Bibliotheca Deae;
Quantum gens Florum gemmantibus eminet arvis,
 Tantum inter libros eminet ifte liber.

DEMETRIUS DE LA CROIX,
Doctor Medicus.

VIRO CLARISSIMO
SEBASTIANO VAILLANT,
ACADEMIAE REGIAE SCIENTIARUM SOCIO;

&

IN HORTO REGIO PARISIENSI BOTANICES PROFESSORI.

'Ωʹνὴρ, μύςα μέγας Φλώρης, Φυτὰ πρῶτος ἔδειξεν
Ἄρσενά τ'ἐγνωκὼς, Θήλεα, Κʹἀνδρόγυνα.

Offerebat amantiffimus difcipulus,
LUDOVICUS BADON DE LA RIVIERE, Viennenfis.

AD EUNDEM.

Naturam vigili deprendit fedulus arte
Florae myfta fagax; Florum connubia vidit.

LUDOVICUS BADON - DE LA RIVIERE, Viennenfis.

AU MEME.

L'Ingenieux VAILLANT grand partifan de Flore,
Epia la nature & la prit fur le fait;
Par un fouffle fubtil il vit les fleurs éclore,
Et de leur tendre amour le myftere fecret.

LOUIS BADON - DE LA RIVIERE.

Catalogue des Ouvrages imprimés de SEBASTIEN VAIL-LANT Demonſtrateur des Plantes au Jardin du Roy & aſſocié de l'Academie Royale des ſciences.

Le 10. Juin 1717. *Sebaſtien Vaillant prononca a l'ouverture du Jardin Royal des Plantes a Paris, un Diſcours ſur la ſtructure des fleurs, leurs differences, & l'uſage de leurs parties; receuilly par les Eſtudiants en Botanique; a la fin du quel l'on a ajouté l'établiſſement de trois nouveaux genres de Plantes, l'*Araliaſtrum, *la* Sherardia, *& la* Boerhaavia, *avec la deſcription de deux nouvelles eſpeces rapportées a ce dernier genre de Plante. imprimé en Latin & en Francois. a Leide chez Pierre vander Aa. 1718. in 4°.*

Le 3. Fevrier 1718. *Mr. Auguſte Jean Hugo Medecin de l'Electeur d'Hannover fit imprimer a Hannover, l'Etabliſſement d'un nouveau Genre de Plante nommé* Araliaſtrum, *du quel le fameux Ninzin ou Gin-Seng des Chinois eſt une eſpece. Communiqué par Mr. VAILLANT Demonſtrateur des Plantes au Jardin Royal de Paris a un de ſes Amis a Hannover in 4°.*

Le 2. Juillet 1718. VAILLANT *lut a l'Academie Royale des ſciences, un Memoire contenant l'Etabliſſement de nouveaux Caracteres de trois familles ou Claſſes de Plantes a fleurs compoſées. Scavoir des* Cynarocephales, *des* Corymbiferes, *& des* Cichoracées, *le quel a été imprimé dans les Memoires de l'Academie de l'Année 1718. commençant a la page 143. & finiſſant a la page 191. il y a joint deux planches de figures deſſinées par Mr. Claude Aubriet, & gravées par Mr. Philippe Simoneau. in 4°.*

Le 11. Janvier 1719. VAILLANT *lût a l'Academie un Memoire, contenant les caracteres de* quatorze genres de Plantes, *le denombrement de leurs eſpeces, les deſcriptions de quelques unes, & les figures de pluſieurs; le quel a été imprimé dans les Memoires de l'Academie de l'année 1719. commencant a la page 9 & finiſſant a la page 47. il y a joint quatre planches de figures qui ont été deſſinées par Mr. Claude Aubriet, & gravées par Mr. Ph. Simoneau. in 4°.*

Le 19. Juillet 1719. VAILLANT *lût a l'Academie un Memoire contenant la ſuite de l'Etabliſſement de nouveaux Caracteres de Plantes a fleurs compoſées. Claſſe ſeconde des* Corymbiferes. *Le quel a été imprimé dans les Memoires de l'Academie de l'Année 1719. commençant a la page 277. & finiſſant a la page 318. il y a joint une planche de figures deſſinées par Mr. Claude Aubriet & gravées par Mr. Ph. Simoneau. in 4°.*

Le 27. Janvier 1720. VAILLANT *lût a l'Academie un Memoire contenant la ſuite des* Corymbiferes, *ou de la ſeconde claſſe des plantes a fleurs compoſées. Le quel a été imprimé dans les Memoires de l'Academie de l'Année 1720. commençant a la page 277. & finiſſant a la page 339. il y a joint une planche de figures deſſinées par Mr. Claude Aubriet, & gravées par Mr. Ph. Simoneau. in 4°.*

Le 15. Janvier 1721. VAILLANT *lût a l'Academie un Memoire contenant la ſuite de l'Etabliſſement de nouveaux Caracteres de Plantes a fleurs compoſées. Claſſe troiſiéme. Des* Cichoracées ou Chicoracées. *Le quel a été imprimé dans les Memoires de l'Academie de l'Année 1721. commençant a la page 174. & finiſſant a la page 214. il y a joint deux planches de figures deſſinées par Mr. Claude Aubriet & gravées par Mr. Ph. Simoneau. in 4°.*

Le 10. Decembre 1721. VAILLANT *lût a l'Academie un Memoire contenant la ſuite de l'Etabliſſement de nouveaux Caracteres de Plantes. Claſſe des Dipſacées, le quel n'a été imprimé dans les Memoires de l'Academie qu'en l'Année 1722. commen-*

cant

cant a la page 172. & finissant a la page 215. il y a joint deux planches de figures dessinées par Mr. Claude Aubriet & gravées par Mr. Ph. Simoneau. in 4°.

Le 17. Decembre 1721. *VAILLANT* lût a l'Academie, un *Memoire* contenant des Remarques sur la Methode de Mr. Tournefort, le quel n'a été imprimé dans les Memoires de l'Academie qu'en l'Année 1722. commençant a la page 243, & finissant a la page 264. in 4°.

En l'Année 1723. a été imprimé a Leide. SEBASTIANI VAILLANT Academiae, Regiae scientiarum Socii & Plantarum in Horto Regio Parisino Demonstratoris Botanicon Parisiense. Operis majoris prodituri Prodromus. Lugduni Batavorum. apud Petrum vander Aa 1723. in 8°.

En l'Année 1727. a été imprimé le Botanicon Parisiense, ou denombrement par ordre Alphabetique des plantes qui se trouvent aux environs de Paris, compris dans la carte de la Prevôté & de l'Election de la dite ville, par le Sieur Danet Gendre en l'Année 1722. avec plusieurs descriptions des Plantes, leurs Synonymes, le tems de fleurir & de grainer, & une critique des auteurs de Botanique par feu Monsieur *SEBASTIEN VAILLANT* de l'Academie Royale des sciences, & Demonstrateur des Plantes au Jardin Royal de Paris. enrichi de plus de trois cent figures dessinées par le Sieur Claude Aubriet Peintre du Cabinet du Roy a Leide Chez Jean & Herman Verbeek. a Amsterdam Chez Balthazar Lakeman 1727. in folio.

On doit entendre de cette maniere les

ABREGÉS DES AUTEURS.

Qui font cités.

A *Et. Ac. R. Sc. Act. Reg. Scientiar. Act. Ac. R. Sc. Par.* Monumenta & Hiftoria Academiae Regiae Scientiarum in Galliis. Gallice. in 4.

Agroftogr. Helvet. Scheuchzeri Agroftographia Helvetica. 4.

Ambrof. Ambrof. Phytol. Hyacinthi Ambrofini Phytologiae. fol. Bonon. 1666

Ban. Joannis Banifteri Plantarum in Virginia Obfervatarum Catalogus. apud Raj. H.
1704.

Barr. Icon. Plantae per Galliam, Hifpaniam, & Italiam obfervatae a Jacobo Barrelliero, editae a Viro Clariffimo Antonio de Juffieu. Parif. 1714.

C. B. Theatr. Cafpari Bauhini Theatri Botanici Lib. prim. fol. Bafil 1665.

C. Bauhin. Pin. B. Pin. C. B. Pin. Cafpari Bauhini Pinax Theatri Botanici. 4. Bafil. 1623. &
1674.

B. P. Prodr. Prodr. Cafpari Bauhini Prodromus Theatri Botanici. 4. Bafil. 1658.

Bauh. J. Bauh. App. J. B. Joannis Bauhini Hiftoria Plantarum univerfalis, 3 vol. fol. Ebro-
duni 1650.

Bellon. Bellonii Obfervationes Gallice editae. Parif. 1554. 1588. in 4. Latine in Clufii Exoticis.

Bobart. Jacobus Bobartus Horti Medici Oxonienfis praefectus.

Bocc. Rar. Pl. Icones & defcriptiones Plantarum rariorum &c. Pauli Bocconi. 4. Oxonii.
1674.

Bocc. Muf. I. & II. Mufeo Pars I. & Mufeo di Phifica, di Piante, &c. di Paulo Boccone.
2 vol. 4. Venet. 1697.

Bod. à Stap. Theophrafti Erefii de Hiftoria Plantarum Libri decem Joannis Bodaei à Stapel.
fol. Amft. 1644.

Bot. Monfp. Botanicon Monfpelienfe. Auctore Petro Magnol. 8. Monfpel. 1686.

Bot. Monfp. App. Botanicon Monfpelienfe-Appendix. 8. id. ibid.

Boerh. Ind. Plant. Index Plantarum; quae in Horto Lugduno-Batavo reperiuntur, confcri-
ptus ab Hermanno Boerhaave.

Breyn. Cent. Jacobi Breynii Exoticarum. fol. Gedani. 1678.

Broff. defcription du Jardin Royal des Plantes Medicinales par Guy de la Broffe. 4. 1633.

Broff. in App. Guy de la Broffe, defcription du Jardin Royal. 1633. in 4°. dans l'Ap-
pendix.

Brunsf. Brunsf. tom. I. Brunsfelfii Hiftoria Plantarum. 3 vol. fol. Argent. 1530. &c.

Bry Joannis Theodori de Bry Florilegium. 3 vol. fol. 1612. 1614. 1610.

Buxb. Enum. plant. Hall. Bubaum. Enumeratio plantarum *circa* Halam nafcentium.

Caefalp. Andreas Caefalpinus de Plantis. Romae 1603.

Cam. Epit. Camer. Epit. Cam. in Matth. Camerarius in Epitomen Matthioli. 4. Francof. 1588.

Cam. in Math. Germanicè idem Germanicè.

Cam. Hort. Camerarius in horto Medico & Philofophico. 4. ibid. 1588.

Caft Caft. Dur. Herbario Nuovo di Caftore Durante. fol. Venet. 1684.

Cat. Plant. Bat. Catalogus Horti Academici Lugduno Batavi P. Hermanni. 8. L. Bat. 1687.

Chabr. Stirpium Icones & Sciagraphia Auctore Dominico Chabraeo. fol. Genevae 1677.

Cimel. Reg. Cimelium Regium: Continens plantas exficcatas. &c.

Cluf. Pann. Caroli Clufii rariorum aliquot ftirpium per Pannoniam, Auftriam, &c. Obfervatarum Hiftoria. Antv. 1583.

Cluf. Cluf. Hift. Caroli Clufii rariorum Plantarum Hiftoria. fol. Antv. 1601.

Comm.

Comm. Ac. Reg. Parif. Commentarii ad Hiftoriam Plantarum ordinandam, Auctore Dodart. fol. & in 8.

Cord. Hift. Cordi Hift. Valerii Cordi Hiftoriae ftirpium Lib. iv. fol. Argent. 1561.

Col. part. I. Fabii Columnae ftirpium Pars Prima. 4. Romae 1606.

Col. Ecphr. Fabii Columnae ἐκφρασις Pars Altera. 4. Romae 1616.

Col. Phytob. Fabii Columnae Phytobafanos. 4. Neap. 1592.

Cat. Hort. Amftel. H. Amftel. Cat. Cafpari Commelini Horti Medici Amftelaedamenfis Plantarum Ufualium Catalogus. Amft. 1715.

Corn. Jacobi Cornuti Plantarum Canadenfium Hiftoria. 4. Parifiis 1635.

Corn. Ench. Botan. Jacobi Cornuti Enchirid. Botanicum.

D *Dale* (57) Dale pharmacologia. 2 vol. 8. Londini.

Dillenius. Dillen. Cat. Giff. Jo. Jac. Dillenii Catalogus plantarum fponte circa Giffam nafcentium cum Appendice. Francof. ad Moen. 1719. 8.

Dillen. Nov. Plant. Spec. Jo. Jac. Dillenii. Defcriptiones novarum plantarum fpecierum. In eodem tractatu. part. 2.

Diofcorid. Pedacii Diofcoridis Opera Omnia. fol. Francof. 1598.

Dod. Pempt. Dod. Remberti Dodonaei Pemptades fex. fol. Antv. 1616.

Dod. Gall. Hiftoire des Plantes compofées en Flamand par Dodonée, & traduite en Francois par Charles de l'Eclufe. fol. Anverf. 1557.

D. Doodii. D. Samuel Dody Pharmacopaeus Londinenfis apud Raj. in Synopf. ftirpium Britannicarum ubique.

Dorft. Theodor. Dorftenii Botanicon. fol. Francof. 1540.

Eyft. H. Eyft. Hortus Eyftettenfis Opera Bafilii Befleri Philiatri & Pharmacopolae. fol. Norimb. 1613.

Eph. Nat. Cur. Cent. & Obf. & App. Ephemerides Naturae Curioforum.

Edit. Gall. (10) vide *Lugd. Gall.*

Febr l'Anchora Sacra. Johannes Michael Fehr. Anchora Sacra, vel, Scorzonera. 8. Uratifl. 1666.

Flor. Bat. Florae Lugduno Batavae Flores Pauli Hermanni. 8. Lugd. Bat. 1690.

Flor. Jenenf. Henrici Bernardi Ruppii Flora Jenenfis Francof. & Lipfiae 1718. 8.

Flor. Pruff. Flora Pruffica five plantae in regno Pruffiae fponte nafcentes, quarum Catalogus a Joanne Loefelio primum editus eft abfque figuris, denuo recufum notis & iconibus illuftravit Joannes Gottfched. Regiomonti 1703. in 4.

Flor. Quafimod. Flora Pruffica quafimodo genita, feu enumeratio plantarum indigenarum Pruffiae, Auctore Georgio Andrea Helwingio. &c. Gedani 1712. in 4.

Fufch. Fuchf. Gall. De Hiftoria ftirpium Commentarii infignes, Auctore Leonhardo Fuchfio. fol. Bafil. 1542.

G *all. T. 2 T. I.* Vide Lugd. Gall.

Ger. Emac. Ger. Emac. defcript. Joannis Gerardi Hiftoria Plantarum emaculata & aucta. Opera Thomae Johnfon. fol. Londini, 1633. & 1636.

Gefneri Hort. Gefnerus de Hortis Germaniae editus cum Hiftoria ftirpium Cordi. fol.

H *ift. Lugd.* vide *Lugd. Gall.*

H. Cath. Suppl. Alt. Horti Catholici Supplementum alterum, Auctore Francifco Cupani. 4. Panor. in Sicil. 1697.

H. Cathol. Etnenfis H. Cath. Hortus Catholicus, Auctore Francifco Cupani. 4. Neapoli 1696.

H. Edinb. Hortus Medicus Edinburgenfis, Auctore Jacobo Sutherland. 8. Edinburgii 1683.

H. L. Bat. Hort. Leyd. Hortus Academicus Lugduno-Batavus, Auctore Paulo Hermanno. 8. Lugd. Bat. 1687.

Hift. Ox. H. Oxon. H. Ox. Plantarum Hiftoriae Univerfalis Oxonienfis, Auctore Rob. Morifon. 3 vol. fol. Oxonii 1679. 1680. 1699.

H. Parif. H. Par. H. R. Hortus Regius Parifienfis. fol. Parif. 1665.

I *nft. Inft. R. H. J. R. H.* Inftitutiones Rei Herbariae Auctore Jofepho Pitton Tornefort 3 vol. 4. Parif. 1700.

Joncq. Hort. Dionyfii Jonquet Hortus. 4. Parif. 1659.

L *ob. Icon.* Lobel Icones Stirpium. fol. Long Antv. 1587.

Lob. Obf. Stirpium Obfervationes Matthiae de Lobel. fol. Antv. 1576.

Lob. Adv. Lob. Stirp. Stirpium Adverfaria Nova, Auctoribus Petro Penâ & Matthiâ de Lobel. fol. Lond. 1606. Antv. 1575.

Lonicer Adam Lonicerus Hiftoria Plantarum.

Lugd. Hiftoria Generalis Plantarum a Dalechampio elaborata 2 vol. fol. 1586.

Lugd. Gall. Gall. tom. 1. 2. Editio Gallica Hiftoriae Generalis Plant. Lugdun. 2 vol. fol. 1586.

M *onfpel. H. R. Monfp.* Hortus Regius Monfpelienfis Petri Magnol.

Matth. Petri Matthioli Opera Illuftrata a Cafparo Bauhin. fol. Bafil. 1674.

Mem. de l'Ac. Royal. Mem. Ac. R. Memoires de l'Academie Royale des Sciences.

Mentz. Ind. Index nominum Plantarum multilinguis, Operâ Chriftiani Mentzelii. fol. Berolini 1682.

Mentz. Pug. Ejufdem Pugillus rariorum Plantarum. ibid.

d   Me·

ABREGES DES AUTEURS QUI SONT CITES.

Meret Pin. D. Meret Merr. Merret Pinax rerum naturalium Britanniae. 8. Lond. 1667.

Mich. Pl. Flor. Antonius Petrus Micheli, Botanicus Serenissimi Principis Hetrusci, in descriptione plantarum in agro Florentino nascentium.

Morif. Hist. 1. 2. 3. Plantarum Historia Universalis, Auctore Roberto Morison. 3 vol. fol. Oxon. 1679. &c.

    Umb. Umbelliferarum Plantarum distributio nova, Auctore Roberto Morison. fol. Oxon. 1679.

Morif. H. Blef. Auct. H. R. Bloef. Blef. H. R. Bl. Hortus Regius Blocsensis auctus Auctore Roberto Morison. 8. Lond. 1669.

Mor. Prael. Bot. notat eumdem librum, five Praeludia Botanica.

Munt. Histor. Phytogr. Muntingii Phytographia Curiosa. fol. Amst. 1711.

Munting. Herb. Brit. De vera Antiquorum Britannicâ Auctore Abrahamo Muntingio. 4. Amst. 1681.

Munt. Waare Oeffen. Abraham Munting Waare Oeffening der Planten. 4. Amst. 1682.

Nov. Gen. Plant. Plumier Nova Plantarum Americanaum genera. 4. Parif. 1703.
    Nov. Pl. Spec.

Parad. Bat. Par. Bat, Paradisus Batavus Pauli Hermanni. 4. Lugd. Bat. 1698.

    Parkinfon. Park. Theatr. Theatrum Botanicum Parkinsonii fol. Lond. 1640. Park.

aff aei Paf. Part. alt. Crispini Passaei Hortus Floridus. fol. Amst. 1651.

D. Pelifferii.

Petiver Musaeum Petiverianum Concord. Pet. 8.

Petiver. Jacobi Petiver Index Plantarum in Hortis Angliae. in actis Soc. Reg. Britann.

Petit. Epitre. Lettre contenante une critique fur les trois especes de Chryfofplenium de Monfr. Tournefort trois nouveaux genres de plantes, & quelques nouvelles especes. Namurci 1710. in 8.

Petiver Concord. Jac. Petiveri Concordia Graminum. in folio. Lond.

Phytop. Fabii Columnae Phytobafanos. 4.

Plot. The natural History of Staffordshire. &c. fol.

Plukn. Almag. Plukn. Almag. Bot. Leon. Pluknet Almagestum Botanicum. fol.

Plukn. Mantiff. Leon. Pluknet Mantissa Almagesti Botanici. fol. Lond. 1700.

Pluk. Phytogr. Phytographia ejusdem. fol. Lond. 1691. 1692.

P. Plum. Description des Plantes de l'Amerique par le R. Pere Charles Plumier. fol. Parif. 1693.

Pon. Bald. Monte Baldo Descritto di Giovani Pon. 4. in Venetia 1617.

Ponted. Comp. Pontederae Compendium Tabul. Botanicar. 4. Pataviae 1718.

Prodr. Botan. Parif. vide Vaillant prodrom.

Profp. Alp. Aegypt. de Plantis Aegypti Profper Alpinus 4. Venetiis 1633.

Raji Hist. Joannis Raji Historia Plantarum 3 vol. fol. Londini 1686. 1688. 1704.

    R. J. Hist. Append. ejusdem Historiae Appendix.

Raji Cat. Angl. J. Raji Catalogus Plantarum Angliae &c. 8. Londini 1677.

Raji Cat. Angl. & Hist.

Raji Synopf. Stirp. Britt. Edit. 1. Edit. 2. Synopsis stirpium Britannicarum Londini 1690. ibid. 1696.

Raji Cat. Cantabr. Catalogus Plantarum circa Cantabrig. nascent. 8. Cantabr. 1685.

Rivini. Rivini Icon. Rivini Int. M. Introductio Generalis in Rem Herbariam Auctore Quirino Rivino. 3 vol. fol. Lipsiae 1690.

Rob. Icones Roberti variae ac multiformes florum species appressae ad vivum, Auctore Nicolao Robert. 4. Parif.

Scheuchzer. Itin. Alpin. Scheuchzeri Itineraria Alpina. 4. Lugd. Bat. 1723.

    Schol. Bot. Schola Botanica Parifina. 8. Parif. 1699.

Scot. Illuftr. Scotia illustrata Auctore Roberto Sibbaldo. Edimburgi 1684. in folio.

Schwenkf. Stirpium & Foffilium Silesiae Catalogus, à Casparo Schwenkfeld 4. Lipsiae 1600.

Scherardi. Gulielmus Scherard.

Sim. Pauli Simon Pauli Quadripartitum Botanicum. 4.

Sterb. Sterbeek Theatrum fungorum. 4.

Sw. (15) Swert. Emanuelis Swertii Florilegium. fol. Francof. 1612.

Synopf. Stirp. Brit. Synopsis stirpium Brittannicarum. Londini 1690. ibid. 1696.

Tabern. Historia Plantarum Germanice fcripta, Auctore Tabernaemontano. fol. Francof. 1613.

    Tabern. Icon. Tabernaemontani Icones Plantarum. fol. long. Francof. 1590.

Thall. Thalius. Sylva Hercynia, five Catalogus Plantarum sponte nascentium in montibus & locis vicinis Hercyniae. 4. Francof. 1588.

Theatr. Bot. vide Cafpar. Bauhin.

Theoph. Theophrafti Historia Plantarum. fol. Amst. 1644.

Thom. Bart. in A. M. Thomae Bartholini Acta Medica & Philofophica Hafnienfia. 4.

Trag. Defc. Trag. Icon. Hieronymi Tragi de ftirpibus Lib. III. 4. Argent. 1552.

Triumf. Obferv. Loelii Triumfetti Catalogus Plantarum, cum Obfervationibus Joan. Bapt. Triumfetti ejus Fratris editus.

Vaill. (D.)

    Vaill. prodr. Sebaftiani Vaillant Botanicon Parifienfe, Prodromus. 8. Lugd. Bat. 1723.

D. Vernon. Citatus faepe in Raj. Synopf. Celebris Botanicus Britannicus.

Volk. Volkameri Flora Noribergenfis. 4. Norib. 1700.

Zan. Iftoria Botanica di Giacomo Zanoni. fol. Bologna 1675.

L I S T E

Des Souscripteurs pour cet Ouvrage.

Edward Aston.
 Pour la Bibliotheque de S. M. J.
 Messieurs du College en Medicine de Basle, pour la Bibliotheque publique.
Bassand Medicin de S. A. S. Le Prince Hereditaire de Loraine.
S. Battier, Docteur en Medicine & Professeur en la Langue Grecque a Basle.
Ant. Birr Candidat en Medicine.
Johannes Christophorus Bohlius Medicinae Doctor.
Charles du Bois R. SS. Thresorier de la Compagnie des Indes.
Godofridus du Bois Med. & Philos. Doct. & Pract. Lugd. Bat.
Boklius.
Le Doct. Bossinger Conseill. & Medicin de S. M. J.
* Andreas Boynd. Med. Doct.
* H. de Bruyn J. V. D.
* Joh. Henr. Burckhard, Med. Doctor. Consiliarius & Archiater Sereniss. Duc. Brunsvic. & Luneb.
Guillaume Burton.
Pierre Buteux, Doct. en Med.
Jacques Campbell, M. D. R. S. S. & Med. Reg.
* Monsr. Maurice Cappeler Doct. en Medicine, Membre du grand Conseil, & Medicin de la Ville de
  Lucerne.
* Gulielmus Chambers, M. D.
* W. Chrouët. M. D.
George Cliffort Junior.
Collegium Medicum Haarlemens.
* Casparus Commelin.
Casparus Commelin.
Changuion 16. Exempl.
* J. Chatelein.
J. Chatelein.
Henry van Convent, Med. Doct.
Beatus Cook.
John Cunningham.
Samuel Dale Medicus Braintreensis.
* Guillaume, Duc de Devon, President du Conçile Privé.
Jean Jacob Dillenius M. D. R· SS. 2 Exempl.
Aarnoldus Doleus Medicinae Doctor.
Dr. James Douglas.
* Samuel Dury, Med. Doct. & Pract. Lugd. Bat.
* Andreas Dyckhuyzen.
Andreas Dyckhuyzen.
* J. A. S. Monseigneur le Prince Eugene de Savoye &c. &c. &c. 2 Exempl.
Richardus Frankland.
Robert Fyscher M. B. ex Aede Christi, &c.
Le Chevalier Garelli, Conseillier & Medicin de S. M. J. & Prefect de sa Bibliotheque.
* Monsieur Claude Joseph Geoffroy, Apoticaire de Paris, Pensionaire de l'Academie Royale des Scien-
  ces & Membre de la Societé Royale de Londre.
* Monsieur Estienne Geoffroy, Docteur en Medicine de la Faculté de Paris, Pensionaire de l'Acade-
  mie Royale des Sciences, & Membre de la Societé Royale de Londre, Professeur Royal de Me-
  decine au College Royal, & au Jardin du Roy.
De Heer Gesseler Raatsheer te Groningen.
* Mr. Glorin Doct. en Medicine, & premier Medicin & Conseiller privé de S. A. S. le Prince de Birc-
  kenfeld.
Matthias van Goch, M. D.
* Johan Gordon Esqr.
* Laurentius Grave. Med. Stud.
* G. J. s'Gravesande Professeur en Astron. & Mathem.
* Jean a Groenevelt, Doct. en Med. & Jurispr. Practis. Ordin. dans la Ville de Leide.
* Joan. Freder. Gronovius, Med. Doct.
* Jean Haddon, M. B. ex Aede Christi Oxon.
Albert Haller.
* Monsieur Philippe Hecquet, Docteur Regent & Doyen de la Faculté de Medicine de Paris.
Laurentius Heister, Medicinae Doct. Anat. & Chirurg. in Academia Julia P. P.
John Hemsworth.
Patricius Hewetson.
* Petrus Hooke M. B. ex Aul. Clarens Cantabr.
* Johannes Hoppestein, Med. Doct. & Pract. Lugd. Bat.
Samuel Horsman. M. D.
* P. Husson.
Johannus Franciscus Jalon. M. D.
Janus Chirurgien de S. M. J.
* Archibald Comte d'Ilay.
Le Docteur Joly, Conseill. & Medecin de S. M. J.
P. R. Jouneau Docteur en Medicine.

Mon-

SEBAST.

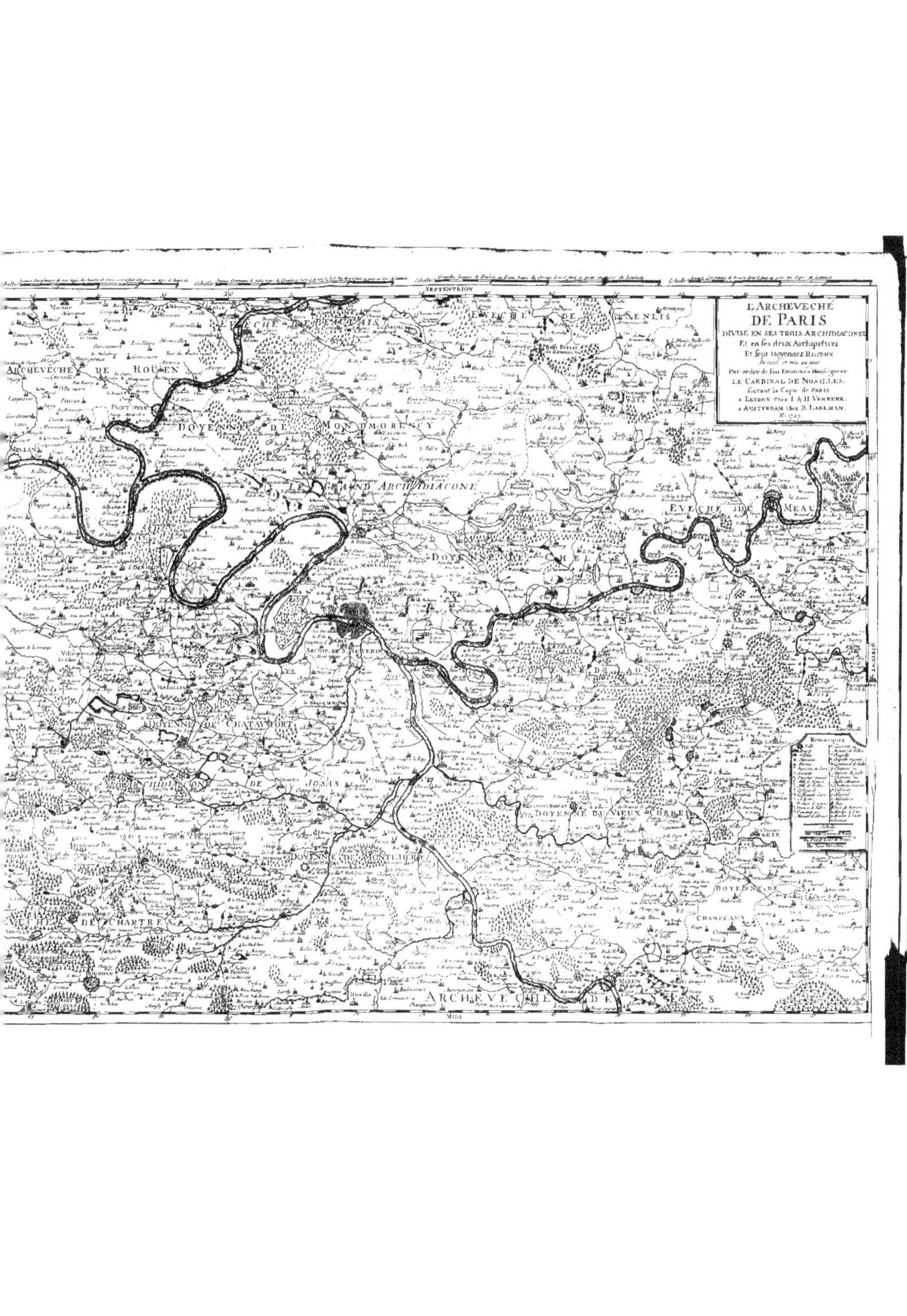

L'ARCHEVECHÉ
DE PARIS
DIVISÉ EN SES TROIS ARCHIDIACONEZ
Et en ses deux Archiprétrez
Et sept Doyennez Ruraux
Dressé et mis au jour
Par ordre de son Eminence Monseigneur
LE CARDINAL DE NOAILLES
suivant la Copie de PARIS
a LEYDEN chez I & H VERBEEK
a AMSTERDAM chez R. LAKEMAN
A° 1727
SEPTENTRION
MIDI
ARCHEVECHÉ DE ROUEN
EVECHÉ DE BEAUVAIS
EVECHÉ DE SENLIS
EVECHÉ DE MEAUX
ARCHEVECHÉ DE SENS
DOYENNÉ DE MONTMORENCY
LE GRAND ARCHIDIACONE
DOYENNÉ DE CHASTRES
DOYENNÉ DU VIEUX CORBEIL
DOYENNÉ DE MONTLHERY
DOYENNÉ DE CHATAUFORT
ARCHIDIACONÉ DE JOSAS
DE CHARTRES
CHAMPEAUX
MEULAN
Remarques
Echelle

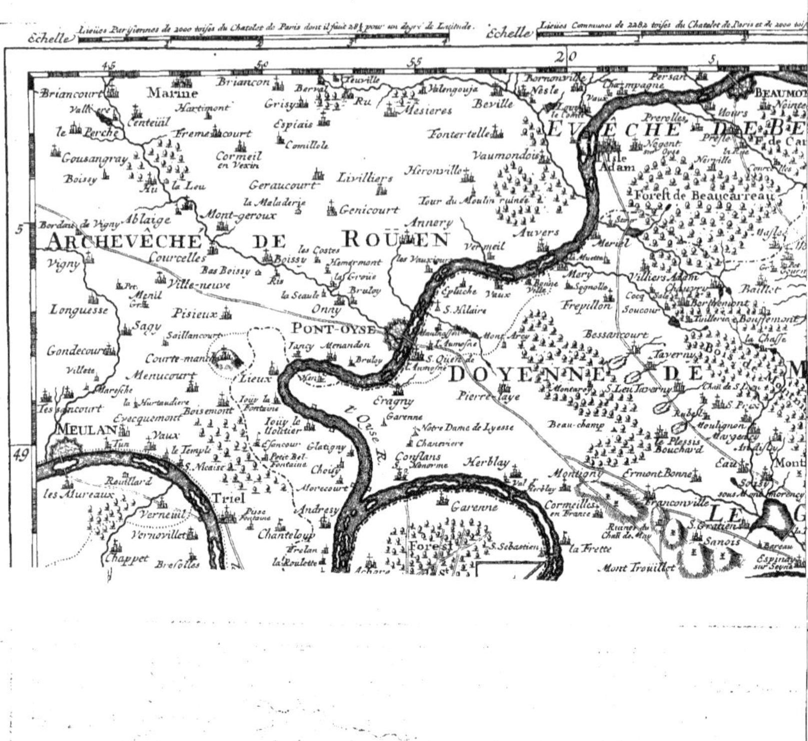

Echelle — Lieües Parisiennes de 2000 toises du Chatelet de Paris dont il faut 28½ pour un degré de Latitude.
Echelle — Lieües Communes de 2282 toises du Chatelet de Paris et de 2000 toi
ARCHEVÊCHÉ DE ROÜEN
EVÊCHE DE BE
DOYENNE DE M
Briancourt
Marine
Briancon
Teuville
Valengouja
Bornonville
Persan
Champagne
BEAUMO
Nointe
Vallière
Hartimont
Berval
Ru
Nesle
Vaux
Hours
Centeüil
Grisy
Mesieres
Beville
le Comte
Prerolles
presle
de Ca
le Perche
Fremecourt
Espiais
Fontertelle
Nogent sur Oyse
la Rue
Gousangray
Comillole
Vaumondois
Isle Adam
Nerville
Boissy
Cormeil en Vexin
Heronville
Forest de Beaucarreau
Au la Leu
Geraucourt
Livilliers
Tour du Moulin ruinée
la Maladerie
Genicourt
Annery
Auvers
Bordeau de Vigny
Ablaige
Mont-geroux
Vermeil
Meriel
Vigny
Courcelles
les Costes
les Vauxioux
la Muette
Bas Boissy
Hemermont
Mary
Villiers Adam
Menil
Ville-neuve
Ris
las Groüe
Bonne Ville
Segnollo
Cocq Sale
Baillet
Longuesse
Pisieux
la Seaule
Bruloy
Epluche
Vaux
Frepillon
Soucour
Borthemont
Sagy
Saillancourt
Onny
S. Hilaire
Bessancourt
la Chasse
PONT-OYSE
Fancy
Menandon
Mont Arcy
Tavernu
Courte-manche
Bruloy
S. Quen de
DOYENNE DE M
Lieux
l'Aumosne
Montara
S. Leu Tavernu
Gondecourt
Menucourt
Vent
Pierre-Jaye
Villete
Maresche
Eragny
Beau-champ
Rubelle
la Hurtaudiere
Boismont
Garenne
le Plessis Bouchard
Moulignon
Tessancourt
Evecquemont
Iouy la Fontaine
Notre Dame de Lyesse
Eau
Mont
MEULAN
Vaux
Iouy le Uolitier
Chaneviere
Herblay
Montigny
Ermont Bonne
Franconville
Tun
le Temple
Esancour
Glatigny
Conflans S. Honorine
Val Herbley
LE G
S. Nicaise
Petit Bel-Fontaine
Chouy
Cormeilles en France
S. Gratien
Triel
Morecourt
Garenne
la Frette
Sanois
les Mureaux
Rouillard
Andresy
Garenne
Foreft
S. Sebastien
Mont Trouillet
Espinay sur Seine
Verneuil
Passe Fontaine
Chanteloup
Vernouillet
Trelan
Achere
Chappet
Bresolles
la Roulette

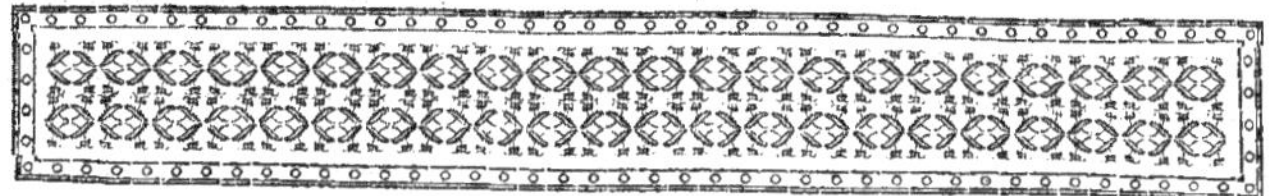

SEBASTIEN VAILLANT
BOTANICON PARISIENSE.

* 1. BIES TENUIORE FOLIO, FRUCTU DEORSUM INFLEXO. *J.* Sapin. *R.H.*585.*Abies conis deorsum spectantibus.Raji Hist.*2.1396.*Picea major prima, sive Abies rubra.Pin.*493. *Item Abies alba, sive foemina. B. Pin.*505.*N°.*2. *Picea Latinorum sive* ἐλάτη ἄῤῥεν, *Abies mas Theoph. J.B.*1.*lib.*9. 238. *cum fig. Picea Axtii* 17. *Adv.* 450. *Cluf.* 33. *Hist.*

Voicy les figures, qui reprefentent, tant bien que mal, cet arbre.

*Picea.Matth.*97.*Pezzo Ejufd.Ital.*109.*optimè. Picea.Lob.Icon.*2.231.*Obferv.*633.*Tabern. Icon.*940.*Cam. Epit.*49.*Caft.*343. *Park.* 1538. *Bod. à Stap.* 168. *&* 169. *Lugd.*50. *La Pece Ejufd. Gall.*42. *Bauh. Matth.*102. *Picea major. Ger.emac.*1454. *Abies. Dod. Pempt.* 866. *Sapini Arboris delineatio, Bellon Arb.Conif.* 27. *malè.*

Cette efpece de Sapin s'appelle en Francois *Pece* ou *Peffe*, & à Paris *Epicia* par corruption du mot Latin *Picea.* Elle donne pour fleurs, en Avril & May, des Chatons a fommets, & pour fruits, qui meuriffent en Septembre & Octobre, des cones écailleux, ainfi que le *Pin* & la *Melefe*, desquels on la diftingue par fes feuilles, qui naiffent feules le long des rameaux. Cet Arbre porte fleurs & fruits, mais feparement; Les fleurs font des chatons en Epi fimple compofez de plufieurs écailles, attachéz autour d'un poinçon. Cet Epi a environ un pouce de long, il fort du fond d'un calice écailleux, & epanouit depuis environ la mi Avril jufque vers la mi May. Les jeunes fruits paroiffent en meme temps. Ce font d'autres Epis écailleux, qui fortent pareillement d'un calice écailleux. Cet arbre eft commun dans les bois qui font autour de l'abreuvoir de Marly & dans ceux des parcs de Verfailles, de Meudon, de Saint Clou &c. ou il a efté planté, & ou il leve quelquefois de femences.

* 2. ABIES TENUIORE FOLIO, FRUCTU DEORSUM INFLEXO, MAJORE, ALBIDO. *Cimel. Reg.*

1. ABROTANUM CAMPESTRE, CAULICULIS ALBICANTIBUS. *C.B.Pin.*136. *Raji Hift.*371. *Arte-* Aurone. *mifia tenuifolia. Dod.Pempt.*33. *Abrotanum campeftre. C. B. Raji Hift.* 1. 371. *Abrotanum fylveftre inodorum cauliculis ex viridi albicantibus. Schwenkf.*5.

2. ABROTANUM CAMPESTRE, CAULICULIS RUBENTIBUS. *C.B.Pin.*136. *Raji Hift.*1.371. *Ar-* H. Par. *temifia tenuifolia five Leptophyllos, aliis Abrotanum fylveftre. J.B.*3.*lib.*26.*p.*194. *cum fig. Abrotanum inodorum, cauliculis purpurafcentibus, Schwenkf.* 5. *Abrotanum campeftre. Tabern Ic* 16 *Park. Theatr.* 94. *& Abrotanum campeftre incanum. Ejufd ibid.*

Cette plante, & la precedente, qui n'en eft qu'une varieté, eft fort commune dans les terres fablonneufes & incultes d'autour de Paris. Elle fleurit en Aouft & Septembre, eft commune entre le Pont de St. Maur & Champigny.

ACANTHIUM vide *Carduus.*

1. ACER CAMPESTRE ET MINUS. *Pin.*431. *H. Parif.*378.

ACER VULGARE, MINORI FOLIO. *J.B.*1. *lib.*8.*p.*166. *Acer minor. Dod.Pempt.*840. *A.* Erable. *cer. Tabern.Ic.*973. *Acer minus & montanum. Park. Theatr. Icon.* 1425. *Acer montanum. Lugd.*95. *Erable de montagne madré, ou jaune. Lugd. Gall.* 1.79.

Il fleurit vers la fin d'Avril. Ses fleurs font difpofées en grapes. Elles ont 3 a 4 lig. de diamêtre & font a 5 petales vert pales. 8 Etamines. calice a 5 lobes. l'Embryon eft a 2 capfules & quelquefois a 3 difpofées en Trefle, & pour lors le ftile eft un ancre a 3 crampons, mais il n'en a que deux, quand l'embryon n'a que 2 capfules. Le Calice, les petales & l'Embryon font velus. Il fe trouve des fleurs mafles & des fleurs hermaphrodites pefle mefle fur la meme grape.

Cet arbre eft affez commun dans tous les bois des environs. Il fleurit a la fin d'Avril & au commencement de May, & fes fruits font meurs en Septembre. Il ne faut pas confondre avec celuy cy, comme a fait C. Bauhin, l'*Acer latifolium Cluf. Hift. Icon.* 10. qui doit eftre raporté au 4e. de ce Catalogue.

A

* 2. ACER

* Acer campestre , et minus , fructu rubente. *Acer campeſtre & minus. B. P. pericarpio externè purpureo. H. Cath. Suppl. alt.* 4.

Cette varieté ſe trouve dans les parcs de St. Clou & de Vincennes vis a vis le Chateau ou devant le Chateau.

* 2. Acer campestre , et minus , mas seu sterile. Les fleurs de celuy cy ſont de la meme ſtructure & couleur que celles de l'hermaphrodite, ſi ce n'eſt qu'elles n'ont point d'Embryon. Elles ſont auſſi en grapes. Les feuilles de cette varieté ſont un peu differentes en ce que leurs decoupures ſont plus etroites & plus longues. dans le Boſquet du retour de la Chaſſe de Diane a Verſailles.

Acer montanum flavum sive crispum. *C. B. Pin. Opulus montanus. Lugd. deſc.* Mr. Gavois le marque dans ſon Catalogue manuſcrit des environs de Paris.

* 3. Acer Platanoides. *Munt. Hiſt. 55. & Phytogr. fig. 11. Acer. Cam. in Math. Germanicè. 47. Acer montanum , Orientalis Platani foliis atrovirentibus. Pluk. Phytogr. Tab. 252. fig. 1. Aceris majoris varietas. J. B. 1. lib. 8. 168. Acer major. Cam. Epit. 63. Acer montanum tenuiſſimis & acutis foliis. C. B. Pin. 431.*

Cet arbre ſe trouve dans les parcs de Charonne, de Verſailles.

4. Acer montanum candidum. *Pin. 430. H. Pariſ. 377. Acer major , multis falſo Platanus. J. B. 1. lib. 8. 168. Acer major. Dod. Pempt. 840. Cord. Hiſt. 175. Lob. Obſ. 614. Acer latifolium. Cluſ. Hiſt. Icon. 10. Acer majus latifolium , Sycomorus falſo dictum. Park. Theatr. 1425. Erable de plaine mol, ou madré. Lugd. 1. 80. Acer campeſtre Carpinus Lugd. 95. quoad Icon.*

On l'appelle à Paris Sycomore. On le trouve dans la foreſt de Fontainebleau , dans les parcs de Meudon, de Verſailles, de Marly, de St. Maur, & autour de la pluspart des maiſons bourgeoiſes de la campagne, il fleurit & graine en meme temps que le precedent.

* Acer montanum , candidum , fructu rubente. Cette varieté ſe trouve meſlée ſouvent avec l'autre. Il ſe trouve auſſi des individus a fleurs maſles & ſteriles & d'autres qui ſont maſles & hermaphrodites ſur la meme grape. ſes grapes ſont pendantes.

Oseille. US. ⊙ 1. Acetosa officinarum. *Acetoſa pratenſis. Pin. 114. H. Par. 1. & 378. Acetoſa Brunsf. 2. 72. Dorſt. 6. maggiore. Caſt. 5. Oxalis. Trag. 315. Lapathum acetoſum. Brunsf. 3. 83. Oxalis, Acetoſa. Tabern. Icon. 438. Oxalis vulgaris , folio longo. J. B. 2. lib. 23. Oxalis. Dod. Pempt. 648. Oſeille. Fuſch. ch. CLXXV.*

Fleurit en Juin , Juillet &c. la fleur & le fruit ſont rouges.

* 2. Acetosa crispa. 2. *Hiſt. Ox. 2. 582. Oxalis criſpa. Tabern. Icon. 440. Acetoſa foliis criſpis. C. B. Pin. 114. Oxalis criſpa. J. B. 2. lib. 23. 990.*

* 3. Acetosa pratensis, flore albo. *H. R. Par. 3.* la fleur & le fruit ſont blancs.

* 4. Acetosa semine vidua. *H. R. Par. 4.*

* 5. Acetosa sylvatica, subincana et villosa. Elle ne differe de la commune que par ſon velu , qui eſt fort court & qui la rend blanchâtre. On la trouve dans les bois de Clagny, de Lucienne, de Fontainebleau &c.

H. Par. 47. & 378. 6. Acetosa arvensis lanceolata. *Pin. 114. Raji Hiſt. 1. 180. Oxalis parva , auriculata, repens. J. B. 2. pag. 992. Oxalis ovina. Tabern. Ic. 440. Acetoſa minor. 5. Trag. deſc. Oxalis minima. Ejuſd. Icon. 316. Acetoſa minor, nobilior. Schwenk. 8. Acetoſa minor. Caſt. 6.*

Cette plante eſt tres commune dans les terres ſablonneuſes , ou elle fleurit en May & Juin. Sa capſule eſt liſſe, c'eſt a dire, que les bords de ſes découpures ne ſont point heriſſez de pointes ou dentelures.

* 7. Acetosa arvensis, lanceolata, semine vidua.

* 8. Acetosa arvensis minima non lanceolata. *C. B. Pin. 114. Oxalis minima. 2. Tabern. Icon. 441.* Cette plante ne me paroiſt eſtre qu'une varieté de l'*Acetoſa arvenſis lanceolata. C. B. Pin.* Elle ſe trouve dans les ſables autour de Paris, ou elle n'a quelquefois que 2 ou 3 pouces de haut & eſt toute rouge. Il y a des pieds a fleurs & des pieds a graines comme dans l'*Acetoſa arvenſis lanceolata. C. B. Pin.*

* 9. Acetosa arvensis minima , non lanceolata , semine vidua.

⊙ * 10. Acetosa minor erecta lobis multifidis. *Bocc. Muſ. 2. 164. Acetoſa minor , lobis multifidis. Ejuſd. Tab. 126. Acetoſa lanceolato folio , è baſi lata polyfido, Etnenſis. H Cath. 3.*

J'ay trouvé cette varieté autour de l'Hermitage de la Magdelaine dans la foreſt de Fontainebleau.

⊙ 11. Acetosa lanceolata angustifolia , repens. *Pin. 114. Prodr. 55. H. Pariſ. 47. Oxalis minima* 1. *Tabern. Ic.* 441. *Acetosa lanceolata minor. Schwenkf.* 8. (*semine cum prægnat, tota rubra apparet.* dit-il.)

Cette espece fleurit en Avril & May, & est tres commune dans les lieux sablonneux, comme sont la plaine de Seve, de Neuilly, les taillis du bois de Boulogne & presque dans tous les sables incultes d'autour de Paris.

ACINOS vide *Clinopodium.*

1. AGARICUS PEDIS EQUINI FACIE. *J. R. H.* 562. *H. Parisf.* 378.

* 2. AGARICUS LICHENIS FACIE. *J. R. H.* 562.

* 3. AGARICUS FOLIATUS, CORNUA DAMAE REFERENS. *Comment. Ac. Reg. Scientiar.* 89.

* 4. AGARICUS PRAECOX, ALBO GILVUS, CRISTATUS. *J. R. H.* 562.

* 5. AGARICUS DE ST. CLOU. *an fungus parvus, pullus, stipitibus cariosis adnascens, superne lamellatus. D. Vernon. Plukn. Mantisf.* 86? J'ay trouvé cette plante a St. Cloud sur des planches de bateau. J'ay fait dessiner cette plante. *Tab.* I. *Fig.* 1. par le dessus. & *Fig.* 2. par le dessous.

* 6. AGARICUS DE ST. CLOU, NIGERRIMUS. *Tab.* I. *Fig.* 3.

* 7. AGARICUS FUSCUS SERICEUS. *Tab.* I. *Fig.* 4.

⊙ 1. AGRIMONIA OFFICINARUM. *J. R. H.* 301. *H. Parisf.* 47. & 378. *Agrimonia seu Eupatorium. J. B.* 2. *lib.* XVII. 398. *Eupatorium veterum sive Agrimonia. C. B. Pin.* 321. *Agrimonia sive Eupatorium. Dod. Pempt.* 28. *Eupatorium. Cord. Hist.* 169. *Agrimonia. Brunsf.* 3. 68. *Dorst.* 11. *Eupatorio di Dioscoride. Cast.* 164. *Eupatorium Graecorum, Agrimonia officinarum. Lob. Icon.* 692. *Aigremoine. Fusch. ch.* XC. Aigremoine.
US.

Cette plante est commune dans les taillis & sur le bord des champs autour de la ville. Elle fleurit en Juillet & Aoust. Sa fleur est jaune, large de 4 a 5 lignes, composée de 5 petales. Son fruit est long d'un quart de pouce, taillé comme en brosse a peigne, dont les poils font le crochet. Il est divisé interieurement en 2 loges, qui renferment chacune une semence.

* 2. AGRIMONIA ODORATA. *Cam. Hort.* Se trouve dans la forest de Montmorency aux environs du Chateau de la Chasse. bien verifié.

1. ALCEA VULGARIS MAJOR. *Pin.* 316. *Hist. Parisf.* 241. & 378. *vid. Flor. Prusf. Alcea vulgaris. J. B.* 2. *lib.* XXIII. 953. *Dod. Pempt.* 656. *Dens Leonis. Dorst. Icon.* 107. *Alcea. Trag.* 365. *Malva Verbenaca. Ger. emac.* 931. *Alcea. Fuchsf. Icon.* 80. an *Guymalve sauvage, de Fuchsf. ch.* XXVI ? Bimauve.
US.

* ALCEA VULGARIS, MAJOR, FOLIIS MAGIS DISSECTIS. *Herba Simeonis. Brunsf.* 2. 76. *Ic.*

Cette plante s'aime dans les hayes & dans les taillis, on la trouve aussi quelquefois dans les prairies a Meudon, Versailles, St. Germain, Montmorency, dans le parc de petit Bourg. Elle fleurit en Juillet & Aoust. Est commune dans les bois de Verriere.

* 2. ALCEA AMPLISSIMO FOLIO LACINIATO. *J. B.* 2. *App. lib.* XXIII. *p.* 1067.

Celle cy est assez commune dans les taillis ou bois de Verriere, & autour du Chateau de la Chasse dans la forest de Montmorency. Elle fleurit aussi en Juillet & Aoust. Sa fleur qui a environ 2 pouces de diamétre tire sur la couleur de chair.

* 3. ALCEA FOLIO ROTUNDO LACINIATO. *C. B. Pin.* 316. *Malva montana sive Alcea rotundifolia, laciniata. Col. part.* 1. 148.

C'est a cette espece qu'il faut raporter l'*Alcea fruticans. H. Eyst. Icon p.* 218. & non pas a la premiere de ce Catalogue comme a fait. *C. B. Pin.*

J'ay observé cette plante dans le petit parc de Versailles, ou elle est assez rare. Elle y fleurit en Juillet & Aoust. Sa fleur est couleur de rose pâle ou carnée ; Elle a autour seize lignes de diamétre, & est fendue jusqu'a sa base en 5 parties egales échancrées comme en cœur sur le haut, & soutenue d'un calice simple decoupé en etoile a 5 pointes. Quand la fleur est passée elle devient une vessie membraneuse, qui renferme un fruit a plusieurs capsules brunes & velues, qui envelopent chacune une semence brune taillée en croissant.

Cette plante se trouve aussi autour du Chateau de la Chasse.

J'en ay trouvé un pied au bout du mail au derriere la menagerie & 2 vers la Boulie dans le petit parc de Versailles.

4. ALCEA HIRSUTA. *Pin.* 317. *Alcea villosa Dalechampii. Lugd.* 594. *Alcea villosa. J. B.* 2. *App. lib.* XXIII. 1067. *Hist. Parisf.* 241.

Cette espece fleurit en Juin & Juillet. Sa fleur est couleur de chair rayée de blanc. Elle est découpée en 5 parties egales legerement échancrées en coeur sur le haut ; Elle a demi pouce de long. Son calice est double.   A 2   I. AL-

1. ALCHIMILLA MONTANA MINIMA. *Col. part.* 1.146. *Hift. Parif.* 48. & 378. *Perchepier Anglorum Quibufdam. J. B.* 3. *part.* 2. 74. *Percepier Anglorum feu Polygonum Selinoides. Park. Percepier Anglorum. Lob. Ger. Raji Hift.* 1.209. *Alchimilla minima hirfuta, foliis inferne albicantibus.* 4. *Hift. Ox.* 2. 195. Fleurit en Juin & Juillet.

2. ALCHIMILLA LINARIAE FOLIO, CALICE FLORUM ALBO. *J. R. H.* 509. *H. Par.* 50. & 379. il faut referver ce nom des Inftit. pour exprimer la plante de Clufius, qui y eft raportée.

3. ALCHIMILLA LINARIAE FOLIO, CALICE FLORUM SUBLUTEO. *Inft.* 509. *H. Par.* 175. & 379. *Linaria adulterina. Raji Hift.* 1.399. *Linofyris Rivini. Flor. Jenenf.* 85.

Il faut nommer l'Efpece de nos Campagnes. *Alchimilla Linariae folio anguftiori*; Et y rapporter l'*Onobrychis* 4. *Lutea Dalechampii Lugd. p.* 491. & *Anthyllis montana Ejufdem.* 1150. *Onobrychis* 4. *Lutea. C. B. Pin.* 215. Fleurit en Juin & Juillet. Eft commune dans le parc de Vincennes. *Knawel folio & flore albicante. Buxb. Enum. Plant. Hall.* 174. il y rapporte le *Polygonum cocciferum. B. Pin. Saxifraga Anglicana Penæ. Lugd.* 2. 1112. *Gall. T.* 2. 114. *Knawel folio & flore albicante. Flor. Jen.* 86. *Polygonum anguftiffimo & acuto vel gramineo folio minus repens.* 11. *C. B. Pin.* 281. *Polygonum minus Polycarpon. Taber. Icon.* 834. *Polygonum incanum flore majore perenne. Raji Hift.* 1.213.

☉ * 4. ALCHIMILLA GRAMINEO FOLIO, MAJORI FLORE. *Inft.* 508. *Polygonum anguftiffimo & acuto vel gramineo folio montanum. Schol. Bot.* 120. *Polygonum alterum Germanicum. Park. Theat.* 446. *Pluk. Almag.*

Sa fleur n'a qu'environ une ligne & demie de diamêtre, & eft decoupée fur les bords, fe trouve dans les fables entre la Marlaye & la Montagne, qui eft fur le Chemin de Gouvieux & en allant de Chantilly a St. Leu d'Efferens : en etoile a 5 pointes egales, un peu creufées en goutiere & bordées de blanc. 10 etamines longues d'une ligne a fommets couleur de foufre s'elevent de cette fleur & entourent un piftile furmonté d'un filet de la hauteur des etamines. Ce piftile devient une femence, qui meurit dans le fond de la fleur, qui ne fletrit point & qui y refte fortement attachée. fleurit des Avril & pendant tout l'efté.

☉ 5. ALCHIMILLA SUPINA GRAMINEO FOLIO, MINORE FLORE. *Inft.* 508. *Hift. Par.* 49. & 378. *Polygonum Germanicum,* 1. *Raji Hift.* 1.213. *Knawel folio & flore viridi. Flor. Jen.* 85.

C'eft bien feurement le *Polygonum montanum vermiculatæ foliis. C. B. Pin.* 281. *Item Polygonum gramineo folio majus erectum.* 3. *C. B. Pin.* 281. *Vermiculata montana nova. Col.* 1.295. *Polygonum tertium. Dod. Gall.* 74. *Item Polygonum cocciferum. C. B. Pin.* 281. *Camer. Epit.* 691. *Polygonum minus alterum. Tabern. Icon.* 835. *Polygonum Polonicum cocciferum. J. B.* 3. *lib.* 29. *pag.* 378. *Polycarpon Lugd.* 1.444. *Gall.* 1.373.

Je croy cette plante vivace. On la trouve dans les lieux fecs & fablonneux. Elle fleurit des le mois d'Avril & continue tout l'efté.

* 6. ALCHIMILLA ERECTA, GRAMINEO FOLIO, MINORE FLORE. *Inft. Polygonum Germanicum Knawel Trag.* 392. *Knawel Germanorum.*

On ne doit regarder cette plante, que comme une varieté de la precedente, avec la quelle elle fe trouve fouvent meflée. Elle n'eft pas toujours droite. Les tiges de la circonference font ordinairement a demi couchées, pendant que celles du centre, qui font foutenues par les rameaux des premieres, fe tiennent droites.

1. ALGA FLUVIATILIS GRAMINEA, LONGISSIMO FOLIO. *Inft.* 569. *H. Par.* 314. *Potamogiton fluviatile, longiffimo gramineo folio noftras. Pluk. Mantiff.*

Cette plante eft commune dans les Rivieres des Gobelins, dans la Sene & la Marne. Il faut retrancher de ce genre les plantes fuivantes, qu'il faut appeller Conferva.

* 2. ALGA VIRIDIS CAPILLACEO FOLIO. *Pin.* 364. *Conferva Plinii. Lob. Ic.* 2.257.

* 3. ALGA FONTALIS TRICHODES. *Pin.* 364. *Conferva trichodes, vel Trichomanes aquaticum. Lugd.*

* 4. ALGA VIRIDIS, BREVIORIBUS SETIS. *Conferva minor ramofa. H. Oxon.* 3. *Icon. fect.* xv. *Tab.* 4.

Hift. Par.
241. 314. &
370.
US.

1. ALKEKENGI OFFICINARUM. *Inftit.* 151. *Alkekengi. Dorft.* 12. *Veficarium folanum. Cord. Hift.* 166. *Solanum veficarium. C. B. Pin.* 166. *Veficaria prima. Caft. Dur.* 454. *Solanum veficarium vulgatius, repens, fructu & vefica rubra* 16. *Hift. Ox.* 526. *Halicacabon. Trag.* 302. *Halicacabon commun. Fufch. ch.* CCLXV.

Sa fleur eft d'un blanc fale, qui a 6 a 7 lignes de diamêtre, les etamines font de meme couleur. Cette fleur eft gravée dans les *El. Bot.* Fleurit en Juillet & Aouft. fes fruits font meurs en Septembre & Octobre.

* 2. AL-

* 2. Alkekengi officinarum foliis variegatis. *Inst.* 151.

⊙ 1. Allium Sylvestre, latifolium. *Pin.* 74. *latifolium palustre* 15. *Hist. Ox.* 2. 388. *Allium* Hist. Parif.
Sylvestre. Brunsf. 3. 137. *Aglio Orsino. Cast.* 12. *Moly sive Allium Vrsinum. Swert.* 1. *Tab.* ³⁷⁹·_{Ail.}
61. *Allium Vrsinum flore albo. Bry* 25. *Allium sylvestre. Trag.* 749. *Ic. Allium Vrsinum. Eyst. Tab·*
59. *Ail d'Ours Fusch. ch.* CCLXXXII.

Fleurit en Avril & May. Je l'ay trouvée dans le parc de Mesnil-montant, dans un des
bosquets de Versailles, dans une Aulnée auprés de Vaubayau le 29. May (Vaubayau est entre
Jouy & Bievre & entre Orsay & St. Clair dans une aulnée a droit au bord de la prairie) Elle
se trouve aussy a la teste du premier estang de la forest de Montmorency a la droite du Chateau
de la Chasse ou au bord des petits ruisseaux qui forment les Estangs.

⋆ 2. Allium Sylvestre Amphicarpon, foliis Porraceis, floribus et nucleis purpureis.
Raji Synops. 230. Peut estre est ce celle que Mr. Gavois appelle dans ses environs de Paris·
Allium sphærico capite folio latiore. C. B. Pin. Ampeloprasum. Dod. Scorodoprasum 1. *Clus.*

Cette Plante est commune a St. Maur dans la prairie qui est entre le village & la Marne. La figure de l'*Allium seu moly montan. latifolium* 1. *Clus. Hist.* 193. *J. B.* 2. *lib.* 19. *p.* 559. la represente
assez bien, & je croy qu'on la peut rapporter a nostre plante. *C. Bauhin. Pin.* 71. N°. 1. la
nomme: *Allium montanum bicorne, latifolium, flore dilute purpurascente.* Couleur de fleurs
differente de celles de nostre plante.

* 3. Allium latifolium luteum. *J. R. H.* Jardin de St. Clou. Fleurit en Juin & Juillet.

1. Alnus rotundifolia glutinosa, viridis. *Pin.* 428. *Alnus cum julis, floribus & fru-* H. Par.
ctibus. Flor. Pruss. 10. *Alnus. Dorst.* 79. *Alno. Cast.* 17. *Alnus. Trag. Ic.* 1084.   242.
  Aulne.

L'Aulne porte ses chatons des l'automne mais ils n'epanouissent qu'en Fevrier & Mars.

* 1. Alsinastrum Serpillifolium, flore albo tetrapetalo.

Cette plante naist dans les petites marres des Rochers de la forest de Fontainebleau & surtout
dans celles d'autour de Franchard, ou elle forme souvent de petits gasons au fond de l'eau, & au
bords. Ses racines sont de long cheveux blancs, qui sortent par toupets, des noeuds inferieurs
des tiges. Ces tiges rampent ordinairement sur la vase. Elles n'ont qu'environ une ligne
d'epaisseur & sont vert pâle, rayées & entrecoupées de noeuds de trois lignes en trois lignes, de
chaque noeud sortent une paire de feuilles opposée & croisée par la paire superieure. Ces
feuilles ont depuis 2 jusqu'a 4 a 5 lignes de long sur environ une ligne de largeur dans leur partie
moyenne. Leur verd est tendre & gay en dessus mais cendré en dessous. Elles paroissent
coupées en 2 parties égales par une petite ligne, qui reigne dans toute leur longeur, & sont taillées a peu prés comme les feuilles de l'*Alsine aquis innatans foliis longiusculis. J. B.* De l'aisselle d'une de ses feuilles & quelquefois de toutes les deux s'eleve un pedicule qui n'a souvent qu'u-
ne ligne de longueur & qui soutient une fleur a 4 petales blancs, qui ne s'epanouissent que rarement. Dans cet estat tout le bouton n'est guere plus gros que la teste d'une moyenne Epingle dont il a assez la figure, mais quand le fruit est meur, le calice qui est decoupé en 4 pointe arrondie dans les échancrures du quel estoient les petales, a pour lors pres de 2 lignes de diamêtre, & la capsule qui est placée dans son centre, s'ouvre en 4 parties, pour laisser échaper des
semences tres fines. Les plus longues tiges de cette plante n'ont gueres plus de 4 pouces de
longueur. Elle n'a que le goust d'herbe. Elle fleurit en Juillet & Aoust. Voyez planche. II.
Fig. 2.

* 2. Alsinastrum Serpillifolium, flore roseo tripetalo.

Cette petite plante rampe sur le limon autour des marres de Franchard dans la forest de Fontai-
bleau, sa fleur n'a gueré que demie ligne de diamêtre a 3 petales, couleur de Roses, arondies,
d'un tiers de ligne chacun, poséz en rond dans les échancrures d'un calice découpé en 3 lobes
egaux & porté par un pedicule long d'environ une ligne qui sort de l'aisselle de la feuille. Cette
est oblongue & a environ 2 lignes de long sur demie ligne de large, assez semblable a celle du Serpolet ou du Thym. Les feuilles naissent opposées par paire a chaque noeud des tiges & des
branches; Ces noeuds sont eloignez les uns dès autres d'environ une ligne ou 2. Les tiges ont
depuis un jusqu'a 2 pouces de longueur sur un quart de ligne d'epaisseur a leur base. Chaque
noeud pousse ordinairement de petits toupets de racines fibreuses, longues quelquefois de demi
pouces presque aussi epaisses que la tige, blanches & luisantes. Le pistile devient une capsule qui s'ouvre en 3 quartiers du centre a la base. Les feuilles regardées a la loupe paroissent
toute pointillées & comme chagrinées, elles sont pleines de suc. Toute la plante machée n'a
que le goust d'herbe. Voyez planche II. *Fig.* 1.

B

3. Alsi-

3. ALSINASTRUM GALLII FOLIO. *Inſt.* 244. *& Alſinaſtrum Gratiolæ folio. Inſt.* Les racines ſont des cheveux blancs qui ſortent du tour des noeuds inferieurs de la tige & ont juſqu'a 2 pouces de longueur, ils naiſſent par verticilles etagéz. Cette tige a juſqu'a 2 lignes d'epaiſſeur dans le bas & s'alonge en s'etraiciſſant juſqu'a ce quelle ait atteint la ſuperficie des eaux qu'elle ſurpaſſe ordinairement d'un pouce ou 2 quand elle eſt dans ſa perfection. Cette tige eſt partagée interieurement & ſelon ſa longueur en 10 cellules formées par des feuillets membraneux diſpoſées en rayons du centre a la circonference. Cette tige eſt canelée par dehors en long. elle eſt pale dans ſa partie, qui ſort de l'eau, lavée d'un peu de purpurin dans celle qui eſt dans l'eau, & toute entrecoupée par étage de 2 lignes en 2 lignes par des noeuds ou ſont attachées 8 ou 10 feuilles & quelquefois 12 avant que la tige gagne le deſſus de l'eau. Ces feuilles ſont diſpoſées en rayons & n'ont qu'un tiers de ligne de largeur a leur baſe ſur 8 ou 10 lignes de longueur celles, qui debordent l'eau, ſont beaucoup plus larges & plus courtes; car on en voit qui n'ont que 2 ou 3 lignes de long ſur la moitié moins de large, terminée en arcade gotique par le haut, & taillée en maniere de langue d'un vert tendre & gay ſans nervures apparentes, & qui reſſemblent en quelque façon aux feuilles du Glaux maritima. *C. B.* Des aiſſelles de quelques unes de ſes feuilles naiſſent des fleurs a 4 petales blancs, arrondis, qui ont environ demie ligne de diamêtre poſée preſque d'aplomb autour du piſtile & vis a vis des echancrures d'un calice decoupé en 4 lobes egaux. Le diamêtre de cette fleur n'eſt que d'une ligne, ſur autant de hauteur. Le piſtile eſt plat & ſillonné en rayons qui aboutiſſent a un meme centre un peu creuſé en nombril. Le tour de ce piſtile eſt environné de 4 etamines, fort courtes, a ſommets blanc. Le calice eſt un godet poſé immediatement dans l'aiſſelle de la feuille. Le piſtile devient une capſule ronde & aplatie, canelée a coſte de melon creuſée en nombril ſur le devant & qui s'ouvre de la juſque vers la baſe en 4 quartiers, qui laiſſent voir pluſieurs ſemences oblongues, aſſez ſemblables a de la livre de bois, attachées a un pivot qui s'eleve du fond de la capſule. Elle fleurit en Juillet & Aouſt & ſe trouve dans les marres du bois de Bondy des landes de Chailly, de la foreſt de Fontainebleau, de la Foreſt de Senart.

Margeline a 4 petales entiers.

♀ 1. ALSINE VERNA GLABRA. *Bot. Monſp. deſc.* 14. *Alſine tetrapetalos Caryophylloides, quibuſdam holoſteum minimum. Raji Hiſt.* 1025. Il faut la nommer *Alſine verna glauca.* Les petales placéz dans les cantons du calice. *Alſinella foliis Caryophylleis. Dillen. Cat. Giſſ.* 47. *vid. Caraĉt.* 124. *Tab.* VI.

Il faut appeller en François *Spurie.* les Margelines a petales entiers comme ſont celles de Spergula.

Sa fleur eſt a 4 petales blancs, longs de 2 lignes ſur demi ligne de large terminéz en pointes obtuſes par les 2 bouts. Le centre de cette fleur eſt occupé par un piſtile ovale entouré de 4 etamines a ſommets blancs, & ſurmontés d'une houpe de la meme couleur partagée en croix. Toutes ces pieces ſont renfermées dans un calice a 4 feuilles vertes taillées en bâle de bled, bordées d'un feuillet blanc: les petales ſont ſi etroitement preſſéz par le calice qu'ils ne tombent point. on les trouve encore lorſque le fruit eſt ſec. ce fruit eſt une petite urne cilindrique, tranſparente comme de la corne fine; dentelée de 8 pointe par le haut. Elle renferme pluſieurs ſemences tancées, preſque rondes, & un peu aplaties entaſſées autour d'un placenta piramidal qui occupe le centre de ce fruit. Ce fruit ne deborde point le calice. Voyez planche III. *F.* 2. Elle fleurit des la fin d'Avril & en May. Elle eſt commune dans les landes ſablonneuſes autour de Paris.

♀ 2. ALSINE MINIMA, FLORE FUGACI. *Inſt.* 243. *Hiſt. Pariſ.* 381. *Alſine ſaxifraga graminifolia, floſculis tetrapetalis herbidis & muſcoſis. Pluk. Almag. Bot.* 23. *& Phytogr. Tab.* 74. *fig.* 2. *Saxifraga Anglica annua, Alſinae folio. D. Plot. Raji Hiſt.* 1026. *Saxifraga graminea puſilla, foliis brevioribus, craſſioribus & ſucculentioribus. Raji Synopſ. Britann.* 146. *Alſine Saxifraga perexigua, tenuifolia, flore parvo tetrapetalo, radice reptatrice. Pluk. Alm. Bot.* 23. *Saxifraga Anglica, Alſinefolia. Ger. Emac. deſcript.* C'eſt ſans doute *l'Alſine omnium minima anguſtiſſimo folio, muſcoſo flore. H. Cathol.* 6. *Caryophyllus minimus muſcoſus, noſtras. Park. Theat.* 1340. *Hyſſopus Salomonis Oviedi Montalbani.* Il faut raporter a noſtre *Alſine minima flore fugaci.* Celles des Nᵒ. 25. 27. 33. & 35. de mon grand Catalogue general. *pag.* 226. Fleurit en

Avril,

Avril, May &c. Sa fleur est a 4 petales entiers , 4 Etamines. Le pistile est terminé d'une trompe a 4 branches en croix.

A 5 petales entiers.

⊙ 1. ALSINE PLANTAGINIS FOLIO. *J. B. 3. lib.* XXIX. *p.* 363. *H. Parif.* 51. & 381. *Alfine Arenaria Plantaginis folio. Flor. Jen.* 101. *Spergula Plantaginis folio. Dillen. Cat. Giff.* 58. Fleurit en May & Juin. Est commune dans le bois des Capucins de Meudon.

Sa fleur est blanche & ne s'evase que d'environ 2 lignes les petales font entiers & tirent fur l'ovale. Les lobes du calice debordent les petales. 10 etamines blanches ainfy que leurs fommets. pistile furmonté de 3 filets blancs, femences noires & luifantes.

2. ALSINE MINOR, MULTICAULIS. *C. B. P.* 250.

♀ 3. ALSINE TENUIFOLIA. *J. B. 3. lib.* XXXIX. *p.* 364. *Alfine Polygonoides foliis tenuiffimis per genicula binis ad fummum caulium polyanthos. Pluk. Almag.* 22. *Tab.* 74. *fig.* 3. *Alfine nodofa multiflora. Schol. Bot. Ejufd. Pluk. Item Alfine polygonoides lini cathartici capitulis tenuifolia. Pluk. Almag. Bot.* 23. *Arenaria verna, ftrictiffimo folio. Flor. Jenenf.* 100. *Linum Sylveftre minus.* 5. *B. Pin.* 214. *Linum Sylveftre* VIII. *Chamaelinum. Cluf. Hift.* 319. *Linum pumilum foliis femper binis albo flore. J. B. 3. lib.* XXX. *pag.* 455. *Alfine nodofa multiflora. Schol. Bot.* 118. *Linum perpufillum. Rob.* H Par 244. & 381.

Fleurit en May & Juin. Sa fleur a 10 etamines le pistile est furmonté de 3 filets. Elle est tres commune fur les friches fablonneux de la plaine de Seve. Voyez planche III. *Fig.* 1.

4. ALSINE VERNA GLABRA, FLORIBUS UMBELLATIS ALBIS. *J. R. H.* 242. *H. Par.* 51. & 381. *Arenaria verna, fugax, glabra, bifolia. Flor. Jen.* 100.

Son fruit n'a qu'une cavité, il s'ouvre par le haut , en 5 ou 6 parties egales. Ses femences font rouffes & fort particulieres pour leur figure.. Les pedicules des fleurs apres qu'elles font paffées furtout , font vifqueux & heriffez de quelque poils fort courtes. J. Bauhin n'a pas raifon de comparer la fleur de cette plante a celle du Myofotis, veû que fes petales font entiers ou feulement dentés de 2 ou 3 dents le plus fouvent inegales. Ces petales font pliés en goutiere , au plûftot creufés en coulice. La plante n'est pas glabre mais parfemée de petits poils furtout dans la partie inferieure de fes tiges & fur les premieres feuilles. Elle commence a fleurir des la fin de Fevrier & continue en Mars & quelquefois en Avril. La fleur est ordinairement blanche mais il s'en trouve des pieds qui la portent un peu lavée de purpurin. Ces fleurs n'ont que 3 etamines a fommets blancheatres. Le pistile est furmonté de 3 filets qui s'etendent horifontalement en triangle. Voyez planche III. *Fig.* 2.

5. ALSINE ARENARIA DICTA. *H. Amftel. Cat.* 16. *Saxifraga paluftris, Alfinefolia. Ger. Emac.* 567. *Alfine paluftris, foliis tenuiffimis ; five Saxifraga paluftris Alfinefolia. Ger. Emac. Raji Hift.* 2. 1032. *Saxifraga paluftris Anglicana. Park. Theatr.* 427. *Arenaria paluftris. Flor. Jenenf.* 100. Cette plante est defcripte deux fois dans. *l'Hift. de Rai. l'une* ne N°. 9. *pag.* 1032. & *l'autre* N°. 14. *pag.* 1033. *Alfine fpergulæ facie, minima, feminibus nudis. J. R. H.* 244. *Alfine tenuiffimo capillaceo folio, Arenaria. J. B. Flor. Bat.* 59. *Alfine paluftris Ericæfolia, Polygonoides, articulis crebrioribus, flore albo pulchello. Pluk. Almag. Bot. & Phytogr. Tab.* 7. *fig.* 4. *Polygonum foliis gramineis alterum. Flor. Pruff.* 204. *Icon. optima.*

Fleurit en Juillet & Aouft. Sa fleur a environ 5 lignes de diamêtre , a 5 petales entiers, egaux, blancs, 10 étamines, 5 longues & 5 courtes, pistile furmonté d'un petit corps blanc coupé en etoile a 5 rayons ; Elle naift autour des marres a l'entrée du bois de Bondy & autour de celles qui fe trouvent fur les friches des environs du dit bois. Elle naift auffy a Verfailles a la tefte de la piece des Suiffe.

⊙ *. ALSINE SAXATILIS ET MULTIFLORA, CAPILLACEO FOLIO. *Inft.* 243. *Alfine polygonoides herbacea minor, Laricis foliis capillaceis, ex uno pediculo plurimis. Pluk. Phytogr. Tab.* 75. *fig.* 4. *Saxatilis Laricis fol. minor. & minori flore. J. R. H.* C'est auffi l'*Alfine Bononienfis non aculeata Bocc. Rar. Pl.* 22. *J. R. H.* 243. Boccone dit l'avoir auffi trouvée a Chantilli. Il faut voir. *l'H. R. Bloef pag.* 126. fi ce n'est pas une des 2 derniers Lychnis. Fleurit tout l'Efté, & commence des le mois de May.

Sa racine est un tendon qui a quelquefois plus d'un pied de long quand cette plante fe trouve dans des fables legers. Elle s'etend horifontalement entre 2 terres. Son colet est epais d'une ligne ou 2 au deffous du quel cette racine fe partage en plufieurs bras qui fe fubdivifent encore en d'autres plus petits & qui donnent d'efpace a autres des cheveux fourchus. Son écorce est blanc fale & n'est qu'une peau fort mince qui couvre une corde ligneufe, blanche & diffici

  le

le a caſſer, douce quaud on commence a la macher. De ſon colet ſortent ordinairement pluſieurs tiges vert brun d'une demie ligne, ou 2 tiers de ligne d'epaiſſeur a leur baſe, qui apres s'eſtre coudées pouſſent beaucoup de branches coupées de noeuds qui ne ſont eloignez dans le bas que de 2 ou 3 lignes & quelquefois d'un pouce dans le haut. Chaque noeud eſt embraſſé par la baſe de 2 feuilles oppoſées de l'aiſſelles d'une des quelles ſort preſque toujours un petit groupe d'autres feuilles, qui eſt le commencement d'une jeune branche. Chaque feuille dans ſa perfection a 3 ou 4 lignes de long, & ne paroiſt que comme un cheveu vert & roide courbé le plus ſouvent fort pointu & qui s'elargit a la baſe qui eſt membraneuſe. Ces tiges & leurs branches ſe diviſent a leur èxtremité en pluſieurs brins qui partent ſucceſſivement des aiſſelles des feuilles & ſoutiennent chacun une fleur blanche de 3 lignes de diamêtre. a 5 petales ovalets longs de 5 quarts de ligne ſur 2 tiers dans le fort de leur largeur, diſpoſés en rond & ſoutenus par un calice a 5 pieces qui ſe trouvent placées entre les petales. 10 etamines a ſommets couleur de chair environnent le piſtile conique ſurmonté de 3 filets blancs, qui devient une capſule de la meme figure ou piramidale qui ne deborde point le calice qui l'environne toujours. Elle s'ouvre de la pointe a la baſe en 3 parties qui renferment pluſieurs ſemences brunes, tres menues. Le vert des feuilles eſt d'un vert brun quoique gay. les petales du calice ſont bordés de blanc ſur les coſtez. j'ay conté juſqu'a neufs fleurs ſur une ſeule tige. Toute la plante n'a que le gouſt d'herbe. Elle naiſt ſur les pentes pelées des rochers de Fontainebleau. Voyez planche II. *Fig.* 3.

♀ * 7. ALSINE SEGETALIS, GRAMINEIS FOLIIS, UNUM LATUS SPECTANTIBUS. Voyez planche III. *Fig.* 3.

Sa fleur eſt a 5 petales blancs entiers & obtus ſur le bout, les pointes du calice la debordent a 5 etamines a ſommets blancs ſale. Elle fleurit en May & Juin ſes ſemences ſont brunes & tres menues.

♀ * 8. ALSINE SPERGULAE FACIE MINIMA SEMINIBUS MARGINATIS. *J. R. H.* 244. *Alſine ſpergulæ facie minima. Bot. Monſp.* 14. *Alſine ſpergula ſemine foliaceo nigro, circulo membranaceo albo cinĉto. Moriſ. H. Bleſ. Auĉt* 228. *Vid. Spergula in Cat. Giſſ. p.* 46. *Dillen. Spergula annua ſemine foliaceo nigro, circulo membranaceo albo cinĉto. Mor. Dillen. Cat.* 46. *& Eph. Nat. Cur. Cent.* 5. *& 6. Obſ.* 38. *pag.* 275. *Spergula ſemine limbo foliaceo cinĉto. Tab.* IV. *Arenaria teretifolia verna, flore albo, ſemine limbo foliaceo cinĉto. Flor. Jen.* 101.

Fleurit & graine en May. Elle ſe trouve ſur les rochers autour de Franchard. Elle s'eleve quelquefois autant que l'*Alſine ſpergula diĉta major C. B.*

Son fruit n'a qu'une cavité dans la quelle pluſieurs ſemences noires bordées d'un feuillet blanc ſont diſpoſées en maniere de teſte.

♀ ♂ 9. ALSINE SPERGULA DICTA, MAJOR. *Pin.* 251. *H. Pariſ.* 382. *Arenaria arvenſis, vulgatior. Flor. Jen.* 100.

Fleurit & graine en Avril & May. Sa fleur eſt blanche & n'a guere que 2 lignes de diamêtre. 5 petales ovalets. 5 etamines a ſommets jaunes. piſtile ovale ſurmonté d'une etoile blanche a 5 rayons fort courts.

H. Par. 382.   10. ALSINE SPERGULAE FACIE MINOR. *Pin.* 251. *Polygonum foliis gramineis, Aſpergulæ capitulis. Flor. Pruſſ.* 203. *Icon. Arenaria campeſtris, flore purpuro-cæruleo. Flor. Jen.* 101.

Sa fleur a environ 3 lignes de diamêtre. 5 petales ovalets terminées un peu en pointes, poſés ſur les cantons du calice. 10 Etamines blanches a ſommets jaunes. piſtile ſurmonté de 3. filets en triangle. Cette fleur tire ſur le gris de lin. Fleurit en May, Juin & Juillet. Sa fleur eſt a 5 petales entiers. Ses ſemences ſont brunes.

   * ALSINE SPERGULAE FACIE MINOR FLORE ALBO.

   * 11. ALSINE TENUIFOLIA, PEDICULIS FLORUM LONGISSIMIS.

Cette plante a le port & les feuilles de l'*Alſine minima flore fugaçi. J. R. H.* mais elle s'eleve plus haut. les tiges & les pedicules des fleurs ſont ordinairement brunes. Sa fleur n'a qu'environ 2 lignes de diamêtre. Elle eſt a 5 petales blancs, entiers ronds, qui ne debordent point le calice & qui ſont oppoſés a ſes cantons. le piſtile eſt un petit bouton tirant ſur l'ovale, vert pâle, ſurmonté de 5 ſtiles blancs, courts diſpoſez en etoile, & entouré de 10 Etamines blanches ainſy que leurs ſommets. Ces etamines n'ont pas une ligne de long. le calice eſt parſemé de petits poils tres courts. il eſt decoupé en etoile a 5 parties egales. Cette plante ne s'eleve que depuis 2 juſqu'a 4 pouces, Elle pouſſe ordinairement pluſieurs tiges de ſa racine, lesquelles ſe couchent d'abord ſur la terre & ſont droites dans le reſte de leur longueur. Ses feuilles ſont liſſes, vertes,

roi-

roides, dures & reſſemblent aſſez bien a celles du Knawel ou de l'*Alſine minima flore fugaci.*
Elle commence a fleurir vers la fin de May & continue en Juin & Juillet. Elle ſe trouve dans
les friches qui ſont au de la St. Leger entre la foreſt & le Village de St. Lucien le long du chemin. Elle n'a que le gouſt d'herbe. Son fruit s'ouvre ordinairement en 4 & quelquefois 5
lobes de la pointe vers la baſe & contient dans ſa cavité pluſieurs ſemences noiraſtres tres menues.

A 5 petales echancrés.

♃. 1. ALSINE MEDIA. *Pin.* 250. *Alſine vulgaris ſivé Morſus gallinæ.* J. B. 3. *lib.* 29. H. Par 3.
363. *Raji Hiſt.* 2. 1030. *Alſine minor. Dod.* 29. *bonne fig. Hippia minor. Cord. Hiſt.* 159. *A- & 381.*
nagallis. Dorſt. 31. *Alſine. Caſt.* 19. *Morſus gallinæ. Trag. Ic.* 385. *Alſine. Sim. Pauli.* 17. *co-*
pié ſur l'Alſine minor recentiorum, ſive Hippia minor. Lob. Ic. 1. 460. *Alſine Tabern. Icon.*
706. & *Alſine media. Ejuſd. ibid.* 707. la grande Morgeline. *Fuchſ. Gall. cap.* VII. C'eſt a cette eſpece qu'il faut rapporter l'*Alſine genuina. Dioſcorid. Lugd.* 1232. *deſcr.* & non pas a la
troiſieme de ce Catalogue, comme a fait *C. Bauhin.*

Sa fleur ne paſſe guere 2 lignes de diamétre, elle eſt a 5 petales blancs fendus en 2 preſque
juſqu'a la baſe. 3 etamines a doubles ſommets pourpre rouge entourent un piſtile ovale. ſurmonté de 3 petits filets blancheatres.

Cette plante fleurit en Mars, Avril, May & preſque toute l'année.

* ALSINE MEDIA, ACUTIORI MINORI FOLIO CRISPO. *Hort. Cath.*

⊙ 2. ALSINE MAXIMA SOLANIFOLIA. *Mentz. pug. T.* 2. *H. Par.* 244.   H. Par.

ALSINE ALTISSIMA NEMORUM. *Pin.* 250. *Alſine aquatica major. Ejuſd.* 251. *Alſine palu-* 243. & 381.
ſtris. Tabern. Ic. 713. & *Alſine major. Ejuſd. ibid.* 707. & *Alſine marina. Ejuſd.* 714. *voyez* H. Pariſ.
les figures a l'Alſine major. Dod. 29. *Secundum genus Morſus gallinæ Trag. deſc.* 385.   344.

Sa fleur eſt a 5 petales échancrés juſque vers leurs baſes. Elle a environ demi pouce de diamêtre.

Mr. Tournefort dit que ſes feuilles ſont ondées, & crenelées ſur les bords. Pour ondées
on luy paſſe mais pour crenelées, non, car je ne croy pas qu'on ait jamais obſefvé de
crenelures aux feuilles des eſpeces de ce genre; quoy que Mentzelius en ait repreſenté aux feuilles de celle-cy.

◄ 3. ALSINE HYPERICI FOLIO. *D. Vaillant J. R. H.* 242. *Alſine longifolia, uliginoſis pro-*
veniens locis. J. B. 3. *lib.* 19. 365. *Alſine aquatica media. C. B. Pin.* 251. *Alſine fontana.*
Tabern. Ic. 712.

Il faut renvoyer cette plante aprés ou devant l'*Alſine Plantaginis folio. J. B.*

Fleurit en May & Juin. Sa fleur n'a qu'environ 2 lignes de diamétre, & eſt a 5 petales blancs,
entiers & terminés en pointe. Ils poſent immediatement ſur les ſegments du calice qu'ils couvrent; ainſi leurs cantons ſont vis a vis ceux du calice. 10 Etamines, piſtile ſurmonté de 3 filets diſpoſez en triangle. l'*Alſine fontana Tabern. Ic.* 712. eſt bien reſſemblante a noſtre plante.

Moriſon, *H. Ox.* 2. 551. dit que ſes petales ſont fendus en 2, mais il ſe trompe. Mr. Ray
(*Synopſ.* 209.) ſe trompe pareillement: car il les dit auſſi fendus en 2 juſqu'a la baſe. Et Jean
Bauhin dit que la fleur a 10 petales blancs.

4. ALSINE PRATENSIS GRAMINEO FOLIO ANGUSTIORE. *Inſt. R. H.* 243.   H. Pariſ.

○ * ALSINE FOLIO GRAMINEO ANGUSTIORE PALUSTRIS. *Dilleu. Cat. Giſſ.* 173. *Nov.* 51. & 381.
Pl. ſpec. p. 69.

Fleurit en May, Juin & Juillet. Sa fleur a 5 a 6 lignes de diamêtré, a 10 Etamines. Il
s'en trouve une autour des lacunes, qui ſont entre St. Clair & Rouſſigni & dans les prairies de
St. Leger, dont la fleur a juſqu'a 9 a 10 lignes de diamêtre, & c'eſt l'*Alſine quæ Caryophyllus*
holoſtius arvenſis medius, Raji Synopſ. 207. *Caryophyllus holoſtius, foliis gramineis. Mentz.*
Pug. Tab. 7. elle ſe trouve auſſy entre Gentilly & arcueil dans le pré ou naiſt le *Clymenum*
Pariſ. flore cæruleo.

* ALSINE FOLIO GRAMINEO ANGUSTIORE PALUSTRIS, FLORIFERA ET NON FRUCTIFERA.

Fleurit en Juin & Juillet. Sa fleur n'a qu'environ 3 lignes de diamétre.

5. ALSINE PRATENSIS GRAMINEO FOLIO AMPLIORE. *Inſt.* 243. ⊙ *H. Par.* 51. & 380. *Alſi-*
ne Caryophylloides, glaber, flore majore. Cat. Hort. Amſtel. 15. *Euphraſia Gramen. Trag.* 329.
Icon & *Euphraſia Norica. Ejuſd. deſc.* 327. *Dent de Chien. Fuſch. ch.* XLVIII.

C

* 6. AL-

* 6. ALSINE, QUI CARYOPHYLLUS HOLOSTIUS, ARVENSIS, MEDIUS. *Raji Synopſ.* 207.

Au tour de lacunes entre St. Clair & Rouſſigni. & entre gentilly & arcueil dans la prairie.

Fleur blanche d'environ 9 lignes de diamêtre, a 5 petales profondement fendus en 2. calice vert fendu juſqu'a la baſe en 5 parties egales. 10 Etamines blanches a ſommets jaunes. piſtile preſque ſpherique de couleur de paille, ſurmonté de 3 filets blancs, commence a fleurir des la fin d'Avril & continue en May.

♀ ❭ 1. ALSINEFORMIS PALUDOSA TRICARPOS, FLOSCULIS ALBIS INAPERTIS. *Pluk. Phytogr. Tab.* 7. *fig.* 5. *Alſine paluſtris Portulacæ aquaticæ ſimilis. Raji Hiſt.* 2. 1035. *Portulaca exigua ſive arvenſis Camerario. J. B.* 3. *lib.* 35. *pag.* 678. *Portulaca arvenſis. C. B. Pin.* 288. *Alſine aquatica ſurrectior. J. B.* 3. 786. *an Alſine paluſtris ſerpilli folio. Ger. emac. Portulaca minima flore albo. H. R. Bleſ.* 296. *& Hiſt. Ox.* 2. 571. *Cameraria aquatica & major. Eph. nat. Cur. Cent.* 5. *& 6. App.* 93. *Cameraria arvenſis & minor. Eph. N. C. Cent.* 5. *& 6. App. & Dillen. Cat. Giſſ. p.* 46. *Tab.* VI. *& p.* 114. pour le Caractere. *Cameraria ſive Portulaca arvenſis exigua Camerarii Flor. Jenenſ.* 108. *Alſine paluſtris minor, folio oblongo. C. B. Prodr.* 118. N°. 2. *Pin.* 251. N°. 4. *Dillenius. p.* 114. dit que ſa fleur eſt d'une ſeule piece.

Sa fleur épanouit au ſoleil de midy. elle s'evaſe d'environ une ligne. Elle a 5 petales & autant d'Etamines. Son fruit eſt une capſule preſque ronde mais relevée de 3 coins arrondis. Elle s'ouvre en 3 parties egales avec une elaſticité etonnante. ils renferment chacune une ſemence noire, attachée au centre du fruit, ces 3 ſemences ſont pouſſées par la contraction des parties de cette capſule, aſſez loing de la plante. Elle fleurit en Mars, Avril & May, & naiſt en quantité dans les endroits ou l'eau a croupi l'hiver, autour de Verſailles, ſur l'otie, & a Fontainebleau. Voyes Planch. III. *Fig.* 4.

US. 1. ALTHAEA OFFICINARUM. *Hiſt. Par.* 5. *& 383. Althaea Dioſcoridis & Plinii. C. B. Pin.* 315. *Althaea Brunsf.* 3. 132. *Dorſt.* 5. *Caſt.* 20. *Tragi.* 370. *Guimauve. Fuchſ. Gall. Cap.* v.

Cette plante eſt commune autour du pont proche le Chateau de Geſures. Fleurit en Juin, Juillet & Aouſt. Sa fleur eſt blanche mais tant ſoit peu lavée de carné. Elle eſt longue de 7 a 8 lignes decoupée en 5. & quelquefois en 6 parties egales écaris & tant ſoit peu échancrez en coeur. Elle a un double calice. Se trouve auſſy en allant d'Aunay a Livry au deſſus d'un Moulin. Se trouve encore autour ou Moulin de Berni.

H. Par. 52. & 384. ♀ * 1. ALYSSON INCANUM, LUTEUM, SERPILLI FOLIO, ANNUUM. *Alyſſon incanum, luteum, Serpilli folio, majus & minus. J. R. H.* 217. *Thlaſpi minus quibuſdam, aliis Alyſſum minus. J. B.* 2. *lib.* XXII. 928. *an Thlaſpi Alyſſon incanum luteum, lunato utriculo? Barr. Icon.* 908. *fig.* 2. Les deux figures qui ſont rapportées aprés ce nom dans les obſervations de Barrelier, n'ont pas grand raport a noſtre plante. *Alyſſum minus Dalechampii. Lugd.* 2. 1142. *Edit. Gall.* 2. 43. aſſez bonne deſcription & deteſtable figure. *Thlaſpi Alyſſon dictum campeſtre minus. C. B. Pin.* 107. *La quatrieme eſpece de Thlaſpi de Dod. en francois. pag.* 437. Cet autheur la dit a fleur blanche, mais il eſt certain qu'elle la fait jaune & qu'elle ne devient blanche qu'en ſe paſſant.

Eſt commun entre le Pont de St. Maur & Champigni, au bois de Boulogne. Sa ſemence eſt rouſſe. *Alyſſum Matth.* 1310. Le filet qui termine la capſule eſt repreſenté trop long dans la figure de *Matthiole. Alyſſum. Lugd.* 1143. *Alyſſum minus Dalechampii. Lugd.* 1143. *Thlaſpi minus clypeatum* 11. *Tabern. Ic.* 466. *Alyſſum Græcum Polygoni folio. Ejuſd.* 459. *Alyſſum minimum. Cluſ. Hiſt.* CXXXIII. *bonne fig. Alyſſum. Cam Epit.* 558. *fig.* 1. *Aliſſo. Caſt.* 16.

De toute les figures citées, celle de la Paronychia 11. *Tabern. Icon.* 804. que *C. B.* rapporte mal a propos a ſon *Myagrum ſylveſtre. Pin.* 109. repreſente mieux la plante en queſtion, que toutes les autres figures.

Fleurit en Avril & May. Ses petales ſont jaunes & un peu échancrés en coeur.

O 2. ALYSSON PERENNE MONTANUM INCANUM. *Inſt.* 217. *H. Par.* 383. *Thlaſpi montanum luteum. J. B.* 2. 928. *Alyſſon Anguillaræ Ejuſdem J. B.* 2. *lib.* 22. 934. C'eſt auſſy le *Chamaepitys incana exiguo folio.* 1. *Pin.* 249. *Ajuga ſive Chamaepitys altera. Math.* 941. *Ital.* 992. Il faut raporter ici *Thlaſpi montanum incanum, luteum, ſerpilli folio majus & minus. B. Pin.* 107. n°. 12. *& 13. Thlaſpi montanum incanum, luteum. Prodr.* 49. *Icon. Thlaſpi ſupinum luteum. Lob. Icon.* 220. *Jonthlaſpi luteo flore incanum diſcoides montanum umbellatum. Col. part.* 1. 281. *Eſt Thlaſpi Thymi folio, utriculo ſubrotundo, mucronato, Hiſpanicum. Barr. Icon.* 807. *& Bocc. Muſ.* 2. 75. *Tab.* 62. il ne faut par confondre cette plante comme elle

l'eſt

l'est dans les *observ. de Barr. n°.* 389. avec son *Thlaspi Thymi folio, rotundo utriculo, flore albo. Icon.* 907. *fig.* 2.

Il faut raporter icy le *Polium Alpinum flore luteo Eystett. & non pas au premier. Alysson de ce Catalogue comme a fait. C. Bauh. dans son Pinax.* 107. *Thlaspi Thymi folio, utriculo subrotundo. Bocc. Mus.* 2. 75. *Tab.* 62. *Alyssum. Cam Epit.* 558. *fig.* 2.

Sa fleur est a 4 petales jaunes un peu échancrés sur le bout. Elle a environ 4 lignes de diamétre. Fleurit tout l'Esté & presque toute l'automne. Elle commence des le mois de May.

Son fruit est rond, & large d'environ 2 lignes avec une petite échancrure, sur le haut de la quelle part une pointe longue d'une ligne. Ce fruit est a 2 panneaux relevez en bossette dans leur milieu & appliquez sur les bords d'un chassis membraneux, ils cachent chacun une semence rousse sous leur bosse.

3. ALYSSON VULGARE POLYGONI FOLIO, CAULE NUDO. *Inst.* 217. *Bursa pastoris minor lo-* H. Par. 51. *culo oblongo, foliis integris.* 11. *C.B. Pin.* 108. *Draba vulgaris caule nudo, Polygoni folio hirsuto. Dillen Cat. Giss. p.* 40. *voyez les figures a l'Alsine minima Tabern. Ic.* 708. *Pilosella sili-* *quata, minima. Thal.* 84. *Ic. Tab.* VII. *fig. E. Brunsf.* 2. 38. les fleurs sont representées trop grandes dans cette figure & les fruits trop gros. Les figures suivantes en representent les feuilles trop obtuses. *Paronichia Alsine folia. Lob. Obs.* 249. *Lugd.* 1214.

La fleur est a 4 petales blancs fendus en 2 jusqu'a la base, les etamines sont a sommets jaunes. le calice est un peu evase. Cette fleur n'a guere plus d'une ligne de diamètre, son fruit est aplati. Cette plante commence a fleurir des le mois de Fevrier & continue en Mars & Avril. Ses semences meurissent dans ces 2 dernier mois, & la plante perit en même temps. Elle est tres commune dans les lieux incultes & sablonneux. ainsi que la varieté suivante.

* ALYSSON VULGARE FOLIIS INCISIS. *Bursa pastoris minor, loculo oblongo, foliis laciniatis.* 11. *C.B. Pin.* 108. *Bursa pastoria minima, oblongis siliquis, verna, loculo oblongo. J. B.* 2. *lib.* 22. *p* 937. *Thlaspios minima species. Thal.* 122. *Myosotis parva. Dalechampii Lugd.* 1318.

Les feuilles ont quelquefois 2 ou 3 dentelures de chaque coté. Il s'en trouve des pieds qui donnent des feuilles entieres & des feuilles incisées.

4. ALYSSON, MYAGRUM SYLVESTRE. *B. Pin.* 109. *Pseudomyagrum.* 1. *Cam. Epit.* 902. bon. *Myagrum Turcicum. J.B.* 2. *lib.* 21. 893. *Myagrum minoribus capitulis seu sylvestre. Moris. Hist.* 2. 315.

Il ne faut pas confondre cette plante comme ont fait quelques uns avec le *Mya-grum sativum. C.B. Pin.* 109. qui fait ses testes & semences plus grosses. Cette plante est assez commune dans les champs autour de Gentilli.

1. AMMI MAJUS. *C.B. Pin.* 159. *Ammi vulgare majus latioribus foliis, semine minus.* Hist. Par. *odorato. J.B.* 3. *lib.* XXVII. 27. *Ammi. Cord. Hist.* 127. *Ammi. Tragi.* 874. *Icon. Ammi. de* 315. & 386. *Fusch. ch.* XXI.

Fleurit en Juin & Juillet. Il se trouve autour de Charenton & dans les Vignes de Boulogne du costé de St. Clou.

AMMI MAJUS FOLIIS PLURIMUM INCISIS ET NONNIHIL CRISPIS. *Pin.* 159.

Cette varieté se trouve en quantité en allant de Charenton a St. Maur.

2. AMMI PERENNE. *Mor. Umb.* 22. *Ammi sylvestre. Bross.* 30. *Eryngium arvense, foliis* H. Par. 245. *serræ similibus. C.B. Pin.* 386. *Crithmum quartum Matthioli umbelliferum. J.B.* 3. *lib.* 27. 195. & 386. *Falcaria Rivini Icon.* 3. *Crithmo terrestre. Cast.* 142. *Ammi perenne, repens, foliis longioribus serratis* 1. *Hist. Ox.* 3. 294.

Fleurit en Juin & Juillet. Ses fleurs sont blanches, a 5 petales égaux & échancrés en coeur.

1. ANACAMPSEROS PURPUREA. *J.B.* 3. *lib.* XXXV. *p.* 682. *Telephium purpureum majus. C.* Arpin. *B. Pin.* 287. *Telephium floribus purpureis. Lob. Icon. Telephium purpureum. Tabern. Ic.* 845. H. Par. *Scrophularia seu Portulaca major. Trag.* 373. *Le Scrophularia media. Brunsf. Tom.* 1. 214. 386. que *C.B.* rapporte a son *Telephium vulgare* ressemble assez bien a nostre plante.

Il se trouve dans les bois de St. Prix. La description qui suit, est faite d'apres l'Anacampseros qui se trouve autour de Fontainebleau. La fleur epanouit en Aoust, elle peut avoir 3 lignes de diamétre, sa couleur est d'un assez beau pourpre, 5 petales terminés en arcade gotique, la composent avec 5 etamines a sommets jaunes. Le calice est a 5 pointes, il pousse du fond un pistile a 5 gaines. La tige est souvent lavée de pourpre rouge aussy bien que les feuilles qui ont environ 3 pouces en longueur sur ¼ de large. Elles sont armées de chaque costé de 10 a 12 dents.

H. Par.
245.
Mouron.

♂ 1. ANAGALLIS PHOENICEO FLORE. *Pin.* 252. il faudroit dire *puniceo florè*, Ponceau ou de Grenade. *Anagallis mas. Brunsf. T.* 1. 238. *Anagallide maschio. Cast.* 24. *Mouron masle. Fuchs. Gall. Cap.* VI.

Il fleurit tout l'Esté. Ses semences sont brunes.

ANAGALLIS PHOENICEO FLORE FOLIIS TERNIS.

Fleurit en May, Juin & Juillet. Il donne une fleur dans chaque aisselle des feuilles comme font toutes les especes de ce genre.

* ANAGALLIS PHOENICEO FLORE FOLIIS QUATERNIS. *Anagallis phoenicea, mas, foliis amplioribus ex adverso quaternis. Pluk. Almag. Bot.* 29.

* ANAGALLIS FLORE PLENO PHOENICEO.

H. Par.
245.

2. ANAGALLIS COERULEO FLORE. *Pin.* 252. *Anagallis faemina. Brunsf. Tom.* 1. 238. *Anagallide femina. Cast.* 24. *Mouron femelle. Fuchs. Gall. cap.* VI.

Fleurit en May, Juin &c.

* 3. ANAGALLIS PALUDOSA, MINIMA, FOLIIS ROTUNDIS ALTERNATIS. Le 2 Septembre 1714. J'ay enfin observé sa fleur elle est couleur d'eau d'une seule piece. C'est un petit tuyau evasé par le haut & découpé en 4 quartiers égaux, & tres pointus, couleur d'eau & par consequent transparents & tres minces. 4 etamines tres courtes bouchent de leurs sommets jaunastre la bouche du tuyau. Cette fleur n'a guere qu'une ligne de diamêtre ces 4 quartiers sont disposez en croix. *Centrunculus. Eph. Nat. Cur. Cent.* 5 & 6. *App. & Dillen. Cat.* 161. & *App.* 111. *Nov. Gen. Plant. Alsine palustris minima, flosculis albis, fructu Coriandri exiguo. Mentz. Pug. Tab.* 7. Ce n'est point une *Anagallis. Anagallis spuria, sive minima, arvensis, tetrapetaloides. Flor. Jenens.* 20. Voyez sa description *dans les Memoires de Mr. Charles in* 4°. *pag.* 4.

Mais il n'y est pas fait mention du calice, qui est découpé jusque vers sa base en 4 parties egales & vertes dans les quelles est enchassé le fruit, qui est spherique, mais terminé par une petite pointe ou adhere fortement la fleur fletrie. Ce fruit s'ouvre en travers en 2 hemispheres & renferme 7 a 8 semences brunes, attachées a un placenta. Fleurit vers la mi Juin, en Juillet & Aoust. Il est commune a l'entrée du bois de Bondy autour des marres, & autour de celles qui sont dans le friche ou patis au dessus de la garenne de Seve.

1. ANEMONOIDES NEMOROSA, LUTEA. *Ranunculus nemorosus luteus.* 1. *C. B. Pin.* 178. *Tabern. Icon.* 44. *Anemone-Ranunculus flore luteo. Dillen. Cat. Giss. p.* 39. *La quatrieme sorte de Grenoüillette, qui est jaune. Fusch. ch.* LVII.

Elle commence a fleurir des la fin de Mars & continue en Avril. Sa fleur, s'evase environ de 8 ou 9 lignes. Elle n'a point de calice, & a 5 ou 6 petales arrondis. Des etamines jaunes & sans nombre, entourent un pistile composé de plusieurs petites capsules, qui contiennent chacune une semence. tige simple garnie de 3 feuilles opposées.

2. ANEMONOIDES NEMOROSA, ALBA, VERNA. *Anemonoides flore majore. Dillen. Cat. Giss. p.* 39. *Ranunculus nemorosus albus. Tabern. Icon.* 45. *La quatrieme sorte de Grenoüillette, qui est blanche. Fusch. ch.* LVII.

Elle fleurit des la fin de Mars & au commencement d'Avril. Sa fleur s'evase d'environ neuf lignes & est presque toujours de 6 petales oblongues tirant sur l'ovale, & disposés a double rang, etamines sans nombre, point du calice, Etamines sans nombre a doubles sommets jaunes. tige simple qui ne soutient qu'une fleur, & garnie de 3 feuilles opposées en trefle.

3. ANEMONOIDES NEMOROSA, PURPUREA, VERNA. *Ranunculus nemorosus purpureus. Tabern. Icon.* 45.

4. ANEMONOIDES NEMOROSA, EX RUBRO PURPUREA. *Ranunculus nemorosus ex rubro-purpureus. Tabern. Icon.* 46.

* 5. ANEMONOIDES NEMOROSA, TRIFOLIA. *Ranunculus nemorosus, trifolius. H. L. Bat.*

Mr. Danty d'Isnard a trouvé cette plante dans les bois de Chantilly. Elle fleurit en Avril & May. fleur sans calice a double rang de petales. 3 au rang externe & 3 & quelquefois 4 au rang interne. etamines sans nombre.

Hist. Par.
387.

☉ 1. ANDROSAEMUM MAXIMUM FRUTESCENS. *C. B. Pin.* 280. *Androsæmum. Pass. part. alt. Tab. N°.* 4. *Siciliana. Eyst. Tab.* 247. belle figure. *Androsæmum. Dod. Gall.* 51.

Calice decoupé jusqu'a sa base en 5 lobes égaux. fruit partagé en 3 loges par autant de cloisons qui s'unissent au placenta. C'est une baye noire, ovale, longue de 3 ou 4 lignes, semences brunes, longuettes & menues. Il fleurit en Juin & Juillet. Sa fleur est a 5 petales jaunes, & a environ demi pouce de diamêtre.

1. AN-

1. ANGELICA PRATENSIS, APII FOLIO. *Inst.* 313. *Saxifraga Anglica facie Seseli pratensis.* *H. Par.* 388. *Ger. emac.* 1047. *Raji Hist.* 1. 453. *Lob. Ic.* 784. *Seseli pratense. Riv. Ic.* 3. *Seseli pratense, Silaus forte Plinio. C B. Pin.* 162. *Seseli pratense nostras. Park.* 904. *Saxifraga Anglorum foliis Foeniculi latioribus, radice nigra, flore candido, semine Foeniculi similis Silao. J. B.* 3. *l. XXVII.* 171. *Item Seseli pratense Monspeliensium. Park.* 904. *silaum quibusdam flore luteolo. J. B.* 3. *lib. XXVII.* 170.

Fleur blanc sale tirant sur le jaunastre, a 5 petales presque egaux & entiers 5 etamines. Les petales font le crochet par le bout, ce qui les fait paroistre échancrées. Fleurit en Juin & Juillet par raport a sa graine, qui est profondement canelée. La tige est pleine & ne donne point de laict.

2. ANGELICA SYLVESTRIS MINOR, SIVE ERRATICA. *C. B. Pin.* 155. *aquatica repens seu podagraria, aut Archangelica. Bross.* 32. *Podagraria. Riv. Ic.* 3. *Cast.* 351. *Pycnocomos. Brunsf.* 3. 165. *Vitium Angelicæ. Trag. desc.* 422. *Hist. Par.* 387.

* 3. ANGELICA PRATENSIS, APII FOLIO, ALTERA. *J. R. H.* 313. a Helincourt.

Il faut faire entrer dans le Caractere de l'Angelique, la dentelure des feuilles pour distinguer ce genre du Ligusticum, dont les feuilles font entieres.

1. ANONIS SPINOSA, FLORE PURPUREO. *C. B. Pin.* 389. *H. Par.* 53. & 388. *Anonis. Riv. Ic.* 2. *Anonide. Cast.* 32. *Resta Bovis. Trag.* 869. *Ic. Arreste beuf, ou Bugrande. Arreste beuf, de Fusch. ch.* XVIII. *Areste beuf.* US.

Fleurit, des la fin de Juin & continue en Juillet, Aoust & Septembre. Quelquefois il se trouve absolument denué d'Epines, comme je l'ay veu dans le parc de S. Maur en 1713.

○ * ANONIS SPINOSA FLORE PALLIDE PURPUREO.

○ * ANONIS SPINOSA FLORE ALBO. *C. B. Pin.* 389. *Anonis seu Aresta Bovis vulgaris spinosa, alba. J. B.*

○ * 2. ANONIS SPINOSA, FRUTICOSA, ERECTA, FLORE PURPUREO. ○

Cette plante est fort commune le long de la marne, on commence a la trouver en deça de Neuilly le long de la chaussée. on la distingue aisement de l'arrête beuf ordinaire en ce qu'elle est toujours droite, que les tiges en font beaucoup plus epaisses & plus roides, plus chargées de feuilles & de fleurs, que ses Epines en font plus longues & plus fortes. Les fleurs d'un rouge plus vif ordinairement & d'un plus grand volume. Cette plante est assez bien representée par la figure de l'*Anonis spinosa. Eyst. Tab.* 263.

* ANONIS SPINOSA, FRUTICOSA, ERECTA FLORE PALLIDO.

Il semble que cette seconde espece est celle que les Autheurs prennent pour l'*Anonis spinosa, flore purpureo. C. B.*

○ 3. ANONIS VISCOSA, SPINIS CARENS, LUTEA, MAJOR. *C. B. Pin.* 389. *Natrix Plinii. Herbariorum. Adv. Lob. Anonide gialla. Cast.* 33. *Ononis luteo flore. Eyst. Tab.* 263. *H. Paris.* 54. & 388.

Fleurit vers la fin de Juin en Juillet & Aoust. Ses siliques pendent embas, elles ont 7 a 8 lignes de long. Se trouve dans le parc de Vincenne vis a vis le Chateau & tout proche.

○ * ANONIS NON SPINOSA, FLORE LUTEO VARIEGATO. *Pin.* 389. *Natrix. Riv. Ic.* 2. *Ononis flore luteo variegato, non spinosa. Eyst. Tab.* 262.

Cette plante est commune entre la jalousie du parc de Chaville & l'avenue qui va a la porte du dit parc & fur la butte de Seve.

○ 4. ANONIS FLORE LUTEO PARVO. *H. R. Par. H. Par.* 54. & 388. *Anonis spinosa lutea minor. C. B. Pin. Anonis floribus exiguis luteis. Joncq. Hort. Anonis minor flore luteo. Bross. Anonis. Ononis lutea sylvestris minima. Col.* 1. 304. *fig.* 301.

Il ne le dit point epineux ainsy C. Bauhin n'a pas eu raison de le nommer *Anonis spinosa.* Fleurit en Juin & Juillet.

Il faut nommer les *Anonis* N°. 3 & les *, & 4, de ce Catalogue, Natrix. ils differeront des autres par la languette ou feuille qui termine comme un argot le pedicule, au quel celuy de la fleur est articulé. Ce qui se rencontre dans presque toutes les especes a fleurs jaunes, les quelles portent leurs fleurs ordinairement alternées en Epi, dont chacune fort de l'aisselle d'une feuille.

ANTHYLLIS *vid. Alchimilla.*

♀ 1. ANTIRRHINUM ARVENSE MAJUS. *C. B. Pin.* 212. *Antirrhinum sylvestre. Bross.* 33. *Antirrhinum arvense. Riv. Icon.* 1. *Antirrhinum sylvestre. Eyst. Tab.* 157. *Musle de Veau.* *H. Paris.* 246. & 388.

Fleurit en Juin & Juillet sa fleur est purpurine. Elle a environ demi pouce de long. Le calice est a 5 feuilles qui debordent de beaucoup la fleur. Chaque fleur naist de l'aisselle d'une longue feuille.

* ANTIRRHINUM ARVENSE MAJUS FLORE ALBO. *H. R. Par.*

D

* AN-

* Antirrhinum vulgare. *J. B. 3. lib. xxx. pag. 462. majus alterum , folio longiore.* C. B. P. 211. *Antirrhinum. Dod. Pempt.* 182.

Sur plusieurs murailles des Jardins & a l'Aqueduc d'Arcueil. fleurit en Juin & Juillet.

Antoniana vulgaris latifolia. *vid. Chamaenerion. N.* 5.

♀ 1. Aparine vulgaris. *C. B. Pin.* 334. *Aparine. Cast.* 35. *Trag.* 494. *Icon. Asperella odorata. Cast.* 53. *quoad fig. Philanthropon. Diosc. & Plinii & Lappago etiam Plinii.* Selon Morisson. *Grateron. de Fusch. chap.* xiiii.

(marg.) H. Parif. 246. & 389.

Fleurit en May & Juin. Sa fleur est blanche & decoupée ordinairement en 4 quartiers. Voyez planche IV. *F. 4. L. b.*

♀ * 2. Aparine vulgaris, semine minori. *Inst.* 114. *Aparine. Camer. Epit.* 557. Voyez planche IV. *F. 4. L. a.*

Fleurit en May, Juin & Juillet. Sa fleur est blanche a 4 parties egales, son fruit est herissé de petits poils blancheâtres. Elle differe de la precedente en ce, qu'elle est beaucoup plus petite dans toutes ses parties & que ses feuilles naissent ordinairement au nombre de 8 a chaque noeud, au lieu que l'autre n'en donne que 6 ou 7. Elle est commune dans les grains autour de Charenton, de St. Maur, de Vaugirard &c.

☿ * 3. Aparine semine laevi. *H. R. Par. Aparine foliis brevioribus & femine laeviore.* 3. *H. Ox.* 3. 332. *Aparine femine laevi. Park. Aparine vulgaris, feminibus glabris. Flor. Jen.*

Sa fleur est blanche divisée en 4 parties egales & n'a qu'environ une ligne de diamêtre. Sa racine est une fibre rougeastre, qui pique a fonds, epaisse a son colet d'environ demie ligne, & qui se divise quelquefois en d'autres fibres chevelues. Sa tige est quarrée & entourée de feuilles qui naissent d'espace en espace & par rayons, au nombre de 8 terminées chacune d'une arreste longue de demie ligne, toute la plante est fort rude & s'attache fortement aux habits. son vert est un peu pasle. Elle n'a ordinairement que 8 ou 10 pouces de haut, fleurit en May & Juin & graine en meme temps. son fruit n'est que chagriné, c'est principalement par la qu'elle differe de l'*Aparine femine Coriandri faccharati. Park.* & par la superficie de ses feuilles qui font presque lisses, au lieu, que les feuilles de celle de Parkinson font herissées ou chargées de pointes. Cette plante est tres commune dans les grains autour de Vaugirard, d'Issy de Charenton, de St. Maur, ou elle fleurit en May, Juin & Juillet. Voyez planche IV. *F. 3. & L. a.*

○ 4. Aparine palustris, minor, Parisiensis, flore albo. *Inst.* 114. *Aparine afpera, pratenfis, minor. Flor. Quafimodog.* 24.

Fleurit en Juin, Juillet & Aoust.

(marg.) H. Par. 246. & 390.

♀ * 5. Aparine minima. *Bot. Monfp. App.* 291. *& Raji Synopf.* 118. *Gallium Parifienfe, tenuifolium flore atropurpureo. J. R. H. app.* 664. *Aparine minima ramofior* 4. *H. Ox.* 3. 332. *An Aparine purpureis floribus. C. B. Pin.* 334?

Sa fleur est d'un purpurin fale & verdastre & n'a que demie ligne de diamêtre. Ses fruits font plus menus qu'un grain de Moutarde; ils font lisses, mais fa tige & ses feuilles qui naissent. ordinairement au nombre de 6 a chaque etages, font un peu rudes. La plante est fort branchue. Sa racine est ligneufe & rougeâtre. Ses feuilles n'ont que 2 ou 3 lignes de long fur demie ligne ou $\frac{2}{3}$ de ligne de large. Sa fleur est d'un pourpre verdastre. Ses feuilles font au nombre de 6 a 7 a chaque noeud. Cette plante est fort commune dans la pleine de Seve, de Vaugirard & dans les terres fablonneufes d'autour de Paris. Elle fleurit en Juin & Juillet. Ses femences font brunes & n'ont qu'un quart de ligne de diamêtre.

☉ 6. Aparine latifolia humilior, montana. *Inst. R. H.* 114. *Caprifolium. Brunsf. Tom.* 2. 15. *Dorft.* 63. *Hepatica. Ejufdem* 145. *Matrifylva. Trag.* 496. *Ic. Afperula flore albo odorata. Schwenkf.* 24.

(marg.) H. Parif. 389.

C'est la large feuille. Elle est commune entre le Chateau de la Chasse & St. Radegonde, dans la forest de Montmorency. Elle fleurit en Avril & May. Son fruit est herissé de poils qui se terminent en crochet. Les feuilles font ordinairement au nombre de huit a chaque verticille. Fleurit vers la fin d'Avril & en May. Sa fleur est d'un blanc de laict ou de nege, elle a 2 lignes de diamêtre & est fendue en 4 quartiers difpofez en croix.

Asperulae species.

(marg.) H. Par. 389.

☿ 7. Aparine supina pumila, flore caeruleo. *Inst.* 114. *Rubia parva, flore caeruleo fe fpargens. J. B. 3. lib.* 36. *p.* 719. *Rubeola arvenfis, repens caerulea. C. B. Pin.* 334. *Prodr.* 145. *N°.* 5.

Fleu-

Fleurit en Avril, May & Juin &c. Sa fleur n'a qu'environ une ligne & demie de diamêtre
& est divisée en 4 quartiers. Elle est gris de lin plûstot que bleue. Cette plante a cela de particulier qu'elle porte ses fleurs ramassées en teste dans une espece de calice commun formé par
plusieurs feuilles vertes qui font comme une étoile. Ce calice renferme ordinairement 7 a 8
fleurs qui laissent aprés elles des semences surmontées chacune de 3 ou 4 pointes.

8. APARINE SEGETALIS, ERECTA FLORE CAERULEO. *Gallium arvense flore caeruleo. Inst.*
115. *Asperula caerulea, arvensis. C. B. Pin.* 334. *Asperula hexaphyllos purpurea. Ejusd. Ibid.*

APARINE SEGETALIS, ERECTA FLORE ALBO. *Rubia alba vel pallida erectior elatiorve. Flor.
Bat.* 42.

♀ 1. APHACA. *Lob. Icon.* 70. *H. Paris.* 175. & 390. *Aphace. Dod.*

Fleurit en May & Juin, ses semences font noires, & meurissent en Juillet & Aoust.

1. APIUM PALUSTRE ET APIUM OFFICINARUM. *C. B. Pin.* 154. *Apium aquaticum. Bross.* 33. *Apium* H.Par.390.
agreste. Cord. Hist. v. 168. ce dernier autheur a fort bien remarqué que le Seleri ne diffe- US.
roit de l'Ache que par la culture. *Apium. Brunsf.* 3. 107. *Apio palustre. Cast.* 37.

Ses fleurs font blanches, a 5 petales égaux, presque ronds & comme creusés en cuilleron.
Ses fleurs n'ont pas une ligne de diamêtre. Les ombelles font attachées fans pedicules aux
nocuds des branches. fleurit en Juillet & Aoust.

1. AQUIFOLIUM SIVE AGRIFOLIUM VULGO. *J. B.* 1. *lib.* 114. *Aquifoglio. Cast.* 38. *Aquifolia.* Houx.
Trag. Ic. 1067. *Agrifolium. Pass. part. alt.* 24. H. Par.
Est commun dans la forest de Montmorency. 392.
US.

1. AQUILEGIA OFFICINARUM SYLVESTRIS, FLORE CAERULEO. *C. B. Pin.* 144. *Aquilegia flore* H.Par.393.
simplici. J. B. Aquilegia. Dorst. 30. *flore caeruleo. Sw.* 2. 8. *Chelidonia media. Cast.* 110. *quoad* Ancolies,
Ic. Aquilina. Ejusd. desc. Aquilegia. Trag. 136. *Pass. part.* 2. 59. *Aquilina Matth. Lob. Ic.* Nôtre-Dame.
761. *Tabern. Aquilegia caerulea. Ger. Et Columbina quibusdam flore caeruleo Swert. Isopy-* US.
rum. Dioscoridis Col. Phytob. 1. *Aquilegia. Sim. Paul.* 20. *bonne fig. copiée d'apres l'Aquilina.*
Lob. Ic. 761. *Ancolye. de Fusch. ch.* XXXV.

Fleurit en May & Juin. Se trouve au Bois de Bondy, de St. Prix, de Porchefontaine, dans
la forest de St. Leger, de Montmorency, de St. Germain.

AQUILEGIA OFFICINARUM SYLVESTRIS FLORE PUNICEO. *C. B. Pin.* 144.

Sur la butte de Seve. le 13 Juin 1712.

1. ARENARIA. *C. B. J. B. vid. Alsine. N.* 4.

1. ARISTOLOCHIA TENUIS OFFICINARUM CLEMATITIS RECTA. *C. B. Pin.* 307. *Aristolochia rotunda.* H.Par.175.
Fusch. Ic. 90. *Aristolochia multiflora. Riv. Ic.* 1. *Aristolochia longa. vulg. Cam. Aristolochia longa.* 316. & 394.
Dorst. 4. *Trag.* 178. *Aristolochia longa vulgaris. Eyst. Tab.* 194. *Aristolochie longue, de Fusch.* US.
ch. XXXI.

Sa fleur est jaunastre & a neuf lignes ou un pouce de longueur.

ARMERIA. *vid.* CARYOPHYLLUS.

* 1. ARTEMISIA OFFICINARUM VULGARIS MAJOR, CAULE EX VIRIDI ALBICANTE. *C. B. Pin.* H.Par.
137. *Inst.* 460. *Artemisia. Trag.* 343. *flore verae colore dit Tragus. Artemisia communis. Ar-* 394.
moise commune. Dod. Gal. 12. ou *Armoise blanche. Dod. Gall.* 12. *desc. Artemisia candida.* US.
Schwenckf. 22. *Artemisia. Brunsf.* 2. 87. *Artemisia vulgaris. J. B.* 3. *lib.* XXVI. *p.* 184. *Raji* Armoise,
Hist. 1. 372. il dit sa fleur purpurine. ainsi il faut renvoyer ce nom a la suivante. Herbe St.
Jean.

Les tiges font pleines, & canelées les feuilles font vertes en dessus, & blanches en dessous
fleurit en Juillet & Aoust. le calice est oblong, les écailles en font longues & estroites. *Armoise a tige blanche, larges feuilles, & a fleurs jaunes de Fusch. chap.* XIII. Ses fleurs font long;
de 2 lignes sur environ ¼ de ligne de diamêtre, plus etroites par le haut du calice que par le
milieu, qui est en pance. Les pieds qui portent des tiges vertes font leurs fleurons sulphurez.
Ceux qui les font purpurines, ont leurs fleurons purpurins. rien ne separe les semences.

2. ARTEMISIA OFFICINARUM VULGARIS MAJOR, CAULE ET FLORE PURPURASCENTIBUS. *C.* H.Par.176.
B. Pin. 137. *J. R. H.* 460. *vid. Raji Hist.* 3. 233. *n°.* 2. *Armoise a larges feuilles, rouge en*
sa tige & ses fleurs, de Fusch. chap. XIII. *Armoise rouge. Dod. Gall.* 12. *desc. Artemisia ma-*
jor. Cord. Hist. 146. *Artemisia rubra. Tabern. Ic. Schwenckf.* 22. *Tabern.*

Le calice est de couleur vineuse. Se trouve meslées avec la precedente, dans le parc de
petit Bourg.

1. ARUM VULGARE NON MACULATUM. *C. B. Pin.* 195. *Aron. Cord. Hist.* 103. *a feuilles pointues.* H Par.394.
Arum. Riv. 1. *Aron. Trag.* 774. *a feuilles tres pointues. Aron. Brunsf. Tom.* 1. 56. *Dorst.* 12. US.
Aron, de Fusch. ch. XXII.

D 2   On

On trouve des pieds d'Arum qui ont leurs feuilles telles qu'elles sont representées par la figure de l'Arum. *Tab. Ic.* 746. & d'autres qui les ont beaucoup plus grandes, plus pointues, & dont les oreilles se jettent en dedans ; Il en est de même de l'*Arum maculis nigris.* Il fleurit a la fin d'Avril & en May. le pistile est d'un pourpre livide, plus pale que celuy de *l'Arum maculatum.* se trouve dans le parc de Clagny.

    * ARUM VULGARE NON MACULATUM FOLIO SUBROTUNDO. *H. R. Par.*

H. Par. 316.

    2 ARUM MACULATUM MACULIS NIGRIS. *C. B. Pin.* 195. *Arum maculatum. Tab. Ic.* 746. *Arum Lauremb.* 140.

    Se trouve dans le parc de Charonne. fleurit en Avril.

    * ARUM MACULATUM FOLIO SUBROTUNDO. *H. R. Par. Arum vulgare folio subrotundo maculatum, maculis nigris, spicâ violacea. Joncq. Hort.* 16.

H. Par. 394.

    3. ARUM MACULATUM MACULIS CANDIDIS *C. B. Pin.* 195.

    Je l'ay trouvé a Fescamp.

Roseau.

    * 1. ARUNDO VULGARIS SIVE PHRAGMITES. *Dioscoridis & Theophrasti. C. B. Pin.* 17. *Arundo vallatoria. Lob. Adv.* 27. *desc. obs.* 28. *fig. Ger. emac.* 36. *Arundo vallatoria seu vulgaris. Park. fig.* 1209. *Raji Cat. Angl. & Hist.* 1275. *Syn.* 185. *Arundo vulgaris, palustris. J. B.* 2. 485. *Hist. Ox.* 3. *Sect.* 8. *Tab.* 8. *fig.* 1. *Arundo phragmitis. Dod.*

    Ses Epicules ressemblent assez a ceux de l'Avoine & sont composez chacun de 3 ou 4 fleurs leur calice est environné de poils soyeux blancs, qui forment comme un pavillon, dans le fond du quel est attaché la capsule de la graine. Mr. Tournefort indique cette plante dans son Hist. des environs de Paris. *pag.* 91. & 459. sous le nom de *Gramen Arundinaceum, spica multiplici, Calamagrostis Dioscoridis. C. B. Pin.* 6.

Hist. Par. 459. & 91.

    ○ 2. ARUNDO VULGARIS SIVE CALAMAGROSTIS. *Dioscor. Gramen dumetorum, paniculâ acerosâ, semine papposo. Raji Hist.* 1287. *Gramen arundinaceum panicula molli spadiceâ majus. C. B. Theatr.* 94. 95. *Agrostogr. Helvet.* 21. *Tab. V. Verifié dans l'herbier du Droguier. En françois Lesche. Gramen paniculatum Arundinaceum, panicula densâ, spadiceâ. J. R. H.* 523. *Gramen Arundinaceum, paniculâ molli spadiceâ, majus. C. B. Pin.* 7. & *Theatr.* 95. *Icon.* & 94. *desc. Gramen tomentosum & acerosum. Calamagrostis quorundam & vulgi Gramen plumosum. Lob. Icon.* 6. *Gramen plumosum. Lob. spicâ candidâ & serici modo lucens. J. B.* 2. *lib.* XVIII. *p.* 476. *Arundo sylvatica, elatior, panicula molli candidâ & serici modo lucenti. H. Ox.* 3. 218. *Icon. Sect.* 8. *Tab.* 8. *bonne figure. Calamagrostis sive Gramen tomentosum. Park. Theat. fig.* 1182. *Item Calamagrostis Sylvae S. Joannis. Ejusd. fig.* 1181. *Raji* 1282. *Calamagrostis vel harundinaceum forte Babylonium. Lob. Adv.* 3. *descript.* C'est aussi le *Gramen Arundinaceum panicula molli spadicea majus.* 3. *C. B. Pin.* 7. & *Gramen Arundinaceum spicâ multiplici Ejusd.*

    Ses locustes sont a 2 basles seulement longues d'environ 2 lignes tres etroites & fort pointues. Elles renferment une seule semence fort menue, placée dans le centre d'une aigrette de poils blanc sales longs de prés de 2 lignes qui l'environnent tout autour. Cette semence est tres menue & n'a que demie ligne de long. Ses panicules commencent a paroistre vers la mi Juin. Bois de Verriere.

H. Par. 318. US.

    1. ASARUM. *Dod.* 358. *Asarum vulgare. Brosf.* 35. *Asarum. C. B. Pin.* 197. *Cam. in Math. Germanicè.* 15. *J. B.* 3. 584. *Cord. Hist.* 112. *Brunsf.* 1. 71. *Dorst.* 13. *Trag.* 64. *Asaro. Cast.* 50. *Asarum vulgare rotundifolium.* 1. *H. Ox.* 3. 511. *Asarum. Sim. Paul.* 23. *copiée d'apres l'Asarum baccaris sive Baccatus. Lob. Icon.* 601. *Cabaret. Fuchs. Gall. cap.* III.

    Fleurit en Avril.

Hist. Par. 55.

    1. ASCLEPIAS ALBO FLORE. *C. B. Pin.* 303. *Hirundinaria. Trag.* 180. *Brunsf.* 2. 39. *Dorst.* US. 150. *Vincetossico. Cast.* 457. *Vincetoxicon. Fusch. ch.* XLV.

    Fleurit en Juillet & Aoust. Ses semences sont tanées & surmontées d'une aigrette de poils blancs & soyeux longs d'environ neuf lignes.

    * ASCLEPIAS ALBO FLORE FOLIO EX ALBO ET VIRIDI VARIEGATIS.

H. Par. 395.

    Sa fleurs ne differe de celle du premier que par sa couleur.

    2. ASCLEPIAS ANGUSTIFOLIA, FLORE FLAVESCENTE. *H. R. Par.*

    ✝ 3. ASCLEPIAS NON SCRIPTUM FOLIIS NIGRIS IN SUMMO HISPIDIS. *Corn.* 220.

    1. ASPARAGUS SATIVA. *C. B. Pin.* 489. *Asparagus communis. Brosf.* 35. *Asparagus. Cord. Hist.* 101. *Brunsf.* 3. 176. *Asparago domestico. Cast.* 52. *Asperge. de Fusch. ch.* XVII.

Asperges H. Par. 56. & 359. US.

    Dans les prairies de Palaiseau.

Mori-

Morison (*Hist. Ox. 2. 3.*) asseûre que *l'Asparagus sylvestris tenuissimo folio. C. B. Pin. &*
l'Asparagus maritimus crassiore folio. Ejusd. estant cultivées, se changent en celle-cy, mais
nous sommes tres convaincus du contraire, car ses trois plantes n'ont point du tout changé dans
le Jardin Royal depuis un temps immemorial qu'on les y cultive.

♀ 1. ASPERUGO VULGARIS. *Inst.* 135. *Buglossum sylvestre caulibus procumbentibus. C. B. Pin.* H. Par. 395.
257. *Cynoglossa, forté topiaria Plinio, sive Echium Lappulatum quibusdam. J. B. 3. lib.* & 56.
desc. p. 590. Asperugo spuria. Dod. 356. *Buglossum sylvestre cauliculis procumbentibus fructu pe-*
dem anserinum referente. 13. *H. Ox.* 3. 439. *Cynoglossa Topiaria forte Plinii. J. B.* 3. 601.
desc. & Icon. il en donne 2 figures & 2 descriptions, mais il y a transposition d'une de ces fig.
qu'on a placée *pag.* 600. avec la description du *Cynoglossa folio viventi* dont la figure est a la page
590. *Borrago minor sylvestris &c. Col.* 1. 181. *fig.* 183.

Fleurit en May. Sa fleur est bleuë & n'a guere qu'une ligne de diametre. Ses semences
sont brunes, un peu aplaties semblables en quelque façon a un pepin de Poire.

1. ASPERULA HEXAPHYLLOS PURPUREA. *C. B. P.* 334. *Aparine supina, pumila, flore cae-*
ruleo. J. R. H. 114.

* 2. ASPERULA CAERULEA, ARVENSIS. *C. B. P.* 334. *Gallium arvense flore caeruleo. J. R.*
H. 115. *vid. Aparine.*

1. ASPLENIUM SIVE CETERAC. *J. B. 3. lib.* XXXVII. *p.* 749. *Scolopendrion sive Asplenon. Cord.* H. Par.
Hist. v. 171. *Aspleno. Cast.* 53. *Scolopendria vera. Trag.* 551. *Ic.*   395.
US

1. ASTER ARVENSIS, CAERULEUS, ACRIS. *Inst.* 481. ○ *Conyza caerulea acris. C. B. Pin.* H. Par.
265. *Conyzoides caerulea. Cord. App. desc. & Dentelaria quibusdam. Ejusd. Ic.* 216. *Tin-* 57. & 395.
ctorius flos 2. *Trag. desc.* 154. *Amellus motanus Aequicolorum. Col.* 2. 25. *fig.* 26.

Sa fleur est gris de lin, elle a environ 4 lignes de diametre sur autant de longueur. Son
disque a depuis 6 jusqu'a 12 fleurons entremeslez du poil des aigrettes qui couronnent les
embrions de graines. Ces fleurons sont decoupez en etoile a 5 pointes verdastres, les sommets qui debordent leurs ouvertures sont jaunes. La couronne est formée par 40 ou 50 demi
fleurons gris de lin, qui ne debordent le disque que d'environ ¼ de lignes, ils sont fendus sur
le bout. Le calice est écailleux & velu. fleurit en Juillet & Aoust. Les écailles du calice sont longues, etroites, velues, un peu relevées en dos d'asne, ses semences sont oblongues, flaves & aigrettées de poils.

♀ 2. ASTER PALUSTRIS, PARVO FLORE GLOBOSO. *Inst.* 483. *Conyza minor flore globoso.* H. Par.
C. B. Pin. 266. *Sous ce nom de Conyza major flore globoso.* 2. *Pin. est rapportée la Conyza minor.* 178 & 395.
Matth. 871. *Ital.* 919. *qui est la Conyza caulibus rubentibus flore luteo nudo. Bot. Monsp.*
il le faut nommer Aster palustris, annuus, luteus, fol. undulatis & crispis. Sylvestris hir-
suta. Cord. Hist. 160. *Item Psyllium. Ejusd. Ic.* 154. *C. Bauhin dit major & minor. Morisson*
nomme cette derniere Chrysanthemum Conyzoides palustre minus, flore globoso. H. Ox. 3. 19.
N°. 31. il asseûre que sa semence est sans aigrette, & il y rapporte la *Conyza minor. Matth.*
871. *minima. Ger. Conyzae mediae minor, species flore vix radiato. J. B. Rajus est du senti-*
ment de *Morison, voyez Conyza minor. Matth.* 6, *Raji Hist.* 1. 262. ou cette plante est bien
decrite, mais mal intitulée *Conyza minor. Matth. Conyza petite. Dod. Gall. desc.* 27. *Conyza.*
Trag. Ic. 166. *minor. Ejusd.* 166. il dit que sa fleur n'est point radiée. Cordus s'est servi de la
même figure.

Fleurit vers la fin de Juillet & en Aoust. Sa fleur a 5 ou 6 lignes de diametre, elle est d'un jaune pasle, la couronne ne deborde le disque que d'environ demie ligne. Les feuilles de la plante sont ondées & frisées. Son calice est une calotte demispherique & cotoneuse, ses semences
sont aigrettée de poils.

○ 3. ASTER PRATENSIS AUTUMNALIS CONYZAE FOLIO. *Inst.* 482. *Conyza media.* 5. *Raji* H. Par.
Hist. 1. 262. *Eyst. Tab.* 215. bonne fig. *L'herbe au chat. Fusch. ch.* CLXV. *Conyza media. Dod.* 179. & 395.
Gall. 27. *Conyza terza. Cast.* 132.

Fleurit en Juillet & Aoust. Sa fleur a environ un pouce de diametre. La couronne deborde le disque de 3 ou 4 lignes & a jusqu'a 80 demi fleurons larges d'environ demie ligne. le calice est un bassin ou calotte fort applatie ou évasée large de 6 a 7 lignes composée de feuilles
etroites, longues & cotoneuses. Ses semences sont grises a aigrettes de poils.

○ 4. ASTER PALUSTRIS, LUTEUS, FOLIO LONGIORI LANUGINOSO. *Inst.* 483. *Conyza palu-* H. Par.
stris repens Britannica dicta. 8. *H. Ox.* 3. 113. *Britannica Gesneri & Lugdunensium. Lob. Adv.* 8. & 395.
121. *Conyzis affinis.* 7. *C. B. Pin.* 265.

E

Fleu-

Fleurit en Juillet & Aouſt. Sa fleur a environ un pouce & demi de diamêtre.

an.   * 5. Aſter palustris luteus hirsuto, salicis folio. *C. B. Pin.* 266. *bon. Aſter luteo flore, aliis Conyzae ſpecies. Cam. Epit.* 907. *C. Bauhin le rapporte avec doute a l' Aſter luteus radice odora. Pin.* 266. *Aſter tertius Pannonicus Cluſii luteus , folio hirſuto ſalicis. J. B. 2. lib.* xxiv. *pag.* 1047. *quoad Icon. Aſter luteo flore* iv. *C. B. Matth.* 819. *An Conſolida Saracenica tertia Tragi. Lugd.* 2. 1271. *Conſolide Sarrazine* iii. *de Tragus* 2. 163. *C. Bauhin la rapporte a ſa Conyzae affinis Germanica. Pin.* 266.

Fleurit des la fin de Juin & en Juillet. Sa fleur eſt jaune & a environ un pouce & demi de diamêtre. les demi fleurons ont pres d'un pouce de long ſur une ligne de large & ſont au nombre de 30 ou 40. Il ſe trouve a Fontainebleau, a St. Germain, a St. Maur, dans les parcs & foreſt.

H. Par.
177. & 396.

⊙ 6. Aster montanus luteus, salicis folio glabro. *C. B. Pin.* 266.

Fleurit en Juin & Juillet. Sa fleur a environ 15 lignes, ou un pouce de diamêtre & les demi fleurons ſont quelquefois juſqu'au nombre de 80. Il eſt tres commun dans les prairies entre Montigny & Epiſy & ſur la pente de la foreſt en allant de Samoy a Valvin.

H. Par.
178.

d. 7. Aster incanus, Verbasci folio, villosus. *Inſt.* 482. *Conyza incana. C. B. Pin.* 265. *Conyza Helenitis mellita, incana. Lob. Ic.* 347.

Mr. Tournefort indique cette plante dans ſa troiſieme Herboriſation, *pag.* 178. ſans marquer l'endroit; mais il y a apparence, que bien loing de l'y avoir trouvée, il ne l'avoit jamais vêuë, car ſi elle fut tombée ſous ſes yeux il l'auroit rapportée au genre de Jacobée, puisqu'elle en eſt une veritable eſpece qui paroiſt même, n'eſtre guere differente de celle, qu'il a nommée *Jacobaea, maritima, non laciniata, lanuginoſa, latifolia. J. R. H.* 486. qui ſe trouve dans la foreſt de Montmorency, ou il la marque mal a pres pour la *Jacobaea montana lanuginoſa, anguſtifolia, non laciniata. C. B. Pin.* 131. *Mr. Ray croit que la Conyza Helenitis mellita incana Lob. n'eſt qu'une variete de la Conyza Helenitis foliis laciniatis. Lob. Ic. que Mr. Tournefort n'a pas eu plus de raiſon de nommer auſſy Aſter.*

H. Par.
396.
Aubée.   US.

8. Aster omnium maximus, Helenium dictus. *Inſt. Helenium. Cam. in Math. Germanice.* 26. *Helenium. Raji Hiſt.* 1. 273. *Eyſt. Tab.* 336. *Enule campane. Fuſch. ch.* lxxxix. *Helenium majus. Cord. Hiſt.* 142. *Enula. Brunſf.* 3. 99. *Elenion. Trag.* 170. *Helenio. Caſt.* 207.

Se trouve dans un petit bois, qui eſt au deſſus de Cueilly & entre Leſigny & la petite riviere appellée Roüillon. ſe trouve auſſy en quantite entre Preſle & la Ferme duce. & a Preſle proche Tournant. Elle fleurit vers la fin de Juillet & en Aouſt, ſa fleur eſt, d'un jaune roux, elle a autour de 2 pouces de diamêtre. La couronne deborde le calice d'environ neuf lignes. Ses ſemences ſont longues d'environ une ligne & demie ſur demi ligne de diamêtre, brun clair, canelées dans leur longeur & ſurmontées d'aigrettes de poils longs de 3 lignes.

H. Par.
247. & 397.

⊙1. Astragalus luteus perennis, procumbens, vulgaris, sive sylvestris. 8. *H. Oxon.* 2. 107. *Aſtragalus. Rivin. Ic.* 2. *Faenum-graecum. Trag.* 599. *Ic. Faenum graecum ſylveſtre.* 1. *Dod.* 547. *Foenum, Graecum ſylveſtre ſeu Glycyrrhiza ſylveſt. quibuſdam. J. B.* 2. *lib.* xvii. 330.

* 2. Astragalus Monspessulanus. *J. B.* 2. 338. *Raji Hiſt.* 1. 938. *Aſtragalus purpureus perennis Monſpelienſ. Hiſt. Ox.* 2. 107. *Securidaca minor. Adv. Lob.* 401. *quoad deſcriptionem. La figure, qu'en donne J Bauhin, eſt copiée ſur celle de Polygala. Cam. Epit.* 929. *que C. Bauhin rapporte a ſon Aſtragalus Alpinus Helveticus. Pin.* 351.

Ses fleurs ont juſqu'a neuf lignes de longeur: leur couleur eſt pourpre tirant ſur le violet. Se trouve dans les friches en allant de Rouboiſe a la valée de Vaudion & ſurtout en allant a la chapelle St. Michel. Elle eſtoit bien en fleur le troiſieme Juin 1716. Cette plante eſt parfaitement bien repreſentée par la figure de l'*Anthyllis claviculata. Lugd.* 1. 492. *que C. B. appelle Aſtragalus Alpinus magno flore. Pin.* 351. mais l'Autheur de l'Hiſtoire de Lyon dit ſes fleurs jaune. Peut eſtre s'eſt il trompe dans la couleur. Car ſa plante eſt aſſeurement ſemblable a la noſtre dans tout le reſte.

Fleurit en Juillet & Aouſt, ſa fleur eſt flave verdâtre & a 5 a 6 lignes de long. la ſilique eſt taillée en corne longue d'environ 1 pouce ou 1 pouce & demi, elle eſt en dos d'aſne en deſſus creuſée en goutiere en deſſous & partagée en 2 loges rempliees de ſemences verdâtres de la figure d'un petit rein. Elles ſont meures en Aouſt.

H. Par.

♃ 1. Atractylis lutea. *C. B. Pin.* 379. *Atractylis Theophraſti, & Dioſcoridis, ſanguineo ſucco. Col.* 1. 19. *Icon.* 23.

S 2

Sa femence est couronnée de feuilles.

☿ 1. ATRIPLEX FOLIO HASTATO SEU DELTOIDE. *H.R.Blef. Raji Hift.* 1. 192. *Atriplex fylve-* ſtris annua, folio deltoide triangulari finuato & mucronato haftae cufpidi fimili. 14. *H. Ox.* 2. 607. *Icon. Tab.* 32. *Aen.* 14. *Atriplex fylveftris folio haftato feu deltoide. Raji Hift.* 1. 192. *Atriplicis marinae fpecies Valerando. J.B.* 2. *lib.* XXIII. *p.* 974.

H. Par. 10 & 397. *Atroches.*

☿ 2. ATRIPLEX ANGUSTO OBLONGO FOLIO. *C.B.Pin.* 119. *Atriplex fylveftris anguftifolia* 4. *Raji Hift.* 1. 192.

H. Par. 11. & 397.

ATRIPLEX ANGUSTO OBLONGO FOLIO, HUMIFUSA. *Sch. Bot.* 99.

♀ 3. ATRIPLEX ANGUSTISSIMO ET LONGISSIMO FOLIO. *H. L. Bat.*

H. Par. 11. & 397.

☿ 1. AVENA VULGARIS SIVE ALBA. *C.B.Pin.* 23. *Avena fativa vulgaris alba.* 1. *H. Ox.* 3. *Sect.* 8. *Tab* 7. *fig.* 1. *Avena.Trag.* 653. *Ic.Brunsf.* 3. 205. *Dorft.* 21.

H. Par. 11. & 397. *Avoine.* US.

Elle Epie en Juin.

♀ * 2. AVENA NIGRA. *C. B. Pin.* 23. *Avoyne. Fufch.ch.* LXVII.

Elle ne differe de la premiere que par la couleur de fes femences qui font noires.

♀ * 3. AVENA SYLVESTRIS PILOSA, ARISTIS RECURVIS. *H. Oxon.* 3. 209. *N°.* 5. *Sect.* 8. *Tab.* 7. *fig.* 5. *Feftuca utriculis lanugine flavefcentibus. C.B.Pin.* 10. *Aegylops quibusdam ariftis recurvis, five Avena pilofa. J.B.* 2. 433. *Feftuca prior. Dod.* 539. *Gramen Avenaceum utriculis lanugine flavefcentibus. J.R.H.* 525.

C'eft avec la barbe du grain de cette plante qu'on fait l'Hygrofcope ou Hygrometre de l'invention d'Emanuel Magnan.

Elle Epie & fleurit en Juin & meurit en Juillet. Elle eft tres commune dans les Orges & autres grains. En Francois Haveron.

AVENULA. en Francois AVENETE. il faudra nommer ainfi le *Gramen Avenaceum* dont les baſſes font courtes.

H. Par.
247. & 397.

⊙ 1. **B**ALLOTE. *Matth.* 825. *Marrubium. Dorſt.* 182. *Marrobio vero. Caſt.* 263. *Marrubin. Fuſch. ch.* LVI. La figure du *Marrubium majus. Trag.* 8. que *C. Bauhin* rapporte a cette plante n'y convient nullement, il eſt a preſumer qu'elle doit plûſtot appartenir au *Galeopſis paluſtris Betonicæ folio flore variegato J. R. H.* qu'elle ne repreſente pas trop mal, ou au *Galeopſis Alpina Betonicae folio, flore variegato. J. R. H.*

Le Marrube noir fleurit en Juin & Juillet. Sa fleur purpurine & a environ demi pouce de long ſur 3 lignes d'ouverture de gueule. Le calice eſt un cornet de 3 ou 4 lignes de long, chargé de 10 canelures & pliſſé a 5 pans égaux terminez chacun par une petite pointe en devant.

   * 2. BALLOTE FLORE ALBO. *Inſt.* 185.

♀ * 1. BALSAMINA LUTEA SIVE NOLI ME TANGERE. *C. B. Pin.* 306.

Mr. Breman l'a remarquée dans la foreſt de St. Germain, allant a Maiſons.

Fleurit en Juillet & Aouſt. Se trouve dans un fond de glaciere ruinée derriere le potager du Roy a Verſailles.

   * 1. BEDEGUAR OFFICINIS PERPERAM. *C. B. Pin.* 483.

H. Par. 397.

⊙ 1. BELLADONA. *Cluſ. Pann.* 508. *majoribus foliis & floribus. J. R. H.* 77. *majoribus foliis, & fructibus. Hiſt. Pariſ.* 397. *Solanum melanoceraſos. C. B. Pin.* 166. *Solanum maniacum multis, ſive Belladonna. J. B.* 3. *lib.* 34. *pag.* 611. *Solanum lethale. Park. Theat.* 346. *Raji Hiſt.* 1. 679. *Solanum lethale, Belladonna. Cluſ. Hiſt.* LXXXVI. *Solanum lethale. Dod. Pempt.* 456. *Ger. emac.* 340. *dormitif. Lugd. Gall.* 2. 576. *Solanum ſomniferum & lethale. Lob. Icon.* 263. *ſomniferum Solanum lethale. Obſ.* 134. *Solanum furioſum, luridè purpureo flore calathoide, Melanoceraſos. Pluk. Almag. Bot.* 352. *Solano congener flore campanulato vulgaris, latioribus foliis.* 4. *Hiſt. Ox.* 3. 532.

Mr. Tournefort marque cette plante a Chantilly autour de la fontaine de Sylvie. Je l'ay remarquée a Raiz auprés de l'Abbayée de Joyenval dans les Aulnées. Elle commence a fleurir vers la fin de Juin & en Juillet. Sa fleur a environ un pouce de long ſur demi pouce de diamêtre, decoupée en 5 pointes ſur le devant.

H. Par.
57.
Pâquettes.
US.

⊙ 1. BELLIS SYLVESTRIS MINOR. *C. B. Pin.* 261. *Raji Hiſt.* 1. 349. *Solidago. Brunsf.* 2. 29. *Primula veris. Dorſt.* 234. *Trag.* 161. *Ic. & deſc. Bellide minore. Caſt.* 68. *Petite Conſyre. Fuſch. ch.* LIII.

La Paſquette fleurit dés la fin de Fevrier, & continue en Mars, Avril, May & tout l'Eſté.

   * BELLIS SYLVESTRIS MINOR PETALIS EX CANDIDO RUBRIS. *C. B. Pin.* 261.

   * BELLIS SYLVESTRIS MINOR PETALIS EX ALBO ET RUBRO MIXTIS. *C. B. Pin.* 261. *Bellis ſylveſt. minor, flore mixto. Eyſt.*

   * BELLIS SYLVESTRIS MINOR DUPLICI SEMIFLOSCULORUM SERIE IN FLORE.

Trouvée ſur le tapis du grand canal de Verſailles du coſté de Trianon le 23 d'Avril 1707.

   * BELLIS SYLVESTRIS MINOR PETALIS INTUS RUBRIS, IN AMBITU ALBIS. *C. B. Pin.* 261.

H. Par. 397.
US.

1. BERBERIS DUMETORUM. *C. B. Pin*, 458. *Eſpine Vinette. Berberis. Dorſt.* 48. *Berbere. Caſt.* 69. *Oxyacantha officinis Berberis. Trag.* 993. *Ic. Eſpine vinette. Fuſch. Ch.* CCVI.

Se trouve dans le parc de Charonne.

H. Par. 320.
& 398.
Betoine.
US.

⊙ 1. BETONICA PURPUREA. *C. B. Pin.* 235. *Vetonica. Cord. Hiſt.* 165. *Betonica. Riv. Ic.* 1. *Betonica. Matth.* 944. *Fuchſ.* 351. *Lob. Icon.* 532. *Brunsf.* 1. 88. *Dorſt.* 38. *Caſt.* 70. *Trag.* 197. *Betoeſne. Fuſch. ch.* CXXXII.

Bois de Verriere. Fleurit en Juin & Juillet. La Betoine differe du Sideritis par ſes verticilles qui ſont compoſez & ſimples dans le Sideritis.

H. Par. 398.

BETONICA ALBA. *C. B. Pin.* 235. *Tab. Ic.* 542. *Brunsf.* 3. 180. *candida. Tragi.* 197. *Vetonica alba. Cord. Hiſt. deſc. v.* 165. *Betonica albo flore. Cluſ. Hiſt.* XXXVIII.

Bois de Verriere.

   * BETONICA FLORE INCARNATO. *Volck.* 69. *Betonica floribus laetè incarnatis. Flor. Quaſimodog.* 25.

BE-

2. Betonica arvensis, annua, flore ex albo flavescente. *J. R. H.* 203. *Sideritis ar-venfis, latifolia glabra. C. B. Pin.* 233.

1. Betula virgulis pendulis. *Mentz. Ind.* 47. *Betula. Caft.* 71. *malè. Trag. Ic.* IIII. *Be-tula. Dod.* 839. *ou Sceptre des Maiftres d'Efchole.* — H. Par. 58. & 399. US. *Bouleou.*

Le Bouleau fleurit en Avril. Ses fruits meuriffent en Automne.

* Betula virgulis erectis.

♀ 1. Bidens folio non dissecto. *Caefalp.* 488. *Eupatorium aquaticum folio integro.* 2. *Raji Hift.* 1. 361. *Conyza paluftris, foliis ferratis. Flor. Pruff.* 54. *cum fig.* Voyez l'extrait que j'ay fait fur ce livre. *Eupatorium cannabinum Chryfanthem. Barr. Ic. Conyza paluftris. Eyft.* 211. — H. Par. 249. & 399.

Fleurit vers la fin d'Aouft & en Septembre, fa fleur eft jaune. Ses femences font ordinaire-ment furmontées de 4 dents ou pointes. Elles meuriffent vers la fin de Septembre & en Octobre.

2. Bidens foliis tripartito divisis. *Caefalp.* 488. *caule flavefcente.* jaune doré fort pafle a Marcouffy. *caule atro-purpureo. Conyza paluftris foliis tripartito divifis. Flor. Pruff.* 53. *cum fig. Chryfanthemum Cannabinum bidens folio quinquepartito five vulgare. H. Ox.* 3. 87. *Eupatorium cannabinum faemina.* 1. *Raji Hift.* 1. 360. — H. Par. 60.

Fleurit en Aouft & Septembre. Ses fleurons font jaunes, fes femences, ainfy que celles du premier font feparées entr'elles par des feuilles plates, & font brunes.

* Bidens, foliis tripartito divisis, caule purpurascente.

♃ 1. Blattaria lutea, folio longo laciniato. *C. B. Pin.* 240. *Blattaria vulgaris flo-re luteo. Broff.* 37. *Verbafcum leptophyllum. Cord. Hift.* 153. *Blattaria. Trag.* 925. *Ic. Caft.* 74. *Blattaria flore luteo. Eyft. Tab.* 265. *Blattaire. Fufch. ch.* LXVI. — H. Par. 179. & 400.

Fleurit en Juin & Juillet. Sa fleur a depuis un pouce jufqu'a un pouce & demi de diamêtre, jaune Citron, glacée d'un peu de purpurin par derriere. Les Etamines & leur velu font pour-pre violet, leurs fommets font verdaftres.

♀ 2. Blattaria alba. *C. B. Pin.* 241. *Blattaria vulgaris flore albo. Broff.* 37. *Blattaria flore albo. Eyft. Tab.* 265.

Sa fleur eft de la grandeur de celle de la jaune, les Etamines & leur velu font pourpres & leurs fommets jaunes. Fleurit en Juin & Juillet.

♀ 1. Blitum rubrum minus. *C. B. Pin.* 118. *Amaranthus fylveftris & vulgaris. Hift. Pa-rif.* 385. *Blitum rubrum minus. J. B.* 2. *lib.* 23. *pag.* 967. *eft Blitum obfcurè virenti Ocimi medii folio, non fpicatum, fed Helxinae veluti Lappulis infeftum. H. Cath.* 30. il y rapporte *Blitum album, minus. C. B. Pin. Mor. Hift.* 2. *J. B.* — bon. *Blettes ou Rettes.* US.

Nous n'avons abfolument point de bonnes figures, ou pour mieux dire, point du tout de cet-te plante, car celle de Jean Bauhin a les feuilles trop obtufes, & reprefente mieux l'efpece qui fuit, & celle du *Blitum rubrum minus. Cam. Epit.* 235. la qu'elle y conviendroit le mieux par ra-port aux feuilles, fait un Epi de fleurs qu'on ne voit point a noftre plante. Le *Blitum rubrum fupinum. Lob. Ic.* 250. a le même defaut de ces Epis. Mr. Tournefort. *Hift. Parif.* 385. louë cependant les *fufdites figures de J. B. & de Lob.* & veut que celle de *Cumerarius reprefente* mieux l'efpece qui fuit, mais il n'a pas raifon.

Fleurit en Juillet & Aouft. Sa femence eft noire & luifante.

2. Blitum sylvestre spicatum. *Inft.* 507. *& Hift. Parif.* 399. *bonne defcription. Blitum album minus. J. B.* 2. *lib.* 23. *pag.* 967. *Raji Hift.* 1. 200. *nouvelle defcription. Blitum album minus. C. B. Pin.* 118. Mr. Tournefort raporte icy mal a propos la figure du *Blitum rubrum, minus. Cam. Epit.* 235. la qu'elle a l'Epi prés, convient a l'efpece precedente beaucoup mieux qu'a celle-cy, a la quelle il faut rapporter le *Blitum album Cam. Epit.* 236. fes Semences font noi-res, luifantes, polies, rondes & un peu aplaties. — bon.

Toutes les figures que C. Bauhin y rapporte, doivent eftre renvoyées au *Chenopodium Be-tae folio. J. R. H.* C. Bauhin rapporte mal a propos a cette plante les figures fuivantes, qui appar-tiennent au *Chenopodium Betae folio. J. R. H. Blitum. Dod. Gall.* 374. *Fufch.* 174. *Trag.* 713. *Blitum minus. Dod. Pempt.* 617. *minus album Ger. Emac.* 321. *Blitum minus album fylvefire. Park. Theat.* 753. toutes ces figures appartiennent au *Chenopodium Betae folio. J. R. H.* Elles font toutes copiées les unes fur les autres.

* Blitum sylvestre spicatum foliis ex albo et viridi variegatis. *Inft.*

* 1. Boletus esculentus rugosus albicans, quasi fuligine infestus. *Inft.* 561. *Fon-* — Morilles. US.

go Coralloide. Caſt. 178. Le 22 d'Avril je l'ay trouvée dans le parc de St. Maur.

    * BOLETUS ESCULENTUS, RUGOSUS, FULVUS. *J.R.H.* 561.

    * 2. BOLETUS NIGRICANS, CAPITULO FASTIGIATO.

    * 3. BOLETUS FLAVICANS, CAPITULO FOLIATO.

    * BOLETUS NOSTRAS FLAVESCENS, PEDICULO CRASSISSIMO, PILEOLO FOLIATO.

    4. BOLETUS PHALLOIDES. *J.R.H.* 561. On le trouve en Novembre & Decembre.

US.   * BORRAGO FLORIBUS CAERULEIS. *J.B. Borrago. Paſſ.* 2. 79. *Bourrache. Fuſch. ch.* LI.

    1. BRUNELLA MAJOR, FOLIO NON DISSECTO. *C.B.Pin.* 260. *Brunella. Rivini Ic.* 1. *Pru-*
H.Par.60. *nella vulgaris. Trag. Ic.* 301. a feuilles entieres, pointues & velues. *Prunelle. Fuſch. ch.*
US. CCXXXVIII.

Fleurit en Juin & Juillet &c. On en trouve des pieds, dont la fleur a environ ſix lignes de long, & d'autres ou elle n'a que 4 lignes & eſt plus menuë.

    * BRUNELLA MAJOR, FOLIO NON DISSECTO, FLORE PURPURASCENTE. *H.R.Par.*

    * BRUNELLA MAJOR, FOLIO NON DISSECTO, FLORE CARNEO. *H.Oxon.* 3. 363.

    * BRUNELLA MAJOR, FOLIO NON DISSECTO, FLORE ALBO. *C.B.Pin.* 260. Sa fleur n'a qu'environ ſix lignes de long.

Trouvée a l'entrée du bois de Bondy le premier d'Aouſt 1708.

H. Par.   2. BRUNELLA CAERULEO MAGNO FLORE. *C.B. Pin.* 261. *Brunella Alpina grandiflora,* &
179. *elatior, mucronatis integris foliis, flore caeruleo. Pluk. Almag.* 70. *Prunella prima. Cluſ. Hiſt.* 2. *fol.* 42. *Brunella flore majore. Riv. Icon.* 1. *Brunella caerulea magno flore. Eyſt. Tab.* 317.

Il s'en trouve des pieds dont les feuilles ſont entieres, & d'autres dont les feuilles ont quelques dentelures ſurtout vers leurs baſe, des pieds glabres, & d'autres fort velus. fleurit en Juillet & Aouſt.

    * BRUNELLA CAERULEO MAGNO FLORE, FOLIIS INTEGRIS HIRSUTISSIMIS. a Fontainebleau.

    * BRUNELLA PURPUREO MAGNO FLORE. a Fontainebleau.

    * BRUNELLA FLORE MAGNO CARNEO. *H. Edinb.*

    * 3. BRUNELLA LACINIATA VEL AURICULATA MAGNO FLORE CAERULEO. *J.B.* a Fontainebleau.

    BRUNELLA LACINIATA VEL AURICULATA FLORE MAGNO PURPUREO. *Brunella foliis laciniatis, flore ſaturatius purpuraſcente. C.B.Pin.* 261. *Prunella laciniata, flore magno purpureo. J.B.* 3. 429.

    * BRUNELLA LACINIATA VEL AURICULATA FLORE MAGNO LEUCOPHAEO.

    * BRUNELLA LACINIATA VEL AURICULATA FLORE ALBO. *Prunella flore magno albo, folio laciniato. J.B. Brunella foliis laciniatis, floribus albis. C.B.Pin.* 261.

    * 4. BRUNELLA VERBENULAE FOLIO, FLORE CAERULEO. Voyez planche V. Fig. I.

Se trouve a Verſailles autour de la piece des Suiſſes. a Porchefontaine autour des Etangs & a Fontainebleau. Fleurit en Juin & Juillet.

    * BRUNELLA VERBENULAE FOLIO FLORE PURPURASCENTE.

    * 5. BRUNELLA FOLIO LACINIATO FLORE CAERULEO. *C.B Pin.* 261. *Brunella* II. *flore purpureo. Cluſ. Hiſt.* XLIII. *Symphytum petraeum. Lob. Icon.* 475. *Brunella folio laciniato. Riv. Ic.* 1.

Fleurit en Juin & Juillet &c. Sa fleur a environ ſix lignes de long.

H.Par.400.   BRUNELLA FOLIO LACINIATO, FLORE PURPUREO. *C.B.Pin.* 261.

    * BRUNELLA FOLIO LACINIATO, FLORE ROSEO. *H.R.Par.*

    * BRUNELLA FOLIO LACINIATO, FLORE CINEREO. *C.B.Pin.* 261.

H.Par.400.   BRUNELLA, FOLIO LACINIATO, FLORE ALBO. *H.R.Par. Brunella folio laciniato flore niveo. C.B. Pin.* 261. *Prunella flore albo, parvo, folio laciniato. J.B.* 3. 429. *Prunella* II. *non vulgaris, albo flore. Cluſii Hiſt.* XLIII.

Il ne faut pas rapporter icy, comme à fait Plukenet, la *Brunella Baetica annua, foliis laciniatis. Moriſſ. Praelud. Bot.* 241. *Meliſſa Baetica. H.R. Bleſ.* 132. qui eſt la *Bugula odorata Luſitanica. Corn.* 46. Plukenet y rapporte auſſi la *Brunella minor alba, laciniata. C.B. Pin.* 261. la *Prunella flore albo parvo folio laciniato. J.B.* 3. *lib.* 30. 429. *Symphytum petraeum. Lob. obſerv.* 251. *Et Icon.* 475.

Dans le parc de Vincennes.

Θ I.

☉ 1. BRYONIA ASPERA SIVE ALBA BACCIS RUBRIS. *C. B. Pin.* 297. *Vitis alba sive* H. Par. *Bryonia. J. B.* 2. *lib.* xv. *p.* 143. *Cam. Epit.* 987. *Lob. Icon.* 624. *Bryonia alba. Cord. Hist.* 249. & 401. 117. *Dodon.* 400. *Ger. emac.* 869. *Vitis alba Fuchs.* 94. *Bryonia. Dorst.* 52. *Trag.* 280. *Vite* US. Coleuvrée. *biànca. Cast.* 461. *Couleuvree blanche, de Fusch. ch.* XXXII.

Fleurit en May & Juin. Son fruit est une boule couleur de Corail d'environ 3 lignes de diamétre, qui renferme jusqu'a 6 femences de la figure & couleur de celles de Chenevi. Il meurit en Aoust & Septembre.

* BRYONIA ASPERA SIVE ALBA BACCIS RUBRIS CUCUMERIS FOLIO. *Bryonia. Tabern. Ic.* 893. *Matth.* 1283. *Lugd.* 1410.

Cette varieté se trouve dans les bois du petit parc de Versailles, dans le parc de Charonne; *Bryonia sive Vitis alba.* autour de St. Prix dans les hayes &c.

☉ 1. BUGLOSSUM ANGUSTIFOLIUM, MAJUS. *C. B. Pin.* 256. *Buglossa longifolia. Cord. Hist.* H. Par. 135. *Brunsf.* 1. 112. *fig. Buglossum. Dorst.* 50. *Buglossa. Cast.* 79. *Buglossum perenne, majus* 250. *sativum.* 1. *Hist. Ox.* 3. 438. *Buglossa Italica. Trag.* 232. *Icon. Buglosse d'Italie. Fusch. ch.* Langue de CXXIX. *Lycopsis. Grande Buglosse cultivée. Dod. Gall.* 5. Beuf.

Fleurit vers la fin de Juin & en Juillet. Est commune autour de Charenton & de St. Maur. Sa fleur a environ neuf lignes de diamêtre & est d'un bleu turquin, decoupée en 5 parties egales arrondies par le haut.

♀ 2. BUGLOSSUM SYLVESTRE MINUS. *C. B. Pin.* 256. *Buglossum sylvestre asperum minus an-* H. Par. *nuum, foliis undulatis.* 8. *Hist. Ox.* 3. 439. *Buglossum erraticum, asperum Echioides. Adv.* 401. & 62. *Lob. Cynoglossum hirsutum vineale minus, flosculis minimis caeruleis.* 10. *Hist. Ox.* 3. 449. *Buglosse sauvage. Fusch. ch.* CII. *Lycopsis sylvestris. Buglosse sauvage. Dod. Gal.* 6.

Fleurit des la fin de May, en Juin, Juillet &c. Sa fleur est d'une bleu celeste decoupée en 5 parties egales arrondies. Elle a environ 3 lignes de diamétre. Ses feuilles font ondées sur les bords. Aime les terres legeres & fablonneufes.

* BUGLOSSUM SYLVESTRE MINUS, FLORE ALBO. Plaine de Seve.

♀ 3. BUGLOSSUM ANGUSTIFOLIUM SEMINE ECHINATO. *Inst.* 134. *Lappula Aequicolorum Li-* H. Par. *thospermi foliis tetraspermos, echinis in spicam conoidies. Pluk. Almag. Bot.* 206. *Lappula* 401. *rusticorum, Elatine. Tragi. Hist. Lugd.* 1240. *Item Cynoglossum pusillum Narbonense E-* *jusd.* 1262. *Cynoglossum minus, itemque medium. C. B. Pin.* 257. *Cynoglossum minus. J. B.* 3. 600. *Cynoglossum minus sive pusillum. Park. Theatr.* 514. *Item Cynoglossum minus flore caeru-* *leo. Ejusd.* 513. *Cynoglossum minus & medium. C. B. Pin. H. L. Bat.* 216. *Item Buglossum ma-* *rinum, incanum caeruleo flore. Ejusd. H. L. Bat.* 98. *Cynoglossa minor, montana, serotina* *altera Plinii. Col. Ecphr.* 1. 180. *Elatine. Trag.* 196. Caspar Bauhin rapporte la plante de Columna a son *Cynoglossum medium. Pin.* & a son *Cynoglossum minus. Pin.* 257. La figure *de l'He-* *liotropium minus.* III. *Tabern. Ic.* 549. que C. Bauhin rapporte mal a propos a son *Echium* *Scorpioides arvense minus. Pin.* reprefente fort bien la plante en question.

Fleurit en May & Juin Sa fleur est d'un bleu pâle decoupée en 5 parties egales arrondies par le haut. Elle n'a qu'environ une ligne de diamétre.

♀ 4. BUGLOSSUM ARVENSE ANNUUM LITHOSPERMI FOLIO. *Inst.* 134. *flore albo. Echioides* H. Par. *flore albo. Riv. Icon.* 1. *Echioides alba, Col.* 185. *Lithospermum annuum. album, tetracarpon* 251. & 401. *femine nigro angulofo.* 7. *Hist. Ox.* 3. 447. *Lithospermum arvense radice rubra. C. B. Pin.* 258. N°. 7. *Item Echium pumilum album. Ejusd. Pin.* 254. N°. 10. *Echioides parva alba amphibia.* *Col.* 1. 184.

Fleurit en Juin & Juillet. Sa fleur est blanche, de 2 a 3 lignes de diamétre, a 5 parties egales arrondies.

* BUGLOSSUM ARVENSE ANNUUM LITHOSPERMI FOLIO, FLORE CAERUEO PURPURASCENTE VEL FLORE PURPURASCENTE. J'ay trouvé cette varieté le 10 May 1711. dans les Segles entre Vaugirard & Issy. & autour de Gentilli.

☉ 1. BUGULA. *Dod.* 135. *Bugula flore violaceo. Brossf.* 38. *Bugula. Riv. Icon.* 1. *Bugula syl-* H. Par. *vatica, vulgaris caerulea.* 1. *Hist. Ox.* 3. 391. *Consolida media. Brunsf.* 1. 95. *Consolida meza-* 321 & 402. *na. Cast.* 134. *Consolida. Bry.* 102. *Prunella. Trag. Icon.* 311. *caerulea prior. Ejusd. desc.* 309. US. *Prunella. Dorst.* 237. *Consolida media. Fuchs.* 391. *bonne fig. Moyenne Confoulde. Fusch. ch.* CXLVII.

Fleurit en Avril & May.

F 2

* BU-

* Bugula flore caesio. bleu pâle de la couleur du Ciel.

Dans les prairies de Porchefontaine en May.

* Bugula flore purpurascente vel suaverubente.

A Porchefontaine & les prez humides de la garenne de Seve. En May.

* Bugula flore cinereo vel albo. *Inst.* 209. *Bugula flore albo. Bross.* 38.

* Bugula nervis foliorum luteis. Toutes les nervures des feuilles sont jaunes. Je l'ay remarqué dans les Bosquets de Versailles.

H. Par. 63. & 402.
2. Bugula sylvestris villosa, flore caeruleo. *Inst.* 209. *Bugula caerulea Alpina Park. Theatr.* 525. *Pluk. Phytogr. Tab.* 18. *fig.* 3. *Consolida media caerulea, Alpina. C. B. Pin.* 260. *J. B.* 3. *lib.* 30. 432. *Item Consolida media Genevensis. Ejusd. ibid. Consolida media pratensis hirsuta. H R. Par. Pluk. Bugula montana. Riv. Icon.* 1. *Bugula hirsuta Genevensis.* 3. *Hist. Ox.* 3. 391. *Ic. Sect.* 11. *Tab.* 5.

Ne seroit ce point la *Bugula* 3². *Clus. Hist.* XLIII. dont il donne une figure sous le nom de *Bugula carneo flore.* il dit qu'il porte des fleurs bleues, tantôt de cendrées, tantôt de toutes blanches; & enfin d'un rouge clair, ou couleur de Chair. *C. Bauh.* rapporte la plante de *Clusius* a sa *Consolida media pratensis purpurea. C. B. Pin.* 260.

Fleurit des la fin d'Avril & en May. Sa fleur a 6 a 7 lignes de long. Est commune dans les parcs du bois de Boulogne & de Vincennes.

* Bugula sylvestris villosa, flore dilute caeruleo.

* Bugula sylvestris villosa, flore leucophaeo. Gris de perle.

* Bugula sylvestris villosa, flore intense purpureo.

* Bugula sylvestris villosa, flore suaverubente. *Inst.* 209.

Bugula sylvestris villosa, carneo flore. *Clus. Hist.* XLIII.

* Bugula sylvestris villosa, flore cinereo. *Bugula cinereo flore. Clus. Hist.* XLIII.

H. Par. 402.
3. Bugula sylvestris villosa, flore albo. *Inst.* 209.

H. Par. 403. US.
1. Bulbocastanum majus folio Apii. *C. B. Pin.* 162. *Bulbocastano. Cast.* 81. Je croy que le *Bulbocastanum minus. C. B. Pin.* est le même.

Fleurit en Juin & Juillet.

H. Par. 180. & 404.
1. Bupleurum folio subrotundo, sive vulgatissimum. *C. B. Pin.* 278. *Isophyllon. Cord. Hist.* 108. *Bupleurum. Riv. Ic.* 3. *Perfoliata. Dorst.* 215. *Cast.* 332. *Bupleurum perenne, longis & angustis foliis incurvis.* 1. *Hist. Ox.* 3. 300. *Herba vulneraria. Trag.* 431. *Icon.*

Fleurit en Juillet & Aoust. Sa fleur est jaune, & n'a guere que demie ligne de diamètre, a 5 petales egaux, ses ombelles sont nuës.

* 2. Bupleurum angustissimo folio. *C. B. Pin.* 278. *Bupleurum minimum. Col.* 1. 247.

Fleurit en Juillet & Aoust. Se trouve dans la grande avenuë du Chateau de Seaux & au bois de Boulogne dans les contre allées qui vont de la Grurie a Boulogne. Ses semences sont brunes arrondies sur le dos, qui est relevé de 3 costes presques insensibles, leur ventre est tres etroit. Ces semences n'ont pas une ligne de long.

H. Par. 404.
3. Bupleurum perfoliatum, rotundifolium annuum. *Inst.* 310. *Perfoliata. Cord. Hist.* 103. *Riv. Ic.* 3. *Trag.* 482. *Persefeuille. Fusch. Ch.* CCXLIII.

Fleurit en Juillet & Aoust. Est commun dans les grains autour de Bercy, Charenton, St. Maur.

H. Par. addition. Bourse de Berger. US.
1. Bursa Pastoris major, folio non sinuato. *C. B. Pin.* 108. *Bursa pastoris major capsula cordata, foliis non sinuatis.* 1. *Hist. Ox.* 2. 304. *Bursa pastoris. Cast.* 82. *Bourse de Bergers. Fusch. Ch.* CCXXXIII.

Fleurit en Avril & May. On la trouve encore en fleur en Juin & Juillet.

H. Par. 11. & 404.
Bursa pastoris major folio sinuato. *C. B. Pin.* 108. *Bursa pastoris major. Brunsf.* 3. 30. *Bursa Pastoris. Trag. Ic.* 215. *major & vulgatissima.* 5. *Trag. desc.* 214.

Bursa pastoris media. *C. B. Pin.* 108. Est la même que la precedente.

* Bursa pastoris eleganti folio, instar Coronopi repentis. *Cam. Hort.* 32. *Bursa pastoris. Dorst.* 54.

1. Butomus. *Caesalp.* 553. *Hist. Paris.* 181. & 404. *J. R. H.* 271. *Fagasmon. Dorst.* 120. *Guinco florido, Cast.* 198. *Gladiolus palustris. Pass. part.* 2. 84.

Fleurit vers la fin de Juin en Juillet. Ses fleurs ont environ un pouce de diamètre, & 6 petales, 3 grands & 3 petits disposés alternativement, 9 etamines, point de calice, l'ovaire qui est contenu dans la fleur devient un fruit relevé de 6 côtes, terminé par autant de pointes & creufé de 6 loges. On peut dire fi l'on veut que la fleur eft a 3 petales, & le calice a 3 pieces.

2. BUTOMUS FLORE ALBO. *Inft.* 271.

Les petales du premier rang ou du rang exterieur tirent fur la couleur de rofe pafle.

Ces deux plantes font tres communes dans le chauffée d'Auteuïl a gauche au de la de l'Arcade.

1. BUXUS OFFICINARUM ARBORESCENS. *C. B. Pin.* 471. *Hift. Parif.* 404. *Buxus. Trag. Ic.* Buis. US. 1069. *Bouys. Fufch. Ch.* CCXLVIII.

Les Buis fleuriffent en Mars & Avril. Les fleurs & les fruits naiffent pefle mefle, par paquets dans les aiffelles des feuilles. Les fleurs paroiffent eftre d'une feule piece decoupées en 4 quartiers. Elles ont 4 etamines a doubles fommets. Les jeunes fruits font furmontez de 3 fommets un fur chaque pointe. Les feuilles & les fruits des Buis femblent faire appartenir ce genre a la Claffe des fleurs en Lys. Il fe trouve dans les hayes de Rouffigny & de Neaufle le chateau.

Calamenthe.
US.

1. **C**ALAMINTHA VULGARIS VEL OFFICINARUM GERMANIAE. *C.B.Pin.*228. *Eſt Calamintha vulgaris exiguo flore. C.B.Pin.*229. *Prodr.* 110. *ſine Icone.* C'eſt je croy le *Calamintha. Matth.*716. *Ital.*1.755. C'eſt auſſi *l'Acinus. Matth.*731. *Acina. Ejuſd.Ital.*771. *Acinus Manardi Matthioli Calaminthae folio. J.B.*3.*lib.*XXVIII. *p.*258. *ſine Icon. Acinus de Math. Lugd. Gall.*1. 794. *Lat.*1.912. *Caſp.Bauhin.* n'a pas eû raiſon de regarder cette plante comme une varieté du *Clinopodium arvenſe Ocimi facie.* 2. *C.B.Pin.*225.

J'ay trouve cette plante le 2. d'Aouſt 1711. en ſortant de Boiſſy pour aller a la Garenne St. Michel. Elle eſt vivace & nait entre les pierres, qui ſoutiennent les terres du Chemin a gauche. Sa fleur eſt gris de lin clair. Elle fleurit en Juin, Juillet & Aouſt. La fleur eſt longue de 4 ou 5 lignes, & ouverte de 3 lignes de l'extremité d'une levre a l'autre. La levre inferieure eſt pointillée d'un beau pourpre. Moriſon la dit vivace, il y rapporte le *Calamintha montana vulg. Tab. Ger. Lob. Eyſt. Park. vulgaris officinarum Germaniae.*

2. CALAMINTHA FLORE MAGNO VULGARIS. *J. B.*3.*part.*2.228. *Calamintha procerior, magno flore, ſylvae Fontis-Bellaquei. J. R. H.*194. Ce n'eſt point Fontaine-belle-eau, mais Fontainebleau, en Gatinois. en Latin Fontana-Blandi. *Eccl.* C'eſt la *Calamintha magno flore, odore Pulegii.* 2. *Hiſt.Ox.*3.413. il doute ſi c'eſt la plante de J. Bauhin. il dit *flores purpuro rubentes, longi, tubuloſi, conjunctim ramoſis pediculis appenſi.* & la marque a Montpelier & a Geneve.

Sa fleur a ordinairement juſqu'a 7 a 8 lignes de long. Elle eſt pourpre vif. Sa gueule eſt ouverte d'environ 4 lignes de l'extremité d'une Levre a l'autre. La racine de la levre inferieure eſt blanchaſtre & pointillée d'un pourpre encore plus vif. Cette plante fleurit en Aouſt & Septembre.

3. CALAMINTHA PULEGII ODORE SIVE NEPETA. *C. B. Pin.* 228. *flore minore odore Pulegii. J. B.* 3. *part.* 2.229. *Pulegium ſylveſtre. ſive Calamintha altera. Dod.* 98. ⊙

J'ay trouvé cette plante entre Huſſy & la ferté ſous Jouarre, le long du Chemin. fleurit en Juillet, Aouſt & Septembre.

Soucy.

1. CALCITRAPA. Voyez *Carduus ſtellatus.*

US.

1. CALTHA ARVENSIS. *C.B.Pin.*276. *Raji Hiſt.*1.338.

H.Par.183.
Clochette.

1. CAMPANULA MINOR, ROTUNDIFOLIA, VULGARIS. *C.B.Pin.*93. *Item Campanula Alpina, Linifolia, caerulea. Ejuſd. ibid. Prodr.* 34. *N°.*4. *Item Campanula minor rotundifolia flore in ſummis cauliculis. C.B.Pin.*93. *Rapunculus ſylveſtris flore ex purpureo candicante, & flore albo. Tabern.Icon.*410.

* CAMPANULA MINOR ROTUNDIFOLIA VULGARIS, FLORE CINEREO.

CAMPANULA MINOR ROTUNDIFOLIA VULGARIS, FLORE ALBO. *C.B.Pin. flore candido. C.B.Pin.* La *Campanula minor rotundifolia, flore in ſummis cauliculis.* 21. *C.B.Pin.* 93. *Rapunculus ſylveſtris, flore ex purpureo candicante. Tabern.Ic.*410. *& Rapunculus ſylveſtris flore albo. Ejuſd. ibid.* n'eſt qu'une varieté de noſtre plante, qui ſe trouve dans les Landes entre Meudon & la Garenne de Seve, ou elle fleurit en Aouſt & Septembre, chaque tige ne porte ordinairement qu'une fleur & rarement 2.

2. CAMPANULA HORTENSIS RAPUNCULI RADICE. *C. B. Pin. Cervicaria major, ſylveſtris. Eyſt.Tab.*154.

Se trouve a Gentilly un peu au de la & au deſſous de Biceſtre dans une piece de Luſerne, qui eſt au bord de la Riviere des gobelins, & a Verſailles dans les bois au deſſus de la piece des Suiſſes, mais en petite quantité.

3. CAMPANULA VULGATIOR, FOLIIS URTICAE VEL MAJOR ET ASPERIOR. *C. B. Pin.*94. *Campanula caerulea Urticae folio. Broſſ.*39. *Cervicaria hortenſis, flore caeruleo. Eyſt.Tab.* 154. *Gantelée. Fuſch.ch.*CLXIV.

Cette plante eſt commune dans la foreſt de Senar, dans les bois de Verriere, & de Montmorency.

CAMPANULA VULGATIOR, FOLIIS URTICAE, VEL MAJOR ET ASPERIOR, FLORE DILUTE PURPUREO. *C.B.Pin.*

* CAM-

* CAMPANULA VULGATIOR FOLIIS URTICAE VEL MAJOR ET ASPERIOR FLORE CANDIDO. *C. B. Pin. Cervicaria hortensis flore albo. Eyst. Tab.* 154.

4. CAMPANULA PRATENSIS, FLORE CONGLOMERATO. *C. B. Pin.* 94.

* CAMPANULA PRATENSIS, FLORIBUS SINGULARIBUS PER CAULEM SPARSIS. *C. B. Pin.* 94.

CAMPANULA PRATENSIS, FLORE CONGLOMERATO ALBO. *H. R. Par.*

5. CAMPANULA PERSICAE FOLIO. *Cluf. Hist.* 171. *Campanula Persicae folio, caerulea. Brost.* H. Par. 64. 39. *Campanula angustifolia, caerulea. J. B. 2. pag* 803. *Rapunculus Persicifolius, magno flore. C. B. Pin.* 93.

Quoy qu'en dife l'autheur de l'Histoire des environs de Paris, je croy quil faut rapporter a cette Plante les *Rapunculus nemorosus* 11. & 111. *de Tabernæmont. pag.* 411. & 412. & fon *Campanula angustifolia. Ejusd. Icon.* 317. Ainfy cette plante est 3 fois dans le Pinax. Sçavoir.

    1. *Rapunculus Persicifolius magno flore. N°. x.*   )
    2. *Rapunculus nemorosus angustifolius, magno flore major N°.* xi. *C. B. Pin.* 93.
    3. *Rapunculus nemorosus angustifolius, parvo flore N°.* xiii.)

CAMPANULA PERSICAEFOLIA, FLORE ALBO. *Eyst. Campanula Persicae folio, alba. Brost.* 39.

6. CAMPANULA RADICE ESCULENTA FLORE CAERULEO. *H. L. Bat. Erinus Nicandri &* H. Par. 63. *Dioscoridis. Col. Phytob.* 101. *Rapunculus Esculentus. C. B. Pin.* 92.   US.

C'est a cette Plante, qu'il faut rapporter le *Rapunculus sylvestris major. Eyst. Ic. Tab.* 5. & non pas au *Rapunculus nemorosus angustifolius, magno flore major. C. B. Pin.* 93. *N°.* xi. *Raiponce. Fufch. ch.* lxxvii.

CAMPANULA RADICE ESCULENTA FLORE CANDICANTE. *H. L. Bat.*

Speculi Veneris Species.

7. CAMPANULA ARVENSIS, ERECTA. *H. L. Bat.* Celle cy est ordinairement couchée. *Onobrychis arvensis, vel Campanula arvensis erecta. C. B. Pin.* 215. *Pentagonion Viola Pentagonia. Tabern. Icon.* 316. *Onobrychis Belgarum. Eyst. Tab.* 109. *Apud Pluk. Campanula arvensis minima Dodonaei. Morif. Hist.* 2. 457. *Campanula vasculo oblongo, in filiquam producto, Speculum Veneris dicta. Raji Hist.* 742. *Onobrychis arvensis vel Campanula arvensis erecta. C. B. Pin.* 215. *Avicularia Sylvii quibusdam. J. B.* 2. *lib.* 20. 800. *Speculum Veneris majus. Park. Onobrychis Belgarum. Eyst. Tab.* 109. Cette figure est meslée avec un pied de *Convolvulus minor arvensis. C. B.*

* CAMPANULA ARVENSIS ERECTA, FLORE JANTHINO DILUTIORE. gris de lin.

* CAMPANULA ARVENSIS ERECTA, FLORE ALBO. *J. R. H.* 112.

8. CAMPANULA ARVENSIS PROCUMBENS. *Inst.* & *Campanula arvensis minor, filiqua ampliore. J. R. H.* Celle-cy est ordinairement droite. *Onobrychis arvensis, vel Campanula arvensis erecta. C. B. Pin.* 215. confondue avec la precedente. *Campanula arvensis minor, filiquâ ampliori. J. R. H.* 112. *Viola arvensis Tabern. Icon* 301. *Speculum Veneris minus. Ger. Emac.* 439. *Park. Theat.* 1331. *Raji Hist.* 1. 743. *Apud Pluk. Campanula five speculum Veneris minus. Park. Raji Hist.* 743. *Campanula arvensis minima, erecta. Morif. Hist.* 2. 457. variat flore albo. *Campanula minor, Bellidis minimae foliis, crispis, flore minore. Hort. Cath.* 35.

Sa fleur n'a qu'environ 2 ou 3 lignes de diamêtre, & paroist des la fin d'Avril & au commencement de May. Elles naist en quantité dans les grains de la plaine de Vaugirard, & autour de Boulogne de la Salpestriere. Il s'en trouve des pieds a fleur gris de lin & d'autres a fleur d'un rouge bleu.

* CAMPANULA ARVENSIS PROCUMBENS FLORE JANTHINO DILUTIORE.

* 9. CAMPANULA CYMBALARIAE FOLIIS, VEL FOLIO HEDERACEO. *C. B. Pin.* 93. *N°.* 24. *Pluk. Phytog. Tab.* 23. *fig.* 1. *Campanula Cymbalariae foliis. Prodr.* 34. *N°.* 6.

L'autheur dit que Cherlerus l'a remarquée dans les Landes d'autour de Paris.

1. CAMPHORATA GLABRA, ANNUA. *Camphorata vulgaris annua. Brost. in app.* 104. *Vid. Chenopodium N.*

* 1. CANNABIS ERRATICA. *C. B. Pin.* 320. *Chanvre. Fufch. ch.* cxlviii.
                                                                  Chanvre.
* 2 CANNABIS SATIVA. *C. B. Pin.* 320. *Raji Hist.* 158. *Chanvre.*   US.
1. CAPRIFOLIUM GERMANICUM. *Dod.* 411. *Chevrefeuille. Fufch. Ch.* ccl.   US.

G 2

                                                                                 Bois

Bois de Verriere.

   * 2. Caprifolium non perfoliatum, foliis sinuatis. *J. R. H.* 608.

   1. Cardamine pratensis, magno flore purpurascente. *Inst.* 224. *Nasturtium praten-se, magno flore. C. B Pin.* 104. *& Nasturtium pratense folio rotundiore, flore majore. Ejusd. ibid. Passerage sauvage. Fusch. ch.* cxxii.

   Cardamine pratensis, magno flore albo. *Inst.*

   * Cardamine pratensis, magno flore pleno. *J. R. H.* 224. Le 10 May Mr. Chicoinau l'a trouvé dans le bas pré entre le Moulin & le Village de Gentilly.

   * Cardamine pratensis, flore minore purpurascente.

   * Cardamine pratensis, flore minore albo.

   * 2. Cardamine pratensis flore majore, elatior. *J. R. H.* 224. *Nasturtium aquaticum amarum. Park. Raji Hist.* 1. 814.

   Fleur blanche evafée d'environ demi pouce, petales egaux & entiers, calice evafé a 2 petites oreillettes, etamines blanches a fommets pourpres. Cette plante machée n'a point d'amertume, mais elle eft d'un gouft tres piquant, & plus fort que celuy du Creffon de Fontaine. Elle fleurit en Avril & May. le long de la riviere d'Arques qui paffe a Dieppe.

Agripaulme.   ♀ * 1. Cardiaca. *J. B.* 2. *pag.* 320. *Fusch. ch.* cxlix.
US.

Silybum.

H.Par.323.   ♀ 1. Carduus albis maculis notatus vulgaris. *C. B. Pin.* 381. *Silybum albis maculis no-*
  US   *tatum, flore purpureo. Act. Ac. R. Sc.* 1718.

   Chardon notre Dame, où Chardon argenté. Chardon notre Dame de Fusch. Gall. Chap. xvi.

Onopordon.

H. Par.   ♀ 2. Carduus tomentosus Acanthi folio, vulgaris. *J. R. H.* 441. *Acanthium vulga-*
14. & 408.   *re, flore purpureo. Tabern. Icon.* 686. *Spina alba tomentofa, latifolia, fylveftris. C. B. Pin.* 382. *Flor. Pruff. Fig. Brunsf.* 3. 104. *Spina alba fylveftris Fuchfio. J. B.* 3. *lib.* 25. *pag.* 54. *Acanthio. Caft.* 4. *Carduus alatus tomentofus latifolius, vulgaris.* 1. *Hift. Ox.* 3. 152. *Spina alba Trag. Icon.* 858. *Defcr.* 857. *Onopordon vulgare, flore purpureo. Act. Ac. R. Sc.* 1718. *Chardon fauvage. de Fusch. Chap.* xvi.

   Sa tige eft aiflée: Sa fleur n'a point de couronne, & fes ecailles font entieres, les femences font grifes, taillées en coin relevé de 4 angles, Chagrinées, & chargées d'une broffe de poils longs d'environ 3 lignes. La couche du calice, ou le placenta, qui porte ces femences, n'eft point heriffé de poils comme le font toutes les placenta des autres plantes de cette claffe ; mais il eft percé d'alveoles membraneufes femblables en quelque façon aux cellules des ruches, chaque femence s'articule dans une de ces alveoles, comme une dent. fleurit en Juin, Juillet & Aouft.

   * Carduus tomentosus Acanthi folio, vulgaris, flore suaverubente. *Onopordon vulgare, flore fuaverubente. Act. Ac. R. Sc.* 1718.

H. Par. 65.   * Carduus totus viridis, Acanthi folio, vulgaris.
& 408.

Carduus.

   ♀ 3. Carduus nutans. *J. B.* 3. *lib.* 25. *pag.* 56. *Carduus nutans. J. Raj. Hift.* 1. 308. *Onopyxus* 3. *Dalechampii. Lugd. Gall.* 2. 351. que *Cafpar Bauhin* raporte a fa *fpina tomentofa altera fpinofior. Pin.* 382. *N.* 2. *Carduus fylveftris Tragi. Defcr.* 856. *Carduus alatus major, flore rubro mofchato, capite nutante.* 6. *Hift. Ox.* 3. 153. *cum Fig. Tab.* 31. *Sect.* 7. *Carduus Afininus, capite majore nutante. H. R. Blef.* 39. *Carduus mofchatus, flore amplo, capite deflexo. Plukn. Alm.* 83. *Mem. de l'Ac. Royal.* 1718.

   Fleurit en Juin, Juillet & Aouft. Sa fleur n'a point de couronne, les ecailles du calice font entieres, les femences font liffes, polies, luifantes, & a aigrettes de poils.

   * Carduus nutans, flore suaverubente. *Carduus fpinofiffimus, fegetibus frequens, flo-*

re

re puniceo. *C. B. Pin.* 385. *Carduus in avena proveniens, floribus ruffis rofeis. C. B. Pin.* 377.
Carduus mofchatus, flore amplo carneo, capite deflexo. Plukn. Almag. Bot. 83. *Mem. Ac. R.* 1718.

CARDUUS NUTANS, FLORE ALBO. *Carduus fpinofiffimus fegetibus frequens, flore candican-* H. Par. 185.
te. *C. B. Pin.* 385. *Carduus in avena proveniens, floribus candidis. C. B. Pin.* 377. *Carduus* & 408.
mofchatus, amplo flore albo, capite deflexo. Pluk. Almag. Bot. 83. *Mem. Ac. Royal.* 1718.
trouvé a faint Maur le 4 Juillet 1708. Je croy que l'*Acanthium fylveftre flore albo. Eyftett.*
Tab. 280. que C. Bauhin raporte a la *Spina tomentofa altera fpinofior. Pin.* 382. eft notre *Car-*
duus nutans flore albo. Ouy c'eft Luy. *Carduus Afininus ? capite majore nutante; flore albo. H.*
R. Blef. 93.

♀4. CARDUUS ACANTHOIDES. *J. B.* 3. *lib.* 25. *p.* 59 *Mem. Ac. Royal.* 1718. *Acarna flore luteo. J.*
B. 3 *lib.* 25. *p.* 91. *quoad icona. Polyacantha Theophrafti. Tabern. Ic.* 701. & *Hift. Lugd. ex fenten-*
tia Raji Hift. 1. 309. *Carduus vulgatiffimus, incanus, alato caule, confertis capitulis parvis.*
Pluk. Almag. Bot. 84. *Carduus Polyacanthos, capitulis longioribus, & tenuioribus, foliis*
albicantibus. Hift. Ox. 3. 135. *N.* 13.

Ses femences font grifes, unies, polies a aigrette de poils blancs. fleurit vers la mi May en
Juin & Juillet, fa fleur eft purpurine claire, fa tige eft aiflée, fa fleur n'a point de Couronne,
les ecailles du calice font entieres, & ne piquent prefque point. Il eft tres commun en allant
de Charentonneau a St. Maur.

5. CARDUUS CAULE CRISPO. *J. B.* 3. *lib.* 25. *pag.* 59. *J. R. H. Mem. Ac. Roy.* 1718. *Item* H. Par. 5.
Carduus Afininus, capitulis parvis. Joncq. Hort. Carduus fylveftris. Dod. Pempt. 739. *Car-* 65. & 408.
duus Polyacanthos, capitulis pluribus nutantibus, ramofior. H. Ox. 3. 153. *Icon. Sect.* 7. *Tab.*
30. *Fig* 11. *Carduus polyacanthae aemulus, feu alatus. H. R. Blef.* 246. *Plukenet* rapporte
au *Carduus caule crifpo. J. B.* le *Carduus fpinofiffimus, latifolius, Sphaerocephalus, vulgaris.*
C. B. Pin. 385. *Item Carduus fpinofiffimus, anguftifolius vulgaris. Ejufdem Ibid. Carduus fpi-*
nofiffimus. Lob. Ic. 2. 21. *Carduus polyacanthus Parkin. Theatr.* 982. *Carduus polyacanthus* 1.
Ger. emac. Onopyxus Dodonaei. Hift. Lugd. 1471. *Item Drypis Loniceri Ejufdem* 1480. *Car-*
duus fylveftris 1. *Dod. Pempt.* 739.

Cette figure reprefente bien noftre plante. Ses femences font liffes, polies, grifes, longues
d'environ $\frac{1}{4}$ de lignes, a aigrette de poils blancs. Ses teftes font environ 9 lignes de long,
quand elles font en fleur, & 4 a 5 lignes de diametre dans le fort de l'epaiffeur du calice. Fleurit
vers la mi Juillet, & en Aouft. Sa fleur n'a point de couronne, elle eft pourpre foncé, les
ecailles du calice font entieres, & ne piquent point.

* CARDUUS CAULE CRISPO, FLORE SUAVERUBENTE.
Entre Lagny, & Lefche. Le 29 Juillet 1711.

* CARDUUS CAULE CRISPO, FLORE ALBO. *Carduus, caule crifpo, flore albo. J. B.* 3. *Lib.*
25. *P.* 59.

Eriocephalus.

♀6. CARDUUS LANCEOLATUS LATIFOLIUS. *C. B. Pin.* 385. *Carduus lanceatus* 1. *Raji Hift.* 1. 310. H. Par.
Eriocephalus vulgaris, capite turbinato, flore purpureo. Act. Ac. R. Sc. 1718.   64. & 408.

Fleurit en Juillet & Aouft. Sa tige eft aiflée. Sa fleur fans couronne, fes ecailles entieres
& longues, fes femences font gris de perle, liffes, luifantes, longues d'environ une ligne &
demie, chargées d'une aigrette de plume longue d'environ 9 lignes. Ses teftes font taillées
en toupie.

CARDUUS LANCEOLATUS LATIFOLIUS, FLORE ALBO. *H. R. Par. Eriocephalus vulgaris, ca-*
pite turbinato, flore albo. Act. Ac. R. Sc. 1718.

♀ 7. CARDUUS CAPITE ROTUNDO TOMENTOSO. *C. B. Pin.* 382. *Eriocephalus capite rotun-* H. Par.
do, maximo. Act. Ac. R. Sc. 1718. *Carduus tomentofus, Corona fratrum dictus.* 3. *Raj. Hift.* 324. & 409.
1. 311. Il y rapporte le *Carduus capite rotundo, tomentofo. C. B. Pin.* 382. & le *Carduus to-*
mentofus, capitulo majore. Ejufdem, ainfi que fait *Plukenet.* Mais je croy, qu'ils fe trompent
touts deux: car la figure du *Carduus tomentofus Lob. Ic.* 2. 10. que C. Bauhin rapporte aux
dernier de fes deux Chardons, eft celle du *Carduus ferox. J. B.*

Fleurit en Juillet & Aouft. Sa fleur n'a point de couronne, fes ecailles font entieres, ne
piquent point. Sa tefte eft environnée d'un chapiteau de feuilles. La tige n'eft point aiflée. Ses
femences font chateins, polies, luifantes, a aigrette de plume. Il fe trouve dans l'avenue,

qui fait face au Chateau d'Ivry , autour de l'Abbaye d'Hieres de Porchefontaine , & entre Cueilly & Villiers.

Calcitrapa.

Chardon.
♃ 8. Carduus stellatus luteus , foliis Cyani. *C. B. Pin.* 387. *Jacea lutea annua, stellata & alata foliis Cyani.* 27. *Hift. Ox.* 3. 145.

Fleurit en Juillet & Aouft. Sa fleur n'a point de Couronne. Les écailles du calice fe terminent en 5 pointes dont celle du milieu eft longue d'environ neuf lignes , & les autres d'une ligne ou deux. La tige eft aiflée. Les femences font polies & luifantes , chargées d'aigrettes de poils blancs. Il abonde entre Vaugirard & Iffy fur les levées des chemins.

H. Par. 12. & 407. US.
9. Calcitrapa officinarum ; flore purpurascente. *Act. Ac. R. S.* 1718. *Carduus ftellatus , five Calcitrapa. J. B. flore purpurafcente.* 3. 89. *Polyacantha. Cord. Hift.* 91. *Eryngium. Brunsf.* 3. 59. *Dorft.* 158. *Jacea ramofiffima , capite longis aculeis ftellatim nafcentibus armato.* 21. *Hift. Ox.* 3. 144. *Hippophaeftum , vel hippophaes Diofcoridis. Col. Phytob.* 105. Cet autheur reprefente la graine chargée d'une broffe de poils : cependant les graines de noftre Chauffe trape font nues.

Fleurit en Juillet & Aouft. Sa fleur n'a point de couronne. Les écailles du calice fe terminent par cincq pointes difpofées deux a deux , & au coftez de la plus grande , qui eft longue de demi pouce , & les petites d'une ligne & demie chacune ; la femence eft nuë , cendrée, luifante , & un peu aplatie.

* Calcitrapa officinarum , flore intense purpureo. *Act. Ac, R. S. Carduus ftellatus, five Calcitrapa , flore intenfe purpureo. J. R. H.* 440.

* Calcitrapa officinarum. flore suaverubente. *Act. Ac. R. S. Carduus ftellatus , five Calcitrapa officinarum. flore fuaverubente. J. R. H.* 440.

* Calcitrapa officinarum , flore albo. *Act. Ac. R. S. Carduus ftellatus , five Calcitrapa , flore albo. H. R. Par.*

* Calcitrapa officinarum , multiflora , capitulo longo , gracili , brevibus aculeis munito. *Act. Ac. R. S.* 1718.

H. Par. 322.
10. Carduus stellatus , foliis integris serratis. *Bot. Monfp. App.*

♀ 1. Carlina sylvestris vulgaris. *Cluf. Hift.* CLVII. *Carlina fylveftris.* 2. *Raji Hift.* 1. 288. *Quenoille ruftique. Fufch. ch.* XLII.

Ses femences font cendrées , luifantes , longues d'environ 2 lignes & demie chargées d'une aigrette de plumes , blanc fale , longue a peu pres de 4 lignes. Elles meuriffent en Septembre & Octobre.

* Carlina sylvestris vulgaris platicaulos , vel monstrosa. *Carduus monftrofus figura Cornucopiae. C. B. Pin.* 379. *Cardo moftruofo in figura di Cornucopia Imper.* 663. Cette monftrofité , fe rencontre quelquefois meflée avec la plante cy deffus. Je l'ay trouvé le 18 d'Aouft 1712. entre Meudon & la garenne de Seve.

Charme.
1. Carpinus. *Dod.* 841.

♀ 1. Carvi. *Caefalp.* 290. *Carote. Fufch. ch.* CL.

US.
☉ * 2. Carvi foliis tenuissimis , Asphodeli radice. *Inft. Oenanthe Millefolii paluftris folio.* 10. *Hift. Ox.* 3. 289.

Eft commun dans le marais de Planet prés faint leger en Iveline. Fleurit en Aouft & Septembre. Ses fleurs font blanches , a petales prefque égaux , échancrés par ce que les pointes font le crochet en deffus. Ses graines meuriffent en Septembre & Octobre. Elles font un peu plus etroites par l'endroit qu'elles fe touchent que par les flancs; 3 vives arreftes & quatre canelures affez profondes , reignent en longeur fur leur dos.

US.
1. Caryophyllata vulgaris. *C. B. Pin.* 321. *Benoifte cultivée. Fufch. ch.* CXLIV. *Garyophyllata. Brunsf.* 2. 96. Cette figure vaut mieux que les autres. *Garyophyllata Ejufd.* 3. 29.

Oillet.
1. Caryophyllus montanus. 1. *Tabern. Icon.* 287. *Caryophyllus fylveftris vulgaris latifolius. C. B. Pin.* 209. *Vetonica. Dod. Gall.* 115. *Icon.* 116. *Betoefne fauvage , Fufch. ch.* CXXXIII.

CXXXIII. *Caryophyllus arvensis, calyculo florum numeroso. Flor. Pruss.* 39. assez bonne fig.

  * CARYOPHYLLUS MONTANUS FLORE INCARNATO.

  * CARYOPHYLLUS MONTANUS ALBUS. *Tabern. Icon.* 288. *Caryophyllus sylvestris vulgaris angustifolius. C. B. Pin.* 209.

  Il n'estoit pas necessaire que C. Bauhin distinguât celuy cy du premier dont il n'est qu'une varieté.

  * 2. CARYOPHYLLUS SIMPLEX SUPINUS, LATIFOLIUS. *C. B. Pin.* 208. *Caryophyllus minor repens nostras Raji Hist.* 2. 988. *bon. D. Petiver. Caryophyllus minimus pulchellus supinus maculis aureis argenteisve aspersus. Lob. Ic.* 444. *Betonica coronaria sive Caryophyllus minor folio viridi nigricante, repens, flore argenteis punctis notato. J. B.* 3. *pag.* 329.

  Je croy que l'*Armerius flos tertius. Dod. Pempt.* 177. *Ic.* 176. que C. Bauhin range sous son *Caryophyllus sylvestris humilis flore unico. Pin.* 209. doit estre rapportée icy, car l'autheur dit qu'elle porte quelquefois 2 ou 3 fleurs sur une tige.

  Se trouve autour de la folie en allant de Montmorency au Chateau de la Chasse. Fleurit en Juillet & Aoust. Je l'ay trouvé aussy dans la Brie autour de Vaudré & de Redmont dans les gresseries ou il y en a des pieds a fleurs d'un beau rouge & d'autres pieds dont les fleurs sont d'un rouge clair. Il se trouve aussi a Fontainebleau.

  * CARYOPHYLLUS SIMPLEX SUPINUS, FLORE RUBRO DILUTIORI.

  3. CARYOPHYLLUS SYLVESTRIS PROLIFER. *C. B. Pin.* 209. *Tunica major, annua, flore purpurascente.*

  * CARYOPHYLLUS SYLVESTRIS PROLIFER FLORE ALBO. *Inst.* 333. *Tunica major, annua, flore albo.*

Armoriae Species.

  4. CARYOPHYLLUS BARBATUS, SYLVESTRIS. *C. B. Pin.* 209.

  1. CASSIDA PALUSTRIS VULGATIOR, FLORE CAERULEO. *Inst.*

  *. CASSIDA PALUSTRIS VULGATIOR, FLORE ALBO. *Inst.*

  2. CASSIDA PALUSTRIS MINIMA, FLORE PURPURASCENTE. *Inst. Item Cassida Canadensis pumila, Origani folio. Sarrac. J. R. H. Append.* 182.

  1. CASTANEA. *Dod.* 814. *Castanea Sylvestris, quae peculiariter Castanea. C. B. p.* 419. *Ca-* *stanea vulgaris. Bross.* 41. *Chastaignier. Fusch. ch.* CLXI.   *Chataignier.* US.

  1. CATARIA MAJOR ET VULGARIS. *Inst.* 202. *Calament de montagne. Fusch. ch.* CLXV.   US.
  Se trouve un peu en deça de la Barre en venant a St. Denis aux costez du Chemin.

  1. CAUCALIS ARVENSIS ECHINATA, MAGNO FLORE. *C. B. Pin.* 152. *Echinophora &c. Col.* 1. 91. *fig.* 94.   *H. Par.* 410.

  ♀ 2. CAUCALIS ARVENSIS ECHINATA PARVO FLORE ET FRUCTU. *C. B. Pin.* 152. *Lappula* *canaria, flore minore, sive tenuifolia. J. B.* 3. *lib.* 27. *p.* 80. *Echinophora* 3. *leptophyllos, purpurea. Col.* 1. 96. *fig.* 97. *Caucalis tenuifolia, flosculis subrubentibus. Raji Hist.* 467.   *H. Par.* 411.
  Fleurit en May & Juin. la plante donne du laict.

  ♀ 3. CAUCALIS ARVENSIS ECHINATA, LATIFOLIA. *C. B. Pin.* 152. *Echinophora major platyphyllos, purpurea. Col.* 97. *Lappula canaria latifolia sive Caucalis. J. B.* 3. *lib.* 27. *p.* 80.
  Il fleurit en Juin. Il s'en trouve des pieds a fleurs d'un beau pourpre foncé, & d'autres pieds a fleurs blanches. La plante donne du laict. Se trouve dans les champs autour d'Aunay & de Livry.

  4. CAUCALIS ARVENSIS ECHINATA LATIFOLIA, FLORE ALBO. *Inst.*

  * 1. CELTIS FRUCTU NIGRICANTE. *Inst.* 612.

  1. CENTAURIUM MINUS. *C. B. Pin.* 278. *Petite Centaurée. Fusch. ch.* CXLV.   US.
  Fleurit en Juillet & Aoust. Sa fleur a environ demi pouce de diamétre, decoupée en 5 parties egales ovales terminées en arcade gotique, ils ont environ 3 lignes de long sur presque 2 de large. Cette fleur tire sur la couleur de Rose. Son fruit est cylindrique couleur de bois, long d'environ 4 lignes sur une ligne de diamêtre. Il s'ouvre de la pointe a la base en 2 gaines qui s'ouvrent interieurement selon leur longeur du costé qu'elles se touchent, & renferment plusieurs semences brunes, tres menues, qui font meures en Septembre.

H 2   * CEN-

* Centaurium minus, flore dilute purpurascente.

Centaurium minus, flore albo. *C. B. Pin.*

2 Centaurium purpureum minimum. *H. R. Bl.* 248. & *Hift. Ox.* 2. 566. & *Flor. Jenenf.* 22.

Eft commune entre maifons & villeneuve St. Georges fur le bord des prairies. Fleurit en Juillet & Aouft. Eft auffi fort commune autour des lacunes de Bondy. Sa fleur n'a qu'environ 4 lignes de diamêtre, & fa couleur eft plus vive que celle de la commune.

* 3. Centarium minus, palustrre, amosissimum, flore purpureo. Voyez planche VII. Fig. I.

* Centaurium minus, palustre, ramosissimum, flore purpurascente.

* Centaurium minus, palustre, ramosissimum, flore albo.

* 4. Centaurium palustre luteum, minimum. *Raji Hift.* 1092. *Centaurium luteum minimum. H. R. Bl.* 248. Voyez planche VI. Fig. 3.

Cette plante eft ordinairement branchue, cependant on la trouve quelquefois a tige fimple. Sa fleur eft jaune pale, d'une feule piece decoupée fur le devant en 4 quartiers égaux & difpofez en croix. 4 etamines naiffent des parois internes du tuyau & fe prefentent chargées de leurs fommets, a fon ouverture. Le piftile qui eft renfermé dans le tuyau eft ovale & furmonté d'un ftile. Le calice eft d'une feule piece decoupé jufque vers fa bafe en 4 quartiers arrondis fur le dos. Le fruit n'a qu'une feule cavité, il fe fend en mittre de la pointe a la bafe pour laiffer échaper plufieurs femences noiraftres & tres menues. Cette plante eft amere & fleurit en Juin, Juillet, & Aouft. Se trouve autour des Marres de Bondy & de la foreft de Senart.

5. Centaurium luteum perfoliatum. *C B. Pin.*

Cette plante eft fort commune autour de l'Etang de Montmorency derriere le parc de Mr. de Catinat. Elle fleurit en Juin & Juillet. Sa fleur eft decoupée ordinairement en 8 parties egales ainfy que fon calice. 8 etamines jaunes. piftile furmonté d'un ftile a bouton. Elle eft auffi fort commune fur les bords du bois qui eft au deffus de Cueilli & vers Lefigny.

Le *Centaurium flore luteo. Eyft. Tab.* 86. que *C. Bauhin* y range, n'y a aucun raport, puifque fes fleurs ne font decoupées qu'en 5 lobes egaux & pointus, & que les feuilles font pointuës par les 2 bouts.

* 6. Centaurium palustre minimum, flore inaperto. Voyez planche VI. Fig. 2.

Oignon.   1. Cepa montana bicornis, flore obsoletiore. *Inft.* 383. *Allium montanum bicorne, flore obfoletiore. C. B. Pin.* 75.

* 2. Cepa montana bicornis flore luteo. *Allium juncifolium bicorne luteum. C. B. Pin.* 75. *Allium flore luteo five pallido. J. B.* 2. *lib.* 19. *pag.* 561.

Les feuilles fuperieures de cette plante, font pleines comme celles du Jonc.

3. Cepa montana capite rotundo. *an Allium fphaerocephalon bifolium Italicum. J. B.* 2. *lib.* 19. *pag.* 563. *Allium montanum capite rotundo. C. B. Pin.* 75.

Raius range celle cy parmi les Efpeces qui ont les feuilles plates. Ainfi ce ne peut pas eftre celle de nos Campagnes, qui les a fiftuleufes, & qui eft par confequent *l'Allium fphaerocephalon purpurafcens Raji Hift.* 1118. que Mr. Tournefort appelle *Cepa tenuifolia, fphaerocephalos, purpurafcens. J. R. H.* 383. & qu'il indique pour *l'Allium montanum capite rotundo. C. B. Pin.* 75.

Ses feuilles font fiftuleufes. Cette plante fleurit en Juillet & Aouft. Elle eft fort commune autour de Fontainebleau.

4. Cepa sylvestris tenuifolia prolifera. *Hift. Par.* 413. *Cepa Juncifolia, minor, purpurafcens. J. R. H.* 383. *Allium campeftre Juncifolium, capitatum, purpurafcens, majus. C. B. Pin.* 74. *Allium fylveftre tenuifolium, Lob. Icon.* 156. *Dod. Pempt.* 683.

Cerifier.   1. Cerasus sylvestris amara, Mahaleb putata. *J. B.* 1. *p.* 227.

En quantité dans le parc de Vigny. fleurit en Avril & May.

* 2. Cerasus sativa fructu rotundo, rubro et acido. *Inft.* 625.

* 3. Cerasus sativa fructu majori. *Inft. Griottier.*

* 4. Cerasus major, fructu magno, cordato. *R. Hift. Bigarotier.*

* 5. Cerasus fructu aquoso. *Guinier.*

L'on doit icy inferer les Cerafus, attendu, qu'ils croiffent en Campagne, & que fi un Ecolier les y trouvoit, il faut, qu'il les trouvoit auffi raportès dans fon Catalogue pour ttouver leur noms.

* 6. Cerasus sylvestris fructu nigro. *J. B. Merifier.*

* 1. Ceratophyllon laeve, aquis immersum. *Hydroceratophyllum, folio laevi,*

octo

octo cornibus armato. Act. Ac. R. Sc. Par. ann. 1719. *pag.* 16.

   * Ceratophyllon asperum, aquis immersum. *Hydroceratophyllum, folio aspero, quatuor cornibus armato. Act. Ac. Sc. par. Ann.* 1719. *pag.* 16. *Millefolium aquaticum cornutum.* 2. *Raji Hist.* 191. *Equisetum sub aquâ repens foliis bifurcis. Flor. Pruss.* 67.

   Bonne figure sans fleurs, ni fruits.

   1. Chaerophyllum sylvestre seminibus brevibus, hirsutis. *Inst.* 314.   *Cerfeuil*

   2. Chaerophyllum sylvestre perenne, Cicutae folio. *Inst.* 314. *Cicutaria vulgaris. J. B. Raji Hist.* 1.429. *Myrrhis. Fusch.* 525. *Cicutaire. Fusch. ch.* cxcix.

   Se trouve dans le parc de Vigny. fleurit en May.   Est commun dans les hayes & le Cimetière de Chauvry au de la de la forest de Montmorency.   Ses fleurs sont blanches & fleur delisées.

   * 3. Chaerophyllum sylvestre alterum geniculis tumentibus. *H. R. Par.*

   * 1. Chamaecerasus dumetorum fructu gemino rubro. *C. B. Pin.* 451.

   1. Chamaeclema vulgare majus. *Chamaecissos, seu hedera terrestris Trag.* 798. *Descr.* US. *Ic.* 799. *Calamintha humilior, folio rotundiore. J. R. H.* 194. *Hedera terrestris vulgaris. C. B. Pin* 306. Voyez planche VI. Fig. 4. a. b.

   * Chamaeclema vulgare majus, flore purpureo. *Calamintha humilior, folio rotundiore, flore purpureo. J. R H.*

   * 2. Chamaeclema vulgare medium.   Voyez planche VI. Fig. 6. a. b.

   * 3. Chamaeclema vulgare minus. *Calamintha humilior, folio rotundiore, minor & elegantior. J. R. H.* 194. *herbe terrette, ou lierre terrestre. Fuchs. Gall. Chap.* cccxxxv. Voyez planche VI. Fig. 5. a. b.

   * Chamaeclema vulgare minus flore purpureo.

   * 4. Chamaeclema majus hirsutius. *Hedera terrestris montana. C. B. Pin.* 306.

   Il fleurit en Avril & May. dans cet Etat, ses tiges qui sont quarrées, ont quelque fois un pied de long sur une ligne d'epaisseur, les feuilles, qui y sont opposées deux a deux, sont rondes, échancrées en coeur a l'endroit de leur insertion & decoupées dans leur circonference en anse de panier, soutenues par un pedicule long de 15 lignes qui répend des nerveures fort sensibles sur le dos de la feuille & qui la rendent sillonnée & rude en dessus avec l'ayde de petits poils imperceptibles. Les fleurs naissent par bouquets au nombre de 4 ou 5 dans les aisselles des feuilles & se jettent obliquement d'un meme costé? Elles ont 9 a 10 lignes de long. On trouve des pieds de cette plante qui les portent bleu lavé ou cendré & d'autres qui les sont d'un beau bleu. Les nerveures des feuilles sont vertes en dessous ce qui distingue cette espece de la primiere qui les a purpurines & dont la fleur est presque du Volume de celle-cy, mais les feuilles en sont toujours plus lisses, plus petites, d'un vert plus foncè & plus luisant, & qui se terminent en arcade gotique comme les feuilles de l'espece N°. 3. & *

   1. Chamaedrys minor, repens. *C. B. Pin.* 248.   *Chesuerte ou*

   Ray separe le *major repens. C. B.* du precedent avec le quel J. Bauhin le confond & pretend *Germandrée.* estre le même. *Chamaedrys. Dod. Gall.* 19. *Germandrée. Ejusd. ibid. Germandrée masle.* US. *Fuchs. Gall. Cap.* cccxxxiiii.

   * Chamaedrys minor, repens, flore purpureo pallido. *J. B.*

   * Chamaedrys minor, repens, flore albo et rubello in eadem planta.

   * Chamaedrys minor, repens, flore niveo. *C. B. Pin.* 248.

   2. Chamaedrys laciniatis foliis. *Lob. Ic.* 385. *Germandrée femelle. Fusch. ch.* cccxxxiiii. *Chamaedrys faemina quibusdam. Dod. Gall.* 19.

   * Chamaedrys laciniatis foliis flore albo. *Corn.* 224.

   3. Chamaedrys fruticosa, sylvestris, Melissae folio. *J. R H* 205.   US.

   4. Chamaedrys, palustris, canescens, seu scordium officinarum. *J. R. H.* US. 205.

   1. Chamaelinum vulgare. *Polygonum minimum, sive millegrana minima. C. B. Pin.* 282. *Linoides ramosissimum prius dictum.*

   2. Chamaelinum flore albo pentapetalo. *Linum pratense flosculis exiguis. C. B. Pin.* 214.

   Se trouve a Bondy & a Villedavray. Sa fleur est a 4 petales blancs disposés en rond & soutenüs par un calice d'une seule piece découpé jusque vers le milieu en 4 quartiers recoupez chacun en 2 pointes. Le pistile qui est entouré de quelques etamines devient un fruit spherique

I

qui

qui s'ouvre de haut en bas en 8 parties creusées en cuilleron dans chacune desquelles est nichée une semence tres menue, semblable a celle du Lin. Voyez planche IV. Fig. 6.

Camomille.   ○*1. CHAMAEMELUM NOBILE SIVE LEUCANTHEMUM ODORATIUS. *C. B. Pin.* 135. *Parthenium* US.   *nobile.* 1. *Trag. desc.* 147. *Parthenium, nobilis Chamomilla. Trag. Icon.* 149. *optimè. Anthemis seu Leucanthemus odorata. Lob. Icon.* 1. 770. *Chamaemelum odoratissimum repens, flore simplici. J. B.* 3. *l.* XXVI. *p.* 118. *Raji Hist.* 1. 353.

Illa dit glabre & verte, quand elle vient dans des lieux ombragez & incane & lanugineuse, quand elle naît exposée au soleil. ainsy celle de la pleine de Seve qui est decrite de l'autre part peut a ce compte passer pour la même. Mais j'ay verifié cette plante de Seve ou de la plaine de Vaugirard, & j'ay reconnu qu'elle n'a point de raport par ses feuilles avec le *Chamaemelum nobile*, & que c'est le *Chamaemelum inodorum. C. B. Pin.* 135. qu'il faut nommer *Chamaemelum perenne, subincanum.* C'est la *Cotula alba. Dod. Pempt.* 258. la figure qu'il en donne est assez bonne, mias les tiges en sont trop droites. *Cotula faetida officinarum, & Parthenium vel Virginea. Lob. Icon.* 1. 773.

Ses fleurs ont jusqu'a 15 lignes de diamêtre & depuis 18 jusqu'a 20 demifleurons. Elle ne commence a Epanouir que vers la fin de Juin & continue en Juillet & Aoust. Les graines n'ont pas une ligne de long. Elles sont blanc sale ou gris de souris taillées en cheville, le haut est enfoncé en maniere de nombril. Elles sont lisses. Se trouvé au Bois de Verriere.

bon.   ♀ 2. CHAMAEMELUM VULGARE LEUCANTHEMUM. *Diosc. C. B. Pin.* 135. *Chamomilla vulgaris.* 3. *Trag. desc. & Icon.* 148. *Chamaemelum. Sim. Paul.* 195. *Chamaemelum vulgare amarum. J. B. Raji Hist.* 1. 355. *Chamaemelum elatius foliis obscurè virentibus femine nigro. Pluk. Almag. Bot.* 97. mais il y raporte mal a propos le *Chamaemelum inodorum. C. B.* & le *Chamaemelum inodorum. sive Cotula non faetida. J. B. Anthemis sive Chamaemilla. Matth.* 905. *Anthemide overo Camamilla. Ejusd. Ital.* 955. excellente figure. *Chamaemelum. Ger. emac.* 754. *fig. Tabern. Ic.* 18. *Chamaemelum vulgare. Park. Th.* 85. *Anthemis vulgatior sive Chamaemilla. Lob. Ic.* 1. 770. *Camomille vulgaire. Fusch. Gall. Cap.* VIII. *Chamaemelum majus foliis tenuissimis caule rubente. H. R. Monsp.*

Sa fleur a depuis un pouce jusqu'a un pouce & demi de diamétre & depuis 16 jusqu'a 24 demifleurons. Les semences ne sont point separées entr'elles. Elles sont noires, obtuses par les 2 bouts, courtes & relevées de 3 ou 4 costes blanchastres dans leur longeur, ce qui les rend anguleuses. la langue des demifleurons a souvent six lignes de long & quelquefois jusqu'a 2 lignes de large.

Marouttes.   ♀ CHAMAEMELUM VULGARE LEUCANTHEMUM, FLORE PLENO. *Chamaemelum Leucanthemum vulgare, flore multiplici pleno. Plukn. Alm.* 97. *Chamaemelum majus, folio tenuissimo, caule rubro, flore pleno. J. R. H. Oeil de beuf. Fuchs. Gall. cap.* LI. *Cotula faetida. Sim. Paul. Ic.* 212. copiée de *Dodon.*

♀ 3. CHAMAEMELUM FAETIDUM. *C. B. Pin.* 135. *Cotula faetida.* 2. *Trag. desc.* 147. *Raji Hist.* 1. 355. *Parthenion. Fuchs. Gall. cap.* CCXXII.

Sa fleur s'evase ordinairement d'un pouce & a depuis 12 jusqu'a 15 demifleurons blancs qui ont 2 canelures dans leur longueur, le disque est jaune & les fleurons sont separez entr'eux par des languettes. les semences sont tanées, taillées en cône tronqué, canelées en long & chagrinées. Fleurit en Juin & Juillet.

  * CHAMAEMELUM FAETIDUM SEMIFLOSCULIS FISTULOSIS.

 ✴ CHAMAEMELUM FAETIDUM FLORE PLENO. *Inst.* 494.

Sa fleur a depuis un pouce jusqu'a 15 lignes de diamêtre. le disque a 4 ou 5 lignes & est jaune. La couronne est ordinairement de 14 demifleurons, qui debordent le disque de 4 a 5 lignes. ils tirent sur l'Ovale long & ont environ 2 lignes de diamétre dans le fort de leur largeur. Le calice est une Calotte découpée en autant de lobes qu'il y a de demi fleurons. Cette fleur a l'odeur du *Chamaemelum Romanum*, mais elle est plus foible, ses fleurons sont separez entr'eux par des Ecailles en bale de bled. Cette plante est vivace & jette plusieurs tiges en rond dont le bas est ordinairement couché. Elle est amere, ses feuilles sont plus courtes & plus epaisses que celles de *Chamaemelum Romanum*. Voyez mon herbier. Si les segments des feuilles de la figure de *Cotula. Tabern. Icon.* n'estoient pas si pointus & les fleurs si garnies de demi fleurons, cette figure pouroit convenir a Nostre plante qui est vivace. Elle commence a fleurir vers la fin de May en Juin & Juillet & Aoust. Ses semences sont coniques ou taillées en cheville. el-

les

les font cendrées, legerement rayées felon leur longueur qui n'eft pas d'une ligne.

  * 4. CHAMAEMELUM INODORUM. *C. B. Pin.* 135. *Chamaemelum* de la plaine de feve ce Vaugirard de Neuilly &c. eft le *Chamaemelum inodorum. C. B.*

  1. CHAMAENERION LATIFOLIUM VULGARE. *Inft.* 302. *Chamaenerion. Eyft. Tab.* 156. *Antoniana latifolia vulgaris.*

  2. CHAMAENERION VILLOSUM MAGNO FLORE PURPUREO. *Inft.* 303. *an ? Lyfimachie ruge. Fufch. ch.* CLXXXVII. comme le veut C. Bauhin.

  3. CHAMAENERION VILLOSUM MAJUS PARVO FLORE. *Inft.*

  4. CHAMAENERION GLABRUM MAJUS. *Inft.* 303.

Sa fleur eft a 4 petales échancrés en coeur. Elles ont environ 4 lignes de long. Le diamétre de la fleur epanouie eft de 4 a 5 lignes. fleurit en Juin & Juillet.

  * CHAMAENERION GLABRUM FOLIIS TERNIS.

  5. CHAMAENERION GLABRUM MINUS. *Inft.* 303.

Je n'ay jamais trouvé cette efpece dans nos environs, quoique Mr. Tournefort l'y indiqt dans fa quatrieme cinquieme & fixieme Herborifation, mais il y a bien de l'apparence qu'il y pris le fuivant pour celuy-cy.

  * 6. CHAMAENERION ANGUSTIFOLIUM, GLABRUM. *J. R. H.* 303.

  Bois de Verriere.

  1. CHAMAEPYTIS LUTEA VULGARIS SIVE FOLIO TRIFIDO. *C. B. Pin.* 249. *Chamaepytis vul*[S.] *garis. Broff.* 42. *Chamaepytis prima. Yve mufquée femelle. Dod. Gall.* 22. *Yve mufquée mafle Fufch ch.* CCCXL.

  1. CHELIDONIUM MAJUS VULGARE. *C. B. Pin.* 144. *Fufch. ch.* CCCXXXII. *Chelidonium majus.* [claire.] Grande Efclaire. *Dod. Gall.* 24. [S.]

  ♀ 2. CHELIDONIUM MAJUS, FOLIIS QUERNIS. *C. B. Pin.* 144.

  ♀ 1. CHENOPODIUM BETAE FOLIO. *Inft.* 506. *Blitum erectius five tertium Tragi. J. B.* 2. *p.* 967. *Raji Hift.* 1. 196. *Blette. Fufch. ch.* LXII.

Il me paroift qu'il y a beaucoup de galimatias dans les autheurs fur le fait de la plufpart des Chenopodium, a quoy il faudra faire attention. l'Efpece que Morifon décrit fous le nom d'*Atriplex procumbens folio finuato lucido craffo*, 5. *H. Ox.* 2. 605. & qu'il marque a Blois, fe doit raporter au *Pes anferinus Fuchf.* 652. *Planta eft pedalis (dicit Morifon) procumbens, folia habet craffa, prona parte lucida, in margine finuata; caules & folia ut plurimum funt rubra: femine onerantur caules fummi racematim compacto, caeterarum fylveftrium more, nigro. Reperitur in humidis pinguibufque terrenis locis circa Bloefas. Floret & femina fua* [d'Oyfon.] *nigra minuta perficit eodem tempore cum caeteris fylveftribus.*

  ♀ 2. CHENOPODIUM FAETIDUM. *Inft.* 506.

  3. CHENOPODIUM ANGUSTIFOLIUM, LACINIATUM, MINUS. *Inft.* 506. *Atriplex anguftifolia, laciniata, minor. J. B.* 2. *lib.* 23. *p.* 972. *Atriplex fylveftris* 11. *C. B. Matth.* 362. *Taber. Icon.* 427.

  4. CHENOPODIUM SYLVESTRE ALTERUM, FOLIO SINUATO CANDICANTE. *Inft. R. H.* 506. *Atriplex fylveftris altera. C. B. Pin.* 119. & non pas *Atriplex fylveftris folio finuato candicante*, comme le veut Mr. Tournefort, attendu que celle cy eft une vraye efpece d'*Atriplex*. Et celle la un *Chenopodium. Arroche fauvage. Fufch. ch.* XLI. *Atriplex fylveftris. Taber. Icon.* 426. que C. Bauhin raporte mal a propos a l'*Atriplex* en queftion. *Atriplex fylveftris. Cam. Epit.* 241. *J. B.* 2. *lib.* 23. *p.* 972. *Raji Hift.* 1. 197. *N°.* 8. *Atriplex fylveftris* 1. *Matth. primae Editionis. Lugd.* 536. *Arroche fauvage* 1. *de Matthiolus* en fa premiere. *Edition Lugd. Gall.* 1. 451. *Atriplex fylveftris.* 1. *C. B. Matth.* 362. *Atriplex fylveftris. Arroche fauvage. Dod. Gall.* 373. *Atriplex fylveftris. Dod. Pempt.* 615. *Atriplex fylveftris altera. Ger. Em.* 326.

  * CHENOPODIUM SYLVESTRE ALTERUM, COMA PURPURASCENTE. *Chenopodium, folio lacinia to, coma purpurafcente. J. R. H.* 506. *Atriplex paluftris, laciniata, purpurafcente coma. Sch. Bot.* 99. & *Atriplex paluftris laciniata minor, comá virefcente. Sch. Bot.* 99. *Item Chenopodium folio laciniato, comá virefcente. J. R. H.* 506. varietez. *Atriplex fylveftris latifolia. C. B. Pin.* 119. *Pied d'Oyfon. Fufch. ch.* CCLIII. dans l'herbier de Mr. Tournefort eft le *Pes Anferinus. Fuchf.* 653. qui y eft deffeiché fous ce nom de *Chenopodium folio laciniato, comá purpurafcente. J. R. H.* C'eft a cette efpece, & n'ont pas a huitieme de ce Catalgue, qu'il faut raporter les figures fuivantes. *Pes Anferinus. Fuchf.* 653. excellente figure. *Atriplex dicta Pes Anferinus. J. B.* 2. *lib.* 23. *p.* 275. copiée fur celle de *Fuchf. Atriplex fylveftris*

stris, *sive Pes Anserinus*, *latifolia*, *laceris laciniis*. *Lob. Ic.* 254. *Atriplex sylvestris* III.
Matth. 462. *Atriplice salvatico* III. *Ejusd. Ital.* 490. *Atriplex sylvestris* III. *Lugd.* 536. &
Pes Anserinus. Lugd. 542. *Arroche sauvage* III. *espece: Lugd. Gall.* 1. 451. & *Pied d'Oye
Lugd. Gall.* 1. 457. cette derniere figure est excellente & copie d'aprés celle de *Fuchs. Pes An-
serinu. Pied d'Oyson. Dod. Gall.* 375. *Pes Anserinus. Dod. Pempt.* 616. *Atriplex sylve-
stris atifolia, sive Pes Anserinus Ger. Em.* 328. *Item Atriplex sylvestris latifolia altera.
Ejus. ibid. Atriplex sylvestris latifolia sive Pes Anserinus. Park. Theat.* 749.

*5. CHENOPODIUM SYLVESTRE OPULI FOLIO. Voyez planche VII. Fig. I.

*6. CHENOPODIUM SPICATUM, FOLIO TRIANGULARIDENTATO. *an? Blito Pes Anserinus dicto
simlis. Atriplex vulgaris sinuata spicata. D. Plot. Hist. Ox. Raj. Synops.* 46. autour des eaux.

CHENOPODIUM PES ANSERINUS. 1. *Taber. Icon.* 427. *Atriplex sylvestris, latifolia. C. B.
Pi.* 119. *N°.* 3. *Atriplex sylvestris* III. *C. B. Matth.* 362. *Chenopodium Hispanicum, proce-
rii, folio deltoide. J. R. H. App.* 666. C'est aussi le *Chenopodium latifolium, minus ramo-
su, florum petiolis longissimis, ex foliorum alis confertim nascentibus. Buxb. Enum. Plant.
ingro. Hall pag.* 69. *cum fig.*

Cette plante se trouve autour du marché de Seaux, Il ne la faut pas confondre, comme a
fait *C. B. Pin. N°.* 3. *pag.* 119. avec le *Pes Anserinus. Lugd.* 1. 542.

8. CHENOPODIUM PES ANSERINUS. II. *Taber. Icon. Atriplex sylvestris, latifolia altera.
Raji Hist.* 1. 197. dans l'herbier de Mr. Tournefort cette plante est nommée *Chenopodium
Pes Anserinus.* 1. *Tabern. Ic.* dans les Jardins.

*9. CHENOPODIUM STRAMONII FOLIO. Dans l'herbier de Mr. Tournefort cette plante y est
nommée *Chenopodium Pes Anserinus* II. *Tabern. Ic. & Atriplex sylvestris latifolia acutiore
folio. C. B. Chenopodio affinis, folio lato laciniato, in longissimum mucronem procurrente,
florum racemulis sparsis. Raji Hist.* 3. 123. *Atriplex odore & folio Daturae, minori tamen
.XLII. Triumfetti Cat. apud fratrem. Raji Hist.* 3. 123. *Blitum, sive Atriplex Pes Anserinus dicta, Stramonii acutiore folio, racemosum. Plukn. Mantiss.* 32. Voyez planche VII. Fig. 2.

10. CHENOPODIUM FOLIO TRIANGULO. *Inst.* 506. *Blitum Bonus Henricus dictum.* 1.
Raji Hist. 1. 195. *Bonus Henricus. Brunsf.* 1. 63. & 260. *Bonus Henrichus. Trag.* 317. O-
seille de Tours. *Fusch. ch.* CLXXV.

Fleurit en Juillet & Aoust. Il se plaist autour des Villages.

11. CHENOPODIUM ANNUUM, HUMIFUSUM, FOLIO BREVIORI ET CAPILLACEO. *J. R. H.* 506.
camphoratae species.

Chondrille.
H. Par.
188. & 418
☉ 1. CHONDRILLA JUNCEA, ARVENSIS, NOSTRAS. *H. R. Par. Chondrilla juncea viminea
arvensis. Tabern. Ic.* 178. *Chondrilla Viminea. J. B.* 2. *l.* 24. *p.* 1021. *quoad descr. Act. Ac. Reg.
anc.* 1721. *an? Chondrilla juncea, viscosa, arvensis, quae prima Dioscoridis. C. B. Pin.* 130.
Lactuca sylvestris perennis, lutea, juncea, Viminalibus virgis. H. Ox. 3. 58. *N°.* 21. *quoad descriptionem Chondrilla prima Dioscoridis. Col. Phytob.* 9.

Sa fleur est simple a environ 6 a 7 lignes de diamêtre, a onze demifleurons qui ne forment
qu'un seul rang pour l'ordinaire; son calice est glabre, long de 4 ou 5 lignes decoupé ordinairement jusqu'a sa base (qui est garnie de quelques petites écailles) en 8 parties qui forment autant de costes. Il est Epais d'une ligne & demie. Le corps des semences est long d'environ
2 lignes grisastre, presque cilindrique, canelé dans sa longueur, le bas se termine en pointe, &
le haut par une couronne radiale formée par 5 petites languettes; du centre de cette couronne, s'eleve un filet long de 2 lignes qui soutient une aigrette de poils blancs longs aussi de 2
lignes de maniere que cette semence a en tout demi pouce de longueur. Fleurit en Juillet &
Aoust. Sa fleur est jaune en dessus; chaque demifleuron est relevé en dessous de 3 principales
costes d'un jaune un peu teint de purpurin fort clair.

* 2. CHONDRILLA HIERACII FOLIO ANNUA. *Inst.* 457. *Herracioides annua, glutinosa, flo-
rius parvis. Act. Ac. Reg. Sc.* 1721. *Hieracium pulchrum. J. B.* 2. *p.* 1025.

Nostre plante est annuelle, point amere, les feuilles sont fort douces au tact & gluantes.
Il faut preferer la figure qu'en donne. *J. B.* a celle de Columna.

Elle est commune sur la levée d'un fossé a une portée de mousquet de la maison d'un pescheur,
qui est au bord de la Seine vis avis Vaugerard. Ce fossé entoure un champ, qui est une remise
pour le gibier. Fleurit vers la fin de May & en Juin. Se trouve aussy a St. Maur. Sa tige est
fistuleuse. Son bouton prest a epanouïr, est cilindrique, glabre, long de 3 lignes relevé
dans sa longueur de 7 a 8 costes qui forment ses tanieres il est Epais d'une ligne ou 1 ligne &
demie

demie tres glabre, il se decoupe de la pointe à la base ordinairement en 13 lanieres. La fleur a
environ demi pouce de diamêtre, jaune en dessus & en dessous. elle a 26 a 27 demi fleurons
qui n'ont guere que demie ligne de largeur, equarris & dentelez sur le bout. quand la fleur est
passée le calice devient conique.

Morison dit la plante de *J. Bauhin* vivace, & la separe par consequent de l'*Hieracium
montanum, alterum* λεπτομαχόχαυλον. *Col.* 1.248. qu'il dit annuelle & qu il nomme *Hieracium
annuum montanum, fruticosius caule canaliculato.* 40. *Hist. Ox.* 3. 68. *Columna* dit que ses semences sont noires. Celles de noftre plante font gris verdaftres cilindriques, menues, longues de 2 lignes, chargées d'une aigrette de poils blancs, ainsy noftre plante ne seroit ni celle de J. Bauhin, par ce quelle est annuelle, ni celle de Columna, a cause de la couleur de ses
femences, mais c'est celle que Ray dit estre une varieté de celle de Columna, la quelle fait
ses femences citrines. Voyez l'*Hift. Raji Tom.* 1. *p.*234. *No.* 15.

3. CHONDRILLA SONCHI FOLIO, FLORE LUTEO PALLESCENTE. *J. R. H. est Sonchus laevis
alter Danicus aut Anglicus folio profundis laciniis sinuato, flore luteo lactucino. Lob. Illustr.* 77.

* 1. CHRISTOPHORIANA VULGARIS NOSTRAS, RACEMOSA ET RAMOSA. *H. Ox.* 2. 8. *Chrifto-
phoriana. Caft.* 112. *Eyft. Tab.* 264. *Sim. Paul.* 46.

Fleurit en May & Juin. Ses fruits font meurs en Aouft. Mr. Danty D'Ifnard m'a dit, qu'il
avoit trouvé cette plante dans la garenne de St. Michel a 3 quarts de lieues de St. Leu d'Esse-
rance. Le 2 d'Aouft 1711. Je me suis rendu dans la dite garenne ou j'ay veu la plante en queftion. Elle se trouve dans l'endroit de la dite garenne appellé le fond de la Caille a 5 ou 6 toises
avant dans le bois en y entrant a gauche par la route, qui conduit au puits de St. Michel. il y
a beaucoup d'*Herba Paris* dans l'endroit même.

1. CHRYSANTHEMUM SEGETUM. *Lob. Icon.* 1. 552. *Raji Hift.* 1. 339.

* CHRYSANTHEMUM SEGETUM NOSTRAS CALENDULAE FOLIO GLAUCO, NEQUE SECTO, NEQUE
SERRATO. *Plukn. Alm. Bot.*

* CHRYSANTHEMUM SEGETUM NOSTRAS FOLIO GLAUCO MULTISCISSO, MAJUS FLORE MINO-
RE. *Pluk. Alm. Bot.*

⊙ 1. CICHORIUM SYLVESTRE SIVE OFFICINARUM. *C. B. Pin.* 125. *Cichorium sylveftre. J. B.*
2. 1007. *Cichorium sylveftre Picris. Dod. Pempt.* 635. *Cichorium Cordi Hift.* 141. *Cichorium sylveftre. Matth.* 503. *Cichorea falvatica. Ejufd. Ital.* 532. *Cichorium. Intybus erratica. Tabern. Icon.* 170. *Seris Picris. sylveftre Cichorium. Lob. Icon.* 228. *Adv.* 82. *Seris
sylveftris. Obf.* 114. *Intybum sylveftre. Fuchf.* 679. *Hypochaeris de Dalechamp. Lugd. Gall*
1. 475. *& Endive sauvage a la feuille etroite de Matth. Lugd. Gall.* 1. 469. *Cichorium sylveftre, Park. Theatr.* 776. *Solfequium. Brunsf.* 3. 99. *Cicorea. Dorft.* 82. *Cichorea. Trag. I-
con.* 272. *Cichorée sauvage a feuilles eftroites. Fufch. Ch.* CCLXIII. *Cichorium sylveftre & fativum.* 4. *Raji Hift.* 1. 255. *J. B.* 2. *p.* 1007.

Sa fleur est ordinairement d'un bleu celefte, mais il s'en trouve des pieds, dont les fleurs font
d'un bleu tres-pâle.

* CICHORIUM SYLVESTRE FLORE PALLIDE CAERULEO.

Ses fleurs ont jufqu'a un pouce & demi de diamêtre & font de 15 demi fleurons. Cette plante
& les varietez suivantes, qui se rencontrent affez souvent dans nos campagnes, y fleuriffent
vers le folftice d'Eté & continuent en Juillet & Aouft. Le *Cichorium fativum. C. B. Pin.* 125.
doit eftre raportée a noftre plante, veu qu'il n'en differe que par la culture.

CICHORIUM SYLVESTRE FLORE ROSEO. *C. B. Pin.* 126. *H. Par.* 328.

CICHORIUM SYLVESTRE FLORE ALBO. *C. B. Pin.* 126.

*CICHORIUM SYLVESTRE PLATICAULON. C. Bauhin en fait mention. *C. B. Pin.* 226. C'est le
Cichorium monftruofum caule lato. Thom. Barth. in A. M. D. Vol. 2. *Obferv.* 130.

* CICHORIUM SYLVESTRE FOLIO PRORSUS INTEGRO. *C. B. Pin.* 125.

* CICHORIUM SYLVESTRE MACULATO FOLIO. A feuille taché de couleur de fang noir.

* CICHORIUM SYLVESTRE SEMIFLOSCULIS FIMBRIATIS. *Cichorium fativum florum femiflo-
fculis laciniatis. J. R. H.* 479.

Les demifleurons font decoupez jufqu'a leur partie fiftuleufe en 5 ou 6 lanières fort etroites
& difpofées en main ouverte.

1. CICUTA MAJOR. *C. B. Pin.* 160. *Cicuta. Fuchf.* 406. *Cigue. Fufch. ch.* CLIIII.

* CICUTA MAJOR CAULE NON MACULATO SEMINIBUS CINEREIS. *Raj. Hift.* 3. 257.

2. CICUTA MINOR, PETROSELINO SIMILIS. *C. B. Pin.* 160.

Cichorée.
H. Par.
327. & 418.
US.

Cigüe.
US.

K

Fleurs

Fleurs blanches a 5 petales inegaux & échancrés. Les femences font canelées chacune de 4 canelures profondes, mais elles ne font point chagrinées comme celles de la premiere efpece. Cette plante fleurit en Juillet & Aouft.

1. CIRCEA LUTETIANA. *Lob. Icon.* 260. *Broff.* 43. *Rai Hift.* 1. 401. *Circea. Eyft. Tab.* 188.

Sa fleur paroift en Juillet & Aouft. Elle eft blanche, a 2 petales longs d'environ 1 ligne & demie échancrés & comme taillés en coeur & oppofés, l'un regarde le bas & l'autre le haut, le piftile eft furmonté d'un filet blanc long de prés de 2 lignes accompagné de 2 etamines de même longeur & couleur oppofées fur les coftez & entre les petales. Le calice eft d'une feule piece découpé en 2 parties égales, taillées comme en bafle de bled, longues d'environ 1 ligne & demie. Ce calice tombe aprés la fleur & le noeud qui le portoit devient un fruit taillé en poire, qui renferme ordinairement 2 femences.

1. CIRSIUM ACAULOS, FLORE PURPUREO. *Inft.* 448.

Les écailles du calice font entieres & la pointe s'en écarte en dehors.

* CIRSIUM ACAULOS FLORE DILUTE PURPRASCENTE.

* CIRSIUM ACAULOS FLORE ALBO.

H.Par.419. ☉ 2. CIRSIUM ANGLICUM. *Lob. Icon.* 583. *Ger. emac. Raji Hift.* 1. 306. N°. 7. *Cirfium majus fingulari capitulo magno, vel incanum varie diffectum. C. B. Pin.* 377.

Fleurit en May & Juin. Eft commune dans les prairies humides, a Verfailles, a Seve, dans la foreft de Senar.

H.Par.259. ♀ 3. CIRSIUM PRATENSE, POLYCEPHALON VULGARE. *Inft.* C'eft tres affurement auffi le *Car-*
& 419. *duus fpinofiffimus capitulis parum aculeatis. C. B. Pin.* 385. N°. 4. *Onopyxus alter. Lugd. Gall.* 2. 351. *defcript. Icon.* 350. *male.* ou du moins c'eft le *Cirfium Creticum altiffimum, Cardui lanceolati folio. J. R. H. Carduus pratenfis. C. B. Pin. Raji Hift.* 1. 309. N°. 4. *Carduus fylveftris tertium genus. Dod. Gall.* 368. *fig.* 367. *Carduus fpinofiffimus anguftifolius pratenfis. Flor. Pruff.* 35. *defcript. Carduus anguftifolius paluftris, caule crifpo, fpinofiffimus capite nutante. Pluk. Almag. Bot.* 84. *Carduus fpinofiffimus erectus, anguftifolius, paluftris.* 12. *Hift. Ox.* 3. 153. cet Auteur y raporte l'*Onopyxos alter Lugd.* & l'*Agriacantha Ruellii* & le *Carduus paluftris C. B. Pin. Item Carduus fpinofiffimus anguftifolius vulgaris. Ejufd. C. B. Pin.* 385. & *Prodr.* mais je croy que ce dernier nom convient mieux au, *Carduus caule crifpo. J. B.*

Fleurit vers la fin de Juin & en Juillet. Sa fleur n'a point de couronne & n'a que 4 a 5 lignes de diamêtre, les écailles du calice font entieres. Ses femences font blanches, polies, & chargées d'une aigrette de plume blanc fale.

* CIRSIUM PRATENSE, POLYCEPHALON VULGARE, FLORE ALBO. *Carduus anguftifolius, paluftris, caule crifpo, fpinofiffimus, capite nutante, flore albo. Pluk. Almag. Bot.* 84. *Carduus paluftris flore albo. Scot. illuft.* 2. 15.

4. CIRSIUM ARVENSE SONCHI FOLIO RADICE REPENTE, FLORE PURPURASCENTE. *Inft.* 448. *Carduus fylveftris* 2. *Dod. Gall.* 368. *defc. Carduus vinearum repens, folio Sonchi. C. B. Pin.* 377. & *Carduus in Avena proveniens. Ejufd. ibid. Item Carduus fpinofiffimus fegetibus frequens. C. B. Pin.* 385. *Drypis Dalechampii. Lugd. Gall.* 2. 357. *Icon.* 358. *Carduus arvenfis. Tabern. Icon.* 700. *Ceanothos Theophrafti. Col.* 1. 45. *Carduus vulgatiffimus viarum.* 8. *Raji Hift.* 1. 310. *Carduus ferpens laevicaulis. J. B.* 3. *l.* 25. *p.* 59. *Cirfium annuum Sonchi folio* &c. *Hift. Par.* 259. *annuum* eft une faute d'inadvertance.

* CIRSIUM ARVENSE SONCHI FOLIO RADICE REPENTE, CAPITE PROLIFERO. J'ay compté jufqu'a 20 teftes, qui fortoient d'une feule. Voyez *Act. Ac. R. Sc.* 1718. *pag.* 159.

CIRSIUM ARVENSE SONCHI FOLIO RADICE REPENTE, FLORE ALBO. *Inft.*

CIRSIUM ARVENSE SONCHI FOLIO RADICE REPENTE, CAULE TUBEROSO. *Inft.*

5. CIRSIUM ACANTHOIDES, PRATENSE, FLORE PURPUREO. *Act. Ac. R. Sc.* 1718. *Cnicus pratenfis Acanthi folio, flore purpureo. J. R. H. Cirfion. Dod Gall.* 391.

CIRSIUM ACANTHOIDES, PRATENSE, FLORE OCHROLEUCO. *Act. Ac. R. Sc.* 1718. *Cnicus pratenfis Acanthi folio, flore flavefcente. J. R. H.* 450. *Acanthus pratenfis. Broff.* 28. *Atractylis aculeata foliis maxime laciniatis, capitulis albis. Flor. Pruff.* 21. *Fig.*

Cette plante eft tres commune dans la foreft de Montmorency, & fur tout fur la pente humide a droit, en allant de Moulignon au chateau de la Chaffe. Elle fleurit en Juillet & Aouft. Ses femences font blanches, chargées d'une aigrette de plume.

* CIR-

* CIRSIUM ACANTHOIDES , PRATENSE FOLIO INTEGRO , FLORE PURPUREO. C'eſt le *Cirſium latiſſimum.* C.B.Pin.377. N.2.

Je l'ay trouvé dans les prairies de Villeroy.

1. CISTUS LEDON FOLIIS THYMI. *C.B.Pin.*467. vid. *Helianthemum* No.6.

* 1. CLANDESTINA FLORE SUBCAERULEO. *J.R.H.*652.

* 1. CLAVARIA, MILITARIS, CROCEA. Voyez planche VII. F.4.

Se trouve avec les ſuivants, & en meſme temps; ſon pedicule roux, & ſa maſſe couleur de beau Saffran, tout Chagriné.

* 2. CLAVARIA, ALBA, PISTILLI FORMA. Voyez planche VII. F.5.

Cette plante vient dans les lacunes, ou trous marecageux, qui ſont entre Porche fontaine, & la grande avenue de Verſailles, ou je l'ay trouve le 7 Novembre 1707. Elle eſt d'une ſubſtance mollaſſe, comme celle de la plus part des eſpeces de Champignons. blanc ſale, taillé en pilon, quelquefois rond, & quelquefois un peu applati. Creux en dedans, qui s'ouvre par le haut en ſe fendant en trois ou quatre. Elle n'a que le gouſt de Champignon.

* 3. CLAVARIA, OPHIOGLOSSOIDES, NIGRA. *Fungus ophiogloſſoides niger. Raj. Syn.* 17.N. 12. Voyez planche VII. F.3.

Je l'ay trouvé dans les landes, en allant de Seve a Verſailles par Montreuil, le 11. May. 1711. Cette plante n'a que le gouſt de Champignon. Elle eſt noire en dehors, & blanc ſale en dedans.

1. CLEMATITIS SYLVESTRIS LATIFOLIA. *C. B. Pin.* 300. *Cou!evrée noire. Fuſch. ch.* XXXIII. l'Herbe aux Gueux. US.

CLEMATITIS SYLVESTRIS LATIFOLIA, FOLIIS NON INCISIS. *Inſt.*

1. CLINOPODIUM ORIGANO SIMILE. *C.B.Pin.*225.

CLINOPODIUM ORIGANO SIMILE, FLORE ALBO. *C.B.Pin.*225.

2. CLINOPODIUM ARVENSE, OCYMI FACIE, FOLIIS ANGUSTIORIBUS, HIRSUTISSIMIS. *C. B. Pin.*225.

* CLINOPODIUM ARVENSE, OCYMI FACIE, FOLIIS ANGUSTIORIBUS, HIRSUTISSIMIS, FLORE CARNEO.

* CLINOPODIUM ARVENSE, OCYMI FACIE, FOLIIS ANGUSTIORIBUS, HIRSUTISSIMIS, FLORIBUS ALBIS. *C.B.Pin.*225.

* CLINOPODIUM ARVENSE, OCYMI FACIE, FOLIIS ANGUSTIORIBUS, PENE LAEVIBUS. *C.B.Pin.* 225.

* CLINOPODIUM ARVENSE, OCYMI FACIE, FOLIIS LATIORIBUS. *C.B. Pin.* 225.

1. CLYMENUM PARISIENSE, FLORE CAERULEO. *Inſt.* C'eſt le *Cicercula ſylveſtris. Tabern. Icon.* 500. que *C. Bauhin* raporte mal a propos a ſon *Lathyrus latifolius. C.B.Pin.* 344. C'eſt la *Vicia Lathyroides noſtras, ſive Lathyrus Viciaeformis Raji. Pluk. Phytogr. Tab.* 71. *fig.* 2. *Lathyrus Viciaeformis ſive Vicia Lathyroides noſtras Raji. Hiſt.* 1.899. *Pluknet* y raporte le *Lathyrus ex caeruleo & rubro mixtus Meret. Pin.* 70. C'eſt auſſi le *Lathyrus paluſtris, flore orobi nemorenſis verni, nondum deſcriptus. Flor. Jenenſ.* 367. *cum fig.*

Cette plante ſe trouve entre Gentilly & Arcueil dans la prairie. elle fleurit en Juin.

♀ * CLYMENUM FLORE PARVO SINGULARI, DILUTE JANTHINO. gris de lin.

Quoyque je n'ay jamais trouvé cette plante aux environs de Paris, je ſuis certain qu'elle y naiſt, en ayant ramaſſé en graine dans des bottes de foin qu'un payſan vendoit a Verſailles.

1. CNICUS CAERULEUS, HUMILIS ET MITIOR. *Inſt.* 451. *Eryngium minimum, mitius, ca-* pitulo magno. H.R. Par. *Carduncellus Montis Lupi minor ſpecies repens.* 14. *Hiſt. Ox.* 3. 159. *Carthamoides, caerulea, humilis, & mitior. Act. Ac. R. Sc.* 1718. Quenoüille ruſtique.

Se trouve dans les ſables autour de la Fertè Alais.

2. CNICUS ATRACTYLIS LUTEA DICTUS. *H. L. Bat. Atractylis lutea. C.B.Pin.*379. *& Act. Ac. R. Sc.* 1718.

3. CNICUS PRATENSIS, ACANTHI FOLIO, FLORE FLAVESCENTE. *J. R. H.* Voyez *Cirſium.*

CNICUS PRATENSIS, ACANTHI FOLIO, FLORE PURPUREO. *J. R. H.* Voyez *Cirſium.*

* CNICUS PRATENSIS, FOLIIS INFERIORIBUS INTEGRIS, SUPERIORIBUS LACINIATIS. Voyez *Cirſium.* a Villeroy.

1. COLCHICUM COMMUNE. *C. B. Pin.* 67. *Tuechien. Mort au Chien. Tuechien. Fuſch. ch.* Col:Lique.

* 2. Colchicum vulgare atro-purpureum, Parisiensium, flore simplici. *H. R. Par.*
Vineux. *Colchicum atropurpureum Lutetianum. Broſſ.* 44.

Baguenau-
dier.   US.
     * 1. Colutea vesicaria. *C. B. Pin.* 396. Baguenaudier. *Fuſch. ch.* CLXIX.
     * Colutea vesicaria, vesiculis rubentibus. *J. B.*
     * 1. Conferva Plinii. *Lob. Icon.* 257, *Alga viridis capillaceo folio. C. B.* 364. *Muſcus aquaticus bombycinus tenuiſſimis filamentis. Flor. Pruſſ.* 173. *cum fig.*
     * 2. Conferva trichodes vel Trichomanes aquaticum. *Lugd.*

Il ſe trouve au fond de la Riviere des Gobelins entre Gentilly & Arcueil proche le Moulin.
     * 3. Conferva minor ramosa. *H. Ox.* 3. *Icon. Sect.* 15. *Tab* 4 *Conferva viridis capilla-cea brevioribus ſetis ramoſior. ſive Conferva minor ramoſa. H. Ox.* 3. 644.

On trouve cette plante touffue & telle que Mr. Bobart l'a fait graver, dans les petits ruiſſeaux d'eau claire & vive.
     * 4. Conferva reticulata. *Raji Hiſt. App.* 1852. *Muſcus aquaticus bombycinus retifor-mis. Flor. Pruſſ.* 173. *cum fig.*

Le 25 Juillet 1719. J'ay trouvé cette plante en grande quantité dans une ſaignée ou petit ruiſſeau, qui coule de la Riviere des Gobelins a travers & au bout de la prairie qui eſt entre Gentilly & Arcueil.

Liſet.
     1. Convolvulus major albus. *C. B. Pin.* 294. *Smilax unie & polie. Fuſch. ch.* CCLXXV. *Convolvulus major, flore albo. Eyſt. Tab.* 302.

Fleur toute blanche en cloche a 5 pans, qui a environ 2 pouces de long ſur autant de dia-mêtre a ſon embouchuré, ſoutenue par un calice long de demi pouce, compoſé de 5 feuilles & environnè de 2 autres feuilles. Son fruit renferme ordinairement 3 ou 4 ſemences noires & anguleuſes.

Liſeret.
     2. Convolvulus minor arvensis, flore roseo. *C. B. Pin. Lizet. Fuſch. ch.* XCVII.

     * Convolvulus minor arvensis, flore purpureo, radiis albis picto. *C. B. Pin.*
     Convolvulus minor arvensis, flore candido. *C. B. Pin.*
     * Convolvulus minor arvensis, flore albo, cum umbilico purpueeo. *C. B Pin.*
     Convolvulus minor arvensis flore albo punicantibus lineis asperso. *C. B. Pin.*

Chaſſe puce,
ou Herbe a
Punaiſe.
     * Convolvulus minor arvensis flore albo multifido.
     ⊙ 1. Conyza major vulgaris. *C. B. Pin.* 265. *Conyza major. Dod. Gall.* 27.

Ses fleurs ſont longues d'environ 5 lignes ſur 2 lignes & demie de diamêtre, les fleurons ſont debordez par des filets fourchus & dorez. Ces fleurons ſont jaunes. Le calice eſt formé d'ecailles dont les pointes s'ecartent en dehors.
     ⊙ 2. Conyza Linariae folio. *Inſt.* 455. *H. Pariſ.* 422. *Linaria aurea. Eyſt. Tab.* 162. *Linaria folioſo capitulo, luteo, major, C. B. Pin.* 213. *Chryſocome Dioſcoridis & Plinii. Col.* 1. 81. *fig.* 82.

Fleurit en Aouſt & Septembre, ſes fleurs ſont jaunes a fleurons evaſez ſur le haut & decou-pez en etoiles a 5 rayons. Les pointes des écailles du calice ſe renverſent, ce qui le fait paroiſtre heriſſé. Elles ſont vertes, fort etroites. Les ſemences ſont aigrettées de poils.
     * 1. Corallina fluviatilis, non ramosa. *Equiſetum ſive Hippuris exigua, fluviati-lis petraea nuda Virginenſis D. Baniſter. Pluk. Phytogr. Tab.* 193. *fig.* 7.

Les pieces qui compoſent les tiges de cette plante, ſont des bobines qui vont en etreciſſant par en haut, on les peut auſſi comparer en quelque façon a des bobines enfilées. Cette plante eſt attachée aux pierres ſous les eaux de la Seine.

La racine de cette plante eſt une petite plaque de la quelle partent un grand nombre de tiges nuës dont les plus longues n'ont guere que 6 a 7 pouces, vert jaunaſtre, qui peu de temps aprés qu'elle eſt tirée de l'eau & qu'elle n'en eſt plus mouillée, devient blanc ſale. Ces tiges ſont articulées d'une ligne a l'autre & ſe caſſent tres facilement. Elles croquent ſous la dent, & ont un gout de marecage. Chaque phalange, c'eſt ainſy qu'il faut nommer les pieces qui com-poſent les tiges, eſt creuſée par les deux bouts comme les calices du *Lichen pixydatus* & enfi-lée par une fibre de liée comme un Cheveu, qui regne d'un bout a l'autre de la tige. Voyez plan-che IV. Fig. 5.
     * 2. Corallina pinguis, ramosa, viridis. *Eſt Conferva fontalis geniculata, lubrica, minor. Dillen. Cat.* 200. *& Eph. Nat. Cur. Cent.* 5. *& 6. App.* 61. *Tab.* XIII. *fig.* 4.

Cette plante naiſt dans les fontaines. Elle eſt haute d'un pouce ou 2 branchue & toute nou-
eu-

ueufe, fes branches font difpofées fur les coftez des tiges, a peu pres commes celle du *Mufcus filicinus.* Je l'ay trouvée dans une fontaine qui eft fur le bord d'une prairie auprés de l'Abbaye d'Abecourt, en y allant par Poux & dans la Sainte Fontaine proche Lagny.

1. CORALLO-FUNGUS FLAVUS. *Coralloides flava. J. B.* Voyez planche VIII. Fig. 4.

2. CORALLO-FUNGUS ALBIDUS. *Coralloides albida. J. R H. 564.*

3. CORALLO-FUNGUS DILUTE PURPURASCENS. *Coralloides dilute purpurafcens. J. R. H.*

* 4. CORALLO-FUNGUS CANDIDISSIMUS. A la piece des Suiffes. Voyez planche VII. Fig. 2.

5. CORALLO-FUNGUS DIGITATUS NIGER. *Agaricus digitatus niger. J. R. H. 562.* l'*Hypoxylon digitatum* eft blanc & plein en dedans. C'eft un *Corallo-fungus.*

* 6. CORALLO-FUNGUS DIGITATUS NIGER, APICIBUS ALBIDIS. *Agaricus digitatus, niger, apicibus albidis. J. R. H.*

* 7. CORALLO-FUNGUS CROCEUS, ORNITHOPODIOIDES.

Cette plante eft deffinée a la Tab. VIII. N°. 3. Elle naift fur les petites broutilles tombées parmi la mouffe. Elle eft de couleur Safranée, deliée comme un cheveu a fa bafe, & groffit peu a peu jufqu'a ces divifions, qui reffemblent en quelque façon a de menues ferres d'oyfeau. Quand cette plante eft feche & plongée dans de l'eau, elle la teint en un inftant en jaune de Safran. Je l'ay trouvé le 19 Decembre 1707. dans les bois du petit parc de Verfailles.

* 8. CORALLO-FUNGUS ARGENTEUS, OMENTI FORMA. *An fungus ramofus candidus. C. B. Pin.* Voyez planche VIII. Fig. I.

Il naift fur les vieilles planches des portes & cloifons des caves & rarement contre les murs. Il commence par un point blanc, qui paroift d'abord une fimple moififfure. C'eft un brin de coton cordé, qui groffit infenfiblement & forme un peloton plus blanc que neige, gros comme une Chataigne, & enfuite comme une petite pomme aplatie, dans fa convexité tiffu d'une delicateffe extraordinaire, & fi tendre que la moindre force eft capable de l'ecrafer & le reduire a la groffeur d'une Lentille. Sa fubftance eft graffe, gluante, d'un falé qui tire fur l'aigre, & il put comme le favon. Il femble que ce peloton renferme toute la matiere, qui doit former tout le refte de la plante, car on voit tout autour une couche de fes fibres rangées en rayons s'allonger infenfiblement comme de la laine, que l'on file. Elle fe colle fur la planche & s'etendant de tous coftez a 2, 3, & 4 pouces & plufieurs fois jufqu'a un pied & 2, elles forment de grands ramages auffi delicats qu'une feuille de papier, chantournez dans leurs extremitez qui font comme frangées fort proprement arrondies & decoupées en grandes pieces, incifées de moindres dans les bords. La diftribution de leur vaiffeaux eft tres belle dans les jeunes feuilles, elle imite parfaitement la tiffure des plumes, dans les plus grandes on y voit des coftes elevées affez dures par raport a la moleffe du refte, qui reprefente affez bien les ramifications des vaiffeaux du Mefentere. Les plus grandes feuilles finiffent en pelotons tumefiez comme le premier depuis un pouce jufqu'a 3, qui reffemblent affez a ces flocs de nege dont la furface n'eft pas unie, mais boffue en divers endroits. A travers de ces gros pelotons fortent certains corps, que je prendrois volontiers pour l'ovaire de cette plante, ils tiennent a un des gros cordons des ramifications, dont nous avons parlez, & font d'une ftructure un peu differente, je ne fçaurois mieux les comparer qu'a des rayons de Miel tournez ordinairement en petits cylindres, d'environ un pouce & demi de long, de demi pouce jufqu'a 9 ou 10 lignes de diamêtre, affez arrondis par le bout, leur partie inferieure eft de même tiffure que celle des pelotons, mais la fuperieure eft toute percée de petites cellules fort etroites, d'environ 5 lignes de profondeur, qui reprefentent dans leur petiteffe les cellules des mouches a Miel. Il y en a dont l'orifice eft a cinq pans, quelques unes a trois, & d'autres a quatre. Les cloifons, qui les feparent, font des feuillets tres deliez; fur lefquels non plus, qu'a l'orifice, je ne fçeu remarquer aucune pouffiere, qu'on pût prendre pour la graine: cependant on peut conjecturer par l'Analogie, que c'eft dans cette efpece de Ruche, que les oeufs de cette plante font nouris: puifque nous les trouvons dans les endroits feuilletez de plufieurs Champignons. Cette plante fe fletrit apres quelque temps, fe rouffit, & tombe en pieces. L'eau dans la quelle on la met infufer en tire une teinture, qui rougit le tornefol en mefme degré, que fait celle de l'*Agaricus foliatus Cornua damae referens. Comm. Ac. Reg. Parif.* mais elle ne fait, que le laver, fans le diffoudre; & le *Corallo-fungus* devient comme de la bouillie ou du blanc d'oeuf, dans le quel on voit des vaiffeaux auffi deliez que les Cheveux. L'eau de vie ne le diffout pas non plus, & ne fait qu'un mucilage.

* 9. CORALLO-FUNGUS NIGER COMPRESSUS, VARIE DIVARICATUS ET IMPLEXUS INTER LIGNUM

L.

ET

ET CORTICEM. *Fungus niger compreſſus, varie divaricatus & implexus inter lignum & corti-cem. Raji Synopſ.*333.

J'ay trouvé cette plante a Verſailles entre le bois & l'ecorce des arbres morts. dans les Bosquets, en 1712.

1. CORALLOIDES CORNICULIS CANDIDISSIMIS. *J.R.H.*566. *Muſco-Fungus coralloides montanus, ramoſiſſimus, cinereus, vulgaris.*9. *Hiſt.Ox.*3 633.

2. CORALLOIDES CORNICULIS RUFESCENTIBUS. *Inſt.* 565.

3. CORALLOIDES CORNUA CERVI REFERENS, CORNICULIS BREVIORIBUS. *Inſt.*565.

Celle cy, & les 4. ſuivantes ne ſont que des varietez, qu'il faut rapporter au *Muſco-Fungus montanus, corniculatus.* 1. *Hiſt. Ox.* 3. 632. *cum fig.* qui eſt le *Muſcus corniculatus. J. B. Park.* 1308. *Muſcus ceranoides major & minor,* 12. *C. B. Pin. aut potius Muſcus montanus ſive Coralloides cornutus.* 3. *C. B. Pin.* a ce que dit Mr. Bobart.

CORALLOIDES CORNUA CERVI REFERENS, CORNICULIS LONGIORIBUS. *Inſt.* 565.

CORALLOIDES CORNUA CERVI REFERENS, ASPERA, CORNICULIS TENUIORIBUS BIFURCATIS. *H. Pariſ.* 423.

CORALLOIDES CORNUA CERVI REFERENS, GLABRA, CORNICULIS TENUIORIBUS BIFURCATIS. *H. Pariſ.* 423.

CORALLOIDES CORNUA CERVI REFERENS, CORNICULIS ADUNCIS. *Lichen pyxidatus corniculis aduncis. Hiſt. Pariſ.*483.

4. CORALLOIDES NON RAMOSA, TUBULOSA. *Muſco-Fungus petraeus corniculatus, cornibus indiviſis & incurvatis.* 4. *H. Ox.* 3. 633. *cum fig.*

* 5. CORALLOIDES TUBULOSA, RAMULIS CRASSIORIBUS. *Muſco-Fungus Ceranoides mollior & elatior, albidus, tubuloſus.* 7. *H. Ox.* 3. 633. *cum fig. Corallina montana, tubuloſa, ramulis craſſioribus. Raj. Synopſ.* 332.

Coriandre.   * 1. CORIANDRUM MAJUS. *C. B. Pin.* 158. *Coriandre. Fuſch.ch.*CXXX.
US.

US.   1. CORNUS HORTENSIS MAS. *C. B. Pin.*447.

2. CORNUS FOEMINA. *C. B. Pin.*447. vide Sanguen. *Cornoides vulgaris. Oſſea Loniceri & Rivini. Flor. Jen.*82.

Fleurit en Juin. eſt tres commun dans le bois des Capucins de Meudon. Bois de Verriere.

1. CORONILLA MINIMA. *Inſt.*650. *Ferrum Equinum Gallicum, ſiliquis in ſummitate. C. B. Pin.* 349. *Item Polygala major Maſſiliotica. Ejuſd. ibid.* il faut retrancher du Pinax les 3 derniers noms qui ſont raportez a cette plante. C'eſt la *Polygala. Matth.* 1208. *& Edit. Ital.* 1267. *Polygalon Matthioli. Aſtragaloides Lobelii. Lugd.* 1. 488. *Item Lotus Enneaphyllos Dalechampii. Lugd.* 1. 510.

Fleurit en Juin.

2. CORONILLA HERBACEA, FLORE VARIO. *Inſt.*

* CORONILLA HERBACEA, FLORE ALBO.

* CORONILLA HERBACEA, FLORE VARIO PLENO. *D. Vaillant. J. R. H.*

Corne de Cerf.   1. CORONOPUS HORTENSIS. *C. B. Pin.* 190. *Coronopus vulgaris. Broſſ.* 46. Je croy que le *Coro-*
H. Par. 329. *nopus ſylveſtris hirſutior. C. B. Pin.* Le *Coronopus maritimus minimus. C. B. Pin.* & le *Coronopus maritimus tenuifolius laevis. C. B. Pin.* ne ſont que des varietez de la même plante. *Pied de Corneille. Fuſch. ch.*CLXX.

Noiſetier.   1. CORYLUS SYLVESTRIS. *C. B. Pin.*418. *Corylus ſylveſtris. Lob. Ic.* 192. *Noiſetier. ſauva-*
US. *ge. Fuſch.ch.*CLI.

Simon *Pauli, Pag.* 5. a donné la figure du *Corylus ſativa fructu albo minore ſive vulgaris C. B. Pin.* 417. pour celle du *Corylus ſylveſtris. C. B. Pin.* C'eſt celle du *Corylus perſimilis Alno. Lob. Icon.* 192. qu'il a copié.

CRACCA. *vide Vicia.*

Alizier.   1. CRATAEGUS FOLIO SUBROTUNDO SERRATO. *Inſt.*633.

* CRATAEGUS FOLIO SUBROTUNDO SERRATO, ET LACINIATO.

Sa fleur eſt en Roſe a 5 petales diſpoſés dans les Echancrures du calice, qui eſt decoupé en autant de pointes. fleurit en Juin.

* 2. Crataegus folio subrotundo, minus laciniato.

Son fruit eſt rond, jaune rouſſatre epais d'environ demi pouce, dans le quel ſont logez quelques pepins noiraſtres. Il eſt meur en Septembre. Il a le gout de l Azerole.

3. Crataegus folio laciniato. *Inſt.*633. *Alizier.*

Il commence a fleurir vers la mi May. Sa fleur eſt a 5 petales blancs, égaux, creuſés en cuilleron, Etamines ſans nombre. une ſeule trompe partagée vers le haut ordinairement en 2 branches & rarement en 3, terminées chacune par un pavillon plein, le fruit n'eſt partagé qu'en autant de loges que la trompe a de branches. chaque loge contient ordinairement 2 ou 3 jeunes graines. Eſt commune dans la foreſt de Fontainebleau & ſur tout du coſté de Chailly.

4. Crataegus fructu nigro. *Meſpilus, folio rotundiori, fruĉtu nigro ſubdulci. J.R.H.* 642. *Amelanchier.*

1. Cruciata hirsuta. *C.B.Pin.*335.   Croiſette.

Fleurit en Avril & May. Ses fleurs ſont portées ſur un embryon de 2 ſemences. Elles naiſſent en maniere de bouquet ſur un pedicule commun, qui ſe diviſe en pluſieurs autres. Chaque Etage de fleurs eſt compoſé de ſix bouquets, qui ont chacun leur pedicule commun, & forment un verticille.

2. Cruciata palustris alba. *Inſt.*115.

3. Cruciata minima. *Inſt.*115.

* 4. Cruciata glauca angustifolia. *a Chailly.*

○ * 5. Cruciata erecta, angustifolia, glabra. *Rubia erecĉta quadrifolia. J.B.*3. *lib.*36. *pag.*717.

Mr. Danty d'Iſnard a trouvé cette Plante autour de St. Maur.

○ 1. Cucubalus Plinii. *Lugd.* 1429. *Clematis urens, Tabern.Icon.*883. *Ger. Em. C. B.* rapporte mal a propos ces figures a ſa *Clematis, ſive Flammula repens. Pin.* 300.

Eſt commune dans les Boſquets de Petitbourg. ſe trouve auſſy dans le Parc de St.Maur.

* 1. Cupressus fusa sive mas. *Pluk. Almag.*   Cyprès. US.

* 2. Cupressus fastigiata foemina. *Pluk. Almag.*

1. Cuscuta minor. *J.R.H.*652. *Cuſcuta minor. Broſſ.*47.

Ses fleurs ſont des godets d'environ ¼ de ligne de profondeur percez dans le fond, evaſez & découpez en devant en etoile a 5 lobes pointus de 2 lignes de diamêtre; pour l'ordinaire cette fleur eſt blanche, & quelquefois teinte d'un peu de purpurin. Des parois interieurs de cette fleur s'elevent 5 etamines, qui la debordent d'une ligne, & qui ſont chargées de ſommets jaunes. Son calice eſt un autre godet a 5 pointes haut d'une ligne, du fond du quel ſort le piſtile. Ces fleurs naiſſent en groupe arrondie au nombre de 15, 20, & quelquefois plus. Elles paroiſſent en Juillet & Aouſt.

* 2. Cuscuta minor, viticulis aureis, flore albo.

Se trouve dans les landes de la foreſt de Fontainebleau & dans la cour du Chateau de Madrid.

* 3. Cuscuta major. *C.B.Pin.*219. *Cuſcuta major. Broſſ.*47. *Goute du Lin. Fuſch.ch.*cxxxi.

Ses fleurs naiſſent ordinairement en maniere de teſte ronde juſqu'au nombre de 10.12, ou 15. Elles ſont blanches & quelquefois teintes d'un peu de purpurin, decoupées ordinairement en 4 quartiers egaux & quelquefois en 5. Ce ſont des grelots longs d'environ une ligne ou un peu plus, dont l'ouverture n'a qu'une ligne d'ouverture. 4 ou 5 etamines a ſommets jaunes. Calice decoupè comme la fleur en 4 ou 5 lobes. Le fruit n'a qu'une cavité a pluſieurs ſemences, la fleur ne tombe point, le fruit groſſit & meurit dedans.

Je l'ay trouvée en fleur le 18 Juin 1710. ſur la chauſſée de l'Abbaye de long champs. Elle avoit pris naiſſance ſur *l'Urtica urens maxima* & ſur le *Gallium vulgare album, J.R.H.* Cette plante eſt tres commune autour de Bondy & naiſt ordinairement ſur la Veſſe. le 24 Juillet 1715. elle eſtoit dans ſa perfection, c'eſt a dire chargée de fleurs & de fruits.

1. Cyanus segetum, flore caeruleo. *C.B.Pin.*273. *Papaver Heracleum Theophraſti,*   Aubifoin; US.
& *Dioſcoridis. Col.Phytob.*93. *Bluet. Fuſch.ch.*clxii.

* 2. Cyanus segetum atropurpurascente flore. *Aĉt. Ac. R. Scient.* 1718.*p.*184. *Cyanus hortenſis, atropurpuraſcente flore. H.R.Par.*

* 3. CYANUS SEGETUM, FLORE DILUTE JANTHINO. *C.B.Pin.* gris de lin.

* 4. CYANUS SEGETUM, FLORE INCARNATO. *Eyſt.*

* 5. CYANUS SEGETUM, FLORE ALBO. *C.B.P n.*

Langue de Chien. 1. CYNOGLOSSUM MAJUS VULGARE. *C. B. Pin.* 257. *Langue de Chien. Fuſch. ch.* CLV. *Cynogloſſos altera Plinii. Langue de Chien vulgaire. Dod. Gall.* 8.

Fleurit en May & Juin.

* CYNOGLOSSUM MAJUS, FLORE ALBO. *C.B.Pin.* 257.

Trouvé le 23 May 1712. en allant de Maſſy a Palaiſſeau.

* 2. CYNOGLOSSUM CRETICUM LATIFOLIUM FOETIDUM. *C.B.Pin. vel an. Cynogloſſum folio molli, incano, flore caeruleo, ſtriis rubris variegato. H. R. Bl.*

Fleurit en May & Juin.

CYNOSORCHIS. *vide Orchis.*

1. CYPEROIDES LATIFOLIUM, SPICA RUFA SIVE CAULE TRIANGULO. *Inſt.* 529.

2. CYPEROIDES SPICA PENDULA BREVIORE. *Inſt.* 529.

a * 3. CYPEROIDES SPICA PENDULA LONGIORE ET ANGUSTIORE. *Inſt.* 529.

b * 3. CYPEROIDES QUOD SCIRPOIDES. N°. 8. de ce Catalogue. *pag.* 383.

4. CYPEROIDES POLYSTACHION LANUGINOSUM. *Inſt.*

C'eſt ſans doute le *Gramen ſpicatum, foliis & ſpicis hirſutis mollibus.* 6 *C. B. Pin.* 4. *Prodr.* 9. *N°.* XXIV.

5. CYPEROIDES POLYSTACHION SPICIS TERETIBUS ERECTIS. *Inſt.* 529. *Item Cyperoides ſpicis longioribus flaveſcentibus. J. R. H.* 530.

6. CYPEROIDES VESICARIUM GLABRUM, SPICA PENDULA LONGIORE. *Inſt. Cyperoides quod Gramen Cyperoides, majus praecox, ſpicis turgidis, teretibus flaveſcentibus* 6. *Hiſt. Ox.* 3. 242· *Icon. Sect.* 8. *Tab.* 12.

Dans les Lacunes ou autour des Lacunes de St. Clair a Rouſſigny. Le 24 May 1712. & autour du premier Etang de Porchefontaine le plus prés de Verſailles, a Gentilly, a Arcueil, a Cueilly.

7. CYPEROIDES VESICARIUM HUMILE, LOCUSTIS RARIORIBUS. *J. R. H.* 530. *Item Cyperoides foliis Caryophylleis, ſpicis & rarioribus & tumidioribus veſicis compoſitis. J. R. H. ibid.*

8. CYPEROIDES SPICIS PARVIS LONGE DISTANTIBUS. *Inſt.* Eſt auſſy le *Gramen nemoroſum, ſpicâ ſubnigrâ recurva.* 2. *C. B. Pin.* 7. *Theatr. Bot.* 98. *cum fig.*

9. CYPEROIDES MINUS SPICIS DENSIORIBUS. *Inſt. Gramen Caryophyllatae foliis, ſpica divulſa. C. B. Pin.* 3.

10. CYPEROIDES PALUSTRE ACULEATUM, CAPITULO BREVIORE. *Inſt.* Eſt *N°.* 169. & 170. *Concord. Petiv.*

11. CYPEROIDES NIGRO-LUTEUM VERNUM MAJUS. *Inſt.*

a. 12. CYPEROIDES NIGRO-LUTEUM VERNUM MINUS. *Inſt.*

b. * 12. CYPEROIDES, QUOD GRAMEN CYPEROIDES TENUIFOLIUM, SPICIS AD SUMMUM CAULEM SESSILIBUS, GLOBULORUM AEMULIS. *Plukn.* Voyez le huitieme *Scirpoides* de ce Catalogue.

* 13. CYPEROIDES SYLVARUM TENUIUS SPICATUM. *Inſt.*

* 14. CYPEROIDES POLYSTACHION FLAVICANS, SPICIS BREVIBUS PROPE SUMMITATEM CAULIS. *Inſt.* 530.

* 15. CYPEROIDES LATIFOLIUM, SPICA SPADICEO VIRIDI, MAJUS. *J. R. H.* 529.

* 16. CYPEROIDES SYLVARUM, SPICA VARIA. *Gramen Caryophyllatum, montanum, ſpica varia. C. B. Prodr.* 9. *Cyperoides montanum, ſpicis floriferis ſeminiferis (e rarioribus granis triquetris conſtantibus) interſperſis. Dillen. Cat. Giſſ.* 50. *Cyperoides ſpicis variis nemorenſe. Flor. Jenenſ.* 305. *Gramen Caryophyllatum polycarpon fructu triangulo. Flor. Pruſſ.* 114.

Il commence a fleurir dés la fin de Mars. 3 Etamines a ſommets jaunes paſles ſortent de chaque écaille. Il ne m'a point paru d'embryon de graine dans les écailles d'ou ſortent les étamines, il n'y en a aſſeurement point. C'eſt un vray Cyperoides.

* 17. CYPEROIDES ANGUSTIFOLIUM, SPICIS SESSILIBUS IN FOLIORUM ALIS. *Inſt.*

C'eſt

C'est bien une vraye espece de ce genre.   Elle se trouve dans la forest de Cressy.

  * 18. Cyperoides, quod gramen Cyperoides majus, praecox, spicis turgidis, teretibus, flavescentibus. *H. Ox.* 3.

  * 1. Cyperus odoratus, radice longa, sive Cyperus officinarum. *C. B Pin.* 14. *Souchet.*
Souchet. Fusch. cB. clxxii- *Cyperus longus cum mucronibus foliorum & floribus. Camer. in* US.
Math. Germanice pag. 8. tres bonne figure.

  * 2. Cyperus minimus, panicula sparsa flavescente. *Inst.* 527.

  3. Cyperus minimus panicula sparsa nigricante. *Inst.*

  4. Cyperus Gramineus. *J. B Cyperus longus miliaceus inodorus , locustis plurimis bre-*
vioribus. H. Ox. 3. *sect.* 8. *Tab.* 11. *fig.* 15. bonne. *Gramen Arundinaceum , foliis acutissimis,*
paniculà multiplici Cyperi facie. Flor. Pruss. 119. *cum fig.*

  5. Cyperus vulgatior, panicula sparsa. *Inst.* 527. *Item Cyperus rotundus inodorus,*
Germanicus. C. B. Pin. J. R. H. Cyperus longus inodorus , latifolius , spicis tumidioribus.
H. Ox. 3. *Sect* 8. *Tab.* 11. *fig.* 25. bonne..

  1. Cytiso-Genista scoparia , vulgaris flore luteo. *Inst.* 649. *Geneste , Fusch. ch.*
lxxix.

  Cytiso-Genista scoparia, vulgaris flore albo. *Inst.*

1.   **D**AMASONIUM STELLATUM. *Lugd.* 1059.
Dans les Marres de Bondy, de la foreſt de Senart. fleurit en May, Juin & Juillet. Fleur a 3 petales & 6 Etamines; ſe trouve autour de l'Eſtang de Villebon dans le parc de Meudon.

* 2. DAMASONIUM RADICULAS EMITTENS EX GENICULIS. *Ranunculus paluſtris, foliis gramineis, & ſubrotundis. Petit. Epit. pag.* 47. *Damaſonium repens, potamogetonis rotundifolii folio. Tab.* 4. *Fig.* 9. *Act. Ac. Reg. Sc.* 1719.

3, DAMASONIUM AMPLIORE FOLIO PANICULATUM. *Ranunculus paluſtris, plantaginis folio ampliore. J. R. H.* 292. *Damaſonium, lato, plantaginis folio. Act. Ac. Reg. Sc.* 1719.

4. DAMASONIUM PANICULATUM, ANGUSTIORE FOLIO. *Ranunculus paluſtris, plantaginis folio anguſtiore. J. R. H.* 292. *Damaſonium anguſta plantaginis folio. Act. Ac. Reg Sc.* 1719.

5. DAMASONIUM UMBELLATUM, ANGUSTISSIMO FOLIO. *Ranunculus aquaticus, plantaginis folio anguſtiſſimo. J. R. H.* 292. *Damaſonium anguſtiſſimo plantaginis folio. Act. Ac. Reg Sc.* 1719.

Carotte.   US. 1. DAUCUS VULGARIS. *Cluſ. Hiſt.* cxcviii. *Paſtenade ſauvage. Fuſch. ch.* cclxiv.
Ses fleurs ſont a 5 petales inegaux, quelquefois entiers mais échancréz pour l'ordinaire, ſes ſemences ſont oblongues, canelées & relevées chacune de 4 rangs de poils.

* DAUCUS VULGARIS, UMBELLA RUBENTE.

2. DAUCUS ANNUUS MINOR, FLORIBUS ALBIS. *Inſt. Daucus annuus, minor, floribus rubentibus. J. R. H.*

* 3. DAUCUS SEGETUM HUMILIOR ET RAMOSIOR. *Caucalis arvenſis, humilior, & ramoſior. Hiſt. Ox.* 3. 308. *No.* 9. *Caucalis pumila ſegetum, Goodyero. Caucalis ſegetum minor, Anthriſco hiſpido ſimilis. Raji. Hiſt.* 468.
Se trouve autour de Vaugirard, d'Iſſy, de Grenelle &c. Ses fleurs ſont blanches, fleur deliſées. Elles commencent a epanouir vers la fin de Juin, continuent en Juillet & Aouſt.

Pied d'A- 4. DAUCUS ANNUUS AD NODOS FLORIDUS. *J. R. H.*
loüette.
US. 1. DELPHINIUM SEGETUM, FLORE CAERULEO. *Inſt.* 426. *Conſoulde royalle. Fuchſ. Gall. cap.* viii.

* DELPHINIUM SEGETUM, FLORE ALBO. *Inſt.*

* DELPHINIUM SEGETUM, FLORE DILUTIUS RUBENTE. *Inſt.*

* DELPHINIUM SEGETUM ELATIUS, FLORE PLENO VARIEGATUM. *Swert.* 9.

Piſſenlit. US. 1. DENS LEONIS, QUI TARAXACON OFFICINARUM. *Act. Ac. Reg. Sc.* 1721. *Dens Leonis latiore folio.* 1. *C. B. Pin.* 126. *J. R. H.* 468. *Dens Leonis* 3. *Raji Hiſt.* 1. 244. *Cichorée ſauvage a larges feüilles. Fuſch. Ch.* cclxiii.

* DENS LEONIS QUI TARAXACON OFFICINARUM AMPLIORE FOLIO. *Act. Ac. Reg. Sc.* 1721. *Dens Leonis ampliſſimo folio. Inſt.* 468.

2. DENS LEONIS ANGUSTIORE FOLIO. *C. B. Pin.* 126. *J. R. H.* 468. *Raj. Hiſt.* 3. 146. *Act. Ac. Reg. Sc.* 1721.
Semence en fuſeau aigrettée de poils.

3. DENS LEONIS TENUISSIMO FOLIO. *C. B. Pin.* 126. *J. R. H.* 468. *Taraxaconaſtrum Dentis Leonis folio, radice foetida. Act. Ac. Reg. Sc.* 1721.
Au tour de l'arc de triomphe, & dans les allées, qui conduiſent a Vincennes.

* 4 DENS LEONIS PUMILUS, SAXATILIS ASPER, RADICE FIBROSA. *H. Oxon.* 3. *Icon. Tab.* 7. *Sect.* 7. *No.* 13. *Taraxaconoides, perennis, Chondrillae folio, hiſpido, dentato, minor. Act. Ac. Reg. Sc.* 1721.

* 5. DENS LEONIS FOLIIS MINIMIS HIRSUTIS ET ASPERIS. *Inſt.* 469. *Taraxaconoides, perennis, hiſpida, Coronopi folio. Hieracium dentis leonis folio, hirſutie aſperum, magis laciniatum. C. B. Pin.* 127. *Hieracium, dentis leonis folio, hirſutie aſperum, minus. C. B. Prodr.* 63. *Hieracium parvum, hirtum, caule aphyllo, criſpum, ubi ſiccatum. J. B* 2 1038. La figure que *J. B.* donne de cette plante, en repreſente parfaitement bien une que l'on trouve abondamment ſur la butte de Montboron a Verſailles.
Ses calices ſont ſimples, caneléez a cote de Melon un peu heriſſez de poils. Les fleurs ſont jaunes & doubles, le deſſous tire ſur le brun. Elles ont environ un pouce de diamétre. La racine eſt de pluſieurs groſſes fibres blanches, qui en donnent d'autres plus menues. Ses ſemences ont environ 3 lignes de long & leur aigrette autant. Le calice en a environ 4 ſur moins

de

de 2 d'epaiffeur. Il eft garni a fa bafe de quelques écailles fort petites & peu fenfiblez, Les demifleurons font rayez en long, coupez quarrement par le bout & dentez de 5 pointes. Les filets qui en fortent font d un jaune plus foncé que celuy des demifleurons. Cette fleur eft plus ou moins double. Quelques fois elle a 5 rangs de demifleurons & quelquefois 2 feulement, fon pedicule n'a jamais guere plus de demi pied de long, il eft rayé, plein, mais fiftuleux au deffous du calice ou il s'elargit.

○ * 6. DENS LEONIS FOLIIS HIRSUTIS ET ASPERIS. *H. R. Monfp. Taraxaconoides, perennis, & vulgaris. Act. Act. Reg. Sc.* 1721. *Dens leonis hirfutus, montanus, faxatilis, calice longiore, nigricante. Hift. Ox.* 3.76. *Hieracium caule aphyllo hirfutum. J. B. 2. l. 24 p.* 1037. *Raji Hift.* 1.245. C'eft auffi felon. Pluk. *l'Hieracium afperum, foliis & floribus Dentis leonis bulbofi Park. Theat. & l'Hieracium afperum flore magno Dentis leonis. C. B. Pin.* Ray dit que les pedicules des fleurs font vuides. Cela ne s'accorde pas avec ce que j'ay obfervé. il eft vray qu'ils le font quand la plante eft cultivée.

Cette plaute fe trouve fur la butte de Seve & fur tout fur les fours a chaux. Elle fleurit en Juin & Juillet. Sa racine eft noiraftre, epaiffe quelquefois du petit doit, elle ne pique pas ordinairement a fonds, mais elle s'etend prefque horifontalement, elle eft garnie de fibres ligneufes, & d'un blanc fale, & fort difficile a caffer. Ses feuilles font fort velues, & blanchatres ainfy que les pedicules des fleurs. il eft dur, plein de moelle blanche. Le calice eft vert brun heriffé pareillement de poils. Il eft long de 7 a 8 lignes, epais de 4. la fleur eft fort double, les demifleurons, qui debordent le calice font glacez de brun en deffous. Ses femences font longues de 3 ou 4 lignes, brunes, fufelées, chargées d'une aigrette de plume blanc fale, longue auffy de 3 ou 4 lignes. fleurit en Juin & Juillet. Elle eft amere & laiteufe, rien ne fepare les femences entre elles. *l'Hieracium* VIII. *folio Hedipnoidis. Cluf. Hift. Icon.* CXLII. reprefente bien noftre plante, mais la defcription des tiges n'y convient point.

7. DENS LEONIS, QUI PILOSELLA OFFICINARUM. *J. R. H.* 469. *Pilofella officinarum. Act.* US. *Ac. Reg. Sc.* 1721. *Pilofella major, repens, hirfuta. C. B. Pin.* 262. *Elem. de Bot.* 375. *Pilofella monoclonos, repens, vulgaris, minor. H. Ox.* 3.77. item *Pilofella monoclonos, major, repens, minus hirfuta. Hift. Ox.* 3.78.

* 8. DENS LEONIS, QUI PILOSELLA FOLIO MINUS VILLOSO. *J. R. H.*

* I. DENTARIA HEPTAPHYLLOS BACCIFERA. *C. B. Pin.* 322.

Se trouve dans différents endroits de la foreft de Couches. Mr. Danjou nous l'a fait voir le 4 Juin 1716. dans cette foreft á un quart de lieüe de la Ville au deffus de la maifon verte fur le Chemin de Lyre a gauche. Elle fleurit vers la mi May. Sa fleur eft purpurine, & fes bayes d'un pourpre noire. Ce font des embryons de racine.

1. DIGITALIS PURPUREA. *J. B. Digitalis latifolia, flore purpureo. Broff.* 50. *Digitalis* Digitale. *flore rubro. Eyft. Tab.* 150. *Digitale pourprée. Fufch. ch.* CCCXLIII.

* DIGITALIS, FLORE DILUTE CARNEO. *H. Ox.* 2.478. *Digitalis latifolia, flore rubello. Broff.* 50.

DIGITALIS, FLORE MAGNO CANDIDO. *J. B.* 2. *p.* 803. *Digitalis latifolia, flore albo. Broff.* 50. *Digitalis flore albo. Eyft Tab.* 150.

2. DIGITALIS MAJOR, LUTEA, VEL PALLIDA, PARVO FLORE. *C. B. Pin.* 244.

I. DIPSACUS SYLVESTRIS AUT VIRGA PASTORIS MAJOR. *C. B. Pin.* 385. *Dipfacus fylveftris.* Cuve de Ve- *Broff. in app.* 104. *Dipfacus fylveftris five Labrum Veneris. J. B. Raji Hift.* 1.382. *Dipfa-* nus. *cus rouge. Fufch. ch.* LXXXII.

Ses fleurons ont demi pouce de long, ils font blancs, mais bleuaftres, fur le bout feulement decoupez comme ceux du N°. 2. debordez par 4 etamines chargéez de fommets bleuaftres. La couronne des embryons eft quarrée comme l'eft auffi celle du N°. 2.

2. DIPSACUS SYLVESTRIS CAPITULO MINORE VEL VIRGA PASTORIS MINOR. *C. B. Pin.* 385. *Dipfacus minor. Broff in app.* 105.

○ I. DORONICUM PLANTAGINIS FOLIO. *C. B. Pin.* 184. Nous n'avons point de bonne figure de cette plante. Celle du *Doronicum* 2. *longifolium. Tabern. Icon.* 337. la reprefente le mieux.

Fleurit des la mi Avril. Sa fleur a environ 2 pouces de diamétre. Ses femences font brun clair, longues d'environ une ligne, canelées affez profondement en long & chargée d'un aigrette de poils.

ECHINOPUS MAJOR. *J. B*, 3. 69. *Carduus sphaerocephalus , latifolius vulgaris. C. B. Pin.* 381. *Carduus sphaerocephalus. Dod. Pempt.* 722.
Se trouve abondante dans le Cimetiere, de Grisole village , qui est entre Evreux & Conches.

1. Echium vulgare. *C. B. Pin.* 254. *Echium sive Alcibiacum. Herbe aux Viperes. Dod. Gall.* 7.

Fleurit en Juin & Juillet. Ses semences sont noires.

* Echium flore ex purpura rubente. *C. B. Pin.*

* Echium flore albo. *H. Edinb.*

* Echium platicaulon. *C. B, Pin.*

* Echium panicula crispa. *vel Echium Erinaceum. est Echium monstrosum. Eph. Germ. ann. 9. & 10. obs.* 123. *pag.* 295. *Tab.* xvii.

1. Elatine folio subrotundo. *C. B. Pin.* 252. *Linaria segetum , nummulariae folio villoso. J. R. H.* 169. *Veronique femelle. Fusch. Chap.* lix.

2. Elatine folio acuminato, in basi auriculato, flore luteo. *C. B. Pin.* 253. *Linaria segetum , folio nummulariae aurito & villoso, flore luteo. J. R. H.*

3. Elatine folio acuminato, flore caeruleo. *C. B. Pin.* 253. *Linaria segetum nummulariae folio aurito & villoso , flore caeruleo. J. R. H.*

* 4. Elatine hederaceo folio glabro, sive Cymbalaria vulgaris. *Linaria hederaceo folio glabro , sive Cymbalaria vulgaris. J. R. H.*

Immortelle.
1. Elichrysum montanum flore rotundiore subpurpureo. *Inst.* 453.

* Elichrysum montanum, flore rotundiore suaverubente. *Inst.*

* Elichrysum montanum flore rotundiore variegato. *Inst.* 453.

Elichrysum montanum , flore rotundiore candido. *Inst.*

2. Elichrysum montanum longiore et folio et flore purpureo. *Inst.* 453.

＊Elichrysum montanum , longiore et folio et flore albo. *Inst.*

3. Elichrysum spicatum. *Inst.* 453. *Gnaphalium Anglicum.* 3. *Raji Hist.* 1. 295. il y rapporte le *Gnaphalium majus angusto oblongo folio.* 10. *C. B. Pin.* 263. & le *Gnaphalium majus angusto oblongo folio , alterum.* 11. *Ejusd. ibid.*

Sa fleur a environ 2 lignes de long, elle est de figure conique , & n'a qu'une ligne de diamêtre a sa base. les écailles tirent sur le brun, les fleurons sur le flave. Fleurit en Aoust.

4. Elichrysum sylvestre latifolium, capitulis conglobatis. *C. B. Pin.* 264.

5. Elichrysum aquaticum ramosum , minus, capitulis foliatis. *Inst.* 452. *Gnaphalium longifolium, humile, ramosum . capitulis nigris.* 5. *Raji Hist.* 1. 295.

Ses fleurs sont presque rondes, & n'ont qu'une ligne de long sur autant de diamêtre. Fleurit des la mi Juillet & en Aoust.

1. Enteroides palustris. *An Fucus herbaceus, cavus , fluitans , ramosus. D. Doody Raji Hist.* 3. 13.

Cette plante a pour racine de longs filets verts semblables a *l'Alga viridis capillaceo folio.* Elle nait dans la riviere des Gobelins.

Queue de Cheval.
1. Equisetum palustre, longioribus setis. *C. B. Pin.* 15. *Hippuris. Lobel. Icon.* 793.

* 2. Equisetum palustre, brevioribus setis. *C. B. Pin.* 15. *Equisetum palustre. Lob. Raji Hist.* 1. 129. *desc. Lobel. Icon.* 795.

Elle porte ses chatons en May a l'extremité de ses tiges comme la figure *de Lobel* le montre.

* 3. Equisetum pratense, longissimis setis. *C. B. Pin.* 16. *Equisetum* 11. *Matth.* 1027. *Coda di Cavallo seconda. Ejusd. Ital* 1081. *Grande Queue de Cheval. Fusch. ch.* cxxi.

4. Equisetum palustre majus. *Tabern. Icon.* 252.

Elle porte ses fleurs a l'extremité de ses tiges. Sa tige n'est point canelée & est fistuleuse comme celle du Bled.

* 5. Equisetum arvense longioribus setis. *C. B. Pin.* 16. *Raji Hist,* 1. 128. *desc. Petite Queue de Cheval. Fusch ch.* cxxi. *Equisetum minus. Dod. Gall.* 76.

Elle portes ses fleurs en Asperges , separez des tiges a feuilles. Ils paroissent en Avril & May.

May. Les pouſſieres qui ſortent des mammelons de ſes Epis ſont vertes. Elles ſe decolo-
rent un peu en ſe deſſechant, par ce qu'elles ſe rarefient alors, & leur volume augmente au
moins du triple, & c'eſt proprement un petit duvet qui ſe plote mais qui ne fait point reſſort
apres qu'on l'a preſſé.

* 6. EQUISETUM FOLIIS NUDUM, RAMOSUM. *C.B.Pin.*16. *Hippuris nuda, Equiſetum nudum. Tabern.Icon.*251.

Cette plante fleurit en May. Elle porte ſes chatons a fleurs a l'extremité des tiges. Ces tiges ſont fort liſſes & point du tout canelées.

7. EQUISETUM FOLIIS NUDUM NON RAMOSUM SEU JUNCEUM, HIPPURIS APHYLLOS. *C.B.
Pin.* 16.

J'ay trouvé cette Plante dans la foreſt de Montmorency le 18 Juillet 1714. a l'endroit ou
ſe trouve *l'Allium Urſinum* & *l'Herba Paris.* Cette Preſle a les tiges canelées & terminées
par un chaton. *Hippuris nuda, Equiſetum nudum. Tabern, Icon.* 251. Elle fleurit en May
Elle porte ſon chaton a l'extremité de ſes tiges, qui ſont tres liſſes & point du tout canelées.
C'eſt la même que la quatrieme de ce Catalogue.

* 8. EQUISETUM NUDUM LAEVIUS NOSTRAS. *Raji. Hiſt.*3.103. *N.*8. Je croy, que celle
cy eſt la 4. naiſſante.

9. EQUISETUM PALUSTRE, BREVIORIBUS FOLIIS, POLYSPERNUM. *C.B. Pin.* 15. *Limnopeuce.*

1. ERICA VULGARIS GLABRA. *C.B.Pin.*485. *Ericoides vulgaris, glabra. Bruyere. Fuſch.* ^{Bruyere.}
*cb.*XCV.

Les feuilles ſont oppoſées par paire. Une paire croiſe l'autre, chaque feuille eſt terminée au
deſſous de ſon attache par 2 eperons qui l'appliquent contre la tige. Ces 2 eſperons ne ſont
autre choſe que les 2 feuillets de là feuille, les quels ſe prolongent au deſſous de l'origine de
la coſte de la feuille. Sa fleur eſt fort ſinguliere. C eſt une eſpece de petit grelot alongé & double. Celuy de deſſus qui eſt le plus long, eſt formé par 4 petales diſpoſéz en rond & comme
en douves de muid, qui entourent le ſecond grelot qui paroiſt eſtre d'une ſeule piece ouverte
par devant ſeulement & découpée en 4 parties egales. Le creux de cette derniere piece eſt
remply de 8 etamines diſpoſées en rond autour d'un piſtile, qui n'excede pas la groſſeur de la
teſte d'une moyenne epingle, & qui eſt relevé de huit petites coſtes arrondies & ſurmonté d'un
ſtile a bouton, qui deborde ordinairement la fleur. Toutes ces parties ſont ſoutenues par un petit calice en godet decoupé juſqu'a ſa baſe en 4 parties egales. Cette double fleur eſt purpurine
ainſy que le filet, qui ſurmonte le piſtile, mais les etamines ſont blancs.

ERICA VULGARIS GLABRA, FLORE ALBO. *C.B.Pin.*485. *Erica minor, flore albo. Eyſt.
Tab.*252.

2. ERICA MYRICAE FOLIO, HIRSUTA. *C.B.Pin.* 485. varieté de la premiere.

3. ERICA HUMILIS CORTICE CINEREO, ARBUTI FLORE. *C. B. Pin.* 486.

Sa fleur eſt un grelot ovale, long de 2 lignes ſur une ligne & demie de diamêtre, percé ſeulement par devant & decoupé en 4 quartiers egaux, du fond de ce grelot s'elevent 8 etamines
diſpoſées en rond autour d'un piſtile gros comme une teſte d'Epingle, relevé de 4 coſtes ſillon-
nées d'un bout a l'autre ſur leur partie moyenne d'un leger ſillon. Ce piſtile eſt ſurmonté d'un
ſtile a bouton qui deborde tant ſoit peu la fleur. Cette fleur eſt enchaſſée dans un calice profondement decoupé en 4 parties tres etroites & longues d'une ligne & demie. Le grelot eſt un
peu fendu ſur le bord en 4 quartiers egaux, qui ſe renverſent en dehors. Cette plante fleurit
en Juillet, Aouſt & Septembre.

* ERICA HUMILIS, CORTICE CINEREO, ARBUTI FLORE JANTHINO DILUTIORE.

ERICA HUMILIS, CORTICE CINEREO, ARBUTI FLORE ALBO. *H.R.Par.*

* ERICA HUMILIS, CORTICE CINEREO, ARBUTI FLORE CARNEO DILUTIORE.

* ERICA HUMILIS, CORTICE CINEREO, AMARANTHOIDES, FLORE VIDUA.

* 4. ERICA BRABANTICA FOLIO CORIS HIRSUTO, QUATERNO. *J.B.* 1. 358. *Erica ex rubro
nigricans ſcoparia.* 7. *C. B Pin.* 486. *Erica decimatertia. Cluſ.Hiſt.*1.46. *ſine Icon.*

Les fleurs ſont des grelots longs de 3 lignes ſur la moitié moins d'epaiſſeur, plus gon-
flez en devant qu'en arriere. Son ouverture eſt fort petite & entourée de 4 quartiers egaux
& renverſez en dehors. Le calice eſt comme celuy du N°. 4. Les feuilles ſont ordinairement
oppoſées en croix & ſont heriſſées de longs poils ſur leurs bords. Cette plante fleurit en Eſté.
Elle naiſt ſur l'otie. C'eſt la troiſieme eſpece de Bruyere de *Dod. Lugd. Gall.* 1.156. *Ic.*

N

ERI.

*ERICA BRABANTICA, FOLIO CORIS HIRSUTO QUATERNO, FLORE ALBO. *J.B.*

* 5. ERICA MAJOR SCOPARIA, FOLIIS DECIDUIS. *C.B.Pin.* 485.

Fleurit en Juin. Elle fe trouve dans les Landes qui font a droit entre la Buvette Royalle & la Foreft de Fontainebleau. Ses feuilles font au nombre de 4 a chaque verticille.

Roquette. US. bien verifiée. 1. ERUCA TENUIFOLIA PERENNIS, FLORE LUTEO. *J. B. Eruca. Dod. Gallice* 432. *La Roquette cultivée* 1. *Dod. Gall.* 431. *fig.* 432. *Sinapi fylveftre. Dod. Pempt.* 707. *quoad Icon. Sinapi Erucae folio. C. B. Pin.* 99. *Sinapi fylveftre minus Burfae pafto- ris folio. Lob. Ic.* 203. *obf.* 101. *Adv.* 68. *Sinapi tertium. Matth.* 564. *Ital.* 594. *E- ruca Salemitana, Iberidis folio. H. Cath.* 70. *Eruca fylveftris. Lugd.* 650. *Sinapi fylveftre. Lugd.* 646. *Moutarde fauvage. Lugd. Gall.* 1. 551. *Roquette fauvage. Lugd. Gall.* 554. *Ro- quette domeftique. Fufch. ch.* XCIX. *Eryfimum verum. Lugd.* 653. *Vray Eryfimon. Lugd. Gall.* 1. 557.

Sa fleur eft a petales entiers & egaux fon calice evafé. Ses filiques longues d'environ un pou- ce & demie, $\frac{3}{4}$ de ligne ou une ligne de diamêtre, d'un bord du chaffis a l'autre, les paneaux font a dos de bahut, boffelez & couvrent chacun 2 rangs de femences brunes, ovales, me- nues, & fillonnées d'un cofté d'un fillon, qui reigne d'un bout a l'autre.

* ERUCA TENUIFOLIA PERENNIS, FLORE VIRIDI SEU ABORTIVO.

* 2. ERUCA MINIMO FLORE. *Monfpel. J. B.* 2. 862. *quoad Icon.* C'eft *l'Eruca viminea, Iberidis folio, luteo flore. Barr. Ic.* 131. a la quelle Mr. de Juffieu a mal a propos rapporté celle de *J. B.*

Cette plante fe trouve fur les murailles a Chatou, ou elle fleurit vers la fin d'Avril & au commencement de May. Ses fleurs font jaunes a petales entiers & egaux. leur diamêtre eft a peu pres de celuy de l'efpece precedente. Le calice un peu evafé, & le bas des tiges un peu velu. La filique eft a 2 cavitez, qui renferment chacune un feul rang de femences prefque fphe- riques.

3. ERUCA SYLVESTRIS, MINOR, LUTEA, BURSAE PASTORIS FOLIO. *C. B. Pin.*

* 4. ERUCA SYLVESTRIS MAJOR LUTEA CAULE ASPERO. *C. B. Pin.* 98. *Eruca fylveftris. Dod. Pempt.* 708. *Adv. Lob.* 69. *obferv.* 102. *fig. Eruca fylveftris. Matth.* 531. *Ruchetta falvatica. Matth. Ital.* 560. *Sinapi Eryfimo Tragi cognatum five fimile. J. B.* 2. 857. *Eruca fylveftris. Tabern. Ic.* 448. *Lob. Icon.* 204. *Pluk.* eft de mon fentiment.

Elle fe trouve dans la pleine de feve & au deffus de la montagne de Chante coq en allant a Nanterre.

Ses fleurs font a petales egaux & entiers, calice cylindrique a oreilles, filiques longues d'en- viron 2 pouces terminées d'une corne aplatie, Elles font cylindriques, & ne contiennent fous chaque paneau, qu'un rang de femences noires & fpheriques difpofées alternativement. Ces filiques n'ont qu'environ une ligne de diamêtre. Elles font a 2 coffes feparées en 2 cavitez par un chaffis. Elles renferment 30 ou 40 femences, qui n'ont pas demie ligne de diamêtre & qui n'ont qu'un foible gouft de Roquette. Cette plante n'eft point acre, fes feuilles machées n'ont que le goût de celles des Raves de Paris. Elle fleurit vers la fin de May & en Avril. Sa fleur eft jaune de foufre & a 8 a 9 lignes de diamêtre, elles laiffent un gout de Roquette dans la bouche quand on les mache.

* 5. ERUCA PROCUMBENS, ALBA, ALIS FOLIORUM FLORESCENS. C'eft le feptieme *Sifymbrium* de ce Catalogue. ou bien *Eruca procumbens, alba, floribus folitariis, è foliorum alis.* ou bien *Eruca procumbens, floribus albis folitariis, è foliorum alis.* ou bien *Eruca alba in alis foliorum florens.*

*6. ERUCA LUTEA, ANNUA. *Sifymbrium Erucae folio afpero, flore luteo. J. R. H.* 226. *Leu- coium luteum Erucae folio. C. B. Pin.* 201. *Leucoium terreftre majus. Col.* 1. 262. *Eryfimum flore pallido, Erucae foliis.* 5. *Raji Hift.* 1. 812. *Eruca inodora. J. B.* 2. *l.* 21. *p.* 862.

Le 10 Juin 1715. j'ay trouve cette Plante entre Vaugirard & Iffy dans les grains, Mrs. de Juffieu & d'Ifnard eftants avec moy. Fleurit vers la fin de May & en Juin. *Eft Eruca inodo- ra: Herba S. Alberti Chabr.* 276. *J. Bauhin* dit fes filiques longues de 2 pouces. *Eft Eruca fylveftris. Tab. Icon.* 448. *C. Bauhin* dans fon Matthiole. *pag.* 405. s'eft fervi de cette figure pour reprefenter *l'Eruca* N°. 3. de ce Catalogue.

* 7. ERUCA VINEALIS, PARVIS FLORIBUS LUTEIS. *H. R. Blef. Eruca minimo flore Monfpe- lienfis. J. B.* 2. *l.* 21. *p.* 862. *quoad defc.* il fe plaint que le deffinateur en a reprefente les feuil- les pointues.

* 1. ERVUM VERUM. *Cam. Hort.* US

1. ERYNGIUM VULGARE. *C. B. Pin.* 386. *J. B.* 3. *p.* 85. *Raji Hist.* 1. 384. *Chardon a cent* Chardon Ro-
testes. Fusch. ch. CXII. land.
US.

1. ERYSIMUM VULGARE. *C. B. Pin.* 100. *Erysimum. Iric.* 1. *Tabern. Icon.* 448. *Vervaine* US.
masle. Fusch. CCXXVI.

Sa fleur n'a que 2 lignes de diamêtre.   Elle commence a paroistre vers la fin de May.

* 2. ERYSIMUM FOLIIS SUBINCANIS, SILIQUIS BREVISSIMIS. *Parad. Bat. cum fig.*

Cette plante tient beaucoup du port de celle, que Mr. Tournefort indique dans nos Isles de
la Marne sous le nom de *Sinapi Rapi folio. C. B. Pin.* Elle me paroist vivace. Sa tige a 2 ou
3 pieds de haut, sur 2 ou 3 lignes d'epaisseur dans le bas, verd un peu cendré sans canelures,
parsemée d'un petit duvet blanchastre, tres court & un peu rude. Elle est dure, solide, roide, pleine de moelle blanche.   Ses feuilles sont assez clairsemées, velues de 2 costez, ce qui
les fait paroistre aussy d'un verd cendré. Ses fleurs sont jaunes de soufre, & ont 4 a 5 lignes
de diamêtre. les siliques s'appliquent contre les tiges, elles n'ont qu'environ 4 lignes de long
dont la moitié superieure n'est qu'une corne remplie seulement de moelle, le bas s'ouvre en
2 paneaux arrondis sur le dos, sous chacun desquels sont 3 semences roussatres, presque
rondes, qui n'ont pas demi ligne de diamêtre.   Cette silique a 2 cavitez separées par une cloi-
son mince.   Toute la plante n'a qu'un foible goust de Moutarde. Elle fleurit en Juin & Juillet.
Je l'ay trouvée dans les Lusernes autour de Vaugirard. J'en ay aussy trouvé quelque pieds vers
la justice de Seve. Son calice est evasé.

3. ERYSIMUM LATIFOLIUM MAJUS GLABRUM. *C. B. Pin.* 101. *Item Erysimum alterum siliquis Erucæ Ejusdem Ibid. Erysimum* 11. *Tabern. Icon.* 448.

La figure de l'*Erysimo vero di Dioscoride Zan fig.* 32. ne cadre pas mal avec nostre plante,
aussi bien que sa Description. Voyez l'*Hist. de Rajus pag.* 813.

1. EUONYMUS VULGARIS GRANIS RUBENTIBUS. *C. B. Pin.* 428. Fusin.

1. EUPATORIUM CANNABINUM. *C. B. Pin.* 320. *Raji Hist.* 1. 293. *Eupatorium Cannabi-* US.
num flore purpureo. Flor. Pruss. 70. *Eupatoire bastard. Fusch. ch.* c.

* EUPATORIUM CANNABINUM, FLORE ALBO. *Flor. Bat.* 26. *Eupatorium Cannabinum, flore
candido. Flor. Pruss.* 71.

Trouvé en fleur le 14 d'Aoust 1711. dans le dernier petit bois qu'on traverse en allant de
seve a Montreuil.

1. EUPHRASIA OFFICINARUM. *C. B. Pin.* 233. *parvo flore. Euphrasia minor. Bross.* 52. *Eu-* Eufraise:
phrase. Fusch. ch. XCI. *Eufrasia. Euphrase. Dod. Gall.* 31. US.
H. Par. 194.
& 439.

Cette plante se trouvé meslée avec la suivante, dans les Landes & les friches de Meudon,
de Versailles, Villedavray & de Montmorency. Elle fleurit en Juillet, Aoust & Septembre.
Sa fleur n'a guere que 2 lignes de longueur sur 2 lignes d'ouverture de gueule. C'est a dire quelle est de moitié plus petite que celle de la suivante.   Elle est d'un blanc tirant sur le purpurin
& a une tache jaune a la racine de la partie moyenne de sa Levre inferieure.

* 2. EUPHRASIA MAJOR FLORE AMPLO EX CAERULEO PURPURASCENTE. *Euphrasia major.
Bross.* 52. *Euphrasia Rivini. Icon.* 1. *Euphrasia minus ramosa, flore ex caeruleo purpurascente. Eyst. Tab.* 147. *Euphrasia Argentinensium. Trag.* 2. 327. *& Euphrasia. Icon. Ejusd.*
328.

Sa fleur a environ 4 lignes de longueur & quelquefois 5. & autant d'ouverture de gueule de
l'extremité d'une Levre a l'autre. Il s'en trouve des pieds, dont les fleurs ont une tache jaune
placée entre les decoupures de la levre inferieure, & c'est cette varieté que Tragus appelle
Euphrasia Argentinensium. Le calice de cette espece est un cornet droit, fendu en 4 pointes
égales, quoique les fentes de dessus & de dessous soient plus profondes que celles des costéz.
Ce calice est long de 3 lignes; ses pointes s'evasent.   Les semences sont quasi ovales, pointues par les 2 bouts, longues de demie ligne, couleur de chair, canelées & comme relevées
dans leur longueur de petits feuillets blancs, qu'on n'aperçoit que par le secours de la Loupe.
Cette plante fleurit tout l'Estè.

3. EUPHRASIA MAJOR, AMPLO FLORE ALBO. *Euphrasia ramosa pratensis, flore albo. Eyst.
Tab.* 147.

Feve.
US.
US.

    * 1. **F**ABA MINOR, SIVE EQUINA. *C. B. Pin.* 338.

    * 2. FABA MAJOR VULGARIS. *Adv. Lob.*

    1. FAGOPYRUM VULGARE CALICIBUS ALBIS. *Fagopyrum vulgare erectum. J. R. H.* 511. *Fagopyrum vulgare, erectum, calice floris albo.* Ponted. Comp. 28.

    * FAGOPYRUM VULGARE ERECTUM, CALICIBUS RUBENTIBUS. *Fagopyrum. Raji Hist.* 1. 182.

    2. FAGOPYRUM VULGARE, MINUS SCANDENS. *Fagopyrum vulgare scandens. Inst. Convolvulus minor, Atriplicis folio.* 2. *Raji Hist.* 1. 182. *Volubilis nigra. Tabern. Icon.* 876.

    3. FAGOPYRUM MAJUS, SCANDENS. *Fagopyrum praelongum, dumetorum, seminibus alatis duplici modo dispositis. Flor. Jen.* 88. & *Dillen. Nov. Plant. spec.* 60. Les figures suivantes representent cette espece. *Convolvulum nigrum. Dod. Pempt.* 396. & *Helxine Cissampelos altera, Atriplicis effigie. Lob. Icon.* 624.

    Cette espece est fort commune dans les bois & les hayes autour de Paris, ou elle fleurit en Aoust & Septembre. Le huitieme de ce dernier mois je l'ay observée en allant du Chateau de Madrid a la porte de Longchamps dans le Bois de Boulogne, ou il y en avoit de pieds qui estoient elevez de 15 a 18 pieds de haut.

US.

    1. FAGUS. *Dod. Pempt.* 832.

H. Par. 80.
Fer à Cheval.

    1. FERRUM EQUINUM GERMANICUM, SILIQUIS IN SUMMITATE. *C. B. Pin.* 349. *Ferro equino Gallico affinis. C. B. Pin.* 349. *Ferrum Equinum comosum sive capitatum. Col.* 1. 302. *fig.* 301. *Astragali persimilis palmaris pusilla planta. Ad. Lob.* 404. *Et Icon.* 2. 84.

    Fleurit en Juin. est tres commun sur la butte de Seve & dans le parc de St. Clou.

    1. FESTUCA. *vid. in Graminibus.*

    1. FILAGO SEU IMPIA. *Dod. Pempt.* 66. *J. R. H.* 454. *Act. Ac. Reg. Sc.* 1719. *Gnaphalium vulgare majus. C. B. Pin.* 263. *Raji Hist.* 1. 295. Herbe a cotton. *Fusch. ch.* LXXXI.

    ♀ * 2. FILAGO SEU IMPIA CAPITULIS LANUGINOSIS. *Gnaphalium minus, latioribus foliis. C. B. Pin.* 263. *N°. 5. Gnaphalium Plateau* III. *Clus. Hist.* 329. *cum fig. Gnaphalium unico cauliculo. J. B.* 3. *lib.* 26. *pag.* 160.

    Fleurit en Juillet & Aoust. Cette plante se trouve aux bois de Bondy & de Villedavray, aux bois de St. Prix. Elle est droite, peu branchuë, plus Cotoneuse que celle du N°. 1. & moins que celle du N°. 3. Elle est assez semblable a celle du N°. 1. excepté que ses testes sont embarassée d'un Coton plus épais & que les calices sont presque de moitié plus petits. Les 5 costes qui se rencontrent sur les calices des autres especes, ne sont pas bien marquez dans ceux de celle cy.

    3. FILAGO ALTERA. *Dod. Pempt.* 67.

    4. FILAGO VULGARIS TENUISSIMO FOLIO, ERECTA. *Inst. R. H.* 454. *Act. Ac. Reg. Sc.* 1719. *est Gnaphalium minimum alterum, nostras, staechadis citrinae foliis tenuissimis. Pluk. Alm.* 172. *Tab.* 298. *fig.* 2. *Gnaphalium parvum ramosissimum foliis angustissimis polyspermon. Raji Hist.* 1. 296.

    Les calices des fleurs sont anguleux. Fleurit en Aoust.

    * 5. FILAGO BREVI, ANGUSTOQUE FOLIO, ERECTA. *Act. Ac. Reg. Sc.* 1719. *Filago minor. Ger. emac.* 641. *J. R. H.* 454. *Gnaphalium minimum.* 6. *Raji Hist.* 1. 296. *J. B.*

Pengerolle.

    * 1. FILICULA FONTANA MAJOR, SIVE ADIANTUM ALBUM FILICIS FOLIO. *C. B. Pin.* 358. *Filix saxatilis, caule tenui fragili. Raji Synops. Pluk. Phytogr. Tab.* 180. *fig.* 5.

    Trouvé a Clagni entre les marches du Perron du Chateau du coste du Jardin.

    * 2. FILICULA REGIA FUMARIAE PINNULIS. Voyez planche IX. Fig. I. *Est Felce crespo sassatile. Pon. Bald.* 224.

H. Par. 450.
US.

    3. FILICULA QUAE ADIANTUM NIGRUM OEFICINARUM PINNULIS OBTUSIORIBUS. *Inst.* 542. *Adiantum foliis longioribus pulverulentis, pediculo nigro. C. B. Pin.* 355. *Item Filix saxatilis non ramosa, nigris maculis punctata. Ejusd. C. B. Pin.* 358. *N°.* 3. *Filix pumila saxatilis,* 11. *vel faemina. Clus. Hist.* CCXII. *Onopteris major. Tabern. Ic.* 796. *Dryopteris. Matth.* 1294. *Ital.* 1357. *C. Bauh.* le raporte mal a propos a sa *Filix Querna. Pin.* 358.

    Se trouve a l'Aqueduc d'Arcueil, dans les bois de Villedavray, dans les hayes autour de Verriere dans les bois du parc de Meudon lieu dit l'Ursine.

1. FI-

I. Filipendula vulgaris, an Molon Plinii. *C. B. Pin.* 163. *Filipendule. Fufch. Ch.* US.
CCXII. *Filipendula. Filipendule. Dod. Gall.* 32.

Filix non ramofa.

1. Filix minor non ramosa. *J. B.* Item *Filix fontis admirabilis ad marem vulgarem* H. Par. 445.
non ramofam accedens, non dentata. J. B. 3. *lib.* 37. *pag.* 739. *quoad defcript. Filix tenuiffime* Feugere.
& profunde denticulata Montbelgardica. Ejufd. Ibid. quoad Icon. Filix minor paluftris Raji
Hift. 1.146. *Dryopteris. Lob. Adv. Dryopteris five Filix Querna repens. Park. Theatr.*
1041. *Dryopteris Matthioli. Hift. Lugd.* 1227. Ces 4 noms font dans Pluk. & il n'en admet
point d'autres. Il en fepare la *Filix minor & ramofa. J. B.* a la quelle il raporte la *Filix faxa-*
tilis foliis non ferratis. C. B. Pin. 358. & la *Filicis genus parvum primum in montibus Cae-*
falp.

Se trouve autour de l'Etang de Montmorency derriere le parc de St. Gratien, & dans le
parc de Meudon au de la de l'Eftang de Chalais dans un lieu marecageux. Cette plante, celles du N°. 4. & N°. 5. fe trouvent dans l'aulnée de St. Cir.

Il faut diftinguer la *Filix minor non ramofa. J. B.* qui porte 2 rangs de fruits ronds fous fes
pinnules, d'avec celle de l'Etang Renard, qui porte fes femences en bordé comme la fougere femelles, fous les marges de fes pinnules.

2. Filix non ramosa dentata. *C. B. Pin.* 385. *Filix non ramofa, latifolia, den-* US.
tata. J. R. H. Filix mas pinnulis criftatis, Voyez planche IX. Fig. 2. a. *Fi-* H. Par. 441.
lix mas. Fuchf. 595. *Fougere mafle. Fufch. Ch.* CCXXVII *Le P. Plum.* l'a deffinée
in monte Carthufiano, fous le nom de *Filix non ramofa major pinnulis rotunde cre-*
natis.

3. Filix mollis sive glabra, vulgari mari non ramosae accedens. *J. B.* 3. *p.* 738. H. Par. 444.
Voyez planche IX. Fig. 3. a. *Filix mas non ramofa, pinnulis anguftis rarior, profundè den-*
tatis. Raji Hift. 1.144. *Pluk. Phytogr. Tab.* 180 *fig.* 4. Le P. Plum. la deffinée in Monte
Carthufiano, fous le nom de *Filix pinnulis obtufis, denticulis rotundis.* Mr. Tournefort l'a
indiqué, dans fon Hiftoire des environs de Paris, pour la *Filix tenuiffimè fetta ex Monte Ba-*
lon. J. B. 3. 739.

Elle eft commune autour de l'Eftang de la Garenne dans le parc de Meudon.

Filices ramofae.

4. Filix mas ramosa, pinnulis dentatis. *Ger. emac.* 1129. *Raji Hift.* 150. *Pluk. Phy-* H. Par. 444.
togr. Tab. 181. *fig.* 2.

Mr. Tournefort a indiqué cette plante dans fon Hift. des environs de Paris pour la *Filix*
non ramofa petiolis tenuiffimis & tenuiffimè dentatis. C. B. Pin. 358.

* 5. Filix montana, ramosa, minor, argute denticulata. *Raji Syn.* 49. *Filix Al-*
pina Myrrhidis facie, Cambrobritannica. Pluk. Phytogr. Tab. 89. *fig.* 4. Le P. Plum. l'a trouvée in monte Carthufiano & l'a deffinée fous le nom de *Filix ramofa pinnulis incifis & crena-*
tis. La *Filix faxatilis omnium minima elegantiffima. H. R. P. Pluk. Phytogr. Tab.* 89. *fig.* 3.
eft auffy la plante en queftion, & qui n'eft pour ainfy dire que naiffante. Je l'ay feche du Parc
de Verfailles, parfaitement reffemblant a la figure de Plukenet.

* Filix tenuissime secta ex monte Balon. *J. B.* 3. 739.
Filix non ramosa petiolis tenuissimis et tenuissime dentatis.

6 Filix ramosa minor, pinnulis dentatis. *C. B. Pin.* 358. *N°.* 4. Item *Filix Querna.*
Ejufd. Ibid. N°. 5. Item *Filix faxatilis, ramofa, nigris maculis punttata. Ejufd. Ibid. N°.*
2. *Filix pumila faxatilis.* 1. *vel mas. Cluf. Hift.* CCXII *Pteridion foemina. Cordi.* 170. *Filix*
arborea. Trag 538. *Filicula foemina* 4. *Tabern. Ic.* 794. C'eft auffi la *Filix ramofa minor,*
Polypodii facie, Pyrenaica. J. R. H 536.

Les femences font difpofées comme celles de la fougere mafle.

7. Filix ramosa major, pinnulis obtusis non dentatis. *C. B. Pin.* 357. *N°.* 1. *Filix*
Foemina. Fuchf. 596. *Fuchiere femelle. Fufch. Ch.* CCXXVII.

O   * Fi.

* Filix ramosa major, pinnulis obtusis, undulatis. *J. R. H.*

* Filix ramosa major, pinnulis obtusis, ramulis bifurcatis.

1 Fluvialis Pisana, foliis denticulatis. *J. B.* 3. 779. *Hift. Parif.* 196. *Fucus fluviatilis, aculeatus, undulatus. J. R. H.* 569. *Potamogiton fluviatile Sargazo fimile, lucens, foliis margine dentatis. Plukn. Phyt. T.* 216. *Fig.* 4. *Raj. Hift.* 3. 121. *Fluvialis vulgaris, latifolia. Tab. I. Fig.* 2. *Act. Ac. Reg. Sc.* 1719.

Ses fruits n'ont point de calice, il n'en part, qu'une de chaque aiffelle des feuilles, dans la quelle il eft a demi caché, & immediatement attaché.

* 2. Fluvialis foliis angustis, dentatis. *Fluvialis fpecies angufto brevique folio, undequaque fpinis infefta. H. Cath* 241. *Raj. H* 3. 132. *Fluvialis fpecies, folio angufto, ad margines denticulis fpinofis incifo, Flagellum Chrifti dicta. Raj. H* 3. 121. *Fluvialis angufto brevique folio. Act. Ac. Reg. Sc.* 1719.

* 3. Fluvialis, gramineo folio, polycarpos. *Potamogeito fimilis, graminifolia, ramofa, & ad genicula polyceratos. Plukn. Almag. Tab* 162. *Fig.* 7. *Algoides vulgaris. Tab.* 1. *Fig.* 1. *Act, Ac. Reg. Sc.* 1719. *Potamogeton capillaceum, capitulis ad alas trifidis. C. B. Pin.* 193. *Prodr.* 101. *Raj. Hift.* 1. 190. *Potamogeito affinis, graminifolia, aquatica. Raj. Ibid. N.* 13. *Potamogiton omnium minimum, graminis facie, capillaceum, filiculis curvulis binis ternis dorfo deutato. H. Cath. Raj. Hift.* 3. 122. *Equifetum polygonoides, aquis innatans, potamogeitonis tenuifoliae facie ad genicula vafculiferum. Hift. Oxon.* 3. 621. *N.* 20.

Fenoüil. 1. Foeniculum sylvestre elatius, Ferulae folio longiori. *Inft.* 311. *Apium monta-*
H. Par. 445. *num folio tenuiore. C. B. Pin.* 153. *Petrofelinum Dalechampii Lugd. Gall.* 1. 602. *Saxifraga Matthioli tenuifolia & umbellifera. J. B.* 3. *part.* 2. 18. Morifon l'appelle *Saxifraga montana minor, tenuiffimis & longiffimis foliis.* 7. *Hift. Ox.* 3. 273. mais apparemment qu'il ne croit pas, que ce foit l'Efpece, qui croift a Fontainebleau, car il appelle celle-cy. *Saxifraga Pannonica Cluf.* qui eft le *Daucus montanus, multifido brevique folio. C. B. Pin.* 3. *pag.* 150. & l'indique dans la foreft de Fontainebleau lieu dit Bois de Bouronne. Il la nomme *Daucus montanus multifido longoque folio,* dans fon traité des *Umb. pag.* 6. C'eft dans ce traité qu'il marque cette Plante a Fontainebleau, & ou il reprend *C. Bauhin* d'avoir mis dans la phrafe *brevique folio.*

La plante, en queftion naift a Fontainebleau. Elle fleurit en Juillet & Aouft. Ses petales font blancs & egaux. Peut être eft ce le *Daucus montanus, folio Foeniculi longiore. Bot. Monfp. App.* 294.

2. Foeniculum sylvestre perenne, Ferulae folio breviori. *Inft.* 311. *Meum latifolium adulterinum. C. B. Pin.* 148. *Meum alterum, Italicum quibufdam. J. B.* 3. *part.* 2. 15. *Spurium meum, alterum, Italicum. Lob. Icon.* 778. *Libanotis plus petit. Lugd. Gall.* 1. 659.

Il me paroift que cette plante eft la même que la precedente, fur tout par raport aux racines, car pour les feuilles elles varient par leur plus ou moins de longueur fuivant les lieux.

US. * 3. Foeniculum annuum umbella contracta oblonga. *Inft.*

☉ 4. Foeniculum minimum patulum. *Inft. R. H.* 311. *Item Foeniculum paluftre minimum J. R. H.* 312. *Sium minimum umbellatum aquaticum. Par. Bat.* 231. *cum fig.*

✦ 5. Foeniculum sylvestre, annuum, Tragoselini odore, umbella alba. Voyez planche IX. *Fig.* 4. *Foeniculum annuum Ferulae folio, Tragofelini odore, umbellâ albâ.* C'eft tres furement *la Pimpinella faxifraga tenuifolia. C. B Prodr.* 84. *an Saxifraga montana minor, multifido folio Pannonica.* 4 *Hift. Ox.* 3. 273? *Saxifraga Pannonica. Cluf. Hift.* cxcvi. *& Pann. Saxifraga multifido folio Pannonica. J. B. Saxifraga montana multifido brevique folio perperam Daucus montanus. C. B. Pin.* Morifon en donne une mavaife figure fous le nom de *Saxifraga Pannonica. Clufii. H. Ox.* 3. *Sect.* 9. *Tab.* 2. *fig.* 4. *an Libanotis minor, umbella candida. C. B. Pin.* 152. *N.* 7? il y raporte le *Libanotis plus petit de Dalech. Hift. Lugd. Gall.* 1. 659. *& Herbariorum feptentrionalium notior Libanotis. Adv. Lob.* 351. *defcript. an Pimpinella tenuifolia Rivini Icon.* 3? Lors qu'on cultive cette plante elle reffemble au *Spurium meum alterum Italicum. Lob. Ic.* 778.

Sa racine eft un pivot long d'un pouce ou deux, dure, ligneufe, noiraftre en dehors, blanchaftre en dedans avec un gros nerf. Elle a l'odeur de celles des autres efpeces de ce genre, c'eft a dire qu'elle fent le bouc. Elle eft garnie au deffus de fon colet d'un Canevas formé par les fibres des pedicules des feuilles paffées, qui forme comme une gaine, de la quelle fort une tige, quelquefois fimple & quelquefois branchue d'une ligne ou 2 d'epaiffeur fur un pied

ou

ou 2 de hauteur, dure , pleine de moelle blanche , entrecoupée de diſtance en diſtance de petits noeuds qui donnent naiſſance a une feuille, dont le pedicule eſt une gaine, qui embraſſe la tige. Ces feuilles ſont compoſées de pluſieurs paires de petites feuilles oppoſées & décou-pées a peu prés comme celle de la Ferule, d'un vert foncé, les cimes des branches & de la tige ſoutiennent des umbelles a pluſieurs rayons, qui partent d'un meme centre. Chaque rayon ſe ſubdiviſe vers ſon extremité en d'autres petits rayons, qui forment une petite umbelle de fleurs blanches ſur certains pieds, rougeaſtres ſur d'autres. Chaque fleur eſt a 5 petales égaux avec autant d'etamines. Les graines ſont brunes. Le fruit tire ſur l'ovale releve de 8 coſtes a vi-ves arreſtes. chaque ſemence en a 3 ſur ſon dos & une qui la borde. Cette plante eſt du gen_ re du *Foeniculum tortuoſum. J.B.* toute la plante ſent le bouc, mâchée elle a le gout du Per-ſil, mais deſagreable. fleurit en Aouſt & Septembre.

Si on a egard a la racine de cette plante, & aux feuilles qui ſont quelquefois glauques, com-me je l'ay remarque dans les Clerettes de la foreſt de Fontainebleau, on aura pas peine a croi-re, que c'eſt le *Foeniculum ſylv. glauco folio. J.R.H. Daucus glauco folio, ſimilis Foenicu-lo tortuoſo J.B. 3. part. 2. p. 16. Item Saxifraga multifido folio Pannonica. Ejuſd. p. 19. Itemque Saxifragae tenuifoliae affinis quibuſdam caucalis. Ejuſd. ibid.*

* Foeniculum sylvestre, annuum, tragoselini odore, umbella rubente.

○ * 6. Foeniculum vulgare, Germanicum. *C.B. Pin.* Item *Foeniculum ſylveſtre* Ejuſd. US. Item *vulgare Italicum, ſemine oblongo, guſtu acuto. Ejuſd.* Selon *Raji Synopſ. 111.*

Fleurit en Juillet & Aouſt. Se trouve autour de Maiſons en allant a Boiſſy, autour de Seve.

Senegré ou
Fenugrec.

* 1. Foenum-graecum sativum. *C.B. Pin.* 348. *Fenugrec. Fuſch. Ch.* CCCVIII.

2. Foenum-graecum sylvestre alterum polyceration. *C.B. Pin.* 348. Plukenet aver-US. tit que *C.B.* a confondu 2 plantes ſous ce nom qu'il reſerve ſeulement pour le *Foenum-Grae-cum ſylveſtre. Dodon. Hiſt. Lugd.* 481. Et il nomme la plante de la montagne de Seve *Foe-num-Graecum ſylveſtre minus polyceraton ſiliquis plurimis ad ſingula genicula, caulem ambientibus. Almag. Bot.* 157. *Hedyſarum minimum Dalechampii. Hiſt. Lugd.* 446. *Securi-dacae genus triphyllon. J.B. 2. l. 17. p.* 373.

* 1. Fragaria vulgaris. *C.B. Pin.* 326. *Fragaria fructu rubro vulgaris. Broſſ.* 53. *Fraiſier.* US. *Fraga fructu rubro. Eyſt.* 116.

Fleurir en Avril & May. Sa fleur a depuis 6 juſqu'a 8 lignes de diamétre.

* Fragaria vulgaris, fructu albo. *C.B. Pin. Fragaria fructu albo, vulgaris. Broſſ.* 53. *Fraga fructu albo. Eyſt. Tab.* 116.

* 2. Fragaria fructu parvi Pruni magnitudine. *C.B. Pin.* 327. *Fraga fructu magno.* Capitor... *Eyſt.* 116.

Fleurit en May & Avril. Sa fleur a juſqu'a un pouce, & quelquefois plus, de diamé-tre.

* 3. Fragaria sterilis amplissimo folio et flore, petalis cordatis. Voyez plan-che X. Fig. I.

* 4. Fragaria sterilis foliis subtus incanis, magno flore albo. C'eſt la *Fragaria ſterilis incana H.R. Par. & H.R. Bl. auct.* verifiée dans l'herbier du Droguier. *Eſt Quin-quefolium foliis ternis praecedenti ſimilis H.C. & Boerh. Ind. Plant. 5.*

Cette plante eſt tres commune dans le bois qu'on traverſe pour aller de Villiers a St. Lucien. Ce Villiers eſt entre Nogent le Roy & Maintenon, & ce bois commence des le Moulin de Villiers. Cette plante eſt la tres petite. La figure du *Quinquefolium* 1111. *flavo flore, 1 ſpe-cies. Cluſ. Hiſt.* CVI. a quelque raport a noſtre plante mais je croy qu'elle repreſente enco-re mieux le *Fragaria ſterilis incana ſive Leucas.* Cette plante ſe trouve dans le bois de Bou-logne aux environs du Chateau de Madrid, mais elle n'y eſt pas fort commune. Sa fleur eſt blanche, d'environ demi pouce de diametre, a 5 petales échancréz & tailléz en coeur. Cha-que petale a apeu prés 3 lignes dans le fort de ſa largeur ſur quelque choſe de plus en longueur. Le calice eſt un plateau découpé en 10 pointes ſur le bord, 5 grandes & autant de petites ran-gees alternativement. Le milieu de la fleur eſt occupé par un piſtile conique, heriſſé de filets blancs, long d'une ligne, & environne de 15 eramines de la meme longueur. Les feuilles ſont blanchaſtres en deſſous & partagées ſelon leur longeur d'une coſte qui diſtribues 4 ou 5 ner-veures obliques ſur chaque moitié, un poil cati, blanc, luiſant, & aſſez dru & court, par-ſemé le deſſous de ſes feuilles. Le deſſus en eſt vert foncé quoy qu'un peu cendré & luiſant. Il

O 2

eſt

eft auffi chargé de quelques brins de poils , fillonné obliquement d'autant de fillons , que le deffous a de nerveures. La circonference de chaque feuille décrit a peu prés un'ovale échancrée par le haut & armée dans cet endroit d'un petite dent accompagnée de part & d'autres de 3 ou 4 autres dents plus fenfibles. Les pedicules, ou plustôt, les coftes qui foutiennent toujours 3 feuilles , ont depuis un jufqu a 3 travers de doigts , & quelquefois un peu plus de longueur & font fillonnees en deffous , evafez & creufez en maniere de houlette a leur bafe , & tout parfemez de velu. La racine eft rouffâtre , epaiffe de 2 ou 3 lignes au colet qui pouffe ordinairement plufieurs tiges fort baffes. Cette plante fleurit en May , & graine en Juin.

5. FRAGARIA STERILIS. *C. B. Pin*

Sa fleur n'a que 2 ou 3 lignes de diamêtre. Les petales en font un peu échancréz.

FRAGARIASTRUM *vid Fragarias* 4 & 5.

1. FRANGULA. *Dod Pempt* 784 *Eft Rhamni fpecies.*

Frefne. US.   1. FRAXINUS EXCELSIOR. *C. B. Pin* 416. *Fraxinus. Camer. in Math Germanicé* 48.

* 1. FUCUS FONTANUS PINGUIS, CORNICULATUS, VIRIDIS. Voyez planche X. Fig. 3.

2. FUCUS TUBULOSUS INTESTINORUM FORMA. *J. R. H.*

3. FUCUS FLUVIATILIS, ACULEATUS, UNDULATUS. *J. R. H.*

Fumeterre. US.   1. FUMARIA OFFICINARUM ET DIOSCORIDIS, FLORE PURPUREO. *C. B. Pin.* 143. *Fumeterre. Fufch. ch.* CXXVII. *Capnos fumaria. Fumeterre. Dod Gall* 17.

Sa fleur a 3 a 4 lignes de long. Elle eft d'un beau rouge ainfy que fon calice. Les feuilles & les tiges tirent fur le verd de Porreau. La capfule eft ronde & ne contient qu'une femence. Dans la plaine de Seve.

* FUMARIA OFFICINARUM FLORE PALLESCENTE. *C. B.*

La fleur de celle cy n'a tout au plus que 3 lignes de longueur. Elle eft purpurine & le mufle en eft pourpre brun & velouté.

* FUMARIA OFFICINARUM FLORE ALBO.

♀ 2. FUMARIA MAJOR FLORIBUS DILUTE PURPUREIS. *Bot. Monfp.* Voyez planche X. Fig. 4. *Fumaria major, fcandens. flore pallidiore. Raji Hift.* 1.405. *Fumaria altera Caefalp. Fumaria major, fcandens foliorum pediculis. flore majore, pallidiore* 10. *Hift. Ox.* 2.261. *Fumaria Trag.* 109. que C. Bauhin raporte mal a propos, a la premiere. C'eft auffy la *Fumaria viticulis & capreolis plantis vicinis adhaerens. C. B. Pin.* 143 *Fumaria phragmites Dodonaei Lugd.* 1292. *Edit Gall.* 2. 183. ainfy cette plante eft repetée 2 fois dans les *J. R H.*

Fleurit en May & Juin. Sa fleur eft ordinairement d'un blanc purpurin mais le mufle en eft d'un pourpre foncé , velouté avec quelque melange de Carmin. Elle a 4 a 5 lignes de longueur.

* 3. FUMARIA LOBIS TENUISSIMIS FLORIBUS ALATIS PARVIS.

♀ 4. FUMARIA FOLIIS TENUISSIMIS FLORIBUS ALBIS , CIRCA MONSPELIUM NASCENS. *C. B. Pin* 143. Voyez planche X. Fig. 5. Il la faut nommer *Fumaria Hypecoi tenuifolii folio Fumaria tenuifolia. flore nivro. Eyft Fumaria vulgaris minor tenuifoli.* 11 *Hift. Ox.* 2. 261. *Fumaria minor, Foeniculi tortuofi foliis. flore albo macula rubente. Bocc. Muf Dec* 11. *p.* 144 *Fumaria Foeniculi tortuofi folio , Romana. Ejufd. Tab.* 102 Morifon y raporte la *Fumaria minor tenuifolia C. B. Pin* & avertit que C. Bauhin raporte mal a propos a cette plante la *Fumariae fpecies Myconi Lugd* que le meme Morifon appelle *Fumaria minor tenuifolia praecox femine Lini.* 13 *H Ox.* 262. fur ce pied la , la fixicme de ce Catalogue eft la même que la quatrieme de la quelle elle ne differe que par la couleur des fleurs. *Flos hilari purpura rubet* (dit ils) *eft & flore variegato rubro , albo viridi & luteo; imo flos totus albus aliquando eft.* Il la dit commune autour de Vaugirard dans les navets.

* 5. FUMARIA, LOBIS LONGIORIBUS, ET ANGUSTIORIBUS SPARSIS. *Fumaria fegmentis longis, anguftis, rarius difpofitis Prodr pag.* 42. *N. 5.* Voyez planche X. Fig. 6.

La plante eft toute glauque. Ses tiges font anguleufes & un peu fiftuleufes en dedans. Sa fleur eft ordinairement d'un blanc tirant fur le purpurin, mais le mufle en eft d'un pourpre noiraftre. Elle eft longue de 2 lignes ou 2 lignes & demie. Fleurit en May & Juin.

6. FUMARIA MINOR TENUIFOLIA CAULIBUS SURRECTIS FLORE HILARI PURPURA RUBENTE. *C. B. Pin.* 143.

1. FUNGOIDES INFUNDIBULI FORMA SEMINE FOETUM. *Inft* 560. *an Fungus non vefcus* 41. *Fungus pyxioides feminifer. Flor. Pruff* 98. *defc & fig. Fungus exilis difcifer Eph. Germ. decur.* 2. *ann.* 6. *obf.* 110. *p.* 209. *fig.* 48. *Fungi caliciformes , feminiferi. Mentzel. pug. Tab.* 6.

* 2.

* 2. FUNGOIDES INFUNDIBULI FORMA , SEMINE FAETUM , INTERNE STRIATUM , EXTERNE HIRSUTUM. Voyez planche XI. fig. 4. 5. *An fungus feminifer , externe ftriatus. D. Doodii. Raji Hift. 3. 21.*

Il n'a tout au plus que 4 a 5 lignes de haut. Il eft taillé en verre dont l'ouverture a 3 a 4 lignes de diamêtre , ftrié en long par dedans , tout drapè & comme chagrinè en dehors , ou couvert d'un cotton brun qui fe frife comme une ratine. Le dedans tire fur le chatain & fur le blanc vers le fond , ou font contenues plufieurs femences entaffées les unes fur les autres , taillées en deffus a trois facettes , plates en deffous par ou elles font attachées a un petit tendon , elles font blanchaftres. Ce tendon s'allonge & fe recourcit. Il naift dans les bofquets de Verfailles vers la fin d'Aouft & le commencement de Septembre.

* 3. FUNGOIDES NIGRICANS, MAJUS, CORNUCOPIAE FORMA. Voyez planche XIII. Fig. 22.

Il naift dans les parcs de Verfailles & de Marly dans les bois vers la mi Aouft. Il eft haut depuis 2 jufqu'a 4 pouces , drapè en dedans , brun d'abord puis aprés noir cendré en dehors , creux jufqu'a fa bafe , d'une fubftance coriacée, Il fe decoupe en lanieres en fe paffant. Il naift quelquefois feul , & quelquefois plufieurs enfemble , il fent mauvais. Maché a le gouft du Champignon. Il n'eft guere plus epais qu'un fort parchemin. J'en ay trouvé de doubles , cet a dire l'un dans l'autre.

* 4. FUNGOIDES FUSCUM ACETABULI FORMA, EXTERNE RAMIFICATUM, SIVE FUNGOIDES MAXIMUM , PYXIDATUM. Planche XIII. fig. 1. c'eft celuy qui eft peint fous la nom de *Fungoides noftras fufcum , mortarii formâ. Cimel. Reg.*

J'ay trouvé cette plante le dixhuitieme d'Avril dans les bofquets de Verfailles aux endroits frais. Elle reffemble en quelque façon a un Ciboire , qui a depuis demi pouce jufqu'a un pouce , & quelquefois plus , de diamêtre , de couleur brune & de fubftance de Champignon, qui n'a qu'environ demi ligne d'Epaiffeur. La partie pofterieure fe pliffe apeu prés comme une bourfe fermée , & s'allonge en pedicule en fe retreciffant. Ce pedicule eft blanc fale & n'a qu'environ 2 ou 3 lignes de long. Cette plante machée a le gouft de Champignon.

* 5. FUNGOIDES MAXIMUM ET MULTIPLEX , AURANTII COLORIS , AD BASIM RUGOSUM.

Il fe trouve dans le Jardin Royal. J'ay trouvé dans les bofquets de Marly le 22 May 1707. qui avoit jufqu'a 3 pouces de haut , fur 2 pouces & d'avantage de diamêtre a fon ouverture.

* 6. FUNGOIDES GLANDIS CUPULAM REFERENS , MARGINE DENTATO. Voyez Planche XI. fig. 1. 2. 3.

Il fait comme un calice de gland quand il eft encore dans fon adolefcence & l'oreille de Juda lorfqu'il eft dans fa perfection. Il eft blanc fale tirant fur la rouffatre. Il eft comme tranfparent & un peu chagriné. Les bords en font dentez ou comme frangez. Il croift dans les bofquets de Verfailles vers la fin d'Aouft & le commencement de Septembre.

* 7. FUNGOIDES COLORIS MINII. *Fortè Fungus membranaceus , feu coriaceus , acetabuli formâ concavus , colore intus coccineo feu cremifino , faturo D. Dale Raji Syn. p. 19. No. 39*

* 8. FUNGOIDES, QUI FUNGUS MINIMUS, SCUTELLATUS, COLORIS AURANTII. *Raji Syn. p. 17. No. 26.* Voyez Planche XIII. fig. 13. 14.

Il eft fait en chaton de bague , dans le quel eft enchaffé comme un Turquoife. Ce chaton eft blanc fale tirent fur le carné , relevé de petites chagrinures , & la partie enchaffée eft couleur de Minium.

* 9. FUNGOIDES AURICULAM JUDAE REFERENS , INTUS RUFESCENS , EXTUS CANDICANS ET QUASI FARINOSUM. Voyez planche XI. fig. 8.

Il fe trouve dans les bofquets de Verfailles en Juin. Il a le gouft de la Moirille , rouffatre en dedans , blanchatre & comme farineux en dehors. Il n'a aucun pedicule , eft tranfparent , tendre , & n'a qu'environ une ligne d'epaiffeur.

10. FUNGOIDES, QUI CREPITUS LUPI FLAVESCENS , CLAVATUS ET FISTULOSUS. *Cimel. Reg.* peint dans mon recueil *pag. 9.*

Il faut diviser les Champignons en six familles.

1. Ceux qui font des Chapeaux fans doublure.
2. Ceux dont les Chapeaux font doublez de petites houppes ou papilles.
3. Ceux qui qui les ont doubles de longues pointes, femblables aux piquants du Heriffon.
4. Ceux qui les font doubles, de tuyaux.
5. Ceux qui font doubles de nerveures rameufes.
6. Ceux qui font feuilletez.

Voicy cinq de cettes familles, qui fe trouvent aux environs de Paris.

Premiere famille.

* Fungus gelatinus, flavus. Voyez Planche XIII. fig. 7. 8. 9.

Il a depuis un pouce jufqu a quinze lignes de hauteur, fur une ligne ou deux d'epaiffeur, tantot il naift feul, mais ordinairement on en trouve plufieurs ramaffez enfemble; leurs pedicules font un peu aplatis & fillonnez d'une coté, par un fillon, qui regne d'un but a l'autre, ils ont depuis une jufqu'a deux lignes de large. leur fuperficie eft pointillée ou chagrinée. La tefte eft ordinairement anguleufe, le centre eft enfoncé en nombril, les bords qui fe renverfent en deffous, font tumifiez & decoupez en trois ou quatre quartiers arrondis. La couleur du Chapeau en deffus eft d'un jaune plus fale & plus livide que celuy du pedicule. Ce bonet n'a tout au plus que cinq a fix lignes & quelquefois fept, mais pour l'ordinaire trois ou quatre de diamétre. Quelquefois ce bonet eft parfaitement rond, dans fa circonference, un peu creux en deffous & convexe en deffus. J'ay trouvé un de ces Champignons, qui avoit deux de ces Chapeaux, ronds, comme collez l'un fur l'autre. quand ce Champignon fe paffa, il fe convertit en gelée verte. toute la plante eft d'un jaune livide & luifant, a caufe d'un petit glu qui l'enduit. Quand on la mache, il femble que ce foit de la gelée de viande fort cuite, non pas par raport au gouft, mais a la fubftance. Il naift fous les Chateigniers dans le bofquét de Marly, fur la fin de mois d'Aouft.

De la deuxieme famille,

On n'a trouve jufqu'icy aucun'efpece dans les environs de Paris.

Troifieme famille.

Dont les Chapeaux font doublez de pointes femblables aux piquants du Heriffon.

* Fungus Erinaceus.

Ce Champignon a environ deux ou trois pouces de diamêtre, fa circonference eft ordinairement decoupée inegalement en plufieurs parties arrondies. Sa fuperficie eft inegale, tirant fur le ventre de biche, plus clair fur les bords que vers la milieu. Le deffous eft tout heriffé des pointes blancs un peu fales, femblables en quelque façon aux piquants du Heriffon, inegales dans leur longueur. Les plus longues, qui occupent les environs du pedicule, ont environ quatre a cinq lignes, les autres vont toujours en diminuant en approchant du bord, ou elles n'ont alors qu'environ une ligne. Elles pendent toutes perpendiculairement. Le pedicule n'a qu'environ un pouce de haut & autant de large. Toute la plante machée, a un gouft de poivre. Je l'ay trouvé le 20 d'Aouft 1707. dans les bofquets de Marly, & la 3 Octobre dans les bois du petit parc de Verfailles.

C'eft la 34e. de la pag. 100. de mon recueil, excepté que la couleur n'en eft pas a beaucoup prés fi vive: le deffus & le deffous font de la couleur ventre de biche, dans celuy qui naift a Verfailles.

Quatrieme famille.

Dont les Chapeaux font doublez des tuyaux.

1. Fungus porosus magnus, crassus. *J. B.* 3. 838. *Fungus porofus magnus, craffus, ex fufco albicans. J. B.* 3. 833.

Trou-

Trouvé a Verfailles le feptieme de Septembre 1707. les tuyaux font blanc fales. le deffus du Chapeau, brun clair. Ce Chapeau a quelquefois dix a onze pouces de diamétre.

2. Fungus porosus magnus, crassus, purpurascens. *J. R. H.*   H. Par. 449.

Monfieur de Tournefort dit, qu'il ne differe du precedent que par fa couleur, & qu'il vient dans les memes endroits, c'est a dire dans les forefts de St. Germain, de Montmorency &c.

* 3. Fungus porosus magnus, crassus, tuberculis minimis exasperatus, colore pomi aurantii exsiccati.

Sa fuperficie est comme chagrinée & colorée comme celle d'une Orange deffechée. Le Chapeau est convexe en deffus & a depuis quatre jufqu'a fix pouces de diamétre, la fuperficie des tuyaux est blanchaftre. Le pedicule a quatre ou cinq pouces de haut, epais de plus d'un pouce a fa bafe, & va un peu en diminuant vers le haut. Il est blanc & comme velu; ce velu fe noircit par la fuitte, ce qui rend le pedicule panaché. Si les tuyaux etoient citrins, ce feroit le *Fungus porofus magnus, noftras. Raji. Hift.* 1. 100. N°. 2. Il naift dans la foreft de Montfort, dans celle de Fontainebleau, a Marly & a Verfailles, vers la mi Aouft. il n'a que le gouft de Champignon.

* 4. Fungus porosus magnus, crassus, coloris castanei nunc liquidioris, nunc magis sordidi.

Le Chapeau de celuy-cy a depuis quatre jufqu'a neuf pouces de diamétre, fa fubftance est blanche, mais elle rougit un peu aprés qu'on l'a coupée. elle a jufqu'a un pouce dans le fort de fon epaiffeur. Le deffus du Chapeau est chatain clair & quelquefois gris fale, ou blanc fale d'autrefois, couleur de terre d'ombre; les tuyaux font jaune Citron, & ont depuis fix jufqu'a douze lignes de long. La pedicule est blanc, & quelquefois teint de Citron, il a jufqu'a cinq pouces de haut, fur deux ou trois de diamétre vers fa bafe, fur tout quand la plante est dans fon adolefcence, il va en diminuant vers le haut ou il a moins d'epaiffeur. il fe trouve fous les chateigniers dans le parc de Verfailles, autour de la porte du parc aux cerfs, a la fin d'Aouft & au commencement de Septembre. Il fait les varietez fuivantes.

* Fungus porosus maximus, crassus, luteus, lacer pediculo longissimo virescente. *Cimel. Reg.* Voyez fa figure *Tab.* XIV. *fig.* 6. 7. 8.

* Fungus porosus nostras, brachiatus, maximus. *Cimel. Reg.*

* 5. Fungus porosus, medius, sordide purpurascens.

Il est de couleur de pourpre fale ou cramoifi en deffus, avec des tuyaux jaunes de foufre ou Citron pale en deffous. Son Chapeau n'a qu'environ deux pouces de diamétre, un peu convexe. Son pedicule est haut d'environ un pouce & demi, fur cinq lignes d'epais, de la couleur du Chapeau. Je n'ay trouve qu'un pied de ce Champignon dans la foreft de Montfort en allant a St. Leger, accompagné de Monfieur Danti d'Ifnard, le dixhuitieme d'Aouft 1707. peut être est ce le *Fungus Italieus, pediculo tumente, pileolo fupina parte coloris vini faecum, prona vero luteo. Cimel. Reg.*

* 6. Fungus porosus medius, superficie sordide alba, tuberculis castaneis variegata.

Il est blanc fale en deffus & tout couvert de taches en relief, brunes tirnat fur le noiraftre, qui la rendent tigré. Les tuyaux font jaunes de foufre. Ce Chapeau est demi fpherique d'abord, & s'aplatit un peu dans la fuitte. Il a deux ou trois pouces de large. Le pedicule est haut d'environ deux pouces, blanc fale, epais de prés d'un pouce vers la bafe, & de fix lignes par le haut. Je l'ay trouvé avec le precedent, & dans le parc de Verfailles. C'est je croy le *Fungus brizzatus, madidus. Raji Hift.* 3. 25.

* 7. Fungus porosus, que Monfieur de Tournefort a fait portraire. planche 328. *des El. de Bot.* & qu'il appelle *Fungi lutei, perniciofi, fub pinu habitantes. J. B.* 3. 832. il la dit commun dans les forefts, de St. Germain, de Ruel, de Montmorency.

Je l'ay trouvé a Fontainebleau dans le Jardin des Pin au de la du Mail, vers la fin d'Aouft 1707. *J. B.* n'en donne point de defcription. Son Chapeau a depuis un pouce jufqu'a trois de diamétre; il est un peu convexe en dehors, couleur de pain d'Epice ou jaune rouffatre, liffe & un peu luifant. Ce luifant luy vient d'un enduit glaireux, dont il est ordinairement couvert, fur tout quand il est encore jeune. Sa chair est blanche. Ses tuyaux font jaune citrons ou de foufre, ils diftillent dans les jeunes pieds, une liqueur blanchâtre a travers de ces tuyaux, qui fe ramaffe en goutes. Son pedicule est blanc, long d'un pouce ou deux, un peu rénflé au deffus de fa bafe.

P 2

* 8. Fun-

   * 8. Fungus porosus, pediculo ovali, pileoli superficie sordidissime alba.

Je ne l'ay trouvé que naiſſant. Son pedicule eſt une toupie dont la baſe avoit plus de deux pouces de diamêtre, ſur environ autant de hauteur. Ce pedicule & le deſſus du Chapeau eſtoient d'un blanc fort ſale, tirant ſur la couleur de bois; ce Chapeau etoit travaillé ſur la ſuperficie, comme un maroquin, ou un cuir de vache apreſté. Et quand on paſſoit le doit du bord vers le centre, on le faiſſoit heriſſer comme de la pluche. Ses tuyaux etoient de même couleur, & n'avoient qu'environ une ligne & demi de long. La Chair du Chapeau avoit ſix lignes dans le fort de ſon epaiſſeur. Elle etoit ferme & blanche, mais elle ſe change, d'abord qu'on la coupe ou qu'on la rompt, en bluatre, & ſon ſuc teint le papier de cette derniere couleur, qui ſe change encore en vert de gris quand elle eſt ſeche. Je l'ay trouvé dans la foreſt de Fontainebleau en allant de la ville a Franchard, le vint cinquieme de Septembre 1707.

   * Fungus porosus, pedigulo ovali, pileoli superficie splendide crocea.

Ce Champignon a la même figure que le precedent & ſe trouve au même endroit. Le Chapeau eſt brun ſafrané en deſſus, & d'un beau Safran ou rouille de fer vive en deſſous. Le haut du pedicule eſt de la même couleur, & le bas eſt de celle du Chapeau. Sa chair eſt d'un jaune verdatre en la coupant, mais elle ſe change auſſitôt en vert de gris ſale & fonce. C'eſt le *Fungus Italicus, fuſcus, pileolo patulo. pediculo tumeſcente & in apice rubro. Cimel. Reg.* il naiſt auſſi a Verſailles *An Fungus Tuberi-formâ. C. B. Pin.* 374. *apud Cluſ. N°.* 5. *pag.* cclxxxiii?

   * Fungus porosus, pediculo ovali, pileoli superficie castanea.

Il eſt de la même figure avec les deux precedents, blanc ſale tirent ſur le Chatain en deſſus, le pedicule eſt de la même couleur. La chair en eſt blanche, & ne change point eſtant coupée. Les tuyaux en ſont blancs un peu ſales. Ces trois Champignons ſont ordinairement piquez interieurement des vers qui les devorent de leur tendre jeuneſſe. Celuy-cy ſe trouve avec les deux precedents. Peut eſtre eſt ce le *Fungus poroſus magnus, craſſus, ex fuſco-albicans. J. B.* 3.833.

   * 9. Fungus porosus, fuscus, pediculo tumescente.

J'ay trouvé ce Champignon dans les bois du Chateau de la Chaſſe, en Juillet.

Cinquieme famille.

Dont le Chapeau eſt doublé de nerveures branchues.

   1. Fungus angulosus et velut in lacinias dissectus. *C. B. Pin.* 371. Voyez planche XI. fig. 14. 15. *Fungus luteus, ſive pallidus Chanterelle dictus, ſe contorquens, eſculentus. J. B.* 3. 832.

Monſieur Tournefort l'indique dans le bois de Vincennes. Il eſt fort commun dans le bois de Verſailles, de Marly, de St. Leger &c. En Juillet & en Aouſt. Il eſt de couleur de jaune d'oeuf. Il pique la langue quand on le mache, a peu pres comme fait la moutarde.

   2. Fungus, minimus, flavescens, infundibuli forma. *C. B. Pin.* 373.

Il naiſt dans les bois du petit parc de Verſailles vers la fin d'Aouſt & le commencement de Septembre, ſon pedicule a depuis un pouce juſqu'a deux de hauteur, jaune d'Or, epais de 2 ou 3 lignes, applati & comme ſilloné des deux coſtez, de deux ſillons creuſez en canal, le deſſus du Chapeau eſt brun chatain & fait l'entonnoir quand il eſt dans ſa perfection, le deſſous eſt jaune brun avec une petite fleur cendrée, comme celle des prunes. dans ſon adoleſcence les deſſus des chapeaux ſont d'un jaune ſale & brun. Toute la plante machée n'a que le gouſt du Champignon. Voyez ſa figure. *Tab.* XI. *fig.* 9. 10.

   * 3. Fungus pileolo per maturitatem instar Agarici intybacei laciniato. Voyez planche XI. fig. 11. 12. 13.

Il eſt a peu pres de la taillé du precedent, il ſe trouve en même temps & dans les memes endroits. il ſe decoupe par feuillets. Eſt gris de ſouris tirant un peu ſur le brun, & velu en deſſus. Le deſſous & le pedicule ſont cendrèz. Il a le même gouſt que le precedent.

Sixieme famille de Champignons,

Dont le Chapeau eſt feuilleté en deſſous.

Il faut diviſer cette famille ainſy

1. Ceux qui font des pedicules ſimples, pleins & nuds.
2. Ceux qui font des pedicules nuds & creux.
3. Ceux qui font des pedicules avec des anneaux.

Premiere Claſſe.

De ceux qui font des pedicules pleins & nuds.

1. Les plus Grands.

1. Fungus pileolo lato et rotundo. *C. B. Pin.* 370.

Fungus pileolo lato et rotundo, livido. *C. B. Pin.* 370. *prioris varietas.*

2. Fungus pileolo lato, orbiculari, candicante. *C. B. Pin.* 370.

3. Fungus pileolo rotundiori, mouceron dicti. *J. R. H.* 557.

4. Fungus albus, pileolo inverso. *J. R. H.* 559.

5. Fungi lutei, perniciosi, sub Pinu habitantes. *J B.* 3.832.

6. Fungus albus, acris. *C. B. Pin.* 371. *Fungus veſcus* IX. *Flor. Pruſſ. pag.* 82.

Lac ejus, dit l'auteur *cum Syrupo de Althaea ſumptum, experimento certo calculum frangit, & urinam citat, verrucas aufert illitu.*

Il s'en trouve un de la taille & figure du precedent, a Marly & a Petit Bourg, en Juillet & Aouſt dans les bois, qui eſt auſſi poivré, mais ſans lait, dont le deſſus tire ſur la couleur de ceriſe, & les feuillets, qui ſont plus ecartez, ſur le blanc, quelquefois blanc un peu ſale. dans tous les bois d'autour de Paris en Aouſt & Septembre.

* 7. Fungus lignosus, fasciatus. Voyez Planche XII. fig. 7.

Son pedicule a environ un pouce de long, ſur autant d'Epaiſſeur, blanc ſale, plein & charnu. Le Chapeau eſt creuſé en entonnoir, roux en deſſus, & comme carné, avec des cercles blanchatres. Sa Chair eſt blanche auſſi bien que ſes feuillets, qui ſont diſpoſez aſſez pres les uns des autres. Il donne un lait gluant & tres poivré. Son Chapeau a environ 3 pouces de diamétre d'une ſubſtance ferme. Il croit dans la foreſt de Fontainebleau & dans les parcs de Verſailles Aouſt & Septembre. Les bords ſont ordinairement renverſez & roulez en deſſous, puis il s'etendent en ſuitte. Les bords ſont tout frangez & cotoneux.

* 8. Fungus lacteus, maximus, infundibuli forma.

Il reſſemble aſſez bien aux deux precedents, les bords en ſont d'abord roulez en deſſous & ſe redreſſent dans la ſuite pour former un pavillon d'entonnoir, qui a depuis 3 juſqu'a 9 pouces de diamétre. Le deſſus en eſt blanc tant ſoit peu lavé de purpurin, comme velu cati, la chair en eſt blanche, auſſi bien que les feuillets, qui ſont fort ſerrez les uns contre les autres, & qui ont auſſi un peu de purpurin. Ces feuillets ſont entremelez de demi feuillets, placez entre 2 petites portions de feuillets. Le pedicule eſt plus ou moins epais, a proportion de l'etendue du Chapeau. Celui des plus petits a environ 6 lignes, & celuy des plus grands a un bon pouce, ſur un pouce de long, pleins & blancs, toute la plante eſt remplie d'un lait fort brulant. Il ſe trouve dans le parc de Verſailles, dans les bois vers la fin d'Aouſt & en Septembre.

* 9. Fungus lactescens, praegnantissimus.

Son Chapeau eſt plat & tant ſoit peu creuſé en nombril dans le centre. il a 2 ou 3 pouces de diamétre, d'un blanc fort ſale, tirant ſur la couleur de bois, denté inegalement ſur les bords, a dents arrondies. Les feuillets ont 2 ou 3 lignes dans le fort de leur largeur, de couleur fauve tirant ſur le ventre de biche, ſi pleins de lait brulant, que d'abord qu'on les entamé, il en diſtille des gouttelettes de chaque feuillet. La Chair du Chapeau eſt aſſez mince. Son pedicule a environ un pouce de long, taillé en cheville, dont la pointe eſt en bas & la tête en haut; il a 4 ou 5 lignes de diamétre, & la pointe moitié moins. il naiſt dans les bois de Marly ſous les Chataigniers, vers la mi Aouſt.

* 10. Fungus lactescens, piperatus, rufus.

Ce Champignon naiſt dans les bois de Luciennes, de Verſailles &c. an Septembre. Il a de-

Q

puis

puis un jusqu'a deux pouces, & quelquefois d'avantage de largeur d'un bord a l'autre de son Chapiteau, qui s'enfonce lors que la plante est en etat. Sa couleur est de chair tirant sur le bronze,
le pedicule est de la même couleur, ainsy que les feuillets, qui sont un peu plus clairs. Les feuillets sont assez serrez les uns contres les autres, & l'intervalle a la marge n'est rempli que d'u-
ne tres petite portion de feuillets. Si tôt qu'on egratigne tant soit peu ces feuillets, il en sort
un lait blanc & poivré. La largeur des feuillets est d'environ deux lignes. La chair de ce
Champignon est blanche mais teinte un peu de fauve. Son pedicule est plein. Je croy que le
precedent doit etre raporté a celuy cy.

    * 11. Fungus piperatus non lactescens.

Ce Champignon a ses feuillets blancs, qui n'ont ordinairement rien dans leurs intervalles,
le dessus du Chapeau tire sur le brun. Ce Chapeau s'aplatit & se fend de la circonference. La
chair en est blanche, molasse & spongieuse, elle n'a point de lait, & elle est un peu poivrée
au goust. Ce Chapeau a trois ou quatre pouces de diamêtre. Le pedicule, qui est blanc & plein,
est long d'un pouce ou deux sur environ six ou neuf lignes de diamêtre. Ce Champignon ne
differe, que par la couleur de son Chapeau, de celuy qui est si commun dans toutes les bois, dont le
dessus est rouge ordinairement, quelquefois couleur de lie de vin, quelquefois incarnat &c.
Je l'ay trouvé le quatrieme de Septembre 1708. dans les bois de Villedavray.

    * 12. Fungus nostras, pediculo brevi, in pileolum didymum abeunte. *Cimel.*
Reg.

Ce Champignon se trouve dans les landes du coté de Setaury en Septembre. Je l'y ay ob-
serve la 23. du dit mois en 1708. le dessus en est chatain clair, poli & luisant. Il est d'une
substance solide, les bords se roulent en dessous & sont cottoneux. Les feuillets en sont
ochroleuco, c'est a dire blanc tirant sur le jaune. La Chair qui en est fort epaisse est aussi de la
couleur des feuillets. Ces feuillets n'ont qu'une ligne ou une ligne & demi de large, ils sont
fort pressez les uns contre les autres. Le goust de ce Champignon est aigrelet d'abord & devient fade aprés. Il s'en trouve depuis un pouce jusqu'a trois & quatre de diamêtre, des reguliers & irreguliers, qui semblent etre jumaux. Il a quelquefois six a huit pouces de diamêtre
& fait pour lors la trenue ou l'entonnoir, & son pedicule a deux ou trois pouces de long.
Quelquefois ce Champignon tire sur la gris de souris eteint. Il est tres commun dans les bois
au dessus de la piece des Suisses & autres.

    * 13. Fungus albidus, infundibuli forma, palustris.

J'ay trouvé ce Champignon la 25 Septembre 1708. sur le bord de l'etang Renard, lequel
avoit pris naissance sur des fumiers de feuilles de Typha. Il n'a aucun mauvais goust. Ordinairement son Chapeau est arrondi, & un peu creusé en entonnoir; il est fort mince, le dessous
en est garni de feuillets fort serrez, entremeslez de demi & de quarts de feuillets; les demi
feuillets se forchant encore souvent par le bout, de maniere que toutes ces pieces ensemble
forment comme des ramages vers les bords. Ce Champignon entier a depuis un pouce jusqu'a
deux, & est d'un blanc un peu sale, tant le pedicule qui a environ un pouce de long sur deux
ou trois lignes de diamêtre, que le dessus & le dessous du Chapeau. Quelquefois ce Chapeau
a jusqu'a trois pouces de diamêtre, mais pour alors il est gaudronné & decoupé en portions
arrondies, qui se croisent quelquefois, ce qui le fait ressembler a ce beau Champignon jaune,
poivré a ramages. Les pedicules en sont pleins.

    * 14. Fungus glutine flavo limacino resplendens.

Ce Champignon se trouve dans les bois a gauche de la peice des Suisses, dans la fond sous
les peupliers ou se trouve le *Fungus ophioglossoides niger Raji.* En naissant il a son Chapeau
taillé quelquefois en calotte, & quelquefois en cone obtus. Ce Chapeau est flave & tout enduit d'un glu qui attache sur le Chapeau les feuilles pourries & les ordures, qui se trouvent au
dessus de luy. Cette couleur flave se roussit a mesure que cette plante croist, & le glu se desse-
che peu a peu. Avant que le Chapeau s'etend il est tapissé a son ouverture d'une membrane
tres fine, transparente, luisante comme la bave seche des limaçons, & se dechire peu a peu
en petits filaments qui ne forment point de fraise autour du pedicule. Ce Chapeau s'aplatit
tout a fait par la suitte & acquiert jusqu'a deux ou trois pouces de diamêtre, il tire d'abord sur
le cendré & se change en suitte sur la couleur de noisettez ou tanée. Ils sont assez pres les uns
des autres & leur intervalle n'est remplie que d'une portion de feuillet. La Chair de ce Champignon est blanche, spongieuse & molasse, sans aucun mauvais goust. Le pedicule est plein,
roussatre, comme ecailleux par les gersures de sa peau, qui le rend comme tabisé ou moiré. Il
                                                      est

est long de deux ou trois pouces, epais depuis trois jusqu'a cinq lignes, egal dans toute sa longueur. Ce Champignon se trouve vers la fin de Septembre & au commencement d'Octobre.

* 15. FUNGUS GRISEUS, HOLOSERICEUS, PILEOLO CRENELATO.

J'ay trouve ce Champignon le 22e. Septembre 1708. dans les bosquets de Versailles. Son Chapeau a quelquefois jusqu'a cinq pouces de diamêtre, retroussé irregulierement & comme gaudronné & echancré. Le dessus en est poli & comme satiné d'un petit gris. Ce Chapeau ainsi retroussé fait comme le godet ou la soufcoupe. Il n'a pres que point de chair, & le peu qu'il en a est blanc. Ses feuillets ont jusqu'a huit lignes de large, ils sont couleur de Chair passée, peu serrez les uns contre les autres & comme frisez ou gaudronnés. Le pedicule est blanc, haut de deux ou trois pouces, sur environ six lignes & quelquefois un pouce de diamêtre, il est comme cilindrique, c'est a dire egal dans toute sa longueur, blanc, lisse, un peu luisant, ordinairement plein, mas fort sujet a la vermoulure, qui le rend alors fistuleux ou spongieux en dedans. Il n'est point acre.

* 16. FUNGUS PILEOLO STRAMINEI COLORIS.

Ce Champignon se trouve dans les bois en Septembre. La Couleur du Chapeau en dessus tire sur la couleur de paille ou *ochroleuco*, le sommet sur la roux, il a depuis un pouce jusqu'a demi de diamêtre, le pedicule, qui est ordinairement plein, & les feuillets sont couleur de regliffe ou jaune Citron. Ces feuillets ont environ trois lignes de largeur, assez ecartez les uns des autres, les entrevalles en sont remplis par des demi feuillets, & des petites portions de feuillets. Il est d'une substance assez ferme & seche. Il sent la cave au bois, & n'a aucun mauvais goust. Il en naist quelquefois plusieurs ensemble.

* 17. FUNGUS MEDIAE MAGNITUDINIS, TOTUS ALBUS.

Ce Champignon a depuis un pouce jusqu'a trois de hauteur. Son pedicule est molasse, quoi qu'ordinairement plein, & quelquefois fistuleux, plus epais par le haut, que par le bas, tantot droit & tantot tortu, tantot arrondi & tantot un peu aplati avec un sillon de chaque coté. Son epaisseur est depuis une ligne jusqu'a trois. Le Chapeau a depuis quatre lignes a dix huit ou vint de diamëtre, taillé d'abord en demi globe, ou en cone, qui venant a s'aplatir par la suitte, forme un autre cone renversé, Les feuillets sont fort ecartez les uns des autres, mais l'espace qui est entre deux est garni de demi feuillets & de quarts de feuillets, qui partent tous de la circonference. Ce Chapeau est mince & peu charnu, les feuillets sont fort larges. Toute la plante est du blanc de lait, un peu luisante & polie. Elle n'a que le goust du Champignon ordinaire. Elle se trouve en Novembre & Decembre, sur le tapis entre la piece des Suisses & le Cheval de marbre.

* 18. FUNGUS GILVUS, MARGINE TENUISSIMO.

Le 23e. Septembre 1708. J'ay trouvé ce Champignon dans le bois, qui est derriere la maison du suisse du canal de Versailles du coté de la ménagerie, c'est a dire derriere le mur du jardin a coté d'Apollon. Ce Champignon sort d'une bourse blanche d'un pouce ou d'un pouce & demi. Son pedicule est taillé en quille, c'est a dire qu'il est plus gros par le bas que par le haut. Il est long depuis trois pouces a cinq, sur six lignes jusqu'a douze dans le fort de son epaisseur Il est blanc & quelquefois un peu teint du gris, ordinairement plein & quelquefois fistuleux; il soutient un Chapiteau large depuis un pouce & demi jusqu'a quatre pouces, peu charnu, gris de souris en dessus, ordinairement lisse & quelquefois chargé vers son centre de quelques petits lambeaux de peau, blanchastres, qui proviennent de la bourse. Ce Chapeau est si mince sur les bords, qu'ils en sont rayéz, & ces rayes ne sont autres choses que les vestiges des feuillets du dessous. Ces feuillets sont blancs & larges depuis deux, jusqu'a quatre lignes, assez pressez & dont les intervalles ne sont occupez que par une portion de feuillet. Ce Champignon n'a aucun mauvais goust. Il ne porte point de manteau a son pedicule.

* 19. FUNGUS PILEOLO CONICO, MACULATO.

Ce Champignon se trouve vers la fin de Semptembre & au commencement d'Octobre, dans les bosquets & les bois de Versailles. Le dessus du Chapeau, qui represente un cone fort evasé, est blanc, mais comme par cercle de petites portions de peau tanée, qui le rend agreable a la veue, & tout tigré. La Chair & les feuillets en sont blancs, ils sont assez pressez les uns contre les autres, & leur intervalle n'est remplie que d'une portion de feuillet. Le pedicule est nud, & a environ un pouce & demi jusqu'a deux pouces & demi de haut, sur deux ou trois lignes d'epaisseur, blanc en dedans, quelquefois un peu fistuleux, un peu plus vers la base que vers le haut, tane ou roussatre en dehors comme dessus. Il n'a aucun mauvais goust. Il est tendre & aqueux.

* 20. FUNGUS TOTUS PER MATURITATEM, COLORIS AURANTII.

Ce Champignon fe trouve avec le precedent, dans le même temps. Son Chapeau eft arrondi dans fa circonference, & a depuis fix jufqu'a dix huit lignes de diamêtre, un peu convexe
en deffus, & quelquefois garni dans fon centre d'un petit mammelon. Ce deffus eft d'un roux
pafle d'abord, qui fe change dans la fuitte en roux orangé terne. La Chair eft de la même couleur, & n'a tout au plus qu'une ligne d'epaiffeur. Les feuillets font blancs, affez ferrez les
uns contre les autres, & ont jufqu'a deux lignes de large. Le pedicule a depuis un jufqu'a
deux pouces de hauteur, fur une ligne ou une ligne & demi d'epaiffeur, cilindrique, roux
vif, rempli d'une moëlle pafle & parfemé en dehors de petits flocons de duvet blanc faie. Cette plante n'a qu'un foible gouft de Champignon.

* 21. FUNGUS MARGINE PER MATURITATEM, SURSUM REPANDO.

Ce Champignon fe trouve en Octobre, dans le premier bofquet a droit de piramide ou j'ay
trouvé le beau *Lycoperdon stellatum.* Ce Champignon fortant de terre, a fon Chapeau convexe, large d'un pouce ou deux, mais qui s'elargit par la fuitte jufqu'a trois ou quatre pouces, & fait comme une efpece de foucoupe, par le retrouffis de fes bords. Ce Chapeau eft
poli, blanc fale meflé de roux tirant fur le purpurin, & tout a fait femblable a la couleur du
premiere & du troifieme de la page 127. de mon recueil. Il y a quelquefois du livide meflé
auffi parmi. Quelquefois ces Chapeaux font reguliers & quelquefois irreguliers. Les feuillets
tirent fur la couleur du Chapeau, c'eft a dire qu'ils font de la couleur de ceux du troifieme de
la page 126. du même recueil. Ils font fort preffez les uns contre les autres & leurs intervalles ne font remplis que d'une portion de feuillet. Le pedicule eft blanc, & n'a dans les plus
fort pieds qu'environ un pouce de longueur fur neuf lignes d'epaiffeur, il eft plein, nud, la
Chair de ce Champignon eft blanchaftre, ferme, & n'a point de mauvais gouft, quoy qu'elle ne foit pas trop agreable.

* 22. FUNGUS LAETE FUSCO COLORE.

Ce Champignon fe trouve en Septembre, dans les landes du petit parc de Verfailles. Le
deffus du Chapeau tire fur la couleur de noifette, ou fur l'Ifabelle. Il eft comme drapé mais
cati & luftré. Les feuillets en font ferrez & rien n'occupe leur intervalle, fi ce n'eft quelquefois une tres petite portion de feuillet, qui n'eft guere fenfible. Le pedicule eft d'un blanc
quelquefois un peu teint, mais legerement de la couleur du Chapeau, il eft plein & ferme ainfy que la Chair du Chapeau, qui eft blanche & feche & tres mince. Les feuillets ont environ deux
lignes de largeur & font d'un petit gris. Ce Champignon a le gouft & la confiftance du Champignon ordinaire.

* 23. FUNGUS LAETE FUSCO COLORE, PEDICULO BREVIORE.

Cet autre Champignon fe trouve en même temps & aux mêmes endroits, que le precedent.
C'eft a dire en Septembre, je l'y ay obferve le 24 il eft a peu pres de la même grandeur par raport au Chapeau, qui eft en deffus d'un brun, cati & luftré. Mais les feuillets, qui font difpofez de même font blancs ainfi que le pedicule, qui eft ordinairement plein, & quelquefois un
peu teint ou lavè d'un brun tres clair vers le bas. Ce pedicule eft plus court & plus epais que
celuy du precedent. Ce Champignon a le gouft & la confiftance de celuy qui fe mange. La
Mamelon de fon centre n'eft pas tout a fait fi fenfible que celuy du premier. Son pedicule n'a
qu'un pouce ou tout au plus un pouce & demi de long fur trois a quatre lignes de diamêtre,
egalement epais dans toute fa longueur.

2. *Ceux qui font de plus petits.*

* 24. FUNGUS CLYPEIFORMIS, MAJOR. *C. B. Pin.* 373.

* 25. FUNGUS CLYPEIFORMIS, MINOR. *C. B. Pin.* 373.

* 26. FUNGUS ALBUS, SPLENDENS, EX UNO PEDICULO, MULTIPLEX. *J. R. H* 559.

* 27. FUNGUS PERNICIOSUS, EX EODEM PEDICULO, MULTIPLEX. *J. R. H.* 560.

* 28. FUNGUS COLORE LACTEO.

Ce Champignon eft tout blanc de lait. Son pedicule eft plein, fa fubftance ferme, fes feuillets font entre melez de demi feuillets entre de petite portions de feuillets. Il n'a point de
mauvais gouft. Son Chapeau a la figure d'un moule de bouton etant jeune, & s'aplatit dans
la fuitte. Les plus grands n'ont qu'environ vint un lignes de haut, & le Chapeau pas un pouce. Le pedicule eft cilindrique. Je l'ay trouvé le 15 d'Octobre fur les friches autour de Porchefontaine.

* 29.

* 29. FUNGUS PIPERATUS, NON LACTESCENS, COLORIS BRASILICI.

Ce Champignon dont les feuillets font ferrez & egaux dans leur fuperficie, blancs auffi bien que le pedicule, qui eft plein, un peu plus epais en haut qu'en bas. Il a environ un pouce ou un pouce & demi de haut fur la moitié moins d'Epaiffeur. Le Chapeau s'ouvre en parafol, & fait un peu le nombril en deffus, fon diamêtre eft depuis un pouce jufqu'a deux ou trois. Le centre eft d'un rouge brun, qui s'eclairciffant peu a peu jufqu'au bord, fe change en couleur de brefil comme les oeufs teints, ou en lie de vin. La fubftance charnue eft epaiffe de quatre a cinq lignes depuis la fuperficie exterieure jufqu'a la naiffance des feuillets & va toujours en diminuant vers les bords. Elle eft blanche affez legere & friable, fujette a etre devorée des vers, & picotte la langue a peu pres comme le moutarde, lorsqu'on le mache. Ce Champignon naift dans les bois de Verfailles. Je l'ay trouve le troifieme de Septembre 1707. dans les bofquets. Quand il eft adolefcent, il eft enduit d'une humeur glaireufe en deffus. Ils naiffent quelquefois deux ou trois enfemble.

* 30. FUNGUS PARVUS, PEDICULO OBLONGO, GALERICULATUS, STRIIS LIVIDIS AUT NIGRIS. *Raji Syn.* 13. *No.* 14.

J'ay trouvé ce Champignon le 25 Septembre dans les friches de la vallée Regnard. Son Chapeau eft couleur de noifette, & brunit en fe paffant. Il eft poli & uni. Il reffemble affez bien a ces tetes de gros cloux des Imperiales de caroffe. Il n'a prefque que la peau. Les feuillets ont environ deux lignes de large, ils font noirs affez ferrés, quoique l'intervalle en foit garnie de demi feuillets & de quart de feuillets. le pedicule eft long de deux pouces ou deux pouces & demi fur moins d'une ligne d'Epaiffeur dans toute fa longueur. Il eft coriaffe, brun meflé de rougeaftre, & plein. Ce Champignon mafché n'a aucun mauvais gouft.

* 31. FUNGUS PILEOLO ALBO, CENTRO RUFESCENTE.

Le 25 Septembre j'ay trouvé ce petit Champignon, fur les friches de la vallée Renard. Son pedicule eft long d'environ un pouce fur environ une ligne d'Epaiffeur, blanc & plein. Le Chapeau eft liffe, blanc tirant un peu fur le roux a la pointe. Il n'a presque que la peau, les feuillets en font couleur de Chair, larges d'environ une ligne ou ½ de ligne, entremelez de demis & de portions de feuillets. Mafché ce Champignon n'a aucun mauvais gouft.

* 32. FUNGUS CAPITE HEMISPHAERICO, PALLIDE LUTESCENTE.

Le Chapeau de ce petit Champignon eft une calotte demifpherique, blanc jaunaftre en deffus, les feuillets tirent fur la couleur de fumée, & rempliffent toute la cavité de la calotte, ils font entremeflez d'une feule portion de feuillet. Le pedicule eft plein & a environ un pouce de long, fur moins d'une ligne de diamétre, il eft nud & de la couleur du Chapeau. Je l'ay trouvé le 3 Octobre fur le friche autour des glacieres du petit parc auprés de la porte du parc aux cerfs.

* 33. FUNGUS CAPITULO CONICO, PALLIDE CINERITIO, CENTRO FUSCO.

Ce Champignon naift parmi les mouffes dans les endroits ombragez & frais des bois de Verfailles en Septembre. Son Chapeau fait d'abord un petit cone, dont le bout eft brun & le refte blanc tirant fur la gris. Il n'a que la peau, au travers de la quelle paroiffent les feuillets, qui font blancs, affez ferrez & dont les intervalles ne font occupées que par une feule portion de feuillet. Leur pedicule a jufqu'a trois pouces de long, il eft luifant & gris. Le Chapeau etendu n'a que quatre a cinq lignes de diamétre. Il s'en trouve de jaunes dans les mêmes endroits, & qui font de la même figure.

* 34. FUNGUS TOTUS ALBUS.

Le Chapeau en eft un peu convexe ordinairement comme dans le Champignon ordinaire. Il s'etend depuis un pouce jufqu'a trois ou trois & demi. Le deffus en eft blanc & liffe, fa chair eft epaiffe, blanche & ferme comme celle du commun, fes feuillets font auffi tout blancs, affez preffez les uns contre les autres. Les intervalles en font garnis d'une grande portion de feuillet entre deux autres plus petites. Ces feuillets ont jufqu'a quatre ou cinq lignes de large. Le pedicule eft plein, fans fraife, blanc, long depuis un pouce jufqu'a deux & epais depuis trois lignes jufqu'a cinq, prefque egalement gros dans toute fa longueur. Ce Champignon n'a aucun mauvais gouft. Il n'a point de laict, cependant il picotte un peu la langue aprés qu'on l'a maché. Il eft affez bien reprefenté par la figure du *Fungus candicans, pileolo lato, mollier convexo. Cimel. Reg.* excepté qu'il n'a pas de tubercule de même autour de fa racine. Je l'ay trouvé dans les bofquets de Verfailles, le 25 Septembre 1708.

* 35. FUNGUS TOTUS GRISEUS.

R

J'ay

J'ay trouvé ce Champignon le 26 Septembre 1708. dans les taillis derriere les murs du parc de Clagny. Il a un Chapiteau taillé en calotte, quand il ne fait que fortir de terre, large depuis un pouce jufqu'a deux & qui s'etend par la fuitte qu'il en a jufqu'a trois & quelquefois d'avantage, & le deffus refte toujours un peu convexe. Ce deffus eft poli, un peu luifant tirant fur le gris de perle ou de fouris. La Chair en eft ferme, blanc, cendrée, mais pas tant que le deffus, machée a un petit gouft d'amertume & de poivré. Les feuillets font de la couleur du Chapeau de quatre a cinq lignes, affez preffez & comme ondez. Les intervalles font remplis de demi feuillets placez ordinairement entre deux autres petites portions de feuillet. Le pedicule eft plein, folide & dure, gris en dehors comme le Chapeau, long de trois ou quatre pouces, epais depuis quatre a cinq lignes jufqu'a huit ou neuf, prefque egalement epais dans toute fa longueur, il eft nud, c'eft a dire fans fraife. Il en naift ordinairement plufieurs enfemble.

36. Fungus multiplex sordide carneus.

Il eft tout d'une couleur, qui tire fur le carné fale & eteint, tant le Chapeau, le pedicule, que les feuillets. Ce Chapeau eft taillé en forme de Chapeau, qui eft comme pliffée par le bas; il n'a que demi ligne d'epaiffeur. Les feuillets font affez eloignez les uns des autres, mais leur intervalle n'eft garni d'un demi feuillet. Ces feuillets font larges de pres de deux lignes. Le pedicule eft ordinairement plein, tortu, quelquefois aplati, ferme & coriaffe ainfi que le Chapiteau. Ce pedicule a jufqu'a deux pouces de long fur une ligne ou une ligne & demi de diamêtre. Ce Champignon a le gouft de celuy qu'on mange. Je l'ay trouvé dans les taillis du grand parc a la port de Buc le 21 Septembre 1708.

* 37. Fungus nostras, multiplex, pileolo lato, mammoso.

J'ay trouvé ce Champignon dans les bofquets de Verfailles le 6 Juin 1707. fur les racines des arbres pourries. Il en naift ordinairement plufieurs d'une même racine. Leur pedicule a environ quatre pouces de haut, & eft egalement gros dans toute fa longeur; fon diamêtre eft d'environ trois lignes, plein & non pas creux, de couleur de bois. Il foutient une tefte taillée a peu pres comme une Birette de Jefuite, ou un bonet de Bedeau, large de deux pouces ou deux pouces & demi, gauderonnée fur les bords; le centre de Chapiteau ou bonet eft elevé en mammelon orangé, le refte eft couleur de bois. Ses feuillets fon a peu pres de la meme couleur, un peu plus foncée. Il en part trois ou quatre de la marge, qui fe reuniffant fe terminent a un feul, qui va aboutir au pedicule en fe courbant. Ces feuillets ont environ deux ou trois lignes de large, & la Chair du Bonet n'en a pas une tout au plus.

* 38. Fungus parvus, coccineus. *Cimel. Reg. an Fungus non vefcus.* xvii. *Flor. Pruff. 92. fupra & infra ruber eft ac laevis, pediculo tenuiffimo fili inftar, lignis vetuftis adnatus, in lo6is gramineis,* dit l'auteur.

Il n'a tout au plus qu'un pouce ou un pouce & demi de haut. Son pedicule eft epais d'environ 1 ligne ou deux. Sa tete eft prefque fpherique; elle s'applatit un peu en parafol dans la fuite & n'a quenviron fix ou neuf lignes de diamêtre. Le pedicule, le Chapeau & fes feuillets, font d'un rouge de Corail ou d'Ecarlate. Il naift fur les friches a la valée Renard, vers le mi Aouft & en Septembre. Il n'a prefque point de chair, fes feuilles font larges d'environ deux lignes, affez eloignes les unes des autres, entremelez de demi feuillets & de quart de feuillets difpofées alternativement. Les pedicules font pleines, un peu ondez. Ce Champignon eft infipide.

* 39. Fungus minimus, totus niger, umbilicatus.

Son pedicule eft haut d'environ un pouce, cilindrique, epais d'une ligne, plein. Il foutient un parafol large d'environ l'ongle du pouce, quelquefois d'une pouce, enfoncé en deffus en forme de nombril. Ce deffus eft noir. Ces feuillets font d'un blanc teint un peu de noir; le Chapeau, fur tout fur leur marge, eft tres mince. Il naift avec le precedent & en meme temps. Les feuillets font entremeflez de demifeuillets & de petites portions de feuillets. Il eft aqueux, apres qu'on l'a maché il laiffe un gouft dans la bouche tout a fait deplaifant, & qui fait foulever l'eftomac.

* 40. Fungus minor, totus rufus. Planche XIII. fig. 10. 11. 12.

Il eft d'une fubftance affez ferme. Il eft tout roux, fon pedicule, fon Chapeau, fa chair, fes feuillets. Voyez fa figure grande comme nature.

41. * Fungus minor, citrino colore, pedunculo flavescente. Planche XII. fig. 12. 13. 14.

Le Chapeau eft jaune citron en deffus. Les feuillets tirent fur la couleur de chair falie, le

pe-

pedicule eft jaunatre. Il naift avec le precedent, & en meme temps, dans les bofquets de Marly fous les Chataigniers. Voyez fa figure grande comme la nature.

* 42. Fungus minor, pilei superficie flocculis fuscis villosa. Planche XIII. fig. 4. 5. 6.

Trouvé a Marly le 20 d'Aouft, ainfi que les deux precedents, fous les Chataigniers des bofquets. Sa calotte eft toute drapée ou couverte d'une pluche brune, elle eft un peu conique, & plus foncée dans le centre que dans la circonference. Ses feuillets font cendrez fur la tranche, & blonds tirants fur le purpurin dans leurs furface. Le haut du pedicule eft blanc fale, le refte en eft brun. Il a le gout de Champignon ordinaire.

43. Fungus minor, Amethystinus.

Son Chapeau eft quelquefois taillé comme la forme d'un Chapeau, & quelquefois en calotte, il s'etend dans la fuite en parafol ouvert qui a depuis un pouce jufqu'a un pouce & demi de diamétre. Il n'a pour ainfi dire que la peau, fa couleur en eft violet fale, mais celle des feuillets eft affez vive & tire fur celle de la Pulfatille commune, la tranche des feuillets eft de niveau a l'ouverture de la calotte, affez ecartez les unes des autres. J'en ay conté 25 ou 26 qui vont du pedicule a la marge du Chapeau & deux fois autant qui partent de la marge, & qui ne font, les uns que la moitie du chemin, & les autres que le quart, du bord au pedicule. Ce pedicule eft long d'environ deux pouces, epais d'une ligne ou deux, cilindrique, mais un peu gonflé dans le bas, de la meme couleur que le deffus du Chapeau. Il naift fous les Chataigniers dans les parcs de Marly & de Verfailles, vers la fin d'Aouft & le commencement de Septembre.

* 45. Fungus major, violaceus.

Son Chapeau de fpherique qu'il eft d'abord, s'etend dans la fuite en parafol ouvert, qui a environ trois pouces de diamétre. Le deffus en eft drapé & reffemble parfaitement bien a la bafane, ou a ces cuirs de mouton teints en violet foncé. Les feuillets font d'un gros violet noir, le pedicule d'un violet pafle & moiré, le chair eft d'un blanc teint de violet, elle eft molaffe & n'a point de mauvais gouft. Les feuillets font entremelez d'une grande portion de feuillets placée entre deux autres portions plus petites. Le pedicule a trois ou quatre pouces de long, fur environ fix lignes de diamétre, il eft plein, plus epais vers fa bafe, qui fait une efpece de bulbe, que vers le haut. Il s'en trouve des pieds qui n'ont guere qu'un pouce de haut, & dont le Chapeau n'a que fix lignes ou un pouce de diamétre, & le pedicule n'a pas plus que deux lignes. Il croit dans les bois du petit parc de Verfailles, vers la fin d'Aouft & le commencement de Septembre, fous les Chataigniers. *An Fungus parvus. violaceus, marmoreus, pernioiofus* 72. *Sterb. Tab.* 23. *Bobart. Raji Hift.* 3. 32. Son pedicule eft plein. Toute la plante n'a que le gouft de Champignon.

* 46. Fungus dilute carneus, vel incarnatus.

Son Chapeau a environ un pouce ou deux de diamétre, & eft un peu conique, mais il s'aplatit en fuitte & ne refte a fon centre qu'un petit mammelon aplati. Sa couleur eft carné. Les feuillets font blancs avec un petit oeil de carné tres clair & leger. Ils ont environ deux lignes dans le fort de leur largeur, affez pres les uns des autres, entremeflés de demi feuillets placés entre deux petites portions de feuillets. Le pedicule eft blanc, liffe, droit, un peu plus epais en bas qu'en haut, long d'environ deux pouces, epais de deux ou trois lignes vers le bas, fiftuleux d'un bout a l'autre. Il naift avec le precedent & en meme temps. Il eft tendre, caffant, & n'a que le gouft du Champignon ordinaire. La chair en eft blanche. Il fe trouve vers la fin d'Aouft, en Septembre, & au commencement d'Octobre.

* 47. Fungus magnus albus, pileolo lato, prona parte sordide caeruleo.

Ce Champignon naift a Clagny. Il s'eleve de trois a quatre pouces. Son pedicule eft epais d'un pouce, moelleux en dedans, & foutient un Chapiteau large de trois, quatre, ou cinq pouces, dont la chair eft epaiffe de quatre a cinq lignes vers le centre & va toujours en diminuant vers le bord. Elle eft tres blanche, auffi bien que le pedicule & les feuillets, qui ont environ quatre lignes dans le fort de leur largeur. Le deffus de ce Champignon eft d'un violet pâle & fale.

48. Fungus aurantii coloris, capitulo in conum abeunte. *J. R. H.* 16. *fig.* A. B. *Tab.* 327. rouge orangé dit Monfieur Tournefort. C'eft apparemment la *Fungi minimi, lutei, externè vifcidi. J. B.* 3. 846.

* 49. Fungus aureus, capitulo in conum abeunte.

R 2

Son

Son pedicule a un pouce ou deux de haut, fur deux ou trois lignes de diamêtre, cilindrique, & quelquefois un peu aplati & fiftuleux, jaune d'or, luifant & difficile a rompre.
Il foutient un Chapeau conique, large depuis un pouce jufqu'a trois, de la couleur du pedicule, chargé de quelque chofe de glaireux, ou gluant. Il fe decoupe affez fouvent fur les bords.
Il n'a prefque que la peau, qui eft luifante, & comme tranfparente, garnie en deffous de feuil-
letz affez ecartés les uns des autres, large de deux ou trois lignes dans leur milieu, jaune fort
pale, entremélés de demi feuillets & de petites portions de feuillets. Il eft aqueux, & il
femble que l'on mache de la gelée, quand on l'a dans la bouche. Il eft d'un gouft fade & infipide. Il naift dans les friches herbus autour de Verfailles vers la mi Aouft & en Septembre. Le
10 fe trouve autour de la piece des Suiffes a Chapeau *phoeniceus*, ou rouge chatain a tefte conique. Et un autre tout jaune d'or, qui ne differe du dixieme que par fon Chapeau, qui eft
taillé en calotte d'abord, & qui venant a s'etendre en fe paffant fait le nombril. Je l'ay trouvé
dans la vallée Renard le 25 Septembre 1708. Il eft quelquefois jaune de gomme gutte luifant
& couvert de glu. On le trouve auffi vergettè d'orange ou de rouge.

    * 50. Fungus colore castaneo, margine per maturitatem introrsum convo-
luto.

Trouvé dans les aliées du parc de Verfailles, le 8 Juillet 1707. Ce Champignon eft d'un gouft
aigrelet. Le pedicule n'a qu'environ un pouce de hauteur, fur prefqu'autant de diamêtre. Le
Chapeau eft aplati en deffus, de couleur de chataigne d'abord, qui degenere en cendre livide
& un peu luifant. Les bordes en font roulés en deffous & un peu fillonnez & velus. Ces feuillets n'ont qu'une ligne de large & font d'un blanc jaunaftre. La chair tant du pedicule que
celle du Chapeau, qui n'en eft qu'une continuité, eft de la même couleur que les feuillets. Ce
Chapeau a jufqu'a fix lignes d'epaiffeur proche le pedicule, & va toujours en diminuant jufqu'au
bord. La figure du *Fungi fylveftres, efculenti, cervini. Chabr.* 583. a quelque raport a ce
Champignon.

    * 51. Fungi plures ex uno pede, e prunorum radicibus enati. *Raji Hift.* 1.
99. *app.* 32.8. *Fungus multiplex, parvus, luteus, pileolo molliter convexo. Cimel. Reg.*

Il en naift ordinairement une grande quantité enfemble, fur les fouches des arbres coupés,
& au pied des arbres vifs, en Septembre. Leurs Chapeaux font quafi taillez en demi globe,
& quelquefois ils s'allongent un peu en cones obtus; roux, foncé dans le centre, qui s'eclaircit peu a peu vers la circumference, qui eft couleur de foufre pale. Les plus grands ont environ un pouce & demi de diamêtre d'un bord a l'autre de la calotte, & les plus petits fix lignes. L'interieur du Chapeau eft creufé en calotte, & ces feuillets qui prennent auffi cette figure, font fort ferrez les uns contre les autres. Ils font couleur de foufre pale fur la tranche,
& foufre gris dans leur plat. La chair du Chapeau, qui eft epaiffe d'environ une ligne & demi
autour du pedicule, eft auffi jaune de foufre pâle, ainfi que le pedicule, qui fe rouffit un peu vers le
bas. Ces pedicules ont depuis une ligne jufqu'a trois de diamêtre, fiftuleux dans toute leur longeur. Toute la plante eft d'une fubftance ferme, elle pût & a quelque chofe d'amer au gout.
Les pedicules ont depuis un pouce & demi jufqu'a deux & demi de haut.

    * 52. Fungus minimus, pediculo conico.

Trouvé le 3 Septembre 1707. fes feuillets font gris de fouris, & s'enfoncent auffi en cone,
la couleur du Chapeau eft blanc cendré en dehors. Son pedicule eft un peu luifant & comme
tranfparent, blanc par le haut, brun clair vers le bas.

    * 53. Fungus clypeatus in medio protuberans.

Ce Champignon naift dans les plus fombres bofquets de Verfailles, vers la fin de Septembre, & au commencement d'Octobre. Le Chapiteau eft taillé en maniere de cone d'abord,
puis s'elargiffant par la fuitte, il forme un bouclier garni dans fon centre d'un petit mammelon, le deffus de ce Chapiteau eft d'un roux de noifette ou de canelle. La peau venant a fe ger-
fer finement, le fait paroiftre tout rayé. Il s'en trouve dont le deffus tire fur la couleur de
paille. Ce deffus eft luftré & tant foit peu mucilagineux au toucher. La chair en eft blanche
ainfi que le pedicule, qui eft plein, & long d'environ deux pouces fur deux ou trois lignes
de diamêtre dans toute fa longueur. Ces feuillets de blanchaftre, qu'il font d'abord, fe changent en cendré. Ce Champignon n'a aucun mauvais gouft, il eft tendre & aqueux. Ces feuillets font affez prés les uns des autres & leurs intervalles ne font garnis que d'une portion de
feuillets. Le Chapiteau a depuis un pouce jufqu'a deux de diamêtre, & fe fend affez fouvent.

                                    * 54.

* 54. FUNGUS CAPITULO MAMMOSO, CENTRO PAPILLARI.

Ce Champignon se trouve dans le même temps & dans les memes endroits que le precedent. Son Chapeau n'a jamais guere plus de six ou neuf lignes de diamêtre. Il est blanc un peu sale & ressemble d'abord tout a fait bien a une mamelle, mais il s'aplatit ensuitte & represente un bouclier toujours garni dans son centre d'un petit mammelon. La chair en est si mince que ces feuillets la font comme plisser, ce que rend ce Chapeau rayé en dessus, ils sont cendrez & se roussissent en se dechessant. Le pedicule est cilindrique, plein, ferme ainsi que le Chapeau, & a environ un pouce de longueur sur une ligne d'epaisseur. Les feuillets dans les plus forts pieds ont prés de deux lignes de large & font assez serrez, les intervalles n'en font remplis que d'un demi feuillet. Ce pedicule est de la couleur de Chapeau, c'est a dire blanchastre. Ce Champignon n'a aucun mauvais goust, & sa substance est ferme, ce qui fait qu'il se deseche plutôt que de pourrir, en se passant.

54. FUNGULI INCARNATI COLORIS, MINUTI, MUSCO INNATI. *Mentz. pugill. Tab. 6.*
L'auteur dit qu'ils paroissent en Fevrier, & ne les descrit point.

55. FUNGUS EPIPTERYGIOS.

J'ay trouvé ce Champignon le 3 d'Octobre dans les fougeres des bois du petit parc de Versailles. Il naist sur les feuilles pourries de cette fougere femelle. Le Chapeau est taillé en cone tronqué, & n'a qu'environ six lignes de diamêtre. Il est blanc sur les bords, mais le centre & la circonference tirent par nuances sur le brun ou chatain clair. Il est si mince que les feuillets, qui paroissent a travers, le rendent comme rayé. Les feuillets en font blanchastres & font entremeslez d'une portion de feuillet, ces feuillets font forts etroits & attachez immediatement a la peau. Le pedicule est long de deux ou trois pouces, sur moins d'une ligne de diamêtre, plein, aqueux, tirant sur le citron, tout enduit ainsi que le Chapeau d'une viscosité, qui rend toute cette plante polie & luisante & s'attachant aux doits. Elle est coriasse & gluante quand on la mache, & picotte tant soit peu la langue.

*56. FUNGUS COLORE HOMOGENEO PALLIDO, PILEOLO ET PEDICULO GLUTINE OBDUCTO.

Ce Champignon est d'une seule couleur, qui est d'un blanc tirant sur le bois, ou l'ocre tres pale. Il est tres commun dans les friches & sur le bord des chemins, sur tout en allant de Villedavray a Versailles, ou on en trouve quelquefois des traisnées droites ou courbées, qui semblent avoir été semées exprés. Son Chapiteau fait le bouclier a mammelon quand il est en etat, & a depuis un jusqu'a deux pouces de diamêtre. Sa chair est blanche, ferme, & d'un assez bon goust. Les feuillets font fort ecartez les uns des autres & entremeslez d'un demi feuillet, placé entre deux autres portions de feuillet. Le pedicule est long d'environ deux pouces, cilindrique, d'une ligne & demi ou deux lignes.

* 57. FUNGUS COLORE HOMOGENEO, GRISEO, PEDICULO GLUTINE OBDUCTO.

Il y en a un autre, que ne differe de celuy-cy, que par sa couleur. qui est grise, ainsi que celle des feuillets & du pedicule, mais le dessus en est plus poli que celuy du premier, qui est mat, au lieu que celuycy paroist luisant & comme satiné, sur tout quand il commence a se dessecher. Car ces deux Champignons se dessechent plustôt que de pourrir. Ce dernier se trouve aux memes endroits, que le precedent & au bout de la piece des Suisses. Leurs pedicules font pleins ordinairement & deviennent un peu fistuleux en se dessechant.

* 58. FUNGUS PEDICULO CROCEO, SPLENDORIS PARTICIPE. Planche XI. fig. 16. 17. 18.

J'ay trouvé ce Champignon le 15 Decembre 1707. dans la prairie du Jardin Royal. Son pedicule est haut d'environ un pouce & demi, une ligne d'epaisseur, tendre, aqueux, poli un peu luisant, blond, plein, qui soutient un Chapeau plat, rond, qui n'a que la peau; son diamêtre n'a que 5 a 6 lignes. Son centre est tant soit peu elevé en mammelon, qui s'efface, quand la plante est dans son etat, ou sur son declin pour se changer en creux ou petit enfoncement. Le Chapeau est lisse, poli, un peu luisant & d'une couleur de Tabac d'Espagne, canelé en rayons. Ses feuillets font assez eloignez les uns des autres, il y en a 16 a 18 d'entiers, autant de demi & le double de quarts, disposéz alternativement. Ils font blonds d'abord comme le pedicule & deviennent par la suitte de la couleur du Chapeau. Cette plante n'a qu'un foible goust de Champignon ordinaire.

* 58. FUNGUS PILEOLO CANDICANTE, LAMELLIS PAUCIS, PEDICULO FUSCO SPLENDENTE. Planche XI. fig. 21. 22. 23.

Le Chapeau de ce Champignon est blanc sale en dessus & si mince, que les feuillets, qui font blancs & fort ecartez les uns des autres, paroissent a travers. Le pedicule tire sur le brun, est

S

poli

poli & un peu luifant. Il fe trouve en Automne a Verfailles. Le pedicule eft plein. Ces figures reprefentent des plus grands individus, de cette efpece.

    * 60. Fungus capite expanso viscosus.

    Le deffus eft blanc fale tout chargé de glu femblable a du blanc d'oeuf, & le deffous feuilleté de larges feuillets tres blancs. Ce Champignon naift dans les bofquets de Verfailles au mois d'Aouft. Son pedicule eft long de deux ou trois pouces, un peu enflé vers les deux extremitez, epais dans fon milieu comme une groffe plume a ecrire, plein & difficile a caffer. Sa racine eft un petit navet brun, long d'environ un pouce. Il foutient un parafol ouvert, large d'environ deux ou trois pouces, qui n'eft qu'une membrane tranfparente, au travers de la quelle apparoiffent les feuillets, qui font en deffous. Cette peau ou membrane eft blanc fale tirant fur le brun, enduite d'un glu femblable au blanc d'oeuf cru. Le centre du parafol eft un peu elevé en mammelon. Le deffous du parafol eft feuilleté par de larges feuillets blancs, affez ecartez les uns des autres, taillez en portion de cercle, qui ont trois ou quatre lignes dans le fort de leur largeur. Ces feuillets font difpofez de façon qu'il en a toujours deux ou trois petits entre deux grands. Les grands vont de la circonference s'atacher au pedicule, & les petits ne font ordinairement que le tiers ou la moitie du chemin. La plante n'a d'autre gouft que celuy de Champignon.

    61. Fungus cono primum obtuso, postea plano pileolo et pediculo glutine obducto.

    Ce Champignon fe trouve fur la friche en allant de Villedavray a Verfailles, ou je l'ay obferve le 4 d'Octobre 1708. Son Chapeau fait un cone obtus, qui fe change par la fuitte en calotte aplatie, qui ne paffe pas ordinairement neuf lignes de diamêtre. Dans fon enfance le deffus en eft ordinairement blanc fale & le fommet couleur de bois. Il s'en trouve quelquefois d'un verd obfcur, & foncé, & quelquefois auffi de roux tirant fur la rouille de fer. Le pedicule & les feuillets de ce dernier, font de la même couleur que le Chapeau, mais les feuillets du blanc & du verd font ordinairement jaune de foufre, quelquefois lavé d'un peu de verd. Le pedicule eft auffi jaune de foufre jufque vers le haut, qui eft ordinairement verd de gris. Ce pedicule a depuis un pouce jufqu'a deux de long, fur une ligne ou guere d'avantage d'epaiffeur, egalement gros dans toute fa longueur & plein. Toutes ces trois varietez font enduites d'une vifcofité tant fur leur Chapeau, que fur leur pedicule, qui les rend luifantes & polies a l'oeil. Leur gouft eft fade. Les feuillets font entremeflez de demi feuillets placez entre deux portions de feuillet. Le Chapeau n'a point de chair.

    * 62. Fungus fimi equini, capitulo pileum Romanum referente.

    Ce Champignon fe trouve ordinairement fur le crotin des Chevaux, en Septembre & Octobre. Son Chapiteau eft parfaitement bien taillé en bonet de nuit, le deffus en eft blanchaftre, ou cendré tirant un peu fur le roux, les feuillets en font gris & entremeflez d'une grande portion de feuillet placée entre deux fort petites. Le pedicule eft plein ou tres peu fiftuleux, egal dans toute fa longueur, qui eft environ de deux ou trois pouces, fur environ un ligne & demi de diamêtre, blanchaftre par le haut & chatain dans le refte. Cette plante eft aqueufe, tendre & n'a aucun degouft.

    * 63. Fungus parvus, lamellatus, pectunculi forma, Alno adnascens. *Raji Syn. p.* 14. *N°.* 27. Voyez Planche X. fig. 7.

2. *Des Champignons qui font des pedicules nuds & creux.*

    1. Fungus capitulo mammoso.

    J'ay trouvé ce Champignon le 25 Septembre dans les endroits humides de la vallée Renard. Son Chapeau eft d'un petit gris & fi mince que les feuillets paroiffent a travers dans toute leur longueur. Ce Chapeau a depuis trois a quatre lignes jufqu'a un pouce de diamêtre. Les feuillets font auffi d'un petit gris plus clair que le deffus du Chapeau. Ils font entremeflez de demi feuillets & quelquefois encore de petites portions de feuillets. Le pedicule eft long de deux ou trois pouces, epais d'une ligne ou environ, liffe, poli, fiftuleux. Ce Champignon eft aqueux & n'a aucun mauvais gouft.

    2. Fungus nostras, multiplex, pediculo fistuloso.

    J'ay trouvé ce Champignon le fixieme de Juin 1707. dans les bofquets de Verfailles. Il en naift une prodigieufe quantité enfemble. Les plus hauts ont environ quatre a cinq pouces.

Leur

Leur pedicule eſt epais de deux lignes egalement dans toute ſa longueur; il eſt blanc & un peu
luiſant ſans aucune canelure. Sa teſte reſſemble tout a fait bien a un bonet de nuit; toute canelée en long, d'une ſubſtance aſſez mince, de couleur de noiſette, ſur tout vers le but, un
peu plus clair vers le milieu, & noiraſtre vers les bords. Ses feuillets ſont noir de fumée. Ce
bonet n'a qu'environ un pouce de haut, il s'evaſe en paraſol en ſe paſſant & devient d'un noir
livide alors. Le pedicule eſt creux & reſſemble aſſez bien a un tuyau de plume d'oye. Cette
plante n'a que le gouſt du Champignon ordinaire.

3. FUNGUS MEDIAE MAGNITUDINIS, PILEOLO SUPERNE E RUFO FLAVICANTE, LAMELLIS SUB-
TUS SORDIDE VIRENTIBUS. *Raji. Hiſt.* 3. 17. *Fungus luteus, pileolo molliter convexo, lamellis viridibus. Cimel. Reg.*

Ce Champignon a le Chapeau plat, jaune rouſſatre dans le centre, flave dans le reſte, le
pedicule creux, jaune, flave. Les feuillets olivaſtres, fort ſerrez les uns contre les autres.
Le Chapeau a environ deux pouces de diamétre, tres mince ſur les bords. Le pedicule eſt long
d'environ deux pouces, preſque egal dans toute ſa longueur, epais comme une plume a ecrire. Il ſe trouve dans les bois de Verſailles vers la fin d'Aouſt & le commencement de Septembre. Il naiſſent ſouvent pluſieurs enſemble.

4. FUNGUS PARVUS, PEDICULO OBLONGO, PILEOLO HEMISPHAERICO, EXALBIDO, SUBLU-
TEUS. *Raji. Syn. p.* 13. *N°.* 13.

J'en ay trouvé trois enſemble dans une bouſe de vache, dans les communes de la foreſt de
St. Leger, le 19. d'Aouſt 1707. & en Septembre, dans les pres entre Verſailles & Raquan-
court.

Leurs teſtes etoient ſpheriques ou demiſpheriques, blanches un peu rouſſatres tres polies,
luiſantes comme de l'Ivoire, d'environ cinq a huit lignes de diamêtre. Les feuillets cendrez
qui rempliſſent toute la cavité. Les pedicules ſont auſſi luiſants & de la couleur des teſtes,
longs d'environs deux pouces, un peu renflez a la baſe, epais d'une bonne ligne, fiſtuleux,
roides, garni vers le haut d'une eſpece de fraiſe, qui tapiſſoit l'ouverture de la calotte; cette
membrane eſt tres mince, luiſante, tranſparente, fine & rayée comme de la gaſe. Les teſtes
ſont d'une ſubſtance ferme. Cette plante n'a que le gouſt du Champignon ordinaire.

5. FUNGI PLURES EX UNO PEDE, A PRUNORUM RADICIBUS ENATI. *Raji. Hiſt.* 1. 99.
cap. 32.

Il en naiſt ordinairement une grande quantité enſemble ſur les ſouches des arbres coupez &
au pied des arbres vifs en Septembre. Leurs Chapeaux ſont quaſi taillez en demi globe, &
quelquefois ils s'allongent un peu en cone obtus. Roux foncé dans le centre, qui s'eclaircit
peu a peu vers la circonference, qui eſt couleur de ſoufre pale. Les plus grands ont environ
un pouce & demi de diamêtre d'un bord a l'autre de la calotte, & les plus petits ſix lignes.
L'interieur du Chapeau eſt creuſé en calotte, & les feuillets qui prennent auſſi cette figure,
ſont fort ſerrez les uns contre les autres. Ils ſont couleur de ſoufre pale ſur la tranche, & ſoufre gris dans leur plat. La chair du Chapeau, qui eſt epaiſſe d'environ une ligne & demi autour du pedicule eſt auſſi jaune de ſoufre pale, ainſi que le pedicule, qui ſe rouſſit un peu
vers le bas. Ces pedicules ont depuis une ligne juſqu'a trois de diamêtre, fiſtuleux dans toute leur longueur. Toute la plante eſt d'une ſubſtance ferme, elle pût & a quelque choſe d'a-
mer au gouſt. Les pedicules ont depuis un pouce & demi juſqu'a deux & demi de haut. C'eſt
auſſi le *Fungus multiplex, parvus, luteus, pileolo molliter convexo. Cimel. Reg.*

6. FUNGUS MINIMUS ALBUS, UMBILICATUS, STRIATUS.

Les Chapiteaux n'ont tout au plus que trois ou quatre lignes de large, tailléz en boſſette de
bride, avec un petit nombril dans le centre, ſtriéz tres legerement en deſſus. Les feuillets
n'ont qu'un quart de ligne de relief, & ſont aſſez ecartez les uns des autres. Le deſſus eſt ſi
mince qu'on peut dire que ce n'eſt qu'un epiderme, le pedicule n'a qu'un tiers de ligne d'epaiſſeur, il eſt cilindrique & long de ſix a huit lignes. Toute la plante eſt blanc de lait, tendre &
un peu luiſante. Elle ſe trouve vers la mi Aouſt dans les marais autour l'Etang Renard.

7. FUNGUS MULTIPLEX, OBTUSE CONICUS, COLORE GRISEO MARINO. Voyez Planche XII.
fig. 1. 2.

Il naiſt en même temps & au même endroit que les deux precedents. Les pedicules des
plus hauts n'ont qu'environ deux pouces de long, ſur une ligne de diamêtre, ronds, polis,
creux, d'un beau gris de ſouris, plus clairs en haut qu'en bas, ſoutenant un bonet taillé en
cone obtus, gris de ſouris foncé ſur le bout, qui s'eclaircit de plus en plus a meſure qu'il apro-

 che

che de la marge. Les feuillets font blancs tres legerement teints de gris de souris. L'ouverture
des plus amples bonets, n'a qu'environ dix lignes. Il n'a aucun mauvais gouft & eft d'une fubftance affez ferme.

8. Fungus, glutinosus, colore aurantio. Voyez Planche XII. fig. 8. 9.

Je l'ay pris fur les couches & au tronc des faules le 29 Novembre 1707. au Jardin Royal dans
la prairie. Il en vient plufieurs enfemble. Les pedicules des plus hauts ont environ deux pouces de
long, fur deux ou trois lignes de diamêtre, brun roux vers le bas, qui s'eclaircit en roux jaunaftre
vers le haut. Ce pedicule eft fiftuleux & fe veloute quand la plante commence a fe paffer. Les
Chapeaux font aplatis en deffus, roux orangé, foncéz dans le centre, clairs fur les bords, tout
chargez d'un glu femblable a du blanc d'oeuf. Ces Chapeaux ont depuis un pouce jufqu'a deux
& quelquefois plus de largeur. La chair des plus amples a jufqu'a quatre lignes dans le fort de
fon epaiffeur, & eft blanche. Les feuillets qui font affez ferrez les uns contre les autres & entremeflez de demi feuillets & de quarts des feuillets, font d'un blanc fale, qui degenere par
la fuitte en couleur de foufre un peu roux. Les plus larges ont environ trois lignes. Cette
plante eft d'une fubftance auffi ferme que celle du Champignon ordinaire, fon gouft en aproche
affez, fi ce n'eft qu'il eft un peu fucré. Je l'ay auffi trouvé le 23 Decembre 1707. fur la butte de
Montbauron a Verfailles. Ses pedicules ont jufqu'a trois pouces & le Chapeau deux pouces &
demi.

9. Fungus Typhoides. *An Fungus non vefcus VII. Flor. Pruff.* 89. *An Fungus albus,
ovum referens. D. 'Doodii Raji Hift.* 3. 22 ?

Il naît a Fontainebleau & a Verfailles dans les bois humides, vers la fin d'Aouft & le commencement de Septembre. Son Chapeau avant que de s'etendre a depuis un pouce jufqu'a quatre
de longueur, fur un pouce ou deux de largeur ou d'epaiffeur, taillé comme la tete du *Typha*,
le haut en eft liffe & roux, le refte eft pluché par etages, foyeux, molaffe, blanc, coupé par
etages, ou par ondes rouffatres. Le pedicule eft epais depuis quatre jufqu'a huit lignes, long
depuis trois pouces jufqu'a dix ou douze, comme bulbeux dans fa bafe, qui va toujours en
diminuant vers la pointe, tres blanc, fiftuleux, garni d'un anneau vers fon milieu. Le
Chapeau n'eft presque point charnu, & les feuillets de blancs, qu'ils font d'abord, deviennent noir de fumée. Ils ont jufqu'a cinq ou fix lignes de large. Quand la plante fe paffe, le
Chapeau s'etend en parafol ouvert petit a petit, en fe roulant en volûte, & fe refondant en
liqueur noire comme de l'ancre. Cette plante machée n'a que le gouft de Champignon, mais
fon odeur eft cadavreufe, quand il fe diffoult.

10. Fungus multiplex ovatus, cinereus, minor.

Il en naît une grande quantité enfemble ordinairement au pied des arbres. Le Chapeau eft
gris cendré en deffus & taillé en oeuf avant que de s'etendre, le bout fe termine ordinairement
en cone un peu roux, pendaut que la bafe fe fronce en maniere de bourfe fermée. Il n'a que
la peau, a la quelle font attachez des feuillets blanc cendrez vers leurs bafes, gris de fouris
ou d'un beau cendré fur leur tranche & un peu noiraftre depuis la tranche jufque vers la moitié de leur largeur. Ils font comme taillez en portion de cercle & ont environ quatre lignes
dans le fort de leur largeur. Quand le Chapeau s'etend, ce qui arrive bientot aprés que la
plante eft fortie de terre, car elle paffe vite, les bords fe retrouffent en deffus, alors la couleur du Chapeau devient d'un cendré livide & foncé, & les feuillets noirs fondent en liqueur noire, qui tache les mains comme de l'ancre. Les pedicules ont depuis deux pouces jufqu'a quatre ou cinq de haut, ils font blancs, affez liffes, fiftuleux, epais depuis deux jufqu'a
quatre lignes. Ils fe frifent comme les coftes du Celery, quand on les fend en long. Le Chapeau etendu a depuis deux jufqu'a trois pouces de diamêtre. Ce Champignon fe trouve en
Aouft & Septembre, a Fontainebleau, Verfailles &c. au pied des arbres. Il n'a que le gouft
de Champignon.

11. *An* Fungus minor, tenerrimus, farina respersus, pileolo superne cinereo,
lamellis subtus tenuissimis, creberrimis, nigris. *Raji Syn* 13. N° 12 ?

Ce Champignon eft d'une delicateffe furprenante. Son pedicule eft blanc, tendre, fiftuleux, long de deux ou trois pouces, plus menu par le haut, que par le bas, luifant & poli.
Le Chapeau eft tout plat, & fi mince qu'on peut dire que ce n'eft qu'une toile d'araignée pliffé
en eventail, le deffus en eft gris de fouris & quelquefois chargé de petits flocons de duvet
blanchaftre. Les tranches des feuillets ou plutôt des plis de ce Chapeau, font noirs en deffous.
Ce Chapeau a environ douze ou quinze lignes de diamêtre. Ce Champignon eft aqueux & fe

paffe

paſſe vite. Il naiſt dans les boſquets de Verſailles, ou je l'ay obſervé en Septembre & Octobre. Il eſt tres commun en allant de Villedavray a Verſailles a droite ſur la friche le long du bois. Son Chapeau n'a quelquefois que trois lignes de large, & n'eſt point couvert de farine comme l'etoient ceux des boſquets de Verſailles, ni le deſſous noir, mais tout gris comme le deſſus. Et ce n'eſt qu'en ſe paſſant que ces plis en deſſous ſe noirciſſent.

12. FUNGUS FOLIACEUS VEL LAMELLATUS INFUNDIBULI FORMA, FUSCO-LIVIDUS.

Il naiſt en Novembre & Decembre, dans la prairie du Jardin Royal ou je l'ay pris le 29. Novembre 1707. Son pedicule a environ deux pouces de haut ſur autant des lignes de diamêtre, quelquefois arrondi & quelquefois un peu aplati, fiſtuleux, tant ſoit peu ſillonné en long, de couleur brun clair, il ſoutient un Chapeau taillé & creuſé en entonnoir, qui a depuis un juſqu'a deux pouces & plus de diamêtre, dont le deſſus eſt brun aſſez foncé, un peu luiſant & comme ſillonné en rayons. Les feuillets ſont de la couleur du pedicule. Ce Chapeau eſt ſi mince que ſa chair, qui eſt auſſi brune, n'a pas une ligne dans le fort de ſon epaiſſeur. Toute la plante n'a que le gouſt du Champignon ordinaire. Les feuillets ont environ deux lignes de large. Voyez Tab. XIV. fig. 1. 2. 3.

13. FUNGUS MULTIPLEX, CAMPANIFORMIS, COLORE FUSCO.

Il naiſt aux planches pourries des plates bandes ou coſtieres du Jardin Royal aux fleurs, ou je l'ay pris le 29 de Novembre 1707. Il en naiſt pluſieurs enſemble, dont les plus grands ont prés de deux pouces de haut. Le pedicule eſt d'un blanc ſali de gris de ſouris, chargé de petits flocons de duvet blanchaſtre. Il eſt creux & ſoutient un Chapeau, dont le deſſus eſt minime foncé, les feuillets ſont gris de ſouris. La Chair eſt couleur du deſſus du Chapeau & fort mince. Toute la plante eſt aqueuſe, & n'a que le gouſt de Champignon aſſez foible. Voyez Tab. XII. fig. 5. 6.

14. FUNGUS MULTIPLEX, CAMPANIFORMIS, COLORE CASTANEO.

Il naiſt au même endroit que le precedent & en même temps. Il en vient juſqu'a vint ou trente en un ſeul paquet. Les plus hauts ont environ deux pouces ou deux pouces & demi, le pedicule n'a guere qu'un ligne de diamêtre, liſſe, un peu luiſant, chatain foncé par le bas, qui s'eclaircit de plus juſqu'en haut, ou il paroiſt roux Saffrané. Il eſt fiſtuleux. Il ſoutient un Chapeau ou calotte chatain clair tirant ſur le roux ſur les bords, & plus foncé a meſure qu'il aproche du bout, qui s'enfonce en maniere de petit nombril, quand la plante eſt dans ſon etat de perfection. Les feuillets ſont blanc ſale, comme teint d'un tant ſoit peu de carné, ils ont environ une ligne de large. Il eſt d'une ſubſtance plus ferme & plus ſeche que le precedent, & n'a qu'un gouſt foible de Champignon. Les plus larges Chapeaux n'ont que ſept a huit lignes de largeur dans leur ouverture. Voyez Tab. XII. fig. 3. 4.

15. FUNGUS CAPITULO MAMMOSO, RUFESCENTE.

J'ay trouvé ce Champignon le 21. Septembre dans les taillis du grand parc de Verſailles, entre la porte de Buc & la Boulie. Il en naiſt ordinairement pluſieurs du même centre. Leur Chapeau, qui eſt taillé en mamelle, a depuis ſix lignes juſqu'a un pouce & demi de diamêtre. Les bords en ſont minces & touts garnis de duvet ſemblable a de la toille d'araignée, qui s'atachoit au pedicule avant que le Chapeau s'en ecartât. La couleur de ce Chapiteau eſt d'un blanc roux, plus foncé ſur le mammelon que par tout ailleurs. La chair eſt blanchaſtre, ferme, fade, les feuillets en ſont bruns, larges de deux ou trois lignes, aſſez ſerrez les uns contre les autres, les pedicules ſont blancs & fiſtuleux, longs depuis un pouce & demi juſqu'a deux & demi, epais de deux ou trois ligues.

16. FUNGUS MULTIPLEX, OVATUS, CINEREUS. Voyez Planche XII. fig. 10. 11.

J'ay trouvé cette plante le 9 Fevrier 1708. dans la pre qui eſt au deſſous de la chauſſée de l'etang pierre. Il en naiſt juſqu'a huit ou dix du même centre. Leurs pedicules ont depuis trois. juſqu'a cinq pouces de hauteur, ſur ſix a huit lignes d'epaiſſeur, cilindriques, blancs & ont une fiſtule dans leur centre, d'une ligne ou deux de diamêtre. Ils ſoutiennent des Chapiteaux ovales, canelés, longs de deux a trois pouces ſur deux ou deux & demi de largeur, d'une couleur cendrée, qui degenere en roux brun par la ſuitte. Ces Chapeaux ſont aſſez ſouvent parſemez en deſſus de petites enlevées, telles qu'on en voit aux dartres farineuſes. Les feuillets ſont fort ſerrez les uns contre les autres, & ont juſqu'a ſix a ſept lignes de large, blanc ſale qui ſe noircit peu a peu a meſure que le Chapiteau s'ouvre. Ce Chapiteau n'a que la peau. Il ſe trouve auſſi en Septembre & Octobre dans les boſquets de Verſailles. Il s'en trouve en Juin, tout ſemblable a celuy-cy, mais ſon Chapiteau eſt trois ou quatre fois plus petit, &

T

ſon

fon pedicule beaucoup plus mince.   Il en naiſt depuis cinquante juſqu'a cent enſemble au pied des arbres dans les boſquets de Verſailles.

3. *Ceux qui font des pedicules avec des Anneaux.*

1. Fungus pileolo lato, longissimo pediculo variegato. *C. B. Pin.* 371.

Il ſe trouve dans le bois de Glatagni au bout de la Chauſſée de l'Etang de la paroiſſe de Ver-ſailles. Son Chapiteau avant que d'etre etendu eſt taillé a peu pres comme un oeuf, brun aſſez clair. La peau s'en gerſe quand ce Chapeau s'etend & forme pluſieurs petits lambeaux, qui font autant de taches ſur un fond blanc.   Le Chapeau s'aplatit en platine qui a depuis quatre juſqu'a ſix ou ſept pouces de diamétre, la chair en eſt molaſſe & ſpongieuſe, mais fort blan-che, ainſi que les feuillets, qui ont environ ſix lignes de large, aſſez preſſez & entremeſlez d'une portion de feuillet. Le pedicule eſt haut quelquefois d'un pied, comme bulbeux dans ſa baſe, taille comme en quille, c'eſt a dire qu'il va toujours en perdant un peu de ſon epaiſſeur de bas en haut,   Il eſt brun, mais il ſe gerſe ordinairement en travers, ce qui le fait paroiſtre marbré de blanc & de brun. Il eſt garni d'une fraiſe, qui a ſervi a tapiſſer le deſſous du Cha-peau. Sa chair machée eſt d'un aſſez bon gouſt de Champignon. Je l'ay obſervé le 26 Septem-bre 1708. dans la ſusdit bois.

2. Fungus pileolo lato, micis furfuraceis asperso.

Ce Champignon ſe trouve dans les boſquets de Verſailles en Septembre.   Il commence par une teſte ſpherique qui venant a s'ouvrir, laiſſe voir une membrane qui tapiſſe & bouche le deſſous de la calotte, cette membrane blanche eſt meſlée d'un petite couleur de chair tres legere & elle ſe rabat ſur le pedicule en maniere de peignoir, quand elle ſe detache de la circonfe-rence du Chapiteau.   Ce Chapiteau s'evaſe juſqu'a deux ou trois pouces, il eſt roux en deſ-ſus & tout couvert de petites dartres blanc ſales tirants auſſi ſur le rouſſatre. Ces dartres s'en-levent facilement en paſſant le doigt deſſus.   La chair de ce Champignon eſt blanche, mais etant coupé & laiſſé a l'air quelque temps elle acquiert un petit oeil de carne. Les feuillets ſont fort blancs & fort pres les uns des autres. Ils ont juſqu'a ſix ou ſept lignes de large. Le bas du pe-dicule eſt renflé comme une bulbe, ce pedicule eſt plein, blanc avec un petit oeil de carné. Ce Champignon n'a point de mauvais gouſt.   Il eſt aſſez bien repreſenté par la figure du *Fungi albi venenati, viſcidi. J. B.* 3. *lib.* XI. *pag.* 826. Il naiſt auſſi a Chagny. Il s'en trouve dont le deſſus du Chapeau eſt blanc rouſſatre, avec des verrues blanches, d'autres griſaſtres &c. Scavoir ſi c'eſt celuy cité de *J. B.* car il n'eſt point viſqueux au toucher.

3. Fungus Phalloides, annulatus, sordide virescens, et patulus. *Cimel. Reg.*

Il naiſt dans le parc de Clagny, dans celuy de Verſailles, de Marly, a St. Leger dans la foreſt & dans celle de Fontainebleau, en Aouſt & Septembre. Il eſt d'abord verdâtre & quelquefois brun verdâtre, mais ces couleurs s'effacent preſqu' entierement, quand le Cha-peau eſt etendu en paraſol.   Quand il ſorte il a la figure d'un oeuf blanc.   Il s'en trouve dont le deſſus du Chapeau eſt tout blanc de laict & ſans verrues. Ces Chapeaux ont juſqu'a quatre pouces de diamétre & les pedicules juſqu'a cinq pouces de long, ſur neuf lignes de dia-métre, & leur bulbe a juſqu'a prés de deux pouces d'epaiſſeur.   Les feuillets ont trois a qua-tre lignes de large, aſſez preſſez & dont les intervalles ſont quelquefois garnies d'une portion de feuillet.   Planche XIV. fig. 5. lit. a.

4. Fungus Phalloides.

La racine de ce Champignon eſt une eſpece de bulbe molaſſe, ronde & groſſe comme une noix, elle a quelquefois prés de deux pouces de diamêtre, terminée en toupie par le bas & ouverte a peu prés comme la couronne d'une Nefle par la haut ou elle eſt quelquefois comme decoupée en trois ou quatre quartiers. De cette ouverture s'eleve un pedicule haut depuis un pouce juſqu'a trois, epais d'environ ſix lignes, qui ſoutient un Chapeau, taillé d'abord en demi globe & qui s'etend dans la ſuite en paraſol ouvert quelquefois de deux ou trois pouces & quelquefois plus de quatre de diamétre, blanc en deſſus & quelquefois olivâtre, tantôt liſſe & tantot parſemé ſans ordres de lambeaux de peaux brunes, taillez de differentes manie-res, ce qui le fait paroitre chargé de verrues brunes. La chair en eſt fort blanche, ainſi que les feuillets, qui ſont fort pres les uns des autres, & dont les intervalles ſont garnis d'une ſeule petite portion de feuillet; ils ont environ trois lignes quelquefois juſqu'a cinq dans le

fort

fort de leur epaiffeur. La chair en a autant autour du pedicule. Ce pedicule eft de la couleur du Chapeau & eft garni d'une fraife a l'endroit ou les bords du Chapeau l'entouroient. Ce Champignon n'a point de mauvais gouft. Il fe trouve a la fin d'Aouft & au commencement de Septembre, dans le petit parc de Verfailles fous les Chataigniers. La figure du *Fungus Dipfacoides Col.* le reprefenteroit affez bien, fi le Chapeau n'en etoit pas conique.

5. *An* FUNGUS PEDICULO IN BULBI FORMAM EXCRESCENTE. *C. B. Raji Hift.* 1. 95. *Cap.* XI.

Il s'en trouve un qui n'a pas la bafe de fon pedicule fi ronde, ni fi epaiffe, & dont le Chapeau eft d'une belle couleur de noifette avec de petites verrues blanches. Sa chair, fes feuillets & fon pedicule font blancs. Il a le gouft du precedent & fe trouve avec luy.

6. FUNGUS PILEOLO LATO, PUNICEO, LACTEUM ET DULCEM SUCCUM FUNDENS. *C. B. Pin.* 371.

Il fe trouve en Septembre dans les bois du petit parc de Verfailles. Quand il commence a fortir de terre, fon Chapiteau eft prefque fpherique & comme taillé a facettes couvert de groffes croutes repandues par cy par la. Il eft tapiffé interieurement d'une membrane blanche, douce & drapée comme un fin chamois. Ce Chapeau eft porté fur un pedicule plein, long de quatre a cinq pouces, dont le bas a environ deux pouces & demi de diamêtre. Quand cette plante eft dans fa perfection, ce pedicule a jufqu'a fix a fept pouces de long, fur un pouce de diamêtre, prefque egal dans toute fa longueur, mais toujours renflé dans fa bafe. Le Chapeau s'etend jufqu'a cinq ou fix pouces, poli & a facettes en deffus avec quelques verrues, qui ne font que des portions de la peau, dont ce Champignon eft peut être envelopé avant qu'il forte de terre. Ce Chapeau eft d'une couleur de ponceau, qui jaunit un peu vers les bords du Chapeau, fes feuillets font blancs & ont environ fix lignes de large, affez preffez les uns contre les autres. Il n'y a point de portions de feuillets dans leurs intervalles. La membrane qui tapiffoit l'interieur du Chapeau fe rabat, quand il eft ouvert, fur le pedicule, en maniere de peignoir. Ce Champignon eft doux quand on la mache, & peu aprés qu'on la coupe, il en forte une eau rouffâtre, qui a affez le gouft & la couleur de cidre doux, mais il n'eft point laiteux. Je l'ay obfervé le 24 Septembre, derriere la pallifade d'Ifs au deffus de la piece des Suiffes.

7. *An* FUNGUS CAMPESTRIS, ALBUS SUPERNE, INFERNE RUBENS. *J. B.* 3. 824.

Ce Champignon fe trouve dans les paliffades de Charmille en Septembre, ou je l'ay obfervé le 27. Il eft d'un blanc du lait. Quand il forte de terre fon Chapiteau eft prefque demifpherique & orangé en calotte, d'un pouce ou deux de diamêtre d'un bord a l'autre. Dans cet etat la calotte eft bouchée d'un timpan blanc, molaffe & comme drapè, le quel eft renforcé en deffous d'une autre peau blanche & poli, qui fe decoupe en rofette a treize ou quatorze pointes qui ont un peu de relief & dont le bout eft un peu roux. Ce timpan embraffe le pedicule du Champignon en maniere de fraife qui fe rabat enfuite fur le même pedicule, quand elle eft detachée de la circonference de la calotte. Cette calotte eft doublée des feuillets fort ferrez entremelez d'une feule portion de feuillets. Ils font larges de deux ou trois lignes & blanc tant foit peu teint de carné tres clair avant que le Chapeau s'ouvre, & d'un petit gris melé de carné quand il eft ouvert. La chair de ce Champignon eft tres blanche & d'un gouft de Champignon fort relevé, dont l'odeur eft agreable. La peau s'enleve facilement, comme celle du Champignon ordinaire. La calotte s'etend par la fuitte & s'aplatit, pour lors elle peut avoir environ trois pouces. Le pedicule a environ trois pouces & quelquefois plus de longueur, fur fix ou neuf lignes de diamêtre, plein, blanc & uni.

8. FUNGUS TOTUS ALBUS EDULIS.

J'ay trouvé ce Champignon le 5 Octobre 1708. dans la prairie du Jardin royal. Il ne differe en rien du Champignon de couche, que par le blanc de fes feuillets, qui font fort preffez les uns contre les autres & dont l'intervalle n'eft rempli que d'une portion de feuillets. Le pedicule eft garni d'une fraife, & eft d'un beau blanc ainfi que tout le refte de la plante. Son odeur & fon gouft font femblable a ceux du Champignon ordinaire.

9. FUNGUS COLORE CANDIDO TUBERCULIS FLAVOFUSCIS, ELEGANTISSIME VARIEGATO.

J'ay trouvé ce Champignon le 15 d'Octobre 1708. au pieds des Charmilles des paliffades de Verfailles. Le deffus en eft blanc dans le fonds, mais les eminences en font ranées, ce qui fait un tres bel effet. Ces eminences font taillées comme en pointe de Diamant. Le Chapeau

T 2

eftoit

estoit convexe & avoit prés de trois pouces de diamêtre , le dessous etoit tapissé d'une membrane blanche & tres fine. Les feuillets en font si pressez qu'il ne m'a pas paru que leurs intervalles fussent garnis d'aucune portion de feuillets. La chair de ce Champignon est d'un blanc de laict, tres ferme & d'un goust qui n'est point desagreable. Le pedicule est plein , blanc dans le haut & teint d'un peu de tanné dans le bas. Il a environ dixhuit lignes de long, sur six lignes de diamêtre , & est cilindrique.

10. Fungus centro mammoso rufo, circulo sordide albo circumdato.

J'ay trouvé ce Champignon le 15 de Juin dans les bosquets de Versailles , au pied des arbres. Il en naist plusieurs ensemble. Leur pedicule n'a qu'environ une ligne & demi d'epais dans toute leur longueur, qui est d'environ deux pouces. Ils font depuis leur base , jusque vers leur milieu..... Le reste est blanc , ils soutiennent chacun un Chapiteau en mamelle, dont le mammelon est roux, avec un cercle blanc sale qui l'evironne , le reste paroist meutri tirant un peu sur le chatain. Ce Chapiteau dans cet etat n'a qu'environ six a huit & neuf lignes de diamêtre a sa base , qui est bouchée d'une membrane blanc sale , qui se detachant de la circonference de ce Chapiteau quand il commence a s'etendre , tombe en maniere de peignoir , sur le pedicule & se flêtrit peu de tems apres , de sorte qu'il ne reste plus qu'une espece d'anneau roux. Ces Chapiteaux etendus n'ont guere qu'un pouce de diamêtre & font le soucoupe en dessous. Ils font doublez de feuillets fort serrez les uns contre les autres & ont environ deux lignes de large, ils tirent sur la couleur de bois. Le pedicule est plein ou n'a de fistule que pour fourer une Epingle. Ce Champignon est d'une substance ferme , son odeur est un peu deplaisante, aussi bien que son goust. Sa chair est blanche.

* 64. Fungus minimus , aurantius , mammillaris. Voyez planche XI. Fig. 19.19.20.

Le 7 Janvier 1721. J'ay trouvé ce petit Champignon dans l'enceinte des couches au Jardin Royal. Il y en avoit 4 a 5 dans un pot dont la superficie de la terre estoit couverte de l'*Hepatica umbellata*. Le Chapeau de ce Champignon n'a guere qu'une ligne & demie de diamêtre. Le dessus est jaune orangé, convexe & réssemblant pour ainsi dire a nne mamelle de fille par sa convexité dont le centre se termine en un petit mammelon. On peut encore comparer ce Chapeau a une teste de ces cloux dorez que les tapissiers employent pour les meubles. Le dessous de ce Chapeau ou son creux est garni de 8 ou 10 feuillets blancs roux qui laissent entre eux des espaces plus que suffisants, (surtout vers la circonference) pour placer autant d'autres feuillets sans qu'ils pússent se toucher. Le pedicule de ce Champignon est plein , long depuis 4 jusqu'a 6 lignes, blanc roussâtres glabre , un peu luisant & presque transparent. Cette plante machée n'a que le gout du Champignon que l'on mange. Elle est si tendre que pour le peu qu'on la mache elle se fond aussitôt dans la bouche. Son Chapeau est si mince que sa couleur jaune orangé paroist en dessous entre les feuillets.

Il faut ranger ce petit Champignon a la page 70 apres 63.

* 1. GALE FLORIFERA. *Gale frutex odoratus Septentrionalium.* J.B. 1. p. 2. 225. US.
   * 2 GALE FRUCTIFERA.
   1 GALEOPSIS PROCERIOR FAETIDA SPICATA. *Inst.* 185.
   2. GALEOPSIS PROCERIOR CALICULIS ACULEATIS , FLORE PURPURASCEN-
TE. *Inst.*

* GALEOPSIS PROCERIOR CALICULIS ACULEATIS FLORE VARIEGATO.

* GALEOPSIS PROCERIOR CALICULIS ERECTIS, FLORIBUS CANDIDIS. *Inst. Urtica aculeata,
foliis serratis , floribus candidis. C. B.* 232.

* 3. GALEOPSIS ALTERA, CALICULIS ACULEATIS, FLORE FLAVESCENTE. J. R. H. 185. *Urtica aculeata foliis serratis altera. C. B. Pin.* 232. *Cannabis sylvestris spuria , tertia. Lob. Ic. Lamium Cannabinum aculeatum flore specioso luteo , labiis purpureis. Pluk. Phytogr. Tab.* 41. fig. 4.

Se trouve en fleur ainsi que le suivant, qui n'en est qu'une varieté, dans les bois & dans les hayes, autour de la Ville des Bois & de Marcoussy , en Aoust. Leurs fleurs ont plus de 3 quarts de pouces de longeur & naissent par verticilles composez. C'est le *sideritis arvensis latifolia , hirsuta, lutea Raji Syn.* 130. *N°. 3. Petiver.*

* GALEOPSIS ALTERA, CALICULIS ACULEATIS FLORE PURPURASCENTE.

Sa fleur a une grande tache jaune a la racine de la partie moyenne de la levre inferieure.

4. GALEOPSIS PATULA SEGETUM FLORE PURPURASCENTE. *Inst.* 185.

* GALEOPSIS PATULA SEGETUM FLORE DILUTISSIME PURPURASCENTE.

* 5. GALEOPSIS ALPINA BETONICAE FOLIO , FLORE VARIEGATO. *Inst. Stachydis species,* c'est le *Stachys latifolia major , foliis obscurè virentibus flore galeato ferrugineo. Pluk. Almag. Botan. Phytogr. Tab.* 317. *fig.* 4. *Pseudo-Stachys Alpina. C. B. Pin.* 236. *& Prodr.* 113. *Salvia Alpina. Tabern. Ic.* 372.

Cette plante naist dans les taillis de Montmorency assez prés du Chateau de la Chasse. Sa fleur n'est point variée de differentes couleurs. Elle est d'un purpurin sale & vilain. La levre superieure est velue en dehors.

6. GALEOPSIS PALUSTRIS BETONICAE FOLIO , FLORE VARIEGATO. *Inst.* 185. *Lysimachia hirsuta , purpurea , flore galericulato. Flor. Pruss.* 156. *Lysimachia galericulata. Eyst. Tab.* 267.

Il faut voir mon Herbier ou il y en a 2 trouvées a la Campagne.

* GALEOPSIS PALUSTRIS BETONICAE FOLIO , FLORE VARIEGATO VILLOSISSIMA.

7. GALEOPSIS SIVE URTICA INERS FLORE LUTEO. J. B. 3. 323. a examiner le caractere. *Galeobdolon. Dillen. Cat. Giss.* 49. *nov. Gen. Tab. Lamium flore luteo Rivini. Irr. M.*

* GALEOPSIS LUTEA AMPLIORIBUS FOLIIS MACULATIS. *Inst.* 186. *Lamium luteum maculis albis respersum. Hort. Leyd.* 351. *Lamium luteum foliis maculatis. Hort. Edinburg.* 181.

1. GALLIUM ALBUM VULGARE. *Inst.* 105. *Rubia sylvestris laevis. C. B. Pin.* 333. *Item Mollugo montana angustifolia, vel Gallium album , latifolium. Ejusd. C. B. Pin.* 334. *Mollugo vulgatior Raji. Hist.* 1. 481. *Rubia sylvestris. Dod. Gall.* 369. *Lob. Ic.* 798.

La *Rubia sylvestris. Fuchs. Icon.* 281. que *C. B.* raporte a sa *Rubia sylvestris laevis Pin* 333. represente parfaitement bien nostre plante. Il faut raporter icy la *Rubia angulosa aspera & parva. J. B.* 3. *lib.* 36. *p.* 715. & retrancher le *Gallium album. J. B.* 3. *lib.* 36 *pag.* 721. que *Mr. Tournefort* y raporte & que je croy estre plustôt le *Gallium saxatile glauco folio. Bocc. Mus. Rubia sylvestris laevis. C. B. Pin.* 333. *Garance sauvage. Fusch. ch.* CVII.

* GALLIUM , ALBUM, VULGARE, INCANUM ET VILLOSUM.

Dans le parc de Vigny.

* GALLIUM , VULGARE, FLORE LUTEOLO VEL FLAVESCENTE.

V

Je

Je l'ay trouvé a la decharge de l'Etang d'Epinay le 25 Juin 1710. en fleur. Il se trouve aussi dans la prairie du Jardin Royal.   Fleurit en Juin & Juillet. Il est quelquefois un peu velu, ainsi que le suivant.

⊙ * 2. GALLIUM ALBUM, MINUS. *an Gallium album minimum* σπανιοτερον *Barr. Ic. N°. 57. an Rubeola minima alba. Mor. Prael. Bot. An Rubia quaedam minor. J B. 3. lib. 36. p. 716.* C'est la *Rubia montana, angustifolia. C. B. Pin. 333. Prodr. 145. descript.*

Sa fleur est blanche a 4 quartiers opposéz en croix.   Elle a une ligne & demie ou 2 lignes de diamètre. Sa tige n'est guere plus grosse qu'une Soye de sanglier, lisse, luisante, vert gay. Ses feuilles naissent 6 a 8 disposées en rayons & n'ont pas une ligne de large sur 5 a 6 de long, pointues par les 2 bouts.   Fleurit en Juin & Juillet. C'est le *Gallium album, supinum, multicaule. Flor. Jenens. p. 4. & Dillen. Plant. post. Edit. Catal. observ. p. 3. Mollugo montana, minor, Gallio albo similis. Raj. H. 1. 482.*

3. GALLIUM LUTEUM. *C. B. Pin. 335. Petit Muguet. Fusch. ch. LXXII.*

* 4. GALLIUM ARVENSE, FLORE CAERULEO. *J. R. H. Asperulae species.*

* 5. GALLIUM ARVENSE, PARISIENSE, TENUIFOLIUM, FLORE ATROPURPUREO. *J. R. H. vid. Aparine N. 5.*

⊙ * 6. GALLIUM ALBUM TRIPETALON. *H. R. Bles. 267. in Sylva Fontainebleau quae interjacet cellae Eremitarum & Pauli.*

Genest.   1. GENISTA TINCTORIA GERMANICA.   *C. B. Pin. 395. Fleur a teindre. Fusch. Ch. CCCXII.*

Il s'entrouve une en allant de Melun a Samoy qui ressemble tout a fait ou plustôt qui est la même que celle du Jardin Royal, que l'on y nomme *Genista tinctoria latifolia Lucensis. J. B. 1. 392. lib XI.*

Fleurit en Juin, Juillet & Aoust. Sa fleur a environ demi pouce de long, les aisles tombent en embas de maniere que de leurs extremitez a celle de l'Etendard, il y a neuf lignes de distance.

* GENISTA TINCTORIA GERMANICA ANGUSTIFOLIA. *Genista Matth. 1235. Ital. 1295. C. Bauhin* ne rapporte point cette plante dans son Pinax.

Cette plante se trouve vers Lucienne.

2. GENISTA RAMOSA, FOLIIS HYPERICI. *C B Pin 395. Plukenet* n'y raporte que le *Genista minima. Lugd.* & en retranche le *Genista pilosa. J B. 1. l. 11. p. 393.* au quel il raporte *Chamaegenista Pannonica. Park. Theat. Chamaegenista. foliis Genistae vulgaris. C. B. Genest moindre de tous Lugd. Gall* 1. 145. il la dit a feuilles velues & blanchastres.

Sur l'otie.   Fleurit en May & sur le Calvaire du costé de Puteaux. Est tres commune dans toutes les landes de la forest de Fontainebleau.

1. GENISTA SPARTIUM MAJUS BREVIORIBUS ACULEIS. *Inst. 645.*

Cette Plante & les deux suivantes se trouvent dans le parc de Meudon.

2. GENISTA SPARTIUM MAJUS LONGIORIBUS ACULEIS. *Inst. 645.*

A St. Prix.

3. GENISTA SPARTIUM MINUS ANGLICUM. *J. R. H.* C'est le *Genistella minor Aspalathioides vel Genista spinosa Anglica. C. B. Pin. 395. Genistella minor Aspalathioides. Prodr. 175. vid. Raji Synops 316. Genista aculeata. Ger. fig. 1320. Genistella aculeata. Park. fig. 1004. Petit Geneste Fusch. ch. LXXX.*

Ses siliques sont tournées comme en § Romaine, longues d'environ demi pouce, arrondies, renflées & épaisses de 2 lignes, elles contiennent jusqu'a 7 semences, noires, luisantes, presque rondes, qui n'ont pas une ligne de diamètre.   Cette plante ne differe de l'*Anonis spinosa* que parce que ses feuilles ne sont pas crenelées. Se trouve entre Verriere & le Bois du même Village.

1. GENISTELLA HERBACEA, SIVE CHAMAESPARTIUM. *J. B. 1. p. 393. Genista sagittalis Pannonica Thalii. Tab. XIII.*

Se trouve sur le friche ou commune en allant de Montmorency a la folie, & dans les bois de Villedavray. Fleurit en Juin.

Gentiane.   1. GENTIANA CRUCIATA. *C. B. Pin. 188. Croisée. Fusch. ch. CLIX.*

Dans le parc de Vigny.

2. GENTIANA ANGUSTIFOLIA AUTUMNALIS MAJOR. *C B. Pin. 188.*

* 3. GENTIANA PRATENSIS FLORE LANUGINOSO. *C. B Pin.*

Elle se trouve au val proche St. Germain en Laye.   Son calice est d'un seule piece découpé

par

par le haut en 5 lanieres. Sa fleur ne tombe point, le fruit a environ un pouce de long, il s'ouvre par la pointe en 2 parties & renferme des femences fpheriques, brunes, tres menues, & tranfparentes comme de la corne, quand on les regarde a la loupe.

4. Gentiana Alpina pumila, Centaurii minoris folio. *Inft.* 81. *Calathiana verna Dalechampii. Lugd. Gall.* 1. 713.

Il dit qu'elle fleurit en May & Juin. Donc ce ne peut pas eftre celle de nos environs, qui ne fleurit qu'en Septembre.

Geranoides. *vid. Geranium. N.* 7.

A une feule fleur fur chaque pedicule.

1. Geranium sanguineum maximo flore. C. B. *Pin.* 318. *Le cinquieme Bec de Ci-* Pied de Pigeon. *cogne. Fufch. ch* lxxvi. *Geranium columbinum erectum tenuius laciniatum flore magno. Flor. Pruff. cum fig. Geranium haematodes. Dod. Gall.* 36. *le 5 bec de Grue. Ejufd. ibid.*

A 2 fleurs fur chaque queüe.

2. Geranium folio Malvae rotundo. C. B. *Pin. Geranium alterum. Fuchf. Ic.* 205. *Autre Bec de Cicogne. Fufch. ch.* lxxvi. *Geranium alterum. Pied de Pigeon. Dod. Gall* 35.

Ses petales font entiers, obtus par le haut. Mr. Petiver me l'a envoyé fous ce nom. Sa fleur s'evafe de 4 a 5 lignes, elle eft purpurine ou plustôt incarnate, mais feulement d'une ligne avant fur le bout des petales, le refte eftant blanchaftre. Chaque petale eft rayée de 3 lignes purpurines qui paroiffent faire un petit relief fur la portion blanchâtre de le petale. Fleur a 10 etamines. Fleurit en Avril & May. Dans la plaine de Seve.

*3. Geranium Columbinum villosum, petalis bifidis purpureis. *Geranium Batrachioides, collum Gruis Germanorum. C. B Pin.* 318. C'eft le *Geranium Gruinale. Dod Gall five* 4. *p.* 37. *Geranium* 4. *Fuchf Ic.* 207. *Le quatrieme Bec de Cicogne. Fufch. ch.* lxxvi. *Geranium Columbinum minus, majori flore, & foliis florum bifidis. Bot. Monfp.*

Sa fleur s'evafe de 4 a 5 lignes, elle eft d'une feule couleur qui eft rouge pourpre. Chaque petale eft échancré en coeur & relevé de trois lignes d'un pourpre plus foncé. La figure du *Geranium* 11. *Cam. Epit.* 600 reprefente affez bien noftre plante, mais les fleurs detachées en fonttrop petites & reprefentent mieux celles du N°. 6. de ce Catalogue que celles de celuy-cy. Cette plante eft annuelle & fleurit en May & Juin. Sa fleur eft d'un beau rouge large d'environ 3 lignes ou 3 lignes & demie, a 5 petales échancréz de plus d'une ligne de profondeur & rayéz dans leur longueur. Le velu du calice a plus d'un ligne de long.

* Geranium Columbinum villosum, petalis bifidis purpurascentibus vel carneis.

En allant de la Meute a la porte de Boulogne dans la foffe de la grande allée a droit. Trouvé le 9 Juin 1720.

* Geranium Columbinum villosum, petalis bifidis, albis.

4. Geranium columbinum dissectis foliis, pediculis florum longissimis. *Raji Cat. Angl.* 130. *& Hift.* 1059. C'eft celuy que *Mr. Tournefort* a indiqué dans fes environs de Paris, pour le *Geranium Columbinum tenuius laciniatum. C. B. Pin.* 318. *Prodr* 188. mais fans fondement, puifque *C. Bauhin* dit fa fleur blëue & petite, la tige & les pedicules des feuilles velues.

* Geranium Columbinum, dissectis foliis, pediculis florum longissimis, floribus incarnatis.

* 5. Geranium Columbinum majus foliis imis loncis usque ad pediculum divisis. *H. Ox.* 2. 511.

* 6. Geranium Columbinum majus flore minore caeruleo. *Raji Hift.* 1059. C'eft tres certainement le *Geranium Malacoides minus.* 6. *C. B. Pin.* 319. *Prodr.* 138. qu'il indique autour de Rouen ou je l'ay obfervé.

* Geranium Columbinum majus flore minore purpureo.

V 2

Les

Les Especes, qui portent plus de 2 fleurs.

Bec de Grue. ☿ 7. GERANIOIDES QUOD GERANIUM ROBERTIANUM PRIMUM VIRIDE. *C. B. Pin.* 319. *Geranium Rupertianum. Tabern. Icon.* 56. & *Geranium violaceum. Ejusd. Icon* 61. *C. Bauhin.* raporte ce dernier a son *Geranium Robertianum alterum. C. B. Pin.* 319. qui est sans doute le même que son *Geranium Robertianum primum. Le tiers Bec de Cicogne. Fusch. ch* LXXVI.

Fleur a 5 petales arrondis par le haut.   Elle a environ 6 a 7 lignes de diamêtre, de couleur purpurine tirant sur l'incarnat.

. GERANIUM ROBERTIANUM FLORE ALBO. *H. R Blef.*

 * GERANIUM ROBERTIANUM I. RUBENS. *C. B. Pin.*

☿ 8. GERANIUM CICUTAE FOLIO MINUS ET SUPINUM. *C. B. Pin.* 319.

 * GERANIUM CICUTAE FOLIO MINUS ET SUPINUM FLORE DILUTE PURPURA-SCENTE.

Sa fleur est d'un beau rouge.

GERANIUM CICUTAE FOLIO MINUS ET SUPINUM FLORE ALBO. *C. B. Pin.*

☿ * 9. GERANIUM LUCIDUM SAXATILE. *C. B. Pin* 318. *Geranium lucidum. J. B.* 3. 481. *Geranium alterum montanum, saxatile, rotundifolium. Col.* 1. 138. *fig.* 137.

. Sur les murailles, a Espernon. Fleurit vers la fin d'Avril & en May. Sa fleur est d'un incarnat fort vif, les petales sont entiers & arrondis par le haut.

1. GLAUCIUM FLORE LUTEO. *Inst.* 254. *Pavot cornu. Fusch. ch.* CXCVII. *Papaver sylvestre, corniculatum. Trag.* 124. *bonne fig. Papaver corniculatum. Fuchs.* 520.

J'en ay trouvé quelques pieds dans la plaine qui est entre Bercy & Charenton.

☿ 1. GLAUX ALTERA SUBROTUNDO FOLIO. *Boc. Mus. Tab.* 84. *An Glaux latiore folio Thuringica. C. B. Pin.* 215? *Glaux major erecta. Flor. Bat.* 65. *Glaucoides maritima, sive potius Thuringica, latiore folio. Flor. Jenens.* 21. & *Portulaca spuria aquatica. Flor. Jenens.* 107. *Glaux aquatica folio subrotundo. Flor. Pruss.* 106. *cum fig. Alsine palustris minor Serpilli folio C. B. Pin.* 251. *Prodr.* 118. *Glaux palustris, flore striato clauso. foliis portulacae. J. R. H.* C'est la *Salicaria minima, Lusitanica, Nummulariae folio. J. R. H.* 6. *Alsine rotundifolia sive Portulaca aquatica. Ger. emac. Raji. Hist.* 1. 1035. *Anagallis Serpillifolia aquatica. J. B.* 3. *part.* 2. 372.

Sa fleur est d'une seule piece, c'est un petit godet meslé de blanc & de couleur de chair, ca-nelé en long & gaudronné sur les bords, qui sont découpez en 10 ou 12 pointes dont 5 ou 6 sont plus grandes que les autres & placées alternativement entre les plus petites. 5 ou 6 etamines a sommets verds entourent un pistile taillé en balustre & surmonté d'un petit bouton ver-dastre. Il devient un fruit qui meurit dans la fleur a la quelle il s'attache tres fortement dans toute sa circonference   La partie anterieure de ce fruit qui paroist a l'ouverture de la fleur, n'est couverte que d'une membrane si mince, que les semences qu'il renferme en tres grand nombre paroissent a travers.

1. GLOBULARIA VULGARIS. *Inst.* 467. *Aphyllanthes Anguillarae. Thal. Tab.* VII.

Gramen Loliaceum.

1. GRAMEN LOLIACEUM, SPICA LONGIORE, ARISTAS HABENS, *C. B. Pin.* 9.

 * GRAMEN LOLIACEUM SPICA LONGIORE, SINE ARISTIS. *C. B. Pin.* 9. *l'yvroye. Lugd. Gall.* 1. 348. 2 *fig.*

2. GRAMEN LOLIACEUM ANGUSTIORE FOLIO ET SPICA. *C. B. Pin.* 9. *Est le Gramen Loliaceum, spica simplici, vulgare. H. Oxon. Icon. sect.* 8. *Tab.* 2. *N°.* 2. *yvroye sauvage ou Phaenix. Lugd. Gall.* 1. 348.

 * GRAMEN LOLIACEUM ANGUSTIORE FOLIO ET SPICA ARISTIS DONATUM. *Inst.* 516. Planche XVII. *fig.* 3. *an Gramen latifolium, spica triticea, divulsa. C. B. Prodr.* 18. *N°.* 54.

Ce Gramen a environ 3 pieds de hauteur, y comprenant l'Epi qui en a un. Je l'ay trouvé dans les bleds derriere Chaillot.

 * GRAMEN LOLIACEUM MAJUS SPICIS LONGIUS DISTANTIBUS. *Inst.* 516. *Gramen*

Lo-

Loliaceum, aquaticum acerofum. Barr. Obf. N°. 1166. Lolium aquaticum, acerofum, Phoe-nix aquatica. Ejufd. Icon. N°. 906. fig. 1. Eft le *Gramen Loliaceum , majus , fpicis rarius difpofitis. H. Oxon.* 3. 182. *Icon. Sect.* 8. *Tab.* 2. *Parkinfon* nous en a donné une figure , qui eft la premiere de la page 1146.

* GRAMEN LOLIACEUM SPICIS BREVIBUS ET LATIORIBUS COMPRESSIS. *Hift. Oxon.* 3. 182. *Gramen Loliaceum fpicà latà è plurimis fpicis duplici verfu denfè difpofitis conftante. Agro-ftogr. Helvet.* 15. *Tab.* 2.

* GRAMEN LOLIACEUM, PANICULA MULTIPLICI ET SPICATA. *Inft.* 516.

3. GRAMEN LOLIACEUM, CORNICULATUM, SPICIS GLABRIS. *J. R. H.* 518. *Gramen , fpica Brizae majus. C. B. Pr.* 18. *N.* 56.

Ses epicules n'ont point de bafles d'appuy a leur naiffance, d'ailleurs ils regardent la rape par leur plat , ainfi c'eft un *Gramen Caninum*, comme le fuivant. Eft commune fur la butte de Seve.

* 4. GRAMEN LOLIACEUM, CORNICULATUM, SPICIS VILLOSIS. *J. R. H.* an *Feftuca dume-torum. C. B. Pr.* 19. *N.* 69 ? *Gramen , fpica Brizae fimplici, majus. C. B. H. Oxon.* 3. *fect.* 8. *Tab.* 9. *Fig.* 4. affez mauvaife figure.

A St. Clou.

* 5. GRAMEN LOLIACEUM, FOLIIS, ET SPICIS, TENUISSIMIS. *H. Oxon.* 3. 182. *N.* 3. *Icon. Sect.* 8. *Tab.* 2. *N.* 3. Morifon y raporte le *Gramen Loliaceum minus , fpica fimplici.* 4. *C. B. Pin.* 61. *Prodr. J. B.* 554. *Phoenix fimplici & rariffima gluma. Park.*

C'eft un *triticeum:* car le plat de chaque locufte, ou petit epi regarde la tige.

6. GRAMEN MINIMUM DALECHAMPII. *Lugd.* 424. *Gramen Loliaceum tenuiffimum , un-ciale aut biunciale. H. Ox.* 3. 182. *Ic. Sect.* 8. *Tab.* 2. *N°.* 10. *Item Gramen minimum elegans paniculis elegantiffimis. C. B. Pin. Ejufd. H. Ox.* 3. 200. *N°.* 16. ^{H.Par.457. & 87.}

Cette derniere figure eft ridicule, l'autheur l'a fait faire a plaifir pour l'accommoder au nom que C. Bauhin a mal impofé a cette plante, qui ne fait que des épis fimples & non des Panicu-les. Ces Epis font compofez de petits paquets rouges ou pourpres difpofez alternativement & a double rang fur une rape. Ces paquets font fimples, c'eft a dire qu'il ne paroift que la prin-cipale bale qui regarde la rape par fa partie concave. Ainfi ce *Chiendent* doit eftre raporté aux *Triticea* & non aux *Loliacea.* Il commence a fleurir des le commencement de Mars & con-tinue tout le printemps. Chaque fleur ou paquet donne 3 etamines a fommets blanchaftres. Les feuilles font arrondies fur le dos & creufées en goutiere en deffus. C'eft le *Gramen mini-mum. J. B.* 2. 465. & le *Gramen minimum Dalechampii. Ejufdem ibid.* & peut eftre auffi le *Gramen fparteum Monfpelianum capillaceo folio minimum. C. B. Pin.* 5. *Prodr.* 11.

Gramen Triticeum.

○ 7. GRAMEM LOLIACEUM RADICE REPENTE SIVE GRAMEN OFFICINARUM. *Inft.* 516. *Gramen caninum arvenfe five primum five Gramen Diofcorid. & offic. C. B. Theat.* 7. *Gramen Canarium. Lob. Icon.* 20. *Gramen repens officinarum fortè triticeae ali-quatenus fimile. J. B.* 2. *lib.* XVIII. *p.* 457. *defcript. fine fig.* il faut corriger *J. Bauhin* qui met *foliis glabris.* quoiqu'elles foient veluës. *Gramen caninum feu Canarium.* 1. *Tab. Icon.* 201. C'eft tres affurement le *Gramen latifolium , fpicâ Triticeâ latiore compactâ. C. B. Pin.* 8. *Prodr.* 18. *defc. fig.* 17. Mr. Tournefort l'indique dans fes environs de Paris *pag.* 463. pour le *Gramen Loliaceum latifolium , fpicâ anguftiore. C. B. Pin.* 9. *Prodr.* 19. ^{Cynag: oftis. US.}

* GRAMEN LOLIACEUM, RADICE REPENTE, SIVE GRAMEN OFFICINARUM, ARISTIS LONGIORIBUS DONATUM. *Inft.* 615. Planche XVII. fig. 2. an *Gramen latifolium, fpicâ Tri-ticeâ divulfâ. C. B. Pin.* 9. *N°.* 2. *Prodr.* 18. *N°.* 54. ?

○ * 8. GRAMEN ANGUSTIFOLIUM SPICA TRITICI MUTICAE SIMILI. *Prodr.* 17. *Gramen Arundinaceum fpicâ triticeâ. Phytop.* 8. *N.* XXXI. *Gramen Loliaceum , fpicâ fimplici & denfa. J. R. H.* 516. verifiée fur l'Exemplaire du Droguier.

C. Bauhin ne parle point du verd de cette plante, (il eft de la couleur du Poireau) il com-pare fes feuilles a celles du Jonc. Il les a plates, mais elles fe roulent , ou fe plient en rond, ce qui les fait paroiftre rondes. Il fe trouve dans la plaine de Seve fur le bord du chemin , qui

X

va

va au pont , par les vignes. Il fleurit en Juin & Juillet.

Il s'en trouve un autour de Seve ou entre Seve & Meudon qui reffemble en tout a celuy du N°. 7 cy deffus, mais il eft vert de Poireau comme celuy du N°. 8, peut eftre n'eft ce qu'une varieté de ce dernier, quoy qu'il en foit on en trouve des pieds dont les Epis font fans barbes & d'autres pieds dont les Epis font barbus. Le 22 Juin 1711. & dont les barbes ont jufqu'a neuf lignes de long.

* Gramen angustifolium, spica tritici Muticae simili, aristis longioribus donatum.

☉ * 9. Gramen loliaceum, fibrosa radice aristis donatum. *Inft.*516. *Item Gramen fpicatum fecalinum, fpicá duriore & anguftiore. J. R. H* 518. bien verifié. *Item Gramen fpicatum fecalinum, altiffimum. J. R H.*518. *Gramen caninum ariftatum radice non repente. H.Ox.*3.*Sect.*8.*Tab.*1.*fig.*2.*Raji Syn.*247. *Item Gramen Secalinum majus fylvaticum. D. Bobart. Raji Synopf.*248. Ii eft gravé dans *Scheuchzer.*

Cette plante eft vivace & pouffe plufieurs chalumeaux qui epient en Juillet. Je l'ay remarque dans les bois du parc de St. Maur & de Fontainebleau. il s'eleve depuis 2 pieds jufqu'a 4 & quelquefois d'avantage, fes chalumeaux font entrecoupez de plufieurs noeuds bruns parfemez d'un petit poil folet fort court. Les feuilles font vert foncé tantôt glabres & tantôt velues en deffus & reffemblent a celle du N°. 7. Les Epis font longs de 3 ou 4 pouces & quelquefois de 6 formez par plufieurs paquets qui fe rangent alternativement fur 2 colomnes oppofées comme ceux des autres efpeces de cette famille. Chaque paquet ou locufte n'eft que de 4 ou 5 bafles & ne renferme ordinairement que 2 ou 3 femences noiraftres, longes de 3 lignes arrondies fur le dos & fillonnées en long du cofté oppofé. Elles font fortement collées a leurs bâles qui fe terminent par une arrefte de 7 a 8 lignes de long, le corps de ces bafles ont 4 ou 5 lignes de longueur, chaque paquet eft arreftè par le bas par 2 autre bâles, comme dans une pince, qui ne tombent point & qui les retiennent. Ces 2 bafles font terminées chacun d'une arrefte qui n'a qu'une ligne ou 2 de longueur.

☉ 10. Gramen loliaceum, minimum foliis junceis panicula unam partem spectante. *Inft.* 517. *Gramen fparteum Juncifolium. C.B. Pin.* 5. *& Theatr.* 70. *defc. Raji Hift.* 1260. *Item Gramen fparteum minus vel Hollandicum. Ejufd. Ibid. Gramen fparteum Hollandicum five capillaceo folio minus. C.B.Theat.fig.*70. *Spartum parvum Lobelio. J.B.* 2. *lib.*XVIII. 513. *Spartum noftras, parvum. Lob. Ic.* 90. *Spartum noftras parvum Lobelii. Ger. in Append. Fig.* 1631. *fpartum parvum Batavicum & Anglicum. Park. Fic.*1199.*Raji.Cat. Angl.& Hift.* 1260, *Syn.* 180. La defcription que Morifon en donne, convient a notre plante, auffi bien que la figure qu'il nomme *Gramen fparteum, capillaceo folio minus, erectum Batavicum & Anglicum.* 8. *Sect.* 8.*Tab.* 7. fur ce pied cette plante feroit trois fois dans. *C. B.*

Fleurit en May. Ses Etamines font blanches. Ce n'eft point un *Loliaceum* mais il eft du caractere du *Gramen minimum Dalechamp.* on ne voit que la premiere écaille de chaque paquet & eft appliquée intimement contre la rape. Et ce n'eft qu'en fe fechant qu'elle s'en ecarte. Cette plante fe trouve entre Rochefort & St. Arnould a droit du Chemin dans le friche, & dans les friches autour de St. Leger & de Chateau fort.

* 11. Gramen spicatum, durioribus et crassioribus locustis, spica brevi. *J. R.H.* 529.

* Gramen spicatum, durioribus et crassioribus locustis, spica longissima. *J.R.H.* 529. Planche XVII, fig. 1.

* 12. Gramen avenaceum, locustis splendentibus et bicornibus. Planche XVIII. fig. 1.

Gramina Secalina.

13. Gramen spicatum, vulgare Secalinum. *J. R. H.* 517. *Gramen Secalinum vulgatiff. viarum. H.Ox.* 3. *Sect.* 8. *Tab.* 6.*fig.* 4. *Eft Gramen Hordeaceum minimum. Barr. Obf.* 1173. *& Icon.* 111. *fig.* 1.

Ses fommets font blanc fales.

14. GRAMEN SPICATUM , SECALINUM MINUS. *J. R. H.* 518. *Eſt Gramen Seca-linum majus. Park. Th. Icon.* 1144. *Gramen ſpica quadrata ad ſecale accedens. J. B.* 2. *lib.* 18. *p.* 477. *Eſt Gramen Secalinum , ſpica longiore & anguſtiore. Barr. Obſ.* 1174. *Zea briza barbata. Ejuſd. Icon.* 111. *fig.* 2. Planche XVII. fig 6. Mr. Tournefort dans *l'Hiſt. Par. pag.* 274. 462. l'indique pour le *Gramen ſpicâ , Secalinâ. C. B. Pin.*

Il differe du precedent par ſon Epi, qui eſt plus etroit & par les barbes de ſes glumes, qui ſont plus courtes. Chaque locuſte eſt compoſée de 3 paquets , & chaque paquet eſt ſurmonté par deux arreſtes qui partent de ſa baſe & d'une troiſieme qui termine le paquet. Ses ſommets ſont blanc ſales.

15. GRAMEN SPICA SECALINA. *C. B. Pin.* 9. *prodr.* 16.

Gramina phalaroidea.

○ 16. GRAMEN SPICATUM , SPICA CYLINDRACEA, LONGIORIBUS VILLIS DONATA. *Inſt.* 520. *Phalaroides. N°.* 6. *Eſt Gramen phalaroides ſpicâ molli, ſive Germanicum.* 27. *C. B Prodr.* 10. *Pin.* 4. *N°.* 3. *Gramen Typhoides Alpinum , ſpicâ brevi denſâ & veluti villoſa. Agroſtogr. Prodr.* 17. *Tab.* 3. *Item Gramen ſpicatum pratenſe, ſpicâ ex utriculo prodeunte. J. R. H.* 519. *N°.* 64. bien verifié dans l'herbier de Mr. Tournefort ou cette plante eſt ſous ces 2 ſusdites noms. *Gramen Alopecuroides ſpicâ longiore. H Ox.* 3. *Sect.* 8. *Tab.* 4 *fig.* 8. *Gramen Alopecuroides majus. Ger. fig.* 10. *Gramen Phalaroides majus. Park. fig.* 1164. *Raji. Cat. Angl. & Hiſt.* 1264. *Synopſ.* 182. *Petiver.*

Cette plante eſt indiquée dans l'hiſtoire des environs de Paris ſous 3 noms differents. 1. *Gramen Phalaroides majus ſive Italicum C. B. Pin* 4. *H. Pariſ.* 89. & 461. 2. *Gramen Phalaroi-des , ſpicâ molli, ſive Germanicum. C. B. Pin.* 4. *Hiſt. Par.* 273. 461. 3. *Gramen pratenſe ſpicâ purpurea ex utriculo prodeunte , vel Gramen folio ſpicam amplexante. C. B. Pin.* 3. *Hiſt. Par.* 462. 273.

○ 17 GRAMEN AQUATICUM GENICULATUM SPICATUM. *C. B. Pin.* 3. *an Gramen typhoides culmo reclinato.* 6. *C. B. Pin.* 4 ? *Gramen Alopecuroides minus. Lob. Ic.* 9. *Gramen Alopecuroides fluviatile , geniculatum , procumbens. H. Ox.* 3. *Sect.* 8. *Tab.* 4. *fig.* 15.

Fleurit vers la fin de May & en Juin. Ses ſommets ſont blanchaſtres. Le vert de la plante tire ſur le bleuâtre comme celuy du precedent & la derniere feuille d'ou ſort l Epi eſt gonflée de même. Ces 2 plantes ont beaucoup d'affinité l'une avec l'autre.

18. GRAMEN CUM CAUDA MURIS PURPURASCENTE. *J. B.* 2. *p.* 473. *Gramen Alopecuroides ſpicâ longâ tenuiore. H. Ox.* 3. *Sect.* 8. *Tab.* 4. *fig.* 12. *Gramen ſpicatum , ſpica cylindracea , te-nuiſſima, longiore. J. R. H.* 520. *Eſt Gramen Alopecuroides, cum caudae muris purpuraſcentis ſpica.* 11. *Hiſt. Oxon.* 3. 192. Moriſon cite J. Bauhin ainſi, *Gramini caudae muris purpura-ſcenti aliquatenus ſimile. J. B.* & dit que les etamines ſont *obſcurè purpuraſcentes.* Il a raiſon. Mais quelquefois elles ſont jaunes, & pour alors c'eſt le *Gramen cum cauda muris purpura-ſcente. J. B.* 2. 473. que Monſieur Tournefort raporte a ſon 82ᵉ. & qui doit etre raporté au ſuivant, qui n'en eſt qu'une ſimple varieté. *Gramen ſpicatum , ſpica cylindracea , tenuiſſima, breviori. J. R. H.* 520. *Gramen Typhoides ſpica anguſtiore. C. B. Pin. & Theat. Gramen cum cau-da muris purpuraſcente. J. B. Alopecurinum majus. Ger. Gramen Alopecuroides , aut myoſuroi-des , mucronatum minus , alterum. Lob. Stirp. Illuſt.* Il fait des etamines jaunes, dit Moriſon. Ces varietez ne valent pas la peine d'etre ſeparées.

* GRAMEN CUM CAUDA MURIS VIRESCENTE.

Gramina Typhoidea.

19. GRAMEN TYPHOIDES MAXIMUM , SPICA LONGISSIMA. *C B. Prodr.* 10. *Pin.* 4. *Theat. Bot.* 50. *Item Gramen Typhoides , aſperum primum.* 3. & *Gramen Typhoides aſperum , al-terum.* 4. *C. B. Pin* 4. *Gramen Typhoides maximum ſpicâ longiſſimâ. H Ox.* 3. *Sect.* 8 *Tab.* 4. *fig.* 1. & *Gramen Typhoides medium ſive vulgatiſſimum , H. Ox.* 3. *Sect.* 8. *Tab.* 4. *fig.* 2. Il faut raporter encore icy le *Gramen Typhoides minus , radice dupliciter nodoſa.* 4. *H. Oxon.* 194.

X 2

ou

ou est raporté le *Gramen cum parva cauda muris*, *radice nodosa*, *repens J. B.* & le *Gramen Typhinum*, *Danicum. Park.* 1170. ainsi ce *Chiendent* est trois fois dans *Morison*, & peut être bien une quatrieme fois, sous le nom de *Gramen Alopecuroides minus*, *radice nodosa.* 21. *H. Oxon.* 3. 192. *Sect.* 8. *Tab.* 4. *fig.* 21. qui est le *Gramen nodosum*, *spica parva. C. B. Pin.* ou *Gramen spicatum*, *spica cylindracea*, *brevi*, *radice nodosa. J. R. H.* 520.

20. Gramen Typhoides asperum primum. *C. B. Pin.* 4. Celuy-cy est le même que celuy du *N°.* 19. de la page precedente.   Et le Chiendent du bois de Boulogne, qu'on demontre sous ce nom est je croy le *Gramen Typhoides molle.* 11. *C. B. Pin.* 4. *Theatr. Bot.* 50. *an Gramen Typhinum*, *junceum*, *perenne. Barrel. Obs. N°.* 1195. & *Icon.* 21. *fig.* 2.

Il est commun sur la Butte de Seve & dans les tapis qui precedent la grille du Parc de St. Maur, & dans le dit Parc.

* Gramen Typhoides asperum primum, spica foliacea.

Il est commun a St. Maur avec le precedent, dont il n'est qu'une varieté. en May & Juin.

21. Gramen nodosum spica parva sive nodosum tertium. *C. B. Prodr.* 3.

Gramina Spica simplici singulari & sui generis.

☿ * 22. Gramen spicatum locustis echinatis. *Inst.* 519. *Gramen caninum marinum spicâ echinatâ. Phytop.* 4. *desc. Gramen caninum supinum Monspeliense. H Ox.* 3. *Sect* 8. *Tab.* 1. *fig.* 9. *Item Gramen caninum maritimum asperum. Ejusd. Tab.* 2. *fig.* 4. *Gramen supinum*, *Monspeliense. Lob. Illustr.* 33.

☉ 23. Gramen spicatum glumis cristatis. *Inst.* 519. *Gramen Alopecuroides minus*, *enode fermè*, *spica subcaerulea.* 16. *Hist. Oxon.* 3. 192. *Gramen pratense cristatum laeve. C. B. Hist. Ox.* 3. *Sect.* 8. *Tab.* 4. fig. 6.

☉ * 24. Gramen spicatum glumis variis. *Inst.* 519. *Gramen versicolor. J. B.* 2. *lib.* 18. *pag.* 466. *quoad descript. Gramen parvum*, *montanum spicâ crassiore purpuro-caerulea brevi. Raji. Synops.* 253. & *Hist.* 3. 603. *Item Gramen spicatum*, *montanum*, *asperum Raji. Synops.* 252.

Fleurit en Avril & graine en May. Ses etamines & leurs sommets sont blanchastres. Il faut ranger cette plante auprés du *Gramen minimum Dalechampii.*

☉ 25. Gramen spica cristata subhirsutum. *C. B. Pin.* 3. quod *Gramen spicatum spicâ purpuro-argenteâ molli. Inst.* 519. *an Gramen cum cauda muris*, *foliis hirsutis. J. B.* 2. *lib.* 18. *pag.* 471? *an Gramini caudae muris purpurascenti aliquatenus simile. J. B.* 2. 473? *Gramen spicâ cristata subhirsutum. C. B. Hist. Ox. Sect* 8. *Tab.* 4. *fig.* 7. *Gramen cristatum subhirsutum. Park.* 1159. 2. Petiver joint le *Gramen spicâ cristatâ subhirsutum. C. B* avec le *Gramen pumilum hirsutum spicâ purpuro-argentea molli. Raji.* 1265. 5. *Syn.* 182. 4. *Edit.* 250. 3. *Gramen montanum hirsutis foliis*, *spicâ leucophaeâ dirupta. Pluk. Phytogr. Tab.* 33. *fig.* 7. cette figure est fort mauvaise.

Mr Tournefort dans ses environs de Paris. *pag* 461. indique cette plante pour le *Gramen spicâ cristatâ subhirsutum. C. B. Pin.* 3. mais dans ses *J. R. H.* il le separe du *Gramen spicatum spicâ purpuro argenteâ molli. pag.* 519. & y repete ce dernier sous le nom de *Gramen Avenaceum spica simplici*, *locustis candicantibus splendentibus* & *densioribus. J. R. H.* 524. trompé qu'il a esté par des Epis passez dont il y a un poignée dans son herbier. C'est aussi le *Gramen Loliaceum* 17. des *Inst. R. H. pag.* 516.

☿ * 26. Gramen parvum praecox spica laxa canescente. *Raji Cat. Angl.* 150. *Pluk. Phytogr. Tab.* 33. *fig.* 9. il est nomme dans les *J. R. H. Gramen montanum*, *minimum*, *spicatum* & *aristatum. pag.* 519. *N°.* 66.

Sa femence est noirastre & tres deliée.   Elle n'a pas une ligne de long, elle est creusée d'un costé & en long d'un petit sillon comme celle de l'avoine & terminée par une arreste brune & coudée longue de plus d'une ligne. Elle est meure en Juin. Mr. Hugo m'a dit que le *Gramen minimum spicâ brevi habitiore nostrum Raji Synops.* 253. est le méme repeté sous ces 2 differents noms.

26. ✠ Gramen spicatum spica angustiore et interrupta. *a St. Cir. Panici species. Gra-*

men Madraspatanum, spica interrupta totali e pluribus spicis parvis villosis constrųa. Pluk.
Phytogr. Tab. cxc. fig 5.

27. GRAMEN SPICATUM JUNCI FACIE, LITHOSPERMI SEMINE. *Inst.* 518. *Juncus capi-*
tatus, Lithospermi semine. H. Ox. 3. Sę. 8. Tab. 10. fig. 28. Juncus laevis panicula glomera-
ta nigricante. C. B. Pin. Raji Hist. 1305. *vid. Petiv. Concord. No. 206.*

28. GRAMEN PRATENSE SPICA FLAVESCENTE. *C. B. Pin. 3. Gramen Alopecuroides. spicâ brevi,*
flavescente. Hist. Ox. 3. Sę. 8. Tab. 4. fig. 25. Gramen montanum odoratum, spicatum. Flor.
Pruss. 110. desc. & fig. Gramen anthoxanthon. J. B. 2. 466. J. R. H. 518. est le *Gramen A-*
lopecurinum vernum, pratense, spica flavescente, laxiore. 25. Hist. Oxon. 3. 193. Icon. Sę.
8. Tab. 4. No. 25. assez mauvaise figure. Le même Morison nous a donné une seconde figure de
cette plante, sur le nom de *J. B.* qui est encore plus mauvaise que la premiere. C'est a la
Tab. 7. Sę. 8. No. 25.

29. GRAMEN SPICATUM ARISITIS PINNATIS. *Inst. 518. Avena capillacea Austriaca, aristis*
longissimis pennatis. H. Ox. 3. Sę. 8. Tab. 7. fig. 8.

Sur la Butte Montchauvet & autres, a Fontainebleau.   Fleurit en May & Juin.

O * 30. GRAMEN AVENACEUM MONTANUM, SPICA SIMPLICI, ARISTIS RECURVIS. *Raji*
Syn. 262. Ce Chiendent est nommè dans l'herbier du Droguier *Gramen Avenaceum distichon,*
locustis longioribus cum aristis nigricantibus inflexis. J. R. H. 525. No. 190. Gramen Avena-
ceum murorum, eręum. Park. Theatr. 1149.

31. GRAMEN PRATENSE SPICA PURPUREA EX UTRICULO PRODEUNTE VEL GRAMEN FOLIO
SPICAM AMPLEXANTE. *C. B. Pin. 3. idem est cum Gramine spicato, spicâ cylindracea longio-*
ribus villis donata. J. R. H 520. La figure est transposée dans *J. B. pag. 463.* & la description est a la page 469. on doit raporter cette plante au *Gramen Phalaroides majus sive Ita-*
licum. C. B. Pin.

32. GRAMEN SPICATUM ANGUSTIFOLIUM MONTANUM. *C. B. Pin. 4. Prodr. 8. Mr. Tourne-*
fort. H. Paris. p. 462. l'indique sur les colines autour de Montmorency.   C'est un Cyperoides
suivant la description du Prodrome.

Gramen dąylum.

33. GRAMEN DACTYLON RADICE REPENTE SIVE OFFICINARUM. *Inst. 520. Item Gramen da-* Pied de Coq.
̨ylon radice repente, sive officinarum, brevissimis aristis donatum. J. R. H. 520. Gramen
caninum medicatum. Lugd. descript. Gall. 364. Il faloit que *Mr. Tonrnefort* eût la berlue,
quand il a cru voir des arrestes aux basles de cette plante qu'il a veüe seulement ouvertes.
Gramen dąylon folio arundinaceo majus & minus cum appendice. 2. & 3. C. B. Pin. 7. & 8. Item
Gramen dąylon Aegyptiacum. 1. C. B. Pin. 7. Nejemelmsalib sive Gramen Crucis. Prosp.
Alpin. Aegypt. Cap. 40. p. 47. On s'en sert dans les fievres malignes, la petite Verole & la gra-
velle, dit *Pr. Alpin*

Quoique que l'Epis de ce Chiendent soient a 2 rangs de fruits, ils sont disposéz de telle
maniere qu'il semble qu'il n'y en ait qu'un. Chaque fruit est taillé en fer de pique & engagé
par ses costez entre deux basles d'appuy disposées en cornes.

* 34. GRAMEN DACTYLON ANGUSTIFOLIUM SPICIS VILLOSIS. *C. B. Pin. Item Gramen dąy-*
lum ramosum, altissimum, Gallo-provinciale. J. R. H. Mr. Ray croit que le *Gramen dąylon*
scoparium. C. B. Pin. 8. est le même, *Plukenet* est du même sentiment ainsi il y faut raporter *Gramen digitatum hirsutum. J. B. 2. l. 18. p. 445. & Gramen scoparium Ischaemi pani-*
culis Gallicum. J. B. 2. l. 18. p. 460. Grame de Manne, de Matth. Lugd. 1. 346.

Il epie dés le commencement d'Aoust. Ses sommets sont pourpres violets.

35. GRAMEN DACTYLON FOLIO LATIORE. *C. B. Pin. 8. Plukenet & Ray* veuillent que le
Gramen Dąylon esculentum. C. B. 8. n'en differe que par la culture. C'est aussi le sentiment
de *J. Bauhin.* Il faut examiner l'espece de la plaine de Seve, qui n'a point de velu, & dont
les epis ne partent pas du meme centre.

* 36. GRAMEN DACTYLON FOLIO LATIORE SPICIS NIGRIS DISJUNCTIS. *an Panici effigie, Gra-*
men tertium. Lob. Icon. 14. Gramen Paniceum spicis nigris. C. B. Pin. 8. No. 5.

Y

Gra-

Gramen Miliaceum.

37. Gramen sylvaticum panicula Miliacea sparsa. *C. B. Pin.* 8. *Mor. H. Ox.* 3. *Sect.* 8. *Tab.* 5. *fig.* 10. *bonne figure. Gramen Miliaceum. Lob. Icon.* 3. *Raji Hist.* 2. 1282. *N°.* 1. *Gramen Miliaceum. Ger.* 6. *fig.* 1. *Id Emac. p.* 6. *Ic.* 1. *D. Petiv.* Nous n'avons de figure qui vaille de cette plante que celle de Morison, car celle du *Miliaceum Gramen. Lob. Ic.* 3. represente plustot le *Gramen Avenaceum pratense panicula flavescente locustis minimis & aristatis. J. R. H.*

Ses semences sont taillées en maniere de fuseau. Elles sont d'un brun clair, polies & fort luisantes & n'adherent point aux basles. Est commune dans le bois des Capucins de Meudon.

○38. Gramen pratense, paniculatum, altissimum, locustis parvis, splendentibus, non aristatis. *J. R. H.* 524. *N°.* 162. *Gramen segetum paunicula arundinacea C B. Pin.* 3. *& Theat. Bot.* 35. *J. R. H.* 524. *N°.* 161. *Est Gramen palustre, panicula speciosa. C. B. Pin.* 3. *Theatr.* 39. *N°.* 2. *deso. Gramen agrorum Lobelii. J. B.* 2. 461. *Gramen agrorum venti spica. Park. fig.* 1158. *Gramen Harundinaceum. Ger. fig.* 5. *Raji. Cat. Angl. & Hist.* 1284. *N°.* 2. *Synops.* 84. Selon *M. Petiv. Gramen agrorum latiore Arundinacea comosa panicula. H. Ox.* 3. *Sect.* 8. *Tab.* 5. *fig.* 17. *bonne figure.* Il y a bien du galimatias dans l'Histoire d'Oxfort au sujet de cette espece, de la 48e. de ce Catalogue & de la 41e. *Est Gramen durius udorum. Lob. Illustr.* 17. *Mr. Rai. Hist.* 2. *p.* 1283. fait aussi beaucoup de confusion dans sa description. Il decrit la panicule du *Gramen capillatum*, & les feuilles de celuy-cy, qu'il nomme *Gramen segetum panicula speciosa. Park. Th.* 1157. *cum fig.* 1158.

* Gramen pratense, paniculatum, altissimum, locustis parvis, splendentibus, non aristatis, panicula flavescente.

* Gramen pratense, paniculatum, altissimum, locustis parvis, splendentibus, non aristatis, soboliferum. *Gramen montanum spica foliacea graminea. Itin. Alpin.* 1 *pag.* 33. *Tab.* 4. *fig.* 2. *Gramen montanum panicula foliacea majus.* 12. *H. Ox.* 3. 200. *Sect.* 8. *Tab.* 5. *fig* 12.

* 39. Gramen caninum supinum minus. *C. B. Pin.* 1. *Gramen parvum repens, purpurea spica. J. B.* 2. *lib.* xviii. *desc. Gramen Calamagrostis Lobelii. J. B. quoad Icon. Tom.* 2. *lib.* xviii. *pag.* 480. C'est celuy que *Ray & Mr. Tournefort* appellent *Gramen pratense vulgare, spica ferè arundinacea. J. B.* 2. 461. il s'en trouve des pieds a panicules verts & d'autres a panicules couleur de Dattes. *Spadicea.* & c'est alors le *Gramen parvum repens, paniculis atrorubentibus.* 4. *Hist. Ox.* 3. 199.

Ses locustes sont simples, a 2 bâles. 3 etamines a sommers blanchastres. L'embryon de semence est surmonté d'une paire de cornes frangées. Morison en donne une assez mauvaise figure sous le nom de *Gramen paniculatum, panicula spadicea delicatiore. C. B. Hist. Ox.* 3. *Sect.* 8. *Tab.* 5. *fig.* 3. & le decrit sous le nom de *Gramen montanum panicula spadicea-delicatiore. C. B. Pin. Hist. Ox.* 3. *pag.* 199. *N°.* 3. & sous le nom de *Gramen parvum repens paniculis atrorubentibus.* 4. *H. Ox.* 3. 199. ainsi il est 2 fois de suite dans cet autheur. Ses panicules ne commencement a paroistre qu'en Juin. *Xerampelini facie elatius Gramen, sive maximum udorum, & rivulorum. Lob. Illust.* 15. il croit que ce n'est qu'une varieté de son *Gramen Xerampelinum praetenui ramosaque sparsa panicula &c. pag.* 14. *Gramen aquaticum panicula speciosa Park. & Mor. Hist. Ox.* 3. *Sect.* 8. *Tab.* 6. *N°.* 27. Cette figure represente fort bien la plante en question. Mais il ne la faut pas separer de la precedente comme une espece particuliere, mais seulement comme une varieté. *Est Gramen pratense vulgare, panicula ferè arundinacea. J. B. Raji. Hist.* La figure du *Gramen pratense.* 4. *Dodon. pempt.* 561. & du *Gramen sylvaticum panicula miliacea sparsa, C. B. Theatr. Bot.* 141. represente assez bien cette espece.

Il naît dans les fossez de la Ville entre le pont aux Choux & la porte St. Antoine; dans les prairies de Gentilly, dans les fonds Marecageux autour de Versailles, de Roquencourt. C'est aparemment celuy que J. Bauhin decrit sous le nom de *Gramen pratense vulgare spica ferè arundinacea maxima. Tom. 2. 461.*

40. GRAMEN CANINUM SUPINUM PANICULATUM, FOLIO VARIANS. C. B. Pin. 1. Graminis primi Dioscoridis species minima Thalii. J. B. 2. lib. XVIII. 459. desc. Item Gramen capitulo globoso foliaceo. 15. Hist. Ox. 3. 200: vid. Ambros.

Il faut raporter celuycy au N°. 39 de quel il n'est qu'une varieté. Il ly faut aussi raporter celuy que Mr. Ray prend pour le *Gramen pratense vulgare , panicula fere arundinacea. J. B.*

○ *41. GRAMEN MONTANUM PANICULA SPADICEA DELICATIORE. C. B. Pin. 3. Gramen minimum. Lugd. 1. 433. Gramen tres petit. Lugd. Gall. 1. 363.* La figure du *Gramen Miliaceum Americanum medium , panicula magis sparsa & speciosa. Pluk. Phytogr. Tab. 92. fig. 8.* represente assez bien nostre plante.

C'est le *Gramen parvum, repens, paniculis atrorubentibus. 4. H. Oxon. 199.* Il ne faut pas confondre, comme a fait Morison, ce Chiendent avec celuy que Bauhin nomme *Gramen caninum, supinum, minus. C. B. Pin. & Theat.* qui y a beaucoup d'affinité. Voyez mon Herbier.

Je croy qu'il faut raporter icy le *Gramen Xerampelinum Miliacea praetenui ramosaque sparsa panicula , sive Xerampelino congener arvense aestivum Gramen minutissimo semine. Lob. Ill.* La figure du *Gramen minimum Xerampelinum &c. Lob. Ic. 2.* ne convient pas trop mal a nostre plante.

Locuste simple a 2 bâles, 3 etamines a sommets blanchastres ; l'embryon du semence est surmonté d'un paire de cornes frangées, avant qu'il fleurisse on remarque que la semence est envelopée d'une bâle terminée par une arreste coudée tres deliée, ainsi c'est un *Gramen Avenaceum.* Voyez la plante seche de mon herbier.

** GRAMEN MOTANUM PANICULA SPADICEA DELICATIORE, SOBOLIFERA.*

Ses panicules ne commencent a paroistre qu'en Juin.

42. GRAMEN PRATENSE PANICULATUM MOLLE. C. B. Pin. 2. Gramen panicula torosa, pratense molle. H. Ox. 3. Sect. 8. Tab. 6. fig. 34. Gramen paniculatum molle , panicula dilute caerulea. Flor. Pruss. 111. cum fig.

Locustes simples a 2 bâles. 3 etamines a sommets jaunes. Une semence. Ses semences sont blanchastres, luisantes, longues de prés d'une ligne, & pointues par les 2 bouts.

** GRAMEN PRATENSE PANICULATUM MOLLE ALBUM.*

Locustes simples a 2 bâles dans les quelles sont 2 embryons de semences disposez a costé l'un de l'autre & dont l'un est plus elevé. Chaque embryon est surmonté de 2 cornes a barbillons de plume, & est planté entre 2 petites bâles qui sont aparemment les petales de la fleur, l'une de ces bâles est plus petite que l'autre , ainsi qu'a la locuste. 3 etamines pour chaque embryon de graine.

** 43. GRAMEN CANINUM PANICULATUM MOLLE. Raji. Hist. 1285. J. R. H. 522. Item Gra-* H. Par. 458. *men paniculatum , latifolium , radice repente, crassiori. J. R. H. 521. Gramen caninum longius radicatum, majus. C. B. Pin. 1. Theatr. 11. desc. sine Icone, Gramen Canarium longius radicatum , latiore panicula. Adv. part. 2. 467. J. B. 2. lib. XVIII. 457. Item Gramen Camerarii repens. J. B. 2. lib. XVIII. 458. Gramen Camer. Epit. 741. Gramen Mariæ Borussorum. Flor. Pruss. 111. fig. Item Gramen hirsutum repens , spica simplici molli. J. B. 2. l. 18. p. 457.*

Ses locustes n'ont que 2 bâles aplaties a dos aigu & semblables en quelque façon a celle du *Phalaris.* Elles sont longues d'environ 2 lignes sur une de large, pointues par les 2 bouts, & contiennent une semence terminée par une arreste courbe, qui deborde ces bâles d'environ une ligne.

44. GRAMEN ARUNDINACEUM , ACEROSA GLUMA NOSTRAS. Park. Theat. 1273. Raji. Hist. 1280. Hist. Ox. 3. 203. Sect. 8. Tab. 6. fig. 41. bonne. Gramen paniculatum aquaticum , Phalaridis semine. J. R. H. 523. Gramen Arundinaceum paniceum, divisâ paniculâ. Flor. Pruss. 119. cum fig. Gramen Arundinaceum , spicatum. C. B. Pin. 6. Gramen Arundinaceum minus cum spicâ. J. B. 2. lib. XVIII. p. 481. an Gramen sylvaticum paniculatum altissimum. C. B. Pin. 3. Theatr.

3. *Theatr.* 38. *J. B.* 2. *lib.* 18. *pag.* 476. *Gramen Arundinaceum majus. Tabern. J. B.* 2. *lib.* 18. *pag.* 480. *Item Gramen Arundinaceum minus cum spica. J. B.* 2. *lib.* 18. *pag.* 481. Je croy, qu'il faut aussi raporter icy le *Gramen Arundinaceum majus. Tabern. Icon.* 211. *J. B.* 2. *lib.* XVIII. *p.* 480. que *C. Bauhin* a confondu avec son *Gramen Arundinaceum spica multiplici, Calamagrostis Dioscoridis. C. B. Pin.* 6. *Theat.* 92. Mr. Tournefort indique cette plante dans les environs de Paris *pag.* 273. & 274. tantôt sous le nom de *Gramen Arundinaceum acerosa glumâ nostras. Park.* & tantôt sous celuy de *Gramen Arundinaceum spicatum. C. B. Pin.* ainsy il a crû que c'estoient 2 plantes differentes.

　　* GRAMEN ARUNDINACEUM ACEROSA GLUMA NOSTRAS, GLUMIS ALBICANTIBUS.
Dans les illustrations de Lobel, celuy-cy est marqué pour le plus commun.

　　* 45. GRAMEN JUNCEUM DALECHAMPII. *Lugd. Gramen Avenaceum altero, alteri innatum. Park. Th Icon.* 1150. *Gramen junceum Dalechampii. Park. Th. Icon.* 1189. *Oxyschaenos sive Juncus acutus minor. Park. Theatr.* 1192. *fig.* 1193. *Oxyagrostis pumila, sive Calamagrostis Iberiae acuta. Lob. Illustr.* 32. *Oxyagrostis pumila Hispanica. Park. Theatr.* 1187. Il est repeté 3 fois dans les *J. R. H.* (1) *Gramen caninum maritimum, paniculatum. Raji Hist.* 1286. *N°.* 11. Selon *Mr. Petiv. J. R. H.* 522. *N°.* 130. (2) *Gramen paniculatum capillaceo folio, minimum. J. R. H.* 523. *N°* 143. (3) *Item Gramen spicatum supinum, brevi & capillaceo folio. J. R. H.* 519. *N°.* 72. *Gramen parvum paniculatum Alpinum panicula spadicea aristatum. Agrostogr. Helv.* 22. *Tab* 4. C'est aussy le *Gramen foliolis junceis, radice jubatâ. C. B. Pin.* 5. 6. *N°.* 5. *Gramen exile durius Norwegicum aut Danicum, scopario Gramini cognatum. Adv. p* 2. *pag.* 466. *Item Gramen foliolis Junceis oblongis, radice alba. C. B. Pin.* 5. 6. *N°.* 1. & peut estre aussi le *Gramen sparteum Monspeliacum, capillaceo folio.* IX. *C. B. Pin.* 5. *Prodr N°.* 31. *Theatr.* 70.

　　Ses panicules ne commencent a paroistre que vers la mi Juin. Ses locustes ne sont que de 2 glumes.

　　* 46. GRAMEN AVENACEUM LOCUSTIS RARIORIBUS. *C. B. Pin.* 10. *N°.* 3. *Gramen Avenaceum, rariore grano, nemorense, Danicum. Lob. Adv.* 465. *cum fig. Gramen Avenaceum, spicâ muticâ, rariore gluma. H. Ox.* 3. *Sect.* 8. *Tab.* 7. *fig* 49. *Item Gramen montanum, Avenaceum, locustis rubris.* 2. *C. B Pin.* 10. *Prodr.* 20. *N°.* 71. *cum fig. Gramen Avenaceum, sylvaticum. Park. Th.* 1152. *Gramen Avenaceum Locustis rubris. Ejusd. ibid. Gramen Avenaceum rariore glumâ spicatum. Ejusd. ibid.* 1151.

　　Est commun dans les bois des Capucins de Meudon.

　　♀ * 47. GRAMEN SEROTINUM, ARVENSE, SPICA LAXA PYRAMIDALI. *Raji. Hist.* 2. 1288. *N°.* 25. *Gramen serotinum, arvense panicula contractiore, pyramidali. Raji. Synops.* 259. *Panicum serotinum, arvense, spicâ pyramidatâ. J. R. H.* 515. *Gramen Alopecuri accedens, ex culmi geniculis spicas cum petiolis longiusculis promens. Pluk. Phytogr. Tab.* 33. *fig.* 6.

　　Mr. Morin a trouvé cette plante dans nos campagnes. en Juillet.

Gramen Locustis simplicibus & aristatis.

　　48. GRAMEN CAPILLATUM PANICULIS RUBENTIBUS. *J. B. Est Gramen segetum altissimum, panicula sparsa.* 3. *C. B. Pin.* 3. & *Theat. Bot.* 34. *Gramen segetale. Ger. fig.* 5. *segetum. panicula speciosa. Park. fig* 1158. *Raji. Cat. Angl.* & *Hist.* 1283. *Synop.* 87. *D. Petiv. Xerampelino arvense congener Gramen minutissimo semine, annuum. Lob. Illust.* 16.
　　GRAMEN CAPILLATUM PANICULIS VIRIDANTIBUS. *B.*

　　* 49. GRAMEN PANICULATUM MINIMUM MOLLE. *Bot. Monsp. Gramen paniculatum, locustis parvis purpuro argenteis annuum Raji. Itin. Alpin.* 2. *pag.* 61. *Tab.* 18. *fig.* 2. *Gramen paniculatum argenteum locustis parvis annuum. H. Ox.* 3. *Sect.* 8. *Tab.* 5. *fig.* 11. *Et Gramen paniculatum, molle. ejusd. Hist.* 202. *N°.* 36.

　　* 50. GRAMEN CAPILLATUM PANICULIS INTERRUPTIS ANGUSTIORIBUS. *Gramen paniculatum, panicula angustiore & interrupta.* Planche XVII. *F.* 4.

　　51. GRAMEN NEMOROSUM PANICULIS ALBIS, CAPILLACEO FOLIO. *C. B. Pin.* 7. *H. Ox.* 3. *Sect.* 8. *Tab.* 7. *fig.* 9. & *Agrostogr. Helvet. Tab.* VI. *Gramen paniculatum, locustis parvis purpuro argenteis, majus & perenne. Doody. Raji. Syn. Edit.* 2. 258. *N°.* 12. *D. Petiv.*

C'est

C'est aussi le *Gramen Nemorale Avenaceum*, *alterum*, *ex fusco Xerampelinum & lucidum Danicum. Lob. Adv. p. alt.* 465. que *C. Bauhin* raporte au *Gramen Avenaceum*, *capillaceum, minoribus glumis. Pin.* 10. 6. *N°.* IV.

Mr. Tournefort (*H. Par.* 88.) dit que nous n'avons point de figure de cette plante, mais c'est qu'il n'avoit pas pris garde a celle des *Adv.* cy dessus citée. Bâle simple, c'est a dire locuste a 2 bâles, qui ne contiennent quelquefois qu'un Embryon de semences, separez par 2 longs petales & six etamines, 3 autour de chaque embryon.

52. GRAMEN AVENACEUM PRATENSE, ELATIUS PANICULA FLAVESCENTE, LOCUSTIS PARVIS. *Raji. Hist. Gramen Avenaceum*, *spicá sparsâ flavescente*, *locustis parvis. H. Ox.* 3. *Sect.* 8. *T.* 7. *fig.* 42.

* ☉ 53. GRAMEN AVENACEUM ELATIUS, JUBA LONGA SPLENDENTE. *Raji. Gramen Avenaceum elatius*, *jubâ argentea longiore. H. Ox.* 3. *Sect.* 8. *Tab.* 7. *fig.* 37. Cette espece est dans l'herbier du Droguier, sous le nom de *Gramen paniculatum latifolium*, *radice repente*, *crassiori. J. R. H.* 521. *N°.* 106. Cette plante est asseurement le *Gramen Caninum arvense*, *sive Gramen Dioscoridis.* 1. *C. B. Pin.* 1. *Gramen canarium medicatum officinarum. Adv. Lob.* 2. 2. *Gramen Dodon. Gall.* 345. Lobel compare sa panicule avec celle du *Gramen nodosum*, *Avenacea paniculá. C. B.* & renvoye au figure de *Dodon. Gall.* 345. & a celuy de *Matthiole* 999.

Locustes simples a une seule semence, chargée de la paire de cornes a barbillon, comme dans toutes les autres embryons des Chiendents &c. Trois etamines a sommets purpurins. La locuste est composée de dix pieces, scavoir d'abord 2 petites opposées, puis deux grandes collées dessus les 2 petites, de la base d'une des quelles grandes bâles sorte une arreste fort longue, couchée sur le dos de la dite bâle. Ces 4 bâles forment le calice, du fond du quel s'elevent 4 autres bâles, qui s'etendent par paires sur les cotêz, du sein de celle-cy s'elevent 2 fort grandes en forme de cornes, a la base de l'une des quelles est l'embryon de graine, & a celle de l'autre, les 3 etamines.

53. ✠ GRAMEN NODOSUM, AVENACEA PANICULA. *C. B. Pin.* 2. *& Theatr. Bot.* 18. *Item Gramen gemmeum*, *seu nodosum alterum. Theatr. Bot.* 19. *& C. B. Pin. Gramen Avenaceum*, *elatius*, *radice tuberculis praedita. H. Ox.* 3. *Sect.* 8. *Tab.* 7. *fig.* 38. *Perlaro vulgò & Oryza. Sylv. Caesalp. Lib.* 4. *Cap.* 58. *p.* 186. *C. Bauhin* y rapporte avec doute le *Coix Myconi Lugd.* mais il n'y a aucun rapport.

*54. GRAMEN AVENACEUM, GLABRUM, PANICULA PURPURO-ARGENTEA SPLENDENTE. *Raji Syn.* 192. *Fascic. & Hist.* 1909. *Gramen Avenaceum*, *humilius*, *erectum*, *foliis angustioribus*, *glabris. H. Ox.* 3. *Sect.* 8. *Tab.* 7. *fig.* 21. C'est le 183. & le 190. *J. R. H. pag.* 525.

* 55. GRAMEN AVENACEUM PANICULA PURPURO-ARGENTEA SPLENDENTE. *Raji. Hist. Hirsutum est. Festuca dumetorum.* XI. *C. B. Pin.* 20. *Prodr.* 19. *N°.* 69.

Se trouve dans le parc de Vincennes & dans le petit bois a gauche en allant a Champigny.

Gramen paniculatum, Locustis squamosis non aristatis.

56. GRAMEN AVENACEUM PARVUM PROCUMBENS, PANICULIS NON ARISTATIS. *R. Hist.* 1288. *Gramen triticeum palustre*, *humilius*, *spicá breviore. H. Ox.* 3. *Sect.* 8. *T.* 1. *fig.* 6.

Ses semences ont une ligne de long sur demie ligne de large. Elles sont ovales, relevées en dos d'asne d'un costé & creusées d'un sillon de l'autre. Elles sont couleur de bois & se detachent difficilement de leur bâle. Ses feuilles & ses chalumeaux sont fort velus. Dans les landes des bois de Villedavray & de la garenne de Seve.

57. GRAMEN PANICULATUM AQUATICUM, MILIACEUM. *Inst.* 521. Planche XVII. fig. 7. *Gramen Miliaceum aquaticum. Raji. Synops.* 255. *N°.* 1. *Gramen miliaceum fluitans suavis saporis. D. Meret. Ejusd. Raji ibid. Est Gramen caninum supinum paniculatum dulce. C. B. Pin. J. B. Gramen dulce udorum. Lob. Illustr.* 10.

58. GRAMEN PANICULATUM AUTUMNALE, PANICULA ANGUSTIORE EX VIRIDI NI-H.Par.459.
GRICANTE. *Inst.* 521. *Gramen pratense*, *spica Lavendulae. Merret. Pin.* 57. *Gramen pratense serotinum paniculá longa purpurascente. Raji. Cat. Angl. & Hist.* 1288. *Synops.* 190. E-*dit.* 1. *& Synops. Edit.* 2. *pag.* 260. *N°.* 21. *& Gramen pratense serotinum paniculá longá pur-*

Z

pura.

*puraſcente Raji. Hiſt.Ox.3. Seĉt.8. Tab.5. fig.22. an Gramen Arundinaceum, enode minus
ſylvaticum. C.B.Theatr.98. N°.7? & non pas Gramen Arundinaceum enode majus montanum. Ejuſd.* comme le cite *Mr.Tournefort. Gramen Harundinaceum enode. J.B.2. lib.18.
pag.481.*

Ses locuſtes ſont compoſez de 3 ou 4 paquets. Les ſommets des etamines ſont pourpres violets. Fleurit en Juillet & Aouſt. Il eſt ſujet a l'argot comme le Segle. Ses ſemences
ſont noires de la figure d'une Olive & qui n'ont pas une ligne de long. Et qui ne ſe detachent
pas facilement de leurs baſles.

GRAMEN PANICULATUM, AUTUMNALE, PANICULA AMPLIORE, EX VIRIDI NIGRICANTE. *Inſt.*
521. Mr.Tournefort y raporte mal a propos le *Gramen Arundinaceum enode majus montanum. C.B.Pin.7.* qu'il indique ſur les hauteurs de Meudon, de Verſailles, de St. Germain.
H. Pariſ.459.

59. GRAMEN PRATENSE PANICULATUM MAJUS LATIORE FOLIO. *Poa Theoph. C.B.Pin. 2.
Gramen pratenſe, vulgatius, majus. H.Ox.3.Seĉt.8. Tab.5. fig.18.* il trace. *Moriſon. H.
Ox.3. pag.201. N°.18.* raporte a cette eſpece le *Gramen pratenſe vulgare, ſpicâ fere Arundinacea. J.B. Gramen pratenſe vulgatius. Lob. Gramen pratenſe vulgatius majus. Park.* C'eſt
le *Gramen pratenſe paniculatum majus. C.B.Pin. Raji Hiſt.1285.*

Cette plante n'a rien de rude que les bords de ſes feuilles quand on les coule entre les doigts
de haut en bas. Ses chalumeaux ſont tant ſoit peu aplatis. Sa racine trace & reſſemble aſſez
a celle du Chiendent d'uſage mais elle eſt plus menue. Ses locuſtes ſont ordinairement d'un
brun purpurin. Ses graines ont 1 ligne de long & ſont griſaſtres. La panicule & les chalumeaux ſont durs auſſi bien que les feuilles. La figure que Moriſon donne ſous le nom de
cette plante, ne luy convient point, non plus que la deſcription. Mais l'une & l'autre conviennent a une eſpece qui s'eleve ordinairement plus haut que celle cy & qui a les feuilles plus
larges, plus molles, la panicule plus ample, les locuſtes plus petites & moins compoſées, &
qui eſt un peu plus rude, & dont les premiers noeuds des Chalumeaux donnent du Chevelu.
Ces Chalumeaux ſont auſſi plus tendres. Lorſque la plante en queſtion croiſt dans les terres
de Labour, ſes feuilles ſont courtes & larges commes elles ſont repreſentées dans les figures du *Gramen. Cam. Epit.741. J.B.2. libro* XVIII. *pag.459. Dod.Pempt.558. & Dod.Gall.
345. & deſcript. bonne.*

60. GRAMEN PRATENSE PANICULATUM MAJUS ANGUSTIORE FOLIO. *C.B.Pin.3. H.Ox.3.
Seĉt.8. Tab.5. fig.19.* Cette figure repreſente aſſez bien le Chiendent, qui naiſt ſur les murailles & qui eſt le même que le *Gramen* ſuivant N°. 60. ✠ de ce Catalogue. Ainſi il s'en faut
tenir la ſi on veut ſuivre Moriſon. Mais je croy que ce Chiendent de nos murailles eſt bien
le *Gramen murorum radice repente* v. *C.B. Prodr. 2. Pin. 2. N°. 12.* qui n'a nul Synonime.

* GRAMEN PRATENSE PANICULATUM MAJUS ANGUSTIORE FOLIO CUM SPONGIOLIS.
* 60. ✠ GRAMEN NEMOROSUM, PANICULA LAXA, RADICE REPENTE. C'eſt le *Gramen
murorum radice repente. C.B.Pin.2. N° 12. Prodr.2. N°.5. Eſt Gramen paniculatum an-
guſtifolium Alpinum, locuſtis rarioribus & anguſtioribus non ariſtatis. Agroſtogr. Helvet.18.
Tab.2. Mr.Petiver* me l'a envoyé ſous le nom de *Gramen pratenſe paniculatum majus anguſtiore folio. C.B.Pin.3.* mais la deſcription ne convient point a noſtre plante.

Sa racine eſt une perruque, c'eſt a dire une groſſe touffe de fibres chevelues tres deliées, d'un
blanc fort ſale, longues depuis 2 juſqu'a 4 pouces, du colet de la quelle s'elevent pluſieurs chalumeaux a la hauteur d'un pied & quelquefois de 2 entrecoupez dans leur longueur de 2 ou 3 &
quelquefois de 4 ou 5 noeuds bruns qui ont peu de relief & dont chacun donne naiſſance a une
gaine, qui ſe termine en feuille plate, longue depuis 3 juſqu'a 6 pouces ſur une ligne & demie ou 2 lignes de largeur & qui finit en pointe. Ces feuilles ſont d'un beau vert, rayées en
long. Elles ſont ſi molles qu'elles pendent ordinairement en bas, n'ayant pas la force de ſe ſou-
tenir. Les tiges ſont creuſes & n'ont qu'a peine une ligne dans le fort de leur epaiſſeur. Elles ſont chargées d'une panicule longue depuis 2 juſqu'a ſix pouces, formée par 8 ou 10 etages
de menus brins qui naiſſent pour ainſi dire comme par demi anneaux a chaque etage. Ces
brins ſont branchus & ſoutiennent des locuſtes qui n'ont guere qu'une ligne de long ſur la
moitié moins de largeur, clair-ſemez & compoſez ordinairement de 5 écailles vertes mais
dont les bords ſont blanchaſtres. Les ſommets des etamines ſont blanc ſales & paroiſſent en
Juin. Cette plante n'a que le gouſt d'herbe. Elle naiſt en quantité dans les boſquets de Ver-
ſail-

failles & dans les Bois des Environs de Paris.   J'oubliois de dire que parmi les cheveux de fa racine il fe trouvent quelques groffes fibres qui tracent. Ses femences reffemblent a un grain de Seigle, mais elles n'ont que demie ligne de long & paroiffent comme de la corne. Le fuivante eft une varieté de celuy-cy.

* Gramen nemorosum panicula laxa radice repente, cum spongiolis.

61. Gramen pratense paniculatum minus album. *C. B. Pin.* 3. *Gramen pratenſe minus, ſeu vulgatiſſimum Raji. Hiſt.* 1284. *Synopſ.* 256. & *Hiſt.* 2. 1284. *N°.* 3. *Gramen pratenſe, minimum album. H. Ox.* 3. *Sect.* 8. *Tab.* 5. *fig.* 21. *bonne.*

Gramen pratense paniculatum minus, rubrum. *C. B. Pin.* varieté du precedent.

62. Gramen pratense paniculatum medium. *C. B. Pin.* 2. Je le croy le même que les deux precedents.

* Gramen pratense paniculatum medium. *Raji Synopſ.* 257.

* 63. Gramen paniculatum radice repente culmo compresso. *Gramen radice repente, culmo compreſſo.* Planche XVIII. fig. 5. *Gramen caninum vineale. C. B. Pin.* 1. *Prodr.* 1. *J. B.* 2. *lib.* XVIII. *p.* 458. C'eft le *Gramen paniculatum, minus, radice repente paniculâ duriore. J. R. H.* 521. mais il faut retrancher touts les autres noms que Mr. Tournefort y a rapportez mal a propos, & qui appartiennent au 128. des *J. R. H.*

64. Gramen arvense panicula crispa. *C. B. Pin.* 3. *Gramen paniculatum, proliferum. J. R. H.* 523. eft le *Gramen Alopecuroides, rubens, minus, bulbulis donatum.* 23. *H. Oxon.* 3. 193. *Icon. Sect.* 8. *Tab.* 4. item *Gramen montanum, panicula foliacea, criſpa. ejuſd. Hort. Oxon.* 3. 200. *N°.* 14. *Icon. Sect.* 8. *Tab.* 5. *N°.* 14.

* Gramen vernum, radice ascalonica. Planche XVII. fig 8.

* *An* Gramen tenuifolium, glabrum. *J. B.* 2. 462? Planche XVIII. fig. 6.

65. Gramen Xerampelinum Miliacea praetenui ramosaque sparsa panicula, sive Xerampelino congener arvense, aestivum, Gramen minutissimo semine. *Lob. Illuſtr.* Morifon le nomme de même. Mais il me femble que fa defcription ne convient pas trop bien a la plante de nos campagnes que Monfieur de Tournefort prend pour celle-cy, car le tubercule de la racine n'y eft point exprimé. Outre qu'il croift dans les endroits fecs & que *Lobel* le marque dans les lieux champêtres & frais. C'eft le *Gramen Alpinum, paniculatum majus, paniculâ variegatâ. Agroſtogr. Helvet.* 20. *Tab.* 3.

La plante de nos Campagnes que Mr. Tournefort appelloit du fusdite nom, eft vivace. Ses panicules commencent a paroiftre des la fin d'Avril & continuent en May. Elle a depuis 6 pouces jufqu'a un pied de hauteur. Ses etamines font blancs fales, tirants tant foit peu fur le fulphuré. Sa racine eft un petit paquet de Cheveux blancs fales d'ou fortent plufieurs tubercules femblables a de petites Echalottes blanches, glacées de purpurin, qui fe terminent chacune par 3 ou 4 feuilles verd de pré, longues d'un pouce ou deux, pliées en goutiere, d'entre les quelles s'eleve un tige ou chalumeau glacé de lacque ou de purpurin, delié par le haut comme une Soye de Sanglier, coupé dans fa longueur d'un noeud ou deux, ces chalumeaux font roides & luifants, ils foutiennent chacun une panicule long d'un pouce & demie ou 2 pouces compofez de brins qui naiffent 2 a 2 par intervales, chargez de petits paquets écailleux de la couleur de la tige. Cette plante n'a que le goût d'herbe. Elle vient volontiers fur les levées de terres, des foffez & au pied des murailles.

66. Gramen spicatum, folio aspero. *C. B. Pin.* 3. *Gramen pratenſe ſpicâ multiplici rubra. Park. Th.* 1161. *Gramen paniculâ toroſâ pratenſe, aſperum. H. Ox.* 3. *Sect.* 8. *Tab.* 6. *fig.* 38. *excellente. Gramen arvenſe ſpicâ compactâ divulſâ. Flor. Pruſſ.* 110. *cum fig. bonne. Calamagroſtis toroſâ paniculâ. Park. Theat. fig.* 1180. *Raji. Hiſt.* 2. 1282. *Gramen pratenſe* v. *Dod. Pempt.* 561. *nulla deſcriptione addita.*

Locuftes ecailleufes, qui fous chaque ecaille externe, contiennent un embryon a cornes a barbillons & 3 etamines.

* Gramen spicatum, folio aspero, spica alba.

67. Gramen aquaticum paniculatum, latifolium. *C. B. Pin.* 3. & *Theatr.* 41. Item *Gramen paluſtre, paniculatum, altiſſimum. Ejuſd. ibid.* & *Theatr.* 38. *Gramen majus aquaticum Lobelii. J. B.* 2. *lib.* XVIII. *quoad deſcrip.* la figure eft celle du *Potamogeton rotundifolium. C. B. Pin. Gramen arundinaceum aquaticum. Park. Theatr.* 1274. *Raji. Hiſt.* 2. 1280. *Gramen aquaticum harundinaceum paniculatum. Tab. Icon.* 216. & *Gramen arundinaceum paniculatum. Ejuſd. Icon.* 211. *Gramen majus aquaticum. Ger. emac.* 6. *Lobel. Icon.* 4. *Moriſon*

en donne une bonne & nouvelle figure fous le nom de *Gramen aquaticum paniculatum, lati-folium. C. B. Hift. Ox. 3. Sect. 8. Tab. 6. fig. 25.*

⊙ 68. Gramen paniculatum elatius, spicis longis, muticis squamosis. *Raji. Hift.* 1286. *J. R. H.* 522. *No.* 123. *Item Gramen pratenfe, paniculâ duriore, laxâ, unam praecipuè partem fpectante, fine ariftis. J. R. H.* 522. *No.* 132. *Item Gramen Avenaceum aquaticum. J. R. H.* 526. *No.* 202. *Gramen arundinaceum fpica multiplici, Calamagroftis Diofcoridis.* 1. *C. B. Pin.* 6. *Gramen Arundinaceum, aquaticum paniculâ Avenaceâ Raji. Hift.* 1909. C'eft le *Calamagroftis. Lob. Obf.* 12. *fig. Lob. Icon.* 6. *Gramen harundinaceum paniculatum. Ger. emac.* 7. C'eft auffi le *Gramen Loliaceum fpica divifa, pratenfe, majus. H. Ox.* 3. 183. *No.* 15. *Gramen Loliaceum, fpica multiplici, pratenfe, majus. Icon. Sect.* 8. *Tab.* 2. *fig.* 15. cette figure eft paffablement bonne. Morifon y raporte le *Gramen ruderum atque arvorum. Lob. Stirp. Illuft.* 6. *An Loliaceum alterum Avenacea glumâ. Park.* 1146. *Gramen Arundinaceum aquaticum, panicula avenacea. D. Doody. an Calamagroftis altera Norwegica. Park. Hift.* 1180. *No.* 2. *Raji. Hift.* 2. 1282. *No.* 11.

Rajus dit qu'il a les feuilles etroites. Cependant le noftre les a quelquefois larges d'un de-mi pouce & longues d'un pied & demi. Elles font rayées dans leur longeur. Leur marges font fort afpres quand on gliffe les doigts deffus de haut en bas. Cette plante eft vivace & fa racine trace quelquefois. Ses panicules paroiffent en Juin. Ils ont jufqu'a 8 ou 10 pouces de longeur, la femence eft noiraftre longue d'uhe ligne & demie fur demie ligne de largeur, fil-lonnée d'un profond fillon d'un cofté & arrondie de l'autre. Il eft commun autour de St. Maur ou il a quelquefois 4 a 5 pieds de hauteur.

69. Gramen paniculatum aquaticum fluitans. *Inft. Gramen mannae efculentum Prutenicum. Flor. Pruff.* 108. *defc. & fig. Gramen Loliaceum fluviatile, longiffima panicula. H. Ox.* 3. *Sect.* 8. *Tab.* 3. *fig.* 16. Le brin que M. Stofius m'a donné de fon pays, eft tout fem-blable au noftre.

* 70. Gramen capillatum, locustis pennatis non aristatis. *Raji. Syn.* 260. *Pluk. Phyt. Tab.* 34. *fig.* 2. il y raporte le *Gramen foliolis junceis brevibus, radice nigra & alba. C. B. Pin. & Prod.* mais il ne le faut pas fuivre dans ce fentiment ; non plus que Monfieur de Tournefort, qui y raporte, le *Gramen tenuifolium, glabrum. J. B.* 2. 462. *Gramen criftatum, radiculis nigricantibus. Flor. Pruff.* 110. *cum fig.* C'eft celuy que Mr. Tournefort a dans fon herbier fous le nom de *Gramen Loliaceum minus capillaceo folio, fpicâ Brizæ longiffimâ. J. R. H.* 517. au quel il raporte le *Gramen foliolis Junceis, brevibus, majus, radice nigrâ. C. B. Pin.* 5. *Gramen tenuifolium, glabrum. J. B.* 2. 462. Morifon en donne la figure fous le nom de *Gramen Loliaceum foliolis Junceis brevibus minus. H. Ox.* 3. *Sect.* 8. *Tab.* 3. *fig.* 13. *quoad Iconem.* Les paquets qui compofent l'epi ou la panicule, en font trop al-longez.

Mr. Tournefort, dans fes environs de Paris, l'indique dans la valée de Montmorency pour le *Gramen fpica Brizae minus. C. B. Pin. Prodr.* 19.

☿ 71. Gramen paniculis elegantissimis sive Eragrostis majus. *C. B. Pin.* Ses femences font fpheriques, fort menues & d'un roux brun.

72. Gramen paniculis elegantissimis, minimum. *Inft.*

☿ 73. Gramen filiceum, rigidiusculum. Planche XVIII. fig. 4. *Gramen minus vulgare, panicula rigida. J. R. H.* 522. il faut raporter touts les fynonimes qui font donnés mal a propos au 170ᵉ. des *J. R. H. Gramen exile duriufculum in muris & aridis proveniens. Raji. Hift.* 1287. *Gramen minimum Monfpelienfe. J. B.* 2. *lib.* XVIII. *p.* 464. *Gramen Loliaceum murorum duriufculum, fpica erecta rigidâ. Hift. Ox.* 3. *Sect.* 8. *Tab.* 2. *fig.* 9. *Gramen Loliaceum murorum, duriufculum, fpicâ erectâ, rigida. Ejufd. H. Ox.* 182. *defc. Gramen panicula multiplici. C. B. Pin.* Mr. Tournefort raporte mal a propos ces 2 derniers Synonimes a fon *Gramen paniculatum minus, radice repente, panicula duriore. J. R. H.* 521. car Morifon affeure que fa plante eft annuel-le. Mr. Tournefort indique le fuivant dans fes environs de Paris *pag.* 459. pour le *Gramen panicula multiplici majus & minus. C. B. Pin.* 3.

74. Gramen tremulum majus panicula spadicea. *C. B. Pin.* Les femences des Efpeces font taillées comme en coeur.

Gramen tremulum majus. *C. B. Pin. locuftis candicantibus.*

75. Gramen tremulum minus, panicula parva. *C. B. Pin.* 2. eft le *Gramen tremulum, minus, locufta deltoide.* 47. *Hift. Oxon.* 3. 203. *Icon. Sect.* 8. *Tab.* 6. *No.* 47.

Gra-

Gramen locuſtis ſquamoſis ariſtatis.

76. GRAMEN QUOD FESTUCA AVENACEA STERILIS, ELATIOR. *C.B.Pin.* 9. *Raji Hiſt.* 1289. *Avron ou Havron.* *Feſtuca graminea, annua, ſterilis, ſpicis dependentibus, ſive Bromos Dioſc. C.B. H. Ox.* 3. *Sect.* 8. *Tab.* 7. *fig.* 11. *bonne.*

77. GRAMEN QUOD FESTUCA AVENACEA, STERILIS HUMILIOR. *C.B.Pin.* 9. *an Feſtuca gra- minea, glumis vacuis. C. B. Pin.* 9. *Prodr.* 19. *N°.* 64 ? *Avena ſterilis minor. Park. Theat.* 1148. *fig. Bromos altera ſterilis Lobelii. Lugd.* 1. 405. *Autre Avoine ſterile de Lobel. Lugd. Gall.* 1. 338.

77. ✠ GRAMEN AVENACEUM DUMETORUM PANICULA SPARSA. *Raji. Hiſt.* 1289. *Gramen Bromoides ſpicatum hirſutum. Park.Th.Icon.* 1150. *Gramen Avenaceum, dumetorum jubâ longiore ſpica diviſa. H.Ox.* 3. *Sect.* 8. *Tab.* 7. *fig.* 27. *Gramen Avenaceum dumetorum, pani- culatum, majus hirſutum. H.Ox.* 3. 2113. *N°.* 27. *Item Gramen Avenaceum dumetorum, pa- niculatum, majus glabrum, Ejuſd. ibid. N°.* 26. *an Gramen hirſutum nemoroſum. Adv.Lob. part.* 2. *pag.* 3. *deſc. ſine fig.*

Eſt commun dans les bois des Capucins de Meudon. a St. Maur.

* GRAMEN SYLVATICUM, GLABRUM, PANICULA RECURVA. Planche XVIII. fig. 3.

* 78. GRAMEN AVENACEUM, GLABRUM, PANICULA E SPICIS STRIGOSIS COMPOSITA ARISTIS TE- NUISSIMIS. *Raji Hiſt.* 1909.

Eſt fort commun dans les taillis en allant de Moulignon au Chateau de la Chaſſe. Eſt en eſtat en Juillet.

☉ * 79. GRAMEN QUOD FESTUCA PRATENSIS LANUGINOSA. *C. B. Pin.* 10. *Prodr.* 19. *deſcr.* Plan- che XVIII. fig. 2. *Gramen ſpicâ hirſuta, ad Gramen du Gros accedens. J.B.* 2. *lib.* 18. *pag.* 438. ☉ C'eſt *Feſtuca elatior, paniculis minus ſparſis, locuſtis oblongis, ſtrigoſis, ariſtatis, purpureis ſplendentibus. Raji. Synopſ.* 261. 7. *& Feſtuca Avenacea, ſpicis ſtrigoſioribus e glumis gla- bris compactis. D. Dale Raji. Hiſt.* 1909. *Gramen Avenaceum, ſpicis ſtrigoſioribus glabris. Inſt.* 526. *N°.* 199. 200. 203. Il eſt fort velu.

Cette plante eſt vivace & a pour racines des fibres brunes dures, ligneuſes, tortues, longues de 3 ou 4 pouces & propres a faire des broſſes, & garnies de quelque chevelu. Elle eſt tres commune dans les prairies & ſur les Buttes ou hauteurs de Seve, Meudon, Butte Montboron &c. On en trou- ve des pieds dont les feuilles ſont de moitié plus larges, & de moitié plus courtes que celles qui ſont decrites cy aprés, quelquefois velues ſur les bords & quelquefois glabres ſur d'autres pieds. Cette plante varie ſuivant les lieux. Quand elle ſe trouve dans des prairies fort her- bues, ſes feuilles n'ont qu'une ligne ou deux de largeur, ſur un pied ou un pied & demi de longu- eur, pliées en Olinde, dures, aſſez roides, rayées dans leur longeur vues en deſſus & de haut en bas, douces ou non aſpres en deſſous. D'un vert un peu cendré en deſſus, chargées ſur ſes bords & ſur la carine de poils blancs longs d'une ligne. Les Chalumaux s'élevent de 2 ou 3 pieds ſur une ligne en diamétre dans le bas. Ils ſont entrecoupez de 2 ou 3 noeuds qui ont aſſez de relief & garnies d'autant de feuilles qui commencent par une longue gaine un peu aſpres & velues ainſi que le Chalumeau qui les enfile. Il ſe termine par une panicule qui pa- roiſt vers la fin de May & fleurit au commencent de Juin. Ses ſommets ſont jaunes & devien- nent pourpres bruns en ſe paſſant. Cette panicule eſt longue depuis 3 juſqu'a 8 pouces, compo- ſée de 3 ou 4 & quelquefois de 5 a ſix etages de branches diſpoſées en eventail ouvert, ine- gaux en longueur. Les plus longs ont 2 ou 3 pouces & ſoutiennent 2 ou 3 Epis & les plus courts, un ſeulement. Ces Epis ſont aplatis, larges d'environ un ligne ou une ligne & demie, longs depuis demi pouce juſqu'a un pouce & quelquefois d'avantage, compoſez de 2 rangs de paquets, dont les principales glumes ont ſouvent 8 a 9 lignes de long y comprenant l'arreſte qui les termine. Elles ſont blanchaſtres ſur leurs bords & rougeaſtres ſur le dos qui eſt ordinaire- ment parſemé d'un petit duvet blanc & fort court. Ces glumes ſont taillées comme celles de l'avoine & renferment dans leur creux chacun une ſemence longue de 4 a 5 lignes arrondie d'un coſté & creuſée en ſillon de l'autre.

* GRAMEN QUOD FESTUCA PRATENSIS GLABRIS FOLIIS. *Gramen idem latioribus foliis. Vaill. prodr. pag.* 54. *Eſt Gramen ſparteum, Bromoides, longioribus & erectis utriculis. Barr.*

A a

Obſ.

Obſ. 1235. & *Icon.* Nᵒ. 17. *fig.* 1. C'eſt le *Gramen panicula aurea pendula. C. B. Pin.* 3. *Gramen aureum. Dalech. Lugd.* 1. 430. & peut eſtre le *Gramen tenuifolium*, *hirſutum*, *Barba Ægilopis olim Matthiolo. J. B.* 2. *l.* 18. *p.* 439. *c.* 34.

* 80. Gramen Avenaceum minus foliis inferioribus capillaceis, superioribus vero latioribus. *Inſt.*

Cette plante eſt commune dans les bois de Verſailles, Marly, bois des Capucins de Meudon. Ses racines ſont des fibres, dures, brunes & chevelues longues d'environ 2 pouces d'ou s'elevent quantité de feuilles triangulaires longues depuis demie pied juſqu'a ¾ de pied, deliées comme des crins, d'un vert foncé & luiſant, d'entre leſquelles s'elevent pluſieurs chalumeaux auſſi d'un vert foncé, hauts d'environ 2 pieds ſur demie ligne d'epaiſſeur a leur baſe ou dans le bas, entrecoupez chacun dans leur longeur de 2 ou 3 noeuds & recouverts d'autant de longues gaines, qui ſe terminent en feuilles fort pointues, larges d'une ligne & longues de 4, 5, ou 6 pouces, rayées des deux coſtez, aſpres deſſus l'arreſte quand on les coule de haut en bas entre les doigts. Chaque chalumeau ſe termine par une panicule long depuis 2 juſqu'a 5 pouces, compoſée de pluſieurs petits épis longs d'environ 3 lignes, dont les baſles finiſſent en arreſte de 2 lignes de long. Chaque epi eſt attaché par un pedicule fort court, qui part des brins de les panicules qui naiſſent 2 a 2 & quelquefois ſeuls d'eſpace en eſpace, ſes epis tendent ordinairement en bas & les brins ne ſont ordinairement tournez que d'un coſté. Les panicules ne commencent a paroiſtre que vers la fin de Juin. Les graines ſont meures en Aouſt.

81. Gramen pratense panicula duriore, laxa, unam praecipue partem spectante. *Raji. Hiſt.* 1284. *Gramen ſparteum, ſpicatum, Lolii utriculis, majus. Barr. Obſ.* 1157. *Icon.* 748. *fig.* 1. *Eſt Gramen foliolis junceis brevibus minus.* 3. *C. B. Pin.* 5. Mr. Tournefort l'appelle *Gramen pratenſe, panicula multiplici denſiori, ariſtis carens. J. R. H.* 522. & il prend pour celuy de *Ray* le *Gramen paniculatum Bromoides, minus paniculis ariſtatis, unam partem ſpeĉtantibus* du même *Ray. Hiſt.* 1287. qui eſt une plante annuelle, qui n'y a point de raport. Cependant ce la eſt ainſy marqué dans ſon herbier du Droguier. Moriſon donne une aſſez bonne figure de cette eſpece ſous le nom de *Gramen Loliaceum, panicula ramoſa maritimum. C. B. Hiſt. Ox. Seĉt.* 8. *Tab.* 2. *fig.* 11. *Gramen maritimum panicula Loliacea ramoſa. C. B. Theatr. p.* 130. *Prodr.* 63. *J. B.* 544. il y raporte touts ces noms, mais il ſe trompe, car la plante figurée dans le *Prodr. de C. Bauhin* eſt differente de la ſienne.

Il fleurit en Juin. Il s'en trouve des pieds a panicules pourprez bruns & a ſommets violets bruns, & d'autres dont les panicules ſont cendrez ou blanchaſtres ainſi que leurs ſommets. Il ſe trouve encore des pieds dont les feuilles, les tiges & les panicules ſont glauques, il en faut faire une eſpece particuliere, & citer le *Gramen tenue duriuſculum & penè Junceum. J. B.* 2. 463. & y raporter le *Gramen Loliaceum minus latiore folio, ſpicá Brizae breviſſimá. J. R. H.* 517. qui a les feuilles glauques, & le *Gramen Loliaceum minimum, foliolis junceis. J. R. H.* 517. qui ne differe que par ſa petiteſſe cauſée par l'aridité des lieux & c'eſt cette derniere varieté qui eſt le *Gramen criſtatum radiculis nigricantibus. Flor, Pruſſ* 110. *cum fig.*

* 82. Gramen paniculatum Bromoides minus paniculis aristatis unam partem spectantibus. *Raji.* Eſt celuy que Mr. Tournefort a mis dans ſon herbier pour le *Gramen pratenſe, paniculá duriore, laxa, unam praecipue partem ſpeĉtante J. R. H.* 522. Nᵒ. 131. *Raji. Synopſ.* 257. C'eſt le *Gramen exile Junceum, mollius, Feſtuca panicula, radice rufa. Barr. Icon.* 100. & *Obſ.* Nᵒ. 1242.

Ses baſles ſont terminées chacune d'une arreſte longue d'environ neuf lignes. La ſemence a une ligne & demie de longueur ſur un tiers de ligne de largeur. Elle eſt de la couleur du grain de ſegle & de la figure d'une graine d'avoine. Ses panicules ſe montrent au commencement de Juin. Cette plante ſe plaiſt dans les terres legeres & ſablonneuſes, autour de Verſailles. Sur la Butte Montboron. Eſt tres commun dans les terres ſablonneuſes d'autour de Paris.

☿ 83. Gramen murorum spica longissima. *Ger. Gramen exile, Junceum, mollius, Feſtuca panicula, radice rufa. Barr. Obſ.* 1242. *Icon.* 100. *Gramen Avenaceum murorum, ſpica longiſſima nutante, ariſtata. Hiſt. Ox.* 3. *Seĉt.* 8. *Tab* 7. *fig.* 43. *Eſt Gramen puſillum, ereĉtum, ſpica molli, Avenacea. Bocc. Muſ.* 2. 66. *Gramen ereĉtum, unica ſpica avenacea. Ejuſd. Tab.* 57.

☿ 84. Gramen gros Montbelgardensium. *J. B.* 2. 438. *Feſtuca graminea, ſpicis habi-*

tio-

tioribus, glumis glabris. Raji. Hist. 1289. *Gramen avenaceum segetale, majus, gluma turgidiore. Hist. Ox.* 3. *Sect.* 8. *Tab.* 7. *fig.* 16. Cette figure est assez bonne, au velu pres qui ne devroit pas y estre si dru. C'est le *Gramen Avenaceum, locustis brevioribus glabris, glumis imbricatis & aristatis. J. R. H.* 525. *N°.* 194. il faut y raporter le *Gramen gros Montbelgard. J. B.* 2. 438. & reserver le nom de *Gramen Avenaceum, locustis glabris, purpurascentibus & aristatis. J. R. H.* 525. *N°.* 195. pour une espece qui n'y a point de raport comme on le peut voir dans l'herbier du Droguier, & sur le brin que j'ay.

*☿85. GRAMEN AVENACEUM LOCUSTIS AMPLIORIBUS CANDICANTIBUS, GLABRIS ET ARISTATIS. *Inst.* 525. *an Lolium. Trag.* 668 ? C'est tres assurement le *Gramen Avenaceum pratense, gluma tenuiore glabra. H. Ox.* 3. 213. *N°.* 19. *Gramen Avenaceum locustis glabris, angustis, candicantibus & aristatis. J. R. H.* 525. *Gramen Avenaceum pratense, squamosa gluma, longiore glabra. Ejusd. Sect.* 8. *Tab.* 7. *fig.* 19. Morison le dit petit, bas & glabre, mais les feuilles & surtout celles du bas sont souvent parsemées d'un petit duvet blanchastre. Morison y raporte le *Gramen Avenaceum pratense. Park. Gramen Avenaceum locustis glabris, angustis candicantibus & aristatis. Inst.* 525. Il est 2 fois dans les. *J. R. H.* *Repeté 2 fois dans les* J. R. H. *bien verifié sur l'Herbier du Droguier.*

Cette plante est commune autour de Sataury. J'en ay un brin de provence dont les basles sont chargées d'un duvet semblable a celuy des feuilles.

86. GRAMEN AVENACEUM LOCUSTIS VILLOSIS CRASSIORIBUS. *Inst.* 526. *Gramen Avenaceum locustis villosis angustis candicantibus & aristatis. Inst.* 526. *Festuca Avenacea hirsuta, paniculis minus sparsis Raji. Hist.* 1289. *Gramen Avenaceum pratense, gluma breviore squamosa & villosa. H. Ox.* 3. *Sect.* 8. *Tab.* 7. *fig.* 18. *Festuca graminea hirsutis Bryzae glumis compactior. Barr. Icon.* 83. *N°.* 1. *& Festuca graminea, glumis hirsutis, erectior. Ejusd. Icon.* 75. *N°.* 1. Cette plante est repetée 3 fois dans les *J. R. H.* Scavoir sous les 2 noms qui sont icy & sous celuy du *N°.* 194. des *J. R. H.* 525. a scavoir *Gramen Avenaceum, locustis brevioribus, glabris, glumis imbricatis, & aristatis.*

☿ 87. GRAMEN BROMOIDES SEGETUM, LATIORE PANICULA. *Park.* 1149. *Gramen Bromoides alterum latiore panicula. Ejusd. Icon.* 1150. *Festuca graminea effusa juba. Prodr.* 19. *N°.* 65. *Pin.* 9. *N°.* 3. *Gramen Avenaceum paniculis amplis, locustis longis, angustis, variegatis.* Paroist plus tard que les precedents. Mr. Tournefort dans son herbier, l'a intitulé *Gramen Avenaceum dumetorum, panicula sparsa. Raji. Hist.* 1289.

Ses feuilles sont velues. Les sommets des etamines sont jaunes. Cette plante est commune dans les Champs. Ses panicules paroissent en Juin vers la fin & en Juillet, ils sont fort larges & les locustes purpurines. Il est tres commun dans les hauts prés & dans les grains autour de Paris.

1 GRATIOLA CENTAUROIDES. *C. B. Pin.* 279. *Gratiola flore albo & Gratia Dei. Eyst. Tab.* 108. *Digitalis minima, gratiola dicta. Mor. Hist.* US.

Naist en tres grande quantité dans les prairies du Pont de Liorsin & dans les mares auprés du Chateau de Gros bois. Ainsi que le long de la Seine en allant de Melun a la Ruelle. Elle se trouve aussi autour des Etangs de Villedavray.

1. GROSSULARIA SIMPLICI ACINO, VEL SPINOSA SYLVESTRIS. *C. B. Pin.* 455. *Groselier. Fusch. ch.* LXVIII. *Groseiller.* US.

2. GROSSULARIA NON SPINOSA, FRUCTU NIGRO, MAJORE. *C. B. Pin.* US.

3. GROSSULARIA, MULTIPLICI ACINO, SIVE NON SPINOSA, HORTENSIS, RUBRA, SIVE RIBES OFFICINARUM. *C. B. Pin.* US.

Les Groseliers, tant les Epineux que les non epineux poussent leur feuilles des le Mois de Mars & fleurissent des la fin de ce même mois & en Avril. Leur fleur est a 5 parties egales arrondies & disposées en rosette, purpurins en dessus, vert pasle en dessous, la couronne qui est formée par 5 autres parties blanchastres entoure 5 etamines. Le seul noeud de la fleur devient le fruit sans que le pistile y ait aucune part.

Lierre. US.

Terrete.

* 1. HEDERA ARBOREA *C. B. Pin.* 305. *Lierre noir. Fusch. ch.* CLX.

* 2. HEDERA MAJOR STERILIS. *C. B. Pin. Petit Lierre. Fusch. ch.* CLX.

HEDERULA VID. HEDERA TERRESTRIS. *vid. Calamintha* N°. 4. *Chamaecistus, & Chamaeclema.* Le *Lamium Pannonicum* 111. *Cluf. Hist.* XXXVIII. que *C. Bauh.* raporte avec doute au *Lamium foliis caulem ambientibus majus. C. B. Pin.* 231. est je croy une espece d'*Hedera terrestris.*

1. HELIANTHEMUM VULGARE FLORE LUTEO. *J. B. Chamaecistus vulgaris flore luteo. C. B. Pin.* 465. *Flor. Pruff.* 43. *fig. & defc.*

* HELIANTHEMUM VULGARE FLORE DILUTIORE. *Inst.* 248.

Je l'ay trouvé a fleur presque blanche.

* HELIANTHEMUM VULGARE FLORE ALBO. *Chamaecistus vulgaris flore albo. Scot. illuft.* 2. 16.

* 2. HELIANTHEMUM MAJORANAE FOLIIS CAPITULIS VALDE HIRSUTIS.

3. HELIANTHEMUM FOLIIS MAJORIBUS FLORE ALBO. *J. B. Helianthemum faxatile, foliis & caulibus incanis, oblongis, floribus albis Apennini Montis. Mentz. Pug. Tab.* 8.

4. HELIANTHEMUM TENUIFOLIUM, GLABRUM, LUTEO FLORE PER HUMUM SPARSUM. *J. B.* 2. *p.* 18. *Item Chamaecistus angustifolius flore luteo. Clufii. J. B. N°.* 10. *&* 13. *J. R. H. Bruyere cinquieme ayant la fleur de couleur d'or. Lugd. Gall.* 1. 157. *Ic.*

Sa fleur est jaune fans aucune tache & a 5 a 6 lignes de diamètre. Fleurit en Esté.

5. HELIANTHEMUM FLORE MACULOSO. *Col. part.* 2. 77.

6. HELIANTHEMUM FOLIIS THYMI, FLORIBUS UMBELLATIS. *Inst. Ciftus Ledon foliis Thymi.* 14. *C. B. Pin.* 467. *Ledon* x. *Cluf. Hist.* 80. Cet autheur n'a point vû la fleur qui est blanche.

Est tres commun dans toutes les Landes de la foreft de Fontainebleau. Fleurit en May & Juin.

1. HELIOTROPIUM MAJUS DIOSCORIDIS. *C. B. Pin.* 253.

2. HELIOTROPIUM MAJUS AUTUMNALB JASMINI ODORE. *Inst.*

H. Par. 199. & 466. *Elleborine.*

1. HELLEBORINE LATIFOLIA MONTANA. *C. B Pin.* 186. *Elleborine Dodonaei. J. B.* 3. 516. *Elleborine.* 11. *Cluf. Hist* 272. *defcr. Elleborine de Dodon. Lugd. Gall.* 2. 202. *Elleborine recentior Bry.* 105. Morifon s'eft fervi de la figure de l'*Epipaftis latifolia Eyst.* pour reprefenter cette plante, mais cette figure quoy qu'affez bonne d'ailleurs, n'y fçauroit convenir, attendu que les fleurs y font reprefentées avec de longs éperons, ces fleurs font celles de l'*Orchis alba, bifolia, minor, calcari oblongo. C. B.* & qu'il eft effentiel aux efpeces de ce genre de'n'en point avoir. La figure de l'*Elleborine* de *Dod. Lugd. Gall.* 2. 202. vaut mieux que toutes les autres.

Cette plante fleurit vers la fin de Juillet & au commencement d'Aouft. On la trouve a fleur blanche fur le Calvaire. Et dans les bofquets de Verfailles il s'en trouve des pieds a fleurs purpurines & d'autres a fleurs *herbaceis vel albidis feu obfoletioribus.* & c'eft peuteftre l'*Elleborine flore carneo C. B Pin.* 187. *Elleborine* IIII. *Cluf. Hist.* 273.

H. Par. 466.

2. HELLEBORINE PALUSTRIS NOSTRAS. *Raji. Hist.* 1231. C'eft l'*Helleborine pratenfis angustifolia flore herbaceo Lutetianorum. H. R. Par.* 86. *Helleborine flore herbaceo. H. R. Blef* 270. *vid. Flor. Jenenf.* 278. *Eft Damafonium flore herbaceo, intus nonnihil candicante. J. B.* 3. 517. C'eft tres affurement l'*Helleborine angustifolia palustris five pratenfis.* 3. *C. B. Pin.* 187. *Elleborine recentiorum* III. *Cluf Hist.* 273. La figure de l'*Epipaftis five Elleborine. Cam. Epit.* 889. ainfi que le remarque M. Tournefort, de la quelle. Morifon (*Hist. Ox.* 3.) s'eft fervi pour reprefenter l'*Helleborine montana angustifolia fpicata. C. B. Pin.* convient affez a la plante dònt nous parlons auffi bien que les figures de l'*Helleborine five Epipaftis recentiorum. Lob. Ic.* 312. *& Belgarum. Obf.* 169. de l'*Helleborine. Dod. Pempt.* 384. de l'*Elleborine recentiorum* III. *Cluf. Hist.* 273. & de l'*Helleborine minor flore albo. Park. Theatr.* 218. que le même Morifon donne pour l'*Helleborine angustifolia palustris five pratenfis. C. B. Pin.*

Fleurit vers la fin de Juin & en Juillet.

3. Helleborine flore albo vel Damasonium montanum latifolium. *C.B.Pin.* 187. *Epipactis angustis foliis.* 1. *Eyst. Tab.* 130. tres bonne figure.

Cette plante fleurit en May & Juin. Elle naist dans les bosquets de St. Cloud proche le mail, en quantité. Trouvée le 3 Juin 1711. & a St. Maur dans les Bosquets a droit avant que d'entrer dans le parc par la grande grille, & se trouve aussi dans le dit parc sur la pente qui reigne entre le mail & la viviere.

4. Helleborine montana angustifolia purpurascens. *C. B. Pin.*

* 5. Helleborine, foliis praelongis, angustis, floribus candidis. An prioris varietas ? *Helleborine angustifolia flore niveo.* H. *Amstel.* La figure du *Damasonium Alpinum. Lugd.* 1. 1058. *Gall.* 1. 924. que *C. Bauhin* rapporte a son *Helleborine montana angustifolia purpurascens. C. B. Pin.* quoiqu'a fleur jaune represente assez bien la plante en question.

Fleurit vers la mi May, & se trouve dans la forest de Fontainebleau.

1. Helleborus niger faetidus. *C.B.Pin.* 185. *Helleboraster maximus. Eyst. Tab.* Ellebore. 363. *Helleborastrum magnum*; Item *Helleborastrum minus. Tabern. Icon.* 722. *Ellebore noir* US. *bastard sauvage. Fusch. ch.* cv.

*1. Hepatica officinarum. *Lichen petraeus latifolius sive Hepatica fontana. C. B.* US. *Pin.* 362. *Raji Hist.* 1. 124. ce dernier autheur veut que cette plante soit la même que la quatrieme de ce Catalogue. *Lichen petraeus stellatus. C.B.Pin.* 362. *Lichen seu Hepatica minor, stellaris. Park.* 1314. *Hepatica stellata. Ger.* 1565. *Lichen seminifera pyxide folio adnascente Julo pediculo longo insidente. Raji. Syn.* 41. 11. *Hepatique Fusch. ch.* clxxix. Ses feuilles sont travaillés en dessus en maniere de raiseau comme celles du N°. 3.

Le chapiteau est garni en dessous d'autant de petits chatons de bague ovales & frangez, qu'il y a de decoupures ou de rayons au dit chapiteau. Chaque chaton est garni d'un bout a l'autre de 2 rangs de petites capsules taillées en poire, chaque rang a ordinairement 3 de ces capsules. Elles sont membraneuses. De chaque capsule pend, lors qu'elle va s'ouvrir, une petite teste jaune ovoide, portée sur un pedicule blanc & fort court. Cette petite teste venant a s'ouvrir par son extremité represente parfaitement bien une teste de *Santolina*, & semble estre comme un petit bouquet de fleurons, quoique ce ne soit qu'un lacis de laine jaune chargé de menue poussiere de la même couleur. Ce caractere ne me paroist pas different de celuy de l'*Hepaticoides*. Ceux qui ont cru voir des fleurs jaunes en cloche se sont trompez, car ce n'est que la mesme petite teste ovoide qui après s'estre ouverte & vuidée de sa poussiere, prend cette figure de cloche découpée ordinairement en 4 quartiers.

Cette plante rampe dans les lieux frais & humides; ses feuilles qui sont verds foncéz & luisants, s'allongent jusqu'a 5 a 6 pouces. Elles sont larges de 5 a 6 lignes & se divisent sur les côtez & par les bouts, en quelque façon commes celles du chesne. Elles sont comme chagrinées & traversées dans leur longueur en dessus par une petite goutiere & relevées en dessous d'une nerveure noire, qui est toute garnie d'un long chevelu, & qui fait quantité de petites nerveures blanches, qui s'etendent en croissant sur les côtez, a fleur de la superficie de la feuille. Leurs bords sont un peu ondez & comme crenelez. Les jeunes feuilles sortent des cornets membraneux, hauts d'environ une ligne sur presque deux lignes de diamêtre. Celles qui sont plus avancées portent vers leurs extremitez des parasols larges de 2 ou 3 lignes, echancréz en rosette, membraneux sur les bords, fendus par dessus en teste de vis dont chaque moitié est relevée en dessus & en dessous de quatre bossettes. Celles de dessous sont noirastres, & celles de dessus d'un verd semblable a celuy des feuilles. Le pedicule qui soutient le parasol est blanchastre & quelquefois purpurin luisant & tendre, long d'environ un pouce. Cette plante machée laisse un tant soit peu d'astriction dans la bouche. Elle porte ses parasols en Avril & May.

* 2. Hepatica petrea umbellata. 3*tia. Tabern. Ic. Lichen petraeus, umbellatus. C. B. Pin.*

Ses chapiteaux paroissent en May & Juin. Ils ne sont garnis en dessous que d'ecailles, & non pas de chatons comme ceux de l'*Hepatica stellata.* Ces écailles sont disposées en taille & couvrent chacune une ou deux semences vertes, rondes & plates. Le dessus des feuilles de cette espece est aussi travaillé en maniere de raiseau fort serré.

* 3. Hepatica reticulata et verrucosa. Planche XXXIII. Fig. 8. *Lichen sive*

Hepatica Lunulata, Epiphyllocarpos. Raji. Hist. 1. 125. Nᵒ. 7. Prodr. Botan. Paris. 57. Nᵒ. 10. Lichen petraeus acaulis, foliorum medio lunulis seminiferis donatus. Pluk. Almag. Bot.

Celle cy se trouve dans les tranchées humides des Bosquets de Versailles en deça de l'Isle d'amour. Son port, son verd & sa tissure sont les mêmes que ceux de la suivante. Mais elle en differe par ses fruits qui sont de petits Tourteaux chagrinez en forme de verrues. Ils n'ont point de pedicules. Ils commencent a paroistre en Avril. Leur couleur est ordinairement brune roussastre. Ces pretendus fruits sont plats en dessus & relevez de petits mamelons. Coupez transversalement ils paroissent percez ou trouez comme une Eponge. On n'apperçoit aucune semence dans ces trous ou cavitez.

* 4. Hepatica pileata et stellata. *Lichen petraeus cauliculo pileolum sustinente. C. B. Pin. 362. Nᵒ. v. Lichen Plinii primus, pileatus. Col. 1. 330.*

Le 20 Fevrier 1719. J'ay trouvé cette plante dans le parc Jouy en deça de la fontaine, le long d'une tranchée qui sert d'egout aux eaux qui se filtrent & coulent de la pente, le long de la quelle regne la grande allée du dit parc. Cette plante estoit alors en l'estat que la decrit *Columna*. C'est a dire qu'elle estoit garnie de pedicules ou hampes chargées de leur chapiteau. Les plus longues de ces hampes avoient 3 pouces de longeur sur deux tiers de ligne d'epaisseur vers leur base. Ces hampes sont blanches transparentes, luisantes, tendres, pleines de suc. Le chapiteau qu'elles soutiennent est un cone long d'environ 2 a 3 lignes sur presque autant de diamêtre a sa base. Ce cone est pour ainsi dire un bonet de nuit double, dans la duplicature du quel sont pratiquées ordinairement 5, quelquefois 4 & d'autres fois 6 & même jusqu'a 8 loges, dans chacune des quelles est contenu un corps dont l'origine est un cone plein, transparent, blanc, luisant, de la base du quel pend comme un petit cervelas noir long d'une ligne dont le bout inferieur est terminé par un petit mamelon. Ce Cervelas s'ouvre en 4 quartiers & repand une poussiere. Les loges qui contiennent ces cervelas & le cone ou chacun d'eux est attaché, s'ouvrent en vulve selon leur longueur pour donner issue au cervelas qui les deborde, le quel s'ouvre de la pointe pendente jusque vers sa partie moïenne en 4 quartiers egaux. Il est rempli d'un floçon de laine ou de soye brune, entremelé de semences de la même couleur, & menues comme la plus fine poussiere.

* 5. Hepatica palustris, lobis cristatis.
a Meudon.

* 6. Hepatica palustris bifurcata, lobis brevioribus carinatis.

* 7. Hepatica palustris dichotoma, segmentis angustioribus. *an Lactuca aquatica, tenuifolia, segmentis bifidis. Mut. Petiv. Nᵒ. 253.*

Cette plante est quelquefois plaquée sur les grez qui sont autour des marres dans la forest de Fontainebleau; & quelquefois sur la base ou elle s'attache fortement par de petits Cheveux blancs que pousse le dos de ses segmens. Elle est d'un verd gay & mat. Quand cette plante se trouve inondée, elle se detache assez souvent de la vase & pour lors on la voit floter sur l'eau ou ses segmens sont une fois plus larges que lors qu'on la trouve a terre. Le 26 Juillet 1706. dans les marres autour de Franchard.

* 8. Hepatica, arborea, globuligera. Planche XXIII. fig. II. ł. a. C'est une Hepaticoides par raport a son fruit. *Muscus Trichomanoides, terrestris, floridus, foliis bifidis.*

Cette plante naist dans les memes endroits que le *muscus nummulariae folio fructu pediculo carente. Inst.* Et fleurit en même temps. Elle commence d'abord par une gaine membraneuse, longue d'environ une ligne, fort etroite, dont le bas est roussatre, & le reste assez blanc; du fond de la quelle s'eleve un cheveu tendre, blanc & luisant, long de 8 a 9 lignes, chargé d'un petit boutonnoir, ovale, qui s'ouvre en croix, de couleur brune, couverte d'une poussiere tres fine. Les tiges qui viennent ensuitte & qui se divisent en quelques branches, rampent & s'attachent fortement a tout ce qui les environne, par un petit cheveu blanc presque imperceptible. Le 24 Febrier 1712. j'ay remarqué que les globules de cette plante qui ne sont pas plus gros que la teste d'un Camion ou petite Epingle, sont des bourses herissées de petits poils, qui venants a s'ouvrir en devant laissent échaper un filet blanc tres delié, long de 4 ou 6 lignes, dont le sommet est chargé d'un autre globule noirastre encore plus menu, le quel s'ouvre de devant en arriere en 4 quartiers qui laissent échaper une poussiere couleur de lie de Vin.

* 9. Hepatica saxatilis, undulata, seminifera.

Le

Le 18 Juillet 1706. Cette plante est attachée aux grez qui sont autour des marres dans les landes de la forest de Fontainebleau, par de petits cheveux qui sortent du dos des feuilles. Ces feuilles sont ondées a peu prés comme celles de *Lingua Cervina maxima undulato folio & for-*ment de petits gasons vert gai plaquez sur ces grez. L'extremitè de ces feuilles forme des especes de rosettes dans le milieu desquelles se voyent de petits grains jaunastres & transparents, qui selon toutes les apparences sont les semences de cette plante. Les feuilles sont aussi transparentes & pliées en goutiere mais toutes gaudronnées.

10. Hepatica Asplenoides, ramosa, major, florida, muscus nummulariae folio, major. J. R. H. 555.

Elle naist sur les pentes des levées de terre fraiches & humides, & quelquefois dans les prairies marecageuses de Versailles & de Jouy. Ces tiges poussent a leur naissance dans les mois de Mars & d'Avril, des filets tendres, blancs & luisants, qui sortent du fond d'une gaine membraneuse, blanc sale, longue d'une ligne ou deux, attachée sur le coté du brin. Ces filets ont environ un pouce & demi de hauteur, & soutiennent un petit bouton ovale, noir, poli & luisant, qui s'ouvre de la pointe a la base en 4 quartiers disposez en croix, de couleur brune tirant sur le roux, chargez d'une poussiere tres fine. Cette plante pousse des tiges branchues, longues d'un pouce jusqu'a quatre, tortuës, rampantes, garnies sur les côtez des feuilles fort serrées, tres minces, transparentes, longues d'environ une ligne, taillées en oreillon, posées en ecailles, sur les cotez des tiges & des branches. Cette plante est vivace. Quand cette plante naist dans l'eau ses feuilles sont moins pressées & rangées alternativement.

11. Hepatica, qui muscus squamosus, foliis subrotundis, densissimis. J. R. H. 554.

Cette espece rampe, & forme ordinairement sur la tronc des arbres dans les lieux frais des gazons fort touffus d'un verd brun & mat, qui poussent des brins longs d'un pouce ou deux, fort branchues sur les cotez, garnis des feuilles tres serrées, presque rondes, fort minces, qui n'ont que deux tiers de ligne de long sur un peu moins de large, posées en ecailles sur les cotez, mais d'une maniere qui n'empesche point qu'elles ne couvrent les brins. Pendant que cette plante est encore jeune & que ses brins ne commencent qu'a s'elonger, elles poussent des petites gaines verts pales, longues d'environ une ligne, du fond des quelles s'eleve un cheveu blanc, fort tendre, qui les deborde d'une ligne seulement & soutient de petits boutons chatains qui s'epanouissent de la pointe a la base en quatre parties egales d'un rouge brun, chargées d'une legere poussiere.

12. Hepatica, qui muscus saxatilis, nummulariae folio, minor. J. R. H. 555. An Lichen parvus, in corticibus arborum humidis repens, foliolis subrotundis squamatim incumbentibus. Raji. Syn. 41. N°. 10 ? an Muscus Lichenoides foliis cauli squamatim incumbentibus, angustior. ejusd. App. 339 ?

Celle-cy rampe & forme aussi des gazons ronds, sur l'ecorce des arbres & sur les rochers. Elle differe de la precedente, par sa couleur qui est d'un verd plus brun, par ses tiges, qui sont plus longues & plus menues, par ses feuilles qui sont deux fois plus petites, & enfin par les fleurs, qui ne sont ni si grandes ni si colorées. Elle croist a Versailles & a Fontainebleau.

1. Hepaticoides Hepaticae facie. Lichen petraeus cauliculo calceato. 4. C. B. Pin. 362. il y faut rapporter le *Lichen parvus erectus, foliolis profunde laciniatis. Pluk. Almag. Bot. 216. Phytogr. Tab. 42. fig. 2.* Je croy qu'il y faut aussi rapporter le *Lichen terrestris foliis angustioribus virescens. 2. Raji. Hist. 1. 117.*

2. Hepaticoides Polytrichi facie. Muscus Trichomanoides foliis rotundioribus pellucidis squamatim conjuncte sibi incumbentibus. 42. Hist. Ox. 3. 627. Icon. Sect. 15. Tab. 6. N°. 42. sans fruit. C'est la premiere de mes desseins. *Tab. 1. N°. 1. Muscus minimus tenuissimusque Asplenii facie. Scot. Illust. 2. 39. Tab. 3. fig. 5. Muscus, nummulariae foliis subrotundis, dense positis. J. R. H.*

3. Hepaticoides Polytrichi facie, foliis bifidis major. Muscus Lichenoides foliis pinnatis bifidis minor. 47. Hist. Ox. 3. 627. Icon. Sect. 15. Tab. 6. N°. 47. sans fruit. C'est la seconde de mes desseins. *Tab. 1. fig. N°. 2. Muscus pennatus, foliis subrotundis, bifidis, major. J. R. H.*

Mr. Petiver me l'a envoyé en dernier lieu sous le nom de *Muscus Lichenoides*,

fo-

foliis pennatis bifidis major. Raji. Synopf. 339.

4. HEPATICOIDES ALBESCENS, FOLIIS PINNATIS. *Mufcus, nummulariae folio, fruƐtu pediculo carente. J. R. H.* 555. *Mufcus fquamofus, nummulariae folio, fruƐtu pediculo carente. Hifloir. Parif.* 503. *an Lichen minimus albefcens, cauliculis reptans, foliis pinnatis, capitulis nigris lucidis.* 5. *Raji. Synopf.* 41 No. 5 ? Mr. Petiver me l'a envoyé en dernier lieu pour le *Mufcus Lichenoides foliis pennatis bifidis minor. Raji. Synopf.* 339. mais il faut qu'il fe foit trompé puifque fes feuilles ne font point bifurquées.

Cette mouffe eft vivace & forme des gazons fort touffus, fur les pentes des levées de terre, dans les endroits frais & couverts des bois de Verfailles. Ses tiges font brunes, tortues, affez roides, longues d'un poucelou deux, peu branchues, a demi couchées, vers le haut garnies fur les coftes de feuilles affez ferrées, tranfparentes, tres minces, d'un verd pâle & mat, longues d'environ une ligne, fur demi ligne de large, taillées en oreillette & en aifles comme celles du *Polytric.* Ces feuilles fe courbent en deffous & forment une efpece de cofte fur l'extremité des brins. Ces brins ainfi chargez de feuilles, ont en quelque façon la figure de infecte qu'on nomme Millepieds. De l'extremité des rameaux naiffent en Mars & Avril des petites gaines membraneufes, blancs fales, longues d'une ligne fur demie ligne de diamêtre, dentelées fur les bords, du fond de la quelle part un filet droit, long de demi pouce, blanc, tendre & luifant, chargé d'un petit bouton ovale, noir, qui s'ouvrant de la pointe a la bafe en quatre parties egales, forme une fleur brune & poudreufe, affez femblable a celle du *Gallium nigro-purpureum, montanum, tenuifolium Col.* Le refte de l'année on ne remarque fur les extremitez des branches que de petits grains noirs, attachéz immediatement aux feuilles. Peut eftre font ce des femences.

* 5. HEPATICOIDES FOLIIS SUBROTUNDIS SQUAMATIM INCUMBENTIBUS MAJOR. *Mufcus fquamofus, foliis fubrotundis, denfiffimis. J. R. H.* 554. *Mufcus muralis floridus, foliis fubrotundis creberrime imbricatim difpofitis, five Mufcus muralis platyphyllos.* 44. *Hift. Ox.* 3.627. *Icon. SeƐt.* 15. *Tab.* 6. No. 44. Mr. Petiver me l'a envoyé en dernier lieu fous le nom de *Lichen parvus in corticibus arborum humidis repens, foliolis fubrotundis fquamatim incumbentibus* 10. *Raji. Synop.* 41. & *Hift.* 3.48. *Eph. Nat. Cur. Cent.* 5. & 6. *App. pag.* 92. *Tab.* x. *fig.* 29. *Lichenaftrum petalodes, fquamofum, majus. Dillen. Cat.* 213.

6. HEPATICOIDES FOLIIS SUBROTUNDIS SQUAMATIM INCUMBENTIBUS MINOR. *Mufcus faxatilis nummulariae folio minor. J. R. H.* 555. C'eft fans doute le *Mufcus Lichenoides foliis cauli fquamatim incumbentibus anguftior. Raji. Synopf. in app.* 339.

* 7. HEPATICOIDES; QUI MUSCUS TRICHOMANOIDES, TERRESTRIS, MINOR FLORIDUS. Voyez Planche XXIII. Fig. 10.

* 8. HEPATICOIDES PALUSTRIS CICHORII CRISPI FOLIIS.

Cette plante naift dans les marecages, ou elle fait des gazons touffus, verd brun & luifant. Ses feuilles font liffes, tendres & caffantes, longues de 2 ou 3 pouces, fur autant de lignes de large, decoupées & frifées fur les côtez & par le bout, comme celles de la Cichorée, creufées en goutiere par deffus, relevées par deffous en dos d'Afne, garnies dans leur longueur d'un petit chevelu qui attache fortement ces feuilles, les unes fur les autres. De deffus & vers les extremitez de leurs decoupures naiffent des gaines membraneufes, blancs fales, de la longueur de deux ou trois lignes, fur une de largeur, du fond des quelles s'elevent en Mars & Avril des pedicules fongueux, tendres, blancs & luifants, longs de deux ou trois pouces, larges d'une ligne, un peu applatis & quelquefois tournez en vis. Chaque pedicule foutient un bouton fpherique de la groffeur d'un petit grain de Veffe, qui s'ouvre fubitement de la pointe a la bafe, en quatre parties jaunaftres, qui forment une fleur en rofette, dont les quartiers fe rabattent fur le pedicule. Le centre de cette fleur eft furmonté d'un placente anguleux, large de deux lignes, blanc fale, velu, chargé de pouffiere tres fine, qui tombe peu de tems aprés & laiffe voir un floccon de duvet fauve. Toute la plante machée eft infipide d'abord, & piquotte enfuitte legerement la langue. Voyez Tab. XIX. fig. 4.

115. HERBA PARIS. *Dodon. Raifin de Renard. de Fufch. ch.* xxx.

Elle fleurit des la fin d'Avril & en May. Eft commune dans la garenne de Seve. Dans la garenne de St. Michel au de la de St. Leu d'Effence. Son fruit eft meur vers la fin de Juillet & en Aouft. Se trouve auffi dans la foreft de Montmorency autour des petits ruiffeaux qui forment les Eftangs a la droite du Chateau de la Chaffe. Et dans les taillis a droit fur la pente entre Moulignon & le chateau de la chaffe.

1. HER-

1. Herniaria glabra. *J. B. 3. 378. Herniaria Sim. Paul. 250. Ic.*   US.
2. Herniaria hirsuta. *J. B. 3. 379.*   US.

* 1. Hesperis hortensis. *C. B. Pin.* a fleur purpurine *Violette blanche, & Violette Juliane. pourprée. Fufch. ch.* CLXXIV. C'eſt l'*Heſperis ſylveſtris inodora. C. B.* Moriſon aſſûre qu'elle ne diffère de l'*hortenſis* qu'en ce que ſes fleurs n'ont point d'odeur.

Dans le grand parc de St. Maur. en May & Juin. La fleur a un pouce de diamêtre & n'a point ou preſque point d'odeur.

* Hesperis hortensis, flore candido. *C. B. Pin.*

2. Hesperis Leucoji folio serrato, siliqua quadrangula. *Inſt. 223. vel potius Leucoium, luteum, ſylveſtre, hieracifolium. C. B. Pin.* 201. La plante de Moret n'eſt aſſeurement point celle des Inſtitut. Mais c'eſt le *Leucoium luteum ſylveſtre, Hieracifolium. C. B. Pin.* 201. N°. v. *Leucoji lutei ſylveſtris ſpecies Thalii* 69. *deſcript. Leucoium ſylveſtre inodorum, flore parvo pallidiore. Icon. Eyſt. Tab.* 169. *fig.* 2. *Raji. Hiſt.* 1. 781.

Fleurit en May. & Juin.

3. Hesperis allium redolens. *Mor. Hiſt.* 252. *Alliaria, Matth. Alliaire de Fuchſ. Chap.* US. XXXVI.

Il faut diviſer les *Hieracia* comme s'enfuit.

1. *Hieracium* N°. 1. 2. 3. 8. 9. 10. 11. a ſemences aigrettées de poils & qui ne ſont point ſeparées entr'elles.

2. *Hyoſeris.* & y raporter la 14 la 16 la 17 dont les ſemences ſont a aigrette de plumes, & ſeparées par des languettes.

3. *Picris* N°. 9. 9a. 9b. 9c. 12. 13. dont les ſemences ſont a aigrette de plumes, & ne ſont point ſeparées entr'elles.

4. *Hieracium fruticoſum* N°. 5. 6. 7. a ſemences aigrettées de poils. Calice a écailles diſpoſées en ſpirales ſur pluſieurs lignes.

⊙ * 1. Hieracium quod. Pilosella major repens, minus hirsuta. *C. B. Pin.* 262. *Hieracium Piloſelloides, vulgare. Mem. Ac. R.* 1721. *N.* 1.

Sa fleur eſt jaune citron en deſſus & en deſſous. Elle eſt double & a 6 a 7 lignes de diamêtre. Le calice eſt découpé ordinairement en 20 lanieres qui forment autant de petites coſtes heriſſées de poils noirs. Il y a quelque languettes a la baſe du calice, mais elles ne ſe jettent point en dehors, mais ſont comme collées dans toute leur longeur ſur le corps du calice & ſont auſſi heriſſées de poils noirs. Les ſemences ſont noires, canelées en long pointuës par la baſe, & cylindriques dans le reſte de leur longeur qui eſt en tout de deux tiers de ligne. Et ſont ſurmontées d'une broſſe de poils blanchaſtres longues d'environ 2 lignes la tige eſt un peu fiſtuleuſe. Toute la plante eſt peu amere. Elle eſt commune ſur les bords de la foreſt de Creſſy. Fleurit en Juin. Et ſur les bords de la foreſt de Fontainebleau. Sa tige ſoutient quelquefois 4 a 5 fleurs.

⊙ 2. Hieracium murorum, folio pilosissimo. *C. B. Pin.* 129. *J. R. H.* 471. *Mem. Ac. R.* 1721. *N.* 29.

Sa fleur eſt jaune en deſſus & en deſſous, elle a un pouce & quelquefois un peu plus de diamêtre. Elle eſt double, mais les fleurons de la circonference qui debordent les autres d'environ 2 lignes ſont fort écartez les uns des autres. Le nombre de tous les demifleurons de cette fleur eſt de 65 ou de 70 le calice eſt decoupé ordinairement en 20 lanieres qui forment autant de petites coſtes heriſſées de poils noirs. La baſe de ce calice eſt accompagnée de quelques languettes qui s'appliquent immediatement ſur le corps du calice & ſont heriſſées commes les decoupures du dit calice. Les ſemences ſont noires ſtriées en longueur cilindriques, longes d'environ 2 lignes pointues par le bas ſurmontées par le haut d'une broſſe de poils blanchaſtres longs d'environ 2 lignes. La plante eſt peu amere, la tige eſt fiſtuleuſe. Fleurit vers la fin de May & en Juin.

⊙ 3. Hieracium murorum, laciniatum minus pilosum, *C. B. Pin.* 129. *Mem. Ac. R.* 1721. Varieté quatrieme de la 29 la, ou de la deuxieme de ce Catalogue. *Pulmonaria Gallica foemina. Tabern. Icon.* 195. La fleur de cette troiſieme eſpece eſt de la couleur & grandeur de celle de la precedente, mais elle n'a ordinairement qu'une cinquantaine de demifleurons dont les 12 ou 15 plus larges forment la circonference & debordent les autres de 2 ou 3 lignes le calice eſt tout ſemblable a celuy du N°. 2. mais il n'eſt relevé que de 15 ou 16 coſtes. Les ſemences, ſont de même que deſſus. Les fleurs de la figure de *Pulmonaria Gallica ſive au-*

C c

rea,

rea. Tabern. Ic. 194. reprefentent mieux celles de l'efpece en queftion que non pas celles du N°. 2. & les fleurs de la *Pulmonaria Gallica foemina. Taber. Icon.* reprefentent mieux les fleurs du N°. 2. que celles du N°. 3.

Au refte cette plante fait auffi fes tiges fiftuleufes & eft peu amere. Elle fleurit en même temps que le N°. 2.

* 4. Hieracium murorum, laciniatum, minus, pilosum, folio angustiore. *C. B. Pin.*

5. Hieracium fruticosum latifolium hirsutum. *Pin.* 129. *H. Ox.* 3. *Sect.* 7. *Tab.* 5. *fig.* 59. *Hieracium fruticefcens, latifolium, polyanthos. Eyft. Tab.* 284. *bonne fig. Hieracium fruticofum, latifolium, hirfutum, calice fufco, ovariis nigris. Mem. Ac. R.* 1721. *N.* 52.

Se trouve dans la foreft de Montmorency.

* Hieracium fruticosum latifolium, hirsutum, maculatum.

A Fontainebleau autour du Calvaire. Ses feuilles font chargées de taches rouges bruns comme celles du *Pulmonaria Gallica.*

6. Hieracium fruticosum latifolium foliis dentatis glabrum. *C. B. Pin. Hieracium fruticofum, folio lato, dentato, fubtus glauco, ovariis rufefcentibus. Mem. Ac. Reg.* 1721. *N.* 50.

7. Hieracium fruticosum angustifolium majus. *C. B. Pin.* 129. *J. R. H. Mem. Ac. Reg.* 1721. *N.* 53.

♃ * 8. (1) Hieracium minus. *Diofc. Tabern. Icon.* 181. *Hieracioides, annua, fubincana, Cyani foliis. Mem. Ac. Reg.* 1721. *N.* 24. *Hieracium luteum, glabrum, feu minus, hirfutum. J. B.* 2. *lib.* 24. *p.* 1024. *Raji. Hift.* 1. 234. *Cichorium pratenfe, luteum laevius. C. B. Pin.* 126. *N°.* 4. C'eft celle qui naift fur les murailles. Elle eft un peu incane & velue, les arreftes des tiges font purpurines.

(2) Hieracium majus. *Diofcoridis. Tabern. Icon.* 180. *Hieracium majus erectum anguftifolium, caule laevi.* 6. *C. B. Pin.* 127. eft la même que la precedente.

(3) Hieracium foliis et facie Chondrillae. *Lob. Ic.* 239. eft encore la même qui fe trouve dans les Jardins & dans les Vignes. C. Bauhin la raporte a fon *Hieracium Chondrillae folio hirfutum.* 2. *Pin.* 127. Je ne fcay pourquoy, il la dit velue veû qu'elle eft toujours glabre.

(4) Hieracium minus glabrum. 11. *C. B. Prodr.* 63. *foliis eleganter virentibus. C. B. Pin.* 127. *N°.* x. eft je croy encore la même. *Hieracium Erucae folio luteum. J. B.* 2. *lib.* 24. *p.* 1025. Il faut raporter ce nom a cette efpece icy de ce Catalogue & decrire la plante que Mr. Tournefort indique fous ce nom, qu'il faudra luy changer, dans fes Environs de Paris. *pag.* 99. Il la faut nommer *Hieracium Dentis Leonis folio, hirfutum, flore intus luteo, extus purpurafcente.*

Elle fleurit des la fin de May & continue en Juin & Juillet. Son calice eft comme couvert d'une fleur de farine. Il n'y a guere de plante qui varie plus que celle cy, tantôt elle n'a que 3 a 4 pouces de hauteur & tantôt plus de 2 pieds, quelquefois fes feuilles font entieres & feulement dentelées & d'autres fois elles font decoupées fort profondement & affez fouvent crefpées ou ondées. Sa fleur eft jaune en deffus & en deffous & n'a qu'environ demi pouce de diamêtre, fon calice eft nud. Lorfque la fleur eft paffée, de cilindrique qu'il eftoit il devient conique canelé a côte de melon. Ses coftes font chargées d'un rang de cils noiraftres de demi ligne de longueur. Ce calice en cet eftar n'a que 3 ou 4 lignes de haut.

9. Hieracium Chondrillae folio glabro, radice succisa majus. *C. B. Pin.* 127. *Hieracium minus praemorfa radice, five Fuchfii. J. B.* 2. *l.* 24. *p.* 131. *Raji Hift.* 1. 230. *Hieracium minus. Fuchf. Ic.* 320. *Petit Hieracium. Fufch. cb.* cxx. *Hieracium minus Lactuca Leporina. Tabern. Icon.* 182. Cette plante eft 4 fois nommée dans le Pinax. Voyez les 3 autres noms cy apres a. b. c.

Rien ne fepare les femences entre elles. Elles font un peu fufelées, leur aigrette de plume eft blanc fale, longue de 2 ou 3 lignes. Sa fleur a environ un pouce de diamêtre, fon jaune eft comme celuy de la fleur de *Piffenlit* en deffus avec une bande purpurine brun fous chaque demifleuron de la circonference. Les fleurons font ordinairement decoupez en 6 pointes fur le bout, & font foutenus par un calice dont les écailles font intimement couchées l'une fur l'autre dans toutes leurs furface. Ce calice eft un peu velu & a environ 4 lignes de long.

Les femences en ont 2 de long & font brunes, rayées en longeur & n'ont qu'un quart de ligne de diamêtre & font furmontées d'une aigrette de plume longue de 2 ou 3 lignes. Sa tige eft nuë & creufe. Fleurit en Juillet & Aouft.

a Hieracium Chondrillae folio, glabrum *C. B. Pin.* 127. *Hieracium Aphacoides.* *Tab. Ic.* 182.

b Hieracium foliis Coronopi. *C. B. Pin.* 128. *Hieracium nigrum. Tabern. Ic.* 181. C. *Bauhin* ne regarde celle cy que comme une varieté du N°. 10.

c Hieracium Chondrillae folio glabro, radice succisa, minus. 5. *C. B. Pin.* 128.

10. Hieracium hirsutum luteum. *J. B.* 2. *lib.* 24. *p.* 1024. il faut y rapporter l'*Hiera-* *cium maximum Chondrillae folio, afperum.* 1. *C. B. Pin.* 127. *quod* 7 *eft in Prodr. pag.* 64. *Hie-* *racium maximum afperum Chondrillae folio. Prodr.* 64. *Park. Theatr.* 793. ou eft une affez bonne figure. *Hieracioides, altiffima, annua, Chondrillae folio, flore utrimque luteo. Mem-* *Ac. R.* 1721. *N.* 20.   H. Par. 99.

Cette plante eft commune dans les bas pres des environs de Paris ou elle s'eleve quelquefois de 4 a 5 pieds. Sa tige eft creufe. Ses fleurs font jaune Citron en deffus & en deffous, & ont 12 a 15 lignes de diamêtre. Son calice eft a cofte de melon, il a environ 4 lignes de longeur fur 3 de largeur, il eft noiraftre, un peu velu & garni a fa bafe de 6 a 8 languettes qui forment une efpece de chapiteau. Sa femence eft longue d'environ deux lignes couleur de noifette & rayée en long, elle eft chargée d'une aigrette de poils blancs longs de 3 lignes. Elle fleurit en May & Juin. Le calice eft decoupé en 13 ou 14 lanières verts bruns, heriffées de petits poils fort courts.

11. Hieracium maximum Erucae folio. *Inft. R.H.* 469. *Hieracium Erucae folium hirfu-* *tum. J. B. Hieracioides vulgaris foetida. Mem. Ac. R.* 1721. *N.* 5. *& Hieracium Amygdalas amaras* *olens, feu odore Apuli fuaverubentis. H. R. Par. J. R. H.* 469. *Senecio hirfutus. C. B. Pin.* 131. *Senecionis fpecies Dodonaei. Lugd.* 1. 577. *Efpece de Seneffon, de Dodon. Lugd. Gall.* 1. 487. *Ja-* *cobaea fylvatica, tomentofa, Cichorii fylveftris folio. H. Ox.* 3. 109. *Item Hieracium luteum,* *Cichorii fylveftris folio, Amygdalas amaras olens. H. Ox.* 3. 63. *N°.* 4. *Hieracium flore ex-* *terne croceo, Amygdalas amaras olens. Sect.* 7. *Tab.* 4. *fig.* 4. *Hieracium Caftorei odore Monf-* *pelienfium.* 6. *Raji. Hift.* 1. 232. *Hieracium flore parvo luteo. Apuli flore fuaverubenti odo-* *re aemulum. H. R. Blef.* 271. La figure de l'*Hieracium Apulum, flore fuaverubente. Col.* 1. 242. reprefente parfaitement bien la plante en queftion.

Sa tige eft pleine. Elle eft commune entre le pont de St. Maur & Champigny.

○ 12. Hieracium asperum majori flore in limitibus agrorum. *J. B.* 2. *l.* 24. *p.* 1029. *Cichorium pratenfe luteum hirfutie afperum, vel Hieracium hirfutum foliis caulem ambien-* *tibus.* 1. *C. B. Pin.* 126. *& Cichorium montanum anguftifolium hirfutie afperum.* 3. *Ejufd. Ibid.* *Hieracium Intybaceum afperum. Tabern. Icon.* 184. *Helminthotheca hifpidofa, perennis, &* *vulgaris. Mem. Ac. R.* 1721. *N.* 6.   H. Par. 99. & 469.

Sa fleur eft quelquefois jaune des 2 coftez. Fleurit vers la fin de Juin, en Juillet & Aouft. Son calice eft canelé & a des rayons d'ecailles a fa bafe. Sa fleur a depuis un pouce jufqu'a quinze lignes & quelquefois un pouce & demi de diamêtre, double, jaune en deffus, purpurine en deffous. Ses femences font chatain vineux. Elles ont environ ½ de ligne de long fur demie ligne de diamêtre, un peu aplaties & canelées dans leur longueur, furmontées d'une aigrette de Plume blanche & foyeufe longue d'environ 3 lignes rien ne fepare les femences entre elles. Cette plante eft commune dans le parc de St. Clou, fous les arbres proche le pont de feve.

☿ 13. Hieracium echioides capitulis Cardui benedicti. *C. B. Pin.* 128. *Helmin-* *thotheca hifpidofa, vulgaris, annua. Mem. Ac. R.* 1721. *N.* 1.   H. Par. 467.

Fleurit en Juillet & Aouft. Sa fleur a jufqu'a un pouce de diametre, jaune en deffus & glacée d'un peu de purpurin en deffous, fon calice eft canelé, rien ne fepare les femences entr'elles, elles font rouffes, un peu aplaties, longues d'une ligne ou d'une ligne & demie, a aigrette de plumes longue de 3 lignes foutenue par un filet long de prés de 2 lignes. Les femences font tres proprement ridées ou rayées en travers. Se trouve autour de St. Prix. d'Hieres. Cette plante eft du genre de la 12e.

☿ 14. Hieracium minus Dentis Leonis folio oblongo glabro. *C. B. Pin.* 127. *Hieracii* *parva fpecies: quibufdam Hioferis anguftifolia afpera. Chabr.* 319. *Hieracium annuum glabrum, squamoſo calice, caule ſub capite turgidiore & fiſtuloſo. Hieracium alterum levius minimum. Col. 2.28. fig. 27. Hyoſeris anguſtifolia. Tabern. Icon. 180. Hypochaeris Chondrillae folio, parvo flore. Mem. Ac. R. 1721. N. 2.*

Eſt commune dans les ſables autour de Vaugirard, des Invalides, de Verſailles. Elle ne diffe-re de la 16e. de ce Catalogue que par ſa petiteſſe. Ses tiges ne ſont fiſtuleuſes que ſous la fleur, qui n'a ordinairement que 5 a 6 lignes & quelquefois moins de diamêtre jaune en deſſus & en deſſous. Elle n'eſt que de 20 ou 30 demi fleurons. Le calice eſt écailleux comme celuy d'une *Scorzonere* les ſemences ſont fuſelées, chatain ou brun vineux, l'aigrette eſt de plume. Elles ſont ſeparées entre elles par des languettes membraneuſes. Ces ſemences ont depuis 6 lignes juſqu'a 10 y compris leurs aigrettes.

☿ 15. Hieracium foliis Cichorii sylvestris odore Castorei. *Bot. Monſp. Hieracium flore parvo luteo, Apuli flore ſuaverubenti, odore aemulum. H. R. Bleſ. 271. Senecio hir-ſutus. C. B. Pin.*

H.Par.98.
& 468.

16. Hieracium dentis leonis folio obtuso majus. *C. B. Pin.* Eſt bisannuelle *Hiera-cium longius radicatum. 2. Raji Hiſt. 1. 230. Hypochaeris, Porcellia. Tabern. Icon. 179. Hieracium Intybaceum. Ejuſd. Icon. 183. Hieracium Macrorhizon. Ejuſd. ibid. 183.* Je croy que l'*Hieracium Dentis Leonis folio monoclonon ſubaſperum. 8. C. B. Pin. 127.* au quel eſt ra-porté l'*Hieracium Intybaceum. Tabern. Icon. 183.* n'en doit point eſtre ſeparé. Je ne ſcay pour-quoy *Bauhin* met *monoclonon* dans la phraſe, veu que la figure de *Tabernaemont.* en repreſente ſix l'*Hieracium Dentis Leonis folio, bulboſum. 4. C. B. Pin. Prodr 63. N°. 5.* au quel *Mr. Tournefort* raporte l'*Hieracium Intybaceum. Tab. Ic. 183.* eſt encore noſtre plante. l'*Hypochae-ris Porcellia. Tabern. 179.* que *C. Bauhin* raporte a ſon *Hieracium minus Dentis Leonis folio ſubaſpero. 5. Pin. 127.* eſt encore notre plante mais l'*Hieracium pumilum 4. Col. 2. 31.* que *C. Bauhin* y raporte, en eſt fort differente. *Hypochaeris vulgaris, major. Mem. Ac. R. 1721. N. 1.*

Sa fleur eſt double & s'evaſe juſqu'a un pouce & demi. Elle eſt jaune en deſſus & de cou-leur de datle en deſſous. Elle a 100 ou 120 demifleurons ſeparez entre eux par des languet-tes membraneuſes, le calice eſt écailleux comme celuy de la *Scorzonere.* Les ſemences ont en-viron ½ de ligne de long, ſurmontées d'un ſtile long de 2 ou 3 lignes chargée d'une aigrette de plume longue de 3 lignes, la tige eſt fiſtuleuſe. Fleurit en May, Juin & Juillet.

17. Hieracium Alpinum latifolium hirsutum, incanum flore magno. *C. B. Pin. Hieracium Phlomoides. Tabern. Icon. 184. an Hieracium Alpeſtre majus Endiviae planae fo-liis longis, maculis ferrugineis aſperis. Hiſt. Oxon. 3. Dens Leonis foliis integris, caule ra-ris foliis veſtito, monanthes fere. Raji. Hiſt. 1. 244. Hypochaeris hirſuta, Endiviae folio, magno flore. Mem. Ac. R. 1721. N. 3.*

Cette plante & la varieté ſuivante, ſont communes dans le bois qu'on traverſe en allant de Villiers a St. Lucien. Ce Villiers eſt entre Nogent le Roy & Maintenon. Et ce bois com-mence des le Moulin du dit Villiers. C'eſt dans l'endroit du bois ou il y a des Genievriers, ou ſe trouvent ces 2. *Hieracia.* Elles ne ſont nullement ameres, leur tige eſt pleine & quel-quefois creuſe, & le bouton de la fleur eſt noiraſtre & fort velu. Elles fleuriſſent en Juin & Juillet. Leur fleur eſt double, jaune citron en deſſus & en deſſous, large d'environ un pou-ce & demi. Les ſemences ſont fuſelées, noiraſtres longues de 4 a 5 lignes chargées d'une ai-grette de plume, blanche & longue d'environ 4 lignes, ces ſemences ſont ſeparées entre elles par des languettes blanches & membraneuſes. Ces languettes eſtoient d'abord des gaines qui envelopoient les embrions des ſemences.

Hieracium alpinum latifolium hirsutum incanum flore magno maculatum. *Hy-pochaeris hirſuta, Endiviae folio maculato, magno flore. Mem. Ac. R. Sc. 1721.* varieté de la precedente.

* 1. Hippocastanum vulgare. *Inſt.*

1. Hippuris vel Hippuroides. *Chara vulgaris faetida. Act. Ac. R. Sc. 1719. p. 17. Tab. 3. fig. 1. Equiſetum faetidum ſub aqua repens. C. B. Pin. 16.*

Cette plante & celles des N°. 3 & 4 ſe trouvent dans les foſſez le long du grand Chemin de Villiers a Mallenoüe.

* 2. Hippuris. *Chara major ſubcinerea, fragilis. Act. Ac. R. S. 1719. p. 18. Equiſetum fragile majus ſubcinereum, aquis immerſum. Hiſt. Ox. 3. 621. Icon. Sect. 15. Tab. 4. N°. 9.*

* 3. Hippuris foliis senis. de mes deſſins. *Chara foliis ſenis, inferioribus integris.*
Act.

Act. Ac. R. Equisetum sive Hippuris lacustris foliis mansu arenosis Gesnero. Pluk. Phytogr.
Tab. 29. fig. 4. an Equisetum granulosum, sub aquis repens. Flor. Quasim. 31. cum fig.

Le 30 Juillet je l'ay trouvé en graine dans l'Estang de Villebon, parc de Meudon.

* 4. HIPPURIS QUAE CHARA MAJOR CAULIBUS SPINOSIS. *Act. Ac. Reg. Equisetum sive Hip-*
puris muscosus, cauliculis spinulis crebrius exasperatis, sub aquis repens, Sherardi. Hist.
Ox. 3. 621. N°. 10.

* 5. HIPPURIS LACUSTRIS FOLIIS NON ARTICULOSIS, LONGIORIBUS, LUCIDIS. *Chara translu-*
cens, major flexilis. Act. Ac. R. Sc. 1719. pag. 18. Tab. 3. fig. 8.

* 6. HIPPURIS BREVISSIMIS ET TENUISSIMIS SETIS, POLYSPERMOS. *Chara translucens, mi-*
nor, flexilis. Act. Ac. R. Sc. 1719.

Dans les fossez aux deux costez du grand chemin, entre haute Briere, & St. Leger.

* 1. HORDEUM DISTICHUM. *J. B. 2. 429. Petite Horge. Fusch.* CLXVI.   US.

* 2. HORDEUM DISTICHUM, SPICA BREVIORE ET LATIORE GRANIS CONFERTIS. *Raji. Hist.* US.
1243. *Hordeum distichum spicâ latâ compressâ breviore. H. Ox. 206. Ic. Sect. 8. Tab. 6. fig.*
2. excellente.

On cultive cette belle orge, autour de Boissy dependance de St. Leu d'Esserens. Elle
meurit en Juillet & Aoust.

* 3. HORDEUM POLYSTICHUM. *J. B. Zea, Gallice Espeaute alias Scourgeon. Brosf. 102. Grosf.* *Escurgeon.*
se Horge. Fusch. ch. CLXVI.   US.

* 4. HORDEUM HEXASTICHUM PULCHRUM. *J. B. 429.*

* 1. HORMINUM SYLVESTRE LAVANDULAE FLORE. *C. B. Pin. Horminum foliis Quernis. Si-*
deritis Querno folio. Lugd. 1121. Gall. 23. Tom. 2. fig. 24. Est Horminum sylvestre minus in-
ciso folio, flore azureo. Barr. Icon. 208. La figure de la *Sclarea Hispanica. Tabern. Icon. 374.*
que Mr. Tournefort raporte a cette plante, n'y a aucun raport non plus que celle de l'*Orvala*
sylvestris species 4. Dod. 293. que *Morison* confond avec nostre Plante qu'il décrit d'ailleurs
assez bien a la *page 395. de l'Hist. Ox. 3. N°. 32.* La figure qu'il en donne. *Tab. 14. Sect. 11.*
sous le titre d'*Horminum sylvestre elatius Lavandulae flore majore saturatè caeruleo*, ne vaut
guere mieux que ce nom. Il y raporte encore l'*Horminum sylvestre Ger. Horminum syl-*
vestre. Park. & le *Galitrichis affine Maru si non genus aliquod, Sclarea Hispanica. Tab.*
J. B.

Cette plante se trouve le long d'une muraille d'Auteuil vers l'entrée du bois de Boulogne &
dans le dit bois autour de la grurie. Sa fleur est bleu turquin. Elle n'a pas 3 lignes de long.
Fleurit en Juin & Juillet.

1. HYACINTHUS OBLONGO FLORE, CAERULEUS, MAJOR. *C. B. Pin. 43. Hyacinthus non*
scriptus. Dod. Pempt. 215. Hyacinthus Hispanicus. Clus. Hist. 1. 176. Icon. 177.

2. HYACINTHUS ANGLICUS CINERICIUS. *Eyst.*

* 3. HYACINTHUS NON SCRIPTUS, FLORE CANDIDO. *Dod. Pempt. 215.*

* HYDROCERATOPHYLLON, FOLIO LAEVI, OCTO CORNIBUS ARMATO. *Mem. Ac. R. 1719. N.*
2. & ibidem. Tab. 1. F. 2. Hydroceratum laevius.* Il diffère de l'*Asperum,* 1°. par ce que ses
feuilles sont plus molles & plus divisées.

Ses fleurs sont de 2 sortes, sçavoir masles & femelles. Les unes & les autres sont nues,
verdastres & attachées immediatement dans les aisselles des feuilles mais separement. C'est a
dire que dans l'etage de feuilles ou il y a des fleurs masles, il ne s'en rencontre point de femelles, & dans les Etages où on voit des fleurs femelles, il ne s'en trouve point de masles.
La fleur femelle est creusée & evasée en chaton de bague & découpée en 8 ou 10 lobes égaux,
assez profondement. Elle est remplie de sommets blanchastres a 2 cavitez paralleles, sans filets, & terminez par 2 ou 3 petites dents. Les fleurs masles sont de petites cloches dont les
bords sont pareillement decoupez en 8 ou 10 parties. l'Embryon qui s'eleve de leur fond est
de figure ovoide & terminé par un filet long d'environ 2 lignes.

1. HYDROCOTYLE VULGARIS. *Inst. 328. Cotyledon aquatica. Nombril de Venus aquatique.*
Dod. Gall. 29. Ranunculus aquaticus umbilicato folio. Col. 1. 315. fig. 316. Il faut examiner
les feuilles de nôtre *hydrocotyle* pour voir si elles sont fendues d'un côté jusqu'a leur queue
comme *Columna* dit que le sont celles de sa plante, qui me paroist d'ailleurs n'estre pas la nostre. Je croy que l'*Alsine Saxifragae aureae fol. &c. Raji* est une espece de ce genre.

Fleur d'environ une ligne de diamêtre. C'est une espece de godet a 5 petales entiers, terminez en Arcade Gotique, longs d'environ demie ligne sur autant de largeur, entre les

D d

quels

quels font placées 5 etamines de demie ligne de long chargées chacune d'un fommet rond & jaunaftre. Le fruit eft aplati & taillé comme celuy d'un *Thlafpidium*, il n'a qu'environ un ligne de long fur un peu plus de large, échancré par les 2 bouts & garni fur celuy d'en haut de 2 petites cornes. La fleur eft verdaftre & quelquefois purpurine, fleurit en Juillet & Aouft.

     1. HYDROPIPER. *Fuchf. Hift.* 843. *vid. Perficaria N.* 7.

     * HYDROPIPER FLORE ALBO.

Hannebane.   1. HYOSCYAMUS VULGARIS VEL NIGER. *C. B. Pin.* 169. *Jufquiame jaune. Fufch. Cb.* US. CCCXXIII.

Son Caractere eft bien gravé dans les Inftitutions, mais il y eft mal dit que fes femences font attachées a la cloifon, car elles portent fur 2 placenta qui tiennent a cette cloifon. Cesfemences font gris cendré, un peu aplaties & toutes chagrinées.

US.   1. HYPERICUM VULGARE. *C. B. Pin.* 279. *Millepertuis. Fufch. cb.* CCCXXII. *Afcyrum. Dod. Gall.* 4). *Foliis modo latioribus (dicit C. Bauh.) modo anguftis variat, quod Tragus duabus figuris expreffit: caules quoque ejus, quod in humentibus provenit, quadrati funt, alibi verò rotundi. Hujus etiam minor fpecies caule quadrangulo, foliis non perforatis.*

Ses femences font brunes & cylindriques.

H. Par. 104.   2. HYPERICUM ASCYRUM DICTUM CAULE QUADRANGULO. *J. B.* 3. *lib.* 29. *p.* 382. *quoad defcript. Hypericon. Eyft. Tab.* 247. *Foin dur. de Fufch. cb.* XXIV. *Hypericum. Ocimoides non fpeciofum. J. B.* 3. *lib.* 29. *p.* 344. *quoad Icon. Foin dur. Dod. Gall.* 49.

     * HYPERICUM ASCYRUM DICTUM CAULE QUADRANGULO VARIEGATUM.

     * 3. HYPERICUM PERFORATUM, CAULE QUADRANGULO, FLORE MINORE. C'eft l'*Afcyrum. Matth. Lugd.* 2. 1155. *Gall.* 2. 55. *C. Bauhin* le rapporte mal à propos au *N°.* 8e. de ce Catalogue.

Se trouve dans le parc de Meudon dans les endroits marecageux. Il fe trouve auffi a Fontainebleau, entre le Canal & l'efpalier de Mufcat, le long du petit ruiffeau. Fleurit en Juillet & Aouft. & a Hieres & aux environs.

H. Par. 104.   4. HYPERICUM ELEGANTISSIMUM NON RAMOSUM FOLIO LATO. *J. B.* 2. 383. *Androfaemum Campoclarenfe. Col.* 1. 73. *fig.* 74. *Afcyrum five Hypericum bifolium glabrum, non perforatum. C. B. Pin.* 280. *Androfaemum glabrum, non ramofum. Bot. Monfp.*

L'autheur des Environs de Paris veut que *Tragus* donne la figure de cette plante a cofté de celle du N°. 2. de ce Catalogue, mais il n'y a que le trait & il ne l'a point decrite. Se trouve dans les bois autour de l'Abbaye de Livry.

     5. HYPERICUM MINUS ERECTUM. *C. B. Pin.*

     6. HYPERICUM MINUS SUPINUM VEL SUPINUM GLABRUM. *C. B. Pin. Autre efpece de Millepertuis. Dod. Gall. defcript. fine Icon.* 49.

     * 7. HYPERICUM PALUSTRE SUPINUM TOMENTOSUM. *Inft.* 255. *Item Hypericum fupinum tomentofum, minus vel Monfpeliacum. C. B. Pin.* 279. *J. R. Herb.* 255. *Hypericum tomentofum. J. B.* 3. *l.* 29. *p.* 384. *Hypericum fupinum, tomentofum alterum. Cluf. Hift.* CLXXXI. *Hypericum tomentofum, & Hypericum fupinum. Cluf. Lob. Icon.* 400. *Hypericum tomentofum. Lob. Obf.* 218. *Hypericum fupinum. Dod. Pempt.* 76. *Icon.* 77. *Hypericum cotonné de Lobel. Lugd. Gall.* 2. 54.

Se trouve dans le marais de St. Leger a l'endroit ou naift le Gale.

H. Par. 472.   8. HYPERICUM VILLOSUM ERECTUM, CAULE ROTUNDO. *Inft. Item Hypericum Orientale, latifolium, fubhirfutum, caule purpureo, villofo. Cor. J. R. H.* 19. *Androfaemum hirfutum. C. B. Pin.* 280. *Androfaemum alterum hirfutum. Col.* 1. 74. il ne le dit haut que d'une coudée. *Hypericum Androfaemum dictum. J. B.* 3. *lib.* 29. 382. *Androfaemum alterum foliis Hyperici, quod aliquibus Hypericoides. C. B. Pin.* 280. *Hypericum majus five Androfaemum Matthioli. Park. Theatr.* 576. *Androfaemum alterum hirfutum. Col. Ecphr.* 74. *Pluk. Androfemon, de Fufch. cb.* XXV. *Autre efpece de Foin dur. Dod. Gall.* 50.

Eft commune dans le bois de Verriere.

HYPOCHAERIS *vide Hieracium N°.* 7.

○ I. JACEA NIGRA PRATENSIS, LATIFOLIA. *C. B. Pin. Jacea nigra. 12. Raji. Hift. 1. 325. Sim. Paul. Ic. 256. Rhaponticum pratenfe, Jaceae folio & facie, flore purpureo, coronato. Mem. Ac. R. 1718. N. 7.*

Fleur fans couronne, femences fans aigrette ou qui, tout au plus, n'ont que quelque poils fi courts, qu'a peine les peut on decouvrir avec la loupe. La fleur de la Jacée la plus commune de nos Campagnes a un pouce & demi & quelquefois deux pouces de diametre. Elle eft compofée de 2 fortes de fleurons. Ceux qui occupent le milieu ou le difque font decoupez regulierement en 5 lanieres égales. Et ceux de la circonference, qui ont environ un pouce de long font comme decoupez en 2 levres. La fuperieure qui a 3 ou 4 lignes de longeur eft partagée en 2 lanieres & l'inferieure, qui eft longue de demi pouce, l'eft en trois. Toutes ces lanieres font larges d'environ une ligne. Les fuperieures font cependant toujours un peu plus etroites. Les fleurons du difque n'ont que la motié de la longeur de ceux de la couronne. Cette plante varie fort par le plus ou le moins de longeur & de largeur de fes feuilles, par leur couleur & par leur circonference qui eft tantot entiere & tantot découpée. La couleur des écailles du calice eft auffi differente. Il y a des pieds ou elles font terminées par des plumes noires, d'autres par des brunes, d'autres par des rouffes & d'autres ou les écailles font denuées de plumes.

○ * JACEA NIGRA PRATENSIS LATIFOLIA, FLORE ALBO. *Inft. 443. Rhaponticum pratenfe, Jaceae folio & facie, flore albo coronato. Mem. Ac. R. 1718. N. 7.*

○ * JACEA NIGRA PRATENSIS LATIFOLIA FLORIBUS CARNEIS. *H. Ox. 3. 139. Rhaponticum pratenfe, Jaceae folio & facie, flore carneo, coronato. Mem. Ac. R. 1718. N. 7.*

○ * JACEA CORONATA, NIGRA, PRATENSIS LATIFOLIA PURPUREIS FLORIBUS. Mr. Ray fait mention de cette varieté dont la fleur eft decrite cy deffus. Voyez *Raji. Hift. 1. 325.* apres N°. 12. *a Tempus & locus. Jacea nigra flore purpureo. Eyft. Tab. 278.*

○ * JACEA CORONATA, NIGRA, CARNEIS FLORIBUS.

○ * JACEA CORONATA, NIGRA, ALBIS FLORIBUS. *Jacea nigra flore albo. Eyft. Tab. 278.*

* JACEA CORONATA NIGRA, PURPUREA, FLOSCULIS TENUISSIME LACINIATIS.

J'ay trouvé cette varieté dans les foffez de la Chauffée d'Auteuil. Sa fleur avoit un pouce & demi de diametre, mais les plus larges lanieres des fleurons de la couronne, n'avoient que demi ligne, & les écailles du calice fe terminoient par des plumes noires.

○ 2. JACEA CUM SQUAMIS CILII INSTAR PILOSIS. *J. B. 3. 28. lib. 28. an Cyanus major Alpinus, incifis foliis. Triumf. Obferv. defc. pag. 26. & Icon? Plukenet* y raporte *Jacea nigra vulgaris laciniata. Park. Th. 470. Jacea nigra laciniata. C. B. Pin. 271. Jacea Auftriaca Sexta. Cluf. Hift. poft. 7.*

Ses femences font brunes & fans aigrettes.

○ 3. JACEA LATIFOLIA CAPITE HIRSUTO, *C. B. Pin. 271.*

Ses femences font couronnées d'une aigrette de poils fort courts.

○ * JACEA LATIFOLIA, DISSECTA, CAPITE HIRSUTO.

4. JACEA, SUPINA, INCANA, PURPUREA.

* JACEA, SUPINA, INCANA, CORONATA, PURPUREA.

○ 5. JACEA VULGARIS LACINIATA, FLORE PURPUREO. *J. R. H. Jacea major Lobelii & Penae. Lugd. quoad defcript. 1192.* Cette defcription ne cadre point a la figure. Cette figure reprefente la *Jacea foliis Erucae lanuginofis. J. R. H. 444.* Cependant *C. Bauhin* ne laiffe pas de raporter & cette defcription & cette figure a fa *Jacea Cyanoides echinato capite. C. B. Pin. 272. Jacea major. 11. Raji. Hift. 1. 325.* il y raporte la *Scabiofa major fquamatis capitulis. C. B. Pin. & Scabiofa major altera fquamatis capitulis, five Jacea rubra latifolia laciniata. Ejufd.*

Ses femences font aigrettées de poils.

○ * JACEA VULGARIS LACINIATA FLORE CARNEO.

○ JACEA VULGARIS LACINIATA, FLORE ALBO. *Inft.*

Dd 2

○ * JA-

⊙* Jacea vulgaris laciniata caule tuberoso.

⊙ 6. Jacea nemorensis quae serratula vulgo. *Inſt.* 444. C'eſt auſſi *Staebe rubra Mon-ſpeliaca, parvis Cyani capitulis: vel Jacea rubra anguſtifolia laciniata. C.B.Pin.* 273. *Jacea rubra major laciniofa. Lugd.* 1.1068. *Centaurium medium laciniatum, flore purpureo. Pluk. Alm. Bot.* 93. *Rhaponticoides nemorofa, ſerratula dicta. Mem. Ac. R.* 1718. *N.* 16.

Jacea nemorensis, quae serratula vulgo flore albo. *Inſt. Serratula flore albo. Flor. Bat.* 31. *Rhaponticoides nemorofa, ſerratula dicta, flore albo. Mem. Ac. R.* 1718.

* Jacea nemorensis altissima Persicae folio. *Inſt.* 444. *Centaurium medium, foliis integris, purpureum. Pluk. Alm. Bot.* 93. *Rhaponticoides altiſſima, Perſicae folio. Mem. Ac. R.* 1718. *N.* 14.

<h2 style="text-align:center">Foliis diviſis.</h2>

Jacobæe.

1. Jacobaea vulgaris laciniata. *C. B. Pin.* 131. *Jacobaea vulgaris.* 1. *Raji. Hiſt.* 1. 284. *Herbe St. Jacques. Fuſch. ch.* cclxxxiii.

Sa fleur a environ un pouce de diamêtre. Sa couronne eſt formée par 12 ou 13 demifleurons qui debordent le calice de 5 a 6 lignes & qui ont prés de 5 quarts de lignes de largeur.

* Jacobaea altissima, Lusitanica, tenuissime laciniata. *Inſt.*

* 2. Jacobaea Senecionis folio, incano, perennis. *Raji Hiſt.* 1. 285. *Eſt Jacobaea altera. C. B. Pin* 131. *Jacobaea marina. Dodon. Gall. Icon.* 54. *Herbe ou fleur St. Jacques.* 2. *Dod. Gall. deſc.* 53. *Jacobaea foliis amplioribus incanis. H. R. Bleſ. deſc.* 277? *Eſt Senecio Jacobaea Zelandica incana. Lob. Illuſt.* 76. *Jacobaea, Artemiſiae folio, radice repente. Mem. Ac. R.* 1720. *N.* 3.

☿ 3. Jacobaea latifolia palustris sive aquatica. *Raji. Hiſt.* 1. 285. *Jacobaea paluſtris, viridior, latiore folio. H. Ox.* 3. 110. N°. 18. *Jacobaea latifolia. J. B. Jacobaea Barbareae inſtar laciniata. Flor. Pruſſ.* 129. *deſc. & fig.*

4. Jacobaea Pannonica. 1. *Cluſ. Hiſt.* xxi. *Jacobaea viſcofa & hirfuta. Flor. Jen.* 165. *Senecio hirfutus viſcidus major, odcratus. J. B.* 2. 1042. *Raji. Hiſt.* 1. 290. *Senecio incanus pinguis. C. B. Pin.* 231. *Plukenet* y raporte le *Senecio Jacobaeae folio. Moriſ. Praelud.* 309. Mr. Petiver m'a envoyé cette plante ſous le nom de *Senecio Atticus vulgari ſimilis, flore petalis fere inconſpicuis radiato. Pluk. Almageſt. Bot.* 342. *Jacobaea incana, villofa, annua, Senecionis folio. Mem. Ac. R.* 1720. *N* 18.

☿ 5. Jacobaea Senecionis folio, *H. R. Bl.* 277. il la marque dans la foreſt de Ruſſy proche Blois. C'eſt le *Senecio minor latiore folio five montana C. B. Pin.* 131. *Senecium montanum. Tabern. Ic.* 169. C'eſt peut eſtre auſſi le *Senecio Ambroſiae odore. C. B. Pin.* 131. *Senecio flore odorato. Cam. Hort.* 158. que *Plukenet* raporte au *Senecio Jacobaeae folio. Mor. Praelud.* 309. C'eſt auſſi l'*Erigeron.* 1. *Dod. Pempt.* 640. que *C. Bauhin* confond avec le 4ᵉ. de ce Catalogue.

Ses fleurs ſont compoſées de 8. 10, ou 12 demifleurons qui forment la couronne & ſe roulent ordinairement en deſſous. Les calices ſont cylindriques quand la fleur eſt en eſtat, longs de 3 lignes ſur un peu plus d'une ligne d'epaiſſeur. Mais quand les fleurs ſont paſſées, ces calices ſont coniques & ont environ 3 lignes de long. Les ſemences ſont noires, étroites, longues d'une ligne, rayées dans leur longueur & ſurmontées d'une aigrette de poils blancs. Derriere le Pleſſis piquet, eſt commune ſur la pente en deſcendant du chateau de Meudon au premier Eſtang. Elle fleurit en Juillet & Aouſt.

6. Jacobaea foliis Ferulaceis, flore minore. *Inſt.*

<h2 style="text-align:center">Foliis integris.</h2>

7. Jacobaea palustris altissima, foliis serratis. *Inſt. Jacobaea foliis longis integris, & mucronatis. H. Ox.* 3. 110. N°. 22. C'eſt a cette Plante, & non pas a la *Jaco-*

baea

baea Alpina foliis longioribus serratis. J. R. H. 485. qu'il faut rapporter la *Consolida aurea. Tabern. Icon.* 556. *Conyza maxima , serratifolia. Thal. Tab.* 111.

8. JACOBAEA MONTANA, LANUGINOSA, ANGUSTIFOLIA, NON LACINIATA. *C. B. Pin.* Celle-cy fait ses petales rouges en dessous, mais celle de Montmorency les fait jaunes des 2 costez, ainsi il ne faut citer que le nom suivant. Il y faut raporter la *Jacobaea maritima non laciniata, lanuginosa, latifolia. J. R. H.* 486. *D. Petit.* 48. *cum fig. Jacobaea montana non laciniata nostras. Raji. Hist.* 1.272. *Plukenet* raporte cette plante de Ray , a celle de *C. B.* mais il ne faut pas l'imiter. *Conyza Helenites mellita incana. Lob, Ic.* 347. *Conyza incana. C. B. Pin.* 265. *Aster incanus Verbasci folio villosus. J. R. H.* 482.

Cette plante fleurit en Avril & May.   Sa fleur a depuis un pouce jusqu'a 15 a 16 lignes de diamétre, & sent assez bien & comme le Miel.   J'ay trouvé cette plante dans les taillis de la forest de Montmorency auprés du Chateau de la chasse.   Le 28 Juin 1711. mais elle n'estoit point en fleur. Elle fleurit en May & se trouve en tres grande quantité a droit du Chateau de la chasse dans un espece de marais.   Sa fleur est egalement jaune des 2 costez, elle a une odeur douce & assez agreable.   Elle se trouve aussi dans le bois qui est attenant & au dessus de Cueilly.

* 9. JACOBAEA MARITIMA. *C. B.* au Calvaire.

* IBERIS LATIORE FOLIO. *C. B. Pin. vid. Lepidium.*

* 1. ILEX FOLIO ROTUNDIORE MOLLI, MODICEQUE SINUATO , SIVE SMILAX THEOPH. *C. B. Pin.*

1. IMPERATORIA , PRATENSIS MAJOR. *Inst. Angelica aquatica. Bross.* 32. *Angelique sauvage.* US. *Fusch. ch.* XLIII.

1. IRIS PALUSTRIS LUTEA. *Tabern. Icon. Acorus adulterinus. C. B. Pin.* 34. *Acorus offici-* Flambe. *narum. Fusch.* 12. *Flamme bâtarde ou Glaieul de riviere ou de mares. Pseudoacorus. Bauh.* US. *in Matth.* 21. *Pseudo Iris. Dod.* 248. *Butomon. Clus. Hist.* 232.

* IRIS PALUSTRIS LUTEA FOLIIS GLAUCIS BREVIBUS. *H. L. Bat.*

*2 IRIS FOETIDISSIMA , SEU XYRIS. *J. R. Herb.* Glaieul puant. *Fusch. ch.* CCCVI. *Gladiolus foetidus.* 1. *C. B. Pin.* 30. *Item Gladiolus foetidus , maritimus.* 2. *Ejusd. ibid.*

Se trouve dans les bois ou bosquets du parc ou Jardin du comte d'Harcourt a Arcueil, & dans les parcs de St. Maur , de Vigny.

* 3. IRIS HORTENSIS LATIFOLIA. *C. B. Pin.*

1. ISATIS SYLVESTRIS VEL ANGUSTIFOLIA. *C. B. Pin.* Guesde sauvage. *Fusch. ch.* CXXV. tres certainement l'*Isatis sativa vel latifolia. C. B. Pin.* n'est point une varieté du *sylvestris vel angustifolia.* comme le pretend M. Tournefort puisque ces 2 plantes ne changent point au Jardin Royal & que les fruits du dernier sont beaucoup plus petits que ceux du *latifolia.*

1. JUNCAGO PALUSTRIS ET VULGARIS. *Inst. Gramen enode spicatum , sive triglochin. H. Ox.* 3. *Sect.* 8. *Tab.* 2. *fig.* 18.

1. JUNCUS LAEVIS PANICULA NON SPARSA. *C. B. Pin.* 12. *H. Ox.* 3. *Sect.* 8. *Tab.* 10. Jonc. *fig.* 7.

2. JUNCUS LAEVIS PANICULA SPARSA MAJOR. *C. B. Pin. Hist. Ox.* 3. *Sect.* 8. *Tab.* 10. *fig.* 4. Mr. *Petiver Juncus laevis, vulgaris, panicula sparsa nostras. Raji. Hist.* 1304.

*3. JUNCUS ACUTUS , PANICULA SPARSA.   *C. B. Pin. Juncus acutus vulgaris. H. Ox.* 3. *Sect.* 8. *Tab.* 10. *fig.* 13. *Juncus acutus. Ger. fig.* 35. *Juncus vulgaris. Park. fig.* 1193. *Raji. Cat. Angl. & Hist.* 1303. *Synops.* 202. *Petiver.* C'est celuy que Mr. Tournefort indique pour le *Juncus acumine reflexo major. C. B. Pin.* il est vray que sa pointe est quelquefois renversée lors qu'il est en graine , ce qui est rare cependant.

* 4. JUNCUS FOLIATUS MINIMUS. *J. B.*

* 5. JUNCUS FOLIATUS, MINOR, FLORIBUS PER RAMOS SPARSIS. *an Gramen Junceum Hybernicum minus, Thlaspios capitulis , Sherardi. H. Ox.* 3. 229. *N°.* 29. *Icon. Sect.* 8. *Tab.* 10. *fig.* 29.

6. JUNCUS PARVUS CUM PERICARPIIS ROTUNDIS. *J. B. quoad Iconem. Gramen junceum vulgare. Park. Th. Icon.* 1189. *Item Gramen juncoides Junci sparsâ paniculâ. Ejusd. Icon. p.* 1190. *Itemque Gramen aquaticum vulgare. Ejusd. Icon. pag.* 1269. *Gramen Junceum, Junci sparsa panicula. H. Ox.* 3. 227. *N°.* 11. *Gramen Junceum pericarpiis rotundis vulgare ejusd. Sect.* 8. *Tab.* 9. *fig.* 11. Mr. Petiver l'a envoyé pour le *Gramen Junceum marinum. Ge-*

E e

rard.

rard. fig. 21. *Gramen maritimum majus. Park. fig.* 1270. *Raji. Cat. & Hiſt.* 1307. *Synopſ.* 204. ou bien c'eſt celuy de Mr. Blondin.

Ses feuilles ſont creuſées en demi canal.

○ *7. JUNCUS PARVUS, CUM PERICARPIIS ROTUNDIS. *J. B. quoad deſcriptionem. Gramen Jun-ceum foliis & ſpicâ Junci. Gramen Junceum paluſtre humilius, foliis & ſpica Junci. H. Ox.* 3. *Sect.* 8. *Tab.* 9. *fig.* 13. Mr. Petiver l'a envoyé ſous les noms de *Juncus montanus paluſtris Ra-ji. H.* 1303. *Synopſ.* 201. *Oxyſchaenos ſive Juncus acutus Alpinus Cambro-Britannicus. Park. fig.* 1193. *Icon.* 1194. *Gramen Junceum maritimum majus. Park. Th.* 1271. *Icon.* 1270. C'eſt auſſi le *Gramen Junceum ſemine acuminato. Flor. Pruſſ.* 115. *cum fig. bonne.*

Cette plante eſt tres commune dans les patis de Saint Leger ou ſe trouve le Gale & dans ceux de Montfort. C'eſt un vray Jonc. Fleurit en Juin. Il ſe trouve auſſi a Fontainebleau autour des Mares de Franchard.

8. JUNCUS PALUSTRIS, HUMILIOR ERECTUS. *Inſt. Gramen Junceum vulgare caliculis palea-ceis ſive Holoſteum Matthioli. H. Ox.* 3. *Sect.* 8. *Tab.* 9. *fig.* 14.

Sa fleur a environ 5 lignes de diamêtre. C'eſt une etoille a 6 rayons verdaſtres fort pointus, a 6 etamines a ſommets jaunes, le piſtile eſt ſurmonté de 3 filets velus.

* 9. JUNCUS PARVUS, REPENS, CAPSULIS TRIANGULARIBUS. *Gramen junceum minimum, capſulis triangulis. H. Ox.* 3. *Sect.* 8. *Tab.* 9. *fig.* 3. *R. Hiſt.* 1317.

* JUNCUS PARVUS, REPENS, CAPITULIS FOLIACEIS. *Gramen Junceum minimum paniculis fo-liaceis. H. Ox.* 3. *Sect.* 8. *Tab.* 9. *fig.* 4. *vid. Petiv. Concord. No.* 223.

10. JUNCUS FOLIIS ARTICULOSIS, FLORIBUS UMBELLATIS. *Inſt.* 247.

JUNCUS FOLIIS ARTICULOSIS FLORIBUS UMBELLATIS, CUM UTRICULIS. *Inſt.*

JUNCUS NEMOROSUS, FOLIO ARTICULOSO. *Inſt. Gramen Junceum aquaticum magis ſparſa panicula. Park. fig.* 1269.

* 11. JUNCUS PALUSTRIS GLABER, FLORIBUS ALBIS. *Gramen Luzulae accedens, glabrum in paluſtribus proveniens, paniculatum. Pluk. Phytogr. Tab.* 34. *fig.* 11. *Cyperus paluſtris, hir-ſutus minor, paniculis albis. H. Ox.* 3. *Sect.* 8. *Tab.* 9. *fig.* 39. Moriſon a confondu cette plan-te qui eſt glabre avec celle qui eſt veluë. *Gramen Cyperoides, paluſtre, Leucanthemum Ra-ji. Hiſt.* 1295. Il le faut ranger avec le *Scirpus paluſtris, altiſſimus, foliis & carina ſerratis. J. R. H.* Mr. Petiver me l'a envoyé ſous deux noms differens, ſçavoir ſous les No. 147. & 148. de ſa Concordance.

Cette plante eſt d'un caractere particulier. Chaque paquet eſt compoſé de 3 ou 4 baſles blanches, qui renferment 2 ou 3 ſemences. Chaque ſemence eſt environnée a ſa baſe de 7 a 8 filets blancs, qui ne ſont chargez d'aucun ſommet, & terminée par un filet ordinairement forchu. Cette ſemence eſt taillée. Il faut ranger cette plante parmi les Scirpoides; ſi on n'en fait pas un genre particulier, qui s'en diſtingueroit par ces filets qui environnent la baſe de la ſe-mence leſquels ne tombent point.

Juncus Villoſus.

12. JUNCUS NEMOROSUS LATIFOLIUS MAJOR. *Inſt. Gramen hirſutum latifolium majus. H. Ox.* 3. *Sect.* 8. *Tab.* 9. *fig.* 1. Mr. Petiver *Gramen nemoroſum hirſutum vulgare Raji. Cat. Angl. & Hiſt.* 1292. *Synopſ.* 193. qui eſt l'*Holoſteum. Matth. Ital.*

13. JUNCUS VILLOSUS, CAPITULIS PSYLLII. *Inſt.*

* 14. JUNCUS VILLOSUS, CAPITULIS PSYLLII GLOBOSIS. *Gramen hirſutum capitulo globoſo. H. Ox.* 3. *Sect.* 8. *Tab.* 9. *fig. C. B. Pin.* 7. *Gramen hirſutum elatius panicula Junceâ compacta. Raji. Cat. Angl.* 146. *& Hiſt.* 1291. *Synopſ.* 193. *D. Petiv. Gramen hirſutum, capitulo glo-boſo. Park. Th.* 1186. *Dillenius Cat. Giſſ. p.* 54. remarque que ce n'eſt point une varieté du precedent No. 13. mais que c'eſt une veritable eſpece.

* 15. JUNCUS VILLOSUS PANICULA COMPACTA. *Gramen hirſutum elatius paniculâ junceâ compactâ Raji. Synopſ.*

○ * 16. JUNCUS VILLOSUS, LATIFOLIUS, MAXIMUS. *qui Gramen Luzulae maximum. J. B.* 2. *lib.* 18. *pag.* 493. *Gramen nemoroſum, hirſutum, latifolium, maximum Raji. Cat. Angl.* 156. *& Hiſt.* 1292. *Synopſ.* 133.

Cet-

Cette plante se trouve. dans la forest de Cressy en allant de Villeneuve le compte a Neu-
montiers.

1. Juniperus vulgaris fruticosa. *C. B. Pin Juniperus minor. Cam. in Math. Germa-* Genevre.
nice. 40. *Jenévre, de Fusch. ch.* XXVI.   US.

* 2. Juniperus faemina. *Volk.* 234. *florifera.*

EIRI OFFICINARUM.   *vid. Leucoium.* N. 1.   US.
* Keiri officinarum foliis canescentibus. *vid. Leucoium.* N. 2.
* Keiri foliis dentatis, siliqua quadrangula. *vid. Hesperis.* N. 3.
Keiri annuum, parvo flore. *vid. Turritis.* N. 5.
Knawel. *vid. Alchimilla.* No. 5.

Laitut.

 ☿ 1. ACTUCA SYLVESTRIS COSTA SPINOSA. *C. B. Pin* 123. *Laictue pommée. Fusch. Icon. ch.* CXIII. *Laictue sauvage du méme descr.* Fleurit en Juillet & Aoust. Sa fleur est jaune Citron & n'a que 4 a 5 lignes de diamêtre & environ une vingtaine de demifleurons difpofez a double rang.

 * LACTUCA SYLVESTRIS COSTA SPINOSA FOLIIS PARUM LACINIATIS. *Lactuca fylvestris folio non laciniato. Raji. Synop.* 70.

 Eft commune a Hieres en fortant du Village pour aller a l'Abbaye.

H. Par. 447. ☿ 2. LACTUCA SYLVESTRIS ANGUSTO LACINIATO FOLIO. *Bot. Monfp. Endivia minor, Lactucina fpinofa. Barr. Icon. N°.* 1359. *Lactuca fylvestris altera, folio anguftiore. H. R. Par. Chondrilla vifcofa humilis. C. B. Prodr.* 68. *Chondrilla viminea vifcofa Monfpeliaca.* 2. *Pin.* 130.

 Fleurit en Juillet & Aoust. Sa fleur n'a que 5 a 6 lignes de diamêtre, & 10 a 12 demifleurons, qui forment une fimple couronne, couleur de foufre en deffus & gris de lin en deffous. Ses femences font brunes, plates, legerement canelées, furmontées d'un long filet blanc qui foutient l'aigrette de poils.

  ⊙ 3. LACTUCA SYLVESTRIS MURORUM FLORE LUTEO. *J. B.* 2. *l.* 24. *p.* 1004.
  Ses femences font noires.

H. Par. 477. ⊙ 4. LACTUCA PERENNIS HUMILIOR, FLORE CAERULEO. *Inft.* 473. *Lactuca perennis, purpuro-caerulea laciniata, anguftiore folio.* 25. *Hift. Ox.* 3. 59. *Chondrilla caerulea altera, Cichorii fylveftris folio* 2. *C. B. Pin.* 130. *Item Chondrilla caerulea latifolia laciniata.* 1. *Ejufd. ibid. Chondrilla caerulea. Tabern. Icon.* 176. *& Chondrilla latifolia caerulea. Ejufd. Icon.* 177.

 Sa fleur eft fimple, a 22 ou 24 demifleurons gris de lin ou bleu rougeaftre. Elle s'evafe d'environ un pouce & demi. Son calice fait le baluftre, & eft écailleux comme celuy de la Scorzonere, fes femences font noiraftres, aplaties, pointues par les 2 bouts, longs d'environ 3 lignes, furmontées d'un filet de la même longeur, le quel foutient une aigrette de poils blancs, longs auffi d'environ 3 lignes. Fleurit des la fin de May & continue en Juin & Juillet.

H. Par. 477. LACTUCA PERENNIS HUMILIOR FLORE ALBO. *Inft. Chondrilla alba. Tabern. Icon.* 176.

  LAGOPUS *vide trifolium.*

 ☿ 1. LAMIUM ANNUUM VULGARE RUBRUM. *H. Ox.* 3. 385. *N°.* 9. *Lamium purpureum, foetidum, folio fubrotundo, five Galeopfis Diofcoridis. C. B. Pin.* 230. *Galeopfis five Urtica iners, folio & flore minore. J. B.* 3. 323. *Urtica iners, altera. Dod. Pempt.* 153. *Galeopfis minor. Rivini. Ic.* 1. *Lamium vulgare, folio fubrotundo, flore rubro. Park. Theatr. Galeopfis.* 11. *Tabern. Ic.* l'Autheur de l'hiftoire des plantes des environs de Paris *pag.* 206. n'a pas eu raifon de dire, qu'il faloit rapporter a cette plante la *Ballote crifpa, major. Hift. Lugd.* 1253. qui appartient a la troifieme efpece de ce Catalogue. Il n'eftoit pas neceffaire d'avertir auffi, comme il fait, qu'il en faut feparer le *Lamium. Fuchf.* 468. & celuy *de Tragus.* 4. puis qu'ils n'y ont aucun raport, il eft vray que *Cafpar Bauhin* les y raporte, mais mal a propos.

 Cette plante fleurit en Mars, Avril & May.

  * LAMIUM ANNUUM VULGARE ALBUM.

 Sa fleur eft toute blanche & les fommets des Etamines font couleur d'Ecarlate.

H Par. 107. & 478. ☿ 2. LAMIUM FOLIO CAULEM AMBIENTE MINUS. *C. B. Pin.* 231. *N°.* 7. *Galeopfis five Urtica iners, minor, folio caulem ambiente. J. B.* 3. *App.* 853. *Morfus Gallinae folio Hederulae, alterum. Lob. Ic.* 453. *Galeopfis folio caulem ambiente. Riv. Ic.* 1. *Ballote crifpa. Hift. Lugd.* 1253.

 Sa fleur a 8 a 9 lignes de long, l'ouverture de fa gueule eft de 4 lignes. Fleurit en Mars jufqu'en Juillet.

 ☿ * 3. LAMIUM RUBRUM MINUS FOLIIS PROFUNDE INCISIS. *Raji. Synopf.* 129. *Pluk. Phytog. Tab.* 41. *fig.* 3. *Lamium folio caulem ambiente, majus. C. B. Pin.* 231. C'eft a cette plante qu'il faut raporter la *Ballote crifpa, major. Hift. Lugd.* 1253. & non pas a la premie-

re

re efpece de ce Catalogue, comme il eft dit dans l'*Hift.* des environs de Paris. *pag.*206. *La-mium annuum rubrum foliis profundius incifis.* 10. *Hift.Ox.* 3. 385. *Ballote froncie grande. Hift.Lugd.Gall.*2.146.

Sa fleur a 6 a 7 lignes de long. Elle eft d'un purpurin clair. Elle paroift en Avril & May.

○ 4. Lamium vulgare album, sive Archangelica, flore albo. *Park. Lamium album. Broff.*65. *Lamium. Fuchf.*469. *Ortie morte blanche. Fufch. ch.*clxxvii.

* Lamium vulgare flore dilute carneo.

1. Lampsana. *Dod.*675. *J. B.* 2. *p.* 1028. *Raji. Hift.* 1.256. *Lampfana vulgatiffima Mem.Ac.R.* 1721. *N.* 1.

* Lampsana, vulgatissima, foliis maculis lividis notatis. *Mem. Ac. R.* 1721. *N.* 1.

☿ 2. Lampsana minor aphyllocaulos. *Mem.Ac.R.* 1721. *N.* 5. *Hieracium minimum.* 3. *Raji Hift.* 1.229. *Cichorium minus folio fubrotundo, caule ad florem tumido.Pluk.Almag. Bot.* 104. *Hieracium minus, folio fubrotundo. C.B.Pin.*

Patience.
1. Lapathum folio acuto crispo. *C.B.Pin.* 115. *Raji.Hift.* 1.175. *Lapathum acu-tum crifpum. Tabern.Icon.* 436. *Oxylapathum. Fufch.* 461. *Lapathum longifolium crifpum. Munting.Icon.Herb.Brit.* 104. *Oxylapathum. Dod.Gall.* 382. *Parelle. C.Bauhin* la raporte mal a propos a la fuivante. *Lapathum acutum crifpum. J. B.* 2. *l.*23. *p.* 988. *& Lapathum acutum five Oxylapathum. Ejufd.p.*983. que les modernes raportent mal a propos a la fuivan-te. *Patience. Fufchf.ch.*clxxv.

2. Lapathum folio acuto plano. *C.B.Pin. Lapathum acutum.* 7. *Raji. Hift.* 1.175. *Lapathum planum paludofum. Ic. Munting.Herb.Brit.* 120. *Lapathum minimum. C.B.Pin.* 115. *Tab. Ic.*437. *Lapathum acutum minimum. J.B.*2.*l.*23. 985.

Ses fleurs font vertes a 6 decoupures, 3 longues & 3 courtes. Etamines a fommets blancs. Son fruit n'a qu'environ 1 ligne de long & n'eft point heriffé de poils. Il renferme une femence brune luifante, a 3 coftes, longues de 2 tiers de ligne.

US.
3. Lapathum aquaticum folio cubitali. *C.B.Pin. Britannica Antiquorum vera. Munting.Icon.* 1.

*4.Lapathum hortense folio oblongo sive secundum diosc. *C.B.Pin.* 114. *I-tem Hippolapathum latifolium. Ejufd.* 115. Selon. *Pluk. Rheubarbe des moynes. Fufch. ch.* clxxv. *Lapathum fativum antiquorum. Munting.Ic.Herb.Brit.* 38. *Lapathum fativum La-pas. J.B.*2.*l.*23.*p.*985. *Item Lapathum majus five Rhabarbarum Monachorum.Ejufd.ibid.* Selon *Pluk. Mr.Tournefort* rapporte ce dernier nom au *Lapathum Hortenfe latifolium. C. B. Pin.* 115. qui me paroift eftre la Plante en queftion, qui par confequent feroit nommée 3 differen-tes fois dans le *Pinax.*

5. Lapathum anthoxanthon. *J.B.*2. *l.*23. *p.*987. *Lapathum folio acuto, flore au-reo. C.B.Pin.*114. *Raji. Hift.* 1.174.

Ses etamines de blanchaftres qu'elles font d'abord jauniffent en fe paffant. Elles font au nombre de fix.

6. Lapathum folio minus acuto *C.B.Pin. Lob.Ic.*285. *Lapathum fylveftre, fo-lio minus acuto. Ger.emac.*388. *Lapathum vulgare folio obtufo. Raji.Hift.*1.175. *J.B.*2. *l.* 23.*p.*984. *quoad defcript.*

Son fruit eft heriffé de 3 poils fur les angles.

7. Lapathum pulchrum Bononiense sinuatum. *J.B.*2. *l.*xxiii. *p.*989. *Raji. Hift.* 1.174. Il la faut nommer *Lapathum foliis imis fidium inftar finuatis.*

Bardane,
Gleteron,
Tu clardon.
US.
1.Lappa major, Arctium.*Diofc.C.B.Pin.*198.*Bardana major.* 1. *Raji.Hift.*1.332. C'eft a cette efpece qu'il faut raporter la N°.4. cy deffous. *Gletteron, de Fufch. ch.*xxiii. *Arctium five Perfonata. Grand Glouteron. Dod. Gall.* 10. affez bonne figure. *Perfonata major. Matth* 1154. *It.*1213. il dit fes teftes plus groffes que celles de la fuivante. N°.3. mais les feuilles en font reprefentées trop longues & trop pointues. *Lappa major. Trag.*837.

Mr. Sherard m'a affuré que la plus commune d'autour de Paris ne fe trouvoit point en An-gleterre. Mais feulement la groffe tête & celle qui l'a cotonneufe. C'eft a dire cette premie-re & la troifieme de ce Catalogue. Fleurit en Juillet & Aouft ainfi que les fuivantes.

* 2. Lappa sive Bardana, major, flore albo. *Mor.Hift.* Celle cy n'eft point une varieté de la premiere mais de la *Bardana altera vulgaris capitulis minus tomentofis. Raji.*

Syn. 88. qui eſt la plus commune de nos campagnes, & qui a quelques fois les teſtes lanugineu-
ſes, & pour lors c'eſt celle que *Pluk.* nomme *Lappa major ex omni parte minor, capitulis parvis, eleganter reticulatis. Almag.* 205.

     * 3. LAPPA MAJOR, MONTANA, CAPITULIS TOMENTOSIS SIVE ARCTIUM DIOSC. *C. B.
Pin. Bardana major altera.* 2. *Raji. Hiſt.* 1. 332. *Perſonata ſeu Lappa major altera. Matth.*
il dit ſes teſtes plus petites que celles du N°. 1.

     Ses teſtes ne ſont pas plus groſſes que celles de la commune.

     * 4. LAPPA MAJOR, CAPITE MAXIMO GLABRO. C'eſt la *Perſonaria. Fuchſ. Icon.* 72. *Glet-
teron. Ejuſd. Edit. Gall. chap.* 28. que les Bauhins, Ray & tous les Modernes ont confondû
avec la vulgaire. Noſtre plante eſt peut eſtre la *Lappa maxima orbis Americani capitulo magis ſpinoſo. H. R. Par.* 100. *Lappa major Americana. Broſſ. Lappa peregrina ſeu Bardana
capite reticulato Domini de Givry. Joncq. Hort.*

     Cette plante differe de la premiere eſpece, (1) par ſes feuilles qui ſont arrondies par le haut,
plus blanches en deſſous, moins veluës, plus aſpres, & d'un tiſſu plus fin & plus ſerré. (2)
par ſes teſtes qui ſont au moins une fois plus groſſes, puis qu'elles ont ordinairement un pouce & demi de diamêtre, & que celles de la premiere n'ont qu'a peine neuf lignes. La fleur epanouie n'a guere plus de diamêtre, & eſt de la même ſtructure & couleur. Elle fleurit en même
temps, c'eſt a dire en Juillet & Aouſt, entre l'Abbaye d'Hieres & le Moulin dans la Sauſaie
qui eſt entre l'enclos de la dite Abbaye & le ruiſſeau. Elle ſe trouve auſſi aux environs du
Chateau de la Chaſſe dans les taillis: ſe trouve auſſi dans les prairies de St. Maur.

     * LASERPITIUM, FOLIIS LATIORIBUS LOBATIS. *Moriſ. Umb.* 29. *Libanotis latifolia, al-
tera, ſive vulgatior.* 2. *C. B. Pin.* 157, *Autre forte de Daucus. Fuchſ. Chapitre*
LXXXV.

     * 1. LATHYRUS SATIVUS, FLORE FRUCTUQUE ALBO. *C. B. Pin.* 343. *Veſſe blanche. Fuſch.
ch.* CCXVI.

     * LATHYRUS SATIVUS, FLORE PURPUREO. *C. B. Pin.*

     2. LATHYRUS SYLVESTRIS MAJOR. *C. B. Pin. Lathyris ſylveſtris. Eyſt. Tab.* 299. *Veſſe
noire. Fuſch. ch.* CCXVI.

     Bois de Verriere. Semences brunes groſſes comme celles de la Veſſe ordinaire.

     * 3. LATHYRUS ANGUSTIFOLIUS SILIQUA HIRSUTA. *C. B. Pin.*

US.   4. LATHYRUS ARVENSIS REPENS, TUBEROSUS. *C. B. Pin. Refort ſauvage. Fuſch. ch.*
XLVI.

     ⚥ * 5. LATHYRUS ANGUSTISSIMO FOLIO SEMINE ANGULOSO. *H. R. Par. Lathyrus anguſti-
folius leptomacrolobus, ſemine anguloſo, flore caeruleo.* 5. *Hiſt. Ox.* 2. 56. *Leptomacrolobus,*
(*id eſt ſiliqua tenui longa.*)

     Fleurit en May & Juin.

     6 LATHYRUS SYLVESTRIS, LUTEUS, FOLIIS VICIAE. *C. B. Pin.* 344.

     LAUREOLA. *vid. Thymelaea.* N°. 2.

US.   * 1. LENS VULGARIS. *C. B. Pin.* 346. *ſemine ex luteo pallido. C. B. Lentille. Fuſch. ch.*
CCCXXX.

US.   * 2. LENS MAJOR. *C. B. Pin.*

     1. LENTIBULARIA VULGARIS. *H. Par.*

     Elle eſt tres abondante dans l'Eſtang de Trivau parc de Meudon. Fleurit en Juillet &
Aouſt. Sa fleur eſt de Linaire, mais cette plante differe de ce genre par ſon calice qui n'eſt
découpé qu'en 2 parties pliées & comme taillées en bec d'aiguere, & par ſon fruit qui n'a
qu'une cavité. C'eſt un bouton ſpherique & membraneux rempli de pluſieurs ſemences tres
menues entaſſées ſur un placenta. Ce fruit reſſemble tout a fait bien a celuy du *Glaux maritima. C. B. Pin.* & a celuy de l'*Anagallis* par ſa figure exterieure. Mais je ne ſcay pas comment
il s'ouvre. Il n'a pas une ligne de diamêtre & eſt ſurmonté d'une petite pointe. Ses ſemences
ſont brunes & menues comme de la pouſſiere.

     * 2. LENTIBULARIA MINOR. *Millefolium paluſtre, galericulatum, minus, flore minore.
Plukn.*

     1. LENTICULA PALUSTRIS VULGARIS. *C. B. Pin.* 362.

     * 2. LENTICULA PALUSTRIS MAJOR. *Cat. Plant. Bat. & Dillen. Nov. Plant.
ſpec* 51.

     3. LENTICULA AQUATICA TRISULCA. *C. B. Pin.* 362.

Cet-

Cette plante eſt propre a diſſoudre le Sang caillé aprés quelque chute, en la faiſant infuſer dans du Vin blanc, ce qui produit de bons effets. Mr. Cheminais.

1. LEPIDIUM LATIFOLIUM. *C. B. Pin.* 97. *Paſſerage. Fuſch. ch.* CLXXXIV. US

* 2. LEPIDIUM GRAMINEO FOLIO, SIVE IBERIS. *J. R. H.* 216. *Iberis, latiore folio. C. B. Pin.*

1. LEUCANTHEMUM VULGARE. *J. R. H. Conſyre. Fuſch. ch.* LIII.

* 2. LEUCANTHEMUM VULGARE CAULE VILLIS CANESCENTE. *Inſt.* 492.

1. LEUCOIUM LUTEUM, VULGARE. *C. B. Pin.* 202. *Violette jaune. Fuſch. ch.* CLXXIV. Giroflée.

* LEUCOIUM PETRAEUM, LIGNOSIUS, FOLIO RIGIDO CANESCENTE, VULGATISSIMUM. US. *Pluk. Alm. Bot.*

1. LICHEN PYXIDATUS MAJOR. *Inſt.*

* LICHEN PYXIDATUS, MAJOR, RUGOSUS. *Muſco-Fungus pyxidatus muralis, major & rugoſior.* 2. *Hiſt. Ox.* 3. 632.

LICHEN PYXIDATUS, MINOR. *Inſt.*

* LICHEN PYXIDATUS, VERTICILLATUS PROLIFER.

LICHEN PYXIDATUS ORIS COCCINEIS ET TUMENTIBUS. *Muſcus multiformiter pyxidatus, apicibus coccineis.* 9. *Raji. Synopſ.* 21. *Muſco-Fungus pyxidatus, calice altero alteri innato, apicibus nonnunquam coccineis.* 4. *Hiſt. Ox.* 3. 632. *cum fig.*

LICHEN PYXIDATUS ACETABULORUM ORIS FUSCIS ET TUMENTIBUS. *J. R. H.*

LICHEN PYXIDATUS TERES ACETABULIS MINORIBUS REPANDIS. *Inſt.*

LICHEN PYXIDATUS PROLIFER. *Inſt.*

LICHEN PYXIDATUS NON RAMOSUS ACETABULIS FIMBRIATIS. *Inſt.*

LICHEN PYXIDATUS RAMOSUS ACETABULIS FIMBRIATIS. *Inſt. Muſco-Fungus pyxidatus gracilior, ramoſus, calicibus ſerratis.* 6. *H. Ox.* 3. 632. *cum fig.*

Lichen Pulmonarius.

2. LICHEN PYXIDATUS ENDIVIAE CRISPAE FOLIO PROLIFER, ACETABULORUM ORIS CRISPIS. *Inſt. Muſcus foliis criſpis Licheniformis, ſuperne è flavo virideſcens; ſubtus albicans.* 7. *Raji. Synopſ.* 23. *Muſco-Fungus terreſtris minor criſpus, foliis ſuperne è flavo vireſcentibus ſubtus albicantibus.* 3. *H. Ox.* 3. 632. *cum fig.* bien verifié d'aprés l'exemplaire de Mr. Petiver. Mais Ray n'y a point obſervé de calice.

3. LICHEN CINEREUS, ARBOREUS, MARGINIBUS PILOSIS MAJOR. *Muſcus arboreus, pyxioides piloſus. Flor. Pruſſ.* 171. *Lichen cinereus, latifolius, aculeatus, umbilicis nigricantibus. J. R. H.*

* 4. LICHEN CINEREUS ARBOREUS, MARGINIBUS PILOSIS, MINOR.

5. LICHEN CINEREUS VULGATISSIMUS, CORNUA DAMAE REFERENS. *Muſcus arboreus, ramoſus. J. B.*

* LICHEN CINEREUS ANGUSTIOR, SCUTIS IN MARGINIBUS SEGMENTORUM.

6. LICHEN PYXIDATUS DAMAE CORNU DIVISURA ACETABULORUM ORIS CRISPIS. *Inſt.*

* LICHEN CINEREUS, LATIFOLIUS, RAMOSUS. *Inſt.*

LICHEN CINEREUS LACTUCAE FOLIO. *Elem. Bot. Muſcus. Dod. Gall.* 280.

* 7. LICHEN TERRESTRIS ANGUSTIOR, RAMOSISSIMUS FUSCUS. *Muſco-Fungus coralloides montanus, tenuis, ramoſiſſimus non tubuloſus.* 11. *Hiſt. Ox.* 3. 633. *cum fig. Muſcus montanus fuſcus, ramoſiſſimus, non tubuloſus.* 7. *Raji. Synopſ.* 21.

Lichen Pulmonarius repens Hepaticae facie.

8. LICHEN ARBOREUS SIVE PULMONARIA ARBOREA. *J. B. Herbe aux poulmons. Fuſch.* US. *ch.* CCXLV. *Muſco-Fungus arboreus, platyphyllos, ramoſus, è viridi fuſcus.* 1. *H. Ox.* 3. 634. *cum fig. Muſcus pulmonarius monſtroſus. Eph. Cur. ann.* 2. *Obſ.* LI. *pag.* 89. *cum fig. Obſerva-*

tio LI. *D. Martini Bernhardi à Berniz. Facies larvata in Mufco-Pulmonario.*

9. LICHEN PULMONARIUS SAXATILIS, DIGITATUS. *Lichen terreftris cinereus. Raj. Hift. Mufco-Fungus terreftris, latifolius, cinereus, Hepaticae facie.* 1. *Hift. Ox.* 3. 632. *Icon Sect.* 15. *Tab.* 7. *fig.* 1. Je croy qu'il y faut rapporter le *Lichen terreftris cinereus per longitudinem laciniatus, apicibus rubris orbiculatis. Pluk. Almag. Bot.* 216.

10. LICHEN PULMONARIUS SAXATILIS, MAXIMUS. *Mufco-Fungus Lichenoides cruftae modo adnafcens, major, cinereus.* 1. *H.Ox.* 3. 633. *Sect.* 15. *Tab.* 7. *fig.* 1.

11. LICHEN ARBOREUS SUBTUS NIGRICANS. *H. Ox. Lichen pulmonarius faxatilis, cinereus, minor, umbilicis nigricantibus. J. R. H.* 549.

12. LICHEN CRUSTAE MODO ARBORIBUS ADNASCENS TENUITER DIVISUS. *Inft. Mufcus cruftae modo arboribus aut faxis adnafcens, cinereus, argutioribus fegmentis. Raji. Synopf.* 23. *N°.* 4. *D. Petiver.*

13. LICHEN NIGRICANS OMPHALODES. *Inft. Mufcus tinctorius cruftae modo petris adnafcens. Raji. Synopf.* 23. *N°.* 9.

* 14. *An* LICHEN PULMONARIUS CINEREUS, CRISPUS. *J. R. H.* 549 ? Voyez planche XXVI. Fig. 8.

* 15. LICHEN.   . . . . .

* 16. LICHEN.   . . . . .

* 17. LICHEN.   . . . . .

18. LICHEN DIOSCORIDIS ET PLINII SECUNDUS COLORE CINEREO. *Col.* 1. 331.

19. LICHEN DIOSCORIDIS ET PLINII SECUNDUS, COLORE VIRIDANTE. *Col.* 1. 331.
LICHEN DIOSCORIDIS ET PLINII SECUNDUS, COLORE FLAVESCENTE. *Col.* 1. 331.

20. LICHEN CRUSTAE MODO ARBORIBUS ADNASCENS, PULLUS. *Inft.* 548.

* 21. LICHEN CRUSTACEUS LEPROSUS SCUTIS NIGRICANTIBUS.

* 22. LICHEN CRUSTACEUS, LEPROSUS, SCUTIS CINEREIS.

* 23. LICHEN CRUSTACEUS ALBESCENS, SCUTIS FARINACEIS. *Petiv.*

* 24. LICHEN CRUSTACEUS CINEREUS, SCUTIS FERRUGINEIS.

* 25. LICHEN TERRESTRIS LEPROSUS, CINEREUS, SCUTIS NIGRICANTIBUS.

* 26. LICHEN.   . . . . .

* 27. LICHEN.   . . . . .

* 28. LICHEN.   . . . . .

* 29. LICHEN.   . . . . .
Sur les pierres dans le parc de Gefvres en defcendant a la Caffine.

* 30. LICHEN NIGRICANS, HIRCINUM CORIUM MENTIENS.

31. LICHEN PULMONARIUS SAXATILIS, CINEREO-FUSCUS MINIMUS. *Inft.* 549.
Se trouve fur les grais des bois de Marcouffy.

32. LICHEN CRUSTAE MODO SAXIS ADNASCENS, VERRUCOSUS, CINEREUS, ET VELUTI DEUSTUS. *Inft.*
Se trouve fur les grais des bois de Marcouffy.

33. LICHEN CINEREUS VULGARIS CAPILLACEO FOLIO, MINOR. *J. R. H.*
LICHENOIDES *vid. Lichen.*

Troëfne. US.   1. LIGUSTRUM. *J. B.* 1. 528. *Fufch. ch.* CLXXXII.
Fleurit en Juin & Juillet. Sa fleur a environ 3 lignes de diamêtre & eft decoupée en 4 ou 5 parties egales. Son odeur eft douce & agreable.

* 2. LIGUSTRUM FOLIIS E LUTEO VARIEGATIS. *H. R. Par. Liguftrum variegatum. Munting. Phytogr. fig.* 66.

* 1. LILAC. *Matth.* 1237. *Syringa caerulea. C. B. Pin.* 398.
Fleurit vers la fin d'Avril & au commencement de May. Les 2 premieres remifes ou taillis de la plaine de Grenelle, font remplies de cette efpece & de la feconde qui fleurit un peu plus tard.

* 2. LILAC FLORE SATURATE PURPUREO. *Inft.* 602.
Celuy-cy fleurit environ 15 jours plus tard, que le precedent.

* 3. LILAC FLORE ALBO. *Inft.*
Varieté du premier la quelle fleurit en même temps.

LILIAGO. *vid. Lilium Convallium.*

Muguet. US.   1. LILIUM CONVALLIUM ALBUM. *C. B. Pin.* 304. *Hift. Parif.* 485. *Lilium convallium*

al.

albo flore. Swert. 2. 7. Lilium convallium. Dod. Pempt. 205. Matth. 875. Ital. 923. Tabern. Icon.
754. Lugd. 838. Muguet. Lugd. Gall. 725. Lilium convallium. Camer. Epit. 618. Bry. 90. Dorst.
171. Lilium convallium vulgo. J. B. 3. lib. 31. 531. Lilium convallium vel vernum Theoph.
Lob. Obs. 87. Adv. 61. Lob. Ic. 172. Lilio convallio. Cast. 244. Lilium convallis vel sylvestre.
Lilium. Brunsf. 1. 211. Ephemerum non lethale. Fuchs. Icon. 240. Lilium convallium. Ger.
Emac. 410. Raji. Hist. 1. 664. Lilium convallium, flore albo. Park. Par. 350. Icon. 1. pag.
351. Lilium convallium, flore albo. Eyst. Tab. 131. Muguet. Fusch. ch. LXXXVIII.

Cette plante est commune dans les bois de Meudon, de Verriere, de Versailles, de St. Germain, de Belleville, de Montmorency, &c. ou elle commence a fleurir des la fin d'Avril & continue en May.

* LILIUM CONVALLIUM ANGUSTIFOLIUM. *Raji. Synops.* 148.

Cette varieté se trouve meslée quelquefois avec le precedent. Ses feuilles ont environ un pouce de large sur 3 ou 4 de long.

2. LILIUM CONVALLIUM MINUS. *C. B. Pin.* 304. *Unifolium. Dod.*

◦ 1. LIMNOPEUCE. *Cord. Hist.* 150. *Equisetum palustre, minoribus foliis, polyspermum. C. B. Pin. Limnopeuce vulgaris. Mem. Ac. R. Sc.* 1719. *N.* 1.

La Limnopeuce est un genre de plantes a feuilles entieres & disposées par etages en maniere de rayons. Ses fleurs sont nues, & Hermaphrodites, dont la partie posterieure est un Embryon ovale attaché immediatement dans l'aisselle d'une feuille. Cet Embryon est creusé d'un petit nombril du centre du quel s'eleve une trompe simple ou filet qui s'incline sur une Etamine a sommet purpurin a double ventre. Le quel s'ouvre en dessus suivant sa longueur en 2 fentes de vulve d'ou sort une poussiere blanche. Le pedicule de ce sommet est si court qu'il ne paroist qu'apres que ce sommet s'est dechargé & que sa coque est ratatinée. Cette etamine est placée en deça de la trompe & s'eleve du même nombril le quel est relevé dans son contour d'un petit rebord. L'embryon devient un fruit ovale contenant une semence de la même figure. Comme il sort un Embryon de l'aisselle de chaque feuille, ils forment tous ensemble un collier a la tige. Fleurit en May. Ses fleurs, ou plustot ses fruits naissent seuls de chaque aisselle des feuilles. Ce sont des grains ovales terminez par le haut d'une espece de couronne ou de nombril, du creux du quel s'elevent ordinairement un filet & une Etamine. Chaque fruit renferme une semence de la même figure. Les feuilles sont disposées par rayons au nombre de 12 ou 15 a chaque etage & donnent chacun un fruit qui sort immediatement de leur aisselle. Ce fruit n'a pas une ligne de long.

1. LIMODORUM AUSTRIACUM. *Clus. Pann.*

C'a esté Mr. Marchiny de Luque qui a trouvé cette plante a Fontainebleau. Elle fleurit en Juin. Elle est au Droguier dessechée de Fontainebleau.

1. LINAGROSTIS PANICULA AMPLIORE. *Inst. Gramen tomentarium. Ger. emac.* 29.

Est commun ainsi que le suivant, dans le Marais d'Episy.

2. LINAGROSTIS PANICULA, MINORE. *Inst.*

Il croist au de la de St. Cyr dans les prairies humides de Fontenay, il est en estat des la fin de May & dans le commencement de Juin. Il se trouve aussi a Montmorency ainsi que le premier, sur la pente humide par ou on descend a l'Etang ou se trouve l'*Enule Campane* aux environs du Chateau de la chasse. Se trouvent encore tous 2 dans les prez entre Orsay & St. Clair, a St. Leger.

◦ * 3. LINAGROSTIS SPICA SINGULARI, ALOPECUROIDES. *Juncus Alpinus capitulo lanuginoso. C. B. Prodr.* 23. *fig. Juncus capitulo lanuginoso: sive Schoenolaguros.* 1. *C. B Pin.* 12. C'est le *Juncus Alpinus cum caudâ Leporinâ. J. B. 2. 514. Gramen Juncoides lanatum alterum Danicum. Park. Th.* 1272. *Juncus Alpinus Bombycinus. Ejusd. ibid. & Gramen Junceum subcaeruleâ spicâ Cambro-britannicum. Ejusd.* 1188. *Selon. Pluk*

A St. Leger, ou se trouve le *Gale*, est en estat en May. *C. Bauhin* le dit en Juillet.

1. LINARIA VULGARIS LUTEA, FLORE MAJORE. *C. B. Pin.* 212. *Linaria vulgaris. Eyst.* US. *Tab.* 162. *Linaire. Fusch. ch.* CCVII.

Sa fleur a 12 ou 14 lignes de longeur, sa couleur est jaune fort passe, mais son musle est jaune vif, ou Safrané. Ses femences ont la figure d'un petit rein entouré ou bordé d'un feuillet membraneux. Elles sont noires.

* LINARIA VULGARIS FLORE MAJORE LUTEO PALLIDO. *C. B. Pin.* 212.

* LINARIA VULGARIS FLORE MAJORE ALBO. *C. B. Pin.* 212.

Gg

Peut-

Peutêtre est ce une varieté de la premiere qui se trouve souvent meslée avec elle, la quelle fait sa fleur blanche & son musle jaune.

2. * LINARIA ERECTA FLORE ALBIDO, LINEIS PURPUREIS STRIATO. *Linaria erecta flore majore odoro, obsoletè caeruleo, rictu flavescente.* H.R.Par. Je croy que c'est la *Linaria flore pallido, rictu purpureo.* C.B.Pin.213. *Linaria flore albicante inodoro.* Cam.Hort.90. *Linaria flore albicante.* Eyst. D. Fagon.

Sa fleur est sans odeur ou n'en a que tres peu. Elle est d'un blanc sale, rayée de pourpre violet qui forme une espece de vaisseau sur les surfaces de la levre superieure. Ses fruits sont partagez en 2 loges qui s'ouvrent par le haut par 2 trous. Elles renferment des semences noires, anguleuses & chagrinées.

3. LINARIA MINOR, REPENS, ET INODORA. H.R.Par. *an Linaria, capillaceo folio odora.* C.B.Pin? *Linosyris purpuro-caerulea.* Corn.Enchir.Bot.Paris. 221. *Linaria montana odorata, flore cinereo.* Bross. 67. & Robini. Enchir.40. La plante de nos campagnes n'est point celle que Mr.Tournefort y marque sous ce nom, puisque ses fleurs ont une odeur agreable. C'est aussi la *Linaria Osiris flore cinericeo Robini.*

Sa fleur est longue d'environ 5 lignes y compris l'Eperon qui n'est long que d'une ligne. Cette fleur est blanchâtre, mais toute rayée de pourpre violet. De l'extremitè de la levre superieure a celle de l'inferieure on compte 3 ou 4 lignes. La partie inferieure & interieure de cette fleur est velue. Le *rictus* est jaune, la tige est ronde, lisse & pleine d'une moelle blanche. Elle est garnie de feuilles tantôt alternes & tantôt disposées par étages comme celles du *Gallium*, au nombre de 5. Elles sont pointues par les 2 bouts, vert cendrè mais un peu plus par dessous que par dessus. Le dessus est un peu creusé en sillon d'un bout a l'autre & le dessous est relevé d'une petite arreste dans toute sa longueur. Les branches qui sortent des aisselles portent ordinairement des feuilles alternes. Les feuilles machees sont pateuses & d'une saveur un peu amere. Le même pied donne des tiges a feuilles alternes & des tiges a feuilles disposées par rayons au nombre de 5 a chaque Etage. Ses semences sont anguleuses, chagrinées & d'un noir mat.

Cette plante fleurit en Juin, Juillet & Aoust. Mr.Ray dans son *Synops.* la prend mal a propos pour la *Linaria odorata Monspessulana.* J.B.

* LINARIA MINOR, REPENS, INODORA, FLORE ALBO, FOLIIS RADIATIS. Les feuilles naissent par etages comme au *Gallium.*

4. LINARIA PUMILA SUPINA, LUTEA. C.B.Pin. 213.

Sa fleur est longue d'environ un pouce. La semence est noire de jaiet & applatie. Cette plante & les 2 varietez suivantes sont communes dans la plaine de Seve de Neuilly.

* LINARIA PUMILA SUPINA PALLIDE LUTEA.

LINARIA PUMILA SUPINA, FLORE ALBIDO. H. Par.

5. LINARIA ANNUA PURPURO-VIOLACEA, CALCARIBUS LONGIS, FOLIIS IMIS ROTUNDIORIBUS. Bot.Monsp. *Est Linaria caerulea minor,* D.Pelisserii. Lob.Illustr.103.

♈ 6. LINARIA PUMILA VULGATIOR, ARVENSIS. Inst. *Linaria minima, hirsuta, flore obsoleto.* H.R.Bles 280.

Pour les autres de ce genre. Voyez *Elatine.*

US.   * 1. LINGUA CERVINA OFFICINARUM. C.B.Pin. Langue de Cerf. Fusch.ch.CXI.

Elle se trouve communement dans les puits a Auxois la Ferriere, a Presle, Tournant &c.

* 2. LINGUA CERVINA MULTIFIDO FOLIO. C.B.Pin.

* 3. LINGUA CERVINA HEMIONITIDIS VULGARIS FACIE.

US.   * 1. LINUM SATIVUM. C.B.Pin.214. Lin.Fusch.ch.CLXXVIII.

* 2. LINUM ARVENSE. C.B.Pin.

3. LINUM SYLVESTRE ANGUSTIFOLIUM, FLORIBUS DILUTE PURPURASCENTIBUS VEL CARNEIS. C.B.Pin.214. & *Linaria capillaceo folio altera.* C.B.Pin.213. *Linaria tenuifolia.* Lugd. 2.1151. *Linaire aux feuilles menues, de* Dalechamp. 2.51. *Linum Oxyphyllum multicaule.* Bocc.Mus.2.169. Tab.125. Cette figure est defectueuse en ce que les fleurs n'y sont representées qu'a 4 petales au lieu de cinq. *Linum sylvestre* VI. *angustifolinm.* Clus.Hist.318. sine Icon.

Il le marque au bois de Boulogne.

4. LINUM PRATENSE, FLOSCULIS EXIGUIS. C.B.Pin. *Spergula bifolia Lini capitulis.* Flor. Pruss.261. fig.

Son fruit est relevé de 10 costes & s'ouvre en 5 parties egales partagées chacun dans leur longueur

par

par une cloifon qui fepare 2 femences, de maniere que ce fruit eft a 10 femences.

*5. Linum minimum. Polygonum minimum sive Millegrana minima. *C. B. Pin. Linoi-des, five Radiola quorundam. Flor. Jenenf. 81. Radiola. Dillen. Cat. 161. & App. Eph. Nat. Cur. Cent. 5. & 6. pag. 63. Tab. ix.*

1. Lithospermum majus erectum. *C. B. Pin. 258. Fufch. ch. clxxxvi.*   *Gromil.*

☿ * 2. Lithospermum arvense medium, flore caeruleo. *C. Bauhin* la confond avec la precedente. voicy les figures qui reprefentent celle-cy. *Alfine Myofotis five auricula muris. Lob. Ic. 461. Scorpioides mas. Dod. Pempt. 72. Myofotis Scorpioides arvenfis hirfuta. Ger. Emac. 337. Scorpioides minus tertium. Dod. Eyft. Ic. 274. Eft Echium Scorpioides Sylvaticum, hirfutum erectum. Flor. Quafimodog. 30. Echium Scorpioides montanum latiori folio. H. Cathol. 67. & Supp. 27. Eft Myofotis fylvatica, praecox, latifolia; hifpida. Flor. Jenenf. 9. Myofotis hirfuta, montana & Sylvatica. Dillen. Cat. Giff. 46. Scorpioides latifolia hirfuta Merr. Eadem flore albo. Dillen. Cat. Giff. 46.*

Ses femences font noires & fort luifantes.

☿ 3. Lithospermum arvense minus. *Inft. Myofotis hirfuta, arvenfis, major. Dillen. Cat. Giff. 55. Echium Scorpioides, arvenfe. C. B. Pin. 254. Scorpioides folifequum, flore minore. J. B. 3. p. 589. Auricula muris caerulea. Tabern. Icon. 197. Scorpiurus annuus arvenfis, hirfutus caeruleus.* 1. *Hift. Ox. 450. Tom. 3.*

Le 19 May 1711. J'ay obfervè 2 efpeces differentes dans le bois de Boulogne. La plus commune eft haute feulement de 5 a 6 pouces & fes fleurs n'ont qu'environ une ligne de diamétre. Elle fleurit en Avril & May. L'autre efpece fleurit vers la mi May & en Juin. Sa fleur a 2 lignes de diamétre. La plante s'eleve plus haut que l'autre, fes feuilles reffemblent a celles de l'orcanette. Elles font plus velues auffi bien que la tige. En un mot, la plante eft beaucoup plus grande que l'autre dans toutes fes parties.

Lithospermum arvense minus, floribus luteis, vel luteo-caeruleis. *Inft. Scorpiurus arvenfis hirfutus flofculis minoribus luteolis.* 2. *Hift. Ox. 3. 451. Myofotis hirfuta arvenfis, minor. Dillen. Cat. Giff. 47. Scorpioides hirta minor. Merr.*

Ses femences font plus menues que celles qui proviennent de l'Efpece qui porte la grande fleur & ne font pas fi noires, mais brunes, polies & luifantes. Cependant celle du bois de Boulogne qui eft a petite fleur a fes femences noirs de Jaïet & fort luifantes.

☿ * Lithospermum arvense minus, floribus candidis. *Eft Echium fcorpioides arvenfè, flofculis niveis. Flor. Pruff. 63.* C'eft une varieté de l'Efpece a petite fleur.

Trouvé le 4 May 1710. fur une muraille au Village d'Arc auprés de Dieppes. Je l'ay auffi trouvé en Juin entre le Parc St. Cloud & Villedavray.

☉ 4. Lithospermum palustre minus, flore caeruleo. *Inft. Scorpiurus paluftris perennis, viridioribus foliis.* 4. *Hift. Ox. 3. 451.*

Quelquefois la plante eft veluë. Sa fleur a 3 ou 4 lignes de diamétre. Elle eft d'un bleu celefte, l'embouchure de fon tuyau eft jaune. Fleurit en Juin & Juillet.

* Lithospermum palustre minus, flore dilutissime caeruleo.

* Lithospermum palustre minus, flore rubente et caeruleo in eadem planta.

1. Lonchitis aculeata major. *Inft. La 2 P. Plum.* l'a deffinée fous ce nom. *Filix mas non*   *Lancette.* *ramofa pinnulis latis auriculatis fpinofis. Ger. Emac. 1130. fans fig. Raji. Hift. 1. 143. defc.*

Eft commun dans les hayes en allant d'Auxois la Ferriere a Prefle. Se trouve auffi dans les pierres qui forment la petite levée devant la quelle eft une paliffade autour de l'Eftang de Chalais, parc de Meudon.

1. Lotus pratensis siliquosus luteus. *C. B. Pin.*

2. Lotus sive Melilotus pentaphyllos, minor glabra. *C. B. Pin. 332. Melilot d'Allemagne. Fufch. ch. cc.*

3. Lotus pentaphyllos minor glabra foliis longioribus et angustioribus. *H. Edinb. Trifolium corniculatum minus anguftioribus foliis fruticofius. Raji. Hift. 1. 967.* il eft en doute fi ce n'eft pas le *Lotus pentaphyllos frutefcens, tenuiffimis glabris foliis. C. B. Pin. 332.*

4. Lotus corniculata hirsuta minor. *J. B. 2. 356.* Voyez mon herbier.

5. Lotus pentaphyllos, flore majore, luteo splendente. *C. B. Pin. Loti corniculati*

major species. J. B. Raji. Hist. 1. 968. *N°. 7.*

Ses siliques doivent estre droites. Il s'en trouve un dans l'endroit ou naist le *Clymenum Parisiense flore caeruleo*, entre Gentilly & Arcueïl, dans les pres humides, le quel est tout glabre, & dont la fleur est plus petite que celle du velu. Fleurit en Juiller.

* 5. LOTUS PENTAPHYLLOS MAJOR, HIRSUTIE CANDICANS. *C. B. Pin.* 332.

Celuy cy doit avoir ses siliques courbes a ce que dit *Caesalpin.* •

* 7. LOTUS PRATENSIS MAJOR, GLABER.

Est tres commun dans la Prairie entre Gentilli & Arcueil. Il fleurit en Juillet & Aoust. Je l'ay aussi trouvé dans le parc de Meudon dans le pré humide au dessus de la premiere piece d'eau en entrant dans le dit parc par le Village.

Houblon.   1. LUPULUS FAEMINA. *C. B. Pin. Houblon. Fusch. ch.* LVIII.
US.

Ses fleurs naissent en grapes & s'epanouissent en Aoust, chaque fleur a 5 sommets longs d'une ligne & demie, blanc sale tirant sur le flave. Ils sortent du fond d'un calice a 5 feuilles en rose, long d'une ligne & demie sur ½ ligne de large de la couleur des sommets. Ce calice a environ 2 lignes de diamétre. La plante sent l'ail. Se trouve, ainsi que le suivant, dans les hayes, a Marcoussy.

2. LUPULUS MAS. *C. B. Pin.*

Guaulde.   1. LUTEOLA HERBA, SALICIS FOLIO. *C. B Pin.* 100. *Hist. Paris.* 285. & 488. *Teriacaria.*
US. *Cast.* 435. *Antirrhinon. Trag.* 361. *Icon.* 362. *optime.*   •

Fleurit en Juin & Juillet. Sa fleur est blanc sale a 4 petales inegaux. Les sommets des Etamines sont jaunastres. Mr. Ray (*Synops.* 210.) n'a pas eu raison de la mettre parmi les fleurs a six petales. Mr. Lippi l'a trouvé sur les bords du Nil autour de Rosette. Il l'a decrite sous le nom de *Reseda Niliaca, foliis integris, albo flore, feroci capsulâ.*

LYCHNOIDES. *vid. Lychnis.*

US.   1. LYCHNIS SYLVESTRIS QUAE SAPONARIA VULGO. *Inst.* 336. *Herbe aux foulons. Fusch. ch.*
Lampette. *ccc. Saponaria. Eyst. Tab.* 261. *bonne fig.*
nom Generi-
que.

* LYCHNIS SYLVESTRIS, QUAE SAPONARIA VULGO, FLORE ALBO.

* LYCHNIS SYLVESTRIS, QUAE SAPONARIA VULGO, FLORE PLENO. *Inst.*

2. LYCHNIS, MONTANA, VISCOSA, ALBA, LATIFOLIA. *C. B. Pin. Lychnis sylvestris, flore albo. Eyst. Tab.* 153. Cette figure represente parfaitement bien l'espece du bois de Boulogne, dont la fleur a un petit ocil de rougeastre. Son calice est plus long & plus gresle que n'est celui de la *Lychnis de Raius* cy aprés citée par *Pluk. Lychnis sylvestris, viscosa foliis Otitidis. Flor. Pruss.* 150. *fig. Plukenet* y rapporte la *Lychnis major noctiflora Dubrensis Newtoni. Raji. Hist.* 2. 995. *N°.* 6.

3. LYCHNIS SYLVESTRIS, ALBA SIMPLEX. *C. B. Pin.*

* LYCHNIS SYLVESTRIS ALBA SIMPLEX SEMINE VIDUA.

* LYCHNIS SYLVESTRIS ALBA SIMPLEX, PETALIS DISSECTIS.

* ¾. LYCHNIS SYLVESTRIS SIVE AQUATICA PURPUREA, SIMPLEX. *C. B. Pin.* 204. *Ocimoides purpureum multis. J. B.* 3. *pag.* 343. *Ocimastrum rubrum. Tab. Ic.* 299.

Il y a des pieds masles & des pieds femelles. Fleurit vers la fin de May & Juin, autour de Couches dans la forest. Mr. D'anjou m'a dit qu'elle se trouvoit autour de Rouboise.

4. LYCHNIS VISCOSA FLORE MUSCOSO MINOR. *H. R. Par. Lychnidi praecedenti affinis foliis lini. C. B. Pin.* 206. *N°.* 9. *Sesamoides Salmanticum parvum. Eyst.* 338. *Lychnis flore muscoso capillaceo. H. R. Bles.* 282.

Sa fleur est a 5 petales, point d'etamines. pistile surmonté de 3 filets. capsule partagée en 3 loges.

* LYCHNIS VISCOSA FLORE MUSCOSO, MINOR, SEMINE VIDUA.

Fleur a 5 petales, & 10 etamines, 3 stiles surmontent un Embryon de fruit qui avorte. Ces 2 plantes fleurissent en Juillet & Aoust.

5. LYCHNIS VISCOSA, FLORE MUSCOSO. *C. B. Pin,*

A l'Heremitage St. Louis.

6. LYCHNIS SYLVESTRIS, QUAE BEHEN ALBUM VULGO. *C. B. Pin. Lychnis sylvestris. Eyst. Tab.* 153.

* LYCHNIS SYLVESTRIS, QUAE BEHEN ALBUM VULGO, FOLIIS ANGUSTIORIBUS ET A-CUTIORIBUS. *C. B. Pin.*

* LYCHNIS SYLVESTRIS, QUAE BEHEN ALBUM VULGO, FLORE PLENO. *Inst.*

* LYCH,

* 7. Lychnis sylvestris, quae Behen album vulgo, foliis hirsutis. *H. Edinb. Lychnis (Papaver spumeum) latifolia vulgaris hirsuta. H. R. Bl. 283.*

8. Lychnis pratensis, flore laciniato simplici. *H. Ox. 2. 537. Inst. R. H. Item Lychnis Lusitanica, palustris, folliculo striato. J. R. H. 338.*

Lychnis pratensis flore laciniato, simplici suaverubente. *Inst. 336.*

* Lychnis pratensis flore laciniato, simplici albo. *Inst.*

* Lychnis pratensis flore laciniato, pleno, amplo, purpureo. *Inst. Odontitis Plinii. Eyst. Tab. 256. belle figure.*

☿ 9. Lychnis segetum major. *C. B. Pin. Pseudo-melanthium flore rubescente. Eyst. Tab. 152. Yvraye ou Gasse. Fusch. ch. xliv.*

* Lychnis segetum major flore albo. *Pseudo-melanthium, flore albo. Eyst. Tab. 152.*

* Lychnis segetum, major, flore dilutiore.

10. Lychnis sylvestris, latifolia, caliculis turgidis, striatis. *C. B. Pin.*

Mr. Tournefort l'indique dans sa cinquieme herborisation page 345. mais mal a propos.

Lychnis sylvestris caliculis turgidis striatis angustifolia. *C. B. Pin. 204.*   H. Par. 211.

Mr. Magnol & Tournefort n'ont pas eû raison de croire que cette plante soit une varieté de la precedente.

* 11. Lychnis sylvestris hirsuta, annua, flore minore carneo. *H. Ox. & Raji. Hist. 1. 994. N°. 4.*

Sa fleur a environ 3 lignes de diamétre a 5 petales entiers & arrondis par le haut, couleur de chair ou purpurin clair en dessus & en dessous, la couronne est formée par 10 languettes blanchastres, 10 etamines qui ne debordent point, pistile surmonté de 3 stiles fort courts. Le calice est herissé de poils & relevé de 10 costes selon sa longueur. Il est visqueux & odoriferant.

* Lychnis sylvestris, hirsuta, annua, flore minore albo. *Lychnis flore albo minimo. Raji. Hist. 1. 996. N°. 13. Item Lychnis arvensis minor Anglica. Ejusd. pag. 1004. N°. 12. Lychnis arvensis Anglica. Lob. Illust. 97. descript.*

12. Lychnis annua minima, flore carneo, lineis purpureis distincto. *Inst. Lychnis parva, palustris, foliis acutis lanceolatis, flosculis purpureis. Mentz. & Dillen. Cat. 148. Spergula foliis Knawel flore purpurascente. Eph. Nat. Cur. Cent. 5. & 6. Obs. 38. pag. 273. Tab. IV. Caryophyllus minimus muralis. C. B. Pin. 211. Tunica minima Dalechampii. Lugd. Gall. 2. 90.*

N'a point d'ecailles a la base de son calice. La fleur est a 5 petales entiers & n'a guere plus de 2 lignes de diamétre, le champ de ses petales est de couleur de chair, mais les rayes sont d'un beau pourpre. Ses semences sont noires & fort menues. Le calice est long d'environ 2 lignes relevè dans sa longeur de 5 costes vertes.

13. Lychnis segetum rubra, foliis perfoliatae. *C. B. Pin.*

* Lychnis segetum, foliis perfoliatae, flore albo. *Jonoq. Hort.*

* 14. Lychnis saxatilis, pumila, juniperi folio. *J. R. H.*

* 15. Lychnis sylvestris viscosa, rubra, angustifolia. *C. B. Pin.*

Fleurit en May & Juin. Se trouve dans la forest de Fontainebleau autour de Franchard entre les Rochers & entre Samoy & Valvin sur la pente de la forest.

☿ 1. Lychnoides vulgaris. *Arenaria multicaulis, Serpillifolia. Flor. Jen. 101. Alsine* H. Par. 51. *minor, multicaulis. C. B. Pin. 250. Item Alsine minor Lini capitulis. C. B. Pin. 251. N°. &* 381. *XIII. Alsine minor. Tabern. 708. & Alsine petraea minima. Ejusd. ibid. 710. La petite Morgeline. Fusch. Gall. cap. vii.* C'est une vraye *Alsine.* Voyez *Alsine 2. pag. 7.* de ce Catalogue.

Fleurit en May & Juin. Sa fleur est a 5 petales entiers & ressemble parfaitement bien a celle de l'*Alsine tenuifolia. J. B.* L'une & l'autre ont 10 etamines a sommets purpurins, le pistile est surmonté de 3 filets. Sa capsule est taillée en balustre, & n'est que dentelée sur les bords. Ses semences sont noires.

○ * 2. Lychnoides juniperi folio, perennis. *Lychnis pumila, saxatilis, Juniperi folio. J. R. H. 339.* C'est l'*Alsine Caryophylloides tenuifolia montana, Lini flore. 6. Raji. Hist. 2. 1027. An Alsine Alpina Junceo folio. C. B. Prodr. pag. 118. N°. 4? C. B. Pin. 251. N°. 22. Alsine Alpina subhirsuta Linariae folio. J. R. H. 339. Lychnis minor Alpina hirsuta, petalis non bifidis latiori folio. H. R. Bl. desc. pag. 283.*

Hh

C'est

C'est une vraye *Alsine*. Les petales sont oppofèz au canton du calice. Cette plante fleurit des la fin d'Avril, en May & Juin. Sa fleur est a 5 petales, entiers, blancs, rayéz, arrondis sur le bout, longs de 3 lignes sur presque 2 de large, disposez en rond autour d'un pistile verd gay surmonté de 3 filets longs d'une ligne & demie. De l'aisselle de ces petales & dans les espaces, qui sont entre elles, s'elevent 10 etamines d'environ 2 lignes de long, blanches, & garnies chacune d'un sommet blanc sale. Cette fleur a environ demi pouce de diamêtre. Son calice est de 5 pieces qui ne tombent point, taillées en basle de bled, longues d'une ligne, disposées de maniere que leurs points se trouvent entre les petales. Les tiges, leurs branches, & les jeunes feuilles sont revestues d'un duvet tres court qui donne un petit oeil blanchaftre a ces parties. Cette plante n'a que le goust d'herbe. Le pistile devient un fruit en toupie qui s'ouvre par le haut en 5 ou 6 pointes. Il renferme 8 ou 10 semences noires. Elle est abondante sur la pente de la Butte Monchovet du costé du Midy, a Fontainebleau. Cette butte est celle que Mr. Tournefort appelle mal a propos, Butte Montmerle.

US.　1. LYCOPERDON VULGARE. *Inst.* 563. *Fungus rotundus, orbicularis. C. B. Pin.* 374. *Fungus orbicularis. Dod. Pempt.* 484.

Vesse de Loup.

Il se trouve en Septembre sur les friches autour de Versailles, dans le parc de Vincennes, a Fontainebleau &c. Il est blanc & couvert ou herissé ordinairement de petits tubercules taillès a point de diamant, la base en est un peu froncée. Il a environ deux pouces & demi dans le fort de son epaisseur, sur deux pouces de haut. Le dessus en est aplati & se creve en se passant, comme la premiere figure des Elemens de Botanique le reprefente ; pendant que cette plante est blanche, ainsi quelle est representée, sa chair est molasse & blanche, & sent un peu le soufre.

* 2. LYCOPERDON MEDIUM, CORTICE LACERO. *J. R. H.* 563.

Monsieu Danti d'Isnard l'a trouvé dans les vignes de Ville Juives & d'Autheuil, au mois de. . . . . . Peutêtre celuy que j'ay observé dans le parc de Chéville & a Fontainebleau dans les landes. Il est blanc d'abord & maroquiné & comme couvert de pointes de diamant. Il est taillé en poire de bon Chrestien. Sa teste a jusqu'a 4 a 5 pouces de diamêtre. Il se trouve vers la fin d'Aoust & en Septembre. C'est le *Fungus pulverulentus, crepitus lupi dictus, major, pediculo longiore, ventricoso. D. Sherard. Raji. Syn.* 16. *No.* 16.

* 3. LYCOPERDON NIVEUM, SPHAERICUM, SUPERFICIE IN AREOLAS ADAMANTIS INSTAR DISSECTAS DISTRIBUTA. *J. R. H.* 564.

Il est taillé en poire, couvert de papilles en pointe de diamant. Est blanc, leger, mou, & devient brun en se passant, comme font toutes les autres especes. Il est rempli d'une poussiere tanée. Il naist en Aoust & au commencement de Septembre a Marly, Versailles & Fontainebleau.

* 4. LYCOPERDON E FLAVO-VIRESCENS, SQUAMATUM. *Lycoperdon nostras è flavo rufescens punctulis fuscis aspersum. Lycoperdon sphaericum, verrucosum, pediculo donatum.*

Il est tres commun en Aoust dans les bois de Versailles & de Clagny. Son ecorce est epaisse d'une ligne, coriasse, jaune roux tirant sur le brun quand il se passe, blanc sale quand il est adolescent. Il est mortel quand on en mange. Voyez Tab. XVI. fig. 7.

* 5. LYCOPERDON NOSTRAS, E FLAVO-VIRESCENS, SQUAMIS FUSCIS DISTINCTUM. *Lycoperdon majus, globosum & squamosum.*

Il est tout gersé, rond, dur quand il est adolescent, mou quand la poussiere se forme, noir en dedans avant qu'elle soit formée. Son ecorce est coriasse, epaisse d'une bonne ligne, blanchaftre d'abord avec quelque chose de jaune & de verdastre. Ses enlevûres sont quelquefois relevées comme les dents d'une rape a bois. Sa poussiere est brune. Il se trouve en Aoust & Septembre a Versailles & a Fontainebleau. Voyez Tab. XVI. fig. 8.

* 6. LYCOPERDON PEDICULO LONGIORI, TUMIDO, DONATUM. *J. R. H.* 563.

* 7. LYCOPERDON EXCIPULI CHYMICI FORMA. *J. R. H.* 564 *Tab.* XII. *fig.* 15.

8. LYCOPERDON MINUS ET MULTIPLEX, SPHAERICUM. *J. R. H.* 563.

9. LYCOPERDON MINUS ET MULTIPLEX, OVATUM. *J. R. H.* 563.

10. LYCOPERDON PARISIENSE, MINIMUM, PEDICULO DONATUM. *J. R. H.* 563.

* 11. LYCOPERDON PEDICULO DONATUM, EX CALICE ASSURGENS. *Lycoperdon minus, pediculo donatum. Prod. Bot. Paris.* 74.

La teste forte d'une espece de calice. Se trouve sur la butte Montboron &c. en Aoust & **Septembre**.

12. LYCOPERDON VESICARIUM, STELLATUM. *J.R.H.* 564.

Il se trouve au bois de Boulogne proche la porte Mayau.

* 13. LYCOPERDON CEPAE FACIE.

Cette espece ressemble parfaitement bien par sa figure, a une bulbe d'oignon, de la quelle on a coupé les fibres de la racine, & qu'on auroit renversée. Elle est ronde & aplatie en dessus & en dessous, lourde, massive, lisse dans son contour, maroquinée en dessus, blanc sale, garnie d'un pedicule en pivot, long de 6 a 8 lignes. Son ecorce est epaisse d'une ligne & renferme une chair noire, ferme, qui s'amolissant par la suitte, se change en poussiere brune. Elle a depuis un pouce jusqu'a deux de diamêtre. Elle se trouve dans la forest de Fontainebleau & a Marly vers la fin d'Aoust. Elle se fend quelquefois par la moitié, & quelquefois en 4, comme un pain cornu, avant sa maturité. Voyez Tab. XVI. fig. 5. 6.

* 14. LYCOPERDON PYRIFORME, VERRUCOSUM.

Vers la fin d'Aoust a Fontainebleau. Est mou, leger, blanc tirant tant soit peu sur la ventre de biche. Voyez Tab. XVI. fig. 4.

* 15. LYCOPERDON. . . . . .

Trouvé dans les bosquets de Versailles le 26 de Septembre 1708. Cette plante avoit un pouce & demi ou 21 lignes de diamêtre, parfaitement spherique & blanche, avec un filet de racine blanc, long d'un pouce ou deux, elle est composée de trois sortes de substances. La premiere & exterieure est une veritable gelée de viande pour sa couleur & sa consistance & la peau blanche qui la couvre en dessus ressemble en couleur & substance a la pellicule interieure d'un oeuf ou a du calpin un peu fort pour son epaisseur & la coriassité. Cette gelée est de l'epaisseur d'environ deux lignes. Elle est insipide au goust. Sous cette gelée est une autre peau blanche, plus epaisse que la premiere & d'un consistance beaucoup plus dure qui envelope une chair brune, qui selon toutes les apparences, devient par la suitte une poussiere. Cette chair entoure un placenta blanc, taillé en pyramide.

* 16. LYCOPERDON MINIMUM, VERRUCOSUM. *J.R.H.* 564. Voyez Tab. XII. fig. 16.

* 17. LYCOPERDON AURANTII COLORIS, AD BASIN RUGOSUM.

Cette plante naissoit en tres grande quantité sur les couches du Jardin Royal, en May & Juin 1709. Sa couleur tire sur le tané ou sur la conleur de ces oranges confites a sec. Voyez Tab. XVI. fig. 9. 10.

1. LYCOPODIUM VULGARE. *Muscus terrestris clavatus. C. B. Pin. Muscus terrestris. Cam. in Matth. Germanice.* 23. *Muscus clavatus procumbens. Eyst. Tab.* 249. *Patte ou Griffe de Loup. Dod. Gall.* 282. *Patte ou Griffe de Loup.*

Le 7 Juin 1719. J'ay trouvé cette plante dans le bois qui borde l'Etang le plus proche de Villedavray, a gauche, ou entre cet etang & le chemin qui de Seve mene a Versailles a travers de ce bois. Les Epis de cette plante estoient desja bien formez. Sous chacune de leurs écailles ou dans l'aisle de chaque Ecaille, se trouve un Ovaire applati, de la forme d'une tres petite Lentille; terminée par un filet ou trompe simple.

* 2. LYCOPODIUM CYPRESSI FOLIIS. *Muscus clavatus, foliis Cypressi. C. B. Pin.*

☉ * 3. LYCOPODIUM PALUSTRE, REPENS, CLAVA SINGULARI. *Muscus terrestris repens, clavis singularibus foliosis erectis. Raji. Synops.* 27. & *Hist.* 1. 121. *Muscus erectus repens, clavis singularibus foliosis erectis. Pluk. Phytogr. Tab.* 205. *fig.* 5.

Cette plante naist a Planet auprés de St. Leger en Iveline au bord de la prairie. Elle porte ses Masses en Septembre & Octobre. Ces Masses sont composées de feuilles qui contiennent chacune dans leur aisselle, un globule rempli de poussiere.

1. LYCOPUS PALUSTRIS GLABER. *Inst.* *Patte de Loup.*

2. LYCOPUS PALUSTRIS VILLOSUS. *J.R.H.*

1. LYSIMACHIA LUTEA MAJOR, QUAE DIOSCORIDIS. *C.B.Pin.* 245. *Lysimachie.*

LYSIMACHIA LUTEA MAJOR, QUAE DIOSCORIDIS, FOLIIS TERNIS. *C. B. Pin. Lysimachia lutea. Eyst. Tab.* 267. *Lysimachie jaune. Fusch. ch.* CLXXXVII.

* LYSIMACHIA LUTEA MAJOR, QUAE DIOSCORIDIS, FOLIIS QUATERNIS. *C.B.Pin.*

* LYSIMACHIA LUTEA MAJOR, QUAE DIOSCORIDIS, FOLIIS QUINIS. *C.B.Pin.*

Vid. Nummularia pour les autres.

Maulve. US.   1. **MALVA VULGARIS FLORE MAJORE, FOLIO SINUATO.** *J.B.* *Malva sylvestris, folio sinuato, C.B.Pin. Maulve sauvage qui s'eleve en forme d'arbre. Fusch.ch.*CXCIII.

    * MALVA SYLVESTRIS, FOLIO SINUATO, FLORE ALBO. *H.Edinb.*

US.   2. MALVA VULGARIS FLORE MINORE, FOLIO ROTUNDO. *J.B. Maulve sauvage basse, se trainant sur la terre. Fusch.ch.*CXCIII.

US.   * 1. MALUS SYLVESTRIS FRUCTU VALDE ACERBO. *Inst.*
Pommier.

    * 2. MALUS ACIDO FRUCTU, SYLVESTRIS. *H.R.Par. Mala sylvestria, rubra. C.B.Pin.*

    1. MARRUBIASTRUM VULGARE. *Inst,* 190.

US.   1. MARRUBIUM ALBUM VULGARE. *C.B.Pin. Marrube. Fusch.ch.*CCXXV.
Marrube.

    2. MARRUBIUM ALBUM VILLOSUM. *C.B.Pin.*

    * MATRICARIA VULGARIS. *C.B.Pin. Matricaria.* 1. *Raji. Hist.*1.357.

    * 1. MEDICA MAJOR, ERECTIOR, FLORIBUS PURPURASCENTIBUS. *J.B. Medica legitima. Clus. Hist.*

    * MEDICA MAJOR ERECTIOR FLORIBUS VIOLACEIS. *J.B.*

    * MEDICA MAJOR ERECTIOR FLORIBUS EX VIOLACEO ET LUTEO MIXTIS. *Inst.*

    * MEDICA MAJOR, ERECTIOR, FLORE ALBO CAERULESCENTE.

    * 2. MEDICA ORBICULATA. *J.B.*
Sur le calvaire du costé de St. Clou.

    3. MEDICA ARABICA. *Cam.*

    4. MEDICA POLYCARPOS, FOLIO OBTUSO CRENATO. *Inst.*

    ☿ * 5. MEDICA HIRSUTA, ECHINIS RIGIDIORIBUS. *J.B.*
Son fruit est noir quand il est meur. Il est plat par les 2 bouts & composé de 5 contours ordinairement. Cette plante est commune autour de Vaugirard & d'Issy, ou elle n'est presque point veluë.

    ☿ 6. MEDICA ECHINATA MINIMA. *J.B.*
Son fruit est spherique & pas plus gros qu'un grain de Vesse. Il est noir quand il est meur. Ce qui arrive en Juin & Juillet.

    * 7. MEDICA. . . . . .

    1. MEDICAGO SYLVESTRIS FLORIBUS CROCEIS. *Medica sylvestris, floribus croceis. J.B.*2.383.

    MEDICAGO SYLVESTRIS FLORIBUS E LUTEO PALLESCENTIBUS.

    MEDICAGO SYLVESTRIS FLORIBUS E CAERULEO VIRESCENTIBUS.

    MEDICAGO SYLVESTRIS FLORIBUS PARTIM LUTEIS PARTIM VIOLACEIS.

    MEDICAGO SYLVESTRIS. . . . . . .

    ☿ 1. MELAMPYRUM PURPURASCENTE COMA. *C.B.Pin.*
Fleurit en Juin & Juillet. La gorge de la fleur est jaune. Les fleurs sont opposées par paires qui se croisent.

    2. MELAMPYRUM LUTEUM LATIFOLIUM. *C.B.Pin.*
Bois de Verriere.

    * MELAMPYRUM LUTEUM, LATIFOLIUM, FOLIIS EX ALBO ET VIRIDI VARIEGATIS.

    MELAMPYRUM LUTEUM LATIFOLIUM FLORE ALBO, LABIO INFERIORI DUABUS MACULIS LUTEIS DISTINCTO. *H.Par.*

    3. MELAMPYRUM CRISTATUM FLORE ALBO ET PURPUREO. *J.B. Melampyrum spicâ quadrata. Brunyer. H.R.Bles. Edit.*2. *p.*64.

US.   1. MELILOTUS OFFICINARUM GERMANIAE. *C.B.Pin.*331. *Saxifrage jaune. Fusch.ch.*
Melilot. CCLXXXVII.
Sa silique n'a guere qu'une ligne de long. Elle est ridée, couleur de bois & ne renferme qu'une semence verdastre.

    MELILOTUS OFFICINARUM GERMANIAE FLORE ALBO. *C.B.Pin.*

2. ME-

♀ 2. MELILOTUS SILIQUIS LONGIORIBUS ACUTIS. *Inst. Melilotus procera siliquis longio-* H. Par. 493. *ribus. H.R.Bl.*132. il est en doute si c'est *Meliloti tertium genus. Dod.* C'est le *Melilotus vera, Lotus Urbana. Tabern. Icon.*510.

Sa silique a près de 3 lignes de long, elle est noire, ridée & renferme une ou 2 semence, flaves de la figure d'un petit rein. Il se trouve a la Chaussée d'Auteüil.

· MELILOTUS SILIQUIS LONGIORIBUS ACUTIS FLORE ALBO.

☿ 3. MELILOTUS CAPSULIS RENI SIMILIBUS IN CAPITULUM CONGESTIS. *Inst. Medica pratensis lutea, radice perenni, fructu racemoso nigro, non grata jumentis. Pluk. Almag. Bot.*243. *Triolet jaune. Fusch. ch.* CCCXVI.

Son fruit est noir lors qu'il est meur, & ridé comme le fruit de tous les autres Melilots.

☉ * 1. MELISSA HORTENSIS. *C. B. Pin. La fausse Melisse. Fusch. ch.* CXC.   US.

Fleurit en Juillet & Aoust. Je l'ay trouvé a Versailles derriere le potager, a Trianon proche le Corps de garde a St. Clou; autour du Chateau de la Chasse dans la forest de Mont-morency, a Boissy au bout du Village en allant a gros bois.

1. MELISSOPHYLLUM VERUM. *Fuchs. Hist.*498. *Melissa humilis latifolia, maximo flore purpurascente. Inst. La vraye Melisse. Fusch. ch.* CXC.

Bois de Verriere. La Levre superieure de cette fleur est quelquefois entiere & quelquefois échancrée en coeur. Elle fleurit en May & Juin. Les fleurs sont disposées en simple anneau, il n'en sortent que trois tout au plus de l'aisselle de chaque feuille. Ce qui fait le nombre de six a chaque anneau. Ces fleurs ont chacune leur pedicule qui sort immediatement de la tige. Cette tige est sans branche. Des aisselles des feuilles inferieures il ne sort ordinairement qu'une fleur, de chacune des moyennes il en sortent deux, & des superieures, trois. Le calice est a deux levres dont la superieure est un peu retroussée, & fendue legerement en 2 petites pointes, & l'inferieure est recoupée pour l'ordinaire en 3 lobes & quelquefois en 2 seulement.

MELISSOPHYLLUM VERUM, FLORE ALBO. *Inst.*

1. MENTHA SYLVESTRIS ROTUNDIORE FOLIO. *C. B. Pin.*

Sa fleur est d'un blanc tirant tant soit peu sur le carné. Elles ont 2 lignes de long, & sont a 5 parties presque egales debordées par des étamines de la même couleur chargez de sommets pourprez. Fleurit vers la fin de Juillet & en Aoust.

* MENTHA SYLVESTRIS ROTUNDIORE FOLIO PURPUREO FLORE. *Bot. Monsp.*

2. MENTHA SYLVESTRIS LONGIORE FOLIO. *C. B. Pin.*

Mr. d'Isnard l'a trouvé a Bondy.

* ☉ 3. MENTHA ANGUSTIFOLIA SPICATA. *C. B. Pin. Mentha spicata folio longiore, acuto, glabro, nigriori. J. B. Raji. Hist.*532. *Mentha angustissimis & longissimis foliis, spicata. C. B. Pin.*227. C'est celle que j'ay trouvé en fleur le 30 Juillet 1711. a Lisy au bas de la pente ou se trouvent les Coquillages. C'est aussi la *Mentha sylvestris angustifolia. C. B. Pin.* 227. *Pulegium aquaticum spicatum. Eyst. Tab.*230.

* 4. MENTHA SYLVESTRIS, LONGIORIBUS NIGRIORIBUS ET MINUS INCANIS FOLIIS. *C. B. Pin.*227. *Mentha spicata folio longiore, acuto, glabro, nigriore. J. B. 3. lib.* 28. *pag.* 220. *Menthastrum Capense & Zuvolense Lobelii. Lugd.* 673. *quoad descript.* car la figure qu'il en donne est copiée d'après le *Menthastrum. Dod. Pempt.* 96. que *C. Bauh.* rapporte a sa *Mentha sylvestris longiore folio, C. B. Pin.* 227. qui est blanche & veluë. Mr. Ray separe la *Mentha sylvestris longioribus nigrioribus & minus incanis foliis Bauh. Pin.* de celle de *J. Bauhin.*

La *Menthe* en question est rare dans nos environs. Je n'en ay trouvé que quelque pieds dans le petit parc de Versailles & dans les bois de Montmorency en allant de Moulignon au Chateau de la Chasse.

Pulegii species.

1. PULEGIUM, QUAE MENTHA ROTUNDIFOLIA, PALUSTRIS, SIVE AQUATICA MAJOR. *C. B. Pouliot. Pin.*227. *Item Mentha rotundifolia palustris minor, sive flore globoso. C. B. Pin.*228. *Menthe aquatique. Fusch. ch.* CCLXXVI.

Sa fleur est a 2 levres dont la superieure est quelquefois entiere, & quelquefois fendues en deux,

l'inl'inferieure l'est en 3. Cette fleur est longue d'environ 3 lignes & debordée par 4 etamines & d'un filet Ces etamines & les fleurs, font gris de lin. Elles epanouissent vers la mi Juillet & en Aoust.

2. PULEGIUM, QUAE MENTHA ARVENSIS VERTICILLATA, HIRSUTA. *J. B. Pouillot sauvage. Fusch. ch.*CLXV.

* PULEGIUM, QUAE MENTHA ARVENSIS VERTICILLATA HIRSUTA, FLORE ALBO.

US. 3. PULEGIUM, QUAE MENTHA AQUATICA, SEU PULEGIUM VULGARE. *J. R. H. Pouliot. Fusch. ch.* LXXIII.

* PULEGIUM FLORIBUS EX ROSEO ALBICANTIBUS. *C. B. Pin.*

* PULEGIUM LATIFOLIUM, FLORIBUS ALBIS. *C. B. Pin.*

MENTHASTRUM.

US. 1. MENYANTHES PALUSTRE LATIFOLIUM ET TRIPHYLLUM. *Inst. Trifolium palustre. Eyst. Tab.* 109. *Trifolium antiarthriticum. Eph. Germ. ann. 4. & 5. Obs. 123. pag. 133. cum fig. detestable.*

Sa fleur se détache difficilement. Elle est ordinairement evasée d'environ neuf lignes & decoupée en 5 parties egales, quelquefois, mais rarement en 6 ou 7 , garnie d'autant d'etamines a sommets jaunes. Le stile est terminé d'un bouton. Cette fleur n'est point frangée sur les bords mais seulement sur sa superficie interne. Elle est blanche meslée d'un peu de purpurin. Le calice est a 5 decoupures, fleurit en May, & quelquefois encore en Aoust. Cette fleur est une Campane longue de 4 lignes, dont les decoupures sont toutes couvertes de poils blancs en dessus longs de plus d'une ligne. Les sommets des etamines sont chatains & le bouton qui termine le stile est flave. l'Ovaire est garni de 2 placentas opposées & appliquées au parois de la capsule qui s'ouvre en 2 calottes.

MENYANTHES PALUSTRE ANGUSTIFOLIUM ET TRIPHYLLUM. *Inst.* varieté du premier.

H. Par. 315.
& 361.
Une seule trouve sur l'Ovaire. MENYANTHOIDES VULGARIS. *Alsine palustris, exigua, flosculis albis, foliis lanceolatis, plantaginellae aquaticae instar. Mentz. Tab.* 7. *Alsine palustris, repens, foliis lanceolatis, floribus albis, perexiguis. Plukn. Alm. Bot.* 10 *& Phytogr. Tab.* 74. *Fig.* 4. *Plantago, aquatica. minima. Clus. H.* CX. *Park. plantaginella palustris. C. B. Pin.* 190. *Ranunculus palustris minimus, plantaginis folio. H. L. Bat. spergula perpusilla, lanceatis foliolis. Flor. Pruss.* 261. *cum fig. Plantaginella. Flor. Jen. euf.* 23.

Fleur complette monopetale , reguliere & hermaphrodite contenant l'ovaire. La partie posterieure de cette fleur est un tuyau & l'anterieure un pavillon decoupé en 5 parties egales & entieres. 5 etamines. Le calice est un autre tuyau découpé en 5 lobes. l'Ovaire est une coque ovale du fond de la quelle s'eleve une placenta toute chargée de semences. Cet ovaire s'ouvre dans la maturité de haut en bas en 2 calotes. Chaque fleur est soutenue d'une Hampe qui part de l'aisselle d'une feuille. Les feuilles sont alternes.

Cette plante se trouve autour de l'estang de Villebon , dans le parc de Meudon.

Mercuriale.
US. 1. MERCURIALIS VULGARIS FLORIFERA. *Mercurialis spicata , sive foemina Dioscoridis & Plinii. C. B. Pin. Mercuriale Femelle. Fusch. ch.*CLXXX.

US. 2. MERCURIALIS VULGARIS ANNUA FRUCTIFERA. *Mercurialis, testiculata, sive Mas, Dioscoridis & Plinii. C. B. Pin. Mercuriale masle. Fusch. ch.*CLXXX.

3. MERCURIALIS MONTANA TESTICULATA. *C. B. Pin. Chou de Chien. Fusch. ch.* CLXVIII.

Ses fleurs sont nues, monopetales, decoupées en 3 lobes disposez en trefle, de leur centre s'eleve un Embryon a 2 capsules jointes en testicules. d'entre l'union de ces 2 capsules sortent 2 trompes disposées en cornes.

4. MERCURIALIS MONTANA SPICATA. *C. B. Pin.*

Fleurit de la fin de Mars & en Avril. Ces fleurs sont vertes , nues, monopetales, decoupées jusque vers leur centre en 3 lobes égaux disposez en trefle. Du milieu de cette fleur s'elevent 8 ou 10 Etamines.

Neflier.
US. 1. MESPILUS GERMANICA FOLIO LAURINO NON SERRATO, SIVE MESPILUS SYLVESTRIS. *C. B. Pin.* 453. *an Rhamnus foliis oblongis, serratis Ejusd C. B. Pin.* 478? *Rhamnus Bavaricus. Lugd* 1. 142. *Rhamne de Baviere. Lugd. Gall.* 1. 118.

Sa fleur a environ un pouce & demi de diamêtre etamines sans nombre , 5 stiles. Fleurit en May. Les fleurs naissent seules a l'extremité des jeunes branches de l'année. Est commune dans la forest de Montmorency. Bois de Verriere.

* ME-

2. MESPILUS ITALICA, FOLIO LAURINO NON SERRATO. *C. B. Pin. an Rhamnus foliis ob-longis ferratis. C. B. Pin. 478. Ramnus Bavaricus. Lugd.* 1. 142. *Gall.* 1. 118.

3. MESPILUS APII FOLIO SYLVESTRIS SPINOSA, SIVE OXYACANTHA. *C. B. Pin.* 454. Cy- *Aubefpine.* nofbatos. *Trag.* 984. *Ic.*

Fleurit en May. Sa fleur a 7 a 8 lignes de diamêtre a 5 petales blancs creufez en cuille-ron , avec ordinairement 20 etamines blanches a fommets purpurins , & un feul ftile.

* MESPILUS SYLVESTRIS SPINOSA SIVE OXYACANTHA FOLIIS ELEGANTER ET TENUITER LA-CINIATIS.

*4. MESPILUS SYLVESTRIS, FOLIIS TRIFIDIS SPLENDENTIBUS. *Oxyacanthus Paffaei. Part. alt.* No. 16. Cette figure reprefente fort bien, par fes feuilles , cette varieté. Mais les fruits y font mal exprimez , en ce qu'il paroiffent fortir d'un calice.

Cette varieté fe trouve dans le parc de Clagny. Ses fruits font un peu plus gros que ceux des 2 precedentes. Ils ont environ 5 lignes de long fur 4 de diamêtre , & ne renferment com-me eux , ordinairement qu'un noyeau. Elle eft commune en Normandie dans toutes les hayes. Elle fleurit au commencement ou vers la mi May. Sa fleur a environ neuf lignes de diamêtre & 5 petales ronds & creuféz en cuilleron , legerement ondez fur les bords. 20 Eta-mines blanches a fommets purpurins avec 2 ou 3 ftiles blanc fales. Il y a jufqu'a 25 etami-nes dans chaque fleur , & ordinairement 2 trompes & quelquefois trois. Ces fleurs ont une odeur defagreable & qui approche de celles des parties naturelles de la femme. Cette plante fe trouve auffi dans quelqu' uns des bofquets de Verfailles ou elle fleurit avant celle du No. 3.

5. MESPILUS FOLIO ROTUNDIORI FRUCTU NIGRO SUBDULCI. *Inft. Diofpyros. J. B. Vitis I-* *Amelan-* daea 111. *Cluf. Hift.* 61. *fig.* 62. *chier.*

Fleurit vers la fin d'Avril & en May. Sa fleur s'evafe prés d'un pouce. Elle eft de 5 peta-les blancs un peu fales , longs de 6 a 7 lignes fur environ 2 lignes dans le fort de leur largeur. Etamines fans nombre , fort courtes a fommets blancs fales, 5 ftyles fort courts. Le fruit eft comme divifé en 5 loges qui renferment chacune une femence aplatie & noire femblable a des pepins de poires.

* 1. MILIUM SEMINE LUTEO. *C. B. Pin.* 26. *Millet. Fufch. ch.* CLVII.   *Millet.* US.
* 2. MILIUM SEMINE ALBO. *C. B. Pin.*
* 3. MILIUM SEMINE SUBLUTEO, LOCUSTIS PHOENICEIS.
* 4. MILIUM SEMINE NIGRO. *C. B. Pin.*
1. MILLEFOLIUM VULGARE, ALBUM. *C. B. Pin.* 140. *Millefeuille. Fufch. ch.* CCLXXVIII. *Millefeuil.* US.
2. MILLEFOLIUM VULGARE PURPUREUM MINUS. *C. B. Pin.*

Les plantes fuivantes n'ont rien de commun avec celles de ce genre.

MILLEFOLIUM AQUATICUM CORNUTUM. *C. B. Pin. vid. Ranunculoides, folio circinato, tenuiffime divifo. Mem. Ac. R. Sc.* 1719. *N.* 4.

* MILLEFOLIUM AQUATICUM SIVE VIOLA AQUATICA, CAULE NUDO. *C. B. Pin. Stratiotes vulgaris alba. Mem. Ac. R. Sc.* 1719. *N.* 1.

Se trouve autour des Lacunes de Bondy.

* MILLEFOLIUM AQUATICUM, SIVE VIOLA AQUATICA, CAULE NUDO FLORE ALBO.

* MILLEFOLIUM AQUATICUM UMBELLATUM CORIANDRI FOLIO. *C. B. Pin.* 141.

1. MORSUS RANAE FOLIIS CIRCINNATIS, FLORIBUS ALBIS. *Mem. Ac. R. Sc.*

1. MOSCHATELLINA FOLIIS FUMARIAE BULBOSAE. *J. B. Ranunculus Mofcatella. Sim. Paul.* 123. *bonne fig.*

Se trouve dans le bois des Capucins de Meudon. Cette plante fleurit des la fin de Mars & le commencement d'Avril. Sa fleur eft une Rofette verdaftre percée dans le centre , & dé-coupée ordinairement en 5 & quelques fois en 4 parties oppofées en croix, le piftile qui s'eleve

Ii 2

d'un

d'un calice d'un feule piece découpée toujours en 3 lobes difpofez en trefle, enfile le trou de la rofette. Il eft a 4 angles arrondis & terminé par 4 petites cornes ou pointes difpofées en quarré. De la circonference du trou de la fleur s'elevent 10 etamines, quand elle eft a 5 parties & 8 lorfqu'elle n'eft qu'a 4. Ces etamines font fort courtes, & leurs fommets font fimples & d'un blanc jaunaftre. Le piftile coupé en travers paroift eftre rempli de 4 femences cantonnées chacune dans un des angles. Les fleurs ne s'evafent que de 3 ou 4 lignes, & naiffent toujours au nombre de 5 ramaffées en teftes, dont 4 font pofées verticalement & forment 4 faces a la tefte, la cinquieme couronne le fommet de cette tefte. La tige qui les porte eft fimple & garnie de 2 feuilles oppofées. Le 5 Juin 1716. J'ay examiné le fruit. Il eft prefque fpherique de 3 ou 4 lignes d'epaiffeur, verdaftre & renfermé a demi dans le calice avec lequel il ne fait qu'un corps. Ce fruit eft une baye remplie d'un mucilage & de 4 a 5 femences blanches, plates, ovales, longues d'une ligne & demie, larges d'une ligne, difpofées chacune fur une des faces d'une placenta qui eft tétragone ou pentagone felon le nombre des femences. Le calice forme un petit rebord autour du fruit, & ce rebord eft interrompu par les angles du même calice, ce qui fait paroiftre le fruit garni dans fon contour de 3 cornes. Il a l'odeur & le gouft de fraife dans fa maturité a ce que dit Mr. Petit. Pour moi qui l'ay goutè avant ce temps la, je l'ay trouvé d'abord un peu aigrelet, puis enfuite, un peu acre.

Vaciet.   1. MUSCARI ARVENSE LATIFOLIUM PURPURASCENS. *Iuft. Grande Jacinthe bleuë, maffe. Fufch. ch.* CCCXXIV.

Eft commun entre le pont de St. Maur & Champigny.

2. MUSCARI ARVENSE ANGUSTIFOLIUM, CAERULEUM MINUS. *Inft.*

MUSCOIDES, QUI MUSCUS CAPILLACEUS, MINIMUS, CAPITULO MINIMO, PULVERULENTO. *J. R. H.* 552. Planche XXIX. fig. 6. *Mufcus trichoides parvus, capitulo conglomerato feu Botryoide. Raji. Syn. p.* 33. *N°.* 31.

Cette mouffe fait de petits gazons d'un verd tendre & flave, fes tiges font hautes depuis 3 ou 4 lignes, jufqu'a un pouce, divifées & fubdivifées en plufieurs brins couverts tout au tour de feuilles capillaires fort ferrées, qui n'ont tout au plus qu'une ligne de long. Ses brins font furmontez par de petites foyes de la couleur des feuilles, longues de trois ou 4 lignes, qui portent chacun un petit amas de pouffiere, qui n'eft renfermée d'aucune membrane. Cette plante eft vivace, & on la trouve prefque en tout temps dans l'etat ou je la decrís. Elle naift fur les levées des routes fabloneufes, dans les bois de Verfailles.

Mufcus Apocarpos.

* 1. MUSCUS TRICHOIDES ACAULOS, MINOR, LATIFOLIUS. *Muf. Petiv.* 86. Planche XXVII. fig. 2.

J'ay obfervé cette petite Mouffe le 8 Janvier 1708. dans les routes du bois de Boulogne, & depuis, dans les allées du Parterre du Jardin Royal qui en font ordinairement couvertes pour ainfi dire, dans les mois de Janvier & Fevrier. Ses feuilles font difpofées en rond autour d'un petit fruit ovale qui ne les deborde qu'a peine. Elles font tranfparentes, & d'un vert jaunaftre. Le fruit tire fur le roux & fe termine par une petite pointe. Cette plante eft deffinée a la Table nommèe fig. a. reprefente une petite touffe de cette plante groffe comme nature. b. un brin feparé. c. la tefte. d. un autre brin veu a la loupe. e. une feuille veüe a la loupe. f. la tefte veüe a la loupe.

* 2. MUSCUS TRICHOIDES MINOR, ACAULOS, CAPILLACEIS FOLIIS. *Muf. Petiv.* 87. Planche XXIX. fig. 4.

Cette Mouffe fait des gazons tres ferrèz, foyeux, vert gay, tapis fur terre, dans les taillis du parc de Verfailles. Elle n'eft haute tout au plus que de 4 ou 5 lignes. Ses feuilles font des cheveux tres fins, longs de 2 lignes, qui naiffent tout au tour d'un petit brin, & s'eparpillent en haut en maniere de brofe a peindre. Du milieu de ces feuilles a l'extremité du brin, naift en Avril une capfule fpherique, pâle, qui n'eft guere plus groffe qu'un Grain de Tabac.

3. MUSCUS SQUAMOSUS SAXATILIS, TORTUOSUS AC NODOSUS. *Inft.* Planche XXVII. fig. 18. Il faut voir fi l'exemplaire que Mr. Petiver m'a envoyé du *Mufcus trichoides capitulis*

àpodibus, *foliis angustioribus. Raji. Synops. App.* 339. n'est pas la même plante.

*4 MUSCUS APOCARPOS HIRSUTUS , SAXIS ADNASCENS , CAPITULIS OBSCURE RUBRIS. *Raji Hist.* 3.40. *N*°.10. Planche XXVII. fig. 15.

* 5. MUSCUS APOCARPOS ARBOREUS , REPENS , VIRIDIS , PLURIMIS CAPITULIS PER CAULIUM LONGITUDINEM NASCENTIBUS D. SHERARD. *Muscus Apocarpos arboribus adnascens , polyspermos Raji. Hist.* 3.39. *N*°.7. Planche XXVII. fig. 17.

Cette Mousse est vivace, trace & forme de petits gazons verd mat, assez touffus, sur l'ecorce des arbres, dans les bosquets du jardin de Versailles. Ses brins sont assez branchus, & couverts de feuilles fort serrées, longues d'une ligne, pointues & tres etroites. Elles poussent pendant l'hyver plusieurs petites gaines velues, longues d'une ligne, attachées immediatement le long des brins, en dessous, ces gaines renferment chacune une petite urne ovale, pointue.

* 6. MUSCUS APOCARPOS , ARBOREUS RAMOSUS. 8. *Raji. Hist.* 3. 40. Planche XXV. fig. 5.

* 7. MUSCUS CAPILLACEUS , RAMOSUS , CAPITULIS PLURIMIS CAULIBUS ADHAERESCENTIBUS. *J.R.H.* 551. Planche XXV. fig. 6. *Muscus apocarpos , arboreus , erectus , plurimis capitulis caulibus adhaerentibus.*

* MUSCUS APOCARPOS ARBOREUS, ERECTUS, PLURIMIS CAPITULIS CAULIBUS ADHAERENTIBUS. *Muscus apocarpos arboribus adnascens minor. 9. Raji. Hist* 3.40. *Muscus capillaceus , ramosus , capitulis plurimis cauliculis adhaerentibus. J. R.H.* 551.

Cette Mousse est vivace & forme des petits gazons assez serrez verd mat , sur le tronc des arbres. Ses brins sont longs d'un pouce , & se divisent & subdivisent de leur naissance, en plusieurs branches couvertes de feuilles pointues , tant soit peu pliées en goutiere, longues de 2 lignes , sur un tiers de ligne de largeur. Les urnes sont de petites coques ovales , pointues, longues d'une ligne , legerement canelées dans leur longueur , attachées immediatement le long des brins en dessous. Elles ont eû des toques.

8. MUSCUS TERRESTRIS, MAJOR, RAMULIS COMPRESSIS , FOLIIS SUPERFICIE CRISPIS. *Raji. Syn. App.* 337. Planche XXVII. fig. 4. *Muscus squamosus , Linariae folio major & crispus. Inst.* 554 elle est *Filicinus.*

Cette Mousse naist ordinairement au tronc des arbres ou elle s'attache fortement par ses racines. Ses tiges sont branchues seulement vers le bas & poussent sur les costes des brins disposez comme les pinnes des fougeres. Toutes ces parties sont couvertes de 2 rangs de feuilles disposées en aisles, fort serrées, longues de 2 lignes sur demi ligne de large, obtuses, transparentes, verd gay & luisant, ondées tres proprement en travers. Des côtez de la tige, par dessous, naissent en Mars & Avril des petites gaines frangées, d'environ 2 lignes de longueur, qui renferment chacune une petite urne ovale, qui n'a pas une ligne de long. Cette plante a quelquefois 4 ou 5 pouces de longueur.

a Urnes droites rondes ou ovales.

* 1. MUSCUS TRICHOIDES, MINIMUS, SERICEUS, CAPILLACEUS, CAPITULIS SPHAERICIS. *Hist. Oxon.* 3.628. *Sect.* 15. *Tab.* 6. *fig.* 6. Planche XXIV. fig. 9. *Muscus capillaceus medius , capitulis globosis. Inst.* 551.

Cette plante fait ordinairement de petits gazons verd mat & jaunastre. Ses tiges sont branchues des le bas, couvertes tout au tour de feuilles longues de 2 lignes & demi, sur environ un quart de ligne de large, tres pointues & tant soit peu pliées en goutiere. Du costé des branches, a 2 ou 3 lignes pres du bout, sortent au Printemps des soyes rousses, longues de 7 ou 8 lignes, qui soutiennent des testes spheriques, verd gay. Elle naist a Versailles sur les pentes des levées de terre sabloneuse & fraische.

2. MUSCUS PARVUS STELLARIS. *C.B.Pin.*

* 3. MUSCUS CAPILLACEUS MINIMUS CAPITULIS PYRIFORMIBUS TURGIDIS. *Inst.* 553. Planche XXIX. fig. 3.

K k

Cet-

Cette Mouſſe naiſt dans les prairies humides, ou elle fait de petits gazons tapis ſur terre. Ces racines ſont de petits cheveux, qui pouſſent de leur colet 7 ou 8 feuilles taillées en bale vert pale, tranſparentes, diſpoſées en rond, longues d'environ 2 lignes, ſur une de large, terminées en pointe, traverſées d'un petit nerf de la baſe a la pointe. Du centre de ces feuilles s'eleve une ſoye tirant ſur le purpurin, longue de 3 ou 4 lignes, qui ſoutient une urne taillée en poire, ſortie d'une toque rouſſe, terminée en pointe. Quelquefois cette Mouſſe ſe ramiſie & fait 2 ou 3 bouquets de feuilles, qui pouſſent chacun une ſoye & une urne. Cette Mouſſe eſt en etat en Avril & May. Je l'ay trouvé dans le parc de Meudon autour des eſtangs & dans les prez de Buc.

a. * 4. Muscus capillaceus minor, capitulis geminatis. *J. R. H.* 552. N°.20. Planche XXVI. fig. 4. *Muſcus capillaceus, capſulis pyriformibus erectis, in acumen deſinentibus.*

Dans les petits ruiſſeaux qui ſerpentent dans le marais ou patis de St. Leger ou croiſt le *Gale.* Ses fruits paroiſſent en May & Juin, ils ſont verds d'abord, mais ils jauniſſent en meuriſſant. Leur pedicule eſt pourpre rougeaſtre. Le vert des feuilles eſt brun. C'eſt le *Muſcus aureus, capillaris minor, capitulis geminatis, erectis mutuo incubitu adnatis. Pluk.* 246. *Adiantum aureum minus, paluſtre capitulis erectis coronatis Sherard. Raji. Synopſ. app.* 237. *premiere Edit. & pag.* 30. *N°.* 12. *2ᶜ. Edit.*

b. * 4. Muscus muralis, minimus, roseus, vel stellaris, capitulis longiusculis, acutis, erectis. 12. *Hiſt. Oxon.* 3.629. *Icon. Sect.* 15. *Tab.* 6. N°. 12. Planche XXIV. fig. 8. *Muſcus capillaceus minimus muralis ſtellatus. Inſt.*

5. Muscus capillaceus omnium minimum. *Inſt.* Planche XXVI. fig. 2.

* 6. Muscus capillaris humilis, graminifolius minor, capitulis oblongis erectis. 17. *Raji. Hiſt.* 3.

* 7. Muscus capillaceus minimus, calyptra longissima erecta. *Inſt.*

*. 8. Muscus coronatus minimus capillaceis foliis capitulis oblongis. *H. Ox.* 3.631. *Sect.* 15. *Icon. Tab.* 7. *fig.* 19. Planche XXIV. fig. 7.

Cette Mouſſe vient dans les bois de Verſailles ſur les dejections des racines d'arbres, ou elle forme ordinairement de petits gazons ronds & touſſus. Ses racines ſont de petits toupets cheveleux, d'ou ſortent des filets longs de 4 ou 5 lignes, dont la moitié inferieure eſt nue & la ſuperieure entourée de 8 ou 10 feuilles, longues d'environ une ligne, verd mat, fort etroites & pointues, du milieu de ces feuilles s'eleve une ſoye pâle longue de 4 lignes, qui ſoutient une urne droite, oblongue, couverte d'une toque blanc ſale, dont la pointe eſt brune.

* 9. Muscus capillaris surculis erectis, foliis oblongis tenuissimis acutis cinctis. *Raji. Syn.* 29. 4.

* 9/2. Muscus capillaceus, omnium minimus, foliis longioribus et angustioribus. Planche XXIX. fig. 5.

Cette Mouſſe ne fait point de tige, mais ſeulement 7 ou 8 petites feuilles verd jaunaſtre, diſpoſées en rond ſur le colet de la racine, qui n'eſt qu'un petit toupet de chevelu. Quoique ſes feuilles n'ayent tout au plus qu'un quart de ligne de largeur, ſur environ 2 lignes de longueur, elles ne laiſſent pas d'etre pliées en goutiere. Du centre de ces feuilles s'eleve une ſoye pâle, tres deliée, longue de 3 ou 4 lignes, qui ſoutient une petite teſte ovale, couverte d'une toque pointue. Cette plante ſe trouve en Automne & au Printemps dans les bois de Verſailles, ſur les pentes de terre fraiches & ſabloneuſes.

a Coiffes velues.

* 10. Muscus capillaceus, minimus, acaulos, calyptra striata. *Inſt.* 552. Planche XXVII. fig. 10.

* 11. Muscus capillaceus, minimus, calyptra villosa. Planche XXVII. fig. 9. *Muſcus qui Adiantum aureum minimum pediculis brevibus foliis capillaceis. Muſ. Pet. Muſcus capitulis longis acutis piloſiſſimus.* 32. *Raji. Synopſ.* 33. *Hiſt.* 3. *p.* 34. *Muſ. Petiv.* 25. *fig.*

12. Mus.

12. Muscus capillaceus minor, calyptra tomentosa. *Inft.* 552. Planche XXVI. fig. 15.

* 13. Adiantum aureum medium, in ericetis proveniens. *Muf. Petiv. No.* 23. Planche XXIX. fig. 11. *Mufcus, qui Adiantum pileolo villofo, medium. Raji. Syn.* 28. 2.

* 14. Muscus ramosus erectus calyptra villosa.

15. Muscus juniperi-folius, capitulo quadrangulo. *Mufcus capillaceus, major, pediculo & capitulo craffioribus. J. R. H.* 550. Planche XXIII. fig. 8. *Mufcus qui Polytricum aureum majus. C. B. Pin.* 356. *& Mufcus erectus, ramofus, pallidus. C. B. Pin.* 361. *Grand Polytrichon d'Apuleie. Fufch. ch.* CCXLI.

Cette plante eft vivace & trace par des racines longues & fpongieufes, qui pouffent des tiges droites, ligneufes, quelquefois hautes de demi pied, couvertes tout au tour de feuilles verd mat, etroites, longues de 4 ou 5 lignes, tres pointues, affez femblables a celles du Genevrier. De l'extremité de chaque tige s'eleve une groffe foye purpurine, longue de 2 ou 3 pouces, qui foutient en May & Juin une urne panchée, longue de . . . . . relevée dans fa longueur de 4 coins a vive arrête, fortie d'une toque conique, rouffe, veluë, longue de 3 ou 4 lignes.

16. Muscus erectus, Juniperi folio, ramosus. Planche XXVIII. fig. 13.

Cette efpece eft vivace auffi, & pouffe des tiges hautes d'un pouce ou environ, qui fe divifent en 2 ou 3 branches couvertes de feuilles fort ferrées, affez femblables a celles de l'efpece precedente. Les foyes fortent des coftez des brins, & non du bout, elles font purpurines & ont environ 2 pouces de long. Elles foutiennent des urnes couvertes de toques rouffes & veluës, longues de 2 lignes.

* 17. Muscus erectus, Juniperi folio, glauco, rigido, calyptra longissima. Planche XXIII. fig. 6. *Mufcus coronatus humilis, rigidior & humilior capitulis longis acutis feffilibus erectis. H. Ox.*

* 18. Muscus Juniperi folio, roseus, prolifer. *Mufcus capillaceus ftellatus, prolifer. Inft.* 251. Planche XXIII. fig. 7.

Cette Mouffe n'eft qu'une varieté du *Polytricum aureum, majus. C. B.* Elle eft vivace & trace par fes racines, qui font longues d'un pouce ou deux, tortues & fpongieufes. De ces racines s'elevent des tiges hautes depuis demi pouce, jufqu'a un pouce & demi, dures, rouffatres, entourées de feuilles alternes, femblables en quelque façon a celles du Genevrier, mais plus etroites, longues de 2 ou 3 lignes. L'extremité des tiges fe termine par une efpece de rofe rouffe, qui par la fuitte du temps eft enfilée par une nouvelle pouffe de la même tige, qui produit une feconde rofe, furmontée fouvent d'une troifieme & quelquefois d'une quatrieme. On trouve fur les mêmes pieds, d'autres tiges plus courtes, qui ne font point des rofes, mais qui pouffent de groffes foyes rouges, longues d'environ 2 pouces, qui foutiennent une capfule panchée quadrangulaire, longue de . . . . lignes, fortie d'une toque rouffe & velue de . . ou . . lignes de long. On trouve cette plante en l'etat qu'elle eft decrite icy pendant prefque toute l'année. Elle naift dans les fables des landes de Verfailles.

A urnes inclinées.

⊙ 1. Muscus erectus, capillaceus, densissimus, glauco folio. *Mufcus trichoïdes, montanus, albidus, fragilis. Raji. Syn. App.* 339. Planche XXVI. fig. 13. *Mufcus capillaceus fericeus Coridis facie. Inft.* 552.

Cette Mouffe eft vivace & fait des gazons tres touffus, verd de mer. Ses brins s'allongent fouvent de 3 ou 4 pouces. & fe divifent & fubdivifent toujours en deux.. Ils font tous chargez de feuilles tres ferrées, longues de 2 ou 3 lignes, pointues, affez roides, mais caffantes & fort etroites. Les foyes fortent de l'extremité des brins, & n'ont qu'environ 4 lignes de haut. Elles font purpurines, & portent, en Mars & Avril, une petite tefte oblongue, un tant foit peu panchée, terminée d'un bec tres fin. La toque refte quafi toujours deffus, elle

eft

eſt blanc ſale. Cette plante naiſt ordinairement ſur les dejections des racines d'arbres , ſur les colines des bois.

2. Muscus capillaceus, foliis unam partem spectantibus. Planche XXVII. fig. 7. *Muſcus capillaceus minimus plumoſus elegans. Inſt. 552. Muſcus è viridi albicans , longifolius , capitulis parvis , brevibus.* 13. *Raji. Syn.* 31. *D. Petiv.*

Cette Mouſſe eſt vivace & fait de petits gazons ſoyeux , d'un tres beau verd. Ses jets ſont ſimples , tortus , hauts d'environ demi pouce couverts tout au tour de feuilles longues de 2 ou 3 lignes , plus deliées que des cheveux , & qui ſe jettent ordinairement tout d'un coſté. De l'extremité de chaque jet s'eleve une ſoye pâle de demi pouce de long , chargée d'une petite teſte. Cette plante naiſt ordinairement ſur les pentes de terre ſabloneuſes dans le bois de Verſailles.

3. Muscus capillaceus major , pediculo et capitulo tenuioribus. *Inſt.* 551. Planche XXVIII. fig. 12. & *Muſcus capillaceus , major , capitulis longiſſimis & acutiſſimis ejuſd. ibid.* Mr. Petiver me l'a envoyé en dernier lieu pour le *Muſcus capillaris ſurculis erectis , foliis oblongis tenuiſſimis acutis cinctis.* 4. *Raji. Synopſ.* 29. Les figures de l'*Hiſt. d'Oxfort* raportées a la ſeptieme & a la huitieme eſpece des *Inſt.* paroiſſent ne repreſenter que la même eſpece.

Cette Mouſſe eſt vivace & forme des gazons fort touffus , verd gay , pâle & luiſant. Ses brins ſont quelquefois hauts de 2 ou 3 pouces , tortueux , noueux & comme ſpongieux , diviſez en branches garnies de diſtance en diſtance de bouquets de feuilles fort etroites , longues d'environ 4 lignes , tres pointues , qui ſe courbent & jettent ordinairement tout d'un coté. Les ſoyes ſortent tantôt des derniers bouquets , qui terminent les brins , & tantôt des penultiemes , elles ſont longues d'un pouce a un pouce & demi , tant ſoit peu rouſſes , & portent des teſtes en May longues de 2 lignes , un peu courbées , terminées par un couvercle en forme de bec , tres menu , long d'une ligne , les toques ſont brunes , tres pointues , & ont juſqu'a 5 lignes de long.

a Urnes courbes & oblongues.

1. Muscus erectus, Linariae folio , major. *Muſcus capillaceus minor capitulo longiori falcato. Inſt.* 551. Planche XXVI. fig. 17. Il faut retrancher les pretendus Synonimes que Mr. Tournefort a raportez a cette plante , & y mettre a leur place le *Muſcus coronatus humilis foliolis latioribus ſtellatim naſcentibus donatus.* 9. *Hiſt. Ox.* 3. 630. *Icon. Sect.* 15. *Tab.* 7. *fig.* 9.

Le verd de cette Mouſſe varie ſelon les lieux. Elle fait de longues racines , ſimples & droites , hautes quelquefois de 2 pouces ; chargées tout au tour de feuilles fort pointues , aſſez ſerrées , rangées alternativement , longues de 2 ou 3 lignes , larges de demi ligne , tres minces , tranſparentes , traverſées d'un petit nerf dans leur longueur , tant ſoit peu ridées & comme ondées ſur les bords. Du bout de chaque tige part une ſoye rouſſe , longue d'un pouce ou d'un pouce & demi , ſurmontée d'une urne courbe , longue de 2 lignes , fermée d'un couvercle en façon de bec , tres menu , long d'une ligne. La toque eſt brune , & fort pointue. Cette plante aime les lieux frais & humides.

2. Muscus arboreus, splendens, sericeus. *Muſcus capillaceus ramoſus minor , capitulo anguſtiſſimo. Inſt.* 552. Planche XXVII. fig. 3. *Muſcus capillaceus , major , ramoſus , capitulo anguſtiſſimo. J. R. H.* 551. & *Muſcus capillaceus , minimus , muralis , ſericeus ejuſd.* 552.

Cette plante eſt vivace & forme des gazons ſoyeux & comme dorèz. Elle pouſſe d'abord des tiges qui rampent & s'attachent fortement , par un petit chevelu brun , ſur les murailles & ſur les arbres ou elle vient plus communement. Ses tiges ſont garnies ſur les coſtez de 2 rangs de brins , ſimples , fort ſerrez , diſpoſez comme les pinnes de fougeres , ou bien , comme dit Monſieur de Tournefort , a peu prés comme les areſtes de poiſſons. *H. Par.* 498. chargez tout au tour de feuilles taillées en bales , tres pointues , longues d'une ligne , mais ſi etroites qu'elles ne ſemblent que des cheveux. Ces brins ſe diviſent en ſuitte & ſont des branches , du coſté des quelles naiſſent des ſoyes roux-purpurin , longues quelquefois d'un pouce ,

qui

qui portent des urnes cylindriques, longues d'une ligne, forties d'une toque blanc fale, d'environ 2 lignes de long. Cette Mouffe varie felon les lieux. On la trouve affez fouvent dans les prairies & quelquefois dans les marecages.

* 3. MUSCUS CAPILLARIS MINOR, CAPITULIS ERECTIS VULGATISSIMUS. *Raji. Syn.* 28. 1. Planche XXIV. fig. 14. *ou bien. Mufcus vulgaris, omnium vulgatiffimus, non villofus.*

Cette Mouffe n'eft, ce me femble, qu'une varieté du *Mufcus capillaris tectorum, denfis cefpitibus, capitulis oblongis, foliis in pilum oblongum defimentibus.* Du même page 28. qui eft plus ou moins grande, felon les endroits ou elle naift. Celle que je decris, eft vivace & vient fur les pierres, ou elle forme des petits gazons demifpheriques, tres ferrez, compoféz de quantité de petits jets branchus, fort courts, couverts tout autour de feuilles ovales, verd mat, longues d'une ligne, larges de demi ligne, pliées tant foit peu en goutiere, traverfées de la bafe a la pointe d'un nerf tres delié, qui fe termine ordinairement en poil blanc fale. De l'extremité de vieux jets s'elevent des foyes rouffes, longues de demi pouce, qui foutiennent chacune une urne etroite, un peu courbe, qui a prés de 2 lignes de long, terminée d'un bec roux, long d'un ligne, cette tefte retient presque toujours fa toque, qui eft d'un brun luifant. Cette plante paroit tout l'hyver dans l'etat ou je le decris.

4. * MUSCUS CAPILLARIS MINOR, CAPITULIS ERECTIS VULGATISSIMUS, FOLIIS IN PILUM DESINENTIBUS. Planche XXIV. fig. 15. *ou bien. Mufcus muralis, omnium vulgatiffimus, villofus.*

Cette Mouffe fe plait fort fur les vielles chaumieres, ou elle fait des gazons fort touffus. Ses tiges font quelquefois hautes de 2 ou 3 pouces, branchues, garnies tout au tour de feuilles ferrées, verd rouffâtre & mat, longues de 2 ou 3 lignes, fi on y comprend le poil blanc, qui termine, & qui en a tout au moins une. Les feuilles font un peu pliées en goutiere & traverfées d'un petit nerf. Des extremitez des vieilles branches, qui font furmontéz par les nouvelles, s'elevent des foyes purpurines, longues de 7 a 8 lignes, chargées en Fevrier & Mars d'une toque brune, fort pointue, qui couvre une tefte un peu courbe, longue de plus de 2 lignes, terminée d'un bec roux, tres delié, long d'environ une ligne.

* 5. MUSCUS CAPILLARIS TECTORUM, DENSIS CESPITIBUS, CAPITULIS OBLONGIS, FOLIIS IN PILUM OBLONGUM DESINENTIBUS. *Raji. Synop.* 28. N°. 2. Planche XXV. fig. 3. Mr. Petiver m'a envoyé en dernier lieu l'efpece que j'ay faut deffiner, fous le nom de *Mufcus capillaris lanugine canefcens, pediculis tenuibus oblongis, capitulis in mucrones longos recta furfum exporrectis.* 16. *Raji. Synop.* 31.

* 6. MUSCUS CAPILLARIS CORNICULIS LONGISSIMIS INCURVIS. *Raji. Syn.* 29. 3. Planche XXV. fig. 8.

Cette Mouffe eft vivace & naift par petits gazons touffus, verd brun & mat, dans les bois frais & humides de Verfailles. Sa racine eft un toupet chevelu, qui pouffe de fon colet plufieurs feuilles difpofées en rond, longues de 2 lignes, fur environ une de large, tant foit peu pliées en goutiere & traverfées d'un petit nerf, qui les termine ordinairement par un filet tres court. Du centre de ces feuilles s'eleve une foye purpurine, longue de 7 a 8 lignes, furmontée d'une capfule un peu courbe, verd gay d'abord, puis brune, une fois plus epaiffe que la foye, mais longue de la moitié, terminée d'un bec roux, haut d'une ligne, couvert d'une toque du même couleur, longue de 3 lignes. Cette plante porte fes capfules en Automne & au Printemps.

A urnes renverfées.

* 1. MUSCUS CAPILLARIS LANUGINOSUS MINIMUS. *Inft.* 552. Planche XXIX. fig. 2.

Cette Mouffe ne vient guere que fur les pierres, ou elle fait des petits gazons demifpheriques, fort ferrez & tout laineux. Ces brins font branchus des la racine, couverts tout au tour des feuilles fort dru, longues d'une ligne, fur un tiers de ligne de large, pliées en goutiere, arrondies fur le bout, traverfées d'un nerf tres delié, qui fe termine par un brin de laine blan-

                                                che,

che, long de 2 lignes. Ces soyes sortent du'côté & vers l'extremité des brins. Elles sont courbes, pâles, longues de 2 lignes & soutiennent une petite capsule ovale, renverfée & presque cachée dans le gazon.

     * 2. Muscus squamosus, argenteus Ericae folio. Planche XXVI. fig. 3. *Muscus ar_geuteus capitulis reflexis. Raji. Syn. 34. 5.*

     * 3. Muscus capillaceus minimus, capitulo nutante, pediculo purpureo. *Inst. 552.* Planche XXIX. fig. 7.

     Cette Mousse est vivace & se plait fort sur les murailles, & dans les lieux frais & decouverts, ou elle fait des petits gazons, ferrez, verd pâle, qui n'ont ordinairement que 2 ou trois lignes de hauteur. Ses racines font des petits cheveux qui poussent des tiges fort branchues, couvertes tout au tour de feuilles tres serrées, taillées en bâle, longues d'environ une ligne, tres minces, transparentes, traversées de la base a la pointe d'un nerf tres delié, terminé par un petit poil long de demi ligne. Les soyes sortent du bout des vieux brins, qui sont entourez & surmontez des nouveaux. Elles sont purpurines & s'elevent quelquefois de plus d'un pouce. Chaque soye soutient une urne renverfée, ovale, pointue.

     * 4. Muscus. . . . .

     * 5. Muscus capillaceus major, capitulis crassioribus cylindraceis nutantibus. *Inst. 551. N°. 4.* Planche XXIV. fig. 6. *Muscus capillaris, foliolis latiusculis congestis, capitulis oblongis, reflexis. Raji. Synops. Edit. 1. pag. 243. Edit. 2. pag. 33. N°. 1. D. Petiv.*

     Cette espece est vivace & naît le plus souvent sur les pierres, dans les lieux frais & humides. Elle fait des petits gazons fort serrez verd brun & luisant. Sa racine est un petit chevelu noirâtre, d'ou sortent plusieurs branches hautes de 4 ou 5 lignes, garnies tout au tour de petites feuilles, ovales, transparentes, tres minces, longues d'une ligne, ou d'une ligne & demi, larges de trois quarts de ligne, traversées de la base a la pointe par un tres petit nerf, qui les termine par un poil fort court. La soye qui soutient la capsule, s'eleve au Printemps & en Automne, du centre d'un amas de feuilles, dispofées en rose, & est caché entre les branches. Cette soye est purpurine, haute d'un pouce, d'ou pend une urne cylindrique, long de 2 lignes, verd clair, fermée par devant d'un couvercle conique, transparent. La partie posterieure de cette urne est d'un verd foncé, & s'allonge en queue.

     6. * Muscus roseus, Polygoni folio,. *Inst. R. H. 551. Muscus capillaceus major stellatus.* Planche XXIV. fig. 5. *Muscus capillaceus, tenuissimus, pediculo longissimo, purpurascente, capitulo rotundiori. J. R H 551.* Planche XXIV. *fig. 10. Item Muscus squamofus erectus, minimus. J. R. H. 555. N°. 77. H. Parif. 502. descript.* cette derniere est la même plante avant qu'elle fasse la rose d'ou fort le fruit, & c'est cette plante naissante que Mr. Bobart appelle *Muscus polytrichoides humilior, foliis brevibus raris, pallide viridantibus & vix pellucidis. 3. Hist. Ox. 3. 630. Icon. Sect. 15. Tab. 6. fig. 3.* lorsque cette plante est en fruit. C'est le *Muscus Polytrichoides, elatior, foliis angustis, pellucidis & fere membranaceis. Raji. Synop. 32. N°. 20. Pluk. Phytogr. Tab. 44. fig. 7.* Voyez Planche XXIV. fig. 4. Mr. Petiver me l'a envoyé en dernier lieu sous le nom de *Muscus capillaris major, & elatior, capitulis longis obtufis, deorfum reflexis & veluti pendulis, praealtis pediculis rubris. 6. Raji. Synopf. edit. 2. pag. 34. Hist. Oxon. Tab. 16. fig. 20. p. 629. Sect. xv.* C'est celle des N°. 4. 5. & 77. des *Inst.* Il y faut encore, je croy, raporter le *Musci stellaris speciem, quam nobis exhibuit. D. Vernon, quem sylvarum vocat, capitulis magnis nutantibus. 8. Raji. Synopf 35. Muscus parvus, stellaris. C. B. Pin. 361. Muscus Polytrichoides, angustifolius, caule foliofo, tenui reclinante. Mor. Hist. 3. 630. N°. 4. cum fig. an Muscus stellaris, rofeus. C. B. Prodr. 151. N°. VIII?*

     Cette Mousse est vivace & fait des gazons touffus, dans les endroits frais & humides de nos bois. Sa racine n'est qu'un duvet roux, qui pousse des tiges droites, un peu purpurines, hautes d'un pouce, garnies tout au tour de feuilles verd pâle d'abord, puis brun, tres minces, transparentes, taillées comme celles du *Polygonum brevi angustoque folio. C. B. Pin. 281.* traversées de la base a la pointe, d'un nerf tres delié. Ces feuilles sont plus grandes a mesure qu'elles approchent du fommet de la tige, ou elles se plient en goutiere, & ont alors environ deux lignes de long, fur trois quarts de ligne de large. Elles forment en cet endroit une espece de rose, dont le centre est brun. Il y a d'autres tiges qui ne font point des roses, de l'extremité des quelles s'eleve en Printemps & en Automne une soye purpurine de 12 ou 15

lignes

lignes de haut, qui foutient en Mars & Avril, une urne cylindrique, verd d'olive, long de
2 lignes, panchée horifontalement, fermée par devant d'un petit couvercle conique, de couleur brune, & allongée par derriere en forme de mammelon.

* 7. Muscus denticulatus lucens fluviatilis maximus ad ramulorum apices A-
dianti capitulis ornatus. *Pluk. Almag. Bot. Hift. Oxon. 3. 626. Sect. 15. Tab. 6. fig. 33. J.
R. H. 556.* Planche XXIV. fig. 2.

* 8. Muscus palustris, erectus, flavescens, capillaceo folio. *Muscus capillaceus
palustris, flagellis longioribus bifurcatis. Inft. 551.* Planche XXIV. fig. 1. *Muscus palustris,
flagellis erectis luteolis raro divifis, capitulis oblongis Adianti. 9. Hift. Ox. 3. 629. Icon. Sect.
15. Tab. 6. fig. 9.* avec fruits.

Cette plante eft vivace & naift dans les prairies marecageufes. Ses tiges font roufles, fpongieufes & fouvent longues de 4 ou 5 pouces, & fe divifent & fubdivifent ordinairement en
deux. Elles font chargées tout au tour de feuilles tres pointues, affez ferrées, pofées alternativement, verd flave & mat, longues de deux ou 3 lignes, fur un tiers de ligne de large, un
peu pliées en goutiere & traverfées, dans leur longueur, d'un tres petit nerf. Des côtez de
plus vieilles tiges & branches, s'elevent en Avril & May, de petites foyes blancs fales, tres
deliées, hautes de 4 a 5 lignes, garnies de feuilles par le bas, l'extremité des quelles eft
chargée d'un bouquet de tres petites feuilles, qui tombent comme en poufliere. Il faut ranger cette Moufle apres la 24 des. *J. R. H.*

9. Muscus foliis scutellatis, capitulo pyriformi, nutante. *Muscus capillaceus,
folio rotundiore, capfula oblonga incurvâ. Inft. 551.* Planche XXVI. fig. 16. *Adiantum medium paluftre, foliis bulbi in modum fe amplexantibus, capitulis erectis 25. Raji. Synopf. 32.
D. Petiv.*

Cette efpece eft annuelle, & naift ordinairement fur les pentes de terre des foffez humides. Sa racine eft un filet noir, garni de chevelu, qui poufle 5 ou fix feuilles difpofées en
rond, verd pâle, tres minces, tranfparentes, longues de 2 lignes, un peu moins larges, terminées en pointe & creufées en cuilleron. Du centre de fes feuilles, s'eleve une foye purpurine, quelquefois longue d'un pouce & demi, courbe vers le bout, qui foutient une urne
en poire en Avril, fortie d'une toque blanc fale, longue d'environ 2 lignes, tres
pointuë.

* 10. Muscus palustris, flagellis longioribus erectis, illecebrae aemulis. *Mufcus capillaceus major & elatior, capitulis cylindraceis obtufis nutantibus. Inft. 551.* Planche
XXVI. fig. 12. eft la même que celle du N°. 6. de la page precedente.

Quand cette Moufle naift dans l'eau, fes fouets ont quelquefois 5 a 6 pouces de long, & un
ou deux feulement lors qu'elle vient a terre, fes fouets font rouffâtres, molafles, & comme
fpongieux, couverts tout au tour des feuilles affez ferrées, verd pâle, tres minces, tranfparentes, luifantes, traverfées d'un petit nerf, un peu pliées en goutiere, fort pointues, longues
de 2 lignes, fur demi ligne de large. Celles qui terminent les brins, font plus amples & forment une efpece de rofe environnée de jeunes jets, du centre de la quelle s'eleve en Avril &
May, une foye roufle, & quelquefois 2 ou 3, haute de 2 pouces, au bout de la quelle pend
une capfule longue d'environ 2 lignes, verd gay, pointue par les 2 bouts, renflée. Cette
Moufle eft vivace & fort touffue. Il ne le faut pas confondre avec la 12ᵉ. des *J. R. H.* a la
quelle elle a beaucoup d'affinité par fon port.

11. Muscus roseus, polycephalos, linariae foliis et undulatis. *Muscus Polygoni
folio. Inft. 555. Tab. 326. fig. E.* Planche XXIV. fig. 3. *Muscus ad Polytrichoidem accedens,
arbufculam referens, foliis longis. Raji. Syn. 36. 6.*

Cette Moufle eft vivace & trace par fes racines, qui font noires & ligneufes, accompagnées d'un chevelu tres fin. Elle poufle 2 fortes de tiges, les unes fimples & courbes vers
le haut, qui ne portent que des feuilles, & d'autres branchues a leur extremité, qui portent
feuilles & fruits. Les unes & les autres font hautes de 2 ou 3 pouces, garnies tout au tour
& affez dru de feuilles, qui les embraffent en moitie, par leur bafes, qui defcendent des fuperieures aux inferieures, longues de 5 a 6 lignes, larges d'une ligne ou une ligne & demi,
obtufes, tres minces, vert pâle, luifantes, ondées fur les bords, traverfées d'un petit nerf,
de la bafe a la pointe. Ces feuilles diminuent a mefure qu'elles approchent du bout de la tige fimple, & augmentent au contraire, vers la fommité des tiges branchues, ou elles forment une rofe, dont le centre eft compacte & brun. Il s'eleve de ce centre, fur

la

la fin de l'hyver, quelquefois jusqu'a 12 soyes purpurines, tirants sur le roux, qui soutiennent chacune une urne renversée, de la grandeur, figure & couleur de celles de la 85e. espece des *J. R. H.*

12. MUSCUS POLYTRICHOIDES, POLYCEPHALOS, CHAMAESYCES FOLIO. *Muscus palustris foliis subrotundis. Inst. 555.* Planche XXVI. fig 18. Mr. Petiver me l'a envoyé en dernier lieu, sans fruit, sous le nom de *Muscus Polytrichoides aquaticus foliolis crebris, extremis obtusis & subrotundis. 5. Raji. Syn. 36.* parfaitement ressemblante a la branche qui est sans fruit dans le dessein que j'en ay fait faire. La figure du *Muscus Polytrichoides palustris major, Serpilli latioris folio pellucido. 39. H. Ox. 3. 627.* & celle du *Muscus Polytrichoides humilior alternis foliis pellucidis subrotundis. 40. H. Ox. 3. 627.* ne different que par le plus & le moins de grandeur, & peuvent estre raportées toutes deux a nostre plante. Ces figures sont sans fruits. Le *Muscus trichoides foliis Serpilli rotundis. Raji. Synops. in app. 338.* que j'ay de Mr. Petiver est je croy la même naissante.

Cette Mousse est vivace & fait des gazons verd foncé, dans les endroits frais & humides de nos bois. Ses racines ne sont que des petits cheveux noirastres, qui poussent deux sortes de tiges, dont les unes ne portent que des feuilles, & les autres des feuilles & des fruits. Les premieres sont longues depuis un pouce jusqu'a 3 ou 4, verdastres, souples, tortues, couchées sur terre, ou elles s'attachent souvent par leur extremité. Elles sont accompagnées dans leur longueur, & presque toujours sur les costez, des feuilles rondes, tirants sur l'ovale, tres minces & transparentes, qui perdent de leur grandeur a mesure qu'elles approchent du haut de la tige. Les plus amples ont environ 2 lignes, & demi de long, sur 2 de large, traversées d'un tres petit nerf. Les tiges a fruit occupent toujours le milieu du gazon & sont droites, accompagnées tout au tour de feuilles fort touffues, semblables a celles des autres tiges, tant soit peu plus pâles, dont les plus grandes occupent le haut, ou elles forment une espece de rose, du centre de la quelle sortent au Printemps depuis une jusqu'a 4 ou 5 soyes, hautes de 12 a 15 lignes, purpurines vers le bas, rousses vers le haut, qui soutiennent chacune, une urne cilindrique, renversée, verd de Poireau, longue de 2 lignes, fermée par devant d'un couvercle chatain, de figure conique, & attachée a la soye par une espece de mammelon tirant sur le brun.

○ * 13. MUSCUS FOLIO LATO, SUBROTUNDO, CAPITULO SINGULARI NUTANTE, PEDICULO LONGO SUBRUBENTI, INSIDENTE. Planche XXVI. fig. 5. *Muscus stellatus, latifolius, capitulo singulari.* est vivace. Le 20 Fevrier 1719. je l'ay trouvée a Jouy en l'estat que je l'ay fait dessiner.

A Joüy dans le parc de Mr. Rouillier, elle se trouve dans les allées du bosquet qui est a la teste du Canal & proche le regard ou la fontaine, il la faut prendre vers la fin d'Avril ou au commencement de May pour l'avoir avec ses fruits.

Muscus Taxiformis.

* 1. MUSCUS TAXIFORMIS, RAMOSUS. Planche XXVIII. fig. 5. *Muscus Polytrichoides, exiguis capitulis in summis surculis, seu foliis subrotundis erectis. Hist. Oxon. 3. 629. Icon. Sect. 15. Tab. 6.* mauvaise figure. Planche XXIV. fig. 13. *Muscus pennatus omnium minimus. Inst. 556. No. 96. Muscus polytrichoides perexiguus, capitulis in summis surculis seu foliis, subrotundis erectis. 4. Raji. Synop. 35. 4.* Mr. Petiver me l'a envoyé en dernier lieu pour la troisieme du même *Synopsis pag. 35.* mais il se trompe, car Ray dit que les pedicules qui soutiennent les capsules de cette troisieme espece, partent de la racine. Peut être que cette troisieme est la même que la suivante, qu'on trouve plus ou moins haute suivant les lieux ou elle naist.

* 2. MUSCUS PENNATUS CAPITULIS ADIANTI. *Raji. Syn. Ed. 1. App. 236.* Planche XXIV. fig. 11. Mr. Petiver me l'a envoyé en dernier lieu pour le *Muscus Filici-folius seu pennatus, aquaticus maximus. 2. Raji. Syn. 35.* Je ne scay pourquoy Ray la dit *maximus,* veû que sur l'exemplaire sec en question, elle n'a guere qu'un pouce de haut, & n'est pas si ample que celle que j'ay fait dessiner sous le nom de *Muscus Taxiformis ramosus* qui est la même.

3. MU-

3. Muscus pennatus, denticulatus minor. *Muscus squamosus non ramosus major & minor, capitulis incurvis. J. R. H.*

Mousses Ecailleuses.

* 1. Muscus squamosus minor, Myosuroides, capsulis incurvis.

* 2. Muscus denticulatus minor, sericeus nostras, capitulis Adianti. *H. Ox.* 3. 626. *Sect.* 15. *Tab.* 6. *fig.* 35. Planche XXVIII. fig. 4.

* 3. Muscus squamosus, Alopecuroides, flagellis recurvis. *Muscus dendroides, elatior, radice repente, J. R. H.* 554. Planche XXIII. fig. 5. *Muscus terrestris arborum stipitibus adnascens major & erectior. Raji. Hist.* 3. 47. *Muscus ramosus, repens, velut spicatus. C. B. Prod.* 151. C'est la même que la septieme suivante c'est a dire le *Muscus squamosus, viticulis longioribus glabris. J. R. H.* suivant l'exemplaire que Mr. Petiver m'a envoyé en dernier lieu, ou il cite. *Pluk.* 47. *fig.* 4.

Cette Mousse est vivace & trace par ses racines, sur le tronc des arbres, ou elle fait des gazons soyeux, fort serrez, verd foncé. Elle pousse d'abord des jets simples assez semblables a une queue de renard, couverts tout au tour de feuilles fort serrées, fort pointues, longues de plus d'une ligne, sur un tiers de ligne de large, raiées, veues a la loupe, & comme taillées a dents de scie. Ces jets se divisent en suite en branches, qui forment un petit arbrisseau. On trouve quelquefois des certains jets si touffus de feuilles avortées, qu'ils ressemblent assez a des Epis. C'est pourquoi Bauhin a nommé cette plante comme dessus. Je ne sçai comment cette plante fait ses urnes, je ne les ay veue que naissantes ; elles sortent des côtez des brins.

4. Muscus squamosus, ramosus, erectus Alopecuroides. *Inst.* 554. Planche XXVI. fig. 6. *Muscus dendroides elatior, ramulis crebris, minus surculosis, capitulis pediculis brevibus insidentibus.* 31. *Hist. Ox.* 3. 626. *quoad Icon. Sect.* 15. *Tab.* 5. *fig.* 31. & *Raji. Synops.* 32. *N*°. 23. *D Petiv.*

5. Muscus squamosus dendroides repens. *Inst.*

* 6. Muscus terrestris surculis Kali aut Illecebrae aemulis ; foliis subrotundis squamatim incumbentibus. *Raji. Syn.* 37. 6.

* 7. Muscus squamosus viticulis longioribus glabris. *Inst.* 555. Planche XXIII. fig. 1. C'est la même que celle du N°. 3. cy dessus.

Cette Mousse naist par gazons fort touffus, verd foncé & mat. Ses racines tracent & poussent des fouets hauts d'environ 3 pouces, qui se divisent & subdivisent ordinairement en deux brins, couverts tout au tour de feuilles pointues, fort serrées, qui ont un peu plus d'une ligne de long, sur un quart de large, traversées d'un nerf tres delié. Des costez des brins, en deça de leurs extremité, partent plusieurs soyes pâles, hautes de 6 lignes, qui soutiennent chacune une capsule brune, cilindrique, longue de pres de 2 lignes, terminée en pointe. On trouve quelquefois des petits grains ronds dans les aisselles de la plus part des feuilles de cette plante. Elle vient a terre & sur le tronc des arbres, dans le parc de Versailles & de St. Maur.

* 8. Muscus aquaticus pileis acutis. *Mus. Petiv.* 74. Planche XXVII. fig. 16.

* 9. Muscus trichoides, palustris, capitulis erectis, foliis reflexis. *Raji. Syn. App.* 338.

* 10. Muscus capillaceus, minimus, calyptra longa, conoidea, nitida. *J. R. H.* 552. Planche XXVI. fig. 1. *Adiantum aureum perpusillum, foliis congestis, acutis, pileolo extinctorii formae aemulo. Raji. Syn.* 32.

11. Muscus ramosus, major, erectus, spermophorus. *Muscus squamosus major, sive vulgaris. Inst.* 553. *item Muscus squamosus, major, foliis amplioribus, acutissimis ejusd. ibid.* Planche XVIII. fig. 9.

Cette Mousse est tres commune dans tous les bois. Sa tige est haute depuis 3 pouces jusqu'a 6 ou 7, epaisse de demi ligne, brune, dure, branchue, couverte des feuilles assez serrées, vert pâle, tres minces, transparentes, longues de 2 lignes, larges d'une ligne & demi a leur base, taillées a dents de scie, tres pointues. Les branches naissent sans ordre autour

de la tige, & se courbent en bas en quart de cercle.   Elles sont aussi toutes chargées de feuilles, mais plus petites, dont quelques unes portent dans leurs aisselles des grains ronds &
roussâtres, semblables aux semences du Tabac.   Cette Mousse produit aussi des urnes pan-
chées, longues d'une ligne & demi, soutenues par des soyes rouges d'environ un pouce de
long.

12. MUSCUS SQUAMOSUS MAJOR, FOLIIS ANGUSTIORIBUS ACUTISSIMIS. *Inst. 553.*
Planche XXV. fig. 2. *Muscus erectus, major, foliis angustioribus, acutis. Raji. Syn. App.*
337. Planche XXIII. fig. 2.

13. MUSCUS SQUAMOSUS RAMOSUS TENUIOR, CAPITULIS INCURVIS. *Inst.*

14. MUSCUS SQUAMOSUS RAMOSUS CRASSIOR, CAPITULIS INCURVIS. *Inst.*

* 15. MUSCUS SQUAMOSUS CUPRESSIFORMIS. *Inst. 554.* Planche XXVIII. fig. 3.

16. MUSCUS ARBOREUS, SPLENDENS, SERICEUS. Planche XXVII. fig. 3. *Muscus capillaceus, major, ramosus, capitulo angustissimo. J. R. H. 551. item Muscus capillaceus, minimus, muralis sericeus. Ejusd. 552. Muscus muralis repens sericeus foliis splendentibus. Mus.
Petiv. N°. 83.*

* 17. MUSCUS SQUAMOSUS, PALUSTRIS, AUREUS, FOLIIS FLAGELLISQUE RIGIDIUSCU-
LIS, CAPITULIS INCURVIS. Planche XXVIII. fig. 11. *Icon. Musci minoris pallidi, foliis
angustissimis, acutis, corniculis tenuissimis. 18. Hist. Oxon. 3. 629. huic valde similis. Muscus
palustris aureus, rigidiusculus capsulis incurvis. est Muscus trichoides, palustris, capitulis erectis, foliis reflexis D. Richardson. Raji. Syn. App. 338.*

* 18. MUSCUS FILICIFOLIUS, PALUSTRIS. *Muscus ramosus palustris major, foliis membranaceis acutis. Raji. Syn. 39. 19.* Planche XXIX. fig. 9.

Cette Mousse est vivace & des plus communes qui naissent dans nos prairies marecageuses.
Ses tiges sont hautes de 3 ou 4 pouces, rousses, peu branchues, garnies sur les costes de 2
rangs d'arrestes, qui vont toujours en diminuant. Toutes ces parties sont chargées de feuilles,
assez serrées, transparentes, luisantes, verd roussâtre, taillées a dents de scie longues d'une
ligne, fort etroites & tres pointues. L'extremitées des tiges & des jeunes brins sont toujours
terminées par un rouleau conique des jeunes feuilles, longues d'une ligne ou deux. D'environ
la moitié de la tige s'elevent des soyes rouges, longues quelquefois de 2 pouces, chargées
en Avril des cornichons longs de 2 lignes, sortis d'une toque blanche, fort pointue.

19. MUSCUS SQUAMOSUS ERECTUS MINIMUS. *Inst. R. H. 555. N°. 77.* est la même que la 6°.
des Mousses aux urnes renversées.

* 20. MUSCUS CAPILLACEUS, RAMOSUS, PARVUS, ERECTUS, SETIS RUBERRIMIS. *an Muscus
trichoides parvus, foliis Musci vulgaris, capitulis longis acutis? Raji. Syn. & 1. App. 243.
an Muscus capillaceus, minimus, calyptra longissima, erecta. J. R. H. 552.*

Cette Mousse est vivace & forme des petits gazons, fort touffus, dans les landes humides de Versailles. Ses racines sont des cheveux bruns, qui poussent des tiges hautes depuis
4 lignes jusqu'a un pouce, elles sont un peu tortues & branchues vers leur extremité, toutes
couvertes de feuilles fort serrées, qui ne sont que des cheveux longs d'une ligne, tres pointus, vert roussâtre. Les soyes qui soutiennent les urnes, sortent d'entre les branches au
commencement de l'année, sont d'un rouge foncé, elles ont 7 a 8 lignes de long, chargées d'abord
d'une toque tres etroite & pointue, longue d'une ligne & demi, brun purpurine, meslée
quelquefois de blanc. Lorsqu'elles sont tombées, on voit l'urne, qui est longue d'une ligne, un peu courbe, fermée d'un couvercle purpurin & pointu. Elle est dans sa perfection
en Avril.

* 21. MUSCUS TERRESTRIS OMNIUM MINIMUS CAPITULIS MAJUSCULIS, OBLONGIS ERECTIS.
Raji. Syn. 38. 11. Hist. Oxon. Sect. 15. Tab. 5. fig. 14. Planche XXVIII. fig. 2. elle m'a été en-
voyée par Mr. Bobart sous le nom de *Muscus trichoides, foliis Musci vulgaris, capitulis erectis. 4. Hist. Oxon.*

Cette Mousse est vivace & tapis sur terre, ou elle forme des gazons verd pâle, tres serrez.
Ses brins sont des cheveux branchus, rampants couverts de feuilles taillées a dents de scie,
mais si petites que les yeux ont de la peine a les distinguer. Du centre des gazons s'elevent
plusieurs soyes rouges, hautes de 8 ou 10 lignes, qui soutiennent en Mars & Avril une urne
longue de 2 lignes, courbée en quart de cercle ou en faucille.

22. MUSCUS CAPILLACEUS DENSISSIMUS LANUGINOSUS. *Inst.*

* 23. MUSCUS CAPILLARIS LANUGINE CANESCENS, PEDICULIS TENUIBUS OBLONGIS

CAPITULIS IN MUCRONES LONGOS RECTA SURSUM EXPORRECTIS. *Raji. Syn.* 31. 16.

24. MUSCUS PALUSTRIS, IN ERICETIS NASCENS. *Raji. Syn. App. Pluk. Phyt. Tab.* 101. *fig.* 1. Planche XXIII. fig. 3. *Muscus squamosus palustris candicans mollissimus. Inst.* 554.

* 25. MUSCUS SQUAMOSUS PALUSTRIS PURPURASCENS MOLLISSIMUS.

26. MUSCUS FLUITANS FOLIIS ET FLAGELLIS LONGIS TENUIBUSQUE. *Raji. Syn. App.* 338. Planche XXXIII. fig. 6. *Muscus longissimus, aquaticus, capillaceo folio. J. R. H.* 551.

Les tiges de cette Mousse ont souvent un pied de hauteur, ce ne font que des filets assez droits, forts, garnis dans leur longueur de 2 rangs de brins longs de demi pouce, disposez alter-nativement aux cotez de la tige, comme les pinnules des fougeres, entourez de feuilles me-diocrement serrées, verd gay, fort pointues, d'environ 2 lignes de longueur, sur un quart de ligne de largeur. Celles qui accompagnent les tiges, font un peu plus longues, & une fois plus larges, disposées alternativement, mais fort clair semées. Cette plante est vivace & naist a Versailles & a Fontainebleau dans les marres & lacunes.

* 27. MUSCUS ERECTUS FOLIIS REFLEXIS. *Raji. Syn. App.* 337. Planche XXVII. fig. 5.

Cette Mousse est tres commune dans les landes, & prairies humides de Versailles. Ses tiges font rousses, tortues, peu branchues, longues de tous fens depuis 2 jusqu'a 5 ou 6 pou-ces, garnies tout au tour de feuilles assez ferrées, transparentes, verd pâle tirant sur le roux, luifantes, longues d'environ 2 lignes, sur demi ligne de large, terminées en cheveu & courbées en dessous.

28. MUSCUS SQUAMOSUS LINARIAE FOLIO MINOR ET CRISPUS, CAPITULIS INCURVIS. *Inst.*

Mousses troussées.

1. MUSCUS SQUAMOSUS ELATIOR, RAMOSUS CAULIBUS COMPRESSIS. *J. R. H.* 553. *Muscus erectus, foliis angustis, caulibus appressis. Raji. Syn. App.* 337. *Hist.* 3. 44. Planche XXIX. fig. 10.

2. MUSCUS SQUAMOSUS, RAMOSUS, MINOR ET CRISPUS. *J. R. H.* 553. N°. 39. Planche XXVII. fig. 13. *Muscus terrestris aureus, minor, clavisque brevioribus. H. Ox.* 3. 6. 4. *N°.* 8. *Icon. Sect.* 15. *Tab.* 5. *fig.* 8. detestable. C'est le *Muscus terrestris medius, supinus & repens, foliolis cre-bris, in acutos mucrones productis. Raji. Synopf.* 87. *N°.* 7.

* 3. MUSCUS. . . . .

* 4. MUSCUS TRICHOMANOIDES, FILICIFOLIUS, SPLENDENS. *Muscus squamosus den-ticulatus splendens, arboreus. Inst.* 555 *Et Muscus terrestris, squamosus, supi-nus, foliis obtusis, ejusd. ibid.* Planche XXIII. fig. 4. C'est le *Muscus terre stris squamosus elegans in humidis nascens, surculis & foliis Thuyae instar com-pressis.* 15. *Hist. Ox.* 3. 625. *Icon. Sect.* 15. *Tab.* 5. *fig.* 15 *Est major & minor, (dicit Morif.) unde Muscus terrestris surculis compressis tenuior & minor.* 16. *Hist. Ox.* 3. 625. la premiere de ces deux, c'est a dire celle du N°. 15. *Hist. Ox.* est la 17e. du *Synopf. Raji. pag.* 39. & la seconde est la 18e. du même *Synopf. Raji pag.* 39. La figure du *Muscus terrestris repens, primae speciei similis sed multo minor.* 8. *Raji. Synopf.* 38. *Hist. Ox.* 3. 625. *Icon. Sect.* 15 *Tab.* 5. *fig.* 5. represénteroit encore fort bien nostre plante si les fruits au lieu de partir du bout des barbillons ou petites branches, fortoient de la coste.

Cette Mousse est vivace & fort touffue, elle naist ordinairement au tronc des arbres, d'ou elle pend un peu en bas. Ces tiges font branchues, & se divifent & subdivifent sur les co-stez en plusieurs brins capillaires, garnis de 2 rangs de feuilles fort ferrées, disposées en ai-fles, qui se courbent tant soit peu en dessous, & forment une maniere de coëffe, sur l'extre-mité des jeunes brins. Ces feuilles ont environ trois quarts de ligne de long, sur un tiers de large, tres minces, transparentes, verds pâles & luifantes, obtufes sur les jeunes brins, poin-tues & plus etroites sur les vieux, qui en font quelquefois comme denuéz. Du milieu des branches s'elevent en hyver, des foyes tres fines, pâles, hautes de 7 a 8 lignes, qui por-

tent

tent chacune une petite urne ovale , fortie d'une toque pointue, blanc fale.   Cette Mouffe,
comme prefque toutes les autres , varie felon les lieux.   On en trouve des touffes qui ne font
pas leurs tiges fi longues, ni fi branchues, & dont les feuilles font un peu plus amples, mais
ces minuties ne meritent pas, ce me femble, qu'on y faffe attention.

5. Muscus squamosus foliis acutissimis in aquis nascens. *Inft.* 554. Planche
XXXIII. fig. 5. *Mufcus aquaticus, ericoides, foliis complicatis. Mufcus aquaticus, viticulis longis, minus ramofis , lucidis, foliis acutis triangularibus cinctis. Hift. Oxon.* 3. 626. *Sect.*
15. *Tab.* 6. *fig.* 32. *Mufcus faxatilis repens, comâ fparfa. C.B.Pin.* 362. *Mufcus aquaticus
folio expanfô. Prodr.* 152. Il la faut nommer *Mufcus aquaticus, plicatilis, foliis circa vir-
gulas triplici ferie difpofitis.* C'eft le *Mufcus aquaticus denticulatus. Flor. Pruff.* 173.

Cette Mouffe eft vivace & naift dans les eaux. Ses brins font des cheveux bruns, peu branchus, quelquefois longs d'un pied, couverts de 3 rangs de feuilles luifantes , tranfparentes,
verd clair, taillées a dents de fcie, longues d'environ 3 lignes, fur 2 de large, toujours pliées
& fouvent fendues de la pointe a la bafe en 2 parties collées enfemble. Les urnes naiffent
des aiffelles des feuilles, fur des pedicules , qui n'ont que 2 lignes de long, & font envelo-
pées de membranes tres fines.

Mufcus Filicinus.

1. Muscus Filicinus major. *C. B. Pin.* 360. Planche XXV. fig. 1.

2. *An* Muscus Filicinus minor. *C.B.Pin.* 360? Planche XXIII. fig. 9.

3. Muscus Filicinus, major, flavescens, ramosus. *Mufcus vulgaris pennatus major.
C.B.Pin.* 360. Planche XXVIII. fig. 1.

Cette Mouffe eft vivace & tres commune, & varie fuivant les lieux. Elle eft quelquefois haute de 8 a neuf pouces. Elle commence par une tige purpurine, roide, courbe, haute d'un pouce, & demi, garnie de petites feuilles tranfparentes, tres pointues, taillées a
dents de fcie, longues d'environ une ligne. Des côtez de cette tige naiffent des branches
garnies de feuilles femblables, mais plus petites, oppofées deux a deux, longues de demi
pouce, qui en produifent d'autres plus petites, difpofées de même fur les côtez en maniere
de barbe de plume, & qui comme les premieres vont toujours en diminuant vers le bout. Ces
dernieres ont des feuilles fi petites, qu'a peine les peut on diftinguer les unes des autres, la
premiere tige eft furmontée d'une feconde tout femblable qui naift, & celle-cy d'une troifieme
& ainfi du refte. Il en fort quelquefois auffi des côtez. Les pipes fortent de la penultieme
& quelquefois de la derniere plume. Elles naiffent ordinairement a pres d'une ligne de diftan-
ce, les unes des autres. Les queues ont des foyes rouges, hautes de plus d'un pouce, qui
fe coudent vers leur milieu & foutiennent chacune une tefte brune, ovale, un peu panchée
& terminée par un petit bec fur le devant.   Cette plante eft comme foyeufe, de couleur flave. Elle eft vivace.

4. Muscus vulgaris, pennatus, minor. *C.B.Pin.*

5. Muscus palustris, Absinthii folio. Planche XXVI. fig. 11. *Mufcus Abfinthii folio,
infipidus. Inft.* 556.

6. Muscus pennatus, denticulatus, minor. *Mufcus fquamofus, non ramofus , major,
capitulis incurvis. J.R.H.* 553. Planche XXIX. fig. 8.

Celle-cy eft auffi vivace & naift dans les mêmes endroits que la precedente, a la quelle elle a beaucoup d'affinité par fon port, mais ces brins font plus longs & reffemblent affez a une
plume par l'arrangement de leurs feuilles, qui naiffent fur les coftez feulement. Elles font
taillées en maniere de dents de fcie, & n'ont tout au plus qu'une ligne de long. Les pipes
s'elevent du deffus de la tige, a 2 ou 3 lignes de la racine & reffemblent en tout a celles de l'e-
fpece precedente. Elles paroiffent en même temps.

7. Muscus squamosus, non ramosus, minor, capitulis incurvis. *J.R.H.* 553.
Planche XXIX. fig. 8.

Cette Mouffe eft vivace & naift ordinairement fur les dejections & ecorces pourries des
racines des arbres, ou elle eft fortement attachée, & forme des petits gazons tres touffus, d'un
vert pâle & comme foyeux. Ses brins qui font courbes & fe couchent les uns fur les autres,

a peu

a peu prés comme les plumes des Oiseaux, n'ont tout au plus que 7 a 8 lignes de long & ressemblent assez a une queue de souris.　Ils sont garnis tout au tour de feuilles tres pointues &
fort serrées, dont les plus longues, qui occupent le milieu du brin & vont toujours en diminuant vers les extremitez, n'ont pas une ligne de long.　La pipe s'eleve du brin au Printemps,
auprés de la racine & a pres d'un pouce de haut.　Sa queue est une soye purpurine, qui soutient une teste courbe, un peu panchée, verd gay & luisant, longue d'une ligne &
demi.

*8. Muscus cristam castrensem repraesentans, flavescens, nemorosus Cassubi-
cus. 8. Hist. Oxon. 3. 625. Sect. 15. Icon. Tab. 5. f. 8.* Planche XXVII. fig. 1. *Muscus squamosus. viticulis longissimis Abietinis. Inst. Est Muscus plumosus Cristam referens nostras, colore flavescente. Pluk. Alm. 257.*

*9. Muscus palustris, foliis et flagellis rigidiusculis, seminibus in foliorum
alis. Muscus palustris, asper, polyspermos, flagellis longioribus, illecebrae aemulis. Muscus palustris, Abietiformis, foliis reflexis.* Planche XXIII. fig. 12. & encore par bevue Planche XXIX. fig. 12. la même plante estant gravée deux fois.　Dessinée sous le nom *de
Muscus palustris, Abietinus,* Lettre C. Mr. Petiver me l'a envoyé en dernier lieu sous le
nom de *Muscus scorpioides palustris, foliis crispis pyramidalibus. 26. Raji. Synops. 32. Mus.
Petiv. 84. Raji. Hist. 3. p. 37. pl. 35.* Je croy qu'on la doit raporter a celle que le même Mr.
Petiver m'a envoyé autrefois sous le nom de *Muscus ramosus palustris, major, foliis membranaceis acutis Raji. Synops. Ed. 2. p. 39.* C'est encore le *Muscus palustris terrestri similis,
foliolis crassis obscure virentibus mucronibus aduncis, unam partem spectantibus. 13. Raji.
Synops. 38. D. Petiv. Muscus pennatus major, cauliculis ramosis, in summitate velut spicatus. Flor. Pruss. 167. fig.*

Cette plante s'eleve de 4 a 5 pouces par des fouets comme ligneux, peu branchus, garnis
tout au tour de feuilles longues d'une ligne, assez roides, taillées a dents de scie, fort etroites, tres pointues & comme piquantes, dans les aisselles des quelles sont des petits globules,
qu'il est plus aisé de sentir en coulant les doits de haut en bas des tiges, que de les voir, tant
elles sont menues.　Je l'ay trouvé en allant de St. Antoine a Roquencourt, dans un fond
marecageux, entre la grande avenue & le mur du parc de Marly.

*10. Muscus terrestris repens, subflavus, foliis crispis minoribus ramulisque
densius confertis. H. Ox. 3. 625. Sect. 15. Tab. 5. fig. 12.* Planche XXVII. fig. 14.

1. *Myagrum, vel potius Camelina. vid. Alysson. No. 4. & Rapistrum. No. 2.*

○ 1. *Myosotis arvensis hirsuta flore majore. Inst. Cerastium hirsutum* ,Oreille de
flore magno. Dillen. Cat. Giss. 46. Caryophyllus Holosteus. Ger. Raji. Hist. 2. ^{Souris.}
1027.

Fleurit en Avril & May.　Sa fleur s'evase depuis demi pouce jusqu'a un pouce.　A 10 etamines blancs sales ainsi que leurs sommets.　Le pistile qui est d'un verd jaunastre est surmonté
de 5 filets blancs qui font le crochet.

○ *Myosotis arvensis Polygoni folio. Inst.*

La fleur de cette plante paroist en May.　Elle est de 5 petales blancs. echancréz, rayéz &
a onglet jaunâtre. Ils sont longs de prés de 5 lignes, disposéz en rond autour d'un pistile surmonté de 5 filets & environne de 10 etamines a sommets pâles dont 5 sont opposéz aux petales & 5 dans leurs intervales.　Le calice est découpé jusqu'a la base en 5 parties pointues taillées en bâle de bled, vertes sur le dos & bordées de blanc.　La fleur epanouie a 7 a 8 lignes de
diamétre.

Cette plante est vivace.　Ses racines sont des fibres chevelues, blancsales, qui sortent des
premiers noeuds des tiges, qui rampent un peu avant que de s'elever.　On remarque ordinairement 2 sortes de tiges, les unes qui fleurissent & qui ont alors 3 ou 4 pouces de haut, &
d'autres qui ne fleurissent point & qui s'allongent de 8 ou 10 pouces & même d'un pied sur
tout quand elles se trouvent pressées dans des haliers herbus comme ceux des environs de
Fontainebleau ou elle naist.　Ses tiges sont épaisses d'environ ¼ de ligne, entrecoupéz d'espace en espace par des noeuds, qui donnent naissance a 2 feuilles opposées. Ces noeuds sont des arti-
culations qui se disloquent pour peu qu'on fasse d'extension.　Ces tiges sont creux & enfiléz
d'un petit nerf.　Les feuilles ont environ demi pouce de long sur une ligne & demie dans le
fort de leur epaisseur. Elles ressemblent tout a fait a celles du precedent.　Elles embrassent le
tige par leur base & se terminent en pointes par le bout.　Le verd en est assez foncé par des-

N n　　　　　　　　　　　　　　　　　　　　　sus,

fus, mais plus pale par deſſous.　Celuy de la tige eſt plus clair & plus gay.　Les feuilles des tiges a fleurs ſont plus larges que celles qu'on peut appeller ſteriles, mais les unes & les autres auſſi bien que les tiges ſont couverts d'un duvet fort court & aſſez dru, qui s'efface en partie ſur l'arriere ſaiſon.　Les fleurs reſſemblent auſſi a celles du precedent & ſont diſpoſées de même.　Elles paroiſſent en May.　Cette plante machée n'a qu'un gouſt d'herbe farineux.

♀ 2. Myosotis hirsuta altera viscosa. *Inſt.245. Ceraſtium hirſutum, viſcoſum. Dillen. Cat.Giſſ.p.41.* Il faut nommer cette plante *Myoſotis annua viſcoſa.* C'eſt l'*Alſine hirſuta altera viſcoſa. C.B.Pin.251.* La 3 *Oreille de Souris de Dod.Gall.deſc.41. Alſine hirſuta major, foliis ſubrotundis, dilute virentibus.10.H.Ox.2.551. Alſine ſpuria.4.Dod.Pempt.31.Alſine viſcoſa. Park.Theat.764.Raji.Hiſt.2.1029. Alſine hirſuta Myoſotis latifolia praecocior.5.Raji.Syn.208.*

Cette plante a pour racine un toupet de fibres chevelues, coriaſſes & blanchaſtres, dont les principales n'ont qu'un tiers de ligne d'epaiſſeur ſur un pouce ou 2 de longeur.　Elle pouſſe pluſieurs tiges, dont celles de la circonference s'inclinent ordinairement un peu ſur les coſtez pendant que celles du milieu, qui ſont toujours les plus longues, reſtent droites. Ces tiges s'elevent plus ou moins ſuivant que le terrain ou cette plante naiſt eſt plus ou moins gras.　Car dans les ſables, elles n'atteignent quelquefois pas un pouce de haut au lieu que dans un ſol frais & humide elles en ont juſqu'a 7 ou 8 ſur demie ligne d'epaiſſeur ſeulement.　Elles ſont fiſtuleuſes, verd paſles & quelquefois rougeâtres coupées de diſtance en diſtance, de 5 a 6 noeuds & toutes parſemées de poils blanchaſtres longs de demie ligne qui les rendent un peu rudes.　Ces tiges ne ſe diviſent ordinairement guere que vers le haut ou elles ſe fourchent & bifourchent, mais elles donnent a chacun de leurs noeuds une paire de feuilles oppoſées & plus petites que celles du bas qui ſont diſpoſées en rond & comme plaquées a terre.　Elles ont juſqu'a 7 a 8 lignes de long ſur 4 a 5 dans le fort de leur largeur & ſont taillées a peu prés comme celles du *Bellis ſylveſtris minor. C.B.Pin.* le deſſus eſt verd pâle & mat & le deſſous blanchaſtre & relevé ſelon la longeur d'une coſte qui la partage en 2 parties egales.　Celles, qui accompagnent les tiges, gardent volontiers la même figure mais elles ſont plus petites a meſure qu'elles approchent plus du haut des tiges, de maniere que les dernieres ne ſont guere plus grandes que celles du grand Serpolet, dont elles ont aſſez la figure.　Les fleurs naiſſent par bouquets au nombre de 5, 6, 7, & 8. portées ſur les fourchons des tiges, entre les quels fourchons, il y en a toujours une ſoutenue, comme tous les autres, ſur un pedicule tres delié, & long d'une ligne.　Chaque fleur a environ 3 lignes de diamétre & 5 petales blancs longs d'environ 2 lignes, ſur une de large, fendus en deux parties egales juſque vers leur milieu, & ſoutenus d'un calice decoupé juſqu'a la baſe en 5 pointes ſemblables a des bâles de Seigle, velues comme les tiges & les feuilles.　Le piſtile, qui s'eleve du fond de ce calice eſt fort court & ſurmonté d'un petit corps rond, qui ne paroiſt que comme un point jaunaſtre environné de 3 autres petits corps frangez. 5 etamines entourent ce piſtile, elles ſont fort courtes & chargées de doubles ſommets jaunaſtres.　Quand la fleur eſt paſſée les 5 decoupures du calice ſe reſſerrent l'une contre l'autre & lui font prendre une figure cylindrique. Il eſt debordé par la capſule, qui eſt taillée comme une petite corne courbe & luiſante, frangée ſur le bout qui deborde le calice d'une ligne. Cette capſule renferme dans ſon fonds une vingtaine de ſemences rouſſatres & fort menues.　La plante machée n'a que le gouſt d'herbe. Elle fleurit en Avril & May.　Elle abonde autour de la Piece des Suiſſes.

○ 3. Myosotis arvensis hirsuta, parvo flore. *Inſt.245. Auricula muris quorundam, flore parvo, vaſculo tenui longo. J.B.3. lib 29.p.359. Auricula muris quibuſdam. Oreille de Souris vulgaire. Dod.Gall.41. Alſine hirſuta magno flore. C.B.Pin.251. Alſine ſpuria.3.Dod.Pempt.31. Alſine hirſuta, altera viſcoſa, foliis longis ſaturatius virentibus.11. H.Ox.2.551. Alſine hirſuta. Cam.Hort.11. Alſine hirſuta Myoſotis. Ad…Raji.Hiſt.2.1029. Ceraſtium hirſutum majus, flore parvo. Dillen. Cat Giſſ 48.*

Ses tiges ſont purpurines.　Elle eſt vivace & fleurit des Avril & continue toute l'Eſté. La plaine de Seve eſt remplie de cett' eſpece de *Myoſotis,* qui fleurit en Avril & May; ſa fleur s'evaſe de cinq a ſix lignes, a dix etamines courtes, a ſommets jaune pâle, le piſtile eſt ſurmonté de cinq filets blanchâtres, & courts.

H.Par.120.　♀ 4. Myosotis hirsuta minor. *Inſt.245.* Celle cy n'eſt qu'une varieté du N°.2. *Myoſotis arvenſis annua.*

Il faut bien faire attention s'il n'y a pas deux eſpeces annuelles. Car j'en ay trouvé des pieds dont la fleur, qui ne s'evaſe guere que de 2 lignes, & qui deborde a peine le calice, a 10 etami-

mi-

mines & un piſtile ſurmontè de 5 filets blancs fort courts.   Les petales n'ont que demie ligne de large, ſur environ 2 lignes de long. La plaine de Seve eſt remplie de cette eſpece de *Myoſotis*, qui fleurit en Avril & May.   Sa fleur s'evaſe de 5 a 6 lignes. a 10 etamines courtes a ſommets jaunes pâles; le piſtile eſt ſurmonte de 5 filets blanchaſtres & courts.

1. Myosuros. *J. B.* 3. *l.* 31. *pag.* 512. *Mem. Ac. R. Sc.* 1719. *N.* 1. *Caudamuris. Broſſ.* 41. *vide inter ranunculos. Prodr. Botan. Pariſ. p.* 103. *Queue de Souris.*

Fleurit en Avril & May.   Sa fleur eſt ordinairement a 5 petales verdaſtres taillez comme une petite jambe attachée par le genou au tour & a la baſe du piſtile.   Dix etamines a ſommets doubles, blanchâtres & oblongs s'appliquent autour de la baſe du piſtile. 5 feuilles terminées en eperon au deſſous de leur attache forment un calice en etoile blanchaſtre.   Cette plante n'a point des tiges mais ſeulement des ſimples pedicules qui ſoutiennent chacun une fleur.

1. Myriophyllum aquaticum minus. *Cluſ. Hiſt.* CCLII. *Myriophyllon vulgare, minus.* H. Par. 224. *Mem. Ac. R. Sc.* 1719. *N.* 2. *Millefolium aquaticum floſculis ad foliorum nodos. C. B. Pin.* 141. *N*°. 111. *Potamogeton floſculis ad foliorum nodos. Inſt.* 233. *Moriſ. Hiſt.* 3. 621. *N*°. 7. dit ſa fleur de 8 petales mais il ſe trompe car elle n'eſt que de 4. Il y raporte l'*Equiſetum paluſtre ramoſum aquis immerſum Ambroſin.* 214.

Fleurit en Juin & Juillet.

2. Myriophyllum aquaticum, majus. *Myriophyllon vulgare, majus. Mem. Ac. R. Sc.* H. Par. 224. 1719. *N.* 2. *Millefolium aquaticum pennatum ſpicatum. C. B. Pin.* 141. *Potamogeton foliis pinnatis. J. R. H.*

Fleurit en Juin & Juillet.   Sa fleur ainſi que celle de la premiere eſpece, eſt a 4 petales verdaſtres, creuſéz en cuilleron & diſpoſéz en rond dans les échancrures d'un calice d'une ſeule piece decoupé en devant en 4 pointes. Le centre de cette fleur eſt occupé par 8 etamines; la partie poſterieure du calice devient un fruit ſec, couvert d'une membrane tres mince, qui renferme 4 femences oblongues, un peu arrondies ſur le dos, & plates par les coſtez qu'elles ſe touchent.   Chaque femence eſt encore envelopée d'une écorce rouſſâtre, racornie, & blanche en dedans, epaiſſe.   L'amande qu'elle contient eſt blanche.

1. Myrrhis annua, semine striato laevi. *Moriſ. Umb. Cerefolium ſylveſtre.* 6. *Raji. Hiſt.* 1. 431. *Perſil d'Aſ-ne.*

Navet ou
Navean.
US.

* 1.　**N**APUS SYLVESTRIS. *C. B. Pin. 95. Navet sauvage. Sa semence Na-
vette. Rave sauvage. Fusch. ch. LXIII.*
　　* 2. NAPUS SATIVA, RADICE ALBA. *C. B. Pin.*
　　* NAPUS SATIVA, RADICE NIGRA. *C. B. Pin.*

　　* 1. NARCISSO-LEUCOJUM. *Leucojum bulbosum triphyllon. Dod. P. 230. Leucojum
bulbosum trifolium minus. C. B. Pin. 56. Leucojum bulbosum, minus triphyllum. J. B. 2. l. 19.
p. 591. Narcisso-Leucojum trifolium minus. J. R. H. 387.*

　　Elle se trouve derriere le potager de Versailles. Elle croist en abondance dans le petit bois
du Jardin du Roy de Paris.

Narcisse.
　　* 1. NARCISSUS SYLVESTRIS PALLIDUS, CALICE LUTEO. *C. B. Pin. 52. Narcissus luteus sylvestris. Sim. Pauli. 8.*

Cresson.
　　1. NASTURTIUM SYLVESTRE CAPSULIS CRISTATIS. *Inst. 214. Pseudo-ambrosia. Cam. Epit.
596. Icon. optime.*

　　Fleur d'environ une ligne de diamètre, a 4 petales blancs, egaux & arrondis par le
bout.

H. Par. 121.
& 506.
　　2. NASTURTIUM PETRAEUM FOLIIS BURSAE PASTORIS. *C. B. Pin. 104. Item Bursa pastoris
minor, foliis incisis. 4. Ejusd. C. B. Pin. 108. Nasturtium petraeum. Tabern. Icon. 451. Pastoria Bursa minima. Lob. Icon. 221.*

　　Fleurit en Avril & May.　Sa fleur est a 4 petales blancs, 2 grands & 2 petits 6 etamines a
sommets jaunes.

　　☿ * 3. NASTURTIUM PUMILUM VERNUM. *C. B. Pin. 105.*

　　J'ay trouvé cette plante dans la forest de Fontainebleau dans l'endroit ou croist la *Gentiana pratensis flore lanuginoso. C. B* Elle fleurit en Avril & May. Mr. d'Isnard l'a remarqué sur
la Cascade de St. Clou.　Elle graine en May. Elle a le goust du Cresson.　Ses semences sont
jaunastres, & au nombre de 2 dans chaque cosse du fruit qui est échançré tres legerement
par le haut.

　　4. NASTURTIUM PUMILUM SUPINUM VERNUM. *Bot. Monsp.*

　　1. NIDUS AVIS. *Lugd. 1073. Eyst. Tab. 195. Pseudo-leimodorum. Clus. Hist. 270. quoad
Icon.*

　　Se trouve dans les bosquets de St. Maur a droit proche la grande grille du parc.

US.
Niesle.
　　1. NIGELLA ARVENSIS CORNUTA. *C. B. Pin. 145. Nigella flore simplici pallescente,
petalorum basi longissima Par. Bat. 204. cum fig. Nielle sauvage. Fusch. ch. CXCII.*

　　Est commune en allant de Charenton a St. Maur.

　　1. NISSOLIA VLGARIS. *Inst. 656. Lathyrus rectus, gracilis, Gladioli folio, tenui, monanthos, rubicundus. H. Cath. 107.*

　　Le 26 Juin 1720. on a trouvé cette plante en fleur au prés du Chateau de Livri.

　　1. NOSTOC CINIFLONUM. *H. Paris.*

　　* 2. NOSTOC LIGNO PUTRIDO ADNASCENS, CANDICANS.

　　* 3. NOSTOC NIGRICANS, ARBORIBUS INNASCENS.

　　* 4. NOSTOC FLAVICANS ARBORIBUS INNASCENS. *Fungus putridis arborum ramis inhaerens
plurimis simul cohaerentibus. C. B. Pin. 372. Fungi dicti Spongiae lignorum, perniciosi. J. B.
3. lib. 40. p. 141.* il en decrit 3 especes *an Pseudo-Spongia Fungoides fulva, lignis adnascens.
Raji. Synops. 334?*

　　* 5. NOSTOC QUI LICHEN TERRESTRIS MINIMUS FUSCUS. *Raji. Hist. 3. 43. Musco-Fungus
terrestris, minor, fuscus, foliis è latitudine crenatis, Musco innascens. 4. Hist. Ox. 3. 632. I-
con. Sect. 15. Tab. 7. fig. 4.*

　　* 6. NOSTOC GRANULOSUS COCCINEUS, ARBORIBUS INNASCENS.

　　Trouve le 29 d'Aoust sur un tronc de Saule a Berny.

US.
　　1. NUMMULARIA, MAJOR, LUTEA. *C. B. Pin. 309. Monnoyere. Dod. Gall. Herbe a cent
Maladies. Fuchs. ch. CLII.*

　　2. NUMMULARIA, QUAE LYSIMACHIA, LUTEA, FOLIO SUBROTUNDO, ACUMINATO; FLORE
LUTEO. *Inst. R. H. 242.*

3. NUM.

3. Nummularia, minor, purpurascente flore. *C. B. Pin.*

* 1. Nux juglans sive Regia vulgaris *C. B. Pin.*

* 2. Nux juglans fructu maximo. *C. B. Pin.*

* 3. Nux juglans fructu perduro. *Inst.*

* 4. Nux juglans fructu tenero et fragili putamine.

1. Nymphaea alba major. *C B. Pin.* 193. *Eyst. Tab.* 111. *& Nymphaea alba minor. Eyst.* ibid. *Nenuphar blanc. Fusch.ch.* cc111.

2. Nymphaea lutea major. *C. B. Pin. Nymphaea lutea. Eyst. Tab.* 111. *Nenuphar jaune. Fusch.ch* cc111.

1. Nymphoides aquis innatans. *Inst.*

Fleurit vers la fin de Juin en Juillet & Aoust. Cette plante est 3 fois dans le Pinax Sça-voir.

(1) *Nymphaea lutea minor magno flore.* 2. *pag.* 193. *Nymphaea lutea minor. Tabern. Ic.* 742.

(2) *Nymphaea lutea minor, parvo flore.* 3. *pag.* 194.

(3) *Nymphaea lutea minor, flore fimbriato.* 4. *pag.* 194. *Nymphaea alia minor. Lugd.*

Est commun dans les Lacunes de Juvisy, qui sont a main gauche au de la du pont & a costé de la chaussée.

* 2. Nymphoides aquis innatans, foliis maculatis.

 1. OENAN-

1. OENANTHE AQUATICA. *C. B. Pin.* 162.

Rien n'eſt plus commun que cette plante dans le pré qui eſt entre la Salpeſtriere & la riviere, ou qui va de la dite Salpeſtriere a Ivri. Elle ſleurit en May.

2. OENANTHE SIVE FILIPENDULA 'AQUATICA ALTERA. *J. B. Oenanthe aquatica minor Juncoides trianthophoros. Pluk. Almag.* 268. *Oenanthe aquatica minor. Park. Theatr.* Item *Oenanthe juncoides minima. Ejuſdem. Theatr.* 895.

* 3. OENANTHE APII FOLIO. *C. B. Pin.*

Sain ſoin.   1. ONOBRYCHIS FOLIIS VICIAE, FRUCTU ECHINATO MAJOR. *C. B. Pin.* 350.

1. OPHIOGLOSSUM VULGATUM. *C. B. Pin. Ophiogloſſon. Dod. Gall.* 103. *Langue de ſerpent. Fuſch. ch.* CCXIX.

Se trouve aux environs du Chateau de la Chaſſe a l'endroit ou naiſt l'Enule Campane, en grande quantité.

1. OPHRIS BIFOLIA. *C. B. Pin.* 87. *Ophris. Fuſch. Gall. ch.* CCXIV.

* 2. OPHRIS TRIFOLIA. *C. B. Pin.*

* 3. OPHRIS BIFOLIA BULBOSA. *C. B. Pin. Ophris bifolia minor, paluſtris. Pluk. Phytogr. Tab.* 247. *fig.* 2. *Bifolium paluſtre. Park. Th. Ophris paluſtris radice repente. J. R. H.* Je ne croy pas que la plante d'Epyſi ſoit celle de Plukenet qui a une vingtaine de fleurs a ſon Epi.

Sa fleur n'a point d'Eperon. C'eſt un vray *Ophris.* Fleurit en Juillet.

1. OPULUS RUELLII. 281.

Ses fruits ſont des bayes d'un rouge de Corail preſque ſpheriques groſſes comme une groſeille rouge, & ne contiennent qu'une ſemence plate, rouge, taillée comme en coeur, d'environ 3 lignes de largeur. Il fleurit vers la mi May. Les fleurs de la circonference de l'umbelle ſont parfaitement ſemblables a celles de l'*Opulus flore globoſo.* Elles n'ont point d'etamines ſenſibles, & leur trou eſt enfilé par une trompe a 3 teſtes.

Orchis teſticulata abſque calcari.

H. Par. 121.   1. ORCHIS FUCUM REFERENS, COLORE RUBIGINOSO. *C. B. Pin.* 83. *Orchis ſive Teſticulus*
& 508,   *Sphegodes, hirſuto flore. J. B.* 2. XIX. 767. *quoad deſcriptionem. Orchis araneam referens. C. B. Pin.* 85. *Figures. Celle de la fleur eſt repreſentée en C. C. Table* 247. *des Inſt. R. Herb. Orchis Fuciflora, galea & alis purpuraſcentibus. J. B.* 2. XIX. 766. *quoad Iconem. Orchis Serapias ſecundus minor. Dod.* 238. *Orchis Sphegodes minor. Park. Theatr.* 1350. *Teſticulus Vulpinus ſecundus. Lob. Obſ.* 88. *Orchis andrachnitis. Lob. Obſ.* 185. *Ger. em.* 216. *Teſticulus vulpinus ſecundus. Tab. Ic.* 668. *Teſticulus vulpinus major ſphegodes, Ger. em.* 212? *Orchis Sphegodes altera. Park. Theat.* 1351? *Orchis Arachnites. Ejuſd.* 1352. *Teſticulus Vulpinus major, & Sphegodes. Lob. Icon.* 180? *Satyrion Teſticulus Vulpinus. Swert.* 1. *Tab.* 63. *Bry. Tab.* 102? *Orchis Serapias ſecundus major. Dod.* 238? *& Orchis Sérapias ſecundus minor. Ejuſd. ibid. Orchis Sphegodes, Gemmae. Lugd.* 1558?

Fleurit des la fin d'Avril & en May. Il ſe trouve ſur toutes les collines des environs.

* 2. ORCHIS FUCUM REFERENS, FLORE SUBVIRENTE. *C. B. Pin.* 83. *Orchis ſive Teſticulus ſphegodes hirſuto flore. J. B.* 2. 767. *Teſticulus Vulpinus ſecundus ſphegodes. Lob. Ic.* 179. *Orchis ſphegodes ſive Fucum referens. Park. Theatr.* 1350. *Orchis ſexta. Trag. deſc.* 782. *Icon.* 783.

* 3. ORCHIS FUCUM REFERENS, MAJOR, FOLIOLIS SUPERIORIBUS CANDIDIS ET PURPURASCENTIBUS. *C. B. Pin.* 83. *Orchis cum Aviculis. Ephem. Cur. ann.* 2. *Obſ.* XLI. *pag.* 75. *Tab.* VII. figure deteſtable & faite à plaiſir. *Orchis Apem referens Luſitanica. Breyn. Cent* 1. 98. *Orchis Fuciflora, galea & alis purpuraſcentibus. J. B.* 2. 766. *quoad Deſcription. & Orchis ſive Teſticulus Sphegodes, hirſuto flore. Ejuſd.* 767. *quoad iconem. Figures. Triple coüillon de*

Chien

*Chien femelle. Fufch.ch.*ccxi. *Orchis five Tefticulus minor violaceis floribus. Cord. Hift.*129. bon. *Couillon fphegodes de Gemma. Lugd. Gall.*2. 429. *Orchis fphegodes C. Gemmae gallicé Mouche guefpe. Lob.Obferv.*92. *Brunsf.*1.105. *Orchis ferapias faemina. Dod. Gall.*154. *Orchis minor. Cord.Hift.*129. *Triorchis faemina. Fuchf.*560. *Tefticulus vulpinus fecundus, fphegodes. Lob.Ic.*179. *Item Melittias, five Apis cadaverculum exprimens. Lob. Icon.*180? *Satyrion minus Swert.*1. *Tab.*63. *Orchis fphegodes five Fucum referens.Park. Theatr.*1350. *Orchis* 11. *fpecies. Dod.& Matth. Lugd. fig. a droit. pag.* 1551. *Orchis Serapias fecundus. Dod.Matth. Tefticulus* 11. *Lugd.*1555. *Orchis Melittias Gemmae. Lugd.* 1557. *Tefticulus vulpinus fecundus, fphegodes. Lob.Ic.*179. *Orchis Serapias fecundus major. Dod.*238. *Tefticulus vulpinus major & fphegodes. Lob.Icon.* 180. *Tefticulus* vii. *fpegodes. Tabern. I. con.*664.

* 4. ORCHIS FUCUM REFERENS, MAJOR, FOLIOLIS SUPERIORIBUS CANDIDIS ET PURPURA-SCENTIBUS, SEROTINA.

Il fe trouve a Seve fur la Butte des Anglois du cofté du Nord. Il ne commence a fleurir qu'au commencement de Juillet. J'en ay fait deffiner 3 varietez de fleurs.

* 5. ORCHIS MUSCAE CORPUS REFERENS MINOR, ET GALEA ET ALIS HERBIDIS. *C. B. Pin.*83. *Orchis Myodes galea & alis herbidis, & Orchis Serapias, tertia Dodonaei & Myo-des* 1 *Lobelio. J.B.*2.xix. 767. *Orchis Myodes, prima, floribus Mufcam exprimens. Lob.Ic.* 181. Figures. *Orchis Serapias tertius. Dod.*238.*Triorchis Serapias tertius, Dodon. Lugd.* 1555. *Gall.*2.426. *Tefticulus mufcarius* 111. *luteus. Taber. Ic.*662.

Fleurit des le commencement de May. Trouvè a St. Maur dans le parc, & en allant de Valvin a l'Hermitage de la Magdalaine & le long de la cofte depuis Samoy jufqu'a Valvin.

* 6. ORCHIS FLORE NUDI HOMINIS EFFIGIEM REPRAESENTANS, FAEMINA. *C. B. Pin.* 82. *Orchis Antropophora Oreades. Col.part.*1.320. *Orchis Anthropophora Lufitanica flore parvo, herbacei coloris, cum limbo purpurafcente. J.R.H.*433. *Orchis Antropophoros faemina. Eph.Cur.ann.*2.*Obf.*xli. *pag.*74. *Tab.*11. figure deteftable & faite a plaifir.

J'ay trouvé cette plante entre Samoy & Valvin fur la pente entre les bois & la riviere. Ses fleurs, qui commencent a paroiftre des le commencement de May, fentent un peu le Bouc. El-les font au nombre de 20 ou 30 difpofées en epi fort gresle, long de 2 ou 3 pouces. La piece figurée de chaque fleur eft longue de demi pouce. Sa tefte eft blanc fale. Les 4 extremitez qui reprefentent 2 bras & 2 jambes, font couleur de rouille de fer & le tronc tire fur le foufre doré. Les aifles en font verdaftres & s'appliquent a la furface interieure de la Coiffe, qui eft verte en dedans & rouffâtre en dehors avec des rayes plus foncées. Il fe trouve auffi autour du Canal de Fontainebleau & aux environs des baffes loges dans les prairies.

⊙ 7. ORCHIS SPIRALIS, ALBA, ODORATA. *J-B.*2.769. *quoad defcript.& non Icon.Trior-* H.Par.569. *chis alba, odorata minor. C.B.Pin.*84. *Tefticulus odoratus five Orchis fpiralis, minor. Lob. Ic.*186. *Tefticulus odoratus Ejufdem. Adv.*63. *& Obf.* 89. *Tefticulus odoratus minor. Dod. Pempt.*239. *Triorchis alba, odorata minor.Park. Theatr.*1359. *Couillon odorant de Dodon. Lugd. Gall.*2. 427. Je croy que le *Triorchis vel Tetrorchis alba, odorata major. C. B. Pin.* 84. n'en eft qu'une varieté. *Satyrion odoriferum. Brunsf.*1.105. *fig.*

Il fleurit vers la fin d'Aouft & en Septembre. Sa tige naift tousjours a cofté des feuilles. Il eft tres commun dans les landes de Chailly. La coiffe eft d'une feule piece & paroift eftre de trois pieces collées enfemble. Il y en a 2 laterales & une inferieure qui eft pliée en goutiere. bien examine, fa fleur eft a 6 petales comme celles des autres efpeces. Trois occupent la partie fuperieure & forment une efpece de Cocarde. Deux les coftez en forme d'aifles eten-dues, & la fixieme, qui eft creufée en goutiere & dont les bords font un peu frangez occupe le bas.

⊙ * 8. ORCHIS SPIRALIS, ALBA, ODORATA, LONGO ANGUSTOQUE FOLIO. *Orchis fpiralis elatior, ex Terra Mariana. Pluk.Mant.*141.

Celuy-cy a quelquefois jufqu'a 10 pouces de haut, fa tige part du Sein des feuilles & non pas a cofté comme fait celle du precedent. Les feuilles ont environ 3 pouces de long. Sur 2 ou 3 lignes de large. Celles, qui accompagnent la tige, vont tousjours en diminuant. Sa racine eft compofée de 3 ou 4 petits Navets qui ont pres de 2 pouces de longueur. Sa fleur eft plus longue que celle du precedent. Elle paroift en Aouft. Je l'ay trouvé en fleur le 10 Aouft dans le Marais d'Epify, & de Fleury. Et le 18 d'Aouft je l'ay auffi remarqué en fleur dans le Marais de St. Leger.

Or-

Orchis testiculata cum Calcari.

* 9. ORCHIS LATIFOLIA, HIANTE CUCULLO MAJOR. *Inst. Rei herbariae.* 432. *Cynosorchis latifolia, hiante cuculls, major. C. B. Pin.* 80. *Orchis galea & alis fere cinereis. J. B. 2. lib.* 19. *pag.* 755. *Raji. Hist.* 2. 1218. Figures qui repréfentent cette plante. *Orchis mas latifolia. Fuchs.* 554. *Couillon de Chien male a larges feuilles de Fuchs. en franc. Chap.* ccx. *Satyrion mas quorundam. Trag.* 778. *Satyrium* 1. *Brunsf.* 1. 103. *& Satyrion mas. Ejusd.* 104. *Orchis primum genus. Dod. Gall.* 152. *Testiculus* v. *Matth.* 883. *Spetie di testicolo* v. *Ejusd. Ital.* 932. *Testiculus latifolius* v. *Matthioli. Tabern. Ic.* 666. *Orchis* 1. *species. Dodon.* v. *Matthioli. Lugd.* 1550. *Couillon de Chien.* 1. *de Dodon.* v. *de Matthiol. Lugd. Gall.* 422. *Tom.* 2. *Cynosorchis majoris, secunda species & Cynosorchis altera Dodonaei. Lob. Ic.* 175. *Cynosorchis major latifolia. Park. Theat.* 1343. *Orchis major. Cord. Hist.* 128 Les figures *de Cynosorchis mas nostra, & du Satyrion primum Dioscoridis. Trag. Hist. pag.* 779. *&* 780. ont du raport a la plante en question, ainsi que celle de l'*Orchis minor, flore incarnato. Eyst. Cynosorchis altera. Sim. Paul.* 98.

La fleur de cette plante qui s'epanouit des le commencement de May a une petite odeur qui n'est point desagreable. Il se trouve des pieds dont la principale piece de la fleur tient du purpurin clair, & d'autres du pourpre foncé & fur tout les 4 extremitez. J'ay veû de ces derniers pieds a Fontainebleau dans le pré des bassins ; & des premiers dans les prairies de Valvin, de Moret.

H.Par.349.   10. ORCHIS FLORE SIMIAM REFERENS FLORE PURPUREO. *C.B.Pin.* 82. *Cynosorchis latifolia, hiante cucullo, minor. Ejusd. C.B.Pin.* 81. *Orchis altera Oreades Cercopithecophora. Col. part.* 1. 320. *Orchis galea & alis fere cinereis. J. B. Raii. Hist.* 2. 1218. *nouvelle descript. Orchis antropophoros, mas. Eph.Cur. ann.* 2. *Obs.* XLI. *pag* 74. *Tab.* 1. figure detestable & faite a plaisir. Figures *Cynosorchis major.* 11. *Tabern. Ic.* 658. *major altera. Ger. emac.* 205. *majoris secunda species. Lob. Obs.* 87. *altera. Dod.* 234. *latifolia minor. Park. Theat.* 1344. Sa fleur est gravée dans le 2 Tome des *Inst. R. H. Tab.* 247. *fig.* a.

* ORCHIS FLORE SIMIAM REFERENS, FLORE DILUTE CARNEO.

* ORCHIS FLORE SIMIAM REFERENS, FLORE ALBO, APICIBUS PURPUREIS.

* ORCHIS FLORE SIMIAM REFERENS, FLORE ALBO APICIBUS LUTEIS.

Toutes ces varietez se trouvent dans le parc de St. Maur ou Mr. Tournefort l'indique pour &c. & dans la forest de St. Germain en Laye. &c. Il fleurit en. . . . .

H.Par.509.   11. ORCHIS MILITARIS MAJOR. *Inst. R. Herb.* 432. *an Orchidis tertiae species. Eph. Cur. ann.* 2. *Obs.* XLI. *pag.* 74. *Tab.* 111. figure detestable & faite à plaisir. *Cynosorchis militaris, major. C.B.Pin.* 81. *Orchis Strateumatica, major. J. B.* 2. *lib.* 19. *pag.* 758. Figures. *Orchis latifolia. Eyst. Tab.* 195. que C. Bauhin raporte mal a propos au N°. 9. *Orchis Strateumatica major. Ger. emac.* 215. *Orchis Strateumatica sive Stratiotes major, sive Militaris. Lob. Ic.* 184. *Obs.* 88. *Orchis purpurea, Bry. Cynosorchis militaris seu Strateumatica, major. Park. Theat.* 1344. *Orchis latifolia altera. Clus. Hist.* 267. *Testiculus* v. *militaris. Tabern. Ic.* 663. *Orchis Strateumatica maior, Basilica* 3. *Gemmae. Lugd.* 1559. *Couillon Strateumatica grand, Basilica* 111. *de Gemma. Lugd. Gall.* 2. 430. Les fleurs de cette espece font gravées dans la 247. Table des *Inst. R. Herb. fig.* B.

Cette plante fleurit en May. Elle est commune dans presque tous les bois des environs. Il s'en trouve des pieds dont la principale piece de la fleur est d'un blanc pointillé de pourpre clair & d'autres ou cette partie est purpurine avec des pointes couleur de pourpre foncé. Ces fleurs ont une odeur de Bouc insuportable. Le 25 May 1721. J'en ay trouvé des pieds dans le parc de St. Maur dont la fleur ressembloit par ses jambes longues & etroites, a la fleur du *Simiam referens.* J'ay fait dessiner cette fleur.

OR-

Orchis militaris minor. *Inst.*432. *Cynoforchis Militaris minor. C.B.Pin.*81. *Orchis* H.Par.508.
*strateumatica minor. J.B.*2. *lib.*XIX. 758. Figures. *Orchis strateumatica minor. Ger. Emac.*
216. *Lob.Icon.*184. *Observ.* 88. *Cynoforchis Militaris minor. Park. Theat.* 1344. *Orchis*
*Strateumatica, minor, Gemmae. Lugd.*1559. *Testiculus Strateumatica minor.* x. *Tabern.*
*Ic.*664. *Couillon Strateumatica petit de Gemma, Lugd Gall.*2.431.

Cette plante n'est qu'une varieté de la precedente & qui se trouve ordinairement dans les
mêmes endroits, mais dans des terrains plus maigres & plus secs.

* 12. Orchis militaris pratensis humilior. *Inst.*432. *Cynoforchis militaris pratensis*
*humilior. C.B.Pin.*81. *Orchis parvis floribus, multis punctis notatis, an Clusio Orchis Pan-*
nonica. 4. *J.B.*2. *lib.*19. *pag.* 765. *Orchis Pannonica* iv. *Clus. Hist.*268. *Orchis Muscae*
*corpus referens, maculosa. Flor.Pruss.*183. *Icon. Cynoforchis flore purpureo. Eyst. Cyno-*
*forchis minor Pannonica. Ger. emac.*207. *Orchis Pannonica.* 4. *Clus. Raji. Hist.*2.1215. *nou-*
velle descript. Orchis quintum genus. Dod. Gall. 153. que *C. B.* raporte mal a propos au
cinquieme de ce Catalogue. *Orchis* 111. *Dodon.Lugd.* 1551. *Satyrium primum Dioscoridis.*
*Trag.*780. *Cord.*129. Figures. *C. Bauhin* raporte le *Cynoforchis flore purpureo. Eyst.Tab.*132.
a son *Cynoforchis obscure purpurea odorata. C.B.Pin.*81. Cette figure de l'*hortus. Eyst.* represente fort bien la plante de Meudon. *Orchis Pannonica, du Bry. Cynoforchis militaris.*
*Pannonica. Park.Theat.*1345.

J'estime que l'*Orchis globoso flore. C.B.Pin.*81. *rotundus Dalechampii. Lugd.* 1556. *J.B.*
2. *lib.*19. 765. se doit raporter a nostre plante qui se trouve dans les prairies du parc de Chaville, & dans le parc de Vigny. Et entre Moulignon & le premier Estang de la forest de
Montmorency sur la pente a droite en allant au Chateau de la Chasse.

13. Orchis barbata foetida. *J. B.* 2. *lib.* 19. *pag.* 756. *Orchis barbata odore Hirci,* H.Par.122.
*breviore latioreque folio. C.B.Pin.*82. *Item Orchis odore Hirci, longiore, angustiore folio.* & 508.
Ejusd.Ibid. Figures. *Tragorchis, Testiculus Hirci. Dod.*237. *Tragorchis. Dod. Gall.* 154.
Testiculus Hircinus i. *&* ii. *Tabern. Ic.*672. *Orchis Saurodes vel Scincophora, Lacertarum ae-*
*mulatione, Cornelio Gemmae sive Tragorchis altera. Lob.obs.*90. *Testiculus hircinus vulgaris,*
*&c. Lob.Ic.*177. *Tragorchis maxima. Park. Theat.* 1348. *Orchis Saurodes vel Scincophora*
*Gemmae. Testiculus Hircinus vulgaris. Lugd.*1553. *Couillon de Bouc vulgaire. Lugd. Gall.*
2. 425. *Tragorchis maxima. Ger. emac.* 210. *Tragorchis mas. Ejusd. ibid. Testiculus Hirci-*
*nus. Obs.*88. *& Tragorchis vulgaris. Park.Theat.*1348.

Est commun au bois de Boulogne vers la porte de longchamps. Se trouve aussi dans le parc
de St.Maur en quantité dans les 2 tapis qui sont en deça de la grille du parc. Fleurit en
Juin.

14. Orchis odore hirci minor. *C. B. Pin.*82. *Item Orchis odore Hirci minor, spicâ* H.Par.508.
*purpurascente. C.B.Pin.*82. *Orchis Batavica sexta. Clus.Hist.*268. *Triorchis minor, flo-*
re fuliginoso. J.B. 2. *lib.*19. *pag.*764. *Raji.Hist.*2.1213. Figures. *Cynoforchis minor & ve-*
*rior, sive Coriosmites, vel Coriophora, flore instar Cimicum. Lob.Icon.*177. *Obs.* 90. *Testicu-*
lus Hircinus III. *minor. Tabern. Ic.*672. *Triorchis minor & verior. Park.Theatr.* 1349. *Lugd.*
1557. *Couillon de bouc petit & le plus vray de Gemma. Lugd.Gall.*2.429. *Tragorchis faemi-*
*na. Ger.em.*210.

Cette espece est commune dans les prés de Joüy, d'Igny, de Versailles, de Fontenay au
la de St.Cyr ou elle fleurit en May. Sa fleur sent la punaise & en a la couleur.

* Orchis odore hirci, minor, flore subviridi.

Cette plante ressemble tout a fait bien a la precedente, a cela prés que les fleurs sont verdastres & que les decoupures de son corps sont plus larges & moins écartées l'une de l'autre.
Elle fleurit en même temps & se trouve dans les mêmes endroits. La coiffe de la fleur est
pourpre sale un peu plus clair que celuy de la fleur du precedent, mais le corps, pendant qui
est la principale piece, est verdastre & chargé de quelques points pourpres. Je croy que c'est
cette espece, & non pas la precedente ; dont les autheurs citez nous parlent.

15. Orchis morio foemina. *C.B.Pin.*82. *Raji.Hist.*2.1214. *Park. Theatr.*1347. *Or-* H.Par.291.
chis minor purpurea & aliorum colorum cum alis virentibus. J.B. 2. *lib.* 19. *pag.* 761. Figu- & 508.
res. *Cynoforchis. Brunsf.* 1.104. *Testiculus* 111. *Bauh. in Matth.* 635. *Testiculi species quar-*
*ta. Cam.Epit.*624. *Testiculus Morionis foemina. Dod.*236. *Cynoforchis Morio foemina. Lob.*
*Obs.*88. *Icon. Ejusd.*176. *Triorchis mas minor. Taber.Ic.*675. *Orchis Serapias mas. Dod.Gall.*
154. *Orchis* 2. *species. Dod. & Matthioli. Lugd.* 1551. C'est la premiere des 2 figures qui

Pp   font

font jointes enfemble. *Tefticulus morionis foemina. Lugd.* 1552. *Triorchis Serapias mas.*
Fuchf. Lugd. 1554. *Couillon de Chien* 11. *de Dodon. & de Matthiol. Lugd. Gall.* 2. 422. *Couil-*
lon de fol femelle , de Dodon. Lugd. 424. *Triorchis ferapias mafle de Fuchfe. Lugd.* 426.
Triorchis Serapias mas. Fuchf. 559. *Triple Couillon de Chien mafle. Fuchf. Gall. Chap.* ccxi.
Cynoforchis morio foemina. Ger emac. 208. *Tefticuli fpecies* iv. *Cam. Epit.* 624. iii. *Orchis*
Ejufdem in Tabern. 513. *Triple Couillon de Chien mafle. Fufch. ch.* ccxi.

Les fleurs de cette plante commencent a paroiftre des la fin d'Avril & continuent en May.
Elles ont une odeur affez agreable qui participe a celle de la Jacinthe & a celle de la Giroflée.
Cette plante varie beaucoup par raport aux couleurs de fes fleurs.   On en trouve de pourpre
violet clair , de gris de lin , de couleur de rofe , de carnée , de blanc fale ou lavé de tres peu
de carné & de toutes blanches , mais il s'en trouvent plus de pieds dont les fleurs font pourpre violet foncé que de toute autre couleur. J'ay remarqué toutes ces varietez autour de
l'Abbaye d'Abbecourt. Quelquefois cette plante a 3 tefticules comme elle eft reprefentée
par les figures fuivantes. *Orchis minor purpurea , & aliorum colorum , cum alis viren-*
tibus. J. B 2. 760. *Triorchis Serapias mas. Fuchf.* 559. *Triorchis mas minor. Tabern. Ic.*
675.

   * Orchis morio foemina , flore roseo. *H R P.*

    * Orchis morio foemina , flore carneo. *Raji. Hift.* 2. 1214.

    * Orchis morio foemina , flore niveo , et versicolore. *H. R. P.*

    * Orchis morio foemina , testiculis ternis.

    * Orchis morio , foemina , parva.

Sa fleur eft de moitié plus petite que celle du commun. Sa tige ne s'eleve que de 3 ou 4
pouces & fon epi n'eft chargé que de 7 a 8 fleurs.   Les feuilles inferieures ont un pouce & demi de long fur une ligne & demie ou tout au plus deux lignes de large.   Celles qui accompagnent la tige font roulées en cornet.   Les tefticules n'excedent pas le volume d'une bale de
piftolet , & font eloignez l'un de l'autre d'environ demi pouce.   Cette plante eft affez bien
exprimée a la page 764. du 2 Tome de *J. B.* par la 2. figure des *Icones Orchidum quarum-*
dam.

H. Par. 508.

    16.   Orchis morio foemina procerior , majori flore. *H. Parif.* 508. *flore intenfe*
purpureo. Orchis anguftifolia. C. B. Pin. 83. *Orchis minor anguftifolius in fuprema parte lon-*
gis foliis. J. B. 2. *lib.* 19. *pag.* 765. *Tefticulus* xvi. *minor. Tabern. Icon.* 667. *Orchis Myodes*
anguftifolia. Park. Theat. 1353. *Orchis anguftifolia. Ger. emac.* 217.

Cette plante s'eleve depuis demi pied jufqu'a prés de 2 pieds. Ses feuilles font fort pointues
& toujours pliées en goutiere.   Les fleurs font difpofées a leur aife.   J'en ay compté depuis
8 jufqu'a 22 fur les Epis, qui font plus ou moins longs felon qu'ils font chargez de plus ou
moins de fleurs. Les plus courts ont environ 2 pouces & les plus allongéz huit ou neuf.   Cette plante eft fort commune dans les bas pres de Buc , de Jouy.   Elle fleurit en May , & fait
ordinairement fes fleurs d'une couleur de pourpre tres foncé.   Mais les varietez fuivantes fe
rencontrent affez fouvent dans les memes endroits.

   * Orchis morio foemina , procerior , majori flore dilute purpureo.

   * Orchis morio foemina , procerior , majori flore ex albo et purpureo
variegato. variée de pourpre clair & de blanc.

   * Orchis morio foemina , procerior , majori flore albo. *Orchis Papilionem*
referens anguftifolia alba. 15. *C. B. Pin.* 84. *Ornitophora candida. Lob. Icon.* 183.

   *Orchis morio foemina , procerior , majori flore albo cum alis variega-
tis.   Ces aifles font rayées de blanc & d'un peu de purpurin.

   * 17. Orchis testiculata angustissimo folio , serotina.

Cette plante eft toute differente de celle du N°. 16. de la même page.   Elle fe trouve
dans les prairies humides de Cachan , de Villedavray & de l'Etang de Montmorency.   Elle
fleurit vers la mi Juin.

   *18. Orchis morio mas , foliis maculatis. *C. B. Pin.* 81. *& Orchis morio foliis*
feffilibus maculatis. 2. *C. B. Pin* 82. *Orchis Morio mas , foliis maculatis. C. B. Raji. Hift.*
2. 1214. *Hift. Ox.* 3. *Icon. Tab. aen* 12. Figures. *Tefticulus morionis mas. Dod.* 236. *Orchis* v.
Cluf. Hift. 268. *Cynoforchis Morio. Orchis mas anguftifolia Fuchfii. Satyrion Apuleji , &*
Orchis Delphinia paluftris C. Gemmae. Lob. Icon. 176. *Obf.* 87. *Cynoforchis Morio , mas. Ta-*
bern.

*bern. Icon. 660. Orchis Morio mas, foliis maculatis. Park. Theat. 1346. Cynoforchis Morio
mas. Ger. emac. 208. Satyrion Apuleji Bry. Couillon de Chien mafle, a feuilles eftroites. Fufch.
Ch. ccx.*

Les fleurs de cette plante n'ont point d'odeur, elles commencent a paroiftre des la fin d'A-
vril & continuent en May. On la trouve dans les taillis de Seve & dans le parc de Joüi &
de Vigny, ou j'ay remarqué que fes feuilles fe couchent & forment une roue a terre, ce qui
me fait croire que c'eft auffi l'*Orchis Morio, foliis feffilibus, maculatis. C. B. Pin.* 82.
*Cynoforchis Delphinia, maculofis foliis flore purpureo violaceo. J. B. 2. lib. 19. pag. 760. Cy-
noforchis Delphinia, feffilibus maculofis obtuforibus foliis. flore purpureo violaceo, caule fe-
fquicubitali majufculo, olivari gemino bulbo. Lob. Ic. 174. Orchis Morio altera, maculata.
Park. Theat. 1346.* & peut être encore l'*Orchis papilionem referens, foliis maculatis. C.
B. Pin. 84.* Quoy qu'il en foit le fuivant qui fe trouve fouvent dans les mêmes endroits n'en
eft qu'une varieté. J'ay compté jufqu'a 43 fleurs fur un pied. Il fe trouve auffi dans la foreft de Montmorency a l'endroit ou nait l'Aunée.

* ORCHIS MORIO MAS FOLIIS MACULATIS, FLORE ROSEO.

Trouvé en Normandie, le 3 May 1710.

* ORCHIS MORIO MAS FOLIIS NON MACULATIS. *Orchis major tota purpurea non maculata.
J. B. 2. lib. 19. 760. Satyrion Apuleji. Swert. lib. 1. Tab. 63. Cynoforchis foemina. Eyft. Tab.
195.*

19. ORCHIS ALBA BIFOLIA MINOR, CALCARI OBLONGO. *C. B. Pin. 83. Orchis bifolia, altera. Ejufd. C. B. Pin. 82. Orchis trifolia major. Ejufdem, & Orchis trifolia minor. Ejufd.
C. B. Pin. 83. Orchis alba bifolia, major, calcari oblongo, odoratiffima. Flor. Quafimodog.
39. Satyrion a trois feuilles. Fufch. ch.* CCLXX.

Cette plante fleurit en Juin. Elle eft commune dans les taillis. Sa fleur a une odeur fort
agreable.

* ORCHIS TRIFOLIA MAJOR. *C. B. Pin. 83. Orchis alba calcari longo. J. B. 2. xix. p. 771.
Triorchis trifolia. Tabern. Ic. 678. Satyrium trifolium. Ejufd. 674. Satyrion trifolium. Fuchf.
709. Tefticulus Vulpinus. Dodon. Lugd. 1556. Coüillon de Renard de Dodon. Lugd. Gall. 2. 427.*

* ORCHIE TRIFOLIA MINOR. *C. B. Pin. 83. Orchides culices, minores, triphyllae.
J. B. 2. xix. 772. Culices minores, triphyllae Lob. Ic. 179. Orchis Serapias 1.
Dod. 237. Tefticuli fpecies v. Cam. Epit. 625. Tefticulus Vulpinus primus. Obf. 88.
cujus flores Culices exprimunt. Lob. Ic. 178. Orchis major Sphegodes five Tefticulus
Vulpinus primus. Park. Theat. 1351. Tefticulus IV. in majoribus figuris. C. B. in
Matth. 635. Triorchis major mas. Tabern. Ic. 676. Orchis flore albo Bry. Orchis Se-
rapias primus. Dodon. Lugd. 1554. Gall. 2. 426. Orchis flore albo. minor. Eyft. Tab. 196.*

20. ORCHIS MILITARIS MONTANA, SPICA RUBENTE CONGLOMERATA. *J. R. H. 432. Cynoforchis militaris, montana, fpica rubente conglomerata. C. B. Pin. 81. Prodr. 28. N°. 2. forte Cynoforchis latifolia, fpica compacta. 3. C. B. Pin. 81. Satyrion five Orchis major rubra.
Swertii 1. Tab. 63. de Bry. an Cynoforchis montana purpurea odorata. 7. C. B. Pin. 81.* ou eft
raporté le *Couillon de Chien femelle groffe. Fufch. ch.* ccx. C'eft l'*Orchis purpurea fpica con-
gefta pyramidali. 14. Raji Hift. 2. 1215.* C'eft tres affûrement auffi l'*Orchis globofo flore. 9.
C. B. Pin. 81. Orchis rotunda Dalechampii. Lugd. 1556. Gall. 2. 427.* mauvaife figure.

Mr. de Juffieu l'a trouvé a Fontainebleau. Sa fleur reffemble affez bien à celle de l'*Orchis
palmata minor, calcaribus oblongis. C. B. Pin. 85.* mais fon Eperon eft tout droit & couché
le long du pedicule, la fleur n'a prefque point d'odeur. Elle paroift vers la fin de May & en
Juin. Son eperon eft ordinairement plus long que le pedicule & un peu courbé par le bout.
Il eft long de 6 a 7 lignes. Cette fleur a une odeur affez douce & agreable mais foible. Il
fe trouve en allant de Samoy a Valvin fur la pente de la foreft, & autour des baffes loges &
du Canal de Fontainebleau.

ORCHIS FLORE LIBELLAM REFERENS. Il faut raporter a cette plante le 2 le 3 le 4 & le 5e ^{H. Par. 121.}
Orchis Serapias du Pinax Orchis bifolia, altera. C. B. Pin. 82. reprefenté par ^{& 508.}
les figures fuivantes. *Orchis Hermaphroditica, bifolia. J. B. 2. 772. Tefticulus vulpinus. IV.
Hermaphroditicus. Tabern. Ic. 664. Hermaphroditica fecunda C. Gemmae five Orchis Sphegodes diphylla. Lob. Ic. 178. Obf. 89. Orchis Serapias bifolia vel trifolia minor. Park. Theatr.
1350. Orchis Hermaphroditica Gemmae, five Orchis pfycoides diphylla. Lugd. 1560. Ejuf-*

Pp 2

dem.

dem. Gall. 2.431. *Testiculus Vulpinus.* 1. *Eyst.Tab.*114. La tige est fourchée mais c'est une monstrosité.

Orchis palmata.

O 21. ORCHIS PALMATA PRATENSIS LATIFOLIA LONGIS CALCARIBUS. *C. B. Pin.* 85. & *Orchis palmata Sambuci odore.* IX. *C. B. Pin.* 86. & *Orchis palmata, montana altera.* 19. *C. B. Pin.* 86. *Satyrion sive palma Christi Swert.* 1. *Tab.* 63. *Item Orchis palmata palustris latifolia. C. B. Pin.* 86. *Satyrion latifolium Swert.* 1. 63. *Palmata non maculata. J. B.* 2. 774. *Raji Hist.* 2. 1223. *Satyrium Basilicum mas. Dod. Pempt.* 240. *Palma Christi & Serapias mas laevi folio. Lob. Ic.* 188. *Serapias mas laevi folio, floribus dilute purpureis notulis consperfis. Ejusd. Obs.* 90. *Orchis palmata major, mas sive Palma Christi mas. Park. Theatr.* 1350. *Palma Christi mas.* 1. *Tabern. Icon.* 679. *voyez. Raji Hist.* 2. 1223. *Orchis Pannonica* VIII. *floribus purpureis. Cluf. Hist.* 1. 269. *Orchis palmata non maculata. J. B. Raji Hist.* 2. 1223. voyez ma plante feche ou font fix differents noms que *C. Bauhin* luy a donnez.

Il fleurit en May. pour l'ordinaire les petites feuilles qui foutiennent les fleurs, les debordent, comme font celles de l'*Orchis* que *Tabern.* appelle *Palma Christi palustris.* 3. *Icon.* 683. qui represente bien la plante en question dont j'ay fait deffiner les fleurs. Sa tige est creuse ou fistuleuse, le verd des feuilles est pasle tirant un peu sur le jaunastre. Il est le plus commun de nos prez. l'Eperon de la fleur n'a que 4 lignes. Ray le dit de demi pouce.

Le 18 Juin j'ay trouvé un *Orchis palmata* dans les prairies de Porchefontaine au deffous de la chauffée de l'Etang Pierray qui a quelque raport avec le precedent, mais il en differe 1. en ce qu'il fleurit plus tard, 2. que fes fleurs font plus amples. 3. que les petites feuilles qui les foutiennent, ne les debordent point. 4. que fa tige est plus grefle & plus haute, (car elle a fouvent 20 & 22 pouces. 5. que fes feuilles font plus longues pas fi larges a la bafe, d'un vert plus foncé quoyque leur fuperficie foit comme blanchastre. C'est fans doute. l'*Orchis palmata, palustris altera. C. B. Pin.* 86. *Palmata Serapias, palustris, leptophylla violacea non maculata. J. B.* 2. *lib.* 19. *p.* 776. Ou est raporté le *Serapias palustris altera leptophylla. Lob. Icon.* 190. qui comme le remarque *J. Bauhin* ne represente point les feuilles telles qu'elles font nommées. *Serius florens, coma violacea, foliis interdum laevibus, interdum maculosis* dit Lobel *Obferv.* 92. C'est le *Satyrium Basilicum mas Paffaei.* 1. *Tab.* 40.

* ORCHIS PALMATA, PRATENSIS, LATIFOLIA, LONGIS CALCARIBUS, FLORE CARNEO. *H. R. Monfp.*

Je l'ay trouvé entre Jouy & Bierre, dans la prairie le 29 May 1707. ainfi que le fuivant.

* ORCHIS PALMATA, PRATENSIS, LATIFOLIA, LONGIS CALCARIBUS, FLORE ALBO. *H. R. Monfp.* Sa fleur est blanc de Laict. *Orchis Pannonica* VIII. *floribus exalbidis. Cluf. Hist.* 1. 269.

* ORCHIS PALMATA, PRATENSIS, LATIFOLIA, LONGIS CALCARIBUS FLORE SUAVERUBENTE CUM LITURIS PURPUREIS. *Hist. Parif.* 509.

* ORCHIS PALMATA, PRATENSIS, LATIFOLIA, MACULATA CALCARIBUS LONGIS, FLORE PURPUREO.

Celuy-cy ne differe des 4 precedents qu'en ce que fes feuilles font chargées de taches d'un pourpre obfcur. Ses fleurs font pourpres pointillées d'un autre pourpre plus foncé. Fleurit en May. Je l'ay trouvé dans les prairies de Porchefontaine & de Joüy. Sa tige est fistuleufe. Il est auffi fort commun dans les prairies autour de Fontainebleau, de Moret, d'Epify &c. C'est l'*Orchis palmata pratenfis maculata.* 3. *C. B. Pin.* 85. & *Orchis palmata, palustris, maculata.* 15. *C. B. Pin.* 86. ou font rapportées les figures fuivantes qui font toutes copiées l'une fur l'autre. *Palma Christi. Serapias foemina pratenfis. Lob. Icon.* 188. *Satyrion foemina. Swert.* 1. *Tab.* 63. *Bry. Tab.* 102. *Satyrion Royal, femelle. Fufch. ch.* CCLXXI. *Palma Christi maculata. Eyft. Tab.* 49.

* 22. ORCHIS PALMATA . . . . . .

23. ORCHIS PALMATA, MONTANA, MACULATA. 20. *C. B. Pin.* 86. *Satyrion foliis macu-* H. Par. 520.
latis. Swert. 1. *Tab.* 63. *Satyrion Basilicum foemina Passaei.* 1. *Tab.* 40. *Orchis palmata spe-*
ciosiore thyrso, folio maculato. J. B. Raji Hist. 2. 1223. Il ne faut pas separer de cette plante
l'Orchis morio minor, foliis maculatis. 5. *C. B. Pin.* 82. ou sont rapportez le *Satyrion macu-*
losum. Swert. 1. *Tab.* 63. & le *Cynosorchis minima & secundum caulem pedalem & cubitalem*
maculosis foliis, floribus purpureis. Lob. Icon. 175. quoique leur racines ayent 2 testicules
au lieu de mains. Mais c'est qu'elles ont esté mal observées par Lobel que *Swertius* a copié.
Raj Hist. 2. 1222. *N°.* 47. ne met aucune description.

* ORCHIS PALMATA, MONTANA, MACULATA, FLORE ALBO. *C. B. Pin. Palma Christi ere-*
Ela flore candido. Eyst. Tab. 189. bon. quoique les feuilles soient representées sans
taches.

* ORCHIS PALMATA, MONTANA, MACULATA, FLORE VARIEGATO. *C. B. Pin.*

24. ORCHIS PALMATA MINOR, CALCARIBUS OBLONGIS. *C. B. Pin.* 85. *Item Orchis palma-*
ta angustifolia minor. C. B. Pin. 85. *Item Orchis palmata pratensis maxima.* 1 V. *C. B. Pin.* 85.
ainsy elle seroit 3 fois repetée dans le *Pinax. Cynosorchis macrocaulos &c Lob. Icon.* 192. *Palma*
Christi tertia. Eyst. Palmata rubella, cum longis calcaribus rubellis. J. B. 2. 778. Voicy les figures qui y conviennent. Le tout bien verifie. *Serapias minor, rubello nitente flore, angustifolia,*
nullis inspersis punctulis Lob. Ic. 189. *Obs.* 91. *Serapias minor, nitente flore. Ger. emac.* 222. *Sera-*
pias minor rubra, Gemmae. Lugd. 1562. *Satyrium Basilicum majus. Dodon. Lugd.* 1568. *Serapias*
petit rouge de Gemma. Lugd. Gall 2. 433. *Satyrion Basilicon grand de Dodon. Lugd. Gall.* 2. 439.
Palma Christi minor mas. Tabern. Ic. 680. *Palma Christi foemina. Ejusd. ibid. Orchis palmata mi-*
nor, flore rubro. Park. Theatr. 1358. *Orchis foemina. Tragi* 780. *Satyrion foemina. Brunsf.*
1. 106. *Palma Christi major. Matth.* 885. *Satyrium Basilicum mas. Fuchs.* 712. *Palma Chri-*
sti alia Cordi. Hist. 130. *Palma Christi erecta variegata. Eyst. Orchis palmata pratensis longis cal-*
caribus. C. B. Pin. H. Oxon. Sect. 12. *Tab.* 14. *N°.* 1. *& Orchis palmata minor calcaribus oblongis.*
C. B. P. Hist. Ox. Sect. 12. *Tab.* 14. *& N°.* 14. *Satyrion Basilicon mas. Satyrion Royal masle.*
Dod. Gall. 158. Il y a 2 figures de cette plante dans Lonicer, sçavoir la premiere a gauche
de la pag. 203. & la seconde de l'autre costé de la dite page. Elle est figurée 3 fois dans
l'Hortus Eyst. sçavoir. 1. *Palma Christi erecta variegata. Tab.* 196. *Palma Christi* 1 V. *Tab.*
90. *& Palma Christi* 111. *Tab.* 90. *C. Bauhin* raporte cette derniere figure a son *Orchis palmata,*
pratensis angustifolia major. C. B. Pin. 85. & ne rapporte point la seconde.

Cette plante commence a fleurir vers la mi Juin. Sa fleur a une odeur tres suave. *l'Or-*
chis palmata, caryophyllata, odoratissima. V 1 I I. *C. B. Pin.* 85. *l'Orchis pratensis, angusti-*
folia, major. 11. *C. B. Pin.* 84. *Prodr.* 30. *N.* 6. *cum figura.* Cette figure est la meme, que
celle, de *l'Orchis Serapias Caryophyllata. Lob. Ic.* 194. que *Caspar Bauhin* raporte a *l'Or-*
chis Caryophyllata odoratissima. C. B. Pin. ne paroissent pas estre differentes de la plante en question, ainsi elle seroit repetée 5 fois dans le Pinax.

* ORCHIS PALMATA MINOR, CALCARIBUS OBLONGIS, FLORE DILUTIORI. Gris de lin.

25. ORCHIS PALMATA BATRACHITES. *C. B. Pin.* 86. *N°.* x. *Item Orchis palmata, flore viridi.* 17.
C. B. Pin. 86. *& Prodr.* 30. *descr. sine Icon. Palmatae cujusdam. Icon. J. B.* 2. *l.* 19. *p.* 776 *Orchis*
palmata flore galericulato dilutè viridi. Flor. Pruss. fig. Orchis palmata, flore luteo viridi. 7. *Ra-*
ji Hist. 2. 1224.

M. Tournefort indique les suivants.

⊙ 1. OREOSELINUM APII FOLIO MAJUS *Inst. La tiers espece de Daucus. Fusch. ch.* LXXXV.

Ses tiges sont pleines & ne donnent point de Laict; mais un suc un peu louche. Fleurit en Juillet.

⊙ 2. OREOSELINUM APII FOLIO MINUS. *Inst. Persil de montagne. Fusch. ch.* CCXVII.

Ses tiges sont pleines de moëlle blanche & la plante ne donne point de Laict, mais un suc un peu louche.

Origan. US. 1. ORIGANUM VULGARE SPONTANEUM. *J. B. Origan. Fusch. ch.* CCIX.

Bois de Verriere. Sa fleur ressemble a celle du Serpolet. Elle est longue d'environ 3 lignes divisée par devant en 2 levres dont la superieure est arrondie & échancrée. L'inferieure est decoupée en 3 parties longuettes, dont la moienne pend plus bas que les autres. Le calice est un petit cornet découpé en 4 pointes égales qui ne s'evasent point, de sorte que ce calice represente, quand la fleur est passée, une capsule ovale dont l'ouverture est fermée par le raprochement des 5 pointes. Outre cela elle est encore bouchée par des poils disposez en rayons, comme la capsule du Serpolet. l'Origan donc differe de la Marjolaine & du Dictam de Crete, par son calice. Ces fleurs naissent en maniere d'Epi a 4 pans formez par 4 rangs d'ecailles qui se croisent par paires.

* ORIGANUM VULGARE, SPONTANEUM, FLORIBUS EX CANDIDO RUBENTIBUS.

* ORIGANUM SYLVESTRE ALBUM. *C.B.Pin.* 223.

Origan. US. 1. ORNITHOGALUM LUTEUM. *C.B.Pin.* 71. *Tabern.Ic.* 633. Fleurit en Avril. Je croy que l'*Ornithogalum angustifolium bulbiferum. C.B.Pin.* 71. *No.* 5. qui est l'*Ornithogalum bulbiferum luteum, minimum, tenuifolium. Col.* 1.324. *fig.* 323. est le même que celuy de nos campagnes. *Oignon sauvage. Fusch. ch.* LX. *Stellaris arvensis, flore luteo umbellato. Dillen. Cat. Giss. p.* 38.

* 2. ORNITHOGALUM UMBELLATUM MEDIUM, ANGUSTIFOLIUM. *C.B.Pin.*

Cette plante est commune dans la plaine de Grenelle ou elle ne s'eleve que depuis 2 jusqu'a 4 pouces, fleurit en May. Ses fleurs ont depuis un pouce jusqu'a 15 lignes de diamêtre. Elle se trouve aussi autour de Trianon & en allant d'Igny a Chilly.

3. ORNITHOGALUM ANGUSTIFOLIUM MAJUS FLORIBUS EX ALBO VIRESCENTIBUS. *C. B.Pin.*

Bois de Verriere & de Montmorency.

4. ORNITHOGALUM AUTUMNALE, MINUS, FLORIBUS CAERULEIS. *Inst.*

* ORNITHOGALUM AUTUMNALE, MINUS, FLORE DILUTE PURPUREO. *Inst.*

* ORNITHOGALUM AUTUMNALE, MINUS, FLORE ALBO.

H Par.350. 1. ORNITHOPODIUM RADICE TUBERCULIS NODOSA. *C.B.Pin.* 350. *Item Ornithopodium majus. C.B.Pin. Item Ornithopodium minus. C.B.Pin.* selon *Ray & Plukenet. Ornithopodium flore flavescente. J.B.* 2. 350. *& Ornithopodium tuberosum Dalechampii. Ejusd.* 351.

l'Etendart de la fleur est blanc & rayé de rouge, & échancré par le haut, les aisles sont blanchastres, & la carine, qui ne deborde presque point le calice, est jaunastre. Fleurit en Juin & Juillet.

1. OROBANCHE MAJOR CARYOPHYLLUM OLENS. *C.B.Pin.* 87. *J.R.Herb.* 175. *Item Orobanche major, faetidissima, sylvae Bononiensis. J.R.H.* 176. *Orobanche. Lob.Icon.* 2. 268.

Ses fleurs sont clairsemées & ont environ un pouce de long. Elles n'ont presque point de velu. Certains pieds les font purpurines & d'autres un peu carnées. Ceci doit s'entendre de la troisieme de ce Catalogue. Fleurit vers la fin de May & en Juin.

2. OROBANCHE MAJOR FOETIDISSIMA SYLVAE BONONIENSIS. *Inst. Orobanche Matthioli. Dod. &c. Rapum.Genistae. Dod.Gall.* 464. *C. Bauhin* la raporte a la premiere de ce Catalogue. Le même. *Dod.Gall.* decrit une autre espece qui n'est point raportée dans le Pinax & qu'il faut reduire ou a la premiere ou a la troisieme de ce Catalogue.

* 3. OROBANCHE MAJORE FLORE. *C.B.Pin. Orobanche. Eyst.Icon.Tab.* 110. *Orobanche* 4. *Lob.Icon.* 2.269. *Rapum Genistae alterum. Dod.Gall.* 464. *descript. sine Icon.* couleur de bois. *Orobanche magna purpurea Monspessulana. J.B.* 2. *l.* 19. *p.* 781. *quoad Icon. Orobanche* 1. *Tab.Ic.* 684. *Orobanche flore minore. J.B.* 2. *l.* 19. *p.* 781. *J. R. H.* 176.

Cet-

Cette plante a quelquefois la fleur plus longue , & quafi de moitié plus menue que autre‑
ment cette troifieme efpece de ce Catalogue.   Elle eft bleuaftre.   Je l'ay trouvé en fleur au
bois de Boulogne le 18 Juin 1710.   Ces fleurs font auffi plus dru , c'eft a dire, qu'elles font
plus preffées les unes contre les autres & en plus grand nombre que dans la troifieme efpece
de ce Catalogue.

* OROBANCHE MAJORE FLORE FLAVESCENTE.

Eft commune entre l'Etoile de la grande avenue & la porte mahio.   La tige & les fleurs
font jaune pâle.

4. OROBANCHE RAMOSA , FLORIBUS PURPURASCENTIBUS. *C. B. Pin.*

On ne trouvé guere cette plante que dans les Chenevieres.

* OROBANCHE RAMOSA , FLORIBUS CAERULEIS. *C. B. Pin.*

* OROBANCHE RAMOSA , FLORIBUS SUBALBIDIS. *C. B. Pin.*

* 1. OROBANCHOIDES NOSTRAS , FLORE OBLONGO FLAVESCENTE. *Comment. A R.
Scient. Hypopitis Rivini. Flor. Jenenf. 80. Orobanche quae Hypopitis dici poteft. C. B. Prod.*
31. *N°. 3. C. B. Pin 88. N°. 5.* fçavoir fi l'*Orobanche flore breviore duplici, Verbafculi odo‑
re. Mor. Hift. 3. 504. Raji Hift. 3. 596.* eft differente de la noftre ou fi c'eft la même.

Fleurit en Juillet.

1. OROBUS SYLVESTRIS FOLIIS OBLONGIS GLABRIS. *Inft. Lathyrus anguftifolius , ra‑
dice tuberofa. Flor. Pruff. 138. fig. Aftragalus fylvaticus. Thal. Tab. 1.*

Cette plante eft fort commune dans le taillis qui eft au deffus de Cueilly & dans la foreft de
Creffy.

* OROBUS SYLVATICUS, FOLIIS LATIS, OBLONGIS, GLABRIS.   *J. Bauhin* la decrit.

* OROBUS SYLVATICUS LONGIS ANGUSTISQUE GLABRIS FOLIIS. *Eft Aftragalus quibuf‑
dam Aracho. Toffani Caroli fimilis. J. B. 2. lib. 17. pag. 316.*

Le 5 Juin 1716. Mr. de Juffieu trouva cette plante moy prefent fur le bord de la grande
avenuë qui va du Chateau de St. Germain aux loges. Ses fleurs font de la couleur & prefque
du volume de celles du premier de ce Catalogue & epanouiffent en même temps.

1. OSMUNDA VULGARIS ET PALUSTRIS. *Inft.*

Se trouve en allant d'Orfay a St. Clair dans une Aulnée a droit au bord de la prairie dans
la foreft de Montmorency fur la pente humide qui eft au deffus ou a cofté droit du premier
Eftang en allant de Moulignon au Chateau de la Chaffe.

2. OSMUNDA FOLIIS LUNATIS. *Inft. Epimedium Diofcoridis. Col. Phytob. 80. La moin‑
dre Lunaire. Fufch. ch. CLXXXIII.*

* 1. OXYCOCCUS SIVE VACCINIA PALUSTRIS. *J. B. 1. 227.*

1. OXYS FLORE ALBO. *Inft. 88. Pain de Cocu. Fufch. ch. CCXIII.*

1. PANICUM VULGARE SPICA SIMPLICI ET ASPERA. *Inſt.* 515. *Gramen paniceum ſpicâ ſimplici Elymagroſtis. C. B. Pin.* 8. *Gramen paniceum, ſpicâ aſperâ ſimplici. H. Ox.* 3. *Sect.* 8. *Tab.* 4. *fig.* 11. *Panicum ſylveſtre aliud Dalechampii Lugd. Gall.* 1. 345. *Icon. male. deſcript. b.*

* 2, PANICUM VULGARE SPICA SIMPLICI VESTIBUS NON ADHAERENTE. *Gramen paniceum, ſive Panicum ſylveſtre ſpicâ ſimplici. H. Oxon.* 3. *Sect.* 8. *Tab.* 4. *fig.* 10. il eſt repreſenté avec des Epis ſans arreſtes.

♃ 3. PANICUM VULGARE SPICA SIMPLICI ET MOLLIORI. *Inſt. Panici effigie, Gramen ſimplici ſpicâ. Lob. Icon.* 13. autre Panic ſauvage de *Dalechamp. Lugd. Gall.* 345. *quoad Iconem.*

Il eſt commun dans la plaine de Seve, de Vaugirard, de Neuilly &c. Son Epi eſt compoſé de petits paquets comme ceux des autres eſpeces. Il n'epie qu'en Juillet.

* 4. PANICUM SPICA ANGUSTA, ET INTERRUPTA.

A. St. Cir.

* PANICUM SPICA SOBOLIFERA. comme au *Gramen arvenſe paniculâ criſpâ. C. B.*

5. PANICUM VULGARE SPICA MULTIPLICI, ASPERIUSCULA. *Inſt. Gramen paniceum, ſpicâ diviſâ. C. B. Pin.* 8. *N°.* 1. *Item Gramen dactylon aquaticum. Ejuſd. ibid. N°.* 7. *Theatr. Gramen aquaticum geniculatum. Tabern. Ic. Gramen paniceum ſive Panicum ſylveſtre ſpica diviſa. H. Ox.* 3. *Sect.* 8. *Tab.* 4. *fig.* 15. *Grame de Manne* 1. *de Dod. Lugd. Gall.* 1. 346. *Panic ſauvage de Matthiol. Lugd. Gall.* 1. 344.

† PANICUM VULGARE SPICA MULTIPLICI LONGIS ARISTIS CIRCUMVALLATA. *Inſt. Gramen paniceum ſpica diviſa ariſtis longis armata. H. Ox.* 3. *Sect.* 8. *Tab.* 4. *fig.* 16.

♃ * 6. PANICUM SEROTINUM ARVENSE SPICA PYRAMIDATA. *Inſt. Gramen paniceum ſerotinum ſpica laxa pyramidali.* 12. *Hiſt. Ox.* 3. 189. il le dit annuel. l'*Epi du Gramen* commun de *Dalechamp. Lugd. Gall.* 1. 352. reſſemble a celuy de la plante en queſtion. *Gramen. Matth.* 999. *Ital.* 1053. En egard aux Epis ſeulement & non a la racine.

♃ 1. PAPAVER ERRATICUM MAJUS RHOEAS DIOSCORIDI, THEOPHRASTO, PLINIO. *C. B.* 171. *Papaver erraticum unguibus petalorum nigris* a ongle noir. *Item Papaver erraticum minus. C. B. Pin.* 171. *Papaver rubrum. Brunsf.* 3. 52. *Papaver. Dorſt.* 209. ſans ongle, figure a gauche. *Argemone. Trag. Ic.* 120. *Vulgaris Argemone.* 1. *Trag. deſc.* 119. *Papaver erraticum rubrum campeſtre. J. B.* 3. 395. *quoad deſc.* Premier *Coquelicoc. Fuſch. ch.* cxcv. *& autre Coquelicoc. de Fuſch.* du même chapitre. *Papaver erraticum alterum. Fuchſ.* 516. toutes les autres figures que *C. B.* raporte a ſon *Papaver erraticum minus. C. B. Pin.* 171. appartiennent a celuy-cy. Il y a 3 figures de cette eſpece dans l'*H. Lugd. T.* 1. Sçavoir (1) celle du *Pavot ſauvage ou Coquelicot premier pag.* 369. (2) *Pavot ſauvage moindre. pag.* 369. (3) *Argemone de Tragus. pag.* 370. *Trag.* 120. Ray en fait 2 eſpeces ſçavoir celle cy dont les petales de la fleur ont des ongles noirs, & en l'autre point, l'un a la racine jaunaſtre, & l'autre l'a blanche. Voyez ſon *Hiſt. Tom.* 1. *pag.* 855.

Fleurit en Juin & Juillet. Son fruit eſt liſſe & preſque ovale, ſurmonté d'un chapiteau chargé depuis 10 juſqu'a ſeize rayons veloutez, & percé en deſſous d'autant d'abajours qui repondent a autant de loges formées par des cloiſons. Ses ſemences ſont brunes, taillées en petit rein.

* PAPAVER ERRATICUM MAJUS, FLORE ALBO. *C. B. Pin.*

Je l'ay trouvé le 5. Juin 1720. au de la de Seve.

* PAPAVER ERRATICUM MAJUS SIVE RHOEAS, FLORE CARNEO. *H. Edinb.*

Trouvé au Calvaire le 12 Juin 1720.

♃ * 2. PAPAVER ERRATICUM MAJUS, FLORIBUS MINORIBUS ABSQUE MACULIS. ſans ongles. *Papaver. Dorſt.* 209. *Papavero erratico. Caſtor.* 316. Mr. Ray fait mention de celuy-cy dans ſon hiſtoire p. 855. ligne 26. il ne differe en rien du precedent, ſi non que ſa

fleur

fleur eſt plus pâle & qu'elle n'a point d'ongles noirs.   Il ſe trouve meſlé avec luy & fleurit en même temps.

3. PAPAVER ERRATICUM, CAPITULO LONGISSIMO GLABRO. *Inſt.* 238. *Papaver Erraticum primum. Fuchſ.* 515. *Papaver Rhoeas alterum. Dod. gall.* 294. *Papaver erraticum rubrum campeſtre. J. B.* 3. *lib.* 30. *p.* 395. *quoad Ic. Papaver laciniato folio, capitulo longiore glabro. Raji. Synopſ. Argemone capitulo glabro.* 11. *Hiſt. Ox.* 2. 279. *Caſpar Bauhin* a confondu cette eſpece avec le premier de ce Catalogue. H. Par. 124. & 513.

Fleurit en Juin.   Sa fleur eſt un peu plus petite que celle des precedents, mais de la même couleur.   Les fruits ont environ un pouce de long, taillez en quille ou en cone renverſé. Le chapiteau eſt chargé de rayons veloutez au nombre de 6 juſqu'a 9.   Ce fruit s'ouvre en autant d'abajours & eſt diviſé en autant de loges.

♃ 4. PAPAVER ERRATICUM, CAPITE OBLONGO, HISPIDO. *Inſt.* 238. *Argemone. Caſt.* 44. *Papaver laciniato folio, capitulo hiſpido rotundiore. Raji Synopſ.* H. Par. 217. & 513.

Son fruit eſt ovale & a aſſez la figure d'un petit Melon relevé dans ſa longueur (qui eſt d'environ demi pouce) de 8. 9. ou 10 coſtes arrondies & heriſſées chacune de 2 ou 3 rangs de poils fort rudes.   Il ſe termine par un chapiteau relevé d'autant de rayons veloutez qu'il a des coſtes & feuilleté interieurement d'autant de feuillets.   Fleurit en Juin.   C'eſt a cette eſpece ou a la ſuivante qu'il faut rapporter l'*Adonis hortenſis.* 1. *C. B. Pin. p.* 178.

♃ 5. PAPAVER ERRATICUM, CAPITE LONGIORE HISPIDO. *Inſt.* 238. *Papaver laciniato folio, capitulo hiſpido longiore. Raji Synopſ.* H. Par. 513.

Son fruit eſt preſque cilindrique relevé ordinairement de 6 coſtes arrondies & heriſſées de quelques poils rudes, aſſez clairſemèz.   Il eſt terminé par un chapiteau chargé d'autant de rayons veloutez qu'il a de coſtes, & feuilleté interieurement d'autant de placentas, il eſt long d'environ neuf lignes & epais de 2 ou 3 lignes.   Fleurit en Juin.

1. PARIETARIA OFFICINARUM ET DIOSCORIDIS. *C. B. Pin. Parietaria.* 1. *Raji Hiſt.* 1. 206. *Fuſch. ch.* CVI. US. *Parietaire.*

2. PARIETARIA MINOR OCIMI FOLIO. *C. B. Pin.*

1. PARNASSIA PALUSTRIS ET VULGARIS. *Inſt. Gramen Parnaſſi. Eyſt. Tab.* 248.

Son fruit eſt ovale & garni de 4 placentas qui ſont attachez aux parois internes & oppoſez en croix, ils ſont chargez de ſemences oblongues & comme bordées d'un feuillet membraneux. Sa fleur eſt a 5 petales entiers & egaux, & a 5 etamines qui s'entremeſlent alternativement avec 5 corps verdaſtres taillez comme en queue d'Aronde d'ou s'elevent 13 autres eſpeces d'etamines a ſommets ſpheriques, diſpoſées en eventail ouvert.   Le calice eſt a 5 decoupures diſpoſées en etoille.

* 1. PARONYCHIA SERPILLIFOLIA, PALUSTRIS. *Polygonum parvum flore albo verticillato. J. B. Raji Hiſt.* 1. 214. *Illecebrum ſpurium vel Sedoides. Flor. Jen.* 89.

Sa fleur eſt decoupée juſque vers la baſe en 5 parties qui ſe terminent en maniere de Capuchon.   Elles ſont arrondies de maniere, ſur le dos, qu'elles font paroiſtre cette fleur canelée a coſte de Melon.   Elle eſt blanche, mais teinte un peu de purpurin a l'extremité de ſes decoupures, ou pluſtot de couleur de chair.   Chaque verticille eſt compoſé de 7 a 8 fleurs, & chaque fleur renferme une ſemence oblongue & anguleuſe. Cette plante fleurit en Juin, Juillet & Aouſt.

PASSERINA *vide* THYMELAEA.

1. PASTINACA SYLVESTRIS, LATIFOLIA. *C. B. Pin. Raji Hiſt.* 1. 409. *Chervis ſauvage.* US. *Fuſch. Ch.* CCLXXXVIII. *Panais.*

Fleur jaune a 5 petales roulez ſur elles mêmes en deſſus, & egaux.   Cette fleur a environ une ligne de diamêtre.

1. PEDICULARIS PRATENSIS LUTEA, VEL CRISTA GALLI. *C. B. Pin.* 136.

Ses fleurs n'ont qu'environ demi pouce de long, les feuilles qui les ſoutiennent tirent ſur le purpurin.   Les fleurs de l'eſpece N°. 2. ont 9 lignes de long & ſont plus groſſes & les feuilles qui les ſoutiennent ſont d'un verd jaunaſtre.   L'une & l'autre eſpece fleuriſſent en May & Juin.

2. PEDICULARIS PRATENSIS LUTEA ERECTIOR, CALICE FLORIS HIRSUTO. *Inſt. Pedicularia lutea. Tabern. Ic.* 791.

3. PEDICULARIS SEROTINA, PURPURASCENTE FLORE. *Inſt. Euphraſia pratenſis, rubra. C. B. Pin.* 234. *Euphraſia major, ſylveſtris, purpurea latifolia. Col.* 1. 201. H. Par. 125.

R r   * 4. PE-

 * Pedicularis serotina, flore albo.

 ○ 4. Pedicularis pratensis purpurea. *C.B.Pin.*

 * Pedicularis pratensis floribus carneis. *C.B.Pin.*

 * Pedicularis pratensis floribus candidis. *C.B.Pin.*

 5. Pedicularis palustris rubra, elatior. *Raji.* Morifon y raporte le *Pedicularis Danica maxima*, *Lob.Illuft.* 147. *Ruta pedicularia, pedicularis. Tab. Icon.* 790.

 * Pedicularis palustris alba elatior. *Raji. Syn.* 162.

Argentine. 1. Pentaphylloides supinum. *J.B.*2.402. *Pentaphylloides minus fupinum five procumbeus foliis alatis, Potentillae facie. Pluk.Almag.*284. il y raporte la plante citée de *J. B.* & le *Quinquefolio fragifero affinis. C.B.Pin.*326. puis il la donne enfuite comme une nouvelle plante fous le nom de *Pentaphyllum Alpinum minus fupinum, foliis tenuioribus altius ferratis glabris, cauliculo purpurafcente. Pluk. Almag.*285. *Phytogr.Tab.* 106.*fig.* 7. *Neminem exiftimare* (dit-il) *velim hoc meum idem effe cum Pentaphylloide fupino, cujus Iconem & Hiftoriam J.Bauhinus exhibet. Quinquefolium. Sim. Paul.* 117. Cet autheur raporte cette figure au *Quinquefolium majus repens luteum. C.B.Pin.* il l'a copié d'aprés le *Pentaphyllum fupinum Tormentillae facie. Lob.Icon.*1.692.

 Se trouve autour du petit Etang de Marcouffy.

US. 2. Pentaphylloides argenteum alatum seu potentilla. *J.R.H. Tanefie fauvage. Fufch.Ch.*ccxxxvii.

 * Pentaphylloides viride, alatum seu Potentilla.

 3. Pentaphylloides palustre rubrum. *Inft.*

 Peplis *vide* Tithymalus.

 Periclymenum *vide* Caprifolium.

US. 1. Persicaria mitis non maculosa. *C.B.Pin.*

 Je l'ay trouvé a fleur purpurine & a fleur couleur de pefcher.

 * Persicaria, mitis, non maculosa; flore roseo.

 Persicaria mitis maculosa. *C.B.Pin, Perficaria maculofa. Raji Hift.*1.183. *Curaige. Fufch.Ch.*ccxlii.

 Persicaria mitis, floribus candidis. *C.B.Pin.*

 Persicaria mitis, cum maculis ferrum Equinum referentibus. *Inft. Perficaria mitis maculofa. Lob.Icon.*315.

 * 2. Persicaria folio subtus incano. *Inft.*

 * Persicaria folio subtus incano, flore candido.

 * Persicaria folio subrotundo, obtuso, subtus incano.

 Celle cy & les 2 precedentes fe trouvent autour des Etangs d'Arcy, de Marcouffy, de Palaifeau.

 3. Persicaria angustifolia. *C.B.Pin.*

 Le Mercredi 30 Juillet j'ay trouvé cette plante dans le baffin deffeché du Cloiftre du parc de Meudon.

 4. Persicaria minor. *C.B.Pin. Perficaria pufilla repens.* 3. *Raji. Hift.*1.183.

 5. Persicaria major Lapathi foliis, calice floris purpureo. *Inft. Hydropiperi. Perficaria Hydropiper. Lob.Icon.*315. *an Perficaria mitis major, foliis pallidioribus. Raji. Synopf.*58.

 * Persicaria major, Lapathi foliis, flore albo.

 6. Persicaria salicis folio, Potamogeton angustifolium dicta. *Raji Hift.* 1. 184. *Perficaria mitis perennis repens. Broff.* 38. *Perficaria Salicis folio perennis. H. L. Bat. & Flor.Bat.*141. *Perficaria major amphibia, radice perenni. Pluk. Almag. Bot.*288. *Eadem Perficaria paluftris, fluitans, foliis brevioribus & latioribus, florum fpica fpeciofa, purpurea, compactiore. Flor. Jen.*88.

US. 7. Persicaria urens seu Hydropiper. *C.B.Pin. Perficaria vulgaris acris, five Hydro-*
Cutrage. *piper. Raji Hift.*1.182. *J.B.*3.780.

 *Poivre aquatique. Fufch.ch.*cccxxvi.

 Ray dit fa femence triangulaire comme je l'ay obfervé.

 * Persicaria urens seu Hydropiper, flore albo.

1. Per-

1. Pervinca vulgaris angustifolia, flore caeruleo. *Inst. Fusch. ch.* cxxxv. *Clematis Daphnoides. Pervenche. Dod. Gall.* 25. — *Pervenche,* US.

Est commune dans la forest de Montmorency, & dans le bois des Capucins de Meudon.

* 2. Pervinca vulgaris latifolia, flore albo. *Inst. Pervenche a fleur blanche. Dod. gall.* 25.

* Pervinca, vulgaris, latifolia, flore caeruleo. *Inst.*

Pes, anserinus. *vid.* Chenopodium.

* 1. Petasites major et vulgaris. *C. B. Pin. Petasites.* 1. *Raji Hist.* 1. 260. *Peta-* US. *sites. Fusch. gall. Ch.* ccxlix.

J'ay observé cette plante autour du Moulin de Chamontal ou Chamontel comme on le prononce dans le pays. Ce Moulin est a un quart de lieue au de la de Lusarche.

1. Peucedanum Gallicum, rarioribus et brevioribus foliis. *H. R. Par. Foenicu-* Queue de *lum sylvestre Loniceri. Lugd.* 689. *& Gall. Tom.* 1. 590. eu egard aux figures seulement. *Peucedanum minus foliis lobatis angustis. Mor. Praelud.* 156. *&* 293. *Selon Pluk. Peucedanum. Clus. Hist.* cxcvi. il le dit a fleur blanche. *C. B.* le reduit sous son *Peucedanum minus. C. B. Pin.* 149. il ne faut citer que la figure de *Clusius,* car la description ne convient pas a nostre plante encore que cette figure la represente parfaitement bien. *Peucedanum, Foeniculum porcinum. Lob. Ic.* 1. 781. ne convient pas mal. *Peucedanum Lonic.* 73. *quoad figur.* La description convient au *Peucedanum Germanicum. C. B. Pin.* 149. comme ce dernier autheur l'a remarquè, mais la figure qui n'y a nul raport ne represente pas trop mal nostre plante. *an Seseli Massiliense Nuperorum folio aliquatenus simili Visnagae. J. B.* 3. *lib.* 27. *p.* 33. *Seseli Massiliense Nuperorum. Lob. Ic.* 785. *Seseli Massiliense Ferulae folio. C. B. Pin.* 161. *N°.* 8.

Est commun dans le bois au dessus de Cueilly. dans la forest de St. Germain.

* Peucedanum Gallicum, rarioribus et brevioribus foliis, flore purpurascente. *Inst.* varieté.

Les semences sont ovales, longues d'environ 3 lignes sur un peu plus de 2 lignes de large. Les bords en sont aplatis en feuillet blanc sale, & le dos qui est un peu vouté est brun & relevé en longueur de 3 petites costes blanc sales, les 2 bouts de cette semence sont un peu échancréz. Elle meurit en automne.

1. Phalangium parvo flore non ramosum. *C. B.*

2. Phalangium parvo flore ramosum. *C. B. Pin.*

* 1. Phalaris, major, semine albo. *C. B. Pin.* 28. — US.

* 1. Phaseolus vulgaris. *Lob. Ic.* 59. — US.

* 2. Phaseolus, hortensis, minor. *J. R. H.* 413. — US.

1. Phellandrium. *Dod. Pempt.* 591. — US. *Philandrie.*

Pilosella. *vid.* Dens Leonis. *N.* 7.

* 1. Pilulalia palustris, juncifolia. *Graminifolia palustris, repens, vasculis granorum Piperis aemulis. Raj. Syn.* 281.

Les tiges de cette plante rampent sur terre, ou elles sont fortement attachées par des racines brunes & chevelues longues d'environ demi pouce, qui partent de leurs noeuds; Ces tiges ont depuis un pouce jusqu'a 2 ou 3 pouces de longeur, & poussent a chaque noeud 2 ou trois feuilles longues d'environ 2 pouces sur un quart de ligne d'epaisseur, rondes & pointues, assez semblables a celles du jonc; d'un verd gay, du sein desquelles sort un petit globe chatain & tout velu, d'environ une ligne & demie de diamêtre, attaché a un pedicule, qui n'a qu'un tiers de ligne de longueur. Cette capsule ou petit globe coupè en travers paroist estre partagè interieurement en 4 cellules egales, remplies d'une matiere spongieuse toute parsemèe de menues semences ovales & blanches avant leur maturitè. Cette plante forme ordinairement des petits gasons, qui tapissent quelquesfois toutes les petites marres des landes de la forest de Fontainebleau, & celles de Gros Bois, quand elles sont a sec, elle n'a que le goust d'herbe, quoique d'abord elle semble avoir celuy de petite siboulette. Se trouve aussi autour des mares de l'otie, & entre Coigniers & les Essarts autour des lacunes, qui sont entre le grand chemin, & la chaussèe de l'Etang.

* 1. Pimpinella sanguisorba major. *C. B. Pin.* 160. *Pimpinella sylvestris.* 2. *Raji Hist.* US. 1. 402. *Grande Sanguisorbe. Fusch. ch.* ccciv. *Casp. Bauhin* y rapporte avec doute le *Sideri-* Pimpinelle. *tis secunda Dioscoridis. Col.* 1. 123. mais il me paroist que la plante de *Columna* doit appartenir a la *Pimpinella semine majore. Bot. Monsp.*

2. Pimpinella sanguisorba minor hirsuta. *C. B. Pin. Pimpinella vulgaris five minor*. 1. *Raji Hift.* 1. 401. La fuivante n'en eft qu'une varieté.

Fleurit en May & Juin.

* Pimpinella sanguisorba minor, laevis. *C. B. Pin. Petite fanguisorbe. Fufch. ch.* CCCIV.

1. Pinguicula Gesneri. *J. B.*

US. * 1. Pinus sylvestris vulgaris Genevensis. *J. B.*

Fleurit en May dans le Parc de St. Maur.

US. 2. Pinus maritima altera. *Matth. C. B. Pin.*

* 1. Pisum arvense. *C. B. Pin.*

Plantaginella. *Alfine paluftris exigua, flofculis albis, foliis lanceolatis Plantaginellae aquaticae inftar, March. Brand. Mentz. pug. Tab. 7. an Centaurii fpecies? an Centaurium minus, paluftre, plantaginellae foliis D. Vaillant?*

Sa fleur eft d'une feuille, fon fruit reffemble a celle du *Menyanthes*, & je crois par fa fleur. Dans les Eaux proche du Chateau de Vincennes, dans le grand foffe marecageux, qui eft au deffous de l'Eglife de Saint Maur, autour de l'etang de Villebois, autour de l'etang de Porche Fontaine a Verfailles, autour de l'Etang de Villaconbleuy, autour des Lacunes de Bondy.

US. 1. Plantago latifolia sinuata. *C. B. Pin.* 189. *Le grand Plantin. Fuchf. Gall,* cap. XI.

Son fruit renferme jufqu'a 10 ou onze femences difpofées autour d'un placenta.

* Plantago quinquenervia latifolia thyrso folioso. *Ambrof. Phytol.* 430. *fig.*

* 2. Plantago palustris lanceolata trinervia.

3. Plantago latifolia incana. *C. B. Pin. Plantago minor. Fuchf.* 39. *Le petit Plantain. Fuchf. Gall. cap.* XI. *C. Bauhin* le rapporte mal a propos au quatrieme de ce Catalogue.

Les Etamines & leurs fommets tirent fur le purpurin clair. Fleurit en Juin & Juillet.

* Plantago latifolia incana spica alba. *H. Edinb.*

Les etamines & leurs fommets font blanchaftres. Fleurit en Juin & Juillet.

4. Plantago angustifolia major. *C. B. Pin.*

Son fruit ne renferme ordinairement que 2 femences femblables a celles du *Pfyllium.*

* Plantago angustifolia major spica multiplici.

* Plantago angustifolia minor. *Tab. Icon.* 732.

5. Plantago palustris, Gramineo folio, monanthos Parisiensis. *Inft.*

Fleurit en Juin & Juillet. Son calice eft découpé en 4 quartiers ainfi que la fleur. C'eft un vray Plantin. Il fe trouve abondamment fur le bord de l'Etang de Montmorency du cofté des murs du parc de St. Gratien. fur l'otie.

1. Polium Lavandulae folio. *C. B. Pin. & Symphytum petraeum folis Thymi. C. B. Pin.* 280. *Symphytum petraeum. Matth.* 960. *Ital.* 1011. *Item Chamaepitys incana exiguo folio. C. B. Pin.* 249. *Chamaepitys* 3ª. *Dod. Gall.* 22. *& Pempt.* 45. La figure de l'Edition francoife quoique fort mauvaife ne laiffe pas de faire connoiftre, fur tout par fes fleurs, que cette plante eft noftre *Polium*; mais celle de l'Edition Latine, a fes fleurs en croix, difpo-fées alternativement. On voit pas la que cette derniere figure, aux feuilles prés qui y font difpofées 2 a 2 reprefente noftre *Alyffum incanum Serpilli folio majus. Chamaepitys prima. Fuchf* 885.

Sa fleur eft blanc fale tirant fur le flave. Elle a fix lignes de long fur 4 a 5 lignes d'ouverture. Les feuilles font blanches en deffous, & vertes en deffus. Fleurit en Juillet & Aouft. Le calice eft un Cornet long de 3 lignes decoupé en 5 pointes egales fur le devant & regulie-res. Il fe trouve fur les pentes pelées des landes & taillis de la foreft de Fontainebleau & autour du Chateau de Gefvres fur les friches. Sur les patures autour de St. Leu d'Efferens & fur la montagne entre la Morlaye & la chauffée de Gouvieux.

1. Polygala vulgaris, floribus caeruleis. *Polygalon flore caeruleo. Eyft. Tab.* 104. *Polygala Lonicer.* 183. *Dod. Gall.* 38. *flore caeruleo.*

Sa fleur a 4 lignes de long. Ses feuilles plus longues & plus larges que celles du *Genifta tin-*

éto-

ctoria aux quelles elles ressemblent d'ailleurs parfaitement bien.

* POLYGALA VULGARIS PURPUREA. *Tab. Icon.*831. *Polygala vulgaris , floribus dilutio-ris purpurae seu rubris. C. B. Pin.*215. *Polygalon flore rubro purpurascente. Eyst. Tab.* 104.

POLYGALA VULGARIS ALBA. *Tabern. Ic. Polygala vulgaris , floribus niveis albis-ve. C. B. Pin.*215.

* POLYGALA VULGARIS FLORE PALLIDE CAERULEO ET ALBO MIXTO.

POLYGALA FLORE CARNEO. *H. R. Par.*

* 2. POLYGALA MINOR, VULGARIS FLORE CAERULEO.

Sa fleur a 3 lignes de longueur. Cette espece est ordinairement branchuë & est moins char-gée de fleurs que les 5 precedentes & que la onzieme & douzieme. Elle laisse une petite amertume a la bouche après qu'on l'a machée, ce que ne font pas les susdites.

* POLYGALA MINOR, VULGARIS FLORE PALLIDE CAERULEO ET ALBO MIXTO.

* POLYGALA MINOR VULGARIS, FLORE PURPUREO. *Onobrychis secunda , rubro flore. Lugd.*490.

* POLYGALA MINOR VULGARIS, FLORE CARNEO.

* POLYGALA MINOR VULGARIS , FLORE ALBO. *Onobrychis secunda flore albo. Lugd.* 490.

* 3. POLYGALA, BUXI MINORIS FOLIO, FLORE CAERULEO. *Polygala vulgaris foliolis cir-ca radicem rotundioribus flore caeruleo , sapore admodum amaro. C. B. Pin.*215. il le faut nommer *Polygala, foliis imis Buxi minoris , flore amethystino. an Chamaemyrsine quorundam Lugd. Gall.*2.73.

Cette plante est commune sur la butte de Seve. La fleur est d'un gros bleu turquin & sa frange bleu pasle, la plante machée est pateuse , tant soit peu stiptique & amere , sa fleur machée a d'abord quelque chose de doux & sucré. Fleurit des le commencement de May. Sa fleur a 3 lignes de longueur.

* POLYGALA, BUXI MINORIS FOLIO, FLORE ROSEO.

* 4. POLYGALA MINOR, FOLIIS CIRCA RADICEM ROTUNDIUSCULIS, FLORIBUS DILUTE CAERU-LEIS. *Flor. Quasimodog.* 40. *fig.*

* POLYGALA MINOR, FOLIIS CIRCA RADICEM ROTUNDIUSCULIS , FLORIBUS PURPURASCEN-TIBUS.

* POLYGALA MINOR, FOLIIS CIRCA RADICEM ROTUNDIUSCULIS , FLORIBUS ALBIS.

Fleurit vers la mi May. Il est commun dans les friches & prairies au de là de la riviere de Loing en allant de Montigny a Episy & dans le Marais du dit Episy. Sa fleur n'a guere qu'une li-gne de longueur.

* 5. POLYGALA ACUTIORIBUS FOLIIS MONSPELIACA. *C. B. Pin.*215. *Onobrychis* 3ª. *Lugd.* (1) *flore caeruleo.* (2) *flore purpureo.* (3) *flore carneo.* (4) *flore albo.* (5) *flore pallide cae-ruleo & albo mixto.*

Est tres abondant dans les prairies entre Moret & Montigny. Fleurit a la mi May.

Les fleurs de la cinquieme espece de *Polygala* qui vient a Moret , n'ont que 2 lignes & demie de longueur & rarement 3 lignes. Cette espece differe principalement de l'Espece Nº. 2. avec ses varietez en ce que ses tiges ne sont point ordinairement branchues & qu'elles sont chargées de beaucoup plus de fleurs. Le *Polygala flore rubro purpurascente* 11. *& Polygala flore caeruleo* 111. *Eyst. Tab.*104. representeroient assez bien l'Espece de Moret si les feuilles de ces 2 figures estoient moins larges & moins dru.

1. POLYGONATUM LATIFOLIUM VULGARE. *C. B. Pin.*313. *Hist. Paris.*126. *Polygonatum vulgo Sigillum Salomonis. J. B.*3. *lib.*31. *p.*529. *Polygonatum vulgare. H. R. P. Sigillum Salomonis Brunsf.*3.92. *fig. Polygonatum Matth.*954. *Ital.*1005. *male. Polygonatum. Dod. Pempt. opt.* Mr. Tournefort veut que cette figure represente la troisieme espece de ce Cata-logue. *Polygonatum latifolium. Tabern. Ic.*755. *male.* Cette figure est semblable a celle de *Mat-thiole. Polygonatum latifolium. Fuchs.*585. Les feuilles en sont trop larges & trop courtes. Cette figure represente fort bien la troisieme espece de ce Catalogue, que j'ay trouvé dans le parc de St. Maur. *Polygonatum. Obs.*361. *fig. Adv.*283. *desc. Polygonatum vulgatius. Cam. Epit.*693. assez bonne fig. *Polygonatum latifolium* 1. *Clus. Hist.* Mr. Tournefort veut que cette figure represente le troisieme de ce Catalogue. *Polygonatum majus vulgare. Park. Theat.*696. *Polygonatum. Ger. emac.*903. *Frassinella. Cast.*179. *Icon. Elleborus albus. Dorst. Icon.*108. *Polygonatum (quod vulgo Sigillum Salomonis vocant.) Cord. Hist.* 113. *Polygona-*

Sceau de Sa-
lomon.
US.

Sf

tum

tûm sive Sigillum Salomonis. Swert. 2. 7. *Bry.* 105. *Polygonatum vulgatius. Eyst. Tab.* 92. *Signet de Salomon a larges feuilles. Fusch.ch.*ccxxiii.

Cette plante est tres commune dans tous les bois des environs de Paris. Elle commence a fleurir des la fin d'Avril & continue en May & Juin. Elle ne donne ordinairement que 2 fleurs & quelquefois 3 & rarement 4 attachées ensemble.

* Polygonatum latifolium vulgare, cauliculis, rubentibus. *H.L.Bat.*

2. Polygonatum latifolium maximum. *C.B.Pin.*303.*Hist.Parif.*351.518. Mr.Tournefort l'indique dans le parc de St.Maur & dans les bois de Versailles & de Montmorency. Il y raporte le *Polygonatum majus, vulgari simile. J.B.*3.*lib.*31.529.*Polygonatum latifolium.* 1.*Cluf.hift.*275.*quatr. J.* Bauhin y raporte le *Polygonatum majus. Eyst.* mais celuy cy appartient au quatrieme dece Catalogue. Le *Polygonatum Pannonicum B.Phytop.* Il faut joindre ce N°. 2. avec le N°. 3. bien verifié.

La plante St.Maur s'eleve quelquefois de plus de 3 pieds. Sa tige est ordinairement purpurine & ses fleurs petites comme dans le commun.

* 3: Polygonatum latifolium, Ellebori albi foliis. *C.B.Pin. Hist. Ox. Sect.*13. *Tab.*1. Cette figure ne represente point la Plante citée de *Bauhin*, mais elle convient fort bien a celle qui se trouve dans le parc de St.Maur, qui est le *Polygonatum Hellebori albi folio, caule purpurascente. Raji. Synopf.*148 *& Hift.*3.350. La figure du *Polygonatum.Cam. Epit.*692. & celle du *Polygonatum latifolium minus. Tabern. Icon.*756. y ont beaucoup de raport.

Cette plante porte jusqu'a 7 a 8 fleurs en un seul bouquet.

4. Polygonatum latifolium, flore majore odoro. *C.B.Pin.*303. *H.Parif. addit. Polygonatum floribus ex singularibus pediculis. J.B.*3. *lib.*31.529. *Polygonatum latifolium.* 2. *Cluf.Hift.*276. *cum fig. Polygonatum.* 1. *Cluf. Pann.*264. *Polygonatum latifolium. Dod. Pempt.*346. *fig. Ger. emac.*890. *Polygonatum majus, flore majore. Park. Theatr.*696. C'est a cette espece qu'il faut raporter le *Polygonatum majus. Eyst. Tab.*92. & non pas a la deuxieme de ce Catalogue comme a fait *C. Bauhin.* Cette figure de *l'hortus Eyft.* est excellente. Elle represente les fleurs de leur longueur qui est environ d'un pouce, & disposées 2 a 2 dans chaque aisselle des feuilles, comme elles naissent ordinairement. *M. Stehelin* m'a fort asseuré que cette plante est la même que le *Polygonatum latifolium flore majore. C.B. Pin.*303. *Prodr.*139.

Cette espece se trouve dans le bois de Boulogne, dans la forest de Fontainebleau dans les bois du Parc de Petitbourg.

Polygonatum latifolium flore duplici odoro.*H.R.Par.*144.*Sigillum Salomonis flore pleno. Sceau de Salomon à fleur double. A.R.Par. Polygonatum flore pleno. Munt.Waare Oeffen.* 577.*fig. Polygonatum latifolium flore pleno odorato Muntingii. H.Ox.*3.537. *cum fig.*

Cette varieté se trouve rarement. Je ne l'ay observé qu'une seule fois dans les bois de Versailles ou feu Mr.Breman l'avoit aussi remarqué.

1. Polygonifolia vulgaris. *Polygoni, vel Linifolia, per terram sparsa, flore Scorpioidis. J. B.*

Sa fleur n'a guere qu'une ligne de diamêtre. Elle est a 5 petales blancs & ovales qui n'ont qu'une ligne de long disposéz en rond dans un calice taillé en maniere d'entonnoir dont le pavillon est decoupé en 5 parties vertes bordèes de blanc, longues d'environ demie ligne, le pistile qui s'eleve du fond du calice qui est taillé en cul de lampe, est entouré de 5 etamines fort courtes a sommets bruns, il devient une graine ronde, noire, relevée selon sa longeur de 3 coins. Elle meurit dans le calice. Fleur complette, pentapetale, reguliere & hermaphrodite, contenant l'ovaire, le quel est terminé par une trompe fort courte & a teste.

Renoüee.

1. Polygonum latifolium. *C.B.Pin.*281. *Polygonum mas vulgare.* 1. *Raji. Hift.*184. US. *Renoüee. Fufch.ch.*ccxxxv.

Sa fleur est a 5 étamines tres courtes, a sommets jaunes, placées dans le fond d'un calice en cone renversé d'une ligne de diamêtre a son ouverture, qui est decoupée jusque vers sa base en 5 parties egales blanches sur les bords & vertes dans le milieu. La semence, que renferme ce calice, est taillée en toupie longue d'environ un ligne, noire & relevée dans sa longueur de 3 angles.

2. Polygonum latifolium flore candido. *C.B. Pin.*

* Po-

* POLYGONUM LATIFOLIUM, FLORE RUBENTE. *C. B. Pin.*

* POLYGONUM BREVI ANGUSTOQUE FOLIO. *C. B. Pin. Polygonum* II. *Tabern. Icon.* 833. *Prioris varietas.*

3. POLYGONUM OBLONGO ANGUSTO FOLIO. *C. B. Pin.* III. *Tabern. Icon. flore purpureo, aut rubro. Polygonum vulgare nostras angustissimo Graminis folio. Pluk. Almag.* 301. *Polygonum majus Romanum, longius radicatum, foliis Roris marini, longissimis flagellis donatum. Bocc. Mus.* 2. 66. *Tab.* 58. *Polygonum angustifolium majus. Barr. Ic.* 546.

* POLYGONUM OBLONGO ANGUSTO FOLIO, FLORE ALBO.

Il se trouve meflé avec le precedent dans la plaine de Grenille.

Les suivants n'en ont pas le Caractere.

* POLYGONUM MINIMUM; SIVE MILLEGRANA MINIMA. *C. B. Pin. vid. Chamaelinum.*
POLYGONUM MUSCOSUM, MINIMUM. *Bocc. vid. Sedum. N°.* 10.

* POLYGONUM PARVUM, FLORE ALBO VERTICILLATO. *J. B. vide Paronychia.*
POLYGONUM, VEL LINIFOLIA. *vid. Polygonifolia.*

1. POLYPODIUM VULGARE. *C. B. Pin. Polypode. Fusch. ch.* CCXXIV.   US.
Dans les hayes & fur murailles de Verriere.

2. POLYPODIUM ANGUSTIFOLIUM FOLIO VARIO. *Inst. Lonchitis aspera. Ger. Raji. Hist.* 1. 138. il croit qu'il y faut raporter la *Filix palustris altera, subfufco pulvere hirfuta.* 2. *C. B. Pin.* 358. qui est le *Struthiopteris Cordi Hist.* 171. *Thalii* 119. *Struthiopteris. Cord. Hist.* 170.

Est commun au bord de la foreft de Montmorency auprés de Chauvry.

1. POPULAGO FLORE MAJORE. *Inst.* 273. *Dotterbloemen. Dod. Gall.* 24.

2. POPULAGO FLORE MINORE. *Inst.*

1. POPULUS NIGRA. *C. B. Pin.* 429. *Popolo nero. Caft.* 357.   H.Par.296. *Peuplier ou Peuple.* US.
Tous nos peupliers fleuriffent en Mars, & celuy-cy en Mars & Avril. Les fommets de leurs etamines font pourpres, mais le chaton de cette efpece n'eft pas velu, il eft & plus court & plus grefle que celuy du *Populus alba.* Je n'ay jamais veu l'efpece a fruits.

2. POPULUS TREMULA. *C. B. Pin.* 429. *Popolo Libico. Caft.* 358. *Populus nigra. Trag.*   H.Par.128. *Ic.* 1083.

3. POPULUS ALBA MAJORIBUS FOLIIS. *C. B. Pin.* 429. *Popolo bianco. Caft.* 356.   H,Par.296. & 520.

4. POPULUS ALBA MINORIBUS FOLIIS. *Lob. Ic.* 193.   H.Par 520,

* 1. PORTULACA ANGUSTIFOLIA SIVE SYLVESTRIS. *C. B. Pin.* 288. *Pourpier fauvage. Fusch.*   *Pourpier.* US.
ch. XXXIX.

1. POTAMOGETON ROTUNDIFOLIUM. *C. B. Pin. Raji Hist* 1. 188. *Potamogeton. Fusch.*   Ep.d'Eau
Gall. ch. CCLII.

Fleurit en May. Sa fleur eft nuë d'une feule piece ou de 4 petales taillez en pattes de Miroir, 8 fommets, 4 capfules oppofées en carré. Le 30 Juillet j'ay trouvé cette plante a Meudon dans l'Eftang de Villebon, ou elle n'avoit prefque point des feuilles rondes mais feulement des oblongues & femblables a celles de la fixieme efpece de ce Catalogue.

2. POTAMOGETON PERFOLIATUM. 2. *Raji. Hift.* 188. *Potamogeton foliis latis fplendentibus. C. B. Pin. Potamogeton rotundifolium, alterum. Flor. Pruff.* 205. *fig.*

* 3. POTAMOGETON ALPINUM PLANTAGINIS FOLIO. *Inst. Potamogeton aquis immerfum, folio pellucido, lato, oblongo, acuto.* 2. *Raji Hift.* 188.

4. POTAMOGETON LONGO SERRATO FOLIO. *C. B. Pin.*

Il faut faire attention a une efpece que j'ay feche & collée qui me paroift eftre differente de celle de ce N°. 4. Elle fe trouve dans les foffez du grand chemin en allant de Villiers a Mallenouë.

5. POTAMOGETON RAMOSUM ANGUSTIFOLIUM. *C. B. Pin. foliis binis. Potamogeiton lucens folio plano mucronato brevi. Pluk. Almag.* 304. *Fontalis media lucens. J. B.* 3. 777. *Potamogeton racemofum angustifolium Ejufdem. J. B.* 778. *C. B. Pin. & Prodr.* 101. *Tribulus aquaticus minor Mufcatellinae floribus. Gerard. Emac. Foliis planis brevioribus & in caule conjugatim difpofitis a fequenti differt.*

6. Potamogeton foliis angustis et undulatis. *Inst. Potamogiton sive Fontalis crispa. J. B. 3. Potamogeton foliis crispis sive Lactuca Ranarum. C. B. Pin. 193. Tribulus aquaticus minor Quercus floribus. Ger. Emac.*

7. Potamogeton caule compresso, folio graminis canini. *Raji Hist. 1. 189. Potamogeton latifolium. Flor. Pruss. 206. fig.*

○ * 8. Potamogeton ramosum, foliis gramineis. *Potamogiton millefolium seu foliis gramineis ramosum. 7. Raji Hist. 189. Potamogiton Millefolium seu foliis gramineis ramosum Raji Synops. 61. Millefolium tenuifolium. Ger. emac. Icon. 828. Potamogeton gramineum ramosum. C. B. Pin. Prodr. 101. Myriophyllum Maratriphyllum palustre alterum. Lob. Icon. 790.* C. Bauhin. a mal a propos raporté cette figure a son *Millefolium aquaticum foliis Foeniculi, Ranunculi flore & capitulo. C. B. Pin. 141.*

Cette plante est tres commune dans la Seine, ou elle fleurit en May & Juin. Le pistile est entouré de 8 etamines tres courtes, ou plustot de simples sommets, soutenus d'une fleur ou calice a 4 feuilles ou d'une seule piece decoupée jusqu'au pedicule en 4 parties disposées en croix & un peu creusées en cuilleron. Ce pistile est un petit corps a 4 embrions. voyez *Lippi*, page 232. Cette plante se trouve aussi dans les Etangs & pieces d'eau de Versailles. ou elle est plus ou moins grande suivant la profondeur des eaux, au dessus de la superficie desquelles s'eleve son Epi qui est composé de 12 ou 15 fleurs a sommets blanchastres qui paroissent en May & quelquefois des Avril. Les tiges & les branches sont d'un blanc lavé de purpurin & luisant, elles ressemblent a des cordes de Violon. Les feuilles sont un peu pliées en goutiere. Elles commencent par une espece de gaine qui embrasse les branches & qui se termine par 2 petites oreillettes, qui s'appliquent exactement contre le brin qui sort de la gaine.

* 9. Potamogiton pusillum gramineo folio, caule rotundo. *Raji. Hist. 1. 194. Potamogeton gramineum, tenuifolium. Flor. Pruss. 206. fig.*

Cette espece est aussi fort commune dans les eaux. Elle fleurit vers la fin de May & en Juin. Sa fleur ne differe de celle du precedent qu'en ce quelle est plus petite. Ses feuilles sont plates, elles naissent d'une gaine enfilée par la tige. Ses graines sont au nombre de 4 disposées en quarré. Sa fleur est verdastre & les 8 etamines ou sommets sont blanchastres comme ceux de l'espece precedente.

1. Potamogeito affinis graminifolia aquatica. *Raji. Hist. 1. 190. Potamogiton omnium minimum, Graminis facie capillaceum, siliculis curvulis binis, ternis, dorso dentato. Hort. Cath. Suppl. 3. Raji. Hist. 3. 122. vid. Fluvialis gramineo folio polycarpos.* de ce Catalogue.

La fleur est nuë & Hermaphrodite. Elle sort immediatement de l'aisselle de la feuille, & n'a qu'une seule étamine pour 3 ou 4 embryons ou Ovaires.

Potamogeton foliis pinnatis. *J. R. H. vid. Myriophyllum aquaticum, majus.* de ce Catalogue.

Potamogeton flosculis ad foliorum nodos. *J. R. H. vid. Myriophyllum aquaticum minus.* de ce Catalogue.

Primevere.   1. Primula veris pallido flore humilis. *Clus. Hist. 302. Verbasculum minus. Dod. Gall. 94.*

Cette plante fleurit en Avril & May. Elle est commune dans les hayes vers tostes en allant de Rouën a Dieppe. Ses fleurs naissent sur des simples pedicules. Elles sont de la grandeur & couleur de celles du N°. 3. de ce Catalogue. C'est a dire couleur de soufre & le contour de la bouche du tuyau est saffrané. Entre la ferme & le chateau de Rochefort, dans le bois.

US.   2. Primula veris odorata, flore luteo simplici. *J. B. Bouillon odoriferant. Fusch. ch. cccxxvii. Verbasculum odoratum. Dod. Gall. 93.*

* 3. Primula veris pallido flore elatior. *Clus. Hist. Primula veris caulifera, pallido flore inodoro aut vix odoro. J. B. 3. 496. Verbasculum pratense vel Sylvaticum inodorum. C. B. Pin. 241. Bouillon sans odeur. Fusch. ch. cccxxvii. Verbasculum album. Dod. Gall. 93.*

Se trouve dans les bois du petit parc de Versailles & dans ceux du parc de Marly. dans le bois de l'Enclos de Mr. Fagon a Marly. Sa fleur a une odeur tres foible. Fleurit des la fin de Mars & en Avril. Ses fleurs naissent a l'extremité d'une tige simple nuë, & velue, en maniere d'ombelle panchée. Chaque fleur est d'une seule piece. La partie posterieure est un

tuyau

tuyau percé par le bas, long d'environ demi pouce, canelé dans sa longueur, epais d'une ligne & demie, evasé par devant d'environ neuf lignes & decoupé en 5 parties arrondies & tant soit peu échancrées par le bout, jaune de souffre. La bouche de ce tuyau est jaune saffrané. 5 sommets, qui naissent des parois internes du tuyau, se presentent a sa bouche. Le calice est un autre tuyau borgne long d'environ demi pouce découpé par devant en 5 pointes & relevé dans sa longueur de 5 vives arrestes. Le pistile est un bouton aplati terminé d'un filet a teste. Il n'a qu'une cavité.

1. Prunus sylvestris. *C.B.Pin.*444. *Prunier sauvage. Fusch.ch.*cliii.

Prunier.
US.

Fleurit des la fin de Mars & le commencement d'Avril. Sa fleur a environ demi pouce de diamétre. Elle est a 5 petales blancs de figure ovale, un peu creuséz en cuilleron & soutenus d'un calice a cul de lampe decoupé en etoile a 5 rayons. Il pousse des etamines au nombre de 18 ou 20, a filets blancs & a sommets doubles & saffranez. Le pistile, qui s'eleve du fond du calice, est surmonté d'un long filet. Il devient le fruit.

* Prunus sylvestris foliis ex albo et viridi variegatis.

* Prunus sylvestris glaucophyllos.

* 2. Prunus sylvestris, fructu majore.

On trouve ce Prunier dans le premier Bosquet du parc de Fontainebleau a main gauche, quand on y entre par la grille des Cascades. Il s'eleve de 10 a 12 pieds, son tronc a environ 2 pouces de diamétre dans les plus forts individus, couvert d'une écorce lisse & brune. Ses feuilles sont molasses, & les plus grandes ont environ 4 pouces de long y compris leur pedicule qui n'a que demi pouce, le fort de leur largeur est de 2 pouces. Elles tirent sur l'ovale & sont pointues par les 2 bouts, sillonnées de 4 a 5 sillons par dessus & obliquement. Le dessous est relevé d'autant de nerveures, qui partent de la coste qui les partage selon leur longeur en 2 parties egales. Ces nerveures se subdivisent en d'autres plus petites, & forment une espece de raiseau fort delicat. La circonference de ces feuilles est dentelée & ses surfaces parsemées d'un leger duvet qui les rend un peu aspres. Son fruit est rond, blanc verdastre, pointillé de purpurin & a environ neuf lignes de diamétre. La chair en est agreable au goust, son noyau est ovale, pointu & un peu aplati. Il a 5 a 6 lignes de long sur 4 de large. Son pedicule a demi pouce de longeur & s'insere dans un petit enfoncement, qui est a la base du fruit. Ce fruit meurit vers la mi Aoust & pour lors il est chargé d'une fleur delicate & gris de perle.

* 3. Prunus sylvestris, fructu rotundo, albo, majore.

Le fruit de cette espece est de la couleur des prunelles ordinaires & meurit en même temps, mais il est de moitié plus gros, il est rond, mais tant soit peu aplati par la teste & par la queue. Les feuilles de la plante sont beaucoup plus amples que celle du prunelier. Il se trouve dans les hayes autour de la Morlaye.

* 1. Pseudo-acacia vulgaris. *Inst.*

Je raporte icy cette arbre, par ce que je l'ay trouvé en Campagne. Il faut donc la nommer, afin que les Ecoliers, qui la trouvent, la puissent connoitre.

1. Psyllium majus erectum. *C.B.Pin.* 191. *Herbe aux Puces. Fusch.ch.* cccxli.   US.

Son fruit est un fuseau, qui s'ouvre en travers en 2 parties egales taillées chacune en cône creux, & renferme 2 semences oblongues, separées entre elles par un placenta plat & ovale. Ces semences sont arrondies sur le dos, & sillonnées d'un profond sillon par le costé quil touche au placenta. Ce placenta n'est point adherent car il tombe avec les semences. Cette plante fleurit en Juillet & Aoust. Se trouve dans les terres sablonneuses autour de Paris.

1. Ptarmica vulgaris folio longo serrato, flore albo. *J.B. Herbe a esternuer.* US. *Fusch.ch.* ccxlvi.

Pulegium. *vid. Mentha* de ce Catalogue.

1. Pulmonaria folio non maculoso. *Clus.Hist.* clxix.

2. Pulmonaria foliis Echii. *Lob.Ic.* 586. *rubente caeruleo flore.*

Pulmonaria foliis Echii flore albo. *Inst.* 136.

Pulmonaria rubro flore, foliis Echii. *J.B.* 3.597.

Pulmonaria angustifolia caeruleo flore. *J.B.* 3.596.

* Pulmonaria angustifolia, non maculosa, flore caeruleo. *Pulmonaria* iii. *Austriaca. Clus.H.* clxix. *cum figura.*

Cette varieté est a fleurs bleuës, & se trouve avec les 4 precedentes dans la forest de St. Ger-

T t

main

main en allant a Poiffy a droit & a gauche du grand Chemin. Fleuriffent toutes en Avril & May.

 * 1. Pᴜʟsᴀᴛɪʟʟᴀ ꜰᴏʟɪᴏ ᴄʀᴀssɪᴏʀᴇ ᴇᴛ ᴍᴀᴊᴏʀᴇ ꜰʟᴏʀᴇ. *C.B.Pin.*177.

  Naift en tres grande quantité dans le parc de Vigny.

 * Pᴜʟsᴀᴛɪʟʟᴀ ꜰʟᴏʀᴇ ᴅɪʟᴜᴛɪᴏʀᴇ.

 Pᴜʟsᴀᴛɪʟʟᴀ ꜰʟᴏʀᴇ ᴠɪᴏʟᴀᴄᴇᴏ ᴅᴜᴘʟɪᴄɪ ꜰɪᴍʙʀɪᴀᴛᴏ. *H.R.Par.*

US. * 1. Pʏʀᴏʟᴀ ʀᴏᴛᴜɴᴅɪꜰᴏʟɪᴀ, ᴍᴀᴊᴏʀ. *C. B. Pin.* 191. *Pyrola. Eyſt. Tab.* 214. *Limoine.*
Fuſch.ch. ᴄʟxxᴠɪ.

  Fleurit vers la fin de May. Se trouve dans une haute futaye a gauche & a un quart de lieue du Village de Prefle en Brie, a 8 lieues de Paris. Se trouve auffi autour de la Ferté fous jouarre.

Poirier. * 1. Pʏʀᴜs sʏʟᴠᴇsᴛʀɪs. *C. B. Pin.*439.

  Dans le Taillis au deffus de Cuelly & dans la foreft de Creffy.

 * 2. Pʏʀᴜs sᴀᴛɪᴠᴀ. *C.B.Pin.*

 * 3. Pʏʀᴜs sᴀᴛɪᴠᴀ, ꜰᴏʟɪɪs ᴛᴏᴍᴇɴᴛᴏsɪs ᴇᴛ ɪɴᴄᴀɴɪs. *Poirier de Cirole.*

  C'eft une poire blanche a faire du Cidre. Ce poirier eft tres commun autour de St. Clair, de Rouffigny, de St. Leger, &c.

1. QUERCUS LATIFOLIA MAS, QUAE BREVI PEDICULO *Chefne.* EST. *C. B. Pin.* 419. Il faut voir l'*H. R. Blef. pag.* 167. & 297. ou il US. y a 5 efpeces de Chefnes qu'il marque en France.

 * 2. QUERCUS LATIFOLIA FOEMINA. *C. B. Pin.*

 3. QUERCUS CUM LONGO PEDICULO. *C. B. Pin. Quercus. Matth.* 204. *Ital.* 1. 222.

Les feuilles des Chefnes paroiffent avant la fleur. Celle-cy s'epanouit des le commence-ment de May. C'eft une Etoile nue, rouffâtre, decoupée jufque vers fon centre, ordinaire-ment en 5 & quelquesfois en 6 ou 7 rayons, de ce même centre s'elevent 6, 7, 8, & quelque-fois 9 etamines a doubles fommets verdaftres. Ces fleurs font affez clairfemées & difpofées en Epi pendant dont l'axe eft un filet. Les Embryons des fruits fe trouvent fur le même in-dividu, mais dans des endroits feparez.

 * QUERCUS CUM LONGO PEDICULO, GLANDE CRASSISSIMA.

 4. QUERCUS FOLIIS MOLLI LANUGINE PUBESCENTIBUS. *C. B. Pin.*

 * 5. QUERCUS CALICE ECHINATO GLANDE MAJORE. *C. B. Pin.* 410. *Cerrus. Lugd.* 1. 6.

Ce Chefne fe trouve a 7 a 800 pas en deça de Montigny en y allant de Fontainebleau par le chemin qui eft a gauche.

 * QUERCUUM CAPITULA SQUAMATA. *J. B.* 1. 86.

1. QUINQUEFOLIUM MAJUS REPENS. *C. B. Pin. Grande Quintefeuille jaune. Fufch. ch.* CCXXXIX. *Quintefeuille.* *Simon Pauli pag.* 117. a donnè la figure du *Pentaphylloïdes fupinum. J. B.* pour celle de no- US. ftre Quintefeuille, il l'a copié d'aprés le *Pentaphyllum fupinum Tormentillae facie. Lob.* *Ic.* 1. 691.

2. QUINQUEFOLIUM MINUS REPENS LUTEUM. *C. B. Pin.* 325. *Quinquefolium* 1. *minimum.* H. Par. 134. *Trag.* 505. *defc.*

3. QUINQUEFOLIUM FOLIO ARGENTEO. *C. B. Pin. Petite Quintefeuille. Fufch. ch.* CCXXXIX.

4. QUINQUEFOLIUM RECTUM LUTEUM. *C. B. Pin.*

Ranunculus folio oblongo.

1. RANUNCULUS MONTANUS FOLIO GRAMINEO. *C. B. Pin.* 180. *N°.5.* La plante de Fontainebleau eft la *Ranunculus Gramineo folio bulbofus. 7. C. B. Pin.* 181. *Ranunculus leptomacrophyllos bulbo- fus. Col. 1.* 314. *Ranunculus bulbofus gramineus montanus. ejufdem fi- gurae.* 313. *Pumilus Ranunculus gramineis foliis. Lob. Ic. 1.* 671. *C. Baub.* raporte cette derniere figure a fon *Ranunculus montanus folio Gramineo*, ainfi il y a tout lieu de Croire que noftre Plante de Fontai- nebleau & celle de Lobel eft la même chofe. *Ranunculus gramineus. Tabern. Icon.* 51. Elle eft commune auffi dans les Landes autour de Fontainebleau.

Celle du Jardin fleurit vers la fin d'Avril & au commencement de May. Sa fleur s'evafe d'environ neuf lignes. Elle eft a 5 petales, taillée & creufée en coquille de St. Jacques. Cet- te fleur eft jaune d'or. Etamines fans nombre, jaunes ainfi que leur fommets. Calice de 5 pie- ces glabres. Piftile a plufieurs capfules qui renferment chacune une femence.

2. RANUNCULUS LONGIFOLIUS PALUSTRIS MAJOR. *C. B. Pin. Ranunculus lanceolatus, ma- jor. Tabern. Icon.* 48.

Dans les aulnettes entre Creteuil & Boiffy en quantité.

3. RANUNCULUS LONGIFOLIUS PALUSTRIS MINOR. *C. B. Pin. Ranunculus lanceatus minor. Tabern. Icon.* 49.

* RANUNCULUS PALUSTRIS SERRATUS. *C. B. Pin.* 180. *Ranunculus lanceatus ferratus. Ta- bern. Icon.* 49.

* RANUNCULUS, LONGIFOLIUS, PALUSTRIS, MINOR, FLORE SEMIPLENO.

⚨ * 4. RANUNCULUS PLANTAGINIS FOLIO, FLOSCULIS CAULICULIS ADHAERENTIBUS.

Sa fleur eft jaune doré & n'a guere qu'une ligne de diamêtre. Elle a 5 petales qui n'ont chacune qu'environ demie ligne de long fur la moitié moins de large, un peu creufez en cuil- leron, & foutenus par un calice compofé d'autant de pieces, vert pâles, un peu plus larges que les petales. Le piftile eft environné d'etamines, il devient un fruit a plufieurs graines ra- maffées en tefte. La racine eft un toupet de fibres blanches longues d'environ un pouce. Les feuilles font d'un verd gay & luifant en deffus, & d'un verd brun en deffous. La plante ma- chée a un foible gouft de Creffon. Elle fleurit en May & Juin. Elle naift dans les Landes humides proche la Buvette Royale en deça de la foreft de Fontainebleau, & dans les trous qui fe trouvent autour du Calvaire prés de Fontainebleau, dans les quels l'eau a croupi pendant l'hyver.

Damafonii fpecies. de ce Catalogue.

§ RANUNCULUS PALUSTRIS, PLANTAGINIS FOLIO AMPLIORE. *J. R. H.*
§ RANUNCULUS PALUSTRIS, PLANTAGINIS FOLIO ANGUSTIORE. *J. R. H.*
§ RANUNCULUS PALUSTRIS, PLANTAGINIS FOLIO ANGUSTISSIMO. *J. R. H.*

Sagittae fpecies. de ce Catalogue.

§ RANUNCULUS PALUSTRIS, FOLIO SAGITTATO MINORI. *J. R. H.*
§ * RANUNCULUS PALUSTRIS, FOLIO SAGITTATO ANGUSTIORI. *J. R. H.*

Myosurus. de ce Catalogue.

§ I. Ranunculus gramineo folio, flore caudato, seminibus in capitulum spicatum congestis. *J.R.H.*

Ranunculus Aconiti vel Geranii foliis. vel foliis diffectis.

5. Ranunculus pratensis erectus acris. *C.B.Pin.*

* Ranunculus pratensis, erectus, acris maculatus. *C.B.Pin.*

* Ranunculus polyanthemos simplex. *Lob.Ic.666. Ranunculus fylveftris. Tabern. I. con.42.*

* Ranunculus montanus, lanuginosus, foliis Ranunculi pratensis, repentis. *C.B.Pin.*

* 6. Ranunculus, arvensis parvus, folio trifido. *C.B.Pin. Ranunculus minimus Apulus. Col.*1. 314. *fig.*316.

* Ranunculus, arvensis, parvus, folio trifido, flore pleno.

7. Ranunculus rectus foliis pallidioribus hirsutis. *J.B. Ranunculus Hortenfis erectus flore fimplici luteo. Eyft.Tab.*29. *Cafp. Bauhin* la raporte a fon *Ranunculus pratenfis erectus dulcis. C.B.Pin. Ranunculus oleraceus major. Tabern.Icon.*52.

* Ranunculus rectus, foliis pallidioribus hirsutis flore semipleno. *vel idem duplici florum ferie.*

? 8. Ranunculus pratensis erectus dulcis. *C.B.Pin.* 179. *Ranunculus dulcis: Batrachium falutiferum. Tabern.Icon.*51. Je croy que cette plante eft la même que le *Ranunculus pratenfis repens hirfutus. C.B.Pin. Ranunculus Hortenfis erectus, flore fimplici luteo. Eyft.Tab.*29. que *C. Bauhin* raporte au *pratenfis erectus dulcis.* eft l'*Oleraceus major. Tabern.Icon. Ranunculus dulcis. Batrachium falutiferum. Tabern. Icon.* 51. & *Ranunculus vinealis. Batrachium vineale. Tabern.Icon.*54.

* Ranunculus pratensis erectus dulcis flore semipleno.

9. Ranunculus pratensis repens, hirsutus. *C.B.Pin.*179. eft je croy la même que celle du N°.8. de ce Catalogue. *Chryfanthemos ou Marguerite blanche. Fufch. Gall. Ch.* cccxxxvii.

* Ranunculus pratensis, repens, hirsutus, flore semipleno. Le *Ranunculus hortenfis, inclinans.* 2. *C.B.Pin.* 170. & *Ranunculus dulcis flore pleno.* 3. *Ejufd. ibid.* n'en different qu'en ce que leurs fleurs font tout a fait doubles.

* Ranunculus pratensis, repens, hirsutus, foliis ex albo variis. *H.R. Par.*

10. Ranunculus pratensis, radice verticilli modo rotunda. *C.B.Pin.* La troifieme forte de Grenouillette. *Fufch.ch.*lvii.

* Ranunculus pratensis, radice verticilli modo rotunda, minor. *C.B.Pin.*

○* 11. Ranunculus Chaerophyllos Asphodeli radice. *C.B.Pin.*181. N°.13. *Ranunculus montanus leptophyllos Afphodeli radice. Col.*1. 312. *Ranunculus Orientalis Napelli folio, flore luteo magno. Cor. J.R.H.*20.

Se trouve au bas de la butte de Palaifeau proche la croix. Fleurit vers la fin d'Avril & en May.

☿ 12. Ranunculus arvensis echinatus. *C.B.Pin.* Fleurit en May & Juin. *La premiere forte de fimple Grenouillette de Jardin. Fufch.ch.*lvii.

☿ 13. Ranunculus palustris Apii folio laevis. *C.B.Pin.* La deuxieme forte de Grenouillette, *ou Pied de Coq. Fufch.ch.*lvii.

Sa fleur n'a que 3 ou 4 lignes de diamêtre, a 5 petales jaune d'or éclatant, 5 pieces au ca-

V v

lice,

lice, Etamines jaunes ainfi que leurs fommets. Ces Etamines font fans nombre. Fleurit en May, Juin &c. Elle eft brulante.

14. RANUNCULUS PALUSTRIS APII FOLIO LANUGINOSUS. *C. B. Pin.* C'eft la feptieme de ce Catalogue, que Mr. Tournefort a pris pour ce quatroizieme: verifié dans fon herbier.

J'ay trouvé une plante vivace dans le pré qui borde l'Etang de la paroiffe de Verfailles, qui eft dans mon herbier fous le fusdit nom, avec un brin de Mr. Micheli qui le nomme *Ranunculus aquaticus humilis, foliis tenuiter incifis.*

15. RANUNCULUS NEMOROSUS, VEL SYLVATICUS, FOLIO ROTUNDO. *C.B.Pin. La premiere forte de Grenouillette fauvage. Fufch.ch.* LVII.

O * 16. RANUNCULUS MAGNUS, VALDE HIRSUTUS, FLORE LUTEO. *J.B.3.417. Ranunculus montanus lanuginofus, foliis Ranunculi pratenfis, repentis. C. B. Pin. 182. Prodr. defc.96.* C'eft *Ranunculus nemorofus hirfutus foliis Caryophyllatae maculatis. Flor. Quafim. 44. defc. fine fig. Ranunculus nemorofus hirfutus, foliis Caryophyllatae. Flor. Pruff. cum fig.* Breyn dans fes Notes fur la *Flora Pruffica* pretend que c'eft *Ranunculus montanus fubhirfutus Geranii folio. C.B.Pr.95.*

Cette plante machée n'eft prefque point acre, fes feuilles inferieures font ordinairement tachées de brun, & les autres de blanc. Sa fleur eft jaune d'or. Sa tige eft creufe. Elle fleurit en May & fe trouve dans la foreft de St. Leger en Iveline.

Ranunculus folio fubrotundo.

US. ℣. RANUNCULUS VERNUS ROTUNDIFOLIUS, MINOR. *Inft. 286. Scrophulaire. Fufch. ch.* CCCXXXIII. *Chelidonium minus. Petite Eclaire. Dod. Gall.* 24.

* RANUNCULUS VERNUS, ROTUNDIFOLIUS MINOR, MACULATUS. *Inft.*

* RANUNCULUS VERNUS, ROTUNDIFOLIUS MINOR, BULBIFER.

Ranunculus trichophyllos.

17. RANUNCULUS ARVENSIS, FOLIIS CHAMAEMELI, FLORE PHOENICEO. *Inft.291. Eranthemum flore flammeo. Eyft.Tab.214.* que *Cafpar Bauhin* confond mal a propos avec le N°. $\frac{18}{4}$ de ce Catalogue.

Fleurit en May. Elle eft affez commune dans les Bleds le long de la Seine vers la Salpe-ftriere ou je l'ay remarqué le 19 May 1721.

18. RANUNCULUS ARVENSIS, FOLIIS CHAMAEMELI, FLORE CITRINO. *Inft.*

℣. RANUNCULUS ARVENSIS, FOLIIS CHAMAEMELI, FLORE MINORE ATRO RUBENTE. *Inft. E-ranthemum flore rubro. Eyft.Tab.214.*

Ranunculoides.

19. RANUNCULUS AQUATICUS, HEDERACEUS, FLORE ALBO, PARVO. *J. B.*
Fleurit en Avril & May. Sa fleur n'a qu'environ 4 lignes de diamêtre. Elle eft a 5 petales blancs terminèz en pointe & difpofez en etoile, 10 etamines a fommets jaunes & ronds, piftile a plufieurs capfules. Calice a 5 pieces.

H.Par.524. 20. RANUNCULUS AQUATICUS FOLIO ROTUNDO ET CAPILLACEO. *C. B. Pin.* 180.
Sa fleur a depuis 7 lignes jufqu'a un pouce & quelquefois 15 lignes de diamêtre. Elle paroift en Avril, May & Juin. Elle eft a 5 petales blancs a onglet jaune, a 15 ou 18 etamines a fommets jaunes, 5 pieces a fon calice. plufieurs embrions de graines ramaffez en tefte ronde forment le piftile.

* RANUNCULUS AQUATICUS, FOLIO ROTUNDO, ET CAPILLACEO, FLORE PLENO.

21. RANUNCULUS AQUATILIS CAPILLACEUS. *C. B. Pin.* 180. *Ranunculus tricophyllon aquaticus medio luteus. Col.* 1.315.*fig.* 316. Fleu-

Fleurit vers la fin d'Avril & en May. Sa fleur n'atteint guere plus de demi pouce de diamê-tre. Elle est ordinairement a 5 petales blancs a ongle jaune, a 10 ou 12 etamines & un calice de 5 pieces. Les tiges se terminent aussi par une feuille large.

22. Ranunculus aquatilis albus, fluitans Peucedani foliis. *H.L.Bat.*

Dans les bassins de Versailles, de St. Maur. Celle des bassins de Versailles paroist differente de celles de nos rivieres, car les tiges de celle-cy sont beaucoup plus epaisses & s'allongent quelquefois de 6 a 8 pieds comme je l'ay remarqué dans les Canaux de Maintenon. Celle de Versailles se trouve aussi dans l'estang de Croissy. Sa fleur n'est guere plus grande que cel-le du N°. 21. de ce Catalogue.

* 23. Ranunculus aquaticus albus, foliis circinatis tenuissime divisis, floribus ex alis longis pediculis innixis. *Plukn.Phyt.*

Fleurit en May. Sa fleur a environ neuf lignes de diametre a 5 petales blancs a onglet jau-ne, Etamines sans nombre, 5 pieces au calice. Pistile spherique a plusieurs graines.

Anemonoides de ce Catalogue.

Ranunculus nemorosus luteus. *C.B.Pin.*

Ranunculus phragmites, albus, vernus. *J.B.*

Ranunculus phragmites, purpureus, vernus. *J.B.*

* Ranunculus nemorosus trifolius. *H.L.Bat.*

* 1. Rapistrum, folio glauco sinuato, flore albo. *Myagrum monospermum, mi-nus. C.B.Pin. Myagro similis flore albo. J.B.2.lib.21.p.895.C.B.Prodr.52.N°.* 111. Il faut nommer cette plante *Rapistrum glauco folio, Bursae pastoris facie. Myagrum supinum al-bum, Erucae foliis. Barr.Obs.N°.358. & Icon.1252. an Alsine nodosa Dalechampii. Lugd. Gall.2.129.*

Cette plante est annuelle. Elle a tout le port de nostre *Bursa pastoris* major, elle fleurit en même saison, c'est a dire en Avril & May, & naist comme elle sur les murailles des Jar-dins au bas Passy.

2. Rapistrum arvense, folio auriculato, acuto. *J.R.H.* 211. *Myagro similis sili-quá rotundá. C.B.Pin.*109. *Prodr.* 52. *Myagro affinis herba, capitulis rotundis. J.B.2. lib.21. p.895. Raphanistrum siliculá minore rotundá rugosá asperá. Hist.Ox.2.267.* Son fruit est a 2 loges, ainsi ce n'est point un *Rapistrum* mais un *Myagrum* ou *Chamaelina. Pseu-domyagrum. 2. Cam.Epit.*902. bonne figure. *C.Bauhin* le raporte a son *Myagrum sylve-stre. C.B.Pin.*109. sous le nom de *Myagrum 3. in arvis. Cam.* Il y raporte aussi la *Parony-chia. 11. Tabern.Icon.*804. mais cette figure represente beaucoup mieux l'*Alysson maritimum. J.R.H* 217. que la plante en question.

1. Raphanistrum arvense, flore albo. *Inst.* 230. *Raphanistrum siliquá articulata* H.Par.35.
glabrá longiore 1.II.Ox.2.265. Raphanistrum siliquá articulatá glabrá, majore & minore. Raveluque.
*Mor.Hist. Plant.Parisf.*34. *Lampsana Apula Plinii & Dioscoridis. Col.*1.261. *Rapistrum flore albo lineis nigris depicto.* 3.*C.B.Pin.*95 *Item Rapistrum flore albo, siliqua articu-lata. 2.Ejusd.C.B.Pin.*95. *Rapistrum album viticulatum. 2.Raji.Hist.*1.805. *Raphani-strum, siliquá articulata, glabrá, breviore. 2. H.Ox.2.265. Lampsana. Caesalp.*355. *Ra-pistrum flore albo, Erucae foliis. Lob.Ic.*199. *Rapistrum flore albo, siliquá articulata. C. B.Pin.*95

2 Raphanistrum segetum flore luteo vel pallido. *Inst. Rapistrum flore luteo, sili-* H.Par.35.
*qua glabra, articulata. Raji Hist.*805.

* 3. Raphanistrum segetum, flore purpureo, aut dilute violaceo. *Hist.Ox.2.* 266. *Rapistrum flore purpurascente, siliqua articulata. C.B.Pin.*95.

1. Rapunculus spicatus albus. *C.B.Pin.*   Raiponce.

Se trouve dans les bois du parc de Joüy.

Rapunculus spicatus flore flavescente. *Inst.*

2. Rapunculus folio oblongo, spica orbiculari. *C. B. Pin.* 92. *Rapuntium monta-* H.Par.527.
*num rarius, corniculatum. Col.*1.223. *an Aphyllantes. 2. Lugd.?*

J'ay trouvé cette plante en fleur autour de l'hermitage de Franchard le 20. Juillet 1706.

♃ 3. Rapunculus scabiosae capitulo caeruleo. *C. B. Pin. Rapuntium alterum lepto-phyllon capitatum. Col.* 1. 226.

On peut dire que la fleur de cette plante est une fleur composée, puisqu'elle renferme plusieurs petites fleurs qui ont chacune leur calice, dans un calice commun composé de plusieurs écailles comme est celuy de la Scabieuse commune. Le calice de chaque petite fleur devient une capsule a 2 loges seulement, qui contiennent chacune plusieurs semences, luisantes & polies. La plante donne du Laict.

Rapunculus scabiosae capitulo albo. *C. B. Pin.*

* 1. Rapuntium urens Soloniense. *H. R. Bl.*

US.　1. Reseda vulgaris. *C. B. Pin.* 100.

* Reseda crispa Gallica. *Bocc. Rar. Plant.* 76.

* 2. Reseda minor vulgaris. *Inst.* 428.

US.　1. Rhamnus Catharticus. *C. B. Pin.* 478.

Bois de Montmorency. Ses bayes meurissent en Octobre & Septembre. Elles sont noires, presque spheriques un peu aplaties en dessus, du diamêtre de 2 ou 3 lignes, remplies de 3 ou 4 semences arrondies sur le dos & aplaties dans les faces par ou elles se touchent.

US.　1. Ribes. *vid. Grossularia. Ribes. Fusch. gall. Ch* CCLVII.

Le Groselier rouge commence a fleurir des la fin de Mars & continue en Avril. Sa fleur est d'une seule piece, & non pas de 5 petales comme le veut Mr. Tournefort. Cette piece est decoupé en 10 lobes tant soit peu échancrez par le bout & sur tout les 5 plus grands. Les cinq autres sont placez alternativement, entre ceux la 5 etamines environnent le centre de cette fleur, qui est garni d'un petit style fourchu. Cette fleur est verdastre & les sommets des etamines blanchastres.

US.　2. Ribes fructu nigro, majore. *vid. Grossularia.*

Se trouve auprés du chateau de la chasse sur le bord de l'Estang. Fleurit en Avril. Sa fleur est un godet découpé sur les bords en 5 parties a pointes emoussées qui se renversent sur les costez. 5 autres parties aussi a pointes emoussées forment une couronne a l'ouverture du godet. 5 etamines. Le pistile qui est surmonté d'un filet fourchu devient conjointement avec le cul ou le noeud de la fleur un fruit.

Rosier.
US.　1. Rosa sylvestris, vulgaris flore odorato, incarnato. *C. B. Pin. Rosa sylvestris alba cum rubore, folio glabro, flore simplici. Chabr.* 108. *Cynosbatos & Cynorrhodon.* Les feuilles en sont glabres des 2 costez a ce que dit. *J. B.*

* Rosa sylvestris, vulgaris, flore albo. *Rosa sylvestris inodora, sive Canina flore albo. Scot. Illust.* 2. 46.

* 2. Rosa sylvestris foliis odoratis. *C. B. Pin. floribus incarnatis.* C'est la *Rosa sylvestris odorata incarnato flore. Eyst. Ic. Tab.* 99. C. Bauh. la raporte a la premiere de ce Catalogue.

Sa fleur a environ un pouce & demi de diamêtre. Elle est a 5 petales échancréz, d'un incarnat vif, sur tout quand elle ne fait que d'epanoüir, elle sent assez bon. Les feuilles de ce Rosier sont plus rondes, plus plates & plus serrées les unes contre les autres que celles du N°. 3. qui les a velues des 2 costez comme celle-cy, & la coste qui les soutient est epineuse.

* 3. Rosa vulgaris sylvestris folio subtus villoso, flore albo. *Rosa sylvestris alba, cum aliquo rubore, folio hirsuto. Chabr.* 108. *& J. B.* 2. *lib.* 14. *pag.* 44.

Il faut raporter celle cy a celle du N°. 2. ou du moins la ranger auprés, attendu que ses nouvelles feuilles estant écrasées entre les doitgs, y gluent & sentent de même quoique plus foiblement, & qu'elles sont aussi velues. Ses fleurs sont blanches, a 5 petales dont les échancrures ne sont presque point sensibles non plus que l'odeur de la fleur.

* 4. Rosa sylvestris foliis carinatis, subtus scabris. *Rosa sylvestris foliis angustis, odoratis, pulchre & profunde dentatis, flore albo odoro parvo, fructu oblongo utrimque turbinato. D. Michaelis. N°.* 166. *an Rosa campestris, repens, alba. C. B. Pin.* 484? *Cynosbatos sive Cynorrhodos* 3 *Cordi in Diosc.* 19. *descript.*

Ce Rosier est commun dans nos hayes & dans nos taillis, ou il fleurit des le commencement de Juin, & porte ses fleurs comme en umbelles au nombre de 5 a 6 a chaque bouquet. Le diamêtre de chaque fleur est d'environ un pouce & demi. Les 5 petales, qui la composent, sont blancs & quelquefois meslés ou lavés d'un tant soit peu de couleur de chair fort claire, el-

les

les ont chaune 9 a 10 lignes de long fur autant de large , il font échancréz & tailléz comme en coeur. Le milieu de cette fleur eſt occupé par une touffe d’etamines blanc ſales a ſommets jaunes.   Les decoupures du calice qui font au nombre de 5 ont 7 a 8 lignes de long ſur
une ligne & demie de large a leur baſe & ſe terminent en pointe aprés s’eſtre découpées en quelques
barbes ſur les coſtez, l’odeur de cette fleur eſt tres foible & tient aſſez de celle de l’eglantier
commun. Le noeud du calice eſt long de 5 a 6 lignes, liſſe, taillé comme en pot dont la pance a 2 lignes de diamêtre & le col une ligne & demie, verd pâle, lavé de purpurin du coſté
expoſé au ſoleil, & ſoutenu d’un pedicule de la même couleur, epais de demi ligne ſur environ un pouce de long (s’entend de celuy qui ſoutient la fleur du milieu du bouquet , car les
pedicules des fleurs du contour n’ont que demi pouce, & ſortent doubles ou triples, d’un pedicule commun de la même hauteur, qui donne ordinairement a l’endroit de ſa diviſion 2 feuilles membraneuſes taillées en languettes, verd pâle, fouetté de purpurin.) Ces pedicules communs partent du même centre qui eſt auſſi environné de 2 ou 3 languettes plus amples que celles dont nous venons de parler, mais de la même couleur. Toutes ces parties ſont portées
par une jeune branche de l’anné , epaiſſe d’environ 2 lignes qui fait des Zic-zacs dont chaque angle eſt garni d’une feuille ou d’une coſte qui ſoutient 7 feuilles , ſçavoir 3 de chaque
coſté oppoſées par paire, & d’une impair qui la termine. Cette coſte n’a qu’un pouce ou 2 de
longeur. Sa baſe eſt garnie de 2 membranes qui envelopent la moitié de la tige & ſe terminent en pointe par leur extremité. Cette coſte eſt heriſſée en deſſous de 3 ou 4 epines aſſez
courtes. Chaque feuille qu’elle ſoutient eſt un ovale pointu par les 2 bouts, creuſé obliquement en deſſus de 5 a 6 ſillons qui forment autant de nervures ſur le deſſous de la feuille,
qui eſt parſemè de petits poils roux qui la rendent rude de ce coſté la. Le deſſus eſt d’un verd
foncé & un peu luiſant. Son fruit meur eſt de la couleur du grate-cul ordinaire, mais il con-
ſerve toujours ſa figure de pot. La feuille qui termine la coſte eſt plus long que les autres;
Les unes & les autres ſont crenelées delicatement dans leur circonference de crenelures fort
pointues. Ces feuilles ſont pliées en goutiere. Elles ſont comme chagrinées en deſſus & un
peu rudes, auſſi bien qu’en deſſous. Outre les epines qui heriſſent la coſte qui ſoutient ces
feuilles, elle eſt auſſi parſemée d’un duvet rouſſatre & fort court. Cette plante fleurit en Juin.
Elle eſt toute elegante par raport a ſes feuilles qui ſont petites , roides & pliées en goutiere.

   * 5. ROSA SYLVESTRIS ALTERA, FLORE ALBO NOSTRAS. *Raji Hiſt.* 1471. *Plukenet* y
raporte la *Roſa ſylveſtris folio glabro , flore planè albo. J. B.* 2. *Roſa canina humilior , fru-
Ctu rotundo. D. Plot. Hiſt. Oxon.* C’eſt la *Roſa arvenſis candida. C. B. Pin.* 484. *Roſa ſylveſtris folio glabro , flore plane albo. J. B. Lib.* 14. *pag.* 44.

   Ce Roſier ſe trouve dans les hayes en montant aux Capucins de Meudon , & dans celles
qui ſont entre Marly & le Val. Je l’ay auſſi remarqué dans les bois entre Porchefontaine &
Joüy & dans les Brouſſailles autour du Chateau de la Chaſſe dans la foreſt de Montmorency.
Sa fleur paroiſt en May , Juin & Juillet. Elle eſt blanche, a 5 petales du diamêtre d’un
pouce & trois lignes & ſent le Miel. Les pieces de ſon calice ſont ordinairement entieres
ou tres peu decoupées. Le fruit eſt d’un rouge brun & luiſant. Il n’excede pas la groſſeur
d’une ſenelle. Les fleurs naiſſent par bouquets, quelquefois au nombre de 15 ou 16 enſemble. J’ay auſſi trouvé cette plante dans les hayes entre Surene & le Calvaire.

   * 6. ROSA CAMPESTRIS SPINOSISSIMA, FLORE ALBO ODORO. *C. B. Pin.* ou il eſt dit que
ſon fruit eſt noir. ainſi il ne faut point citer ce nom. mais c’eſt la *Roſa pumila, ſpinoſiſſima,
foliis Pimpinellae glabris, flore albo. Chabr.* 108. *J. B. Roſa Dunenſis ſpecies nona fructu
rubro. Dod. Pempt.* 187.

   Sa fleur eſt d’un blanc un peu ſale. Fleurit en May & Juin. *an Roſa ſylveſtris , pomife-
ra , minor. C. B. Pin?* Son fruit eſt rouge dans ſa maturité. Les pedicules en ſont epineux &
non pas ceux de l’eſpece qui reſſemble a celle-cy dont les fruits ſont plus gros & noirs quand
ils ſont meurs.

   * 7. ROSA LUTEA SIMPLEX. *C. B. Pin.*

   * 8. ROSA ALBA VULGARIS MAJOR. *C. B. Pin.*

   * 9. ROSA SYLVESTRIS, FRUCTU RUBRO, HISPIDO. *Roſa ſylveſtris, fructu hiſpido, oblongo , rubro. Prod. Bot. Pariſ.*

   Mr Blondin m’a dit qu’il l’a trouvé du coſté de l’Iſle Adam & que ſa fleur eſt a peu prés de
grandeur de celle du N°. 1. de couleur rouge pâle. Cette plante ne differe de celle du N°. 1
que par ſon fruit qui eſt parſemé de poils rudes & piquants. Je l’ay trouvé dans les hayes en-

tre Franconville & la croix de Pierrelay dans le Chemin.

⊙ 1. Ros solis folio subrotundo. *C.B.Pin.*357.

Se trouve a Meudon autour de l'Etang de la Garenne. a Montmorency aux environs du Chateau de la chaffe.

⊙ * 2. Ros solis folio oblongo. *C.B.Pin.*357. *Ros folis. Sim. Paul. Icon.* 336. il le donne pour le precedent.

Se trouve dans les petits ruiffeaux qui coulent dans le patis de l'arché proche St.Leger en Ivelines dans le même endroit ou fe trouve le Gale. Les poils des feuilles de ces 2 plantes font des canaux a l'extremité desquels eft un glu qui file & qui picotte la langue.

1. Rubeola vulgaris quadrifolia laevis. *Inft. floribus purpurafcentibus. Rubia Cynanchica. C.B.Pin.*333. *Gallium montanum latifolium cruciatum. Col.* 1. 296. il la dit a fleurs carnées. *Item Gallium album minus. C.B.Pin.* 335. *Eft Synanchia altera Anglica, five minor. Lob.Illuftr.*150. *flofculis fuaverubentibus.*

2. Rubeola quadrifolia laevis floribus albis. *Inft. Gallicum album, minus. C.B. Pin.*335. *Tabern.Icon.*151.

Garance.　1. Rubia tinctorum sativa. *C B.Pin.*333. *Garance cultivée. Fufch. ch.*cvii.

US.　2. Rubia sylvestris Monspessulana, major. *J.B.*

Ronce.　1. Rubus vulgaris sive Rubus fructu nigro. *C.B.Pin.*479. *Ronce. Fufch. ch.* lv.

US.　* Rubus vulgaris, flore albo. *H. R. Monfp.*

Fleurit en Juin & Juillet. Fleur a 5 petales ovales pointues par les 2 bouts. Elle a environ un pouce de diamêtre.

* Rubus vulgaris, flore albo, semipleno.

* Rubus montanus repens, sarmentis rotundis, spinis minutissimis munitis, foliis rotundis utrinque lanatis, superne cinereis, inferne candicantibus, flore albo, fructu nigro parvo. *Mich.Pl.Flor.*

J'ay trouvé cette efpece dans les landes de la Buvette Royale , en allant a Fontainebleau.

US.　2. Rubus repens fructu caesio. *C.B.Pin.*

US.　3. Rubus Idaeus spinosus. *C.B.Pin.*

Elle eft commune dans quelques uns des bofquets de Trianon.

Petit Houx.　1. Ruscus Myrtifolius aculeatus. *Inft.*79. *H.Parif.*528. *Ruscus. C. B. Pin.* 470. *J.*
US.　*B.*1.*lib.*5.579. *Matth.*1214. *Ejufd. Ital.*1274. *Camer. Epit.*935. *Obf.*362. *Adv.*283.*defc.* *Tabern.Ic.*863. *Park.Theat.*253. *Raji Hift.*1.664. *defc. nouvelle Rufcus five Brufcus.Ger. Em.* 907. *Myrtacantha, Murina fpina, five Myrtus fylveftris. Lob. Ic.* 637. *Rufcum. Dod. Pempt.*744. *Rufco. Caft.*385. *Rufcus. Trag.*919. *Ic.Paff.part. alt.*63. *Radix Idaea Diofcoridis. Col. Phytob.*63.*Icon.*64. *Rufcus. Eyft.Tab.*2.

Cette plante fe trouve dans les bois a Jouy, Verfailles, St.Germain, Fontainebleau. Sa fleur paroift en Avril & au commencement de May. Elle eft d'une feule piece d'environ 3 lignes de diamêtre, d'un blanc fale tirant fur le verdaftre, elle fe decoupe en 6 parties 3 larges & 3 etroites difpofées alternativement. Une gaine pourpre violet tient lieu d'etamines, elle eft chargée de 6 fommets & relevée de 6 coftes arrondies dans fa longueur.

US.　* 1. Ruta hortensis, latifolia. *C.B.Pin.*336.

Ruë.　* 2. Ruta sylvestris, major. *C.B. Pin.*

Mr. d'Ifnard a trouvé cette plante en abondance en allant de la chauffée de Gouvieux au bac de St.Leu d'Efferens, vers le milieu, & a la droite de la defcente de la Montagne de Maillet dans une carriere a decouvert.

US.　1. Ruta muraria. *C.B.Pin.*356. *Saxifrage. Fufch.ch.*cclxxx.

1. SAGITTA AQUATICA MINOR LATIFOLIA. *C. B. Pin. Ranunculus paluſtris, folio ſagittato minori. J. R. H.*
La fleur eſt a Etamines ſans nombre.

*2. SAGITTA AQUATICA MINOR ANGUSTIFOLIA. *C. B. Pin. Ranunculus paluſtris, folio ſagittato anguſtiori. J. R. H.*

Cette plante varie ſuivant ſon age & le plus ou moins de profondeur qu'ont les eaux ou elle ſe trouve. Voyez en une figure aſſez bizare ſous le nom de *Sagitta aquatica foliis variis. Flor. Pruſſ.* 234.

1. SALICARIA VULGARIS PURPUREA, FOLIIS OBLONGIS. *Inſtit. flore purpureo foliis binis.*

* SALICARIA VULGARIS, FOLIIS OBLONGIS, BINIS, FLORE ROSEO VEL PERSICI FLORE. couleur de fleur de *Peſcher.*

Trouvée autour du grand Etang de Marcouſſy le 29 d'Aouſt 1710.

* SALICARIA VULGARIS, PURPUREA, FOLIIS OBLONGIS, TERNIS.

* SALICARIA VULGARIS, PURPUREA, FOLIIS OBLONGIS ALTERNATIM DISPOSITIS.

2. SALICARIA HYSSOPI FOLIO LATIORI. *J. R. H. Hyſſopifolia.* 13. *C. B. Pin.* 218. *Item Lyſimachia rubra non ſiliquoſa.* 1. *Ejuſd. C. B. Pin.* 246. *Lyſimachia purpurea* II. *ſive minor. Cluſ. Hiſt.* LI. *& Icon.* LII. *Lyſimachia purpurea Pannonica. J. B.* 2. *lib.* 21. *p.* 905.

3. SALICARIA HYSSOPI FOLIO ANGUSTIORE. *J. R. H.*

1. SALIX VULGARIS, ALBA, ARBORESCENS. *C. B. Pin. florifera.*
Les ſaules fleuriſſent vers la fin de Mars & en Avril. Mais celuy-cy ne fleurit que vers la fin de ce dernier mois & au commencement de May.

SALIX VULGARIS, ALBA, ARBORESCENS FRUCTIFERA.

2. SALIX VULGARIS RUBENS. *C. B. Pin.* 473. La figure du *Salix Phoenicophlaeos ſive Phoenicea. Lugd. Saule Phoenicien. Lugd. Gall.* 1. 233. que *C. Bauhin* raporte mal a propos au ſuivant de ce Catalogue convient mieux a celuy-cy, en ce que les feuilles en ſont dentelées comme la dite figure les repreſente.

Son ecorce eſt rouge brun. Se trouve ſur la chauſſée d'Auteüil.

3. SALIX SATIVA LUTEA FOLIO CRENATO. *C. B. Pin.* 473. *Dillen. Cat. Giſſ.* 42. *Salix tenuior ſativa viminea. J. B.* 1. 214. *Salix tenuifolia dentata. Munting. Phytogr. fig.* 12.

4. SALIX FOLIO AMYGDALINO, UTRINQUE VIRENTE, AURITO. *C. B. Pin.* C'eſt ſelon *Plukenet*, le même que le *Salix folio Amygdalino utrinque aurito, corticem abjiciens. Raji. Hiſt.* 1421. *Salix viminalis nigra. Park. Theatr.*

Le pied de l'Ecole ſe depouille de ſon écorce par le tronc & ſes Oſiers ſont noiraſtres.

5. SALIX FOLIO LONGISSIMO ANGUSTISSIMO, UTRINQUE ALBIDO. *C. B. Pin.* La plante que Mr. Tournefort indique ſous ce nom n'a ſes feuilles blanches qu'en deſſous, dont ce nom ne luy convient point. C'eſt le *Salix folio longiſſimo Raji. Cat. Cant. & Synopſ.* 293. *Salix anguſtis & longiſſimis foliis criſpis, ſubtus albicantibus. J. B.* 1. *lib.* 8. *p.* 212. Mr. Ray & aprés luy Mr. Tournefort & Pluk. y rapporte le *Salix oblongo incano acuto folio. C. B. Pin.* 474. *Salix oblongo incano folio. C. B. Prodr.* 159.

*6. SALIX NERII FOLIO UTRINQUE VIRENTE. *Salix rubra minime fragilis, folio longo anguſto. J. B.* 1. 215. *Pluk.* y raporte le *Salix vulgaris rubens. C. B.* & doute ſi ce n'eſt point auſſi le *Salix minime fragilis, foliis longiſſimis utrinque viridibus non ſerratis D. Sherard Raji. Synoſ.* 293.

SALIX VULGARIS NIGRICANS FOLIO NON SERRATO. *C. B. Pin.* 475. *Plukenet* y raporte le *Salix Phoenicophlaeos ſive Phoenicea. Lugd.* 277. Le N°. 6. de ce Catalogue eſt le même.

7. SALIX PLATYPHYLLOS, LEUCOPHLAEOS. *Lugd.* 276. Je doute que la plante que Mr. Tournefort indique ſous ce nom ſoit bien celle de l'Hiſtoire de Lyon. Mais il ne faut point douter que ce ne ſoit le *Salix Syriaca folio oleagineo argenteo.* 1. *C. B. Pin.* 474. *Calaſ, & Ban. Proſp. Alp. Aegypt.* 26. *J. B.* 1. *lib.* 8. *p.* 220. C'eſt auſſi le *Salix foliis longis, latis & criſpatis ſubtus cum nitore caneſcentibus. Pluk. Almag. Bot.* 328. ou eſt rapporté avec dou-

Xx 2

te le *Salix capraea acuto longoque folio. D. Sherard. Raji Synopf.* 293. *Forte etiam Salix la-tifolia, folio fplendente Ejufd. Synopf. ibid.*

8. SALIX LATIFOLIA ROTUNDA. *C. B. Pin.*

Je croy que les 5 fuivantes, ne font que des varietez du N°. 8.

SALIX FOLIO EX ROTUNDITATE ACUMINATO. *C. B. Pin.*

a * SALIX CAPRAEA FOLIO OBLONGO UTRINQUE VILLOSO. Le *Salix aquatica. Lob. Icon.* 2: 137. reprefente parfaitement bien cette varieté. Mr. Tournefort joint a cette figure celle du *Salix platyphyllos Leucophlaeos. Lugd* 276. mais je ne vois pas qu'il ait raifon.

b * SALIX ALPINA PUMILA, ROTUNDIFOLIA REPENS, INFERNE SUBCINEREA. 3. *C. B. Pin.* 474. *Salix pumila latifolia.* 1. *Cluf. Hift.* 85. *J. B.* 1. *lib.* 8. *p.* 216. *Salix pumila prior. Dod. Pempt.* 843.

Celuy-cy fe trouve autour de la piece des fuiffes, mais je ne le croy qu'une varieté du N°. 8.

* SALIX ULMI MINORIS FOLIO RUGOSO ET CRENATO.

* SALIX ULMI MINORIS FOLIO RUGOSO, NON CRENATO.

* 9. SALIX SUBROTUNDO ARGENTEO FOLIO. *C. B. Pin.* C'eft fans doute le *Salix pumila fubrotundis foliis, utrinque lanuginofis, & argenteis. Pluk. Almag.* 328. Derriere le Pota-ger de Verfailles.

* 10. SALIX PUMILA, ANGUSTIFOLIA INFERNE LANUGINOSA. *J. B.* 1. 214. *Pluk.* y rap-porte le *Salix pumila, brevi anguftoque folio incano. C. B. Pin.* 474. *Salix humilis anguftifo-lia repens. Park. Theatr.*

Il fe trouve a planet parmi le Gale.

* SALIX PUMILA ANGUSTIFOLIA, PRONA PARTE CINEREA. *J. B.* 1. *lib.* 8. 213. la figure fait paroiftre les feuilles oppofées par paire. *Plukenet* y rapporte le *Salix humilis repens an-guftifolia Lobelii. Ejufd. J. B.* 1. 214. *Salix pumila Linifolia incana. C. B. Pin.* (male) *Salix pumila anguftifolia recta. Park. Chamaeitea five Salix pumila Gerard. Pluk.*

* 11. SALIX HUMILIOR, FOLIIS ANGUSTIS SUBCAERULEIS EX ADVERSO BINIS. *Raji. Hift.* 1421. & *Dillen. Cat. Giff. p.* 42. *Salix humilis, capitulo fquammofo. C. B. Pin.* 474. *Salix Helice Theophrafti. Lugd.* 1. 277. *Saule Helice, de Theophrafte. Lugd. Gall.* 1. 233. *Salix te-nuior, folio minore utrinque glabro, fragilis. J. B.* 1. *lib.* 8. *p.* 213. Lors que quelque infecte pique les fommets de fes jeunes branches, il s'y fait des paquets de feuilles difpofées comme en rofe, & pour lors c'eft le *Salix humilis capitulo fquamofo. C. B. Pin.* 474. *Salix Helice Theophrafti. Lugd.* 1. 277.

US.　　1. SAMBUCUS FRUCTU IN UMBELLA NIGRO. *C. B. Pin. Suin, de Fufch. ch.* xx.

Sureau.　US.　　2. SAMBUCUS HUMILIS SIVE EBULUS. *C. B. Pin. Hyeble de Fufch. ch.* xx.

　　1. SAMOLUS VALERANDI. *J. B.* 3. *lib* 38. *p.* 791. *Alfine aquatica perennis folio Becabungae. Mor. Hift. Ox.* 2. 324. *item Veronica aquatica folio fubrotundo, non crenato. Ejufd.* 323. *Ana-gallis aquatica folio rotundo non crenato. C. B. Pin.* 252. *Planta heteroclita rotundifolia, minus crenata Becabungae foliis pentapetala capfula Alfines quinquefida.* 28. *Mor. Hift. Ox.* 2. 324. *Item Veronica aquatica folio fubrotundo, non crenata. Ejufd. Morif. Icon. Tab.* 24: *Sect.* 3. *fig.* 28.

Dans le parc de Meudon autour de l'Eftang de la garenne & dans le marais qui eft au def-fus de l'Eftang de Chalais. Sa capfule s'ouvre en 5 pointes & renferme plufieurs femences noires & tres menues qui meuriffent en Septembre.

SANGUEN. *vid. Cornus faemina.*

Sanicle.　　1. SANICULA OFFICINARUM. *C. B. Pin.* 319. *Sideritis tertia Diofcoridis. Col. Phytob.* 71. US. *Sanicle mafle. Fufch. ch.* CCLXI.

　　1. SAXIFRAGA ROTUNDIFOLIA, ALBA. *C. B. Pin.* La grande *faxifrage. Fufch. ch.* CCLXXXVI.

US.　　2. SAXIFRAGA VERNA ANNUA, HUMILIOR. *Inft.*

US.　　SAPONARIA *vid.* LYCHNIS. N°. 1.

US.　⊙ 1. SCABIOSA PRATENSIS HIRSUTA, QUAE OFFICINARUM. *C. B. Pin. flore caeruleo. Sca-*
Scabieufe.　*biofa pratenfis hirfuta, quae officinarum, flore ex caeruleo purpureo. C. B. Scabiofa pra-tenfis hirfuta, quae officinarum, flore purpurafcente. Variat flore albo & purpuro-caeruleo, fimplici & pleno. dit Pluk. Scabiofa vulgaris. Eyft. Tab.* 257. *Scabienfe. Fufch. ch.* CCLXXIII.

Il s'en trouve des pieds dont les fleurons sont tous egaux & reguliers. Il se trouve aussi des pieds forts velus, d'autres presque glabres quelques uns a feuilles entieres & d'autres a feuilles decoupées.

* SCABIOSA PRATENSIS, HIRSUTA, QUAE OFFICINARUM. *C. B. Pin. foliis ex luteo & viridi variegatis.*

* SCABIOSA PRATENSIS, HIRSUTA, QUAE OFFICINARUM, CALICE AMPLISSIMO, NERVOSO, ET DENTATO.

J'ay trouvé cette varieté autour de Giroflay en 1708. Sa fleur estoit d'un bleu pâle, & avoit un quart moins de 2 pouces de diamétre & le calice 2 pouces & demi, composé de 16 parties, dont les 2 inferieurs avoient chacun plus d'un pouce de longeur sur dix lignes de largeur un peu au dessus de leur base, qui estoit arrondie aussi bien que le haut. Ces 2 pieces estoient relevées en dessous d'une nervure, qui les parcouroit & partageoit d'un bout a l'autre en 2 moitiez égales. Chaque moitié estoit aussi relevée de 3 autres nervures un peu courbes, & leurs bords herissez d'autant de petites dentelures. Ces 2 parties qui estoient opposez l'un a l'autre estoient croisez par une autre paire de feuilles presque aussi grandes, & celle-cy par une troisieme un peu plus petite & ainsi des autres, qui alloient toujours en diminuant, de sorte que les dernieres n'avoient qu'environ demi pouce de long sur 2 lignes dans le fort de leur largeur. Les feuilles, qui sortoient du collet de la racine, & celles qui accompagnoient les tiges, estoient tantot decoupées profondement & tantot simplement dentées.

* SCABIOSA MAJOR COMMUNIOR, FOLIO NON LACINIATO. *J.B.*

* SCABIOSA VULGARIS, FLORE PLENO. *Raj. Cat. Angl.*

* SCABIOSA PRATENSIS HIRSUTA, QUAE OFFICINARUM, PROLIFERA.

* † . . . . .

02. SCABIOSA, CAPITULO GLOBOSO, MINOR. *C. B. Pin.* 270. *flore caeruleo. Bot. Par. Prodr.* Stellata. H.Par. 141. *Scabiosa capitulo globoso, major. C. B. Pin.* 270. *& J. R. Herb.* 465. *Scabiosa minor vulgaris. J. B.* 3. *Raji Hist.* 1 374. *Scabiosa angustifolia, flore subcaeruleo. Eyst. Tab.* 258. *Phyteuma Dioscoridis. Col. Phytob.* 99. *C. Bauh.* la raporte a sa *Scabiosa capitulo globoso major. C. B. Pin.* 270. qui est nostre Plante en question. Ainsi il ne faut pas suivre l'histoire des environs de Paris, qui l'indique pour la *Scabiosa capitulo globoso minor. C. B. Pin.* & qui n'y raporte que la *Scabiosa minor.* IV. *Tabern. Icon.* 161. mais cette figure ne represente point nostre plante. Il est bien surprenant, que Mr. Tournefort tout habile qu'il estoit, ne connut pas cette plante, qu'il indique, dans sa deuzieme herborisation pag. 141. pour la *Scabiosa capitulo globoso minor. C. B. Pin.* C'est une faute qu'il a faite d'aprez *Plukenet.* Il est encore plus etonnant, qu'il ait rapporte le *Phyteuma Column. Phyt.* 99. qui est la plante de nos Campagnes, a la *Scabiosa stellata minima. C. B. Pin.* 271. *Prodr.* 126. celle ci n'ayant, comme dit *Bauhin*, que 3 ou 4 pouces de haut pendant que celle la s'eleve jusqu'a 2 coudées, a ce que dit Columna.

Il me semble, qu'il y a quelqu' equivoque ici: pourtant tout cela se trouv' ainsi dans les Manuscrits.

* SCABIOSA, CAPITULO GLOBOSO, MINOR, FLORE PURPUREO.

* SCABIOSA MINOR VULGARIS, FLORIBUS CARNEIS. *H. Ox.*

* SCABIOSA MINOR VULGARIS, FLORIBUS CANDIDIS. *J. B. Scabiosa tenuifolia, flore cinereo. Eyst. Tab.* 259.

* SCABIOSA MINOR VULGARIS, PROLIFERA. *Scabiosa tenuifolia prolifera minor. C. B. Pin. Quae Praecedentis tantum varietas est.* dit Pluk.

* 3. SCABIOSA MINOR. I. II. III. *Tabern. Ic.* 160. *& 161. Scabiosa capitulo globoso, minor. C. B. Pin.* 270. *an Succisa Alpina Globulariae foliis. Triumf. Observ.* 78. *cum fig.* Stellata.

Sa fleur paroist en Juillet & Aoust. Elle peut avoir un pouce de diamêtre. Les fleurons du disque sont presque reguliers, & ceux de la circonference irreguliers comme dans celle du N°. 2. Sa fleur est bleue. Les fleurons sont decoupez en 5 lobes, deux superieurs, deux lateraux, une inferieure.

4. SCABIOSA FOLIO INTEGRO, HIRSUTO. *Inst.* 466. *Succisa hirsuta. C. B. Pin.* 269.

Fleurit en Aoust & Septembre. Le calice du fleuron est une capsule a 4 pans, dont chaque face est relevée en longeur d'une coste & creusée de 2 sillons, un de chaque costé de la dite côte. Cette capsule renferme une semence.

Y y   SCA

US.   SCABIOSA FOLIO INTEGRO, GLABRO, FLORE CAERULEO. *Inſt. Succiſa glabra.* C. B. Pin. 269. *Pycnocomon Dioſcoridis. Col. Phytob.* 35. *Mors du Diable. Fuſch. ch.* CCLXXII.

* SCABIOSA FOLIO INTEGRO, GLABRO, FLORE INCARNATO. *Inſt. Succiſa flore carneo. Scot. illuſt.* 2. 51.

* SCABIOSA FOLIO INTEGRO, GLABRO, FLORE ALBO. *Inſt. Succiſa hirſuta candida. Flor. Pruſſ.* 263. *Succiſa flore albo. Scot. Illuſt.* 2. 51.

* SCABIOSA FOLIIS IMIS INTEGRIS, CAULESCENTIBUS INCISIS. *Succiſa hirſuta caerulea, foliis inciſis & laciniatis. Flor. Pruſſ.* 263.

5. SCABIOSA, QUAE DIPSACUS SYLVESTRIS, CAPITULO MINORE, VEL VIRGA PASTORIS MINOR. *C. B. Pin.*

1. SCANDIX SEMINE ROSTRATO VULGARIS. *C. B. Pin. Pecten Veneris. J. B. Raji. Hiſt.* 1. 428.

* 1. SCIRPOIDES, QUOD GRAMEN CYPEROIDES PALUSTRE ELATIUS, SPICA LONGIORE LAXA. *Raji. Gramen Cyperoides paluſtre, elatius, ſpica longiore laxa. H. Ox.* 3. *Sect.* 8. *Tab.* 12. *fig.* 23. *Cyperus Alpinus longus inodorus, panicula ferruginea minus ſparſa. Agroſtogr. Helvet.* 27. *Tab.* VIII. *Carex. vid. Flor. Jenenſ.* 306.

* 2. SCIRPOIDES, QUOD GRAMEN CYPEROIDES, SPICA E PLURIBUS SPICIS BREVIBUS MOLLIBUS COMPOSITA. *Raji. Syn.* Cette plante eſt fort bien repreſentée par la figure du *Gramen Cyperoides paluſtre majus, ſpica diviſa. C. B. Hiſt. Ox.* 3. *Sect.* 8. *Tab.* 12. *fig.* 29. Moriſon y rapporte le ſuivant Nº. 3. de cette page. C'eſt le *Gramen Cyperoides ſpicis curtis divulſis. Flor. Pruſſ.* 117. *cum fig.* Ses tiges ſont triangulaires.

3. SCIRPOIDES, QUOD GRAMEN CYPEROIDES EX MONTE BALON, SPICA DIVISA. *J. B.* Fleurit en May. Sur la même teſte ſe trouvent des epis a fleurs & des epis a fruits, ces derniers occupent le haut & le bas, & les autres le milieu. Les Epis a fleurs donnent 3 etamines, qui ſortent de chaque paquet d'écailles. Et les Epis a fruits renferment ſous chaque écaille des embryons de graines ſurmontez par une paire de cornes blanches & veluës.

4. SCIRPOIDES, QUOD GRAMEN CYPEROIDES PALUSTRE MAJUS SPICA COMPACTA. *C. B. Gramen Cyperoides paluſtre majus ſpica compacta. C. B. H. Ox.* 3. *Sect.* 8, *Tab.* 12. *fig.* 24.
Ses ſemences ſont rondes & applaties ſurmontées d'un ſtyle fourchu. Elles ſont enfermées entre deux baſles, dont la mere en a encore une d'appuy. Ses fruits ne ſont pas rangez en deux ordres comme le ſont ceux des Chiendents, mais ils ſont diſpoſez en rond ou de tous ſens autour de la rapette de chaque petit paquet. Sa tige eſt triangulaire & non fiſtuleuſe.

* 5. SCIRPOIDES, QUOD GRAMEN CYPEROIDES SPICATUM MINUS, SPICA LONGA DIVULSA SEU INTERRUPTA. *Raji. Moriſon* en donne une bonne figure ſous le nom de *Gramen ſylvaticum tenuifolium, rigidiuſculum. J. B. H. Ox.* 3. *Sect.* 8. *Tab.* 12. *fig.* 27.

* 6. SCIRPOIDES, QUOD GRAMEN CYPEROIDES SPICATUM MINUS, SPICA DIVULSA ACULEATA. *Raji. Synopſ.* 269. *Moriſon* en donne une bonne figure ſous le nom de *Gramen Cyperoides nemoroſum ſpicis parvis aſperis. C. B. Hiſt. Ox.* 3. *Sect.* 8. *Tab.* 12. *fig.* 26.

* 7. SCIRPOIDES, QUOD GRAMEN CYPEROIDES ELEGANS, SPICA COMPOSITA MOLLI. *Pluk.*

* 8. SCIRPOIDES, QUOD GRAMEN CYPEROIDES TENUIFOLIUM, SPICIS AD SUMMUM CAULEM SESSILIBUS, GLOBULORUM AEMULIS. *Pluk. Almag. Bot.* 178. *Phytogr. Tab.* 91. *fig.* 8. *Gramen Cyperoides foliis mollibus tenuibus, ſpicis brevibus coacervatis tribus quatuorve in ſummitate caulis. Raji Hiſt.* C'eſt un vray *Cyperoides* que j'ay. . . . . . .

* 9. SCIRPOIDES, QUOD GRAMEN CYPEROIDES MINIMUM, SEMINIBUS DEORSUM REFLEXIS PULICIFORMIBUS. *Raji. Syn.* 269. *Gramen Cyperoides pulicare. Hiſt. Ox.* 3. *Sect.* 8. *Tab.* 12. *fig.* 21.

* 10. SCIRPOIDES, QUOD GRAMEN CYPEROIDES ANGUSTIFOLIUM, SPICIS SESSILIBUS IN FOLIORUM ALIS. *J. R. H.* 530. *Gramen Cyperoides paniculis pluribus ſeſſilibus in foliorum alis. H. Ox.* 3. *Sect.* 8. *Tab.* 12. Eſt un vray *Cyperoides.*

L'autheur avoit effacé tout ce qui ſe trouve icy, en marquant au plus bas, c'eſt un vray Cyperoides; mais dans le Prodromus il l'a retenu.

Le *Gramen nemoroſum ſpica molli ruffeſcente. C. B. Pin.* 7. *Gramen ſylvaticum vel Nemoroſum.* 1. *Tabern. Ic.* 226. que Mr. Tournefort (*Hiſt. Par.* 462.) indique a l'entrée de la foreſt de Fontainebleau, au de la de la Buvettte Royale, a gauche dans les Bruyeres, eſt de ce genre, ainſi il n'a pas eû raiſon de le ranger parmi les Chiendents dans ſes *J. R. H.* ou il le nomme *Gramen nemoroſum, panicula rufeſcente, molli. pag.* 522.

I. SCIR-

1. Scirpus palustris altissimus. *J. R. H. Cyperus longus inodorus. sylvestris. Ger. Raji. Hist.* 1300. *N°. 7. Cyperus longus major, & elatior, foliis & carina serratis. H. Ox.* 3. *Sect.* 8. *Tab.* 11. *fig.* Le *Cyperus inodorus Germanicus. C. B. Pin.* y est rapporté. C'est aussi le *Gramen Cyperoides maximum folii medio imbricato. H. R. Par.* 81. *Cyperus longus inodorus vulgaris. Park. Th.* 1263. *& Gramen arundinaceum maximum Bayonense ejusd. ibid.* 1273. *Raji. Hist.* 2. 1282.

L'embrion du graine est surmonté de 3 filets blancs.

2. Scirpus omnium minimus, capitulo breviori. *J. R. H.*

* 3. Scirpus supinus, minimus, capitulis conglobatis, foliis rotundo-teretibus. *J. R. H.*

4. Scirpus palustris, altissimus, foliis et carina serratis. *J. R. H. Cyperi species.*

Typhulae species.

5. Scirpus Equiseti capitulo majori. *Inst. Juncellus Cyperoides, capitulo simplici. Flor. Pruss. fig.* 131.

Les Embryons des graines sont surmontez d'une paire des cornes blanches. Il s'en trouve a tige ronde, & a tige plate.

* 6. Scirpus Equiseti capitulo rotundiori.

Se trouve en quantité autour du petit Etang de Marcoussy, en Aoust.

7. Scirpus Equiseti capitulo minori. *Inst.* 528. *item Scirpus omnium minimus, capitulo longiori. J. R. H.* 528. Cette plante est repetée 3 fois dans les *J. R. H.* Sçavoir sous les deux noms déja dits & enfin sous le nom de *Scirpus omnium minimus Lusitanicus. J. R. H.* 528. bien verifié dans l'herbier du Droguier. *Mr. Petiv. Juncus omnium minimus capitulis Equiseti Plot. Hist. Ox. Raji. Hist.* 1306. 20. *Juncelli omnium minimi, capitulis Equiseti. Raji. Pluk Phytogr. Tab.* 40. *fig.* 7. il doute si c'est le *Juncellus Equiseti capitulis fluitans. C. B. Pin.* 12. *Prodr.* 23. que Mr. Tournefort raporte au N°. 3. de ce Catalogue.

* 8. Scirpus, qui Gramen Junceum foliis et spica Junci minus. *C. B. Pin.* 5. *Juncus parvus montanus cum parvis capitulis luteis. J. B.* 2. *l.* 18. *p.* 523. *& Gramen junceum marinum dense stipatum. Ejusd. ibid p.* 508. *Juncus parvus palustris, cum parvis capitulis Equiseti Raji. Hist.* 1306. *Mr. Petiv. Juncus minor capitulis Equiseti. Ger. fig.* 1631. *Juncus aquaticus capitulis Equiseti. Park. fig.* 1196. *Raji. Cat. Angl. & Hist.* 1305. *Synops.* 202. Plus il l'a encore envoyé comme une Plante differente sous le nom de *Juncus parvus palustris cum parvis capitulis Equiseti. Raji. Hist.* 1306. *& Synops.* 203. *Pluk. Phytogr. Tab.* 40. *fig.* 6.

Il est commun dans les marais ou prez marecageux de St. Leger en Ivelines. Il fleurit en May. Quelquefois il est plus grand que ne le represente la figure de Lobel, & ses testes alors, sont surmontées par la tige, ainsi ce pourroit bien estre aussi le *Gramen junceum minimum capitulo squammoso. C. B. Pin.* 6. *Prodr.* 13. *N°.* 37.

* 9. Scirpus, qui Gramen Junceum clavatum repens, foliis et capitulis Psyllii. *H. Ox. Mr. Petiver. Juncus capitulis Equiseti minor, fluitans. C. B. Raji. Hist.* 1305. 19. *vid. Petiv. Concord. N°.* 213.

Fleurit en May. Son Epi est composé de quelques écailles, de chacune desquelles sortent 3 etamines, qui n'environnent aucun embryon de graine, mais il y a d'autres écailles, qui occupent la partie superieure de l'Epi, qui contiennent l'embryon de graine, qui n'est environné d'aucune etamine. Les pedicules, qui soutiennent les Epis, sont applatis. Cette plante se trouve dans quelques unes des lacunes, qui sont entre St. Clair & Roussigny, & dans celles des patis de Montfort l'amaüry, & dans les marais ou prairies de St. Leger.

* 1. Sclarea. *Tabern. Ic.* 373. *Orvale cultivé. Fusch. ch* ccxv.

Cette plante se trouve autour de Montmorency. Elle est bisannuelle & fleurit en Juin & Juillet.

* 2. SCLAREA, FOLIIS PROFUNDE INCISIS, QUAE ORVALA SYLVESTRIS SPECIES QUARTA. *Dod.* 293.

* SCLAREA, QUAE ORVALA SYLVESTRIS SPECIES QUARTA. *Dod.* FLORE DILUTE CAERULEO. la *Salvia agrestis flore albo. Eyst. Tab.* 127. a les feuilles incisées comme celle de *Dodon. Chamaedrys alpina flore Fragariae albo. J. B.* 3. *lib.* 28. *p.* 290. *quoad Icon. Salvia sylvestris Trag.* 53. *Ormium sylvestre. Fuchs.* 569. *Orvale sauvage. Fusch. ch.* ccxv.

3. SCLAREA PRATENSIS, FOLIIS SERRATIS, FLORE CAERULEO. *Inst.*

Sa fleur a environ 10 lignes de long, elle est ordinairement d'un gros bleu foncé & quelquefois d'un bleu passe sur d'autres pieds. Elle fleurit des la fin de May, en Juin & Juillet.

* SCLAREA PRATENSIS, FOLIIS SERRATIS, FLORE DILUTE CAERULEO.

SCLAREA PRATENSIS, FOLIIS SERRATIS, FLORE PURPUREO VEL RUBICUNDO. *C. B. Pin.* 238. d'un tres beau pourpre.

Trouvée le 26 May 1712. dans les bas prez entre Issy & la Seine. C'est le *Salvia agrestis flore purpureo. Eyst. Tab.* 127.

SCLAREA PRATENSIS, FOLIIS SERRATIS, FLORE SUAVERUBENTE. *Inst.*

SCLAREA PRATENSIS, FOLIIS SERRATIS, FLORE ALBO. *Inst. Sclarea sylvestris flore albo. Tabern. Icon.* 373.

US. 1. SCORDIUM. *C. B. Pin.* 247. *vid. Chamaedrys.* N°. 4. *Scordion. Fusch. gall. ch.* ccxcviii.

Fleurit en Juillet & Aoust. Se trouve en quantité entre Gournay & Chelle dans les fossez des chaussées. Il se trouve en allant de St. Denis a la Barre le long du chemin, dans un fossé a droit, se trouve aussi a Montmorency en quantité autour des Etangs, & a Bondy dans la fossé qui aboutit au grand Chemin de . . . . . . & a l'avenue du Chateau de Rincy.

* SCORDIUM FLORE ALBO.

Se trouve en quantité autour de la mare a Boursias proche du Village de Livry.

US. 1. SCORODONIA SIVE SALVIA AGRESTIS. *Ger. Scordium alterum, sive Salvia Agrestis. C. B. Pin.*

Les calices sont longs de 2 lignes & decoupez par devant en 2 levres, dont la superieure, qui est retroussée, a 2 oreillettes arrondies a sa base. Elle est taillée comme en tiers point, l'inferieure est découpée en 4 pointes en dents de scie.

SCORPIUS. *vid. Genistaspartium.*

☉ 1. SCORZONERA PALUSTRIS PULVERIFLORA. *H. R. Par. Scorzonera nostras pulverifera. H. R. Blef* 305. *Scorzonera pratensis. Bross.* 93. *Scorzonera Monspeliensis folio crassiore. J. R. H.* 476.

La fleur a environ un pouce & demi de diametre d'un beau jaune en dessus ainsi que les filets ou styles, mais les demifleurons de la circonference, qui debordent les autres de 3 a 4 lignes, ne sont que bordez de jaune en dessous & ont une bande brune. Fleurit des la fin d'Avril & en May. Il se trouve des semences blanches, des brunes, & des noirastres sur la meme couche. Elles ont toutes environ 3 lignes de long & sont canelées en longueur & chargées d'une aigrette de plumes, blanc sale, longue de 3 a 4 lignes. Rien ne separe ces semences entre elles. Sa racine est couverte d'une peau noirastre. Elle donne, quand on la coupe en travers, un laict un peu amer. La tige est fistuleuse simple, & quelquefois elle se fourche ou donne une branche ou 2 qui ne soutiennent que chacun une fleur comme la tige simple. Ces tiges ne s'elevent guere plus d'un pied ou 15 pouces. Le revers des feuilles, qui sont entieres & pointues par les 2 bouts, est relevé dans sa longeur de 4 ou 5 nerveures. Ces feuilles ressemblent assez a celles du *Plantago angustifolia. C. B. Pin.* leur couleur est d'un verd d'herbe. Elle est commune dans le bois, qui est en dessus de Cueilly & dans la forest de Cressy, de Montmorency.

US. 2. SCORZONERA ANGUSTIFOLIA PRIMA. *C. B. Pin.* 275. *Scorzonera humilis angustifolia.* III. *Clus. Hist.* cxxxvii. *Icon.* cxxxviii. Est celle des Cleretes de Fontainebleau, qui a de la bourre au Colet de sa racine. *Scorzonera Pannonica angustifolia. Tabern. Ic.* 601. *Viperaria Pannonica angustifolia. Ger. Emac.* 737. *Est Scorzonera montana, alexipharmaca Volkameri Ephem. Germ. Ann.* 11. *Obs.* 181. *pag.* 422. descripte & figurée dans Fehr l'*Anchora Sacra. pag.* 36. *Tab.* 4. *Raji Hist.* 3. 148. La figure de la *Scorzonera foliis nervosis. C. B. Pin. Viperaria humilis Ger.* qui est dans la neuvieme Table de la septieme Section de l'Histoire d'Oxfort, reprefente parfaitement bien la plante des clairs bois de Fontainebleau, lorsqu'elle eft en fleur.

Elle fe trouve auffi dans les landes autour de Fontainebleau, ou fes feuilles ont quelquefois un pouce de large.

♀3. SCORZONERA LACINIATIS FOLIIS. *Inft. Tragopogon laciniatis foliis. Col. Phytob.* 2.22. H.Par. 362. *fig.* 21. *Tragopogon laciniatum, luteum. C.B.Pin.* 274.

Ses femences ne font point feparées par des languettes. Ainfi c'eft une vraye Scorzonere.

I. SCROPHULARIA NODOSA, FOETIDA. *C.B.Pin. foliis binis. Grande Scrophulaire. Fufch.* US. *ch.* LXXI. *Galeopfis. Grande fcrofulaire. Dod. gall.* 34.

* SCROPHULARIA NODOSA, FOETIDA, FOLIIS TERNIS.

Varieté que j'ay trouvé a St. Maur.

* SCROPHULARIA NODOSA, FOETIDA, FOLIIS UTRINQUE ACUTIS.

2. SCROPHULARIA AQUATICA MAJOR. *C.B.Pin.* 235. *Scrophularia maxima, radice fi.* US. *brofa.J.B. quoad defcript.* 3. *lib.* 30. *p.* 421. *Sideritis Monfpeffulana. Ejufd. quoad Icon.* 3. *lib.* 30. *p.* 426.

* I. SECALE HYBERNUM VEL MAJUS. *C.B.Pin. Seigle. Fufch. ch.* CCXCIII.   *Seigle.*
Extrait de l'Hiftoire de l'Academie Royale des Sciences année 1710. *pag.* 62. Il y a US. des Brouillards qui gaftent les Froments, & dont la pluspart des Epics de Seigle fe defendent par leurs barbes. Dans ceux que cette humidité maligne peut atteindre & penetrer, elle pourrit la peau qui couvre le grain, la noircit & altere la fubftance du grain même. La Seve qui s'y porte n'eftant plus refferrée par la peau dans les bornes ordinaires, s'y porte en plus grande abondance, & s'amaffant irregulierement forme une efpece de monftre, qui d'ailleurs eft nuifible, par ce qu'il eft compofé d'un melange de cette Seve fuperflue avec une humidité vitieufe. C'eft ainfi que Mr. Fagon premier Medecin du Roy & Academicien honoraire en explique la generation. Dans la pag. 63. il eft dit, que ce n'eft que dans le Seigle que fe trouve l'Ergot. Et a la page 64. il eft dit, que cette mauvaife efpece de grain vient en plus grande abondance dans les terres humides & froides, & dans les années pluvieufes. Un certain Seigle particulier, qu'on feme en Mars, y eft plus fujet que ceux qu'on feme en Automne. Cet Ergot femé ne leve point, ce qui eft fort naturel, & en même temps heureux.

Il arrive fouvent une certaine maladie ou vice au feigle, qui luy fait porter des grains noirs en dehors, & blancs en dedans, qui font plus durs quand ils font fecs, que les grains naturels. Ils n'ont point de mauvais goût, & ils s'allongent beaucoup plus dans l'epi que les autres. Il y en a quelques uns qui ont jufqu'a 13 ou 14 lignes de long fur 2 de large, & l'on en trouve quelquefois 7 ou 8 dans un épi. En Sologne on appelle ces grains *Ergots* & en Gatinois du *Blé cornu.* Diction, de Furretiere. C'eft le *Secale luxurians quibufdam ; aliisque orga, & Secalis mater.* 1. *Hift. Ox.* 3. 179. *Secale luxurians. C.B.Pin.* 23. *Theatr.* 434. *cum fig.*

I. SEDUM MINUS TERETIFOLIUM ALBUM. *C.B.Pin. La petite Joubarbe femelle. Fuchf. Gall. cap.* x.

☿ 2. SEDUM ARVENSE, FLORE RUBENTE. *C.B.Pin.* celuy cy eft diftingué du precedent dans l'*H. R. Blef.* c'eft la plante annuelle de nos campagnes, il fe trouve auffi dans le bois de Boulogne en allant du Chateau de Madrid a la porte de Boulogne le long des murailles, & dans le Parc de Vincennes, en le traverfant pour aller a St. Maur. *Sedum minus teretifolium alterum. C.B.Pin. Sedum minus, teretifolium, album, alterum. C.B.Phytop.* 554. N°. VI. *Semper-vivum minus aeftivum. Lob. Obf.* 205. *Icon.* 378. *Park. Theat.* 735. *Ger. em.* 513. il n'y faut pas raporter comme a fait *C. Bauhin* l'*Aizoon dafyphyllum. Lugd.* le même *Bauhin* dans fon *Pin. pag.* 283. raporte mal a propos noftre plante a fon *Sedum minus teretifolium luteum. J. Bauhin* qui a copié la figure de *Lobel* la nomme *Sedum minus aeftivum luteum. T.* 3. *lib.* 35. *p.* 693. & la decrit a fleur jaune.

Se trouve autour de Seve, de Meudon fur les murailles de Juvify, fleurit en Juin. Sa fleur a 3 a 4 lignes de diamètre a 5 petales blancs fales, tres pointus, coupéz felon leur longueur d'une ligne purpurine brune, qui forme une petite cofte en deffous heriffée de quelques poils. 5 etamines blanches a fommets purpurins avant qu'ils fe crevent, & bruns lors qu'ils font crevez, entourent un piftile de 5 cornets blancs fales. Les tiges & les branches font parfemées d'un

Z z

poil

poil fort court & fort dru.   La plante machée n'a nul acreté.   C'est le *Sedum minus aestivum luteum. Chabr. Ic.* 540.

☿ * 3. SEDUM MINIMUM ANNUUM FLORE ROSEO TETRAPETALO. Voyez Planche X. Fig. 2. Fleurit dès May, & dure dans cet estat jusqu'au mois d'Aoust, qu'elle perit, dans les sables des landes ou l'eau a croupi·

Cette plante n'a jamais guere qu'un pouce ou un pouce & demi de hauteur.   Ses racines font de petits toupets de Cheveux blancs longs de 2 ou 3 lignes, qui poussent une tige, qui après un progrez de 2 ou 3 lignes se divise ordinairement en 2 ou 3 principales branches, & celles cy en plusieurs autres toujours opposées 2 a 2. Cette tige & ces principales branches des noeuds inferieurs desquelles partent quelquefois des racines semblables aux autres, ont environ demi ligne d'epaisseur, elles font ordinairement purpurines, succulentes, entrecoupées de noeuds d'un tiers de pouce a l'autre, qui donnent le plus souvent naissance a une petite branche, & presque toujours a une fleur, & a 2 feuilles opposées & croisées par la paire superieure.   Ces feuilles n'ont tout au plus que 2 lignes de long sur demie ligne de large dans leur milieu, d'un verd obscur, charnues sans costes ni nervures sensibles, arrondies sur le dos, emoussées sur le bout & qui embrassent la tige par leur base.   La fleur est a 4 petales couleur de rose, de demie ligne au plus de longueur sur un quart de largeur, coupéz dans leur longueur par une ligne plus foncée, & poséz en rond autour d'un pistile & soutenus par un calice d'une seule piece a 4 quartiers obtus.   Les etamines font courtes & ne debordent pas la fleur. Le pistile est composé de 4 petits corps couleur de chair clair. Il devient un fruit a 4 cornets ou gaines longs d'une ligne qui s'ouvrent en long du costé du centre, & renferment des semences noires & tres menues. Toute la plante est un peu stiptique. Elle naist dans les endroits de la forest de Fontainebleau, ou l'eau a croupi l'hiver.

4 SEDUM CEPAEA DICTUM. *H. L. Bat. Cepaea. J. B.* 3.679. *Matthioli. Clusii. Hist.* LXVIII. *Cepaea. C. B. Pin.* 288. & *Alsine angustifolia. C. B. Pin.* 250. N°. 9. *Alsine maxima. Lugd.* 2.1233. *Gall.* 2.128. *Cepaea Matthioli. Lugd.* 2.1346. *Gall.* 2.233.

Sedum luteum.   A fleurs jaunes.

Tricque Ma-
dame.   ☉ 5. SEDUM MINUS LUTEUM, FOLIO ACUTO. *C. B. Pin.* 283. *Sedum minus flore luteo. J. B.* 3.692. *Vermicularis & crassula minor vulgaris, sive Illecebra major. Park. Th. La petite Joubarbe masle. Fuchs. Gall. cap.* x.

Sa fleur a ordinairement 6 a 7 lignes de diamêtre, & est ordinairement de 7 petales, quelquefois de 6 seulement & quelquefois aussi de 8, jaune plus pâle que celles du suivant. Elle ne commence a paroistre qu'au commencement de Juillet.   Cette espece differe de la suivante, en ce qu'elle est plus grande dans toutes ses parties, que son verd est glauque, d'ailleurs Ses feuilles font taillées & arrangées de même maniere aussi bien que les fleurs, même saveur, qui n'est qu'aqueuse & point du tout acre.

☉ 6. SEDUM MINUS LUTEUM, RAMULIS INFLEXIS. *C. B. Pin. Sedum minus lutenm flore se circumflectente. J. B.* 3.692. *Vermicularis scorpioides. Park. Th. varietas potius praecedentis videtur, quam species distincta, ut suspicatur Rajus. Hist.* 691. dit *Pluk.*

Cette plante fleurit en Juin & Juillet. Et est commun dans la pleine de Seve.   Sa fleur a environ demi pouce de diamêtre, a 5 ou 6 petales creuséz ou pliéz en goutiere dans leur longeur, qui est d'environ 2 lignes sur prés d'une ligne de largeur. Les 10 ou 12 etamines & leurs sommets font d'un beau jaune ainsi que les petales.   Le pistile est de 5 a 6 gaines verd jaunastre, le verd des feuilles est gai & . . . .

US.   7. SEDUM PARVUM ACRE FLORE LUTEO. *J. B. La tierce espece de Joubarbe. Fuchs. Gall. cap.* x.

8. SEDUM MINIMUM LUTEUM NON ACRE. *J. B.* 3.695.

SEDUM MINUS, LATO ET CRASSO CAULE, PORTLANDICUM BELGARUM. *H. R. Par.*

US.   9. SEDUM MAJUS VULGARE. *C. B. Pin. Sedum vulgare. Eyst. Tab.* 298. *La grande Joubarbe. Fuchs. Gall. cap.* x.

10. SEDUM, QUOD POLYGONUM MINIMUM MUSCOSUM. *Bocc. Sedum minimum Muscosum, tenuissimo folio rubens. Hort. Cath.* 199. *Raji Hist.* 1.216.

Ic

Je ne connois point le Caractere de cette plante , a la quelle je n'ay jamais pû decouvrir des fleurs ni des fruits. Les feuilles font enfilées par la tige, & de leurs aiffelles il s'en elevent 3 ou 4 autres plus petites en forme de paquet. Cette plante fleurit en Avril & May. Ses fleurs naiffent par petits paquets dans les aiffelles des feuilles. Chaque fleur eft fi petite , que l'oeil le plus penetrant, fans le fecours de la Loupe , a peine a l'appercevoir. Elle eft a trois petales couleur d'eau & tranfparentes, tailléz en languette tres pointuë, ou fi l'on veut en feuille de Genevrier. Elles font oppofées en triangle, & s'echapent par les cantons du calice, qui eft a 3 lobes verts, charnus, & terminez par un petit poil tres aigu & tres court. Quelques etamines fort courtes a fommets blancs fales entourent le piftile, qui eft compofé de 3 guaines, qui ne paroiffent que comme 3 petits points, qui rougiffent lors que les petales font tombées. Elles renferment chacune une femence tres menuë , ovale , & luifante. Je n'ay remarqué que 3 ou 4 Etamines dans la fleur. La plante machée laiffe au gofier une legere impreffion d'acrete.

1. Senecio minor vulgaris. *C. B. Pin. Senecio vulgaris.* 1. *Raji Hift.* 1. 290. *Seneceon. Fufch. ch.* CVIII.

Sa femence tire fur le Mufc par fa couleur. Elle eft longue d'environ d'un ligne, canelée & chargée d'une broffe de poils blancs longs de 2 lignes,

1. Serpillum latifolium hirsutum. *C. B. Pin.*

* Serpillum latifolium, hirsutum, flore albo.

2. Serpillum vulgare majus, flore purpureo. *C. B. Pin. Plukenet* y ajoute le US. *Serpillum fativum. Ejufd. C. B. Pin. Serpilli vulgaris fecundum genus. J. B. Serpillum vulgare flore amplo Raji. Synopf.* 78. *Thymus latifolius. Park. Th. Serpillum. Math.* 724. *Ital.* 2. 763. *bonne fig.* Je croy qu'il faut encore joindre icy le *Serpillum majus latifolium.* 1. *C. B. Pin.* 220. au quel il raporte feulement le *Thymum latifolium. Lob. Icon.* 424.

* Serpillum vulgare majus, flore dilutissime carneo.

Serpillum vulgare, majus, flore albo. *C. B. Pin. magno flore.*

Sa fleur a prés de 3 lignes de long, & fon ouverture a prés de 2 lignes.

* serpillum vulgare , majus, foliis ex albo , viridique colore eleganter variegatis. *Hift. Oxon.* 3.

* Serpillum vulgare , majus, flore minore.

Sa fleur n'a que 2 lignes fur une ligne & demie d'ouverture. La levre fuperieure eft un peu echancrée, & l'inferieure découpée en 3. Cette defcription appartient au *Serpillum vulgare majus flore minore.*

3. Serpillum vulgare minus. *C. B. Pin. flore purpureo. floribus pallidis. Flor. Bat.* 47. *Serpolet. Fufch. ch.* XCIII.

* Serpillum vulgare, minus, floribus purpureis. *Flor. Bat.* 47.

* Serpillum vulgare , minus, floribus rubicundis.

Au bois de Boulogne.

* Serpillum vulgare, minus, flore roseo. *C. B. Pin.*

Serpillum vulgare, minus, flore candido. *C. B. Pin.*

Serpillum vulgare, minus, capitulis lanuginosis. *C. B. Pin.*

* 4. Serpillum saxatile hirsutum, Thymifolium nanum flore purpureo. *an Serpillum villofum , fruticofius , floribus dilute rubentibus. Raji Synopf. Serpillum angufto lanuginofoque folio. J. B.* 2. 270. *an & Serpillum vulgare , minus, foliis acutioribus , & anguftioribus. C. B. Pin? an Serpillum , alterum. Matth.* 725. *Ital.* 764.

Cette plante eft tres commune dans les landes Sablonneufes de la foreft de Fontainebleau, ou elle fleurit tout l'efté. Elle rampe & forme des gafons touffus, qui ont fouvent un pied de diamètre ; Ses racines font dures, tortues, tirants fur le brun, epaiffes quelquefois d'une ligne ou deux , garnies de fibres chevelues. Ses tiges fe couchent a terre, ou elles s'attachent par des filets de racines longs d'environ un pouce, qui fortent de leurs noeuds. Elles ont environ une ligne d'epaiffeur & quelquefois plus, fur tout vers leur naiffance, & deviennent plus menues a mefure qu'elles s'allongent. Elles font dures , ligneufes, chargées de noeuds d'un quart de pouce a l'autre, chaque noeud eft garni de 2 feuilles oppofées & fouvent de 2 branches, qui naiffent des aiffelles des feuilles. Ces feuilles font verd gay taillées en fer de pique ou en ovale pointu, les plus longues ont depuis 3 jufqu'a 4 lignes de long fur une ligne ou demie ligne de large , & les plus petites ont la moitié moins de volume. La plufpart de ces feuil-

les

les font comme creufées en cuilleron ou en goutiere en deffus & convexes en deffous, & toutes font garnies de 3 ou 4 petits poils fur leur marge vers leur bafe. Les branches a fleurs s'elevent environ de 2 pouces, & fe terminent par un bouquet en teffe oblongue, compofé de 4 ou 5 verticilles de fleurs, qui s'epanouiffent fucceffivement. Chaque fleur eft un tuyau d'environ 2 lignes de long fur une ligne & demie d'ouverture, fort etroit vers la bafe qui eft percée, 2 fois plus large par le haut, qui s'evafe en 2 levres, dont la fuperieure, qui eft longue d'une ligne fur prefque autant de largeur, eft entiere & un peu creufée en cuilleron, & l'inferieure fe divife en 3 parties, dont la moyenne eft la plus longue. Le calice eft un tuyau velu & canelé, long de 2 tiers de ligne, découpé fur le devant en 2 levres, dont la fuperieure eft relevée & fendue en 3 pointes, & l'inferieure en 2. 4 etamines, 2 longues & 2 plus courtes, debordent la fleur. Les jeunes branches font couvertes d'un duvet court & ferré, & font purpurines fur les pieds, qui portent des fleurs de cette couleur, & blanchaftres fur ceux a fleurs blanches. Toute la plante eft aromatique.

* SERPILLUM SAXATILE HIRSUTUM, THYMIFOLIUM NANUM, FLORE RUBELLO. *Bocc. Muf.*

* SERPILLUM SAXATILE HIRSUTUM, THYMIFOLIUM NANUM, FLORE ALBO

*SERPILLUM SAXATILE HIRSUTUM, THYMIFOLIUM NANUM, FLORE RUBICUNDISSIMO, VEL PURPUREO.

Cette varieté n'eft pas trop commune a Fontainebleau, ou toutes les autres fe troüvent.

* SERPILLUM SAXATILE HIRSUTUM, THYMIFOLIUM NANUM, CAPITULIS LANUGINOSIS.

5. SERPILLUM FOLIIS CITRI ODORE. *C. B. Pin.*

SESELI PRATENSE, SILAUS FORTE PLINIO. *C. B. Pin.*

1. SIDERITIS HIRSUTA PROCUMBENS. C'eft pluftot le *Sideritis vulgaris hirfuta erecta. C. B. Pin.* 233. *Sideritis five Ferruminatrix, & Sideritis Heraclea Diofcor. Cordo Clufio & Herbariis. Lob. Ic.* 523. *Sideritis vulgaris. Cam. Epit.* 747. *Sideritis five ferruminatrix. Lob. Adv.* 223. *Icon.* 224. *Plukenet* ne rapporte au *Sideritis hirfuta erecta. C. B.* que le *Sideritis vulgaris hirfuta. J. B.* 3. 425. *Aifpargonte. Fuchf. Gall. cap.* ccxcv.

H. Par. 248. & 399.
♀ 2. SIDERITIS ARVENSIS, LATIFOLIA GLABRA. *C. B. Pin. Betonica arvenfis annua, flore ex albo flavefcente. J. R. H.* 203. *Sideritis flore albo, barba luteola. Riv. Ic.* 1.

Fleurit en Juillet & Aouft. Sa fleur a environ demi pouce de long. La levre fuperieure eft retrouffée & tant foit peu échancrée. L'inferieure eft decoupée en 3 parties, dont la moyenne eft auffi un peu échancrée & flave. Tout le refte de la fleur eft affez blanc. Les verticilles font fimples. Il eft tres commun autour de Bercy, Charenton, St. Maur.

3. SIDERITIS, QUAE ALSINE TRIXAGINIS FOLIO. *C. B. Pin.* 233.

§. SIDERITIS, QUERNO FOLIO. *C. B. Pin. vid. Horminum.*

US. 1. SINAPI RAPI FOLIO. *C. B. Pin.* 99. Il ne faudra point citer *C. Bauhin* puifque toutes les figures des plantes, qu'il raporte a la fienne, n'ont aucune reffemblance a noftre Moutarde. Il faut donc nommer la noftre *Sinapi fativum. Ger. emac. defcript. Sinapi filiqua latiufcula, glabra, femine rufo five vulgare. J. B.* 2. 855. *Verbenaca recta five mas Fuchfii. Lug.* 2. 1335. que *C. Bauhin* rapporte mal a propos a fon *Eryfimum vulgare. C. B. Pin.*

H. Par. 36.
US.
♀ 2. SINAPI APII FOLIO. *C. B. Pin.* 99. *Seneve jaune. Fufch. ch.* ccIIII. *Sinapi filiqua hirfuta, femine rubro. H. R. Bl.* 309. *Sinapi agreffe Apii aut potius Laveris folio. Lob. Obferv.* 100. *Adv.* 68. *Sinapi primum genus. Fuchf. Icon.* 538. C'eft icy ou il faut raporter le *Sinapi hortenfe. Dod. Gall.* 429. & non pas a l'*Eruca latifolia alba fativa Diofcoridis. C. B. Pin.* comme a fait *Bauhin.* mais cette faute doit eftre attribué a l'impreffion pluftot qu'a luy, puifqu'il rapporte auffi la dite plante a fon *Sinapi Apii folio. Sinapi fecundum. Matth.* 563. *Sinapi. Dorft.* 270. *Sinapi luteum fativum. Trag. Ic.* 101. Ray dit que cette plante n'a point les feuilles de Perfil mais pluftot de Rave, ce qui le fait douter, fi la plante en queftion n'eft pas auffi le *Sinapi Rapi folio. C. B.*

Fleurit en Juin & Juillet. Sa fleur eft d'un jaune pafle. Sa filique eft velue.

H. Par. 35.
♀ 3. SINAPI ARVENSE PRAECOX, SEMINE NIGRO. *H. Ox.* 2. 216. *Eryfimum Theophrafti. Rapiftrum. Dod. Gall.* 431. *Rapiftrum. Dod. Pempt.* 675. *Velar. Fufch. ch.* xcvi.

Fleurit en Avril May & Juin. Sa fleur eft d'un beau jaune. Sa femence n'eft pas noire mais d'un rouge noiraftre.

H. Par. 35.
♀ SINAPI ARVENSE PRAECOX, SEMINE NIGRO, FOLIIS INTEGRIS. *Inft. R. H. Rapiftrum. Brunsf.* 3. 159.

* Si-

* SISON, QUOD AMOMUM OFFICINIS NOSTRIS. *C.B. Pin. vid. Sium. N.* 6.

O 1. SISYMBRIUM AQUATICUM. *Matth.* 487. *Cresson aquatique. Fusch. ch.* H.Par.232. CCLXXVI. *Nasturtium aquaticum supinum. C. B. Pin.* 1. 104. *Sisymbrium Cardami-* & 535. *ne sive Nasturtium aquaticum. J.B.* 2. *lib.* 21. 884. *Nasturtium aquaticum. Dod.* 592. feuil- US. les longues & pointues. *Nasturtium aquaticum.* 1. *Tabern. Ic.* 455. feuilles rondes. *Sisymbrium aquaticum. Cam. Epit.* 269. feuilles rondes. *Cratevae Sion Erucae-folium. Lob. Ic.* 209. feuilles longues. *Nasturtium. Dorst.* 197. a feuilles rondes. *Senacion. Ejusd.* 266. *Sisymbrium cardamine. Fuchs. fig.* 523. feuilles rondes & courtes. *Nasturtium aquaticum. Trag.* 82. a feuilles pointues.

Les feuilles varient. Elles sont longues & pointues sur certains pieds; rondes & obtuses sur d'autres. Fleurit en Juin, Juillet & Aoust. Ses siliques sont un peu courbes & aplaties, longues de 7 a 8 lignes, a 2 loges, chacune remplie d'un double rang de semences rousses, oblongues ou ovales un peu aplaties.

2. SISYMBRIUM, ERUCAE FOLIO GLABRO, FLORE LUTEO. *Inst.* 226. *Eruca lutea latifolia, sive Barbarea.* 9. *C. B. Pin.* 98. *Barbarea. J. B.* 2. *lib.* 21. 868. *Dod.* 712. *S. Barbarea* H. Par.364. *herba. Fuchs.* 745. *Barbarea mas. Tabern. Ic.* 451. *Barbarea. Ger. emac.* 243. *Herba di S. Barbara. Cast.* 214. *Herbe Ste. Barbe. Fusch. ch.* CCLXXXV.

Fleurit en May & Juin. Mr. Danjou dit que la plante écrafée & appliquée appaise les douleurs des panaris, les fait suppurer & les guerit.

SISYMBRIUM AQUATICUM, FOLIIS VARIIS. *Raphanus sylvestris major, flore luteo. Mor. H. R. Bl.* 300? *Raphanus aquaticus Tabernaemont. Icon.* 415. *J.B.* 2. *lib.* 21. *p.* 867. *Raphanus sylvestris officinarum aquaticus. Lob. Icon.* 319. & *Sinapi aquaticum Patavinum. J. B.* 2. *l.* 21. *p.* 867.

Fleurit en May & Juin. Sa fleur a 3 a 4 lignes de diamétre. Elle est jaune ainsi que son calice, ses Etamines & leurs sommets. Ses tiges sont fistuleuses. Celle-cy n'est qu'une varieté du N°. 3.

3. SISYMBRIUM AQUATICUM RAPHANI FOLIO, SILIQUA BREVIORI. *Inst.* 226. *Raphanus* H.Par.230. *aquaticus alter. C. B. Pin. Edit.* 1. 97. *Prodr.* 38. *fig. Raphanus aquaticus Rapistri folio. C. B. Pin. Ed.* 2. 97. *N°.* VII. *Raphanus aquaticus Tabernae-montani. J. B.* 2. 867. *Rapistrum aquaticum. Tabern. Ic.* 408. *Raphanus palustris. Lugd.* 1090. *Raphanus aquaticus. Ger. Emac.* 240. *an Raphanus aquaticus alter, foliis serratis.* 4. *H. Ox.* 2. 237. ce dernier auteur dit que sa fleur est *albidus,* & y rapporte le *Rapistrum aquaticum. Tabern.* & *Ger. Raphanus sylvestris major, flore luteo. H. R. Bles.* 300. Il faut revoir tous les autheurs citez, car j'ay mis des noms, qui appartiennent a quelqu' unes des especes suivantes.

Ses siliques n'ont que 2 ou 3 lignes de long, a double rang de semences de chaque costé. Elles sont soutenuës par des pedicules longs d'environ demi pouce. Les fleurs sont toutes jaunes & ont environ 3 lignes de diamétre. Fleurit en Juin & Juillet.

O 4. SISYMBRIUM AQUATICUM FOLIIS IN PROFUNDAS LACINIAS DIVISIS, SILIQUA BREVIO- H. Par.230. RI. *Inst* 226. *Raphanus aquaticus, foliis in profundas lacinias divisis. C. B. Pin.* 97. *Prodr.* 38. *fig. Radicula sylvestris sive palustris. J. B.* 2. *lib.* 21. *p.* 866. *Icon. Raphanus sylvestris Dodonaei. Lugd.* 635. & *Raphanus palustris. Lugd.* 1090. *Raphanus aquaticus. Tabern. Icon.* 415.

Fleurit en Juin & Juillet, sa fleur est toute semblable a celle du N°. 5. Elle a environ 3 lignes de diamétre, les petales en sont arrondis sur le bout, les etamines & leurs sommets sont du jaune de la fleur, ses siliques n'ont qu'environ 3 lignes de long, terminées par une pointe longue d'une ligne. Elles sont aplaties & soutenues de pedicules longs de 3 ou 4 lignes. Ces siliques n'ont qu'une ligne de large.

O 5. SISYMBRIUM PALUSTRE REPENS, NASTURTII FOLIO. *Inst.* 226. *Roquette sauvage. Fusch. ch.* H. Par. 37. XCIX. *Nasturtium montanum luteum.* 1. *C. B. Pin.* 104. *Item Sisymbrium palustre minus siliqua glabra. J. R. H.* 226. *Eruca palustris Nasturtii folio, siliqua oblonga. C. B. Pin.* 98. *N°.* 6. *Eruca sylvestris minor, luteo parvoque flore. Ejusd. C. B. Pin.* 98. *N°.* 5. *Eruca quibusdam sylvestris repens, flosculo purpureo luteo. J. B.* 2. *lib.* 21. *p.* 866. *Eruca sylvestre. Fuchs.* 263. *fig. Eruca aquatica. Ger. emac.* 248. *Eruca sylvestris minor. Tabern. Ic.* 447. *Raphanus palustris minor, Nasturtii foliis, floribus parvis luteis. Pluk. Almag. Eruca aquatica. Park. Th.* 1242. *Sium alterum aquaticum luteum, vel Cardamine te-*

Aa a

nui-

*nuifolium montanum. Col. 1.266. Sium tenuifolium montanum luteum. Ejufd. Icon. 269. I-
con Raphani minimi repentis, lutei, foliis tenuiter divifis, quae apud Morif. in Tabulis.
Sect. 3. Tab. 7. fig. 1. extat. Ut & quae fub Erucae aquaticae Gerard titulo. Sect. 3. Tab.
6. fig. 17. habetur*, plantae nobis hoc in loco allatae optime refpondent dicit. *Pluk. Almag.*
fi cela eft, il faut rapporter a noftre plante le *Raphanus minimus luteus Nafturtii folio. Morif. H. R. Bl.* 300. qui eft le *Raphanus aquaticus minimus, luteus. Catal. H. R. Blef.* 173.
l'*Eruca paluftris major. Tabern. Icon.* 447. que *C. Bauh.* rapporte mal a propos a fon *Sinapi Apii folio. C. B. Pin.* 99. doit eftre mis icy.

   Sa fleur eft d'environ 3 lignes de diamêtre.   Elle eft jaune ainfi que les Etamines & leurs
fommets.   Elle paroift en Juin & Juillet.   Ses filiques ont environ demi pouce de long fur
moins d'une ligne de large, aplaties & terminées d'une petite pointe d'environ demie ligne
de long & foutenues d'un pedicule long d'environ 4 lignes.

   ☉ * 6. Sisymbrium palustre repens, parvo flore. *Sifymbrium paluftre, flore minimo. Prod. Bot. Parif.*

   Se trouve a Bondy, & dans la Cour de la Menagerie, parc de Verfailles. Le 17 Juillet
1710 J'ay trouvé cette plante autour de la marre ou Etang du bois de Vincenne, ou elle eft
fort commune.   Elle eft plus petite que celle du N°. 5. Ses fleurs n'ont qu'environ une ligne de
diamêtre, chaque petale n'a pas une ligne de long fur demie ligne de large, ils font jaunes ainfi que les etamines & leurs fommets. Le calice s'evafe d'environ une ligne & demie, il eft verdaftre.   Les filiques n'ont guere que 3 lignes de longueur fur ½ de ligne ou une ligne d'e-
paiffeur, qui eft egale d'un bout a l'autre, elles fe courbent un peu en faucilles & font foutenues d'un pedicule de 2 ou 3 lignes de long. Au refte cette plante reffemble beaucoup par fes
autres parties a celle du N°. 4.   Elle eft vivace, & a le gouft de celle du N°. 5. Ses filiques renferment fous chaque panneau 20 ou 25 femences.   Ces tiges fe couchent ordinairement a
terre & forment un gafon rond de 8, 10, ou 12 pouces de diamêtre. Ses femences meuriffent
en Aouft, elles font. . . . . .

H. Par. 231.   ☿ 7. Sisymbrium annuum Absinthii minoris folio. *Inft.* 266. ⌐*Accipitrina
US.*   *Rivini & Loniceri. Flor. Jenenf.* 74. *Eryfimum Sophia dictum Raji. Hift.* 812. *Nafturtium
fylveftre tenuiffime divifum.* 2. *C. B. Pin.* 105. *Seriphium Germanicum five Sophia quibufdam. J. B. 2.* 886. *Sophia Chirurgorum. Park. Lob. Ic.* 738. *Thalictrum Herba Sophia latifolia. Tabern. Ic.* 6. *Thalictrum Herba Sophia anguftifolia. Ejufd.* 7. *Sophia. Dod.* 133......
Brunsf. 3. 170. *Seriphium Germanicum. Trag. defc.* 337. *fig.* 338. *Seriphie. Fuchf. Gall. Cap.* 1.
   Fleurit . , . . . Ses filiques font longues d'environ neuf lignes, relevées de 4 angles, a 2 loges, remplie, chacune d'un rang de femences rouffes, oblongues, tres menuës.
Cette filique eft femblable a celle de la *Turritis Leucoji folio. Inft. R. H.* & differente de
celles du 3, 4 & 6. *Sifymbrium* de ce Catalogue. ·

   * 8. Sisymbrium Erucae folio aspero, flore luteo. *J. R. H. Erucae fpecies.*

   ☿ * 9. Sisymbrium palustre album, Erucae folio, siliquis in foliorum alis. On
peut feulement raporter cette plante a la Roquette par raport a fon gouft. bien verifié.

   Les feuilles de cette plante font découpées a peu prés comme celles de la Roquette fauvage
difpofées alternativement le long des tiges, de l'aiffelle de chacune desquelles fort une petite fleur blanche, d'ou provient une filique courbe, longue d'environ un pouce, epaiffe d'une
ligne vers la bafe & qui va toujours en diminuant jufqu'au bout, qui eft terminé par un ftile
long d'une ligne.   Cette filique eft a 2 loges, qui renferment chacune comme un double rang
de femences, fur tout dans le bas, qui eft plus large que le haut. Ses femences font brunes,
ovales & fort menues.   La filique s'ouvre aifement d'elle même.   Les tiges de la plante font
couchées a terre. Elle fleurit en Juin, Juillet & Aouft. Les graines meuriffent dans ce dernier
mois & en Septembre. Cette plante naift fur les bords de la Seine du cofté des Invalides & a Puteaux
& vers le moulin de Javelle. Toute la plante eft d'un gout acre & piquant comme la Moutarde. Sa
racine eft blanche, longue & epaiffe comme la queue d'un rat, garnie par cy par la de quelque cheveux blanc, de fon colet fortent plufieurs tiges, qui s'etendent fur les coftez & en
rond, les plus longues ont environ un pied, fur une ligne & demie d'epaiffeur, elles font fo-
lides, vertes, fouettrées ou glacées d'un peu de purpurin, legerement fillonnées & parfemées
d'un leger & tres court duvet.   Elles font garnies d'un bout a l'autre de feuilles femblables a
celle de l'*Eruca fylveftris major, caule afpero. C. B. Pin.* mais plus petites, verd foncé en
deffus & tirant un peu fur le blanchaftre en deffous, de l'aiffelle de chaque feuille s'eleve

                                                                          une

une filique, qui dans fa perfection peut avoir un pouce de long, elle eft ordinairement taillée & courbée en corne, & heriffée de petits poils fort courts. Elle contient fous chaque panneau environ une trentaine de femences ovales. Sa fleur eft blanche n'a que 2 lignes de diamêtre. Les petales font obtus par le bout & n'ont que demie ligne de large fur une ligne & demie de longeur, les fommets des etamines font coulenr de foufre, le calice eft verd, cylindrique & heriffé de quelques poils blancs. Elle fleurit en Juin, Juillet & Aouft. Ses graines meuriffent en Aouft & Septembre.

1. SIUM LATIFOLIUM. *C. B. Pin.* 154. *Sium medium. J. B. 3. part. 2. 173. Item Sium maxi-* H. Par. 364. *mum, latifolium. Ejufd. ibid. pag. 174. Sium majus latifolium. Ger. emac. Raji. Hift.* 1. 443. N°. 5. *Sium medium, Paftinaca paluftris. Tabern. Ic.* 72. *Item Sium majus latifolium, Apium paluftre. Ejufd. ibid. Sium. Riv. Ic.* 3. *Sium Diofcor. five Paftinaca aquatica major. Park. Theat.* 1240. *Sium five Apium paluftre, foliis variis. Flor. Pruff.* 256. cette figure reprefente la plante naiffante.

Fleurit en Juin, & Juillet en quantité dans les Aunettes entre Creteuil & Boiffy.

○ 2. SIUM SIVE APIUM PALUSTRE FOLIIS OBLONGIS. *C. B. Pin.* 154. *Sion umbelliferum. J.* H. Par. 302. *B. 3. part. 2. 172. Sium. Dod. Pempt.* 589. *Sion erectum umbellatum five Paftinaca aquati-* & 535 *ca Lob Raji. Hift.* 1. 444. *Sium paluftre alterum, foliis ferratis. J. R. H.* 308 *Sium minus. Riv. Ic.* 3. *Sium minus alterum. Park.* 1240. *Sium erectum humilius & ramofius foliis profundius ferratis. Hift. Ox.* 3. 283. *Icon. Sect. 9. Tab. 5. N°. 2. Sium verum Matthioli. Lugd.* 1092. *Sio. Caft.* 416. *Sion odoratum. Trag.* 465. *Ic. Ache. Fufch. ch.* CIII.

Fleurs blanches a 5 petales egaux & échancréz en coeur. Elles n'ont qu'environ 2 lignes de diamêtre. Ses femences font arrondies fur le dos & paroiffent eftre un peu canelées. Elle fleurit en Juillet & Aouft & quelquefois des Juin.

○ * 3. SIUM GENICULIS UMBELLATIS. *H. R. Par.* 166. *Sium umbellatum, repens. Ger. emac.* 258. *Raji. Hift.* 1. 444. *Sium aquaticum ad alas floridum. Mor. Umb.* 63. *Sium repens & procumbens, ad alas floridum, feu umbellis candidis, ad genicula difpofitis. Mor. Praelud. & Umb.* 63. *Sium aquaticum procumbens ad alas floridum. H. Ox.* 3. 283. *Ic. Sect. 9. Tab. 5. N°. 3. Apium paluftre minus, cauliculis procumbentibus ad alas floridum. H. L. Bat.* 50. *Pluk. Alm. Bot.*

Fleurit en Juin & Juillet & Aouft. Sa fleur eft blanche a 5 petales egaux terminéz en arcade gotique. Elle n'a qu'environ une ligne de diamêtre. Son fruit eft aplati fur les coftez. Chaque femence eft longue de prés d'une ligne etroite par le ventre, arrondie fur le dos & relevée dans fa longeur de 5 petites coftes.

○ * SIUM GENICULIS UMBELLATIS, FOLIIS LACINIATIS. *Sium foliorum conjugationibus laciniatis. J. R. H.* 308. *Sion five Apium paluftre foliis variis. Flor. Pruff.* 256. *fig.*

* 4. SIUM MINIMUM. *Raji. Hift.* 1. 444. *Sium minimum, umbellatum, foliis variis. Pluk. Phytogr. Tab.* 61. *fig.* 3. *Sium minimum Ferulaceis foliis. Mor. Praelud.* 309. *Sium minimum foliis imis Ferulaceis. Ejufd. H. Ox.* 3 283. *Ic. Sect 9. Tab. 5. N°. 5.*

Quand cette plante naift hors de l'eau, fes feuilles font entieres, & elle n'en a point des decoupées comme celle du Foenouil. Elle fe trouve autour de l'Etang de Montmorency, fur l'otie, dans les mares de la foreft de Fontainebleau, & dans celles de la foreft de St. Leger. Sa fleur eft a 5 petales blancs, entiers & egaux, 5 etamines blanches a fommets purpurins, l'embryon du fruit eft oblong & canelé.

☿ 5. SIUM ARVENSE SIVE SEGETUM. *Inft. R. Herb.* 308. *Selinum Sii foliis. Ger. emac.* 1018. H. Par. 303. *Raji. Hift.* 443. *Selinum fegetale. Park. Theatr.* 932. *Sium terreftre umbellis rarioribus. H. Ox.* 3. 283. *Ic. Sect. 9. Tab. 5. N. 6. Sifon alterum, vel Amomo congener Sii foliis noftras. Pluk. Alm.* 347.

Fleurit en Juillet & Aouft. Sa femence meurit en Aouft & Septembre. Sa fleur eft a 5 petales entiers, blancs un peu lavez de purpurin. Elle n'a pas une ligne de diamêtre. Les petales fe roulent ordinairement en dedans. Elle fe trouve dans les champs entre St. Denis, Stein, Pierre frifte, Giroflay, &c.

* 6. SIUM AROMATICUM, SISON OFFICINARUM. *J. R. H.* 308. *Sifon five officinarum Amo-* US. *mum. J. B. 2. part. 2. 107. Sifon quod Amomum officinis noftris. C. B. Pin.* 154. *Petrofelinum Macedonicum Fuchfii. Dod. Pempt.* 697. *Sifoni affinis, planta paluftris, geminato femine. Hort. Cath. Suppl.* 83. *Sifon vulgare five Amomum Germanicum. Park. Theatr. Pluk. Perfil. Fufch. ch.* CCLIV.

Se trouve dans les hayes autour de Clery, sur le chemin du Bordeau de Vigny a Magny, & a Seve en allant du Carfour au gibet le long des Murailles, a Boiſſy, a Hieres dans les hayes.

H.Par.535.　⊙ I. SMILAX UNIFOLIA, HUMILLIMA. *Inſt. R. H. App.* 654. *Unifolium. Brunsf.* 72. *Trag.* 485. *Unifoglia. Caſt.* 465. *Unifolium. Eyſt.Tab.* 3.

Fleurit en . . . . Elle ſe trouve dans les bois de Montmorency entre Moulignon & le premier etang, en allant au Chateau de la Chaſſe a droit ſur la pente du bois au deſſus d'une petite mare. Le P. Plumier qui l'a deſſiné aux Alpes dit & repreſente ſa fleur a 4 petales & a 4 etamines ſeulement, mais il y a bien de l'apparence qu'il ſe trompe, & qu'elle doit avoir 6 petales & 6 etamines. Le piſtile devient un fruit rouge.

H.Par.535.　☿ I. SMYRNIUM. *Matth.* 773. *Smyrnium. Riv. Ic.* 3. *Hippoſelinum. Cord. Hiſt.* 147. *Smir-*
US.　*nio. Caſt.* 420. *Petroſelinum Alexandrinum. Trag.* 436. *Ic.*

Sa fleur eſt jaune. Mr. d'Iſnard m'a dit, que cette plante eſt commune autour de Champigny, village qui eſt entre le Pont de St. Maur & Chenevieres.

Morelle.　I. SOLANUM OFFICINARUM ACINIS NIGRICANTIBUS. *C. B. Pin.* 166. *Morelle a fruit noir.*
US.　*Fuſch. ch.* CCLXV.

* SOLANUM OFFICINARUM, ACINIS NIGRICANTIBUS, FOLIIS EX ALBO ET VIRIDI VARIE-
GATIS.

2. SOLANUM OFFICINARUM, ACINIS PUNICEIS. *C. B. Pin. Morelle a fruit roux. Fuſch. ch.*
CCLXV.

3. SOLANUM OFFICINARUM ACINIS LUTEIS. *C. B. Pin. Solanum lanuginoſum, hortenſi ſive vulgari ſimile, baccis aureis. Raji. Hiſt.* 1.672.

US.　4. SOLANUM SCANDENS SEU DULCAMARA. *C. B. Pin. Dulcis amara flore caeruleo vulga-*
tior. Eyſt. Tab. 180.

* SOLANUM SCANDENS, SEU DULCAMARA, FLORE ALBO. *Dulcis amara, flore albo. Eyſt.*
Tab. 180.

US.　5. SOLANUM TUBEROSUM ESCULENTUM. *C. B. Pin.*

Laitron.　I. SONCHUS ASPER NON LACINIATUS. *C. B. Pin. Raji. Hiſt.* 1. 225. *Laicteron piquant.*
US.　*Fuſch. ch.* CCLXII.

* SONCHUS ASPER NON LACINIATUS, DIPSACI VEL LACTUCAE FOLIIS. *C. B. Pin.*

SONCHUS ASPER LACINIATUS, FOLIO DENTIS LEONIS. *C. B. Pin. Sonchus aſper laciniatus.* 6. *Raji. Hiſt.* 1. 225. *Laictuë aux lievres. Fuſch. ch.* CCLXII. Il faut voir la *Flora Pruſſica* ou il y a 2 figures de *Sonchus aſper*, une a large & l'autre a feuille eſtroite.

* SONCHUS ASPER LACINIATUS, FOLIO DENTIS LEONIS, FLORE INTUS ALBIDO EX-
TUS PURPURASCENTE.

Sa fleur eſt purpurine en deſſous, & blanchaſtre en deſſus.

SONCHUS LAEVIS, LACINIATUS, LATIFOLIUS. *C.B. Pin. flore luteo. C.B. Pin.* 124.

* SONCHUS LAEVIS, LACINIATUS, LATIFOLIUS, FLORE INTUS ALBIDO EXTUS PURPURA-
SCENTE. *Prod. Botan. Pariſ. Sonchus, laevis, laciniatus, latifolius; flore niveo vel albo. C. B. Pin.* 124. *Sonchus laevis tertius, flore niveo. Tabern. Icon.* 191.

Toute la plante eſt d'un verd glauque, ſa tige eſt fiſtuleuſe. Sa fleur a environ neuf lignes de diametre. Elle eſt double. Les 20 ou 24 demifleurons, qui forment la circonference, ſont purpurins en deſſous & blanchaſtres en deſſus ainſi que ceux du milieu. Les Etamines ſont jaunes. Les ſemences ſont applaties, couleur de bois, un peu ſtriées en longueur, aigrettées de poils blancs. Elles ont environ une ligne de long, & leur aigrette environ 2 lignes.

SONCHUS LAEVIS MINOR, PAUCIORIBUS LACINIIS. *C. B. Pin.*

* SONCHUS SUBROTUNDO FOLIO NOSTRAS, LAEVISSIMIS SPINULIS, CIRCA FOLIORUM ORAS
EXASPERATUS. *Pluk.*

2. SONCHUS REPENS, MULTIS HIERACIUM MAJUS. *J.B. Hieracium majus folio Sonchi, vel Hieracium Sonchites. C. B. Pin.* 126. *Item Hieracium majus folio Sonchi anguſtiore. Ejuſd. ibid.* 127. *Hieracium alterum. Dod. Pempt.* 639. *Icon. Grand Hieracium. Fuſch. ch.*
CXX.

Les calices de celuy-cy & du ſuivant ſont velus, & ceux de toutes les autres eſpeces de ce Catalogue ſont glabres.

SON-

*3. SONCHUS LAEVIS PALUSTRIS ALTISSIMUS. *Raji. Hift.* 1. 226. *Sonchus laevis lanceatus acutifolius. Flor. Pruff.* 258. bonne fig. *Sonchus paludofus, altiffimus, haftato folio. H. Ox.* 3. 61. *N°.* 12. *Sect.* 6. *Tab.* 9. *fig.* 12. C'eft tres affurement le *Sonchus laevis altiffimus. Cluf. Pann.* 654. *Sonchus* 111. *Ejufd. Icon.* 653. *Hieracium arborefcens paluftre. C. B. Pin.* 127. *N°.* 5. *edit.* 1. il n'y faut pas raporter, comme a fait. *C. Bauh.* le *Sonchus arborefcens. Tabern. Icon.* 192. car cette figure eft celle du *Sonchus anguftifolius maritimus. C. B. Pin* C'eft auffi le *Sonchus afper arborefcens. C. B. Pin.* ainfi cet autheur a nommé cette plante deux fois.

Se trouve autour de l'Etang & du Moulin de Maugrefin une lieu en deça de Chantilly. Ses femences font blanches tirant fur le ventre de biche.

* 1. SORBUS SATIVA. *C. B. Pin.* 415. *Sorbus. J. B.* 1. *lib.* 1. 59. *Cornier.* _{Cornier.} *Fufch. ch.* ccxviii. _{US.}

Il y en a de gros arbres en allant de St. Leger & St. Lucien dans la foreft a un petit hameau, qui n'eft qu'a un quart de lieue du dit St. Leger.

* 2. SORBUS AUCUPARIA. *J. B.* 1. 62. *Sorbus fylveftris pinnatis anguftioribus foliis, undique glabris, fructu parvo miniato. Pluk. Almag. Bot.* 355.

Cet arbre eft affez commun dans les bofquets de Verfailles. Ses feuilles font alternes. Il fleurit en May, fes fleurs naiffent en grape, qui forme une efpece d'ombelle. Elles ont l'odeur de celles de l'Aubepin. Chaque fleur a environ 5 lignes de diamétre, a 5 petales blancs ovaux & creufez en cuilleron. Elle a ordinairement 20 etamines blanches ainfi que leurs fommets, & 3 ou 4 ftyles velus, affez courts. Il eft commun dans la foreft de St. Leger, entre le Haras & le dit S. Leger. Son fruit eft a peu prés femblable a celuy de l'Aubepine tant en couleur qu'en figure, il meurit en Octobre. Il a environ 5 lignes de long fur autant de large & eft interieurement divifé en quelques cellules, qui contiennent quelques pepins longs d'environ 2 lignes taillez comme ceux de la poire. La partie anterieure de ce fruit eft enfoncée en nombril environné de 5 rayons, qui forment comme un etoile.

1. SPARGANIUM NON RAMOSUM. *C. B. Pin.* 15.

Fleurit en Juillet. Se trouve autour des Lacunes au bord de la foreft de Bondy. a Gentilly avec la fuivante, & autour des Mares du bois de Verriere.

2. SPARGANIUM RAMOSUM. *C. B. Pin.*

SPECULUM VENERIS. *vid. Campanula. N.* 7.

1. SPHONDYLIUM VULGARE, HIRSUTUM. *C. B. Pin. Sphondylium.* 1. *Raji. Hift.* 1. 408. a US. fleur blanche. *Acanthus d'Allemagne, de Fufch. ch.* xv.

* SPHONDYLIUM VULGARE, HIRSUTUM, FLORE RUBENTE.

2. SPHONDYLIUM HIRSUTUM, FOLIIS ANGUSTIORIBUS. *C. B. Pin. Sphondylium majus aliud laciniatis foliis.* 2. *Raji. Hift.* 1. 408. il doute fi ce n'eft point le *Sphondylium crifpum. J. B.*

SPHONDYLIUM HIRSUTUM, FOLIIS ANGUSTIORIBUS ATRO-PURPUREIS. *H. R. Moufp.*

? SPHONDYLIUM CRISPUM. *J. B.* 3. *part.* 2. 163. *defc. Plukenet* le raporte au precedente & l'appelle *Sphondylium foliis crifpis femine oblongo gracili. Almag.* 355. Mr. Sherard dit qu'il en differe par fes femences, qui font plus longues & plus etroites. *vid. Raji. Hift.* 3. 251.

1. SPONGIA RAMOSA FLUVIATILIS, POLYSPERMA AD CONFERVAM ACCEDENS. *Flor. Jenenf.* 368. *cum fig.*

1. STACHYS MAJOR GERMANICA. *C. B. Pin. Sauge fauvage. Fufch. ch.* cccliii. *Stachys. Dod. Gall.* 181. mais il le dit a fleur jaune, ce qui a efté corrigé dans l'edition latine.

* STACHYS MAJOR, GERMANICA, FOLIIS TERNIS.

* STACHYS MAJOR GERMANICA, FLORE ALBO. *C. B. Pin.*

Le *Stachys Hifpanica folio fericeo* du Jardin Royal n'eft qu'une varieté, qui fe trouve entre Longchamps & la riviere ou le bac de Surene fur les levées des foffez de la chauffée. Il fleurit en Juin & Juillet.

* 2. STACHYS, FOLIO OBSCURE VIRENTE, FLORE FERRUGINEO. *H. Oxon. Galeopfis Alpina Betonicae folio, flore variegato. Iuft.*

☉ 1. STATICE. *Lugd.* 1190.

* STATICE FLORE PALLIDO.

Cette varieté fait fes fleurs couleur de rofe-pâle, & la precedente amaranthe clair.

Bb b

* STA-

* STATICE , FLORE ALBO.

* 1. STELLARIA, QUAE LENTICULA PALUSTRIS BIFOLIA, FRUCTU TETRAGONO. *C. B. Pin.* 362. *Item Alsine aquatica minor & fluitans. C. B. Pin.* 251. *Alsine fluviatilis. Tabern. Icon.* 713. *Callitriche Plinii. Col.* 316. *Alsinis palustris facie pusilla repens, foliolis carnosis, didymophoros. Pluk. Almag.* 21.

Caractere.

Le Caractere de ce genre consiste, (1°.) en ce que les Especes fontleurs feuilles simples & opposées deux a deux. (2°.) En ce qu'elles donnent 2 sortes de fleurs, sçavoir des steriles & des fertiles. Les unes & les autres sortent immediatement chacune de l'aisselle d'une feuille. Les fleurs fertiles sont de 2 petales blancs opposez, & sans calice. D'entre ces 2 petales s'eleve un pistile surmonté de 2 cornes ou filets blanchastres sans aucune Etamine. Les fleurs steriles sont aussi de 2 petales blancs sans calice, d'entre lesquelles s'eleve une seule Etamine blanche a sommet jaune. Le fruit est rond, applati & creusé dans sa circonference comme une poulie.

2. STELLARIA, QUAE ALSINE AQUIS INNATANS FOLIIS LONGIUSCULIS. *J. B.* 3. 786. *Stellaria aquatica. C. B. Pin.* 141. *Selon Dillenius. Cat. Giss. p.* 58. *Lenticula palustris angustifolia, folio in apice dissecto. Flor. Pruss.* 140. *fig.*

* 3. STELLARIA, QUAE LENTICULA PALUSTRIS ANGUSTIFOLIA, FOLIO IN APICE DISSECTO. *Flor. Pruss.*

* 4. STELLARIA AQUATICA, FOLIIS LONGIS TENUISSIMIS RAJI. *Plukenet. Almag. Bot.*

STOEBE *vide* JACEA.

1. STRATIOTES FLUVIATILIS. *Gesneri Hort.* 283. *Millefolium aquaticum, seu Viola aquatica, caule nudo. C. B. Pin. flore purpurascente.*

Sa fleur est taillée en soucoupe comme celle de la Primevere, son tuyau, qui est percé par le bas & un peu gonflé a cet endroit, est long de 2 lignes sur une de diamêtre, & s'evase en soucoupe decoupée en 5 parties egales, rondes & un peu crenelées par le bout. La bouche du tuyau est couronnée de 5 sommets jaunes longs d'une ligne, & placez dans les échancrures, dont les etamines partent des parois internes de ce tuyau, qui est jaune dans sa partie superieure. Le plateau de la soucoupe est blanc dans le milieu & le reste purpurin. Le calice est un tuyau long de 3 lignes fendu jusqu'a sa base en 5 parties egales larges chacune de demie ligne, le pistile, qui occupe le fond de ce calice, s'emboite dans le derriere de la fleur. C'est un bouton presque spherique un peu aplati sur le devant, qui est surmonté d'un filet pâle long de 2 lignes terminé par un sommet rond de la même couleur. Ce pistile devient un fruit conique, relevé de 5 petites costes, qui repondent aux 5 divisions du calice. Il n'a qu'une seule cavité, & s'ouvre de la pointe a la base en 5 parties, il contient un tas de semences ovales soutenues sur un placenta. Fleurit en May, Juin, & Juillet. Ses fleurs sont disposées en rayons d'espace en espace. Rien n'est plus commun que cette plante dans les lacunes, qui sont entre St. Clair & Roussigni.

* STRATIOTES FLUVIATILIS, FLORE ALBO.

Grande Consolide Oreille d'Asne. 1. SYMPHYTUM, CONSOLIDA MAJOR, FLORE PURPUREO, QUOD MAS. *C. B. Pin. Consolida major flore purpureo. Bross.* 45. *Symphytum majus flore rubro. Eyst. Tab.* 244. *La Consyre.* US. *Fusch.* CCLXVI.

SYMPHYTUM, CONSOLIDA MAJOR, FLORE PURPURO-CAERULEO. *C. B. Pin. Symphytum majus flore purpureo. Eyst. Tab.* 244.

SYMPHYTUM, CONSOLIDA MAJOR, FLORE ALBO VEL PALLIDE LUTEO, QUOD FAEMINA. *C. B. Pin. Consolida major, flore albo. Bross.* 45. *Symphytum flore pallido. Eyst. Tab.* 244. *Symphytum majus vulgare. Park. Th.*

* SYMPHYTUM, CONSOLIDA MAJOR, FLORE LUTEO. *C. B. Pin.*

* SYMPHYTUM, CONSOLIDA MAJOR, FLORE VARIEGATO. *H. L. Bat.*

1. TAMNUS

T AMNUS RACEMOSA, FLORE MINORE, LUTEO PALLE-US.
SCENTE. *Inſt.*

　　Il faut dire.
　　* 1. TAMNUS MAS VULGARIS, SEU STERILIS.
　　* 2. TAMNUS FAEMINA, FRUCTU RUBRO.

　　Il eſt tres certain, que les pieds qui fleuriſſent ne grainent point, &
ceux qui grainent ne portent que 8 ou 10 fruits au plus ſur chaque E-
pi, qui eſt 3 ou 4 fois plus court que l'Epi maſle. Ses fruits ſont diviſez interieurement en
3 loges, qui renferment chacune deux ſemences preſque rondes. Il ſe trouve dans les bois de
Marcouſſy. Le fruit eſt meur en Septembre. Ils ſe trouvent tous deux dans les bois de
Montmorency, & de Verriere, & dans ceux du parc de Meudon au lieu dit le Cloiſtre. Le
Tamnus fructifera eſt tres commun dans les bois du parc de Petitbourg derriere le
potager.

　　1. TANACETUM VULGARE LUTEUM. *C. B. Pin. Athanaſie. Fuſch. chap.* XIII. *Tanacetum* Tanaſie.
majus. Athanaſie grande. Dod. Gall. 13.　　　　　　　　　　　　US.

　　Sa fleur a 4 ou 5 lignes de diamêtre.

　　* 1. TAXUS. *J. B.*

　　1. THALICTRUM MAJUS, SILIQUA ANGULOSA, AUT STRIATA. *C. B. Pin.* 336. *Thalictrum ſive* US.
Thalietrum majus. 4. *Raji. Hiſt.* 1. 403. *Ruta pratenſis major Tabern. Icon.* 55. *Piganum.*
Rhubarbe batard. Dod. Gall. 33.

　　2. THALICTRUM MINUS ALTERUM PARISIENSIUM, FOLIIS CRASSIORIBUS ET LUCIDIS. *H.*
R. Par.

　　3. THALICTRUM MINUS. *C. B. Pin.* 337. *Raji. Hiſt.* 1. 404. *Ruta pratenſis, minor. Ta-*
bern. Icon. 55. *Hypecoum forte. Dod. Gall.* 33.

　　* THALICTRUM MONTANUM, MINUS, FOLIIS LATIORIBUS. *Raji. Syn.*

　　1. THLASPI VULGATIUS. *J. B. Thlaſpi latifolium. Fuchſ.* 306. que *C. Bauhin* raporte mal US.
a propos au ſeconde de ce Catalogue. *Thlaſpi arvenſe Vaccariae incano folio majus.* 4. *C. B. Pin.*
106. *Item Thlaſpi arvenſe. Acetoſae folio. Ejuſd. ibid.* N°. 2. *pag.* 105. *Thlaſpi majus.* 111.
Tab. Icon. 459. *& Thlaſpi.* 2. *Ejuſd. Icon. pag.* 458. *bon. Grand Thlaſpi. Fuſch. ch.* CXV.

　　Maché il eſt fort acre au goût.

　　2. THLASPI ARVENSE, SILIQUIS LATIS. *C. B. Pin.* 105. *Thlaſpi majus. Tabern. I-*US.
con. 458.

　　Il put l'ail preſque autant que le *Thlaſpi allium redolens.*

　　3. THLASPI ARVENSE, PERFOLIATUM, MAJUS. *C. B. Pin.* 106. *Item Thlaſpi perfoliatum mi-* H. Par 232.
nus. Ejuſd. C. B. Pin. ibid. Item Thlaſpi Vaccariae folio, Burſae paſtoris ſiliquis. C. B. Pin.
105. *Selon Pluk. Thlaſpi oleraceum. Tabern. Icon.* 462. *Burſa paſtoris foliis Perfoliatae. J.*
B. Thlaſpi alterum mitius rotundifolium, Burſae paſtoris fructu. Col. 1. 278. *fig.* 276.

　　* 4. THLASPI UMBELLATUM, ARVENSE, AMARUM. *J. B.*

　　* THLASPI UMBELLATUM, ARVENSE, AMARUM, FLORE SUBRUBENTE.

　　* 1. THLASPIDIUM, ARVENSE, FOLIIS DENTATIS. *idem Thlaſpi quarto hujus Catalogi.*

　　1. THYMELAEA LINARIAE FOLIO, VULGARIS. *Inſt. Sanamunda vulgaris annua. Paſſerina* H. Par. 537.
Tragi. J. B. Raji. Hiſt. 1. 399. *Linaria altera Botryodes montana. Col.* 1. 80. *fig.* 82. *Lithoſper-*
mum Linariae folio, Germanicum. C. B. Pin. 259.

　　Se trouve en fleur dans les grains, en Juillet & Aouſt, autour d'Aunay, du Moulin neuf
&c. en allant de la a Livry & le long de la Morée, qui eſt un ruiſſeau.

　　* 2. THYMELAEA LAURI FOLIO SEMPERVIRENS, SEU LAUREOLA MAS. *Inſt.*

　　3. THYMELAEA LAURI FOLIO DECIDUO, SIVE LAUREOLA FOEMINA. *Inſt.*

　　1. THYSSELINUM PALUSTRE. *Inſt.* 319. *Thyſſelinum paluſtre foliis tenuius diviſis, radice*
integra. Pluk. Almag. 368. *Seſeli paluſtre lacteſcens. C. B. Pin.* 162. *Prodr.* 85. *cum Icon. Se-*
ſeli paluſtre. Cam. Hort. 159. *Seſeli paluſtre lacteſcens, acre, foliis ferulaceis, flore albo,*
ſemine lato. J. B. 3. *part.* 2. 188. *ſine fig. Thyſſelinum paluſtre foliis Ferulaceis. H. L. Bat.*

598. C'est aussi le *Caruifolia. J.B.* 3. *lib.* 27. *p.* 171. sans figure & *Caruifolia. C.B. Pin.* 158.
An Saxifraga Anglica facie Seseli pratensis. Ger. Em. 1047. *Raji. Hist.* 1. 453? *Saxifraga*
Anglorum folio Foeniculi &c. J.B. 3. *lib* 27. *pag.* 171.

Cette plante a les feuilles comme le *Carui*. La tige fistuleuse, & un peu canelée.
Je croy qu'il n'y a point de doute que nostre plante ne soit le *Caruifolia. J. B.* Sa tige
est pleine & quelquefois un peu fistuleuse. Toute la plante donne un peu de laict. Ses feuilles surtout les inferieures ressemblent veritablement aux feuilles de *Carui. an Carui Alpinum*
radice nigricante. C.B. Pin. Prodr.

US.   * 1. Tilia foemina, folio majore. *C. B. Pin.*
US.   * 2. Tilia foemina, folio minore. *C. B. Pin.*

  1. Tithymalus sylvaticus, lunato flore. *C. B. Pin.* 290. *Tithymalus Characias*
lanuginosus. H. R. Blef. 312. *Mr. Ray. Hist.* 1. 863. l'appelle *Tithymalus Characias Amygda-*
loides. C.B. Pin. 290. *Synops.* 183. a la quelle *C. Bauhin* rapporte le *Tithymalus Amygdaloi-*
des latifolius. Tabern. Icon. 590. qui est celle de Moret. Ray n'en devoit pas separer la 41. de
son histoire. *T.* 1. *pag.* 871.

  * Tithymalus sylvaticus, lunato flore, foliis punctis croceis notatis.
Dans la forest de St. Germain.

  * Tithymalus sylvaticus, lunato flore, foliis ex albo et viridi varie-
●atis.

US.   2. Tithymalus palustris fruticosus. *C. B. Pin. Tithymalus maximus. Tabern.*
Ic. 588.
Est commune auprés d'Episy dans une prairie.

  ☉ * 3. Tithymalus lithospermi majoris folio. *Bot. Monsp. App. Tithymalus Cha-*
racias, radice repente. Hort. Reg. Par. & Schol. Bot.

La plante, qui est dans le Droguier sous ce nom, est toute differente de celle qui se trouve a
Fontainebleau sur la Butte Montchauvet & dans les Landes de la forest.

  4. Tithymalus montanus non acris. *C. B. Pin. Item Tithymalus tuberosus Germani-*
cus. C. B. Pin. 292.

  * 5. Tithymalus Myrsinites, fructu verrucae simili. *C. B. Pin.*

  ☉ * 6. Tithymalus Amygdaloides latifolius, *Tab. Ic.* 590. *C. Bauhin* y rapporte
aussi le *Tithymalus Amygdaloides* du même autheur & le range sous son *Tithymalus Chara-*
cias Amygdaloides. 1. *C.B. Pin.* 290. *Rajus Synops. pag.* 183. rapporte a cette espece de *C.*
Bauhin le *Tithymalus sylvati* 'is *toto anno folia retinens. J. B.* & la dit velue. Mais la
plante en question, qui croist a Melun, est glabre, & trace un peu par sa racine. Elle n'est
pas trop mal representée par la figure du *Tithymalus Helioscopius. Dod. Lugd. Gall.* 2. 512.
C'est bien certainement le *Tithymalus Salicis folio lato & glabro. Schol. Bot.* 126. Elle est dans
le Droguier sous le nom de *Tithymalus Characias radice repente. H. R. Par. H. R.*
Blef.

  ☉ 7. Tithymalus Amygdaloides angustifolius. *Tab. Ic.* 591. *J. R. H. Item Tithy-*
malus Orientalis, Linariae folio, humillimus. Coroll. J. R. H. 2. *Tithymalo maritimo affi-*
nis, Linariae folio. C. B. Pin. 291. Il faut retrancher d'icy l'*Alypum. Camer. Epit.* 985. *A-*
lypum Matthioli Tithymalis affine. J. B. 3. 676. attendu que l'*Alypum Matthioli* est le *Ti-*
thymalus Ragusinus &c. peut estre que le bout de plante & le fruit, que *Camer*, a ajouté auprés de la figure du dit *Alypum*, appartiennent a nostre plante. C'est aussi le *Tithyma-*
lus Characias angustifolius. C. B. Pin. 290. *Tithymalus Myrsinites* III. *angustifolius. Tab.*
Icon. 592. *J. R. H.* 87.

Cette Plante est assurement le *Tithymalus foliis Pini forte Dioscoridis Pityusa. C. B.*
Pin. 292. plustôt que le *Tithymalo maritimo affinis Linariae folio. Ejusd. C. B. Pin.* 291.
parceque le *Tithymalus Linifolius. Camer. Hort.* 170. & l'*Esula altera in humidis. Caesalp.*
374. ne croissent que le long des Eaux ou dans des lieux humides, au lieu que la plante en
question ne se trouve que dans endroits secs. C'est donc aussi le *Tithymalus Cyparissiae simi-*
lis, Pityusa multis. J. B. 3. *lib.* 24. *pag.* 665. *Raji. Hist.* 1. 867. C'est aussi le *Tithymalus*
Leptiphyllos. Matth. 1256. *Ital.* 1317. que *C. Bauhin* rapporte a la trézieme de ce Catalogue. *Tithymalus foliis Pini forte Dioscoridis Pityusa. C. B. Pin.* 292. *Tithymalus Cyparissiae*
similis, Pityusa multis. J. B. Raji. Hist. 867. C'est plustot *Pityusa minor. Dod. gall.* 244.
Trag. Icon. 297. *Pityusa sive Pinea officin. Esula minor. Adv. Lob.* 151. *descript.* il n'y
faut

pas raporter comme a fait *C. B.* le *Tithymalus Pinea. Lob. Ic.* 357. ni l'*Esula minor. Dod. Lugd Gall.* 2. 518. mais bien la *Pityusa* ou *Esula petite. Dod. Lugd. Gall.* 2. 518. & le *Tithymalus Cyparissias. Fuchs.* 812. *Tithymalus Cyparissias. Tabern. Ic.* 594. & peuteftre le *Tithymalus Cupressinus.* 1. *Ejusd. Ibid.*

Elle eft en tres grande quantité entre le Pont de St. Maur & Champigni. Sa fleur eft verdaftre, découpée en 4 quartiers retus. Fleurit en May & Juin. Son fruit eft liffe. Mr. Tournefort a fuivi *Plukenet,* qui rapporte pour tout Synonime du *Tithymalus Amygdaloides anguftifolius. Tabern. Icon.* le *Tithymalo maritimo affinis Linariae folio. C. B. Pin.*

8. Tithymalus Cyparissias *C. B. Pin.* 291. *Matth.* 1254. *Ital.* 1315. *J. B.* 3. *lib.* 34. *pag.* 663. pour repréfenter cette plante il s'eft fervi de la figure du *Tithymalus Cyparissias Fuchfii.* 812. *Tithymal pareil au Cypres. Fuchf. Gall. Cap.* cccxiv.

Fleurit en Avril & May. Sa fleur eft verd jaunaftre, a 4 decoupures en croiffant.

9. Tithymalus Cyparissias, capitulo rubente. *C. B. Pin.*

Ses teftes font formées par quelques écailles, fous lesquelles fe trouvent des Vermiffeaux jaunes.

* Tithymalus Cyparissias, foliis punctis croceis notatis major. *C. B. Pin. Tithymalus Stiflophyllos. J. B.* 3. *lib.* 34. *pag.* 664. *fine Icon.*

* Tithymalus Cyparissias, foliis punctis croceis notatis minor. *C. B. Pin.*

Tithymalus annuus.

☿ * 9. Tithymalus latifolius cataputia dictus. *H. L. Bat. Efpurge. Fufch. ch.* ^{Annuus.} US. CLXXIII.

☿ * 10. Tithymalus arvensis, latifolius, Germanicus. *C. B. Pin.* 291. *Tithymalus Segetum, longifolius Raji. Synop.* 183. *N°.* 5. *Hift.* 1. 868. *N°.* 22 il ne la dit haute que de demi pied. *Major eft, & minor, & haec foliis leviter hirfutis.* dit *C. Bauhin.* Ainfi la fuivante n'eft qu'une varieté de celle-cy. *Tithymal aux larges feuilles. Fuchf. Gall. Cap.* cccxiv.

* Tithymalus salicis folio tenuissime serrato et villoso. *Inft.*

11. Tithymalus Helioscopius. *C. B. Pin. Tithymal fuivant le Soleil. Fuchf. Gall. Cap.* cccxiv.

12. Tithymalus rotundis foliis non crenatis. *H. L. Bat. Reveille matin des Vignes. Fufch ch.* ccxxx.

☿ 13. Tithymalus sive Esula exigua. *C. B. Pin. Tithymalus minimus, anguftifolius an.* US. nuus. *J. B.* 3. *lib.* 34. *pag.* 664.

Sa fleur eft decoupée en 4 croiffants oppofez en croix, pourpre en deffus quand elle ne fait que d'epanouir, & qui devient rouffe & enfin jaunaftre en fe paffant. Son fruit eft liffe. Il fe trouve pefle mefle des pieds a feuilles pointues & des pieds a feuilles obtufes. Les unes & les autres font alternes. Les tiges fe divifent & fubdivifent ordinairement en deux branches, accompagnées a chaque divifion de 2 feuilles oppofées & taillées comme en fer de pique a oreilles Les fleurs naiffent une de chaque divifion. Fleurit en Juillet & Aouft.

Tithymalus sive Esula exigua, foliis obtusis. *C. B. Pin.*

Celle-cy & la fuivante ne doivent point eftre diftinguées de la precedente.

? 14. Tithymalus exiguus saxatilis. *C. B. Pin.*

Dans l'herbier du Droguier, la même plante eft repetée fous les noms des trois derniers de ce Catalogue.

1. Tordylium maximum. *Inft.* 320. *Tordylium maximum Sphondylii femine aculeato. Morif. Umb.* 40. *Tordylium majus vulgare feminibus limbo quafi laevi. Ejufd. Umb.* 66. *Caucalis maxima, Sphondylii femine aculeato. C. B. Pin.* 152. *Item Sefeli Creticum majus. Ejufd. in Pin.* 161. *Caucalis major Clufio. Ejufd. ibid. Sefeli Creticum five Tordylium majus. Park. Theatr.* 905.

Cette plante fleurit en Juin & Juillet. Elle fe trouve dans les hayes, qui bordent les Vignes de la plaine de Seve. Sa fleur n'a qu'environ un ligne de diametre, a 5 petales blancs lavéz de purpurin inegaux & échancréz. Son fruit eft ovale & plat, velu, large d'environ 2 lignes

C c c

fur

fur 2 lignes & demie de long, tant foit peu échancré fur le bout, & muni en cet endroit de 2 petites pointes.

Tormentille.
US.

1. Tormentilla sylvestris. *C. B. Pin. Fufch. ch.* xcviii.

* Tormentilla sylvestris, flore pleno.

Barbe de Bouc.

1. Tragopogon pratense, luteum, majus. *C. B. Pin. Tragopogon luteum.* 1. *Raji. Hift.*
US. 1. 252. *Barbula Hirci. Cam. Epit.* 312. *optime. Barbe de bouq. Fufch. ch.* cccxvii.

* Tragopogon pratense, majus, luteo-pallidum.

Il fe trouve meflé avec le jaune, & naiffent tous deux abondamment dans les prairies ou bas prés de Vaugirard & d'Iffy en Juin. Sa fleur a jufqu'a 2 pouces & demi de diamétre. Elle paroift vers la fin de May & en Juin. Ses femences fon olivaftres, fufelées & a aigretté de plumes, rien ne les fepare entre elles.

☿ * 2. Tragopogon luteo-pallidum, calice barbato. *Tragopogon caule ad florem tumido. Tragopogon flore luteo. Eyft. Tab.* 161. bonne figure. *C. Bauh.* le rapporte mal a propos a fon *Tragopogon pratenfe luteum majus. C. B. Pin. an Tragopogon, folio finuato. C. B. Prodr.* 129? *defc. Tragopogon pratenfe luteum, majus. H. Ox.* 3. *Seft.* 7. *Tab.* 9. *fig.* 1. cette figure eft paffablement bonne. *Tragopogon minus. Corn. Enchir. Bot.* 216. *Tragopogon minus luteum* 2. *Raji. Hift.* 1. 252?

Cette plante n'eft abfolument parlant qu'une varieté du *Tragopogon purpuro-caeruleum Porrifolium, quod artifi vulgo. C. B. Pin.* 274.

1. Tragoselinum majus, umbella candida. *Inft.* 309.

Naîft dans les taillis & dans les Landes, a Montmorency, a Fontainebleau.

2. Tragoselinum alterum majus. *Inft.*

* 3. Tragoselinum minus. *Inft. Pimpinella faxifraga minor. C. B. Pin.* 160. *Tragium alterum Diofcoridis. Col. Phytob.* 75. j'eftime que le *Daucus petrofelini vel coriandri folio. C. B. Pin.* 150. qui eft le *Bunium Dalechampii. Lugd.* 1. 774. *Bunion de Dalechamp.* 1. 667. eft noftre *Tragofelinum minus.*

Ses fleurs font a 5 petales egaux, qui paroiffent quelquefois échancréz, mais c'eft parce qu'elles fe recourbent en crochet par le bout & en dedans. Fleurit en Aouft & Septembre. Son fruit eft tel qu'il eft gravé dans les *El. Bot.* il eft en tefticules, n'a qu'une ligne de long; chaque femence eft arrondie fur le dos, etroite par le ventre & relevée de 3 coftes fur le dos prefque imperceptibles, & bordée d'une autre cofte. Ces femences tirent fur le brun, & ne meuriffent qu'en Septembre.

* Tragoselinum minus, flore rubente.

* 1. Tribuloides, vulgare, aquis innascens. *J. R. H.*

US. 1. Trichomanes sive Polytrichum officinarum. *C. B. Pin. Polytrichon des boutiques. Fufch. ch.* cccvii.

Dans le pierrage ou petit mur d'appui, devant le quel eft une petite paliffade autour de l'Eftang de Chalais, parc de Meudon.

* Trichomanes minus et tenerius. *C. B. Pin.*

2. Trichomanes foliis eleganter incisis. *Inft.*

☉ 1. Trifolium pratense purpureum. *C. B. Pin. Triolet rouge. Fufch. ch.* cccxvi.

Il eft d'un beau pourpre, mais il eft rare d'en trouver de cette couleur. Le fuivant eft le plus commun.

* Trifolium pratense dilute purpureum.

* Trifolium pratense, vulgare, flore suaverubente.

* Trifolium pratense, vulgare, flore albo. *H. Ox.*

* Trifolium pratense, flore monopetalo breviore, purpurascente.

Il ne differe des precedents, qu'en ce que fa fleur ne deborde point les pointes du calice, au lieu que celles du precedents le debordent de 4 a 5 lignes. Il fe trouve dans les bords des prez entre Palaiffeau & Orfay. Fleurit en May. Eft vivace. Sa tefte eft de moitie plus petite que celle des precedents, a caufe que fes fleurs font fi courtes.

☉ 2. Trifolium spica oblonga rubra. *C. B. Pin.* C'eft le *Trifolium purpureum, majus foliis longioribus & anguftioribus, floribus faturatioribus Raji. Syn.* 194. N°. 6. Cette efpece eft affez bien reprefentée par la figure du *Trifolium purpureum montanum, radice reptatrice dulci, capitulo magno compreffiufculo. Pluk. Phytogr. Tab.* 231. *fig.* 2. il y rapporte le *Trifolium Glycyrrhizites. Park. Theatr.* 1105. *Trifolium dulce montanum Monfpelienfibus. Raji. Hift.*

956.

956. *Forte Lagopus supinus, capite compresso Grislei Virid. Lusit.*

La teste de ce trefle en pleine fleur a jusqu'a un pouce & demi de diamêtre & n'a que 7 a 8 lignes de hauteur. Sa racine machée a un peu de douceur. Ses fleurs sont d'une seule piece longues de 6 a 7 lignes d'un beau rouge, les barbes des calices sont velues. Il se trouve dans la garenne de Seve, dans les bois de Ruel, de Lucienne, & dans celuy qui est au dessus de Cueilly. Fleurit en Juin & Juillet.

☉ 3. TRIFOLIUM MONTANUM, SPICA LONGISSIMA RUBENTE. *C.B.Pin.*328. *Lagopus major. Eyst.Tab.*271.

☉ 4. TRIFOLIUM MONTANUM ALBUM. *C.B.Pin.* & *Trifolium pratense album.* 3. *C.B. Pin.* 327. *Trifolium pratense alterum. Matth.*836. *Ital.*885. *Trifolium pratense album à Fuchsio depictum sive mas. J.B.* 2. *Trifolium majus, flore albo, incanum. Clus.Hist. Trifolium montanum majus, flore albo. Park.Theatr.* 1103. *Triolet blanc. Fusch. Ch.* CCCXVI.

* 5. TRIFOLIUM LAGOPOIDES, FLORE SUBLUTEO. *H.R.Par.*

☉ 6. TRIFOLIUM PRATENSE, FLORE ALBO MINUS ET FAEMINA, GLABRUM. *J.B. Trifolium purpureum. Sim. Paul.* 139. qui le donne pour le *Trifolium pratense purpureum. C.B. Pin.*

* TRIFOLIUM PRATENSE FLORE CARNEO, MINUS ET FAEMINA, GLABRUM. *Pluk.*

* TRIFOLIUM PRATENSE CAPITULO FOLIOSO. *Ambros.* 541. *cum fig.* est une varieté des 2 precedents.

☉ * 7. TRIFOLIUM HUMIFUSUM GLABRUM, FOLIIS CILIARIBUS.

☉ * 8. TRIFOLIUM FRAGIFERUM. *Clus.Hist.*

TRIFOLIUM FRAGIFERUM NOSTRAS, PURPUREUM, FOLIO OBLONGO. *H.Ox. Trifolium caule nudo glomerulis glabris. Et aliud parvum cum glomerulis lignosum. J.B.* 2. *lib.* 17. *pag.*379.

TRIFOLIUM FRAGIFERUM NOSTRAS, FOLIO OBLONGO, FLORE ALBO. *H.Ox.*

9. TRIFOLIUM PHAEUM FUSCUM LUXURIANS, QUATERNIS, QUINIS, ET SENIS FOLIIS *H.Ox.*

Trifolium annuum. Annuels.

☿ * 10. TRIFOLIUM ORIENTALE, ALTISSIMUM CAULE FISTULOSO, FLORE ALBO. *Coroll. Inst. J.R.H.* 27. *Trifolium flore albo. Riv. Icon.* 2. *an Trifolium album, umbella siliquosa. Meret. C.B.Pin. rer. nat. Britan.* 120. *an Trifolium pratense majus album, caulibus fistulosis, foliis subtus punctatis nigris. H. R. Bles.* 314. L'autheur dit l'avoir trouvé dans les prés humides de Fontainebleau, ou il est assez commun a la fin de l'Esté.

Sa fleur est d'une seule piece; on ne la peut détacher du calice qu'avec assez de peine. Le pistile m'a paru contenir deux embryons de graines. Cette plante s'eleve depuis un pied jusqu'a 2. Sa tige est legerement canelée & est fistuleuse. Les feuilles sont verd de pré & mat en dessus, & verd passe en dessous. Toute la plante n'a que le goust d'herbe un peu aigrelet. Je l'ay trouvé a Palaiseau proche de l'endroit ou l'on passe la riviere sur une planche. Il fleurit en May & Juin.

☉* 11. TRIFOLIUM SEMEN SUB TERRAM CONDENS. *H. R. Par. Trifolium pumilum supinum flosculis longis albis. Raji. Hist.* 1.942. *Trifolium parvum, album, Monspessulanum, pilosum cum paucis floribus. J.B.* 2. *lib.*17. *pag.* 380. *descript. sine fig. bon.*

Sa fleur est blanche, longue de . . . . . d'une seule piece. Fleurit en May. Se trouve a Villedavray sur un glacis de terre le long de la muraille a droit en sortant du Village pour aller a Versailles, & sur le bord des prez de Palaiseau en quantité.

* 12. TRIFOLIUM ALBO INCARNATUM, SPICATUM, SIVE, LAGOPUS MAXIMUS. *J.B.*2. 376. *Lagopus peregrina. Eyst.Tab.*271. *C. Bauhin* le rapporte a son *Trifolium spica subrotunda rubra. C.B.Pin.*328.

13. Trifolium arvense humile spicatum, sive Lagopus. *C. B. Pin. Pied de Lievre. Fusch. ch.* CLXXXVIII.

* 14. Trifolium parvum hirsutum, flore parvo dilute purpureo, in glomerulis oblongis, semine magno. *Raji. Hist.* 495 voyez le *Synops.* 194. *N°* 8. C'est aussi le *Trifolium nodiflorum, glomerulis mollioribus & rotundioribus, semine magno Raji. Cat. Angl. Trifolium dilute purpureum, glomerulis florum oblongis, sine pediculis caulibus adnatis. Raji. Cat. Cantab.* Selon Mr. Petiver, qui y rapporte avec doute ainsi que *Plukenet,* le *Trifolium, cujus caules ex geniculis glomerulos oblongos proferunt. J. B. 2. l. 17. p. 38 . fig. Chabr.* 165. *Ic.* 5. *Raji.* 496. 16? *an & Trifolium capitulis Thymi. C. B. Pin. Prodr. desc. Trifolium parvum rectum flore glomerato cum unguiculis. J. B. 2. l. 17. p. 378. fig. Chabr.* 162. *Ic.* 3.

Sa fleur n'a qu'environ 2 lignes de long. Se trouve autour de Trianon, de St. Cyr, de Marly, dans le bois de Boulogne, au Pont d'Antoni &c. Fleurit en Juin & Juillet. au Calvaire.

* 15. Trifolium, flosculis albis in glomerulis oblongis asperis, cauliculis proxime adnatis *Raji. Synops.* 194. Petiver y rapporte le *Trifolium . . . . .* Il est commun dans les friches de la plaine de Seve, au Calvaire.

Trifolia lutea.

☿ 16. Trifolium pratense luteum, capitulo Lupuli vel agrarium. *C. B Pin. Item Trifolium montanum Lupulinum.* 111. *in Prodr. Selon Mor. Hallucinat. in Pin.*

Ce trefle & les 2 suivans sont fort communs dans les bas prés, ou il commencent a fleurir en May & continuent en Juin & Juillet. Leurs fleurs ne tombent point.

☿ * Trifolium pratense, flore rufescente. *An Trifolium pratense, luteum, capitulo Lupuli vel agrarium foliis angustioribus. Flor. Bat.* 242. *&* 113 ?

Cette plante est commune autour de l'Etang de Montmorency dans les prairies. Sa capsule ne renferme qu'une semence polie, luisante, roussâtre & ovale

* 17. Trifolium pratense, luteo croceum. *an Trifolium alterum, Lupulinum, minus. Raj. Synops.* ?

☿ * 18. Trifolium luteum, Lupulinum, minimum. *H Ox.* C'est le *Trifolium Lupulinum minus. Raji. Cat. Angl. Trifolium Lupulinum alterum, minus. 2. Raji. Hist.* 1. 949.

Froment. US.
* 1. Triticum hybernum aristis carens. *C. B. Pin.* 21. *Triticum. Dod. Gall.* 309. cet auteur dit que cette espece ne se cultive point dans ce pays. Ainsi nostre Bled seroit le *Triticum Siligineum. C. B. Triticum vulgare glumas triturando deponens. J. B. 2* 407. *Triticum spicâ mutica. Park. Theatr. Pluk. Froment. Fusch. ch.* CCLI. *Triticum spica & granis albis. Rai. Syn.*

* 2. Triticum aristis carens, glumis pubescentibus.

* 3. Triticum spica et granis rubentibus. *Raji. Hist.* 1237. *Tritici hyberni aristis carentis genus primum, ... Veteribus Robus Columellae. C. B. Pin. Synops. Stirp. Brit.* 177. *Pluk.*

* 4. Triticum aristis longioribus, spica alba. *C. B. Pin.*

* 5. Triticum aristis circumvallatum, granis et spica rubentibus et splendentibus. *Raji. Synops.* 244. *Triticum aristis munitum, rubentibus granis, & spicâ glumis laevibus & splendentibus. Raji. Hist.* 1238. *Pluk.*

* 6. Triticum spica villosa, quadrata longiore, aristis munitum. *H. Ox.*

* 7. Triticum spica villosa, quadrata breviore, et turgidiore. *H. Ox.*

* 8. Triticum aestivum. *C. B. Pin.* 21. *Zea verna. J. B. 2.* 413. *cum fig. Bled de trois mois. Fusch. ch.* CCLI.

* 9. Triticum spica multiplici. *C B Pin.* 21. *Park. Th.* 1119. *Triticum cum multiplici spica glumas facile deponens. J. B. 2* 408.

Il s'en trouve de 3 fortes dans nos Campagne 1. qui a l'Epi blanc dans sa maturité 2. qui
a l'E-

a l'Epi roux ainſi que le grain. 3. qui a les baſles couvertes de duvet.

Le premier eſt le premier de ce Catalogue.

Le ſecond eſt le *Triticum ſpica & granis rubentibus. Raji. Synopſ.* 244.

Le troiſieme n'eſt, a ce que je croy, point encore nomme.

Parmi ces 3 ſortes de Bleds, il s'en trouvent encore 2 autres, qui ont l'epi tout ſemblable, mais ils ſont armez de longues barbes, l'un eſt blanc dans la maturité ainſi que ſon grain, qui eſt toute ſemblable au grain du *Triticum ſpicâ & granis albis Raji*, & l'autre a l'Epi roux ainſi que ſon grain, qui eſt ordinairement maigre comme celuy du *Triticum ſpica & granis rubentibus Raji*. Ce dernier eſt le *Triticum ariſtis circumvallatum, granis & ſpica rubentibus & ſplendentibus. Raji. Syn.* 244. & l'autre eſt ſans doute le quatrieme de ce Catalogue.

US.

* 1. TUBERA. *Matth.* 544.

1. TURRITIS. *Lob. Ic.* 220. *Turritis vulgatior. J. B.* 2. *lib.* 21. *p.* 836. *Item Turritis pulchra nova Ejuſd. ibid. p* 837. *idem eſt.* noſtre plante eſt tres certainement la *Barbarea muralis. J. B.* 2 *lib.* 21. *p.* 869. *deſcrip. ſine Icon. Eryſimo ſimilis hirſuta non laciniata, alba.* 7. *C. B. Pin* 101. *Eryſimo ſimilis hirſuta alba. Prodr.* 42. *deſc. & Icon.* Je l'ay de Mr. Sherard. Je croy qu'il faut rapporter icy l'*Eruca muralis. Lugd. Gall* 2.35. & non pas au *Draba alba ſiliquoſa repens. C. B. Pin.* 109. La figure eſt mauvaiſe. Les fleurs y ſont a 5 petales. La deſcription eſt aſſez paſſable.

Se trouve au bois de Boulogne.

2. TURRITIS MINOR. *Bot. Monſp.*

Dans l'herbier du Droguier cette plante ne differe point de la precedente.

3. TURRITIS FOLIIS INFERIORIBUS CICHORACEIS, CAETERIS PERFOLIATAE. *Inſt.* Il faut y rapporter le *Glaſtifolia cichoroides J. B.* 2. *lib.* 21. *pag.* 836. que Tournefort rapporte mal a propos a ſon *Leucoium Heſperidis folio. J. R. H* 221.

Se trouve autour des murailles de l'enclos des Hermites du Mont Valerien, du coſté de Surene.

4. TURRITIS VULGARIS RAMOSA. *Inſt. Braſſica ſpuria exilis, non laciniata hirſutior, foliis longioribus juxta terram hirſutis, ad cauliculos vero glabris. Pluk. Almag. Bot.* 70.

Il en fait encore deux autres eſpeces ſçavoir (1.) *Braſſica ſpuria exilis, non laciniata, hirſutior, ſubrotundis foliis, caule magis folioſo. Almag. Bot.* 70. *Phytogr. Tab* 80. *fig.* 2. Elle reſſemble par le feuilles du bas a celle du N° 1107. de Barrelier, mais ſes tiges ſont garnies de 6 ou 7 feuilles alternes, ovales, & des aiſſelles desquelles il ne ſort point de branche. Il y raporte la *Braſſica ſpuria minima, caule magis folioſo, hirſutior noſtra Raji. Synopſ. Append.* La derniere eſt *Braſſica ſpuria exilior, ſive minima, foliis glabris & hirſutis. Almag. Bot.* 70. *Burſae paſtoris ſimilis, ſiliquoſa minor, ſive minoribus foliis. C. B. Pin.* 109. qui eſt la *Piloſella ſiliquata minor. Thal. & Cam. fig.* Celle-cy eſt au Droguier. Elle eſt toute veluë.

5. TURRITIS LEUCOJI FOLIO. *Inſt.*

1. TUSSILAGO VULGARIS *C. B. Pin.* 197 *Tuſſilago.* 1. *Raji. Hiſt.* 1.259. *Pas de Cheval. Fuſch. ch.* L. *Bechion, Tuſſilago. Pas de Cheval. Dod Gall.* 15.

Pas d'Aſne
Tuſſilage.
US.

Fleurit en Mars & Avril. Il ſe plaiſt en lieux frais & humides, dans les terres glaiſes. Sa fleur eſt jaune d'or, elle s'evaſe d'environ un pouce. Son diſque eſt formé par une trentaine de fleurons decoupez en 4 ou 5 pointes, & ſa couronne eſt formée par plus de 300 demi-fleurons, qui n'ont pas un quart de ligne de large & qui ne ſont point decoupez ſur le bout, mais terminez en Arcade Gothique. Le calice eſt ſimple & decoupé juſqu'a la baſe en une vingtaine de languettes. Son diſque ou ſa couche eſt nette.

1. TYPHA PALUSTRIS, MAJOR. *C. B. Pin. Typhe. Fuſch. ch.* CCCXVIII.

* TYPHA PALUSTRIS, CLAVA DUPLICI.

* 2. Typha palustris clava gracili. *C. B. Pin.*

Est tres commune dans la plus part des Estangs du parc de Meudon, dans quelques uns desquels se trouve aussi la premiere espece.

* Typha palustris clava duplici gracili.

Typhoides. *vid.* Gramen. N°. 18.

Typhula. *vid.* Scirpus. N°. 5. &c.

1. **VALERIANA SYLVESTRIS, MAJOR.** *C. B. Pin.* 164. *Valeriana* US. *major, sylvestris, foliis latioribus. Mor. Umb.* 68. *Est Phu Dioscoridis. Col. Phytob.* 113. *Grande Valeriane sauvage. Dod. gall.* 227. *Icon.* 228. *Est Valeriana sylvestris, major, montana. C. B. Pin.* 164. *Valeriana minor & flosculus ipsius cum semine. Cam. in Matth. Germanice.* 16. *Valeriana sylvestris magna, aquatica. J. B.* 3. 210. Ray pense, que la *Valeriana sylvestris major montana. Ejusd. C. B. Pin.* peut estre la même. La fleur est ordinairement *dilute purpurascens. Petite Valeriane. Fusch. ch.* cccxxix.

VALERIANA SYLVESTRIS, MAJOR, FLORE ALBO.

VALERIANA SYLVESTRIS, MAJOR, FOLIIS TERNIS.

Toutes ces varietez sont communes dans les bois des Capucins de Meudon. Fleurit en Juin.

2. VALERIANA SYLVESTRIS, MAJOR, ALTERA, FOLIO LUCIDO. *H. R. Par.*

Se trouve en quantité dans les prairies d'Hieres.

3. VALERIANA PALUSTRIS, MINOR. *C. B. Pin. Valeriana minima, cui flosculus & semina sua appicta sunt. Cam. in Matth. Germanice* 16.

Sa fleur a 2 lignes & quelquefois plus de diamêtre, au lieu que la fleur de la suivante n'en a tout au plus qu'une. L'une & l'autre plante fleurissent en May, dans les bas prez.

4. VALERIANA AQUATICA MINOR, FLORE MINORE. 4. *Raji. Hist.* 1. 389,

 * VALERIANA AQUATICA MINOR, FLORE MINORE, ALBO.

 * 5. VALERIANA RUBRA. *C. B. Pin.* 165. *Valeriana rubra, Phu peregrinum cum flosculis* Valeriane. *& seminibus suis, & adjecta radicis portiuncula. Cam. in Matth.* 18. *Germanice.* US.

 * VALERIANA RUBRA. *C. B. Pin.* 165. *flore carneo.*

1. VALERIANELLA ARVENSIS, PRAECOX, HUMILIS, SEMINE COMPRESSO. *Mor. Umb. Valeria.* US. *na campestris, inodora, major. C. B. Pin. Raji. Hist.* 1. 392.

J. Bauhin la dit a fleur blanche ou purpurin. Je l'ay remarqué a fleur blëue a la campagne, ou elle fleurit en Avril & May.

 * 2. VALERIANELLA ARVENSIS SEROTINA, ALTIOR, SEMINE TURGIDIORE. *Mor. Umb.*

 * VALERIANELLA ARVENSIS PRAECOX, HUMILIS, FOLIIS SERRATIS. *J. R. H.* 131. *Lactuca agnina seu Valerianella foliis serratis.* 2. *Raji. Hist.* 1. 392.

VALERIANELLA ARVENSIS SEROTINA, FOLIIS SERRATIS. *Inst.*

3. VALERIANELLA, SEMINE UMBILICATO, NUDO, ROTUNDO. *Mor. Umb.*

4. VALERIANELLA, SEMINE UMBILICATO, NUDO, OBLONGO. *Mor. Umb.*

1. VERBASCUM MAS, LATIFOLIUM, LUTEUM. *C. B. Pin.* 239. *Verbascum vulgare, flore* Bouillon *luteo magno, folio maximo. J. B.* 3. *app.* 871. *Pluk. Verbascum foliis incanis mas, latifo-* blanc. *lium, floribus luteis, arcte caulibus adhaerentibus, sine foliis angustis inter flores emanantibus. Hist. Ox.* 2. 485. *Verbascum latifolium mas. Eyst. Tab.* 266.

2. VERBASCUM FOEMINA, FLORE ALBO. *C. B. Pin. Bouillon blanc, masle. Fusch. ch.* CCCXXVII.

3. VERBASCUM FOEMINA, FLORE LUTEO, MAGNO. *C. B. Pin. Bouillon noir. Fusch. ch.* CCCXXVII. *Verbascum foliis incanis, maximum odoratum meridionalium, floribus luteis & albis arcte caulibus adhaerentibus, & foliis multis angustis inter flores emanantibus.* 2. *Hist. Ox.* 2. 485.

○ 4. VERBASCUM NIGRUM, FLORE EX LUTEO PURPURASCENTE. *C. B. Pin.* 240. *Verbascum perenne, flore luteo, staminibus purpureis. Verbascum nigrum, flore parvo, apicibus purpureis. J. B.* 3. *app.* 873. *Bouillon sauvage. Fusch. ch.* cccxxvii. *Blattaria Plinii, Verbascum nigrum. Eyst. Tab.* 265.

Est tres commun le long d'un mur en sortant de la Morlaye pour aller a la Chaussée de Gouvieux.

 * VERBASCUM NIGRUM, PERENNE, FLORE ALBO, STAMINIBUS PURPUREIS. *Verbascum perenne nigrum, floribus albis. H. R. Bl.* 320. *Verbascum nigrum flore prorsus candido. C. B Pin.* 240. *Verbascum Alpinum, perenne, nigrum, flore albo, staminibus purpureis. H. R. Par. & J. R. H.* 147.

Dd d 2

5. VER-

5. Verbascum ramosum perenne, Parisiensium. *Inst.* La figure du *Phlomos mas alter. Lob. Icon.* represente assez bien cette espece.

Fleurit vers la fin de Juin & en Juillet. Sa fleur est jaune.

6. Verbascum pulverulentum flore luteo parvo. *J. B. 3. 872. Verbascum mas foliis angustioribus, floribus pallidis. C. B. Pin. 239. Pluk.*

7. Verbascum Lychnitis, flore albo parvo. *C. B. Pin. 240. Verbascum flore albo parvo. J. B. 3. 873. Pluk.* Bouillon blanc femelle. *Fusch. ch.* cccxxvii.

Vervaine.
US. 1. Verbena communis, caeruleo flore. *C. B. Pin.* Vervaine femelle. *Fusch.* ccxxvi.

* Verbena communis, floribus albidis. *C. B Pin.*

US. 1. Veronica mas, supina et vulgatissima. *C. B. Pin. 246. Item Veronica mas erecta. C. B. Pin. 246. Pluk.* sous ce dernier nom sont confondues 3 plantes differentes. Sçavoir nostre Veronique commune & les Veroniques vulgaires droites, grande & petite de *Clusius*, qu'il en faut separer & raporter ailleurs. *Veronica Tabern. Icon. 382. Veronique masle. Fusch. ch.* lix. Il faut raporter icy le *Veronica mas. Matth. 693. Ital. 730. Lugd. Gall. 2. 208. Veronica. Cast. Dur. 453. Veronica assurgens. Dod. Pempt. 40. Veronica recta mas. Lob. Obs. 250. Lob. Ic. 471.* Tous noms raportez mal a propos a la *Veronica mas recta. C. B. Pin. 246.* mais il en faut separer la *Veronica recta. Clus. Hist. 347.* pour la raporter a la deuzieme de ce Catalogue. *Betonica Pauli. Veronica mas.* Veronique masle. *Dod. Gall. 21. C. Bauhin* a raporté a la Veronique en question, la *Veronica mas serpens. Dod. Pempt. 40. Veronica major Septentrionalium. Lob. Obs. 250. Veronica vera & major. Lob. Ic. 471.* Toutes figures copiées l'une sur l'autre, & qu'on doit raporter a ce que je croy a la *Veronica spicata latifolia. C. B. Pin. 246.*

* Veronica mas, supina et vulgatissima, floribus rubellis.

* Veronica mas, supina et vulgatissima, floribus candidis. *C. B. Pin.*

H. Par. 167. 2. Veronica spicata miñor. *C. B. Pin. 247.* Il y raporte seulement la *Veronica recta minima. Lob. Obs. 251. Ic. 250.* que l'autheur dit n'avoir qu'un pouce ou deux de haut. *Veronica recta minor. Clus. Pann. Tab. Ic. 384. Veronica recta minima. Clus. Hist. 347. Veronica spicata, recta, minor. J. B. 3. l. 28. p. 282. cum fig.* la *Veronica spicata, foliis Veronicae officinarum. Dillen. Cat. 161. & Eph. Nat. Cur. Cent 5 & 6. Obs. 38. pag. 270. Tab.* iv. me paroist differente de la *Veronica, spicata, recta, minor. J. B. 3. l. 28. p. 282.* a la quelle *Dillenius* la rapporte, en la confondant, comme a fait. *J. B.*, avec celle que ce dernier auteur nomme *major.*

Je croy, que cette plante ne doit pas estre separée de celle de nos environs, qui est la *Veronica recta vulgaris major. Clus. Hist. 347.* que *C. Bauhin* raporte a sa *Veronica mas erecta. C. B. Pin. 246.* ainsi que la *Veronica recta minima. Clus.* qu'il repete sous la *Veronica spicata minor. C. B. Pin. 247.*

Cette plante s'eleve depuis demi pied jusqu'a un pied & quelquefois d'avantage. Sa racine est dure, brune, ligneuse. epaisse de 2 ou 3 lignes, & longue de demi pouce ou d'un pouce, terminée comme celle de la *Succisa*, toute garnie de fibres blanc sales, dures, difficiles a rompre, longues depuis un pouce jusqu'a 3, epaisses comme une seconde corde de Violon, qui donnent vers leurs pointes quelque chevelu; un peu astringente quand on le mache. Du colet de la racine sortent plusieurs feuilles disposées en rond, couchées ordinairement a terre, du centre desquelles sort la tige, qui est ronde, droite, dure, lisse, couverte d'un leger duvet tres court, accompagnée de feuilles disposées ou plustot opposées 2 a 2, dont une paire croise l'autre, les superieures sont quelquefois alternes. Les unes & les autres sont pliées en goutiere, parsemées, de même que la tige, d'un leger duvet, qui rend leur verd un peu cendré, quoy qu'il soit assez foncé en dessus & plus pâle en dessous. Les inferieures ont depuis un pouce jusqu'a un pouce & demi de long, pointues par les 2 bouts, relevées en dessous d'une coste en dos d'asne, qui donne 4 ou 5 nerfs obliques de chaque costé. Ces feuilles sont dentelées en scie sur les costez. Celles, qui accompagnent la tige, perdent de leurs volume a mesure qu'elles approchent du sommet, qui se termine en Epi & quelquefois en plusieurs Epis chargez de fleurs bleu turquin tirant sur le violet. Chaque fleur est decoupée en 4 quartiers inegaux. Le superieur est beaucoup plus large que les 3 autres, qui tendent en bas. 3 etamines de la couleur de la fleur, longues d'environ 3 lignes partent du centre de la fleur, dont 2 s'etendent obliquement sur les costez, & la troisieme tombe sur le quartier inferieur de la fleur. Les sommets des etamines sont aussi bleu Turquin.

* Ve-

* Veronica spicata, minor, flore pallide caeruleo.

* Veronica spicata, minor, flore albo. *C. B. Pin.*

* Veronica spicata, minor, flore roseo. *Veronica spicata, minor, spica rosea. H. R. Bl.* 218.

3. Veronica spicata angustifolia. *C. B. Pin.* 246. il y raporte la *Veronica recta vulga-* H. Par. 167. *ris major. Cluf. Hist.* 347. qu'il a auffi rangé & repeté fous la *Veronica mas erecta. C. B. Pin.* 246. mais il la faut diftinguer de la *Veronica* 11 *erectior angustifolia. Cluf. Hist.* 346. que le même *Bauhin* a confondû avec. *J. B. & Raji. Hist.* 1.846. croyent, que la *Veronica spicata angustifolia. C. B. Pin.* & la *Veronica spicata minor Ejusd. Pinax*, ne font qu'une même plante.

4. Veronica supina, facie Teucrii pratensis. *Lob. Ic.* Germandrée vulgaire, masle. *Fufch. ch.* cccxxxiv. *Teucrium*, iv. *Cluf. Hist. Icon.* 349.

5. Veronica minor, foliis imis rotundioribus. *Mor. H. Ox.* Germandrée vulgaire H. Par. 169. femelle. *Fufch. ch.* cccxxxiv.

Elle commence a fleurir des la fin d'Avril & en May.

* Veronica minor, foliis imis rotundioribus, flore dilute Janthino.

* Veronica minor, foliis imis rotundioribus, flore obsolete purpurascente.

* Veronica minor, foliis oblongis, flore caeruleo.

* Veronica minor, foliis oblongis, flore albo.

Mr. d'Ifnard l'a trouvé au bois de Boulogne.

* Veronica minor, foliis oblongis.

J'ay trouvé cette varieté dans les bofquets de Marly. Les feuilles, & fur tout celles des tiges, font beaucoup plus longues & moins larges que celles du N°. 5. Elles ont environ un pouce & demi de long fur 8 a 10 lignes de large, dentelées, & attachées par un pedicule long d'une ligne ou d'une ligne & demie. Sa fleur eft de la même couleur & grandeur de celle du dite N°.

6. Veronica pratensis, serpillifolia. *C. B. Pin.* 247. *Veronica faemina.* Veronique femelle. *Dod. Gall.* 21.

* Veronica pratensis, serpillifolia, flore albo.

7. Veronica flosculis cauliculis adhaerentibus. *Mor. Hist. Alyssum Diofcoridis.* H. Par. 169. *Col. Phytob.* 27. *Alfine Veronicae folio, flofculis cauliculis adhaerentibus. C. B. Pin.* 250. *Alfine ferrato folio hirfutiori, floribus & loculis cauliculis adhaerentibus. J. B.* 3. *lib.* 367. *Alfine foliis Veronicae. Tabern. Icon.* 712.

* 8. Veronica minima, Clinopodii minoris folio, Romana. *Bocc. Veronica erecta Acini folio glabro, floribus caeruleis, fegmento inferiore albido & angusto. Dillen. Cat. Giff.* 54. *& Nov. Plant. fpec* 39.

* Veronica minima, Clinopodii minoris folio, Romana, flore purpuro-caeruleo.

9. Veronica verna, trifido vel quinquefido folio. *Inft.*

* Veronica verna, folio integro triangulari dentato.

Cette plante ne differe de la precedente que par fes feuilles, qui font entieres, triangulaires & dentées dans leur contour. Se trouve a Chatou fur les murailles. Le premier de May 1710.

10. Veronica, flosculis oblongis pediculis insidentibus, Chamaedryos folio. *Mor. Hist.* La moyenne Morgeline. *Fuchf. Gall. cap.* vii.

* Veronica, flosculis oblongis pediculis insidentibus, Chamaedryos folio, flore caeruleo et albo mixto.

* Veronica, flosculis oblongis pediculis insidentibus, Chamaedryos folio alterno. *H. L. Bat.*

11. Veronica Cymbalariae folio verna. *Inft.*

J. Bauhin dit fa fleur bleu pâle, & il eft vray, mais il s'en trouve des pieds, dont les fleurs font purpurines.

* Veronica Cymbalariae folio verna, flore purpurascente.

12. Veronica aquatica major, folio subrotundo. *H. Ox. Veronica aquatica fubrotun-* US. *do folio, Beccabunga dicta. Pluk. Almag.* 385. *Anagallis aquatica major folio fubrotundo. C. B. Pin. Item Anagallis aquatica minor, folio fubrotundo. Ejusd.* 252. *Item Anagallis aqua-*

E e e   *tica*

tica foliis Pulegii Serpillive. Ejufd. C.B.Pin.252. Anagallis aquatica folio rotundiore ma-
jore. J. B. 3.791. Item Anagallis aquatica flore caeruleo, folio rotundiore minor. Ejufd.
ibid. Anagallis aquatica minor prima. Tabern.Ic.718. Item Berula five Anagallis aquatica.
*Ejufd.719. Pluk. Berle. Fufch.ch.*CCLXXVII.

Sa fleur eft azur. Elle epanouit en May & Juin.

US.   VERONICA AQUATICA, FOLIO SUBROTUNDO, MINOR. *J. R. H.*

      * VERONICA AQUATICA MINOR, FOLIIS SUBROTUNDIS TERNIS.

US.   13. VERONICA AQUATICA MAJOR, FOLIO OBLONGO. *Mor. Hift. Ox.*

      14. VERONICA AQUATICA MINOR, FOLIO OBLONGO. *J. R. H.* Il faut y raporter l'*Anagal-*
*lis aquatica anguftifolia fcutellata. C.B.Pin.252. Prod.*119. l'*Anagallis aquatica flore pur-*
purafcente, folio oblongo, minor. J. B. 3. 791. l'*Anagallis aquatica anguftifolia. C.B.Pin.*
252. l'*Anagallis aquatica quarta. Lob. Icon.467.* l'*Anagallis aquatica minor folio oblongo.*
C.B.Pin.252. l'*Anagallis aquatica minor, 11. Tabern.Icon.718.*

Celle cy n'eft point une variété de la precedente. Sa fleur eft d'un purpurin clair
rayé.

      15. VERONICA AQUATICA, ANGUSTIORE FOLIO. *Inft. flore albo.* Il ne faut rapporter a celle-
cy que l'*Anagallis aquatica, anguftifolia. J.B.*3.791.

      * 16. VERONICA MINOR ANNUA, OCYMI CARYOPHYLLATI FOLIO, SUBTUS RUBRO, FLORE
CAERULEO.

      * VERONICA MINOR ANNUA, OCYMI CARYOPHYLLATI FOLIO SUBTUS RUBRO, FLORE A-
METHYSTINO.

Ces deux fe trouvent entre Coigniere, & la foreft de St.Leger, dans les champs.

<table><tr><td>*Viorne.*</td><td>1. VIBURNUM. *Matth.*217.</td></tr></table>

Fleurit en Avril.

<table><tr><td>*Vefce.*</td><td>1. VICIA SATIVA VULGARIS SEMINE NIGRO. *C.B.Pin.*</td></tr></table>

      * VICIA SATIVA, VULGARIS, SEMINE CINEREO. *C. B. Pin.*

      * VICIA SATIVA VULGARIS, FLORE SUAVERUBENTE.

      2. VICIA VULGARIS, ACUTIORE FOLIO, SEMINE PARVO NIGRO. *C. B. Pin. Vefce.Fufch.*
*ch.*LXI.

      * 3. VICIA SEMINE ROTUNDO NIGRO. *C. B. Pin. Craccae primum genus. Dod.*
*Pempt.*542.

N'a qu'une filique dans chaque aiffelle des feuilles.

      4. VICIA ANGUSTIFOLIA, PURPURO-VIOLACEA, SILIQUA LATA GLABRA. *Bot. Monfp. Vicia*
*peregrina anguftiffimis foliis, filiqua lata glabra. Pluk. Phytogr. Tab.*233. *fig.*6.

La filique eft couleur de bois dans fa maturité, & les femences font cendrées.

      * 5. VICIA MINIMA, PRAECOX, PARISIENSIUM. *H.R.Par. Vicia praecox verna, minima,*
*Solonienfis, femine hexaedro. H. R. Bl.*321.

      * 6. VICIA SYLVESTRIS LUTEA, SILIQUA HIRSUTA. *C. B. Pin.*

      * 7. VICIA SYLVESTRIS ALBA, SILIQUA HIRSUTA. a fleurs blanches. *an Vicia fylveftris*
quafi incana flore albo. J. B. 2. 312.? Vicia fylveftris hirfuta incana. C.B. 345. Vicia fyl-
*veftris alba. Park. Th.*1072.

J'ay trouvé cette efpece le 4 Juillet, dans le parc de Vincennes. Elle ne differe de celle
du N°. 6. que par la couleur de fa fleur. Voyez mon herbier. *Vicia multiflora cum latis fili-*
*quis. J. B. 2. lib.*17. 314. je l'ay trouvé entre les Vignes en allant de Seve aux Etangs de
Ville d'Avray 1717.

      * 8. VICIA LATHYROIDES, PURPURO-CAERULEIS FLORIBUS. *Par. Bat.*242.

      * 9. VICIA SEGETUM, SINGULARIBUS SILIQUIS GLABRIS. *C.B.Pin.*

VICIA MINIMA, CUM SILIQUIS GLABRIS. *Inft. Vicia minor fegetum cum filiquis paucis glabris.*
*Hift. Ox.*2.64. *Viciae five Craccae minimae fpecies, cum filiquis glabris. J. B. 2.*315. *Vicia*
fegetum, fingularibus filiquis glabris. C. B. Pin. 345. *Plukn. Vicia filiquis glabris, flore*
*violaceo. H. R. Blef.*322.

Celle, qui fleurit violet bleuaftre, qui porte 2 ou 3 fleurs fur un long pedicule, & qui fe
trouve autour de St. Antoine dans les grains, fait fes filiques droites, couleur de bois; longues d'environ demi pouce, remplies de 4. 5 ou 6 femences fpheriques, noiraftres, groffes
comme des grains de Moutarde.

      * 10. VICIA SEGETUM MAJOR, CUM SILIQUIS NIGRIS SEMPER BINIS. *Vicia Sepium, folio*

rotundiore acuto, femine maculato. C.B.Pin. Veffe fauvage. Fufch. ch. XXXVIII. *que C.B.* rapporte a fa *Vicia fepium folio rotundiore acuto.* 4. *C. B. Pin.* 345.

Vicia multiflora.

11. VICIA MAXIMA DUMETORUM. *C. B. Pin. Item Vicia fepium folio rotundiore acuto. Ejufd.* felon *Pluk.*

Fleurit des le commencement de May.

* VICIA MAXIMA DUMETORUM, FLORE ALBO.

12. VICIA MULTIFLORA. *C. B. Pin. Item Vicia fylveftris fpicata. Ejufd.* felon *Pluk. & Raji. Hift.* 1.903. *Item Vicia Onobrychidis flore. C.B.Pin.* 345. *Prodr.* 149. felon *Mr. Magnol & Raji. Hift.* 1.903.

* VICIA MULTIFLORA, PALLIDE CAERULEA.

* VICIA MULTIFLORA, PURPURO-VIOLACEA, CUM ALIS ALBICANTIBUS.

* VICIA MULTIFLORA, PURPURO-VIOLACEA TOTA.

* VICIA MULTIFLORA, FLORE SUAVERUBENTE.

* VICIA MULTIFLORA, PURPURO-VIOLACEA, FLORE MINORE.

Les fleurs ont environ demi pouce de long, le vexile n'a que ligne & demie de largeur, au lieu que celuy des precedente a trois lignes. Plaine de Seve 1708.

+13. VICIA MULTIFLORA PURPURO-VIOLACEA, SPICA LONGISSIMA. *an Viciae pulchrum genus, multifolium, five Galegae fpecies quibufdam. J.B.*2.? il dit fes feuilles glabres.

14. VICIA PERENNIS INCANA, MULTIFLORA. *Bot. Monfp.*

* 15. VICIA SYLVESTRIS INCANA, MAJOR ET PRAECOX PARISIENSIS, FLORE SUAVERUBENTE. *J.R.H.* Mr. Charles la decrit dans les Memoires page 35. in 4°. Voyez dans mon Catalogue general pag. 742. C'eft l'*Arachus. Lugd.* 1.480. *vulgo* Arouffes en Auvergne & en Bourgogne. voyez l'Hiftoire de Lyon françoife. 1. 403. *Cafpar Bauhin Pin.* l'a confondue avec le *Vicia fegetum cum filiquis plurimis hirfutis. C. B. Pin.* 345. *an Vicia flore obfolete purpureo, filiqua hirfuta Raji. Hift.* 901. *Aracus major Baetica Boelii. Park, Th.* 1068. *Pluk.*

Eft commune dans les Bleds, Segles &c. autour de Paris, ou elle fleurit en May & Juin.

* 16. VICIA SEGETUM, CUM SILIQUIS PLURIMIS HIRSUTIS. *C. B. Pin.*

1. VIOLA MARTIA PURPUREA, FLORE SIMPLICI ODORO. *C. B. Pin.* 199. *Violette. Fufch.* US. *ch.* CXVII.

* VIOLA MARTIA, ALBA. *C. B. Pin.*

2. VIOLA MARTIA INODORA, SYLTESTRIS, FLORE CAERULEO. *C. B. Pin.*

* VIOLA MARTIA INODORA, SYLVESTRIS, FLORE PALLIDO. *C. B. Pin.*

* VIOLA MARTIA INODORA, SYLVESTRIS, FLORE VIOLACEO ET ALBO MIXTO.

○ 3. VIOLA MARTIA MAJOR, HIRSUTA, INODORA. *H. Ox.* 2. 475. *N°.* 4. *Icon. Tab.* 35. *Raji. Hift.* 2.1051. peuteftre eft elle auffi. *Viola martia, inodora, fylveftris, foliis mucronatis, oblongis, & ftrictioribus. C.B.Pin*? *Viola foliis Trachelii ferotina, hirfuta, radice lignofa. Merett. C.B.Pin.* 125.

Sa fleur eft de la grandeur & couleur de celle du N°.2. Elle paroift vers la fin de Mars & en Avril. Cette plante eft fort commune au bas de la pente de la garenne de Seve, qui regarde le grand Chemin de Verfailles, au de la de l'enclos de Mr. Bourdelot: elle fe trouve auffi au bois de Boulogne. Cette plante eft affez bien reprefentée par la figure inferieure, qui eft a droit dans le premier Tome de *Brunf. pag.* 137.

4. VIOLA MARTIA ARBORESCENS, PURPUREA. *C. B. Pin.*

5. VIOLA BICOLOR ARVENSIS, FLORE CANDIDO ET LUTEO. *C. B. Pin.*

* VIOLA BICOLOR ARVENSIS, FLORE CAERULEO ET LUTEO. *C. B. Pin.*

* VIOLA BICOLOR ARVENSIS, FLORE TOTO ALBO. *C. B. Pin.*

* 6. VIOLA TRICOLOR, HORTENSIS, REPENS, FLORE NIGRO PURPUREO, ET INSTAR HOLOSERICI NITENTE. *C. B. Pin.*

☉ * 7. Viola tricolor, hortensis, repens. *C. B. Pin.* 199. *Viola tricolor. Dodon. Pempt.* 158. *Viola tricolor. Sim. Paul.* 145. copiée de *Dodon.*

Cette plante est fort commune dans les sables entre la ferme & le chateau de Rochefort. Elle fleurit en May & Juin, la figure, qu'en donne Dodonée, est bonne. Sa fleur a une foible odeur de Violette de Mars, & varie par raport au couleurs, comme Dodonée le dit. Morifon en donne une figure, qui est chargée de velu, comme l'est ma Violette de Rouen. Cependant dans la defcription, qu'il en donne, il ne fait point mention de ce velu. Sa femence est rouffâtre comme il la dit, & un peu luifante. il dit auffi qu'elle fleurit tout l'Efté.

☉ * 8. Viola palustris, rotundifolia, glabra. *Hift. Ox.* 2. 475. *Raji Synopf.* 214.

Fleurit en Juillet & Aouft. Se trouve dans les prairies marecageufes en allant de St. Leger a Planet. Sa fleur paroift des la fin d'Avril & en May. Elle est gris de lin & feulement de la grandeur de celles des Alpes a fleur jaune & a feuilles rondes. Ses femences font noires, polies, taillées en toupie, & fort menues.

US.   1. Virga aurea vulgaris latifolia. *J. B. Virga aurea. Eyft. Tab.* 267.

    2. Virga aurea minor, foliis glutinosis et graveolentibus. *Inft.*

Sa fleur n'a qu'environ 3 lignes de diamêtre. La couronne est formée par 10 ou 12 demifleurons fort courts, dentez de 3 pointes par le haut. Le calice est conique, a écailles longues, dont les externes s'etendânts fur les coftez forment une efpece de Chapiteau feuillu, ce qui ne fe rencontre point dans les efpeces de *Virga aurea*. Ses femences font brun cendré, un peu velues, longues de ⅓ de ligne, & furmontées d'une aigrette de poils long d'une ligne & demie, blanc fale.

☿ 3. Virga aurea Virginiana, annua. *Zan.* 205. *After Canadenfis annuus flore pappofo. H. R. Par.* 27. *After Canadenfis annuus. Joncq. Hort. Conyza Canadenfis annua acris alba, Linariae folio. Bocc.* Herbe de Mr. de Beaufort.

Cette plante fleurit en Juillet & Aouft. Il la faut renvoyer aux afters, attendu que fes fleurs ont 30 & quelquefois plus de demifleurons blancs, quoy qu'elle n'ait pas 2 lignes de diamêtre. Les fleurons font jaune citron clair.

US.   1. Viscum baccis albis. *C. B. Pin. Guy. Fufch. ch.* cxxiv.

＼ Les fruits du Guy commencent par des embryons couronnéz de 4 petites feuilles, ou chargéz d'une couronne radiale compofée de 4 petites feuilles jaunaftres, articulées autour de la tefte de chaque Embryon. Ces Embryons fortent d'une maffe jaunaftre, ronde, articulée avec l'extremité de la branche & avec 2 feuilles oppofées, qui la terminent fur les coftez. Le 8 Mars 1710. Cette obfervation fait voir, que Mr. Tournefort s'eft trompé dans la defcription, qu'il nous a donné de ces Embrions. Les bayes de Guy renferment affez fouvent chacune 2 femences. Les fleurs des Individus mafles font d'une feule piece decoupée en 4 parties egales, chargez chacun fur fa furface interne d'un fommet, qui y eft fortement collé. Fleurit en mefme temps que la femelle.

    * 1. Vitis sylvestris, Labrusca. *C B. Pin.*

US.   * 2. Vitis Vinifera. *C. B. Pin.*

    1. Vitis Idaea, foliis oblongis crenatis, fructu nigricante. *C. B. Pin.*

Il fleurit en May, & fon fruit eft meur en Juillet. Sa fleur eft rouge comme le fruit du Fufain. C'eft un Grelot applati en deffus & en deffous, fon embouchure eft petite & decoupée en 5 parties verdaftres recourbées en deffous. Dans le trou pofterieur s'emboite un plateau a 10 angles arrondis, de la bafe & circonference du quel s'elevent 10 étamines blanches a fommets couleur de Safran, lesquels forment une efpece de cage fpherique ou de la figure de la fleur. Du centre de ce plateau, qui eft creufé en nombril, part un poinçon rond & piramidal terminé par une fort petite tefte, qui s'echape a travers les fommets. Le calice eft taillé en cloche, dont la partie pofterieure devient le fruit, pendant que l'anterieure ou l'embouchure de cette cloche, qui eft fort evafée & entiere, fait l'office de calice.

US.   1. Ulmaria. *Cluf. Hift.*

    * 1. Ulmus campestris et Theophrasti. *C. B. Pin.* 426. *Ulmus. J. B.* 1. 139. *Ulmus vulgatiffima folio lato fcabro. Ger Emac. Pluk.*

Toutes les Efpeces fleuriffent en Mars. Leurs fleurs paroiffent & font paffées avant que les feuilles pouffent. Elles naiffent par petits pelotons du milieu de quelques Ecailles, qui leurs fervent comme de calice commun. Chaque fleur eft taillée comme en cone renverfé. Elles
font

font decoupées en 4 quartiers ordinairement sur les bords, & garnies d'autant d'etamines, qui les debordent. Elles n'ont point de calice particulier. Le pistile, qui s'eleve du fond de chaque fleur, est terminè par 2 cornes & devient le fruit.

* 2. Ulmus minor, folio angusto scabro. *Ger. Emac. Ulmus minor. Park. Theatr. Pluk.*

* 3. Ulmus, folio glabro. *Ger. Emac.* 1481.

* 4. Ulmus, folio latissimo scabro. *Ger. Emac. Ulmus latiore folio. Park. Th. Ulmus montana. C. B. Pin.* 427.

En françois Ipreau. Ainsi appellé de la Ville d'Ipres, d'ou l'on a apporté cet arbre.

* 5. Ulmus pumila, foliis parvis, glabra, cortice fungoso. *Pluk. Almag.* 393.

1. Urtica urens maxima. *C. B. Pin. Urtica major vulgaris.* 4. *Raji Hist.* 160. *Urtica* US. *racemifera major perennis Raji. Synops. Urtica major vulgaris. J. B.* 3. 545. *Urtica urens prima & secunda seu urens maxima, & altera Urens. C. B. Pin.* 232. *Pluk. La grande ortie. Fusch. ch.* XXXVII.

* Urtica urens, maxima, foliis ternis.

* Urtica urens maxima, caule rubente. *C. B. Pin.*

* Urtica urens maxima, foliis ex luteo variegatis.

2. Urtica urens, minor. *C. B. Pin. Urtica minor.* 5. *Raji. Hist.* 1. 161. *La petite Ortie. Fusch. ch.* XXXVII.

3. Urtica urens, pilulas ferens. 1. *Diosc. semine Lini. C. B. Pin. Urtica Romana.* 6. *Raji. Hist.* 1. 161. *Ortie Romaine. Fusch. ch.* XXXVII.

§. Ustilago avenae.

§. Ustilago hordei.

§. Ustilago secales.

§. Ustilago. Tritici.

1. Vulneraria rustica. *J. B. Anthyllis prior. La Grande Anthyllis. Dod. Gall.* 10. US.

---

1. **X**ANTHIUM. *Dod. Pempt.* 39. *Xanthium. Petit Glouteron. Dod. Gall.* 10. *Petit Glouteron. Fusch. ch.* CCXX.

F I N I S.

INDEX
PLANTARUM
DEPICTARUM,
ET
AERI INCISARUM,
IN OPERE
VAILLANTII.

INDEX PLANTARUM

DEPICTARUM,
ET
AERI INCISARUM,
IN OPERE
VAILLANTII.

TAB. I.

1. **A**Garicus de St. Cloud, parte supina visus. *Vaillant.*
   ———————— parte prona visus. *Vaillant.*
2. ———————— nigerrimus. *Vaillant.*
3. ———— sericeus, fuscus. *Vaillant.*
4. Alchimilla gramineo folio, flore majore. *T.*
5. Alsinastrum Galliifolio. *T.* & Alsinastrum, Gratiolae folio. *T. una Icon.*

TAB. II.

6. Alsinastrum serpillifolium, flore tripetalo, rubente. *Vaillant.*
7. ——— ——— ——— —— —— albo, tetrapetalo. *Vaillant.*
8. Alsine saxatilis, & multiflora, capillaceo folio. *T.*

TAB. III.

9. Alsine tenuifolia. *J. B.*
10. ——— verna, glabra. *Bot. Monsp.*
11. ——— segetalis, gramineis foliis, unum latus spectantibus. *Vaillant.*
12. Alsinoides annua, verna. *Vaillant.*

TAB. IV.

13. Alsine saxatilis, Juniperi folio. *Vaillant.*
14. Anagallis, quae Alsine, palustris, minima; flosculis albis, fructu Coriandri exiguo *Mentz.*
15. Aparine semine laevi. *H. R. Par.*
16. ——— vulgaris, semine minori. *T.*
17. Corallina fluviatilis, non ramosa. *Vaillant.*
18. Linoides ramosissimum. *Vaillant.*

TAB. V.

19. Brunella, Verbenulae foliis. *Vaillant.*
20. Caruifolia. *J. B.*

Ggg   TAB.

T A B. VI.

T A B. VII.

T A B. VIII.

T A B. IX.

T A B. X.

T A B. XI.

49. Fungoides glandis cupulam referens, margine dentato. *Vaillant.*
50. ———— infundibuli forma, femine foetum, interne ſtriatum, externe hirſutum. *Vaillant.*
51. ————————————————————————————————— *J. R. H.* 560.
52. ———— auriculam Judae referens, apous intus rufeſcens, extus candicans, & quaſi farinoſum. *Vaillant.*
53. Fungus minimus, flaveſcens, infundibuli forma. *Vaillant.*
54. ———— pileolo, per maturitatem inſtar agarici intybacei laciniato.
55. ———— anguloſus, & velut in lacinias ſectus. *C. B. Pin.*
56. ———— pileolo croceo, ſplendoris participe. *Vaillant.*
57. ———— minimus. *Vaillant.*
58. ———— pileolo candicante, lamellis paucis, pediculo fuſco ſplendente. *Vaillant.*

T A B. XII.

59. ———— multiplex, obtuſe conicus, colore griſeo, murino.
60. ———— ———— ———— campaniformis, colore caſtaneo.
61. ———————————————————————— profunde (*minime* Gallicè.)
62. ———— lignoſus, faſciatus. *Vaillant.*
63. ———— ovatus, multiplex, cinereus. *Vaillant.*
64. ———— minor, Citrineo colore; pedunculo flaveſcente.
65. Lycoperdon, excipuli Chymici forma. *J. R. H.* 564.
66. Lycoperdon minimum, verrucoſum. *J. R. H.* 564.

T A B. XV. *vero ſuo ordine.*

67. Geranium Columbinum, majus, flore caeruleo. *Raj. Hiſt.* 2. 1059.
68. ——————————————————— foliis imis uſque ad pediculum diviſis. *H. Ox.* 2. 511.
69. ———— omnium villoſiſſimum. *Vaillant.*
70. ———— diſſectis foliis, pediculis florum longiſſimis. *Vaillant.*
71. Glaux paluſtris, flore ſtriato, clauſo, foliis portulacae. *J. R. H.* 88.
72. Graminifolia paluſtris, repens, vaſculis granorum piperis aemulis. *Raj. Syn.*
73. Polygonum parvum, flore albo, verticillato. *J. B.* 3. 378.

T A B. XIII. *vero ſuo ordine.*

74. Fungoides maximum, pyxidatum. *Vaillant.*
75. ———— pullum, Cornucopiae forma. *Vaillant.*
76. Fungus minor, pilei ſuperficie flocculis fuſcis villoſa.
77. ———— gelatinus, flavus. *Vaillant.*
78. ———— minor, totus rufus. *Vaillant.*
79. Fungoides, annuli gemmati caput referens.
80. Fungus minimus, ſcutellatus, coloris aurantii. *Raj. Syn.*

T A B. XIV. *vero ſuo ordine.*

81. Fungus foliaceus, vel lamellatus, infundibuli forma, fuſco-lividus. *Vaillant.*
82. Noſtoc luteum, meſenterii forma. *Vaillant.*
83. Fungus phalloides, annulatus, ſordide vireſcens, & patulus. *Cimelii Regis.*
84. ———— poroſus, maximus, craſſus, lacer. *Vaillant.*

TAB.

T A B. XVI.

T A B. XVII.

T A B. XVIII.

T A B. XIX.

T A B. XX.

120. Juncus annuus, foliis per ramulos fparfis. *Vaill.*
121. Lenticula paluftris, major. *Vaill.*
122. —— —— —— vulgaris. *C. B. Pin.*
123. Lichen cinereus, arboreus, marginibus fimbriatis. *J. R. H.*
124. —— —— —— minor, marginibus pilofis. *Vaill.*
125. —— —— —— latifolius, ramofus. *J. R. H.*
126. —— cornua Damae referens, anguftifolius. *Vaill.*
127. —— cruftae modo arboribus adnafcens, olivaceus. *Vaill.*
128. —— —— —— faxis adnafcens, verrucofus, cinereus, & veluti exuftus. *J. R. H.*
129. —— nigricans, omphalodes. *J. R. H.*
130. —— qui Mufcus arboreus. *J. B.*
131. ———————— alius.
132. —— cinereus, ramofus, verrucofus. *Vaill.*
133. —— pulmonarius, arboreus, anguftifolius, fcutis in marginibus foliorum. *Vaill.*
134. ——————————————————— alter. *Vaill.*

T A B. XXI.

135. Lichen opere phrygio ornatus. *Vaill.*
136. —— pyxidatus, Damae cornu divifura, acetabulorum oris crifpis. *Vaill.*
137. —— —— Endiviae crifpae folio, prolifer, acetabulorum oris crifpis. *Vaill.*
138. —— —— acetabulorum oris coccineis, & tumentibus. *J. R. H.*
139. —— —— prolifer. *J. R. H.*
140. —— —— minor. *J. R. H.*
141. —— —— major, rugofus. *Vaill.*
142. ———————— *J. R. H.*
143. —— —— margine prolifero, fcabro. *Vaill.*
144. —— fquamofus, acetabulis denfe aggeftis. *Vaill.*
145. —— pyxidatus, major, acetabulo fimbriato, tuberculofo. *Vaill.*
146. —— pulmonarius, faxatilis, cinereus, minor, umbilicis nigricantibus. *J. R. H.*
147. —— —— arboreus, e cinereo viridis. *Vaill.* Lichen pulmonarius, cinereus, crifpus. *T. 549.*
148. —— —— faxatilis, e cinereo fufcus, minimus. *J. R. H.* 549.
149. —— terreftris, minimus, fufcus. *Raj. Syn.*
150. —— —— cinereus. *Raj. Syn.*
151. Lichenaftrum, petalodes, fquamofum, minus. *Dillen. Cat.*

T A B. XXII.

152. Melilotus Parifienfis, humifufus, foliis glabris, ferratis. *Vaill.*
153. —— quod Trifolium pratenfe, luteum, capitulis Lupuli, five agrarium. *C. B. Pin.*
154. Melilotus pratenfis, capitulis longiffimis pediculis infidentibus. *Vaill.*
155. Trifolium fragiferum, folio oblongo. *Vaill.*
156. Melilotus, quae trifolium, orientale, altiffimum, caule fiftulofo, flore albo. *T. C.*

TAB. XXIII.

TAB. XXIV.

T A B. **XXV.**

184. Muſcus filicinus, major. *C.B. Pin.*
185. ——— ſquamoſus, major, foliis anguſtioribus, acutiſſimis. *T. 553.*
186. ——— capillaris, tectorum, denſis ceſpitibus, capitulis oblongis, foliis in pilum ob-longum deſinentibus. *Raj. Syn.*
187. ——— ——— minor, capitulis erectis, vulgatiſſimus, non villoſus. *Vaill.*
188. ——— apocarpos, arboreus, ramoſus. *Raj.*
189. ——— capillaceus, ramoſus, capitulis plurimis, caulibus adhaerentibus. *T. 551.*
190. ——— terreſtris, ſurculis Kali, ſeu Illecebrae aemulis, foliis ſubrotundis, ſquama-tim incumbentibus. *Raj. Syn. 37. N. VI.*
191. ——— capillaceus, corniculis longiſſimis. *Raj. Syn. 29.*

T A B. **XXVI.**

192. ——— capillaceus, minimus, calyptra longa, conoidea, nitida. *J. R. H. ex Ville d'Auvray, de Clagny* &c.
193. ——— capillaceus, omnium minimus. *T. 552.*
194. ——— ſquamoſus, argenteus, Ericae folio. *Vaill.*
195. ——— capillaceus, minor, capitulis geminatis. *T. 552.*
196. ——— folio lato, ſubrotundo, capitulo ſingulari, nutante, pediculo longo ſubru-benti inſidente. *Vaill.*
197. ——— ſquamoſus, ramoſus, erectus, Alopecuroides. *T.*
198. Muſco-fungus montanus, corniculatus. *M. H.*
199. Muſcus montanus, fuſcus, ramoſiſſimus, non tubuloſus. *Raj. Syn.* eſt Coral-loides.
200. Muſcus ſquamoſus, ramoſus, tenuior, capitulis incurvis. *J. R. H.*
201. ——— qui Lichen pulmonarius, cinereus, criſpus. *J. R. H?*
202. ——— paluſtris, Abſinthii folio. *Vaillant.*
203. ——— capillaceus, major, & elatior, capitulis cylindraceis, obtuſis, nutanti-bus. *T.*
204. ——— trichodes, montanus, albidus, fragilis. *Raj. Syn. 339.*
205. Muſcus plurimis ſoliolis reflexis, ex uno puncto confertis. *Vaill.*
206. ——— capillaceus, minor, calyptra tomentoſa. *T. 552.*
207. ——— ——— ——— folio rotundiori, capſula oblonga, incurva. *T. 551.*
208. ——— ——— ——— minor, capitulo longiori, falcato. *T. 551.*
029. ——— paluſtris, foliis ſubrotundis. *T. 555.*

T A B. XXVII.

T A B. XXVIII.

T A B. XXIX.

241. Muscus filicinus, major, sericeus. *Vaill.*
242. ———— capillaceus, lanuginosus, minimus. *T. 552.*
243. ———— ———— minimus, capitulis pyriformibus, turgidis. *T. 553.*
244. ———— trichoides, minor, acaulos, capillaceis foliis. *Muf. Petiv.*
245. ———— capillaceus, minimus, foliis longioribus, & angustioribus. *Vaill.*
246. ——————————————— capitulo minimo, pulverulento. *T. 552.*
247. ———— ———— ———— ———— nutante, pediculo purpureo. *T. 552.*
248. ———— squamosus, non ramosus, major & minor, capitulis incurvis. *T. 553.*
249. ———— ramosus, palustris, major, foliis membranaceis, acutis. *Raj. Syn. 38.*
250. ———— erectus, foliis angustis, caulibus appressis. *Raj. Syn. 337.*
251. ———— qui adiantum medium, in ericetis proveniens. *Petiv.*
252. ———— pennatus, minor, cauliculis ramosis, in summitate veluti spicatus. *flor. P.*

T A B. X X X.

253. Myosotis, hirsuta, altera, viscosa. *T. 245.*
254. ———— arvensis, hirsuta, minor. *Vaill.*
255. ———— ———— ———— parvo flore. *T. 245.*
256. ———— ———— ———— flore majore. *T. Hist.*
257. ———— polygoni folio canescente. *Vaillant.*
258. Orchis barbata, foetida. *J. B. 2. 756.*
259. ——— bifolia, minor, calcari oblongo. *C. B. Pin. 83.*
260. ——— palmata, minor, calcaribus oblongis. *C. B. Pin. 85.*
261. ——— fucum referens, galea, & alis purpurascentibus. *Vaill.*
262. ——— Araneam referens. *C. B. Pin. 84.*
263. ——————————————————— alia species.
264. ——————————————————— tertia species.
265. ——— palmata, diversa a palmata pratensi, latifolia, longis calcaribus. *C. B. Pin. 85.*
266. ——— varietas praecedentis.
267. ——————————————— altera.
268. absque nomine.

T A B. XXXI.

269. Orchis palmata, pratensis, latifolia, longis calcaribus. *C. B. Pin.* 85.
270. ——————————————————————————————— floris alia species.
271. ——— ——— ——— ——— ——— ——— floris tertia species.
272. ——— ——— batrachites. *C. B. Pin.* 86.
273. ——— ——— ——— alia species.
274. ——— ——— ——— tertia species.
275. ——— morio, mas, foliis maculatis. *C. B. Pin.* 81.
276. ——— ——— foemina. *C. B. Pin.* 82.
277. ——— fucum referens, colore rubiginoso. *C. B. Pin.* 83.
278. ——— muscae corpus referens, minor, & galea, & alis, herbidis. *C. B. Pin.* 83.
279. ——— fine apposito nomine.
280. ——— militaris, major. *T.* alia species.
281. ——— quae Cynosorchis, latifolia, hiante cucullo, minor. *C. B. Pin.* 81.
282. ——— flore simiam referens. *C. B. Pin.* 81.
283. ——— militaris, major. *T.* 432.
284. ——— ——— minor. *T.* 432.
285. ———
286. ——— } fine nomine.
287. ———
288. ——— morio foemina, procerior, majori flore. *T. Hist.*
289. ——— militaris, pratensis, humilior. *T.* 432.
290. ——— } fine nomine.
291. ———
292. Serpillum, saxatile, hirsutum, Thymifolium, nanum, flore rubello, & flore albo. *Bocc. Mus.*
293. ——— idem, capitulis lanuginosis. *Vaill.*

T A B. XXXII.

294. Polygala, vulgaris, major, II. *Cluf. H.* 325.
295. ——— Buxi minoris folio. *Vaill.*
296. ——— quae Onobrychis. 2. *Lugd.* 491. *Vaill.*
297. Potamogeton, pusillum, gramineo folio breviori. *Vaill.*
298. ——— ingens, gramineo folio longiori. *Vaill.*
299. Serpillum latifolium, hirsutum. *C. B. Pin.* 220.
300. ——— vulgare, minus. *Vaill.*
301. ——— ——— flore amplo. *Vaill.*
302. ———————————— *Vaill.*
303. Stellaria, quae Alsine, aquis innatans, foliis longiusculis, *J. B.*

T A B. XXXIII.

304. Trifolium flosculis albis, in glomerulis oblongis, asperis, caulibus proxime adnatis. *Vaill.*
305. ——— hirsutum, flore parvo, dilute purpureo, in glomerulis oblongis, semine magno. *Vaill.*
306. Veronica annua, Clinopodii minoris folio. *Vaill.*
307. ——— spicata, minor. *Vaillant.*
308. } Muscus squamosus, foliis acutissimis, in aquis nascens. *J. R. H.*
309. } Muscus fluitans, foliis & flagellis longis, tenuibusque. *Raj. Syn.*
310. Medica hirsuta, echinis rigidioribus. *J. B.*
311. Hepatica reticulata & verrucosa.

F I N I S.

PLANTARUM

DEPICTARUM,

ET

AERI INCISARUM,

IN OPERE

VAILLANTII

ICONES & EXPLICATIO.

TABULA I.

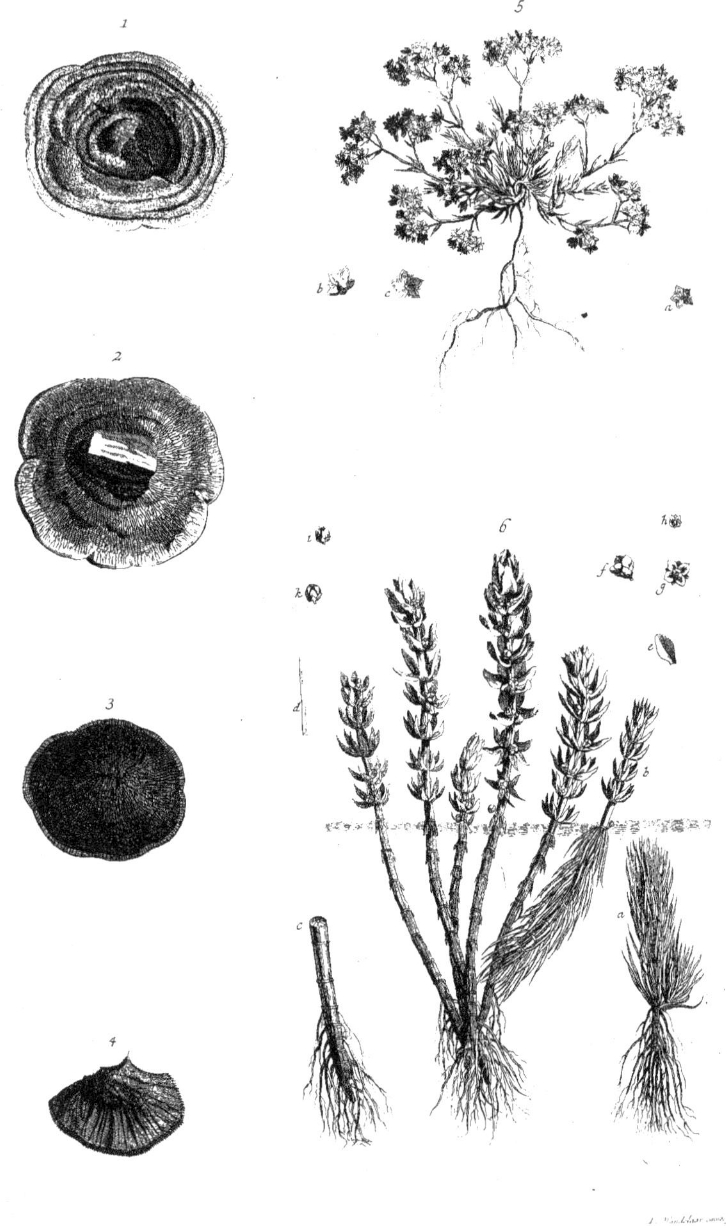

PLANTARUM

DEPICTARUM,
ET
AERI INCISARUM,
IN OPERE

VAILLANTII

ICONES & EXPLICATIO.

TAB. I.

Fig. 1. Agaricus de St. Clou, parte supina visus.
Fig. 2. Agaricus de St. Clou, parte prona spectatus.
Fig. 3. Agaricus de St. Clou, nigerrimus.
Fig. 4. Agaricus sericeus, fuscus.
Fig. 5. Alchimilla gramineo folio, flore majore. *J.R.H.*508.
    a. Flos parte supina conspectus, qua est, nativa magnitudine, cum staminibus, & ovario.
    b. Flos a parte prona inspectus oblique per lentem vitream.
    c. Flos desuper lustratus per vitreum perspicillum: ut, aucta magnitudine, distinctior sit partium conspectus.

Fig. 6. Alsinastrum Gallii folio. *J. R. H.* 244. Et Alsinastrum Gratiolae folio. *J. R. H.* 244.

    a. Imago plantae sub aqua penitus demersae.
    b. Icon ejusdem parte superiore jam supra aquam emergentis.
    c. Caulis per media sectus: ut fabrica appareat interior.
    d. Forma folii in planta sub aquis haerentis.
    e. Ejusdem folii in aëre jam crescentis species.
    f. Flos cum calice suo, per lentem visus, a latere.
    g. Flos superne spectatus per lentem: ut calix, petala, stamina, ovarium, quam liquidissime cernantur.
    h. Flos, ut apparet oculo in magnitudine nativa, desuper lustratus.
    i. Ovarium, cum calice, visum a latere per lentem.
    k. Ovarium apertum, cum semine excusso, ut per lentem apparent.

T A B. II.

Fig. 1. Alfinaftrum ferpillifolium ; flore rofeo, tripetalo.

    a. Flos, cum calice, fpectatus a latere oculo nudo.
    b. Flos, cum calice, vifus a latere per lentem vitream.
    c. Flos nudo confpectus oculo in parte fupina, ubi & calicis fegmenta apparent.
    d. Flos idem, ab eadem parte infpectus per lentem vitream.
    e. Calix, cum ovario, nudo oculo luftratus.
    f. Idem vifus per lentem vitream.

Fig. 2. Alfinaftrum ferpillifolium ; flore albo, tetrapetalo.

    a. Folium magnitudine nativa.
    b. Folium aliud naturali magnitudine.
    c. Flos, una cum calice, vifus nudo oculo, in parte fupina.
    d. Idem ab ea parte fpectatus per lentem vitream.
    e. Calix vifus a parte infima per perfpicillum.
    f. Calix, cum ovario maturo, vifus fuperne.
    g. Idem fpectatus per lentem vitream.

Fig. 3. Alfine faxatilis & multiflora, capillaceo folio. *J. R. H.* 243.

    a. Foliolum adultum, nativa magnitudine.
    b. Flos fuperne vifus.
    c. Calix, cum flore, ab inferiore parte fpectatus.
    d. Petalon floris.
    e. Calix floris, excuffis petalis, cum ftaminibus, & ovario, vifus a parte fupina.
    f. Ovarium una cum fuis tubis.
    g. Stamen cum apiculo foecundante.
    h. Ovarium maturum, apertum, per lentem vifum.
    i. Ovarium idem, cum feminibus excuffis.

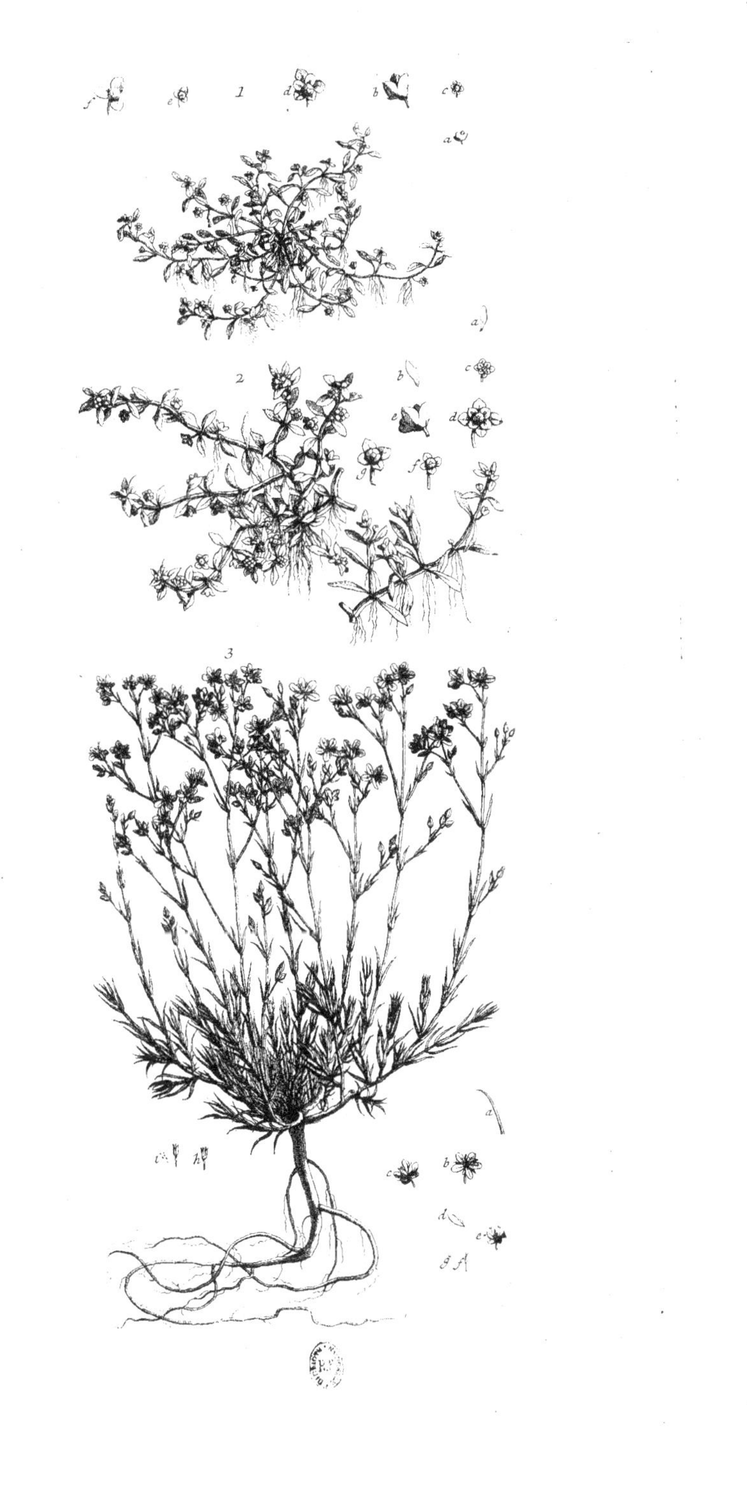

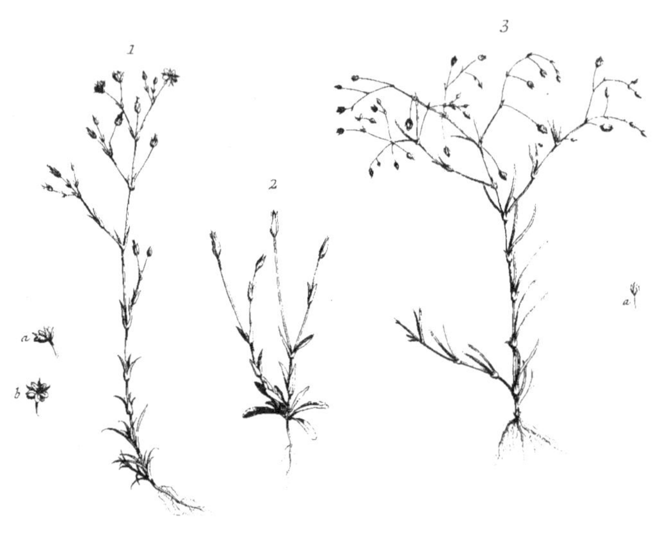

T A B. III.

Fig. 1. Alfine tenuifolia. *J.B.*3. *L.* XXIX. 364.
  a. Flos, cum calice, vifus per lentem a latere in parte fupina.
  b. Flos, cum calice, vifus per lentem a parte fupina.

Fig. 2. Alfine verna, glabra. *Bot. Monfp.*

Fig. 3. Alfine fegetalis, gramineis foliis unum latus fpectantibus. Alfine fegetalis, gramineo
  folio, glabro, multiflora. *D. Sherard. Raj. Hift.* 3. 500.

  a. Ovarium calice involutum, per lentem vifum.

Fig. 4. Alfinöides annua, verna. Alfinae-formis paludofa, tricarpos, flofculis albis, inapertis. *Plukn. Phyt. T.* VII. *F.* 5.

  a. Flos & calix nudo oculo vifus.
  b. Flos & calix per lentem vitream defuper vifus.
  c. Flos & calix lente vitrea confpectus a latere.
  d. Calix, cum ovario claufo, lente vitrea fpectatus.
  e. Calix, cum ovario aperto, vifus per lentem.
  f. Calix, cum ovario aperto, maturo, vifus per lentem, ubi & elateres explodentes apparent.
  g. Semen nudo fpectatum oculo.
  h. Semina per microfcopium vifa.

T A B. I V.

Fig. 1. Alfine faxatilis, Juniperi folio.

    a. Flos apparens defuper.
    b. Idem, cum calice, a parte inferiore fpectatus.
    c. Calix floris.
    d. Ovarium.
    e. Semina.

      Sub icone plantae unum folium ejus depictum fiftitur.

Fig. 2. Anagallis, quae Alfine paluftris, minima, flofculis albis, fructu Coriandri exiguo. *Mentz.*

    a. Folium.
    b. Calix naturali magnitudine.
    c. Idem lente vitrea confpectus.
    d. Ovarium cum tuba.
    e. Ovarium horizontaliter diffiliens, maturum, feminibus turgens, per lentem vitream fpectatum.
    f. Semina.

Fig. 3. Aparine femine laevi. *H. R. Par.*

    a. Semen ejufdem.
    b. Semen Aparines femine Coriandri faccharati. *Park.*

Fig. 4. Aparine vulgaris, femine minori. *J. R. H.* 114.

    a. Semen ejufdem.
    b. Fructus Aparines vulgaris. *C. B. Pin.* 334.

Fig. 5. Corallina fluviatilis, non ramofa.

    a. Unus ejufdem cauliculus per lentem vifus: ut fabrica appareat mira.

Fig. 6. Chamaelinum vulgare. Linöides ramofiffimum prius dictum Auctori. Polygonum minimum, five millegrana minima. *C. B. Pin.* 282.

    a. Folium nativa magnitudine.
    b. Flos fpectatus defuper per lentem.
    c. Pericarpium, cum ovario, vera magnitudine vifum a latere.
    d. Pericarpium, cum flore, per lentem vifum a latere.
    e. Idem fic vifum oblique a latere, fed magis fuperne.
    f. Pericarpium expanfum lente vifum.
    g. Pericarpium contractum a latere vifum per lentem.
    h. Semina vifa per lentem.

T. IV.
1
2
3
4
5
6

T. V.
2
1

PLANTARUM EXPLICATIO.

TAB. V.

Fig. 1. Brunella Verbenae foliis.
- a. Radix, caulis rescissus, folium inferius, erectum.
- b. Pars repens, foliis ornata, radiculas emittens.
- c. Flos cum calice, a parte anteriore visus.
- d. Flos cum calice, a parte posteriore spectatus.
- e. Semina.

Fig. 2. Caruifolia. *J. B.* 3. *lib.* 17. *pag.* 171.
- a. Flos desuper visus.
- b. Fructus, ut flori supponitur.
- c.c. Semina matura, unita ad pedunculum communem.
- d.d. Semina matura, separata, a parte plana, & a parte gibba spectata.
- e.e. Petala florum.

TAB. VI.

Fig. 1. Centaurium minus paluftre, ramofiffimum.
    a. Flos cum calice.
    b. Flos calice nudus.
    c. Calix ovarium involvens.
    d. Ovarium fine calice.
Fig. 2. Centaurium paluftre minimum, flore inaperto.
    a. Folium.
    b. Flos cum calice.
    c. Flos abfque calice.
    d. Calix.
    e. Ovarium claufum.
    f. Ovarium apertum.
    g. Semina.
Fig. 3. Centaurium paluftre, luteum, minimum. *Raj. Hift.* 1092.
    a. Folium.
    b. Flos abfque calice.
    c. Calix involvens ovarium tuba inftructum.
    d. Ovarium calice nudum cum tuba.
    e. Ovarium maturum, cum calice, lente vitrea fpectatum, claufum.
    f. Idem apertum.
    g. Semina.
Fig. 4. Chamaeclema, vulgare, majus.
    a. Folium.
    b. Flos cum calice.
Fig. 5. Chamaeclema, vulgare, minus.
    a. Folium.
    b. Flos cum calice.
Fig. 6. Chamaeclema, vulgare, medium.
    a. Folium.
    b. Flos cum calice.

T VI.

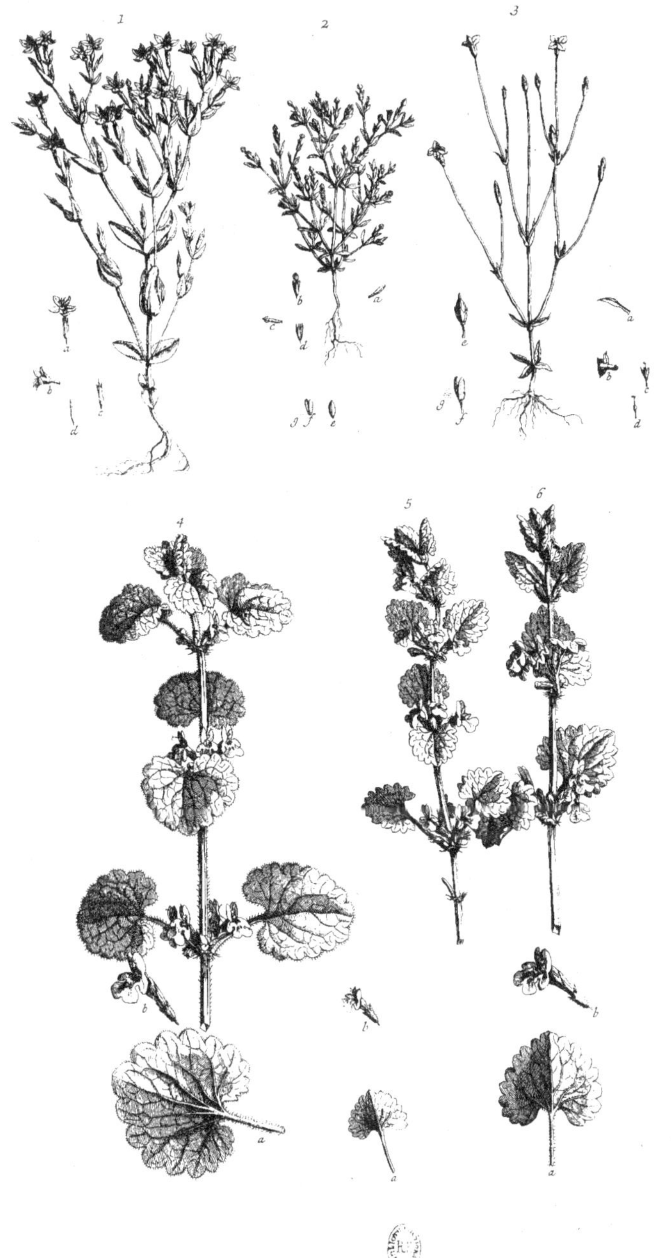

T. VII.

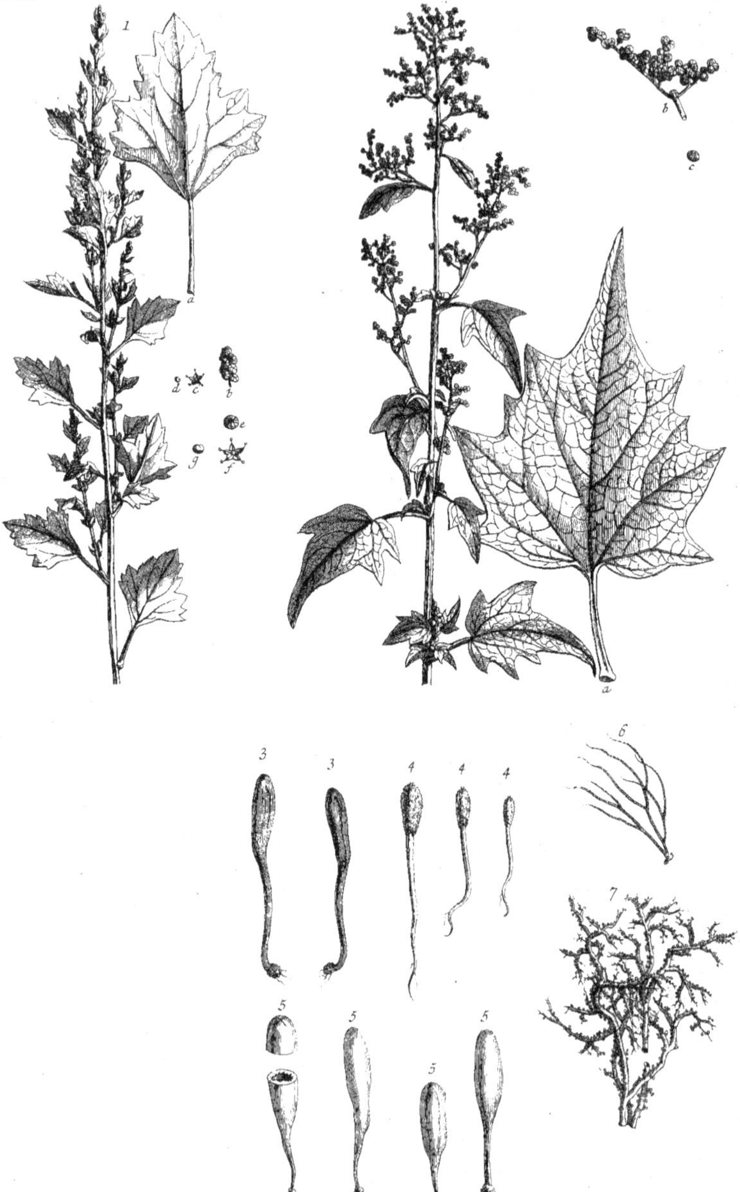

TAB. VII.

Fig. 1. Chenopodium opuli folio.
    a. Folium.
    b. Spica florifera, & frugifera, claufa.
    c. Calix, vel pericarpium apertum cum ovario & ftaminibus, nativa magnitudine.
    d. Semen nativa magnitudine.
    e. Pericarpium claufum, lente fpectatum.
    f. Pericarpium apertum, cum ovario, & ftaminibus per lentem vitream vifum.
    g. Semen per lentem vitream fpectatum.
Fig. 2. Chenopodium, Stramonei foliis.
    a. Folium.
    b. Racemus florifer, & frugifer, pericarpia claufa gerens.
    c. Pericarpium claufum lente vitrea confpectum.
Fig. 3. 3. Clavaria, Ophioglofföides nigra.
Fig. 4. 4. 4. Clavaria, militaris crocea.
Fig. 5 5. 5. 5. Clavaria, alba, piftilli forma. prior figura tranfverfim fectam offert: ut interior
        fabrica patefcat.
Fig. 6. Corallina pinguis, ramofa, viridis.
Fig. 7. Corallöides afpera, corniculis tenuioribus, bifurcatis. *Hiſt. Plant. Pariſ.*

T A B. V I I I.

Fig. 1. Corallo-fungus, omenti forma.
Fig. 2. Corallo-fungus candidiſſimus.
Fig. 3. Corallo-fungus ornithopoidiöides, croceus.
Fig. 4. Corallo-fungus flavus.

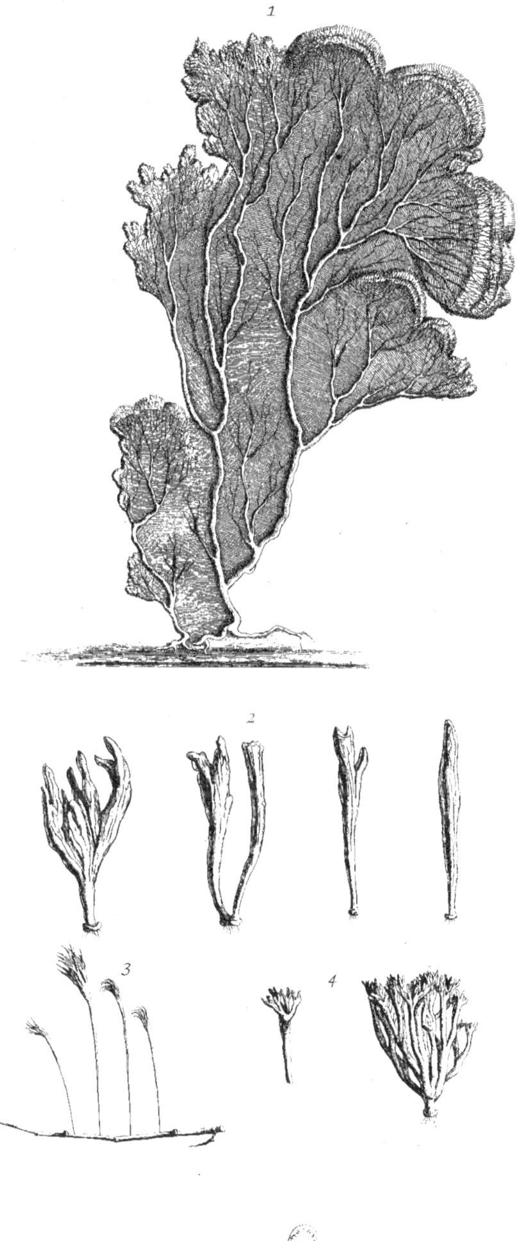

T. iX.
1
2
3
4
a
a
a
b
c
d
e
f
g
h

T A B. IX.

Fig. 1. Filicula regia fumariae pinnulis.
Fig. 2. Filix mas pinnulis criftatis.
    a. Folii pars per lentem vitream fpectata.
Fig. 3. Filix mollis, five glabra vulgaris, mari non ramofae accedens. *J. B.* 3. 738.
    a. Folii pars vifa per lentem vitream.
Fig. 4. Foeniculum fylveftre, annuum, Tragofelini odore, umbella alba.
    a. Caulis umbelliger abfciffus ab icone priore.
    b. Umbella una glomerem referens, lente fpectata, a parte inferiore.
    c. Flos fupinus.
    d. Flos pronus.
    e. Fructus nativa magnitudine.
    f. Idem lente confpectus.
    g. Idem maturus, in bina femina diffiliens, lente vifus.
    h. Semen fpectatum ab utroque latere.

PLANTARUM EXPLICATIO.

TAB. X.

Fig. 1. Fragaria ſterilis, ampliſſimo folio, & flore, petalis florum cordatis.
a. Folium una cum pedunculo ſuo.
b. Calix cum ſtaminibus, & fructu.
c. Unum ex petalis florum.

Fig. 2. Sedum minimum annuum, flore roſeo, tetrapetalo.
a. Calix cum fructu, ſpectatus a latere.
b. Idem lente ſpectatus a latere.
c. Calix cum flore oblique deſuper a latere viſus.
d. Calix cum flore per lentem oblique, deſuper, a latere ſpectatus.
e. Flos ſupinus per lentem vitream viſus.
f. Semina matura.

Fig. 3. Fucus fontanus, pinguis, corniculatus, viridis.

Fig. 4. Fumaria major, floribus dilute purpureis. *Bot. Monſp.*
a. Folium figura, & magnitudine, nativa.
b. Flos ejuſdem.

Fig. 5. Fumaria, foliis tenuiſſimis, floribus albis, circa Monſpelium naſcens. *C. B. Pin.* 143.
a. Flos ejuſdem.

Fig. 6. Fumaria, lobis longioribus, & anguſtioribus, ſparſis.
a. Floſculus ejuſdem.

Fig. 7. Fungus parvus, lamellatus, pectunculi forma, alno adnaſcens. *Raj. Syn.* 14. *N.* 27.

T. XI.

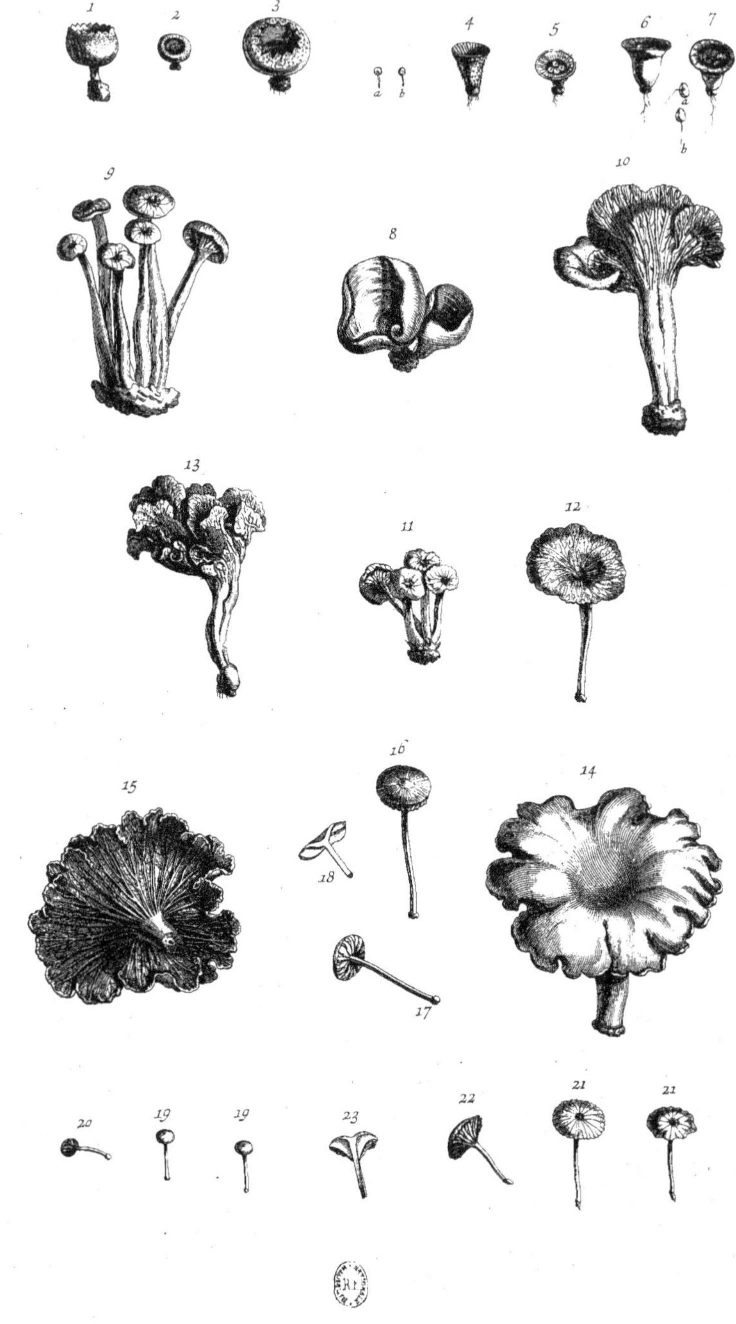

T A B. XI.

Fig. 1. Fungöides, glandis cupulam referens, margine dentato.
Fig. 2. Idem nafcens.
Fig. 3. Idem maturum fpectatum defuper.
Fig. 4. Fungöides, infundibuli forma, femine foetum, interne ftriatum, externe hirfutum.
Fig. 5. Idem fpectatum defuper.
    a. Semen ejus dictum fpectatum a parte inferiore.
    b. Idem a parte fuperiore vifum.
Fig. 6. Fungöides, infundibuli forma, femine foetum. *J. R. H.* 560. fpectatum à latere.
Fig. 7. Idem vifum defuper, ut dicta femina appareant.
    a. Semen dictum vifum a parte inferiore.
    b. Idem vifum a latere.
Fig. 8. Fungöides, auriculam Judae referens, intus rufefcens, extus candicans, & quafi farinofum.
Fig. 9. Fungus minimus, flavefcens, infundibuli forma. *C. B. Pin.* 373. nafcens.
Fig. 10. Idem maturus, a latere oblique furfum fpectatus.
Fig. 11. Fungus, pileolo per maturitatem inftar Agarici intybacei laciniato. primo nafcens.
Fig. 12. Idem adultior, fuperne fpectatus.
Fig. 13. Idem omnino maturus.
Fig. 14. Fungus angulofus, & velut in lacinias fectus. *C. B. Pin.* 371. fuperne fpectatus.
Fig. 15. Idem inferne vifus.
Fig. 16. Fungus, pileolo croceo, fplendoris participe. Vifus oblique fuperne.
Fig. 17. Idem fpectatus ab inferiore parte.
Fig. 18. Idem verticaliter fectus, atque ita confpectus.
Fig. 19. 19. Fungus minimus.
Fig. 20. Idem inferne fpectatus: ut lamellae appareant.
Fig. 21. 21. Fungus, pileolo candicante, lamellis paucis, pedunculo fufco fplendente. fuperne vifus.
Fig. 22. Idem vifus a parte inferiori : ut pateant lamellae.
Fig. 23. Idem verticaliter medius fiffus.

T A B. XII.

Fig. 1. Fungus multiplex, obtufe conicus, colore grifeo murino. ut adultus uno ortu apparet.

Fig. 2. Idem fectione bifariam fiffus: ut caro, lamellae, cavitas fiftulae pedunculi, cernantur.

Fig. 3. Fungus multiplex, campaniformis, colore caftaneo. ut crefcere acervatim folet.

Fig. 4. Idem diffectus perpendiculari fectione: ut caro, lamellae, pedunculus cavus, appareant.

Fig. 5. Fungus multiplex, campaniformis, colore profunde *minime.* (Gallice.)

Fig. 6. Idem diffectus bifariam normaliter: ut caro, lamellae, pedunculus fiftulofus appareant.

Fig. 7. Fungus lignofus, fafciatus.

Fig. 8. Fungus glutinofus, colore aurantio.

Fig. 9. Ejufdem portio difciffa: ut interiora cernantur.

Fig. 10. Fungus multiplex, ovatus, cinereus. ut folet ad unum ortum adultus videri, una
cum duobus pedunculis transverfim diffectis, ut fiftulofa cavitas fpectetur.

Fig. 11. Idem perpendiculari incifus plano bifariam: ut caro, lamellae, fiftula pedunculi
cerni quam optime queant.

Fig. 12. Fungus minor, citrino colore, pedunculo flavefcente. naturali magnitudine, defuper fpectatus.

Fig. 13. Idem inferne vifus: ut lamellae cernantur.

Fig. 14. Idem verticaliter bifariam fectus, fectione per pedunculum tranfeunte: ut caro, lamellae, pedunculi plenitudo pateant.

Fig. 15. Lycoperdon, excipuli chymici forma. *J.R.H.*564.

Fig. 16. Lycoperdon minimum, verrucofum. *J.R.H.*564.

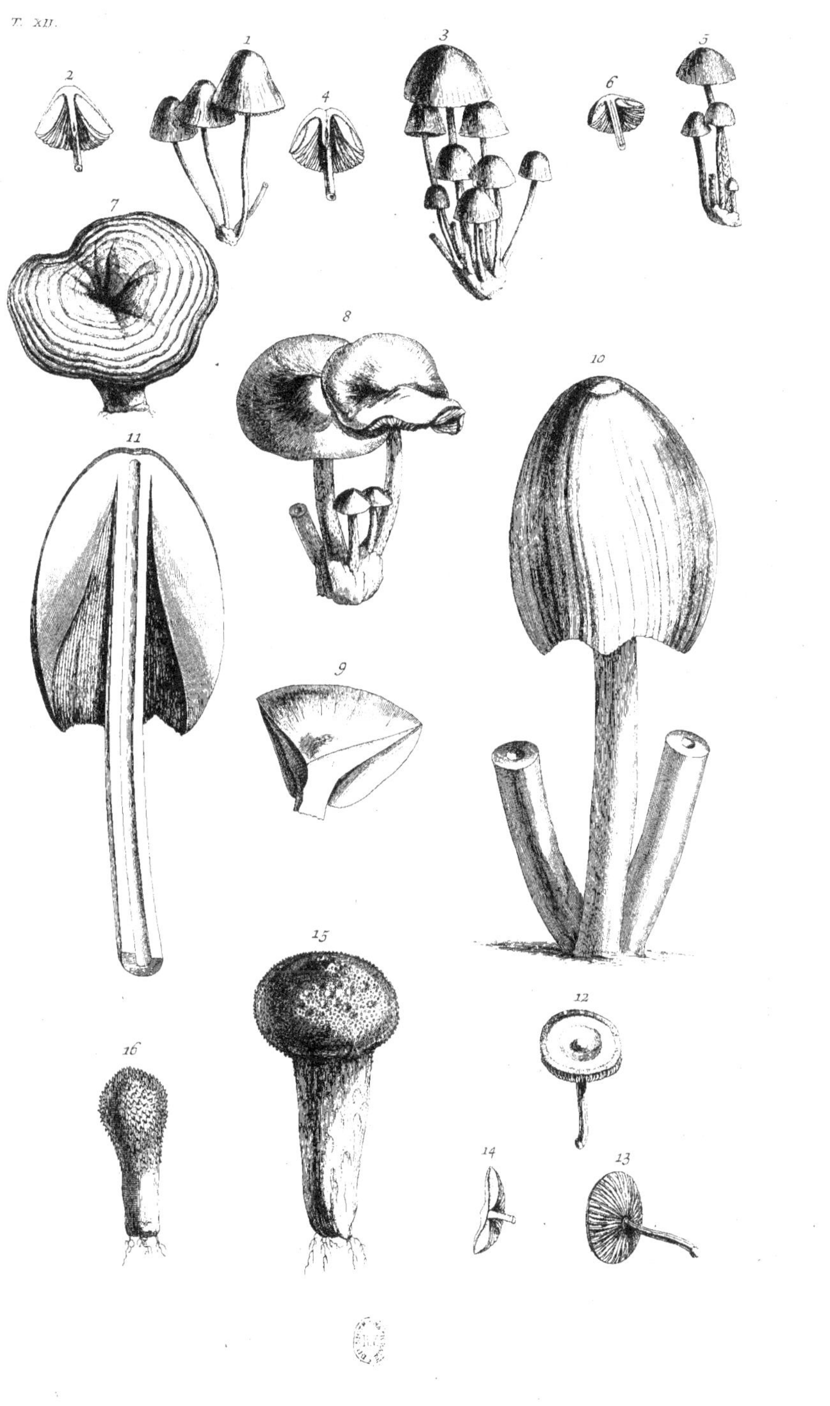

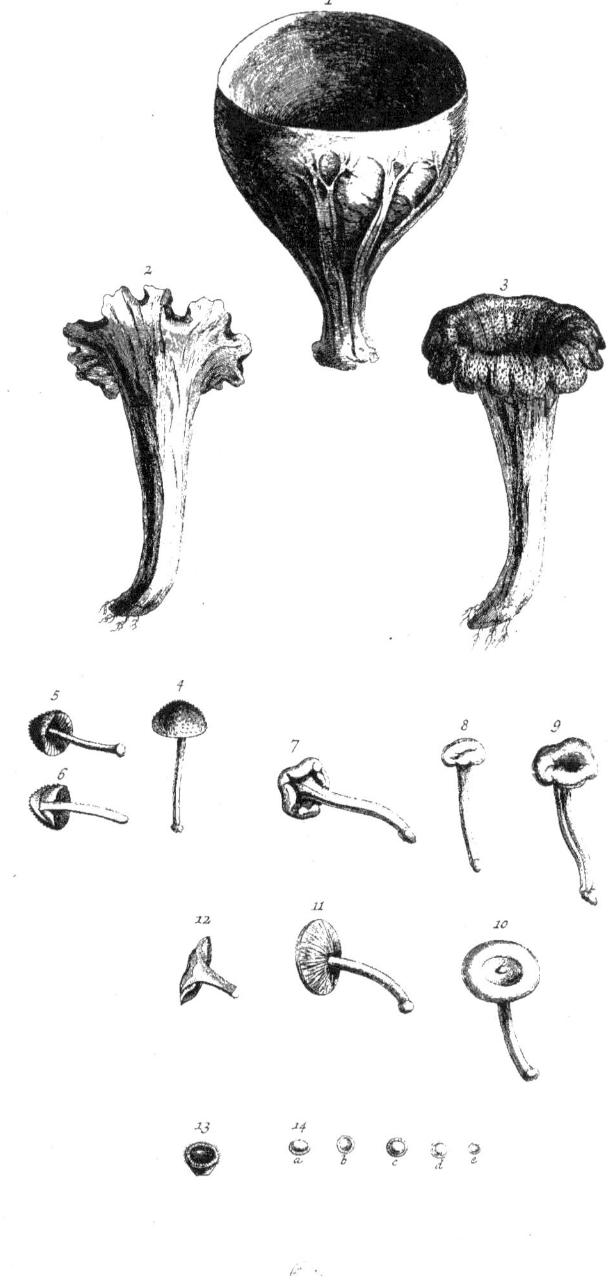

T A B. XIII.

Fig. 1. Fungöides, fufcum, acetabuli forma, externe ramificatum. Sive Fungöides maximum, pyxidatum.

Fig. 2. Fungöides, nigricans, majus cornucopiae forma. externe fpectatum a latere.

Fig. 3. Idem fuperne vifum.

Fig. 4. Fungus minor, pilei fuperficie flocculis fufcis villofa. a latere vifus.

Fig. 5. Idem ab inferiori parte fpectatus oblique.

Fig. 6. Idem verticaliter fectus bifariam, plano tranfeunte per media pilei & pedunculi: ut caro, lamellae, hirti aculeati flocculi, pedunculi plenitudo, cernantur.

Fig. 7. Fungus gelatinus, flavus. fpectatus a parte inferiore, maturus.

Fig. 8. Idem, erectus, a latere fpectatus.

Fig. 9. Idem erectus, defuper vifus.

Fig. 10. Fungus, minor, totus rufus. defuper vifus, naturali magnitudine.

Fig. 11. Idem a parte inferiori fpectatus.

Fig. 12. Idem verticaliter bifariam fectus, ut fectio pedunculum tranfeat.

Fig. 13. Fungöides, qui Fungus minimus, fcutellatus, coloris aurantii. *Raj. Synopf.* XVII. N. 26.

Fig. 14 Idem diverfis nafcendi temporibus fpectatum, fuperne, inferne. juxta literas a. b. c. d. e.

PLANTARUM EXPLICATIO.

TAB. XIV.

Fig. 1. Fungus foliaceus, vel lamellatus, infundibuli forma, fuſco-lividus. a latere viſus.
Fig. 2. Idem verticaliter ſectus bifariam: ut caro, lamellae, fiſtula pedunculi videantur.
Fig. 3. Idem deſuper ſpectatus: ut pilei cavitas & margo pateant.
Fig. 4. Noſtoc luteum, meſenterii forma.
Fig. 5. Fungus phallöides, annulatus, ſordide vireſcens, & patulus. *Cimel. Reg.*
a. Ejuſdem pars diſciſſa: ut ſtructura interior appareat.
Fig. 6. Fungus, poroſus, maximus, craſſus, luteus, lacer, pedunculo longiſſimo, vireſcente. *Cimel. Reg.*
Fig. 7. Idem verticaliter ſectus per pedunculum: ut caro, & fiſtulae appareant.
Fig. 8. Ejuſdem portio depicta: ut caro, & fiſtulae diſtinctius videantur.
a. Icon unius ex fiſtulis.

1

2

3

4

5

6

7

8

a

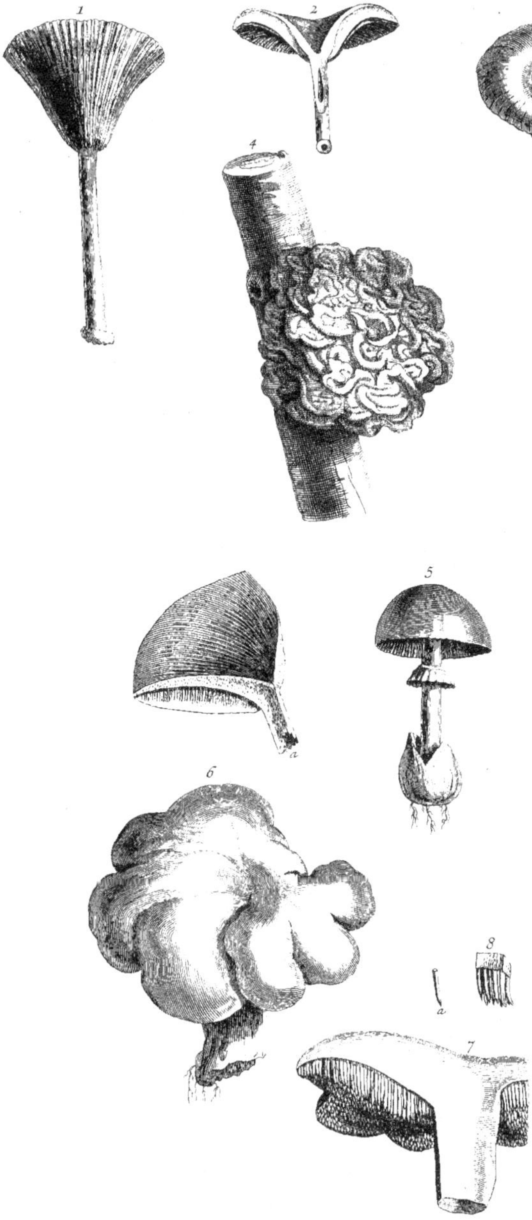

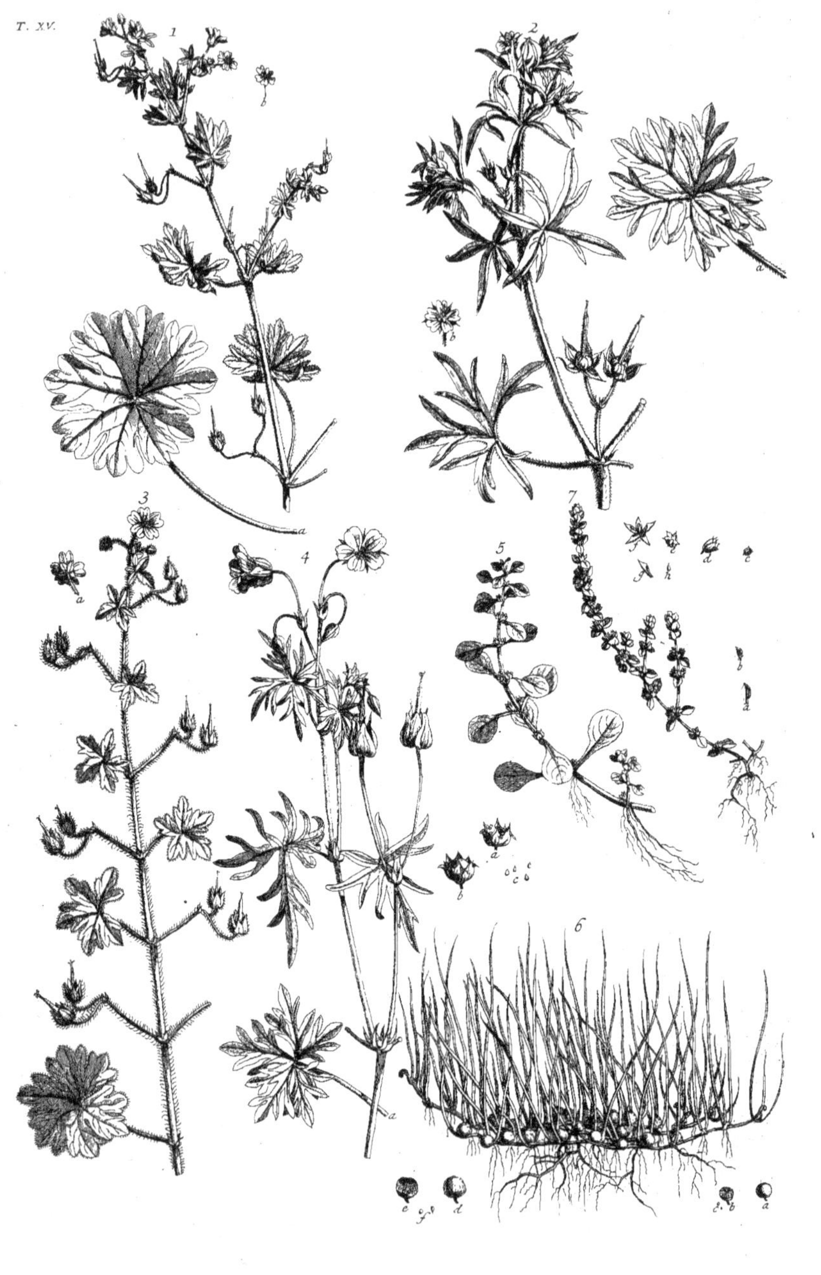
T. XV.

T A B. XV.

Fig. 1. Geranium columbinum, majus, flore minore, caeruleo. *Raj. H.* 2. 1059.
    a. Folium ejufdem in infima plantae parte, una cum pedunculo.
    b. Flos ejufdem.
Fig. 2. Geranium columbinum, majus, foliis imis ufque ad pedunculum divifis. *H. Oxon.* 2.
       511.
    a. Ejufdem folium imum.
    b. Flos illius.
Fig 3. Geranium omnium villofiffimum.
    a. Flos & calix Ejufdem ab inferiori parte oblique fpeċtatus.
Fig. 4. Geranium, diffeċtis foliis, pedunculis florum longiffimis.
    a. Folium Ejufdem.
Fig. 5. Glaux paluftris, flore ftriato claufo, foliis portulacae. *J. R. H.* 88.
    a. Perianthium, cum flore & ftaminibus.
    b. Pericarpium, cum ovario.
    c. Semina excuffa.
Fig. 6. Graminifolia paluftris, repens, vafculis granorum piperis aemulis. *Raj. Syn.*
    a. Ovarium nativa magnitudine.
    b. Ovarium nativa magnitudine, horizontaliter diffeċtum.
    c. Semina naturali magnitudine.
    d. Ovarium micrófcopio fpeċtatum.
    e. Ovarium microfcopio vifum, horizontaliter diffeċtum.
    f. Semina microfcopio luftrata.
Fig. 7. Polygonum parvum, flore albo, verticillato. *J. B.*
    a. Folium ab una parte vifum.
    b. Folium fpeċtatum a parte altera.
    c. Flos a latere fpeċtatus vera magnitudine.
    d. Flos a latere vifus per microfcopium.
    e. Flofculus a fuperiori parte vifus.
    f. Vaginales flofculi partes microfcopio fpeċtatae.
    g. Una talis vaginula per lentem vitream vifa.
    h. Una pars calicis.

T A B. XVI.

Fig. 1. Linagroftis, panicula majore. Linagroftis, panicula ampliore. *J.R.H. in App.*664.
    a. Semen cum fua lanugine, & tuba.
Fig. 2. Linagroftis, panicula minore. *J.R.H. App.*664.
    a. Semen cum tuba.
    b. Semen folum.
Fig. 3. Linaria erecta, flore albido lineis purpureis ftriata.
    a. Flos, & perianthium ejufdem a latere vifus.
Fig. 4. Lycoperdon, pyriforme, verrucofum.
Fig. 5. Lycoperdon, cepae facie.
Fig. 6. Idem verticaliter bifariam difciffum.
Fig. 7. Lycoperdon verrucofum, fphaericum, pedunculo donatum, e flavo rufefcens, pun-
    ctulis fufcis adfperfum.
Fig. 8. Lycoperdon majus, globofum, & fquamofum, e flavo virefcens, fquamis fufcis
    diftinctum.
Fig. 9. Lycoperdon, aurantii coloris, ad bafin rugofum.
Fig. 10. Lycoperdon, aurantii coloris, ad bafin rugofum, minus.
Fig. 11. Lycopodiùm, paluftre, repens, clava fingulari.
    a. Folium ejus vifum a parte gibbofa externa, femen tenens.
    b. Folium ejus vifum a parte concava, femen tenens.
    c. Semen illius.
    d. Foliolum non feminale.
Fig. 12. Lychnis, hirfuta, annua, flore minore carneo.
    a. Pars ejus ima cum fua radice.
    b. Pars ejus fuperior a priori abfciffa.

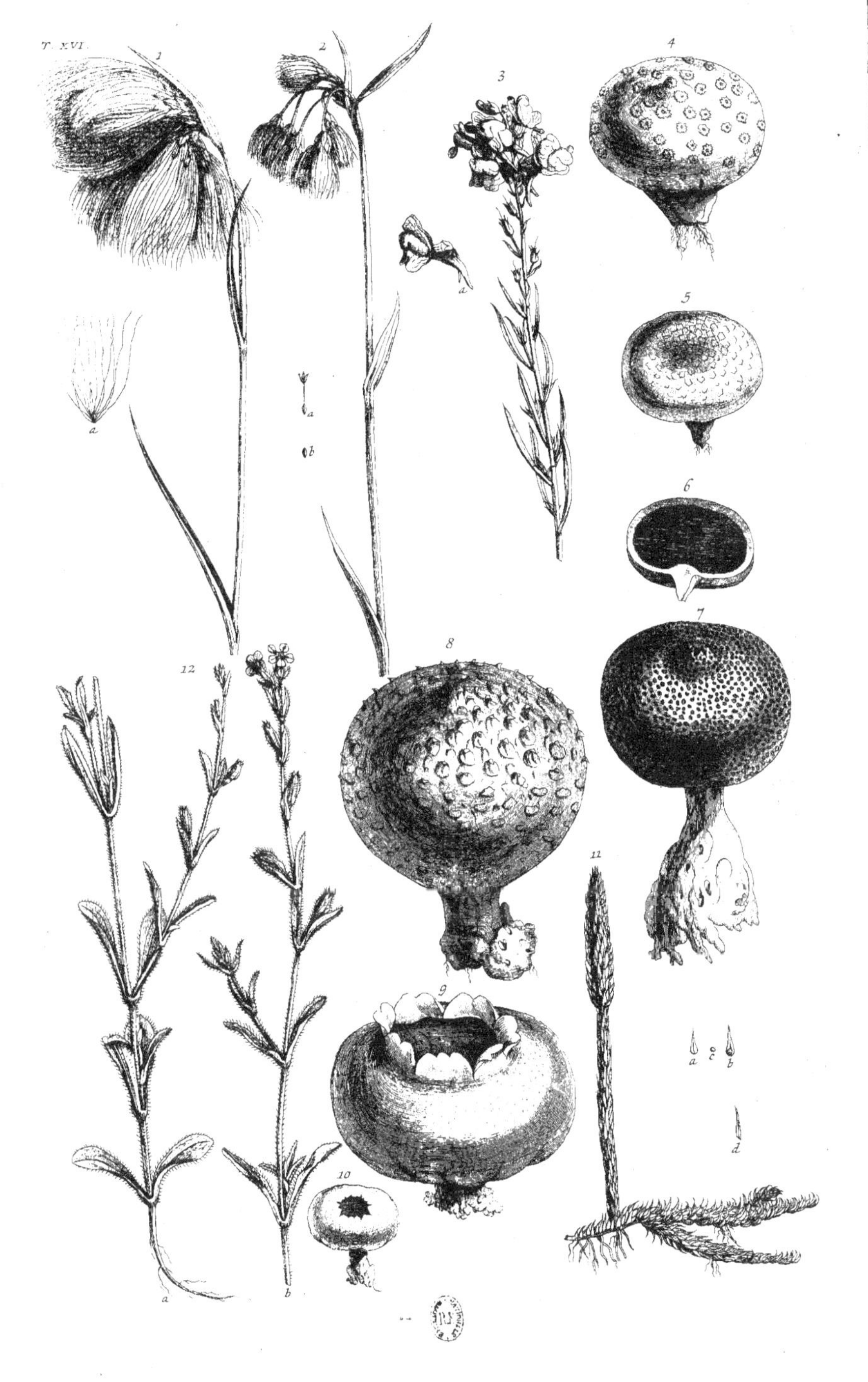

T. XVI.
1
2
3
4
5
6
7
8
9
10
11
12
a
b

T. XVII.

T A B. XVII.

Fig. 1. Gramen fpicatum, durioribus, & craffioribus locuftis, fpica longiffima. *J. R. H.* 519.
    a. Locufta una ariftata.

Fig. 2. Gramen loliaceum, radice repente, five Gramen officinarum, ariftis longioribus do-
    natum. *J. R. H.* 516.
    a. Una fpica lateralis auctior.

Fig. 3. Gramen loliaceum, anguftiore folio, & fpica, ariftis donatum. *J. R. H.* 516.

Fig. 4. Gramen capillatum, panicula anguftiore & interrupta.
    a. Tota plantula, cum radice, foliis, fpicis.
    b. Una panicula, nativa magnitudine.
    c. Locuftula cum femine.
    d. Semen.

Fig. 5. Gramen nemorofum, paniculis albis.
    a. Plantae inferior pars cum radice fua.
    b. Panicula cum culmo a priori parte refecto.
    c. Una paniculae pars vera magnitudine.

Fig. 6. Gramen fpicatum, fecalinum, minus. *J. R. H.* 518.
    a. Glomus unus feminalis.
    b. Semina cum cirrhis.

Fig. 7. Gramen paniculatum, aquaticum, miliaceum. *J. R. H.* 521.
    a. Pars inferior, cum radice, geniculis, foliis.
    b. Pars fuperior, recifa a priori, cum culmo, & panicula.
    c. Unus paniculae glomus.
    d. Pars glomeris minor.
    e. Semen unum cum fuo pericarpio.

Fig. 8. Gramen vernum, radice Afcalonitidis.
    a. Hujus glomerulus unus.
    b. Semen unum cum locuftulis.

T A B. XVIII.

Fig. 1. Gramen avenaceum, locuſtis ſplendentibus & bicornibus.
    a. Culmus, cum folio.
    b. Pars ſuperior, inde reciſa, cum ſpica.
Fig. 2. Gramen, quod feſtuca pratenſis, lanuginoſa. *C. B.*
    a. Pars ejus inferior, una cum radice, & culmo.
    b. Pars ejus ſuperior, una cum ſua ſpica.
    c. Una ſpica ſingularis ſeorſum a tota compoſita divulſa.
    d. Semen ab una viſum parte.
    e. Idem ab altera parte ſpectatum.
Fig. 3. Gramen ſylvaticum, glabrum, panicula recurva.
    a. Pars ejus ſuperior, cum folio, & panicula.
    b. Folium ejuſdem.
    c. Spica una de panicula tota abrepta, una cum ſuis ariſtis & locuſtis.
Fig. 4. Gramen filiceum, rigidiuſculum.
    a. Una ex ſpicellis totam paniculam conſtituentibus.
Fig. 5. Gramen, radice repente, culmo compreſſo. Gramen paniculatum, repens vineale·
      6. *H. Ox.* 3. 199. Gramen vineale. *C. B. P. Prodr. Theatr. J. B.*
    a. Pars ejus inferior, cum radice geniculata, repente, & foliis.
    b. Pars ſuperior, abſciſſa a priori, cum foliis, & panicula,
    c. Spicella exigua ab tota panicula ſeparata.
Fig. 6. an Gramen tenuifolium, glabrum. *J. B.* 2. 462 ?
    a. Tota plantula.
    b. Folium, cum parte culmi, & panicula in parte ſuperiore, & nativa magnitudine.
    c. Folium ex infimo ceſpite hujus, nativa magnitudine.
    d. Spicella una cum locuſtis & ariſtis.

T. XVIII.
1
2
3
4
5
6

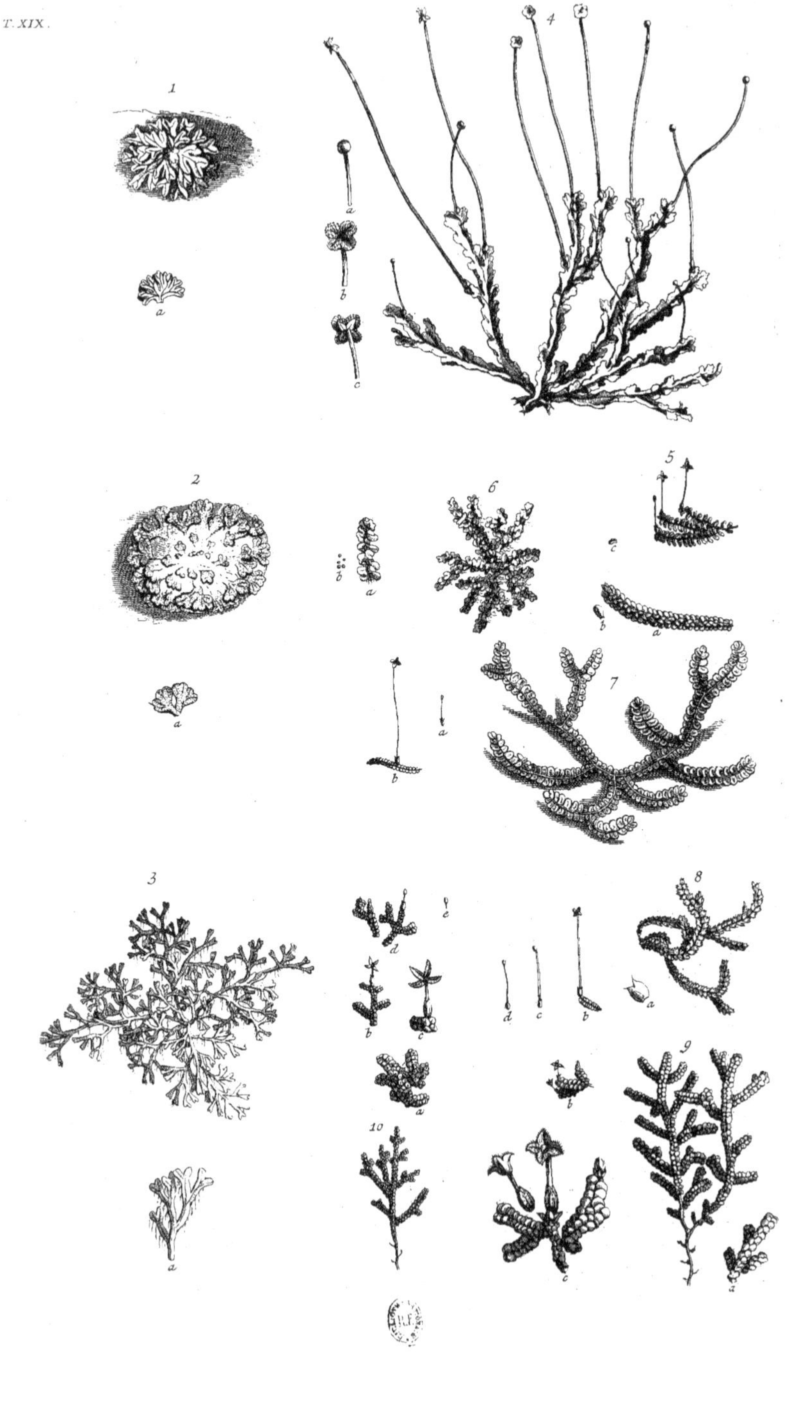

TAB. XIX.

Fig. 1. Hepatica paluſtris, bifurcata, lobis brevioribus, carinatis. an Lichen petraeus, acaulis, foliorum plano calceatus. *Plukn. Alm. Bot.* 216. *Hepatica de Porche fontaine.*
    a. Hepatica. *au deſſus du mail de Verſailles.*

Fig. 2. Hepatica paluſtris, lobis criſtatis. Hepatica paluſtris rutae folio. an Lichen petraeus, acaulis, foliorum ſuperficie verrucoſus. *Plukn. Alm. Bot.* 216. de Meudon.
    a. Pars ejus folium Rutae referens, per lentem viſa.

Fig. 3. Hepatica paluſtris, dichotoma, ſegmentis oblongis & anguſtis.
    a. Pars ejuſdem, fibrillis radicis ornata, per lentem vitream viſa.

Fig. 4. Hepaticöides, Cichorei criſpi foliis.
    a. Capitulum ejus clauſum lente viſum vitrea.
    b. Capitulum ejus maturum, apertum, per lentem viſum in parte ſupina.
    c. Idem viſum maturum, apertum, a parte inferiore, una cum calice.

Fig. 5. Hepaticöides albeſcens, foliis pinnatis.
    a. Pars ejus una folioſa, per lentem viſa.
    b. Unicum foliolum, per lentem vitream ſpectatum.
    c. Foliolum unum nativa magnitudine.

Fig. 6. Hepatica ſaxatilis, foliis undulatis, ſeminifera.
    a. Una ejus pars folioſa, per lentem viſa.
    b. Semina ejuſdem per vitrum lenticulare ſpectata.

Fig. 7. Hepaticöides polytrichi facie. Muſcus trichomanöides, foliis rotundioribus, pallidis, ſquamatim, conjunctim ſibi incumbentibus. 42. *H. Ox.* 3. 624.
    a. Caliculus ejus cum pedunculo, & capitulo ſeminali.
    b. Idem, ut de foliorum interſtitiis exſurgit.

Fig. 8. Hepaticöides, polytrichi facie, foliis bifidis.
    a. Foliolum per lentem viſum.
    b. Ramulus folioſus calicem, pedunculum, & capſulam, emittens.
    c. Caliculus & capſula nondum aperti, lente viſi.
    d. Iidem nativa magnitudine.

Fig. 9. Hepaticöides, ſurculis & foliis Thuyae inſtar compreſſis, major.
    a. Ramulus lente viſus.
    b. Pars frugifera, nativa magnitudine, cum caliculo, pedunculo, floſculo.
    c. Eadem microſcopio viſa. ubi & calix, & flos ſeorſum.

Fig. 10. Hepaticöides ſurculis & foliis Thuyae inſtar compreſſis, minor.
    a. Pars per lentem viſa.
    b. Pars frugifera, cum calice, pedunculo, flore.
    c. Pars eadem microſcopio luſtrata.
    d. Pars frugifera cum fructu alio modo viſa.
    e. Fructus nativa magnitudine.

T A B. X X.

Fig. 1. Juncus annuus, floribus per ramulos sparsis.
    a. Fructus nativa magnitudine.
    b. Idem lente vitrea spectatus.
    c. Semina nativa magnitudine.
Fig. 2. Lenticula paluftris, major, spectata superne.
    a. Ejus unica pars ab inferiori fuperficie visa: ut appareant radices plures.
    b. Aliud ejusdem specimen desuper visum.
Fig. 3. Lenticula paluftris, vulgaris. *C. B. Pin.* 362. Ubi apparent modo tres radices.
Fig. 4. Lichen cinereus, arboreus, marginibus fimbriatis. *J. R. H.* 550.
    a. Varietas prioris una.
    b. Ejusdem varietas altera.
Fig. 5. Lichen cinereus, minor, marginibus pilosis.
Fig. 6. Lichen cinereus, latifolius, ramosus. *J. R. H.* 550.
Fig. 7. Lichen cornua damae referens, angustifolius.
Fig. 8. Lichen cruftae modo arboribus adnascens, olivaceus.
    a. b. c. d. Scutellae ejus variae prona & supina parte visae.
Fig. 9. Lichen cruftae modo saxis adnascens, verrucosus, cinereus, & veluti deuftus. *J.*
       R. H. 549. visus a parte supina.
    a. Idem a parte prona spectatus.
Fig. 10. Lichen nigricans, omphalodes. *J. R. H.* 549.
Fig. 11. Lichen, qui Muscus arboreus, ramosus. *J. B. Raj. Synopf.* 22.
Fig. 12. Varietas ejusdem.
Fig. 13. Lichen cinereus, ramosus, verrucosus.
Fig. 14. Lichen pulmonarius, arboreus, angustifolius, scutis in marginibus foliorum.
Fig. 15. Varietas Ejusdem.

T. XX.

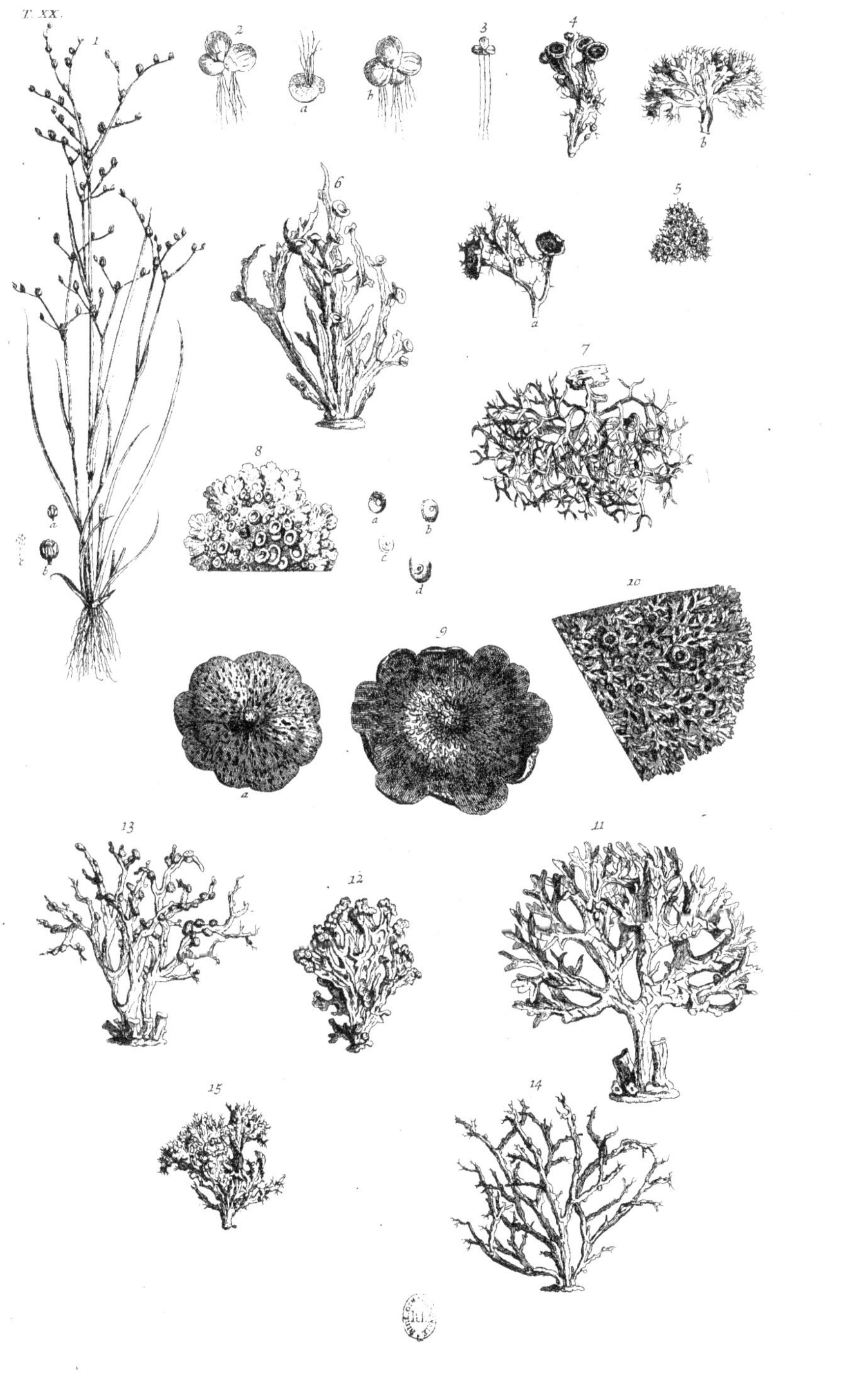

T A B. XXI.

Fig. 1. Lichen opere Phrygio ornatus. *Lichen Brodé.*
    a. Ejus varietas.
Fig. 2. Lichen pyxidatus, Damae cornu divisura, acetabulorum oris crispis. *J. R. H.* 549.
Fig. 3. Lichen pyxidatus, Endiviae crispae folio, prolifer, acetabulorum oris crispis. *J. R. H.* 549.
    a. Pars ejus nativa magnitudine, a parte supina visa.
    b. Pars ejus sobolifera, per lentem visa.
Fig. 4. Lichen pyxidatus, acetabulorum oris coccineis, & tumentibus. *J. R. H.* 549.
Fig. 5. Lichen pyxidatus, prolifer. *J. R. H.* 549.
    a. Pyxis ejus aperta.
Fig. 6. Lichen pyxidatus, minor. *J. R. H.* 549.
Fig. 7. Lichen pyxidatus, major, rugosus.
    a. Varietas ejusdem minus lacera.
Fig. 8. Lichen pyxidatus, major. *J. R. H.* 549.
    a. Idem, ut solet acervatim crescere.
Fig. 9. Lichen pyxidatus, margine prolifero, scabro.
Fig. 10. Lichen squamosus, acetabulis dense aggestis.
Fig. 11. Lichen pyxidatus, major, acetabulo fimbriato, & tuberculoso.
Fig. 12. Lichen pulmonarius, saxatilis, cinereus, minor, umbilicis nigricantibus. *J. R. H.* 549.
Fig. 13. Lichen pulmonarius, arboreus, e cinereo viridis. Lichen pulmonarius, cinereus, crispus. *J. R. H.* 549. *N.* 20.
Fig. 14. Lichen pulmonarius, saxatilis, e cinereo fuscus, minimus. *J. R. H.* 549.
    a. Ejus aliud exemplum.
    b. Idem infra visus: ut & pedunculus appareat, & convexitas.
Fig. 15. Lichen terrestris, minimus, fuscus. *Raj. Syn.* 331.
    a. Pars ejus per lentem vitream spectata mense Martio.
Fig. 16. Lichen terrestris, cinereus. *Raj. Syn.* 23.
    a. Foliolum ejus inferne spectatum.
    b. Acetabulum ejus excavatum.
    c. Acetabulum ejus clausum, apice nigro.
Fig. 17. Lichenastrum petalodes, squamosum, minus. *Dillen. Cat.* 213. Lichen muralis, floridus, foliis subrotundis, creberrime imbricatim dispositis, sive Muscus muralis, platyphyllos. *H. Ox.* 3. Ejusdem *Dillen. Ibid. & Ephem. Nat. Cur. Cent* 5 & 6. *app. pag* 92. *Tab.* x. *Fig.* 30. sed male.

T A B. XXII.

Fig. 1. Melilotus Parifienfis, humifufus, foliis ferratis, glabris.
    a. Silicula ejufdem, cum caliculo.
    b. Flofculus ejus cum caliculo.
    c. Semina.
Fig. 2. Trifolium fragiferum, folio oblongo.
    a. Flofculus Ejufdem.
    b. Folliculus feminalis.
    c. Semen.
Fig. 3. Melilotus, qui Trifolium pratenfe, luteum, capitulo Lupuli, vel agrarium. *C. B.*
    328.
Fig. 4. Melilotus pratenfis, capitulis longiffimis pediculis infidentibus.
    a. Flofculus anterius fpectatus.
    b. Idem a latere vifus.
Fig. 5. Melilotus, qui Trifolium, orientale, altiffimum, caule fiftulofo, flore albo. *Co-*
    roll. J. R. H. 27.
    a. Caulis abfciffi pars, cum pedunculo & folio, nativa magnitudine.
    b. Pedunculus cum flore nativa magnitudine.
    c. Caliculus flofculi folus.
    d. Caliculus cum flofculo.

T. XXII

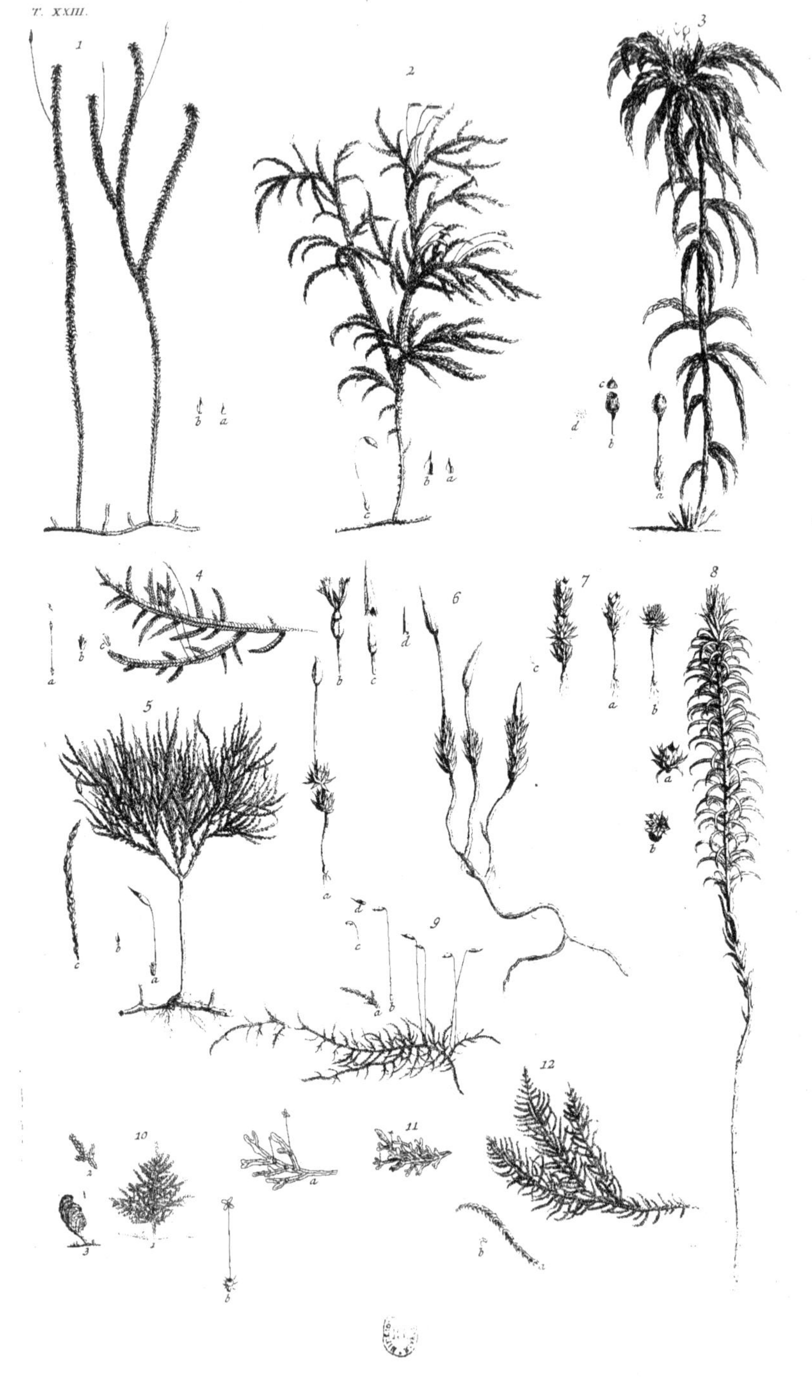

T A B. XXIII.

Fig. 1. Muscus squamosus, viticulis longioribus, glabris. *J.R.H.555.*
    a. Foliolum nativa magnitudine.
    b. Idem lente spectatum.

Fig. 2. Muscus erectus, major, foliis angustioribus acutis. *Raj. Synops. 337.*
    a. Foliolum ejus propria magnitudine.
    b. Idem per lentem visum.
    c. Foliola, pedunculus, vasculum seminale cum operculo.

Fig. 3. Muscus palustris, in ericetis nascens, noster. *Raj. Synops. app. Plukn. Phytogr. T.*
    101. Fig. I.
    a. Cespitulus foliosus, cum pedunculo, & vase seminali.
    b. Vas apertum cavum.
    c. Operculum vasis.
    d. Semina.

Fig. 4. Muscus trichomanöides, filici-folius splendens. Muscus squamosus, denticulatus,
    splendens, arboreus. *J.R.H.555.*
    a. Pedunculus cum fructu.
    b. Pars foliosa, microscopio visa.
    c. Foliolum spectatum per lentem.

Fig. 5. Muscus dendröides, elatior, radice repente. *J. R.H.554. N.57.*
    a. Pars foliosa cum exsurgente pedunculo & fructu, per lentem apparens.
    b. Foliolum lente visum.
    c. Ramulus per lentem spectatus.

Fig. 6. Muscus erectus, Juniperi folio glauco, rigido, calyptra longissima.
    a. Una pars solitaria exsurgens de terra.
    b. Fructus.
    c. Vasculum seminale cum calyptra avulsa.
    d. Calyptra sola.

Fig. 7. Muscus capillaceus, stellatus, prolifer. *J. R.H.551.*
    a. Idem uno modo calice ornatus.
    b. Idem priusquam calicem format.
    c. Foliolum unum.

Fig. 8. Muscus capillaceus, major, pedunculo & capitulo crassioribus. *J R.H.550.*
    a. Capitulum ejus fastigio in calicem expanso.
    b. Idem, prout foliolis primo construitur.

Fig. 9. Muscus filicinus, minor *C. B. Pin?*
    a. Ramulus lente vitrea spectatus.
    b. Pedunculus cum fructu integro.
    c. Pedunculus cum fructu sine calyptra.
    d. Calyptra sola.

Fig 10. 1. Muscus nummulariae folio, fructu pedunculo carente. *J.R.H.*
    2. Ramulus lente visus.
    3. Primo emergens.

Fig. 11. Hepatica arborea, globuligera.
    a. Pars per lentem vitream visa.
    b. Globulus cum emergente pedunculo & fructu.

Fig. 12. Muscus palustris, abietinus. Muscus pennatus, minor, cauliculis ramosis, in
    summitate veluti spicatus. *Flor. Pruss. 167.*
    a. Ramulus spectatus per lentem.
    b. Foliolum ejus unum.

Fig. 1. Muſcus capillaceus paluſtris, flagellis longioribus, bifurcatis. *J. R. H.* 551.
   a. Ceſpitulus folioſus cum pedunculo frugifero.
   b. Particula minor ejuſdem.
   c. Foliolum unum per lentem vitream ſpectatum.
Fig. 2. Muſcus denticulatus, lucens, fluviatilis, maximus, ad ramulorum apices adianthi
      capitulis ornatus. *Plukn. Alm. Bot. H. Oxon.* 3. 626. *Sect.* 15. *Tab.* 6. *Fig.* 33. *J. R. H.* 556.
   2. Ceſpitulus frugifer ejuſdem.
Fig. 3. Muſcus polygoni folio. *J. R. H.* 81. 555. *Tab.* 326. *Fig.* E. Muſcus ad polytrichöidem
      accedens, arbuſculam referens, foliis longis. *Raj. Synopſ.* 36.
   a. Folium lente ſpectatum.
   b. Pedunculus frugifer.
Fig. 4. Muſcus polytrichoides, elatior, foliis anguſtis, pellucidis, & fere membranaceis,
      noſter. *Raj. Synopſ. Plukn. Phyt. Tab.* 44. *Fig.* 7.
Fig. 5. Muſcus capillaceus, major, ſtellatus. *J. R. H.* 77. 551. item Muſcus ſquamoſus, ere-
      ctus, minimus. *J. R. H.* 555.
   a. Foliolum ejus unum. Idem praecedenti per microſcopium luſtrato?
Fig. 6. Muſcus capillaceus, foliolis latiuſculis, congeſtis, capitulis oblongis, reflexis. *Raj.*
      Syn. 33.
   a. Foliolum unum.
   b. Pedunculus cum urnula calyptra ſua tectâ.
   c. Idem, operculo ablato.
Fig. 7. Muſcus coronatus, minimus, capillaceis foliis, capitulis oblongis. *H. Oxon.* 3. 631?
   a. Foliolum ejus per lentem viſum.
   b. Plantula tota per lentem viſa.
Fig. 8. Muſcus muralis, minimus, roſeus, ſive ſtellaris, capitulis longiuſculis, acutis, ere-
      ctis. 12. *H. Oxon.* 3. 629. *Ic. Sect.* 15. *Tab.* 6. *N.* 12.
Fig. 9. Muſcus trichöides, minimus, ſericeus, capillaceus, capitulis ſphaericis. 6. *H. Oxon.*
      3. 628. *Sect.* 15. *Tab.* 6. *Fig.* 6.
Fig. 10. Muſcus capillaceus, tenuiſſimus, pedunculo longiſſimo, purpuraſcente, capitulo ro-
      tundiori. *J. R. H.* 551. item Muſcus ſquamoſus, erectus, minimus. *J. R. H.* 555. Mu-
      ſcus trichöides, paluſtris, erectus, coronatus, capitulis ſphaericis, amplioribus. 8.
      H. Oxon. 3. 628. Muſcus ſtellaris, ramoſus, paluſtris, pedunculo aureo, erecto, ca-
      pitulo magno, ſphaerico. 28. *Raj. Synopſ.* 33. ubi ter citatur. *pag.* 32. *N.* 19. *pag.* 33.
      N. 28. *pag.* 35. *N.* 7. an & Muſcus parvus, ſtellaris. *C. B. Pin.* 361?
   10. Idem cum capitulis ſtellatis.
   a. Foliolum.
Fig. 11. Muſcus pennatus, capitulis Adianthi. 36. *H. Oxon.* 3. 626. cum fig.
   a. Ramulus unus cum pedunculo frugifero.
   b. Pedunculus frugifer ſolus.
   c. Urnula, cum calyptra, per lentem ſpectata.
   d. Urnula, ſine calyptra, per lentem ſpectata.
   e. Calyptra ſola a parte ſua concava ſpectata.
Fig. 12. Muſcus trichöides, minimus, ſericeus, capillaceus, capitulis ſphaericis. 6. *H. Oxon.* 3. 628.
   a. Foliolum, nativa magnitudine.
   b. Idem viſum per lentem.
   c. Capitulum per lentem viſum.
Fig. 13. Muſcus polytrichöides, exiguis capitulis in ſummis ſurculis, ſeu foliis ſubrotundis
      erectis. 11. *H. Oxon.* 3. 629. *Icon. Sect.* 15. *Tab.* 6. mala.
   a. Fructus calyptra tectus, per lentem viſus.
   b. Fructus ſine calyptrâ, coronatus, per lentem viſus.
Fig. 14. Muſcus capillaris, minor, capitulis erectis, vulgatiſſimus. *Raj. Synopſ.* 28. Muſcus
      muralis, omnium vulgatiſſimus non villoſus.
   a. Unus ſurculus folioſus, ſine fructu.
   b. Ceſpitulus unus, exiguus, frugifer.
   c. Idem per lentem luſtratus.
   d. Unum foliolum per lentem viſum.
Fig. 15. Muſcus, capillaris, minor, capitulis erectis, vulgatiſſimus, foliis in pilum deſinenti-
      bus. Muſcus muralis, omnium vulgatiſſimus, villoſus.
   a. Surculus unus, folioſus, frugifer.
   b. Idem per lentem viſus
   c. Folium unum per lentem ſpectatum.
   d. Urnula cum calyptra matura, per lentem viſa.
   e. Eadem, calyptrâ delapſâ, per lentem ſpectata.

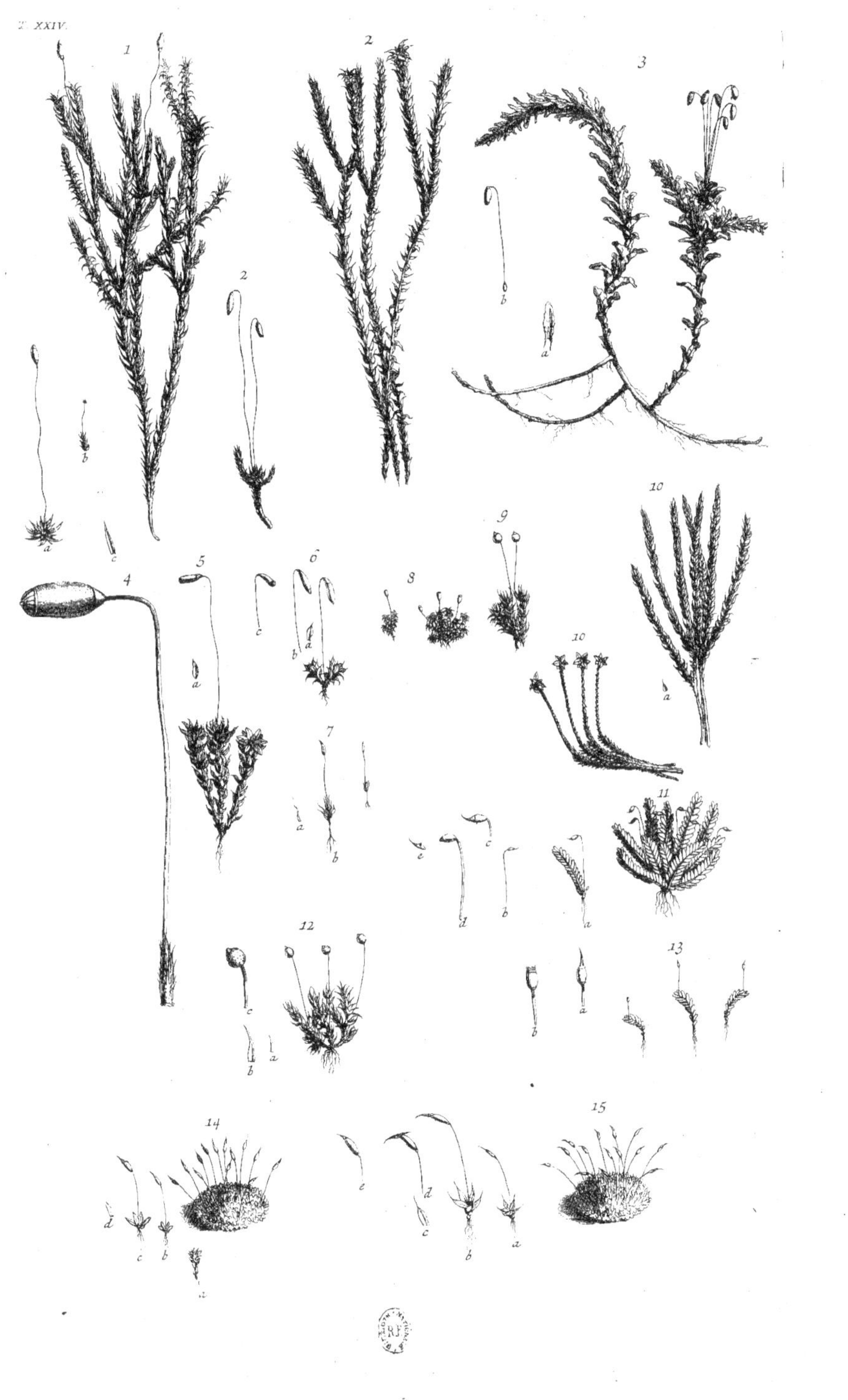
T. XXIV.

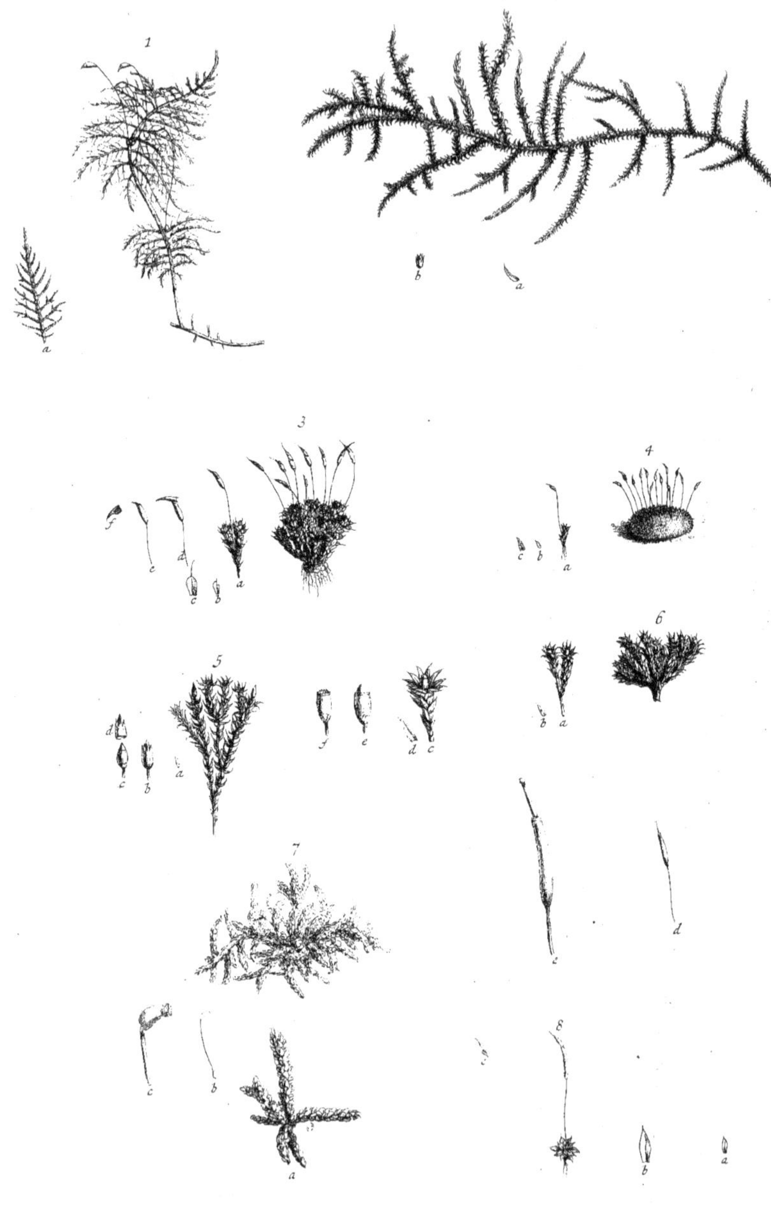

TAB. XXV.

Fig. 1. Mufcus filicinus, major. *C.B.Pin.* 360.
    a. Ramulus ejufdem feorfum lente vifus.
Fig. 2. Mufcus fquamofus, major, foliis anguftioribus, acutiffimis. *J. R. H.* 553. Mufcus
    repens, major, foliis & flagellis longis, & tenuibus donatum. 24. *H. Oxon.* 3.626.
    Icon. Sect. 15. *Tab.* 5. *Fig.* 24.
    a. Foliolum unum per lentem vifum.
    b. Capitulum ejus per lentem fpectatum.
Fig. 3. Mufcus capillaris tectorum, denfis cefpitibus, capitulis oblongis, foliis in pilum
    oblongum definentibus. *Raj. Synopf.*
    a. Cefpitulus unus.
    b. Folium unum, nativa magnitudine.
    c. Folium idem vifum per lentem.
    d. Fructus, cum pedunculo, & calyptra matura.
    e. Fructus calyptra delapfa.
    f. Calyptra fola.
Fig. 4. Mufcus capillaris, minor, capitulis erectis, vulgatiffimus, non villofus.
    a. Surculus unus, foliofus, frugifer.
    b. Foliolum unum, nativa magnitudine.
    c. Idem vifum per lentem.
Fig. 5. Mufcus apocarpos, arboreus, ramofus. *Raj.*
    a. Foliolum nativa magnitudine.
    b. Fructus cum calyptra coronata.
    c. Fructus, calyptra excuffa.
    d. Calyptra coronata feorfum.
Fig. 6. Mufcus capillaceus, ramofus, capitulis pluribus, caulibus adhaerentibus. *J. R. H.*
    551. e. e. e. f.
    a. Pars a cefpite ramofo feparata.
    b. Foliolum unum.
    c. Surculus unus foliofus per lentem fpectatus.
    d. Folium unum, per lentem vifum.
    e. Fructus cum calyptra vifus microfcopio.
    f. Idem, abfque calyptra, vifus per lentem, cum faftigio coronato.
Fig. 7. Mufcus terreftris, furculis Kali, aut Illecebrae aemulis, foliis fubrotundis fquamatim
    incumbentibus. *Raj. Synopf.* 37. *N.* 6. *Bot. Parif.* 284. *N.* 6.
    a. Pars hujus per lentem vitream luftrata.
    b. Capitulum nativa magnitudine.
    c. Idem lente fpectatum.
Fig. 8. Mufcus capillaceus, corniculis longiffimis, incurvis. *Raj. Synopf.* 29. 3.
    a. Foliolum vera magnitudine.
    b. Idem vifum per microfcopium.
    c. Calyptra capituli.
    d. Urnula, ablata calyptra, magnitudine nativa.
    e. Eadem vifa per lentem; ut piftillum eminens appareat.

TAB. XXVI.

Fig. 1. Mufcus capillaceus, minimus, calyptra longa, conöidea, nitida. *J.R.H.*
a. Surculus ejus unus, lente vifus.
b. Pedicellus cum fructu, abfque calyptra.
c. Calyptra fola.

Fig. 2. Mufcus capillaceus, omnium minimus. *J.R.H.*552.
a. Surculus unus.
b. Pedunculus cum capitello, abfque calyptra.
c. Calyptra.

Fig. 3. Mufcus fquamofus, argenteus, Ericae folio.
a. Pars una frugifera, lente vifa.

Fig. 4. Mufcus capillaceus, minor, capitulis geminatis. *J.R.H.*552.20.
a. Surculus unus, frugifer.
b. Urnula per lentem vitream vifa.

Fig. 5. Mufcus, folio lato, fubrotundo, capitulo fingulari, nutante, pedunculo longo fubrubenti infidente.
a. Folium feparatum.

Fig. 6. Mufcus fquamofus, erectus, alopecuröides. *J. R. H.* Mufcus dendröides, elatior, ramis crebris minus furculofis, capitulis pedunculis brevibus infidentibus. 31. *H. Oxon.* 3. 626. quoad *Iconem Sect.* 15. *Tab.* 5. *Fig.* 31.
a. Foliolum.
b. Cefpitulus pedunculum frugiferum emittens.

Fig. 7.7. Mufco-fungus, montanus, corniculatus. 1. *H. Oxon.* 3. 632. cum figura. 7. idem diffectus: ut cavus appareat.

Fig. 8. Mufcus montanus, fufcus, ramofiffimus, non tubulofus. *Raj. Syn.* 21. eft Corallöides.

Fig. 9. Mufcus, fquamofus, ramofus, tenuior, capitulis incurvis. *J. R.H.*553.
a. Foliolum ejus.

Fig. 10. Mufcus; qui Lichen pulmonarius, cinereus, crifpus. *J.R.H?*

Fig. 11. Mufcus paluftris, abfinthii folio.

Fig. 12. Mufcus capillaceus, major, & elatior, capitulis cylindraceis, obtufis, nutantibus. *J.R.H.*550.
a. Idem maturus, cum fructu, calyptra ablata.
b. Surculus unus major.
c. Foliolum unum.

Fig. 13. Mufcus trichodes, montanus, albidus, fragilis. *Raj. Synopf.* 339. Mufcus capillaceus, fericeus, coridis facie. *J.R.H* 552. *N.* 22.
a. Cefpitulus fupremus, unde pedunculus cum fructu, & calyptra.

b. Folium a parte convexa.
c. Folium a parte concava.

Fig. 14. Mufcus foliis plurimis reflexis, **ex** uno puncto confertis.
a. Ramuli frugiferi.
b. Foliolum unum.

Fig. 15. Mufcus capillaceus, minor, calyptra tomentofa. *J. R. H.*552.
a. Cefpitulus cum radice.
b. Fructus, per lentem vitream defuper vifus, ablata calyptra.
c. Idem fpectatus a latere, per lentem vitream, ablata calyptra.

Fig. 16. Mufcus capillaceus, folio rotundiore, capfula oblonga, incurva. *J. R. H.* 551. Mufcus capillaris, pedunculis bulbofis, uncialibus, pallidis, capitula oblonga, reflexa fuftinentibus. *Raj. Synopf.* 34. depictus cum fructu & calyptra, ut primo reperitur.
a.a.a. Idem maturo fructu, decuffa calyptra.
b. Foliolum.
c. Idem per lentem vifum.

Fig. 17. Mufcus capillaceus, minor, capitulo longiori, falcato. *J. R. H.* 551. Mufcus capillaris, majufculis foliis, longis, cum aliqua latitudine, acutis, rugofis. *Raj. Synopf.* 29.
a. Una fpecies exhibens furculum infra nudum, fupra foliofum, frugiferum.
b. Altera fpecies exhibens furculum totum foliofum, frugiferum.
c. Species, ut reperitur abfque fructu.
d. Capitulum cum calyptra.
e. Calyptra falcata.
f. Capitulum fine calyptra.
g. Species capituli magis inflexi.
h. Foliolum ab una parte.
i. Idem ab alia.
k. Urna cum calyptra microfcopio vifa.
l. Urna, & calyptra, feparatae vifae per microfcopium.
m. Urna, cum margine coronato, & feminibus effufis, per microfcopium vifa.

Fig. 18. Mufcus paluftris, foliis fubrotundis. *J. R. H.*555. Mufcus trichöides, foliis ferpilli rotundis. *Raj. Synopf. App.* 388.
a. Cefpitulus foliofus lente vifus.
b. Folium nativum.
c. Idem per lentem fpectatum.
d. Flagellum foliofum.
e. Urna microfcopio vifa.

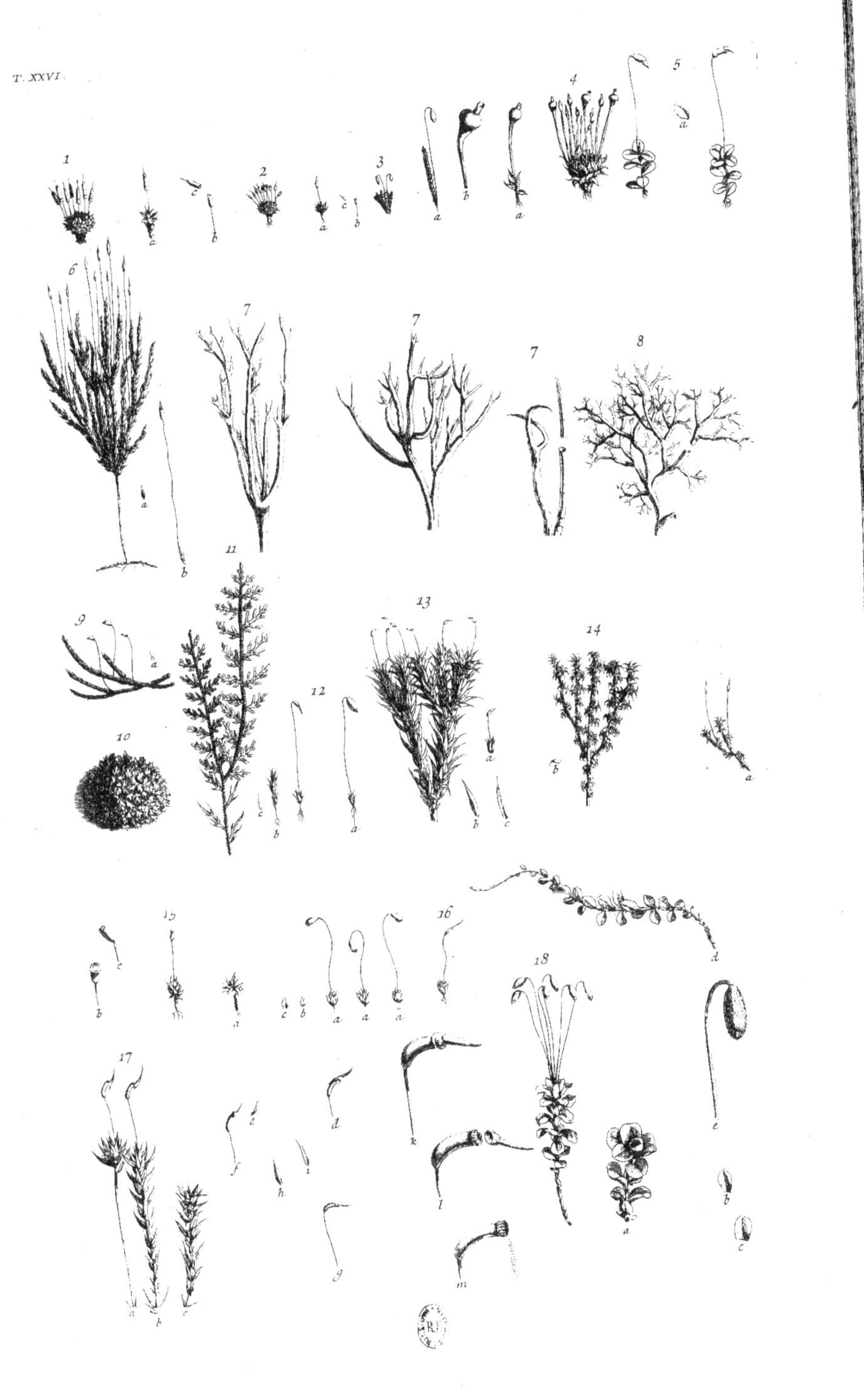
T. XXVI.

T. XXVII.

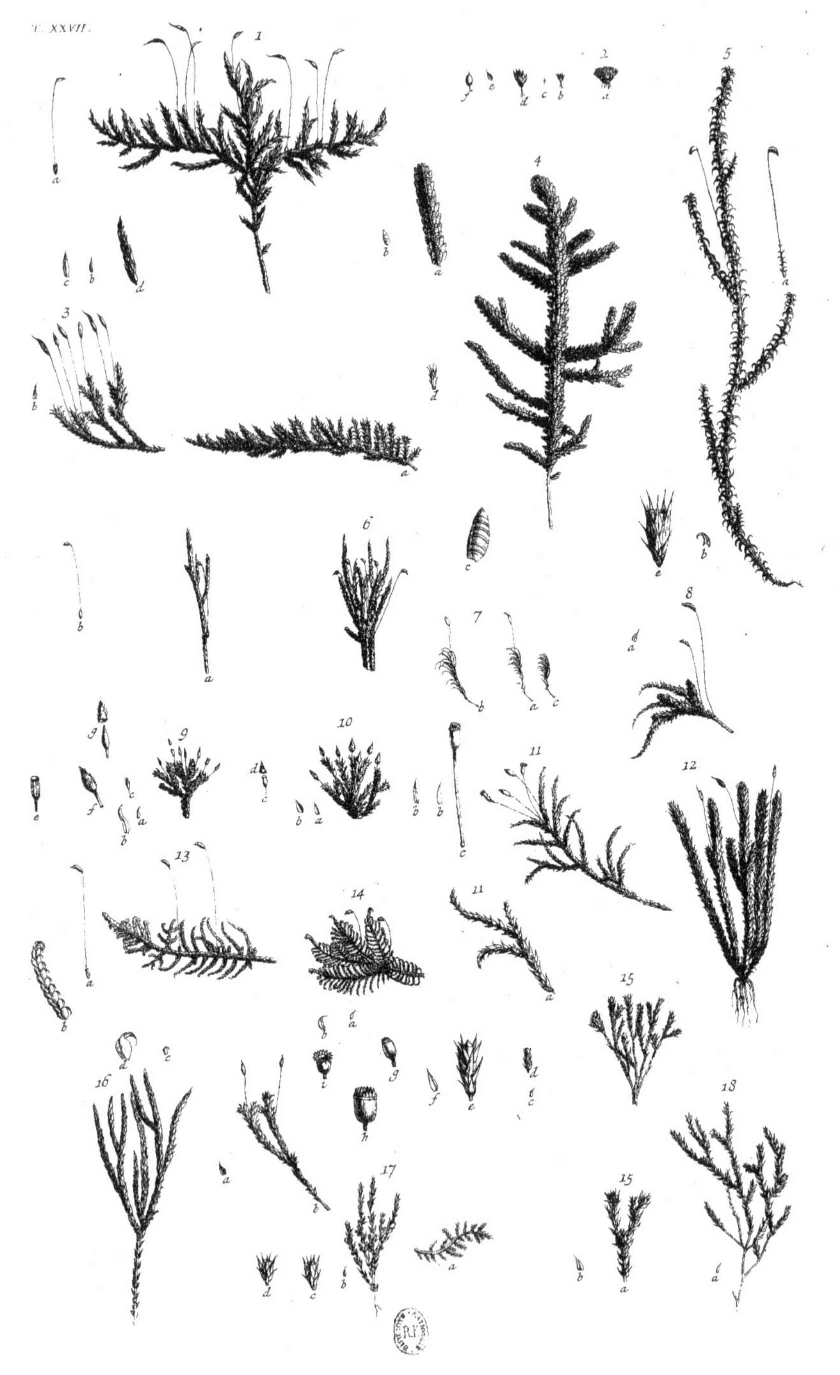

Fig. 1. Muscus cristam castrensem repraesentans, flavescens, nemorosus, Cassubi-
cus. 8. *H.Oxon.* 3. 625. *Icon. Sect.* 15.
Tab. 5. *Fig.* 8.
  a. Particula florigera.
  b. Foliolum nativa magnitudine.
  c. Idem visum per lentem.
  d. Ramulus per lentem visus.
Fig. 2. Muscus trichöides, acaulos, minor,
latifolius. *Mus.Petiv.N.* 68. *Raj.H.*
3.39. *N.* 4 ?
  a. Cespitulus hujus plantulae, nativa
magnitudine.
  b. Ramulus unus separatus.
  c. Capitulum.
  d. Ramulus lente visus.
  e. Foliolum lente conspectum.
  f. Capitulum per lentem visum.
Fig. 3. Muscus arboreus, splendens, sericeus.
Muscus capillaceus, major, ramosus,
capitulo angustissimo. *J. R. H.* 551.
9. Muscus capillaceus minimus, muralis, sericeus. *J. R. H.* 552. 27.
  a. Ramus acarpos.
  b. Foliolum.
Fig. 4. Muscus terrestris, major, ramulis
compressis, foliis superficie crispis.
Raj. Synops. 337.
  a. Ramulus per lentem visus.
  b. Foliolum unum.
  c. Idem microscopio spectatum.
  d. Summa pars quasi florigera.
  e. Eadem microscopio visa.
Fig. 5. Muscus erectus, foliis reflexis. *Raj.*
Synops. 337.
  a. Particula gerens in pedicello fructum.
  b. Foliolum per lentem visum.
Fig. 6. Muscus squamosus, minor, myosuröides, capitulis incurvis. *Bot. Par.*
383. *N.* 1. *Prodr. Bot. Parif.* 84. *N.*
44. ex monte Montbauon.
  a. Pars separata.
  b. Pedunculus frugifer.
Fig. 7. Muscus capillaceus, minimus, plumosus, elegans. *J. R. H.* 552.
  a. Ramulus frugifer, cum calyptra
  b. Idem absque calyptra.
  c. Ramulus foliosus sine fructu.
Fig. 8. Muscus myosuröides, rutabulo fructu.
Muscus minor pallidus, foliis angustissimis, acutis, corniculis tenuissimis. 9. *Raj. Synops.* 30. No. 9. *H.Oxon.*
3. 629. *N.* 18. *Icon. Tab.* 6. *N.* 18.
  a. Foliolum ejusdem.
Fig. 9. Muscus capillaceus, minimus, calyptra villosa.
  a. Foliolum Ejus.
  b. Idem per lentem visum.
  c. Capitulum villosum, nativa magnitudine.
  d Idem per lentem visum. debet haec
litera referri ubi *f* est.
  e. Capitulum seminale, maturum, apertum, per lentem visum.

  f. Capitulum immaturum, per lentem
visum, calyptrâ remotâ. haec litera
debet intelligi posita sub *g*.
  g. Calyptra villosa, separata, microscopio visa.
Fig. 10. Muscus capillaceus, minimus, acaulos, calyptra striata. *J. R. H.* 552.
  a. Foliolum.
  b. Idem per lentem visum
  c. Capitulum ablata cucupha.
  d. Cucupha separata.
Fig. 11. Muscus squamosus, palustris, aureus,
foliis, flagellisque rigidiusculis, capitulis incurvis.
  11.a. Ramus, sine fructu, naturali longe
major.
  b.b Folia per lentem visa.
  c. Pedunculus cum fructu maturo, naturali longe major.
Fig. 12. Muscus arboreus, splendens, Myosuröides. Muscus repens, serici modo
lucens, viticulis longioribus, erectis. *Raj Synops. App. H.Oxon* 626.
N. 26. *Icon. Tab.* 5. *N.* 26.
Fig 13. Muscus squamosus, ramosus, minor,
& crispus. *J. R. H.* 553.
  a. Pedicellus cum fructu.
  b. Ramulus microscopio visus.
  c. Foliolum, lente visum.
  d. Idem microscopio longe majus appa-
rens.
Fig. 14. Muscus terrestris, repens, subflavus,
foliolis crispis, minoribus, ramulisque confertis. *H.Oxon.* 3.
  a. Foliolum.
  b. Idem lente visum.
Fig. 15. Muscus apocarpos, hirsutus, saxis
adnascens, capitulis obscure rubris.
Raj. H. 3. 40. *N.* 10.
  15.a. Ramulus lente visus.
  b. Foliolum per lentem visum.
  c. Foliolum vera magnitudine.
  d. Cespitulus frugifer vera magnitudine.
  e. Idem visus microscopio.
  f. Foliolum capitulum amplectens microscopio visum.
  g. Capitulum per lentem visum.
  h. Idem microscopio spectatum.
  i. Idem apertum visum.
Fig. 16. Muscus aquaticus, pileis acutis. *Mus.*
Petiv. Cent. 1. 74.
  a. Foliolum.
  b. Ramuli frugiferi.
Fig. 17. Muscus apocarpos, arboribus adnascens, polyspermos. *Raj. Hist.* 3.
39. *N.* 7.
  a. Ramulus nativa magnitudine.
  b. Folioli vera magnitudo
  c. Fructus foliolis involutus microscopio visus.
  d. Idem aliter.
Fig. 18. Muscus squamosus, saxatilis, tortuosus, ac nodosus. *J. R. H.* 555.
  a. Foliolum ejusdem.

T A B. XXVIII.

Fig. 1. Muſcus vulgaris, pennatus, major. *C. B. Pin.* 360.
    a. Foliolum vera magnitudine.
    b. Idem per lentem ſpectatum.

Fig. 2. Muſcus terreſtris omnium minimus, capitulis majuſculis, oblongis, erectis. *Raj. Synopſ.*
    a. Ramus fructu carens, lente viſus.
    b. Foliolum, lente ſpectatum.

Fig. 3. Muſcus ſquamoſus, Cypreſſiformis. *J. R. H.* 554.
    a. Ramulus microſcopio viſus.
    b. Fructus nitens pedicello ex ceſpitulo folioſo.

Fig. 4. Muſcus denticulatus, minor, ſericeus, noſtras, capitulis Adianthi. 35. *H. Oxon.* 3.
    626. *Sect.* 15. *Tab.* 6. *Fig.* 35.
    a. Ramus microſcopio viſus.

Fig. 5. Muſcus, Taxiformis, ramoſus.
    a. Pedicellus frugifer.

Fig. 6. Muſcus terreſtris, omnium minimus, capitulis majuſculis, oblongis, erectis, 14. *H.*
    Oxon. 3. 625. *Icon. Sect.* 15. *Tab.* 5. *Fig.* 14. peſſima. *Raj. Synopſ.* 38. *N.* 11.
    a. Calyptra.
    b. Ramulus frugifer per lentem viſus.
    c. Calyptra per lentem viſa.

Fig. 7. Ramus ejuſdem Muſci major lente viſus.

Fig. 8. Ramus ejuſdem iterum per microſcopium viſus.
    a. Folium ejuſdem lente luſtratum.

Fig. 9. Muſcus ſquamoſus, major, ſive vulgaris. *J. R. H.* 553. Item Muſcus ſquamoſus, major, foliis amplioribus, acutiſſimis. *J. R. H.* 553.
    a. Ceſpitulus promens pedunculum frugiferum.
    b. Ceſpitulus caliculo ſimilis, lente viſus.
    c. Folium lente viſum.

Fig. 10. Muſcus paluſtris, foliis & flagellis rigidiuſculis, ſeminibus in foliorum alis.
    a. Ramulus unus, microſcopio viſus, ubi vaſcula rotunda in alis foliorum apparent.

Fig. 11. Muſcus ſquamoſus, paluſtris, foliis, flagelliſque rigidiuſculis incurvis. Icon Muſci minoris pallidi, foliis anguſtiſſimis acutis, corniculis tenuiſſimis. 18. *H. Oxon.* 3. 629. huic bene ſimilis.
    a. Foliolum lente viſum.

Fig. 12. Muſcus capillaceus, major, pedunculo, & capitulo tenuioribus. *J. R. H.* 551.
    a. Ceſpitulus, & pedicellus frugifer.
    b. Folium per lentem viſum.
    c. Capitulum & Calyptra ſeparata.

Fig. 13. Muſcus erectus, Juniperi folio ramoſus.
    a. Altera Ejuſdem Icon.
    b. Foliolum per lentem vitream viſum.

T. XXVIII.

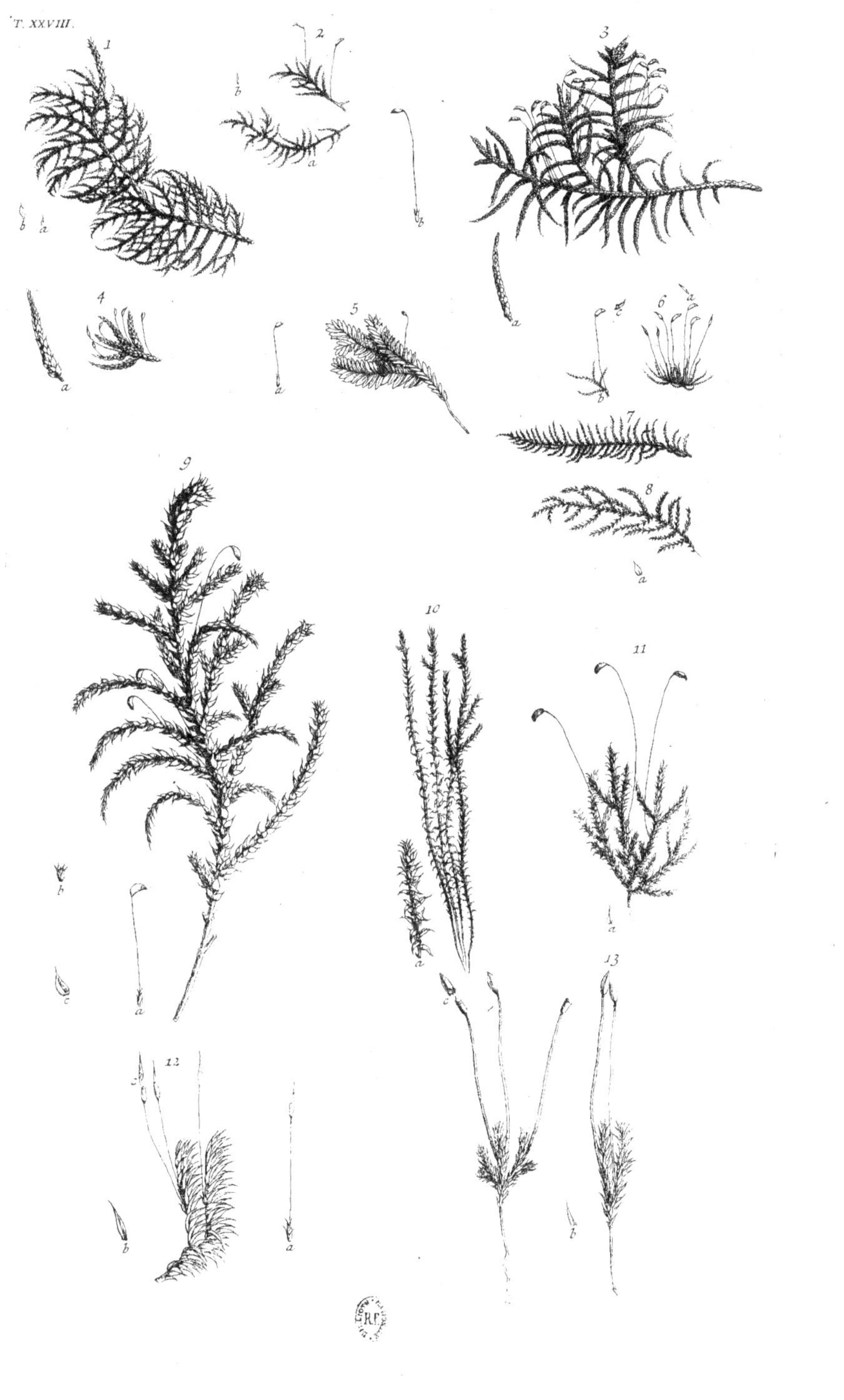

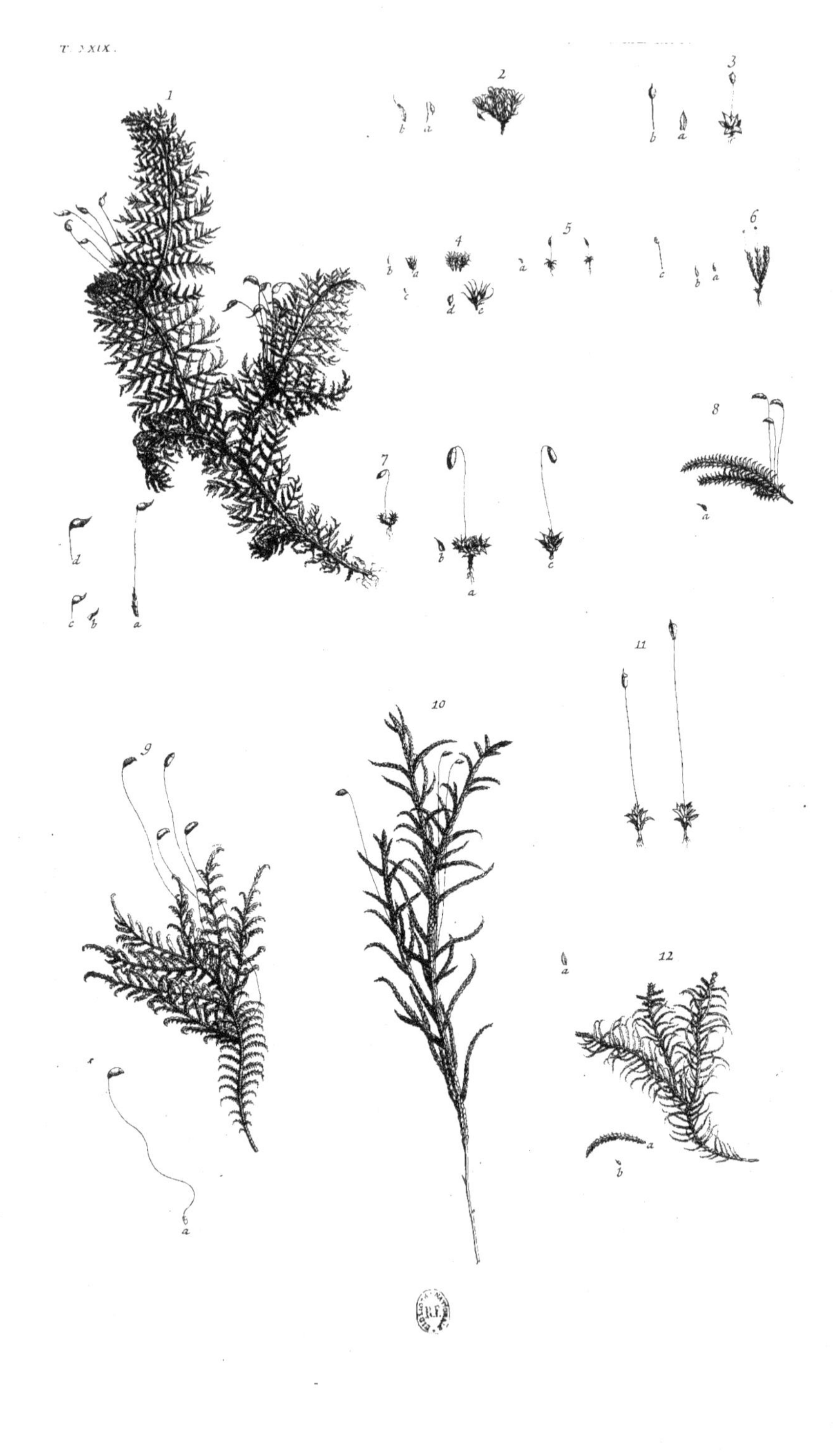

T A B. XXIX.

Fig. 1. Muscus filicinus, major, sericeus. Muscus vulgaris, pennatus, major. *C. B. P.* juxta Tournefort.
    a. Cespitulus foliosus cum pedunculo & fructu.
    b. Calyptra.
    c. Fructus sine calyptra.
    d. Fructus cum calyptra visus per lentem.
Fig. 2. Muscus capillaceus, lanuginosus, minimus. *J. R. H.* 552.
    a. Capitulum, calyptra ablata, per lentem visum.
    b. Capitulum, cum calyptra, per lentem visum.
Fig. 3. Muscus capillaceus, minimus, capitulis pyriformibus, turgidis. *J. R. H.* 553.
    a. Folium lente visum.
    b. Pedunculus, & fructus lente visi.
Fig. 4. Muscus trichöides, minor, acaulos, capillaceis foliis. *Mus. Petiv.*
    a. Unus ramulus.
    b. Unum foliolum.
    c. Capitulum.
    d. Capitulum lente vitrea spectatum.
    e. Cespitulus microscopio visus.
Fig. 5. Muscus capillaceus, minimus, foliis longioribus, & angustioribus. duae icones.
    a. Capitulum solum.
Fig. 6. Muscus capillaceus, minimus, capitulo minimo, pulverulento. *J. R. H.* 552.
    a. Foliolum.
    b. Foliolum lente spectatum.
    c. Pedunculus cum capitulo per lentem visum.
Fig. 7. Muscus capillaceus, minimus, capitulo nutante, pedunculo purpureo. *J. R. H.* 552.
    a. Idem microscopio visus.
    b. Foliolum, microscopio visum.
    c. Unicus cespitulus, frugifer, microscopio visus.
Fig. 8. Muscus squamosus, non ramosus, major, & minor, capitulis incurvis. *J. R. H.* 553.
    a. Foliolum Ejusdem.
Fig. 9. Muscus ramosus, palustris, major, foliis membranaceis, acutis. *Raj. Synops. Ed.* 2.
    p. 39. *an N°.* 13. *p.* 38. *Raj. Syn.*
      a. Caliculus, pedicellus flexuosus, & capitulum.
Fig. 10. Muscus erectus, foliis angustis, caulibus appressis. *Raj. Synops. Edit.* 2. *pag.* 337.
    & *Hist. Tom.* 3. *pag.* 44.
    a. Foliolum per lentem visum.
Fig. 11. Muscus, qui Adianthum medium in ericetis proveniens. *Petiv.* duae icones.
Fig. 12. Muscus pennatus, minor, cauliculis ramosis, in summitate veluti spicatus. *Flor. Pruss.* 167. cum figura.
    a. Ramulus unus lente visus.
    b. Foliolum unum per lentem spectatum.

T A B.   XXX.

Fig. 1. Myofotis hirfuta, altera, vifcofa. *J.R.H.*245.
    a. Flos.
    b. Fructus maturus.
Fig. 2. Myofotis arvenfis, hirfuta, minor.
    a. Vafculum feminale, maturum.
Fig. 3. Myofotis arvenfis, hirfuta, parvo flore. *J.R.H.* 245.
    a. Flos.
    b. Fructus maturus.
Fig. 4. Myofotis arvenfis, hirfuta, flore majore.
    a. Fructus maturus.
Fig. 5. Myofotis, polygoni folio canefcente.
    a. Petalon floris.
    b. Folium fuperius.
    c. Folium inferius.
    d. Fructus maturus.
Fig. 6. Orchis barbata foetida. *J.B.*2.756. calcar breve. Radix tefticulata. floret Junio.
    a. Eadem a latere fpectata.
Fig. 7. Orchis alba, bifolia, minor, calcari oblongo. *C.B.P.*83. flore calcari donato, ra-
    dice tefticulata; ut a parte anteriore apparet.
    a. Eadem vifa a latere: ut omnes partes diftinctiffime cernantur.
Fig. 8. Orchis palmata, minor, calcaribus oblongis. *C.B.P.*85. floret medio Junio, flos
    habet calcar, radix palmata.
    8. a. Eadem a latere depicta.
Fig. 9. Orchis fucum referens, galea & alis purpurafcentibus. floret initio Junii, flos habet
    ealcar, radix eft tefticulata.
    a. Eadem a latere expreffa.
Fig. 10. Orchis araneam referens. *C.B.P.*84. reperitur au Bois de Boulogne, & au St. Maur.
Fig. 11. Varietas ejufdem.
Fig. 12. Alia iterum ejufdem varietas.
Fig. 13. Illa ipfa vifa a latere.
Fig. 14. Orchis palmata, ... a Porche fontaine. floret circa initia Junii. differt a
    palmata pratenfi latifolia, longis calcaribus. *C.B.Pin.*85.
Fig. 15. Altera ejufdem varietas.
Fig. 16. Eadem a latere depicta.
Fig. 17. Orchis. . . .
Fig. 18. Eadem vifa a latere.

T. XXX.
1
2
3
4
5
6
7
8
9
10
11
12
13
14
15
16
17
18
a
b
c
d

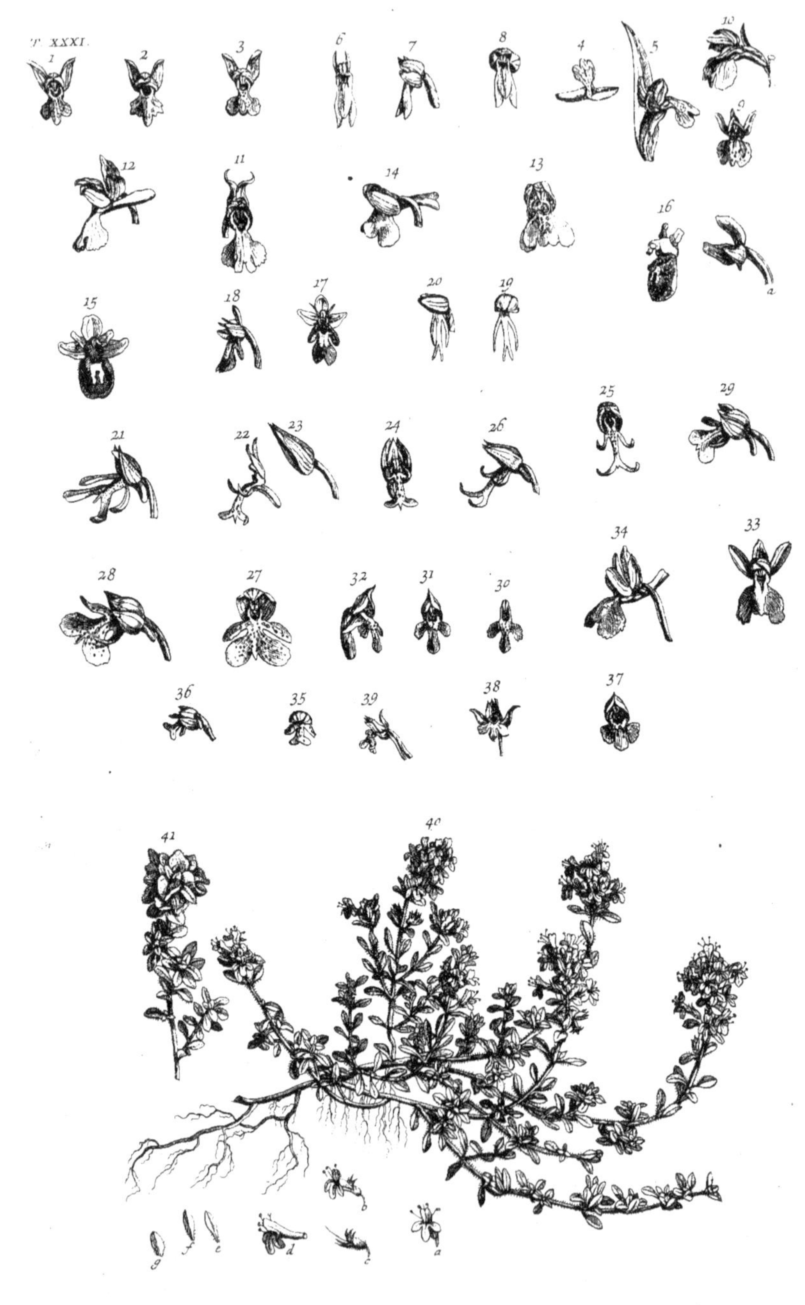

T. XXXI.
1
2
3
6
7
8
4
5
10
9
12
11
14
13
16
15
18
17
20
19
a
25
29
21
22
23
24
26
28
27
32
31
30
34
33
36
35
39
38
37
41
40
g
f
c
d
e
b
a

T A B. X X X I.

Fig. 1. Orchis palmata, pratenſis, latifolia longis calcaribus. *C. B. Pin.* 85. flos calcari in-
ſtructus.

Fig. 2. Ejuſdem in flore varietas.

Fig. 3. Alia rurſum ejus in flore varietas. hae tres varietates ſaepe in uno eodemque caule.

Fig. 4. Flos a latere viſus ſolus.

Fig. 5. Idem a latere viſus, cum parte folii, & pedunculo.

Fig. 6. Orchis palmata, Batrachites. *C. B. P.* 86. flos calcari donatus, a parte exteriore viſus.

Fig. 7. Eadem ſpectata a latere.

Fig. 8. Varietas ejuſdem in flore anterius expreſſo.

Fig. 9. Altera ejus varietas a facie anteriore depicta.

Fig. 10. Eadem viſa a latere.

Fig. 11. Orchis morio, mas, foliis maculatis. *C. B. P.* 81.

Fig. 12. Eadem a latere viſa.

Fig. 13. Orchis morio, foemina. *C. B. P.* 82. flos cum calcari.

Fig. 14. Eadem ſpectata a parte poſteriore, & latere.

Fig. 15. Orchis fucum referens, calcari rubiginoſo. *C. B. Pin.* 83. flos ſine calcari.

Fig. 16. Flos idem a latere viſus.
  a. Excipulum floris.

Fig. 17. Orchis muſcae corpus referens, minor, & galea & alis herbidis. *C. B. P.* 83. flos
  ſine calcari.

Fig. 18. Eadem a latere viſa.

Fig. 19. Orchis

Fig. 20. Eadem a latere viſa.

Fig. 21. Orchis   varietas Orchidis militaris majoris. *J. R. H.*

Fig. 22. Orchis, quae Cynoſorchis, latifolia, hiante cucullo, minor. *C. B. Pin.* 81. flos cum
  calcari ſolus, a latere viſus.

Fig 23. Ejuſdem cucullus a flore ſeparatus.

Fig. 24. Orchis, quae Cynoſorchis, latifolia, hiante cucullo, minor. *C. B. Pin.* 81. floris
  anterior facies depicta.

Fig. 25. Orchis flore ſimiam referens. *C. B. P.* 82. a facie anteriore viſus flos calcari donatus.

Fig. 26. Viſus idem flos a latere.

Fig. 27. Orchis militaris, major. *J. R. H.* 432. flos, calcar habens, a facie anteriore viſus.

Fig. 28. Idem a latere viſus.

Fig. 29. Orchis militaris, minor. *J. R. H.* 432.

Fig. 30. Orchis

Fig. 31. Orchis

Fig. 32. Orchis eadem a latere viſa.

Fig. 33. Orchis morio, foemina, procerior, majore flore. *J. R. H. Hiſt. Pariſ. Addit. & pag.*
  508.

Fig. 34. Eadem a latere viſa.

Fig. 35. Orchis militaris, pratenſis, humilior. *J. R. H.* 432. flos calcari armatus.

Fig. 36. Eadem a latere viſa.

Fig. 37. Orchis.

Fig. 38. Orchis.

Fig. 39. Eadem viſa a latere.

Fig. 40. Serpillum, ſaxatile, hirſutum, Thymifolium incanum, flore rubello, & flore albo. *Bocc. Muſ.* 2. 108.
  a. Flos, cum calice, anterius viſus.
  b. Idem a latere.
  c. Calix ſolus cum tuba.
  d. Flos ſolus cum ſtaminibus, a latere viſus.
  e. f. g. Folia.

Fig. 41. Idem, capitulis lanuginoſis

T A B. XXXII.

Fig. 1. Polygala, major, vulgaris, II. *Cluſ. p. 325.*
    a. Flos a parte poſtica.
    b. Flos anteriori a parte ſpectatus.
    d. Floſculus a vexillo ſeparatus.
    c. Vexillum a floſculo interiore ſeparatum.
Fig. 2. Polygala, Buxi minoris folio.
    f. Folium ejuſdem.
Fig. 3. Polygala, quae Onobrychis 2. *Lugd.* 491.
Fig. 4. Potamogeton puſillum, gramineo folio breviori.
    a. Cauliculus folioli transverſim ſciſſus: ut cavitas pateat.
    b. Altera ejus pars.
Fig. 5. Potamogeton ingeus, gramineo folio longiori.
    a. Folium ejus unum.
    b. Flos cum fructu.
    c. Fructus maturus, quadrigeminus.
    d. Una de his quatuor partibus ſeparata, integra.
    c. Eadem aperta.
    f. Semen ex theca ſua exemtum.
Fig. 6. Serpillum latifolium hirſutum. *C. B. P.* 220.
    a. Flos cum caliculo, naturali paulo major, anterius viſus.
    b. Idem ſpectatus a latere.
Fig. 7. Serpillum vulgare, minus. *C. B. Pin.* 220.
    a. Flos a latere viſus cum perianthio.
Fig. 8. Serpillum vulgare, flore amplo.
    a. Flos ejuſdem.
Fig. 9. Serpillum vulgare.
    a. Folium illius.
    b. Ejuſdem floſculus.
Fig. 10. Stellaria, quae Alſine aquis innatans, foliis longiuſculis. *J. B.*
    a. Calix monophyllus continens ovarium & ſtamina bina.
    b. Idem maturus, ſiccus, calice convoluto.
    c. Ovarium cum tuba bifida nativa magnitudine.
    d. Idem viſum per lentem.
    e. Calix monophyllus, cum ovario & tubis oblique ſurſum viſus.
    f. Calix externe a latere viſus.

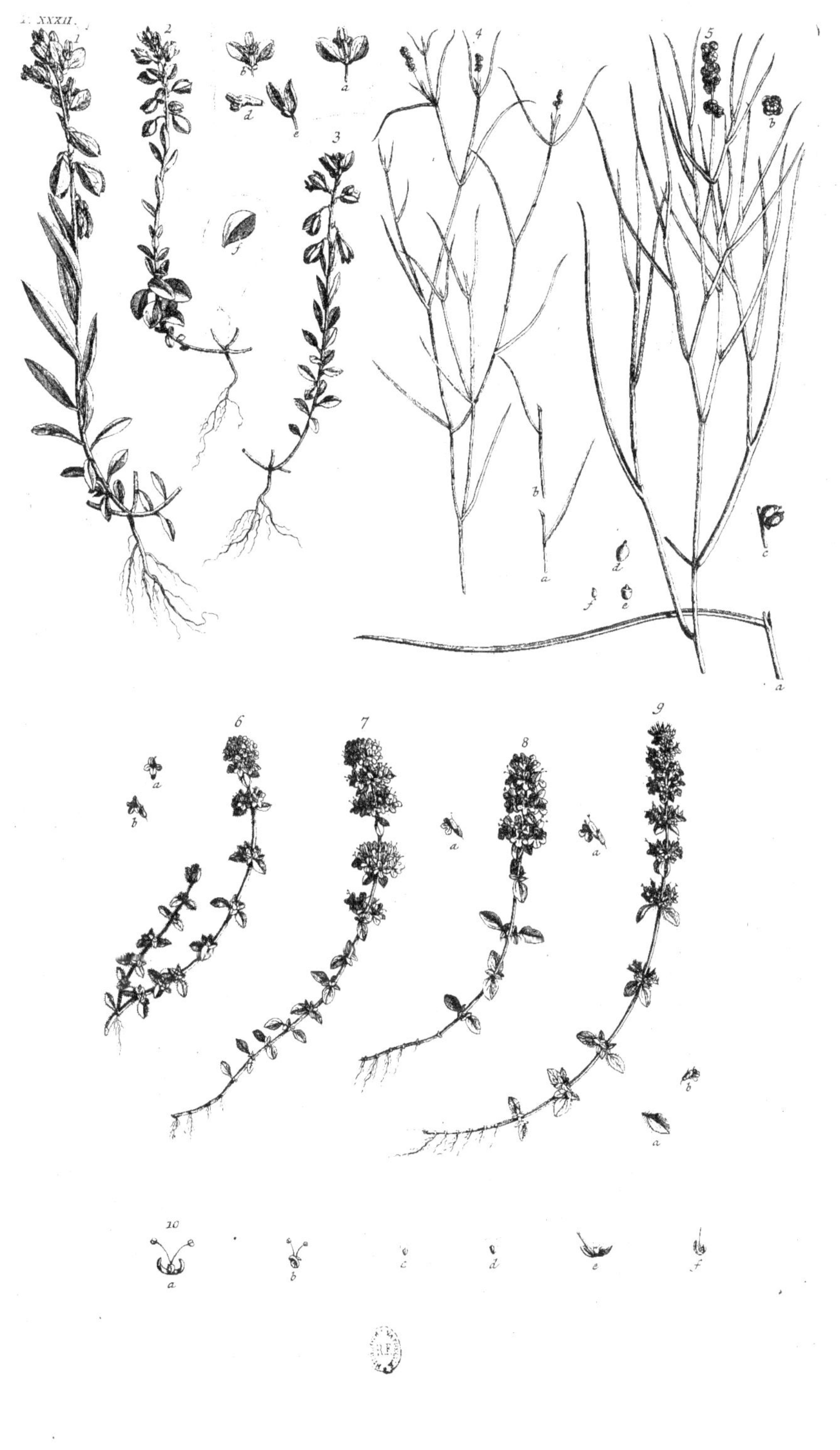
T. XXXII.

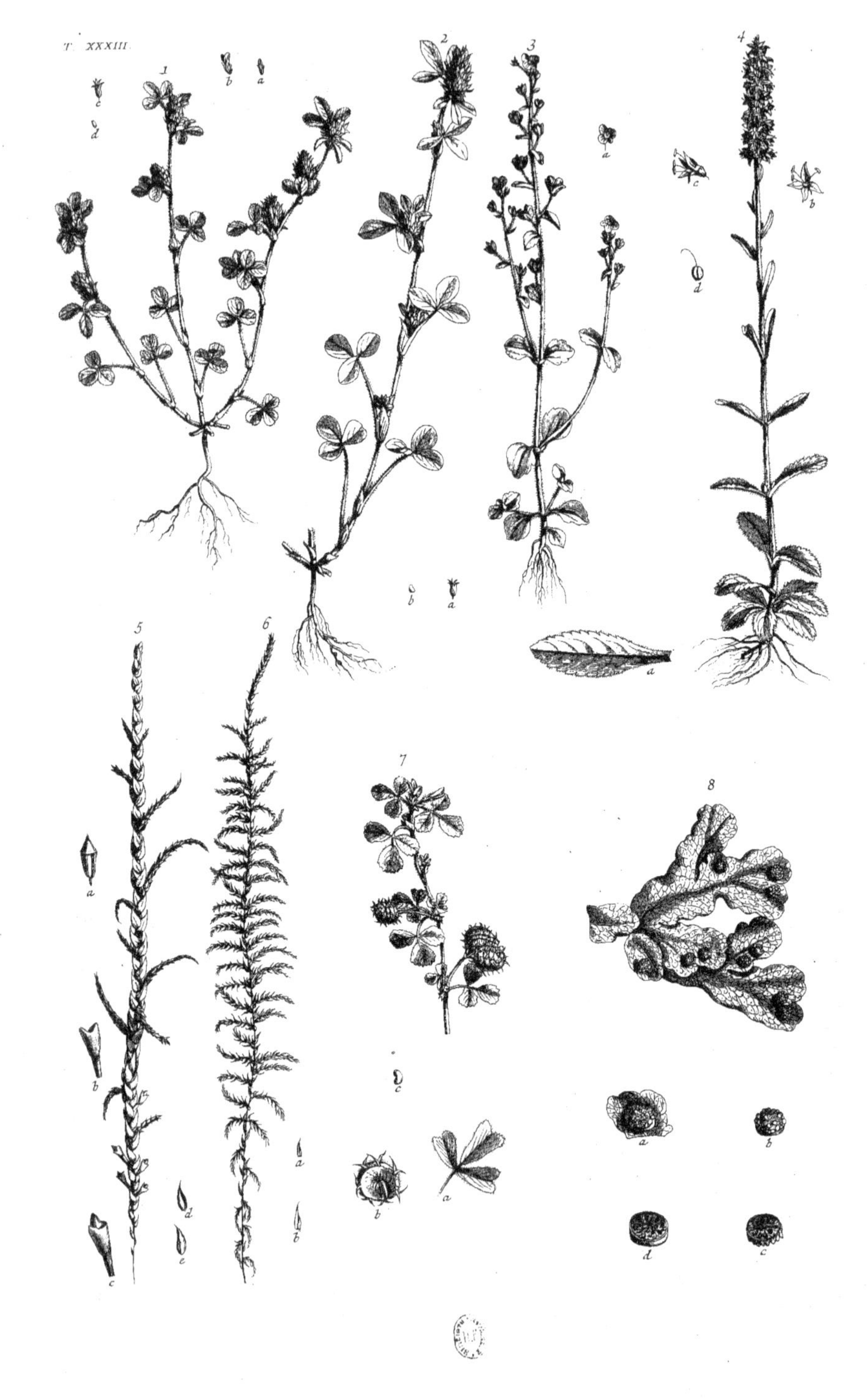
T. XXXIII.

T A B. XXXIII.

Fig. 1. Trifolium flosculis albis, in glomerulis oblongis, asperis, caulibus proxime adnatis.
    a. Flosculus magnitudine nativa.
    b. Idem per lentem.
    c. Fructus cum pericarpio.
    d. Semen.
Fig. 2. Trifolium hirsutum, flore parvo, dilute purpureo, in glomerulis oblongis, femine magno.
    a. Pericarpium.
    b. Semen.
Fig. 3. Veronica minor, annua, Clinopodii minoris folio.
    a. Flos.
Fig. 4. Veronica spicata, minor.
    a. Folium inferius, nativa magnitudine.
    b. Flos anterius visus.
    c. Idem spectatus a latere cum perianthio.
    d. Ovarium cum tuba.
Fig. 5. Muscus squamosus, foliis acutissimis, in aquis nascens. *J. R. H.* 554.
    a. Vasculum seminale, calyptra sua tectum.
    b. Pars inferior, calyptra ablata, & interiori theca.
    c. Eadem interiore theca relicta.
    d. Folium visum a parte cava.
    e. Idem a parte gibba spectatum.
Fig. 6. Muscus fluitans, foliis & flagellis longis, tenuibusque. *Raj. Syn. App.* 338.
    a. Foliolum ejus caulem amplectens spectatum a parte cava.
    b. Idem visum a parte gibba.
Fig. 7. Medica hirsuta, echinis rigidioribus. *J. B.* pars plantae superior.
    a. Folium inferius in planta.
    b. Fructus.
    c. Semen.
Fig. 8. Hepatica reticulata, & verrucosa.
    a. Fructus folio innatus.
    b. Idem a folio solutus.
    c. Idem transversim scissus interne apparens.
    d. Alterum segmentum.

E R R A T A.

P. 5. allio 2 adde *
p. 8. alfine 9 dele *
p. 9. alfine 3 adde *
p. 10 alyffon 1 dele *
p. 11. alyff. 4 dele *
    Varietati ammi 1 adde *
p. 12. varietati primae ammi 1 adde *
p. 16. 3 afclep. adde *
p. 22. 3 variet. 1 brunell. dele *
    4 brunell. adde *
p. 24. 4 variet. 2 bugl· dele *
p. 26. 2 Calam. dele *
p. 31. variet. 2 caryoph. adde *
    Caffidae 1. variet 2 loco * lege 2.
p. 32. 6 Cerafo adde *
    2 variet. chamaem. 3 adde *
p. 36. 9. chenop. adde *
    10 chenop dele *
p. 37. variet. 4. cichor. 1 adde *
p. 39. 2 variet. clinop. 2 dele *
p. 40. 3 variet. convolv. 2 dele *
p. 42. Coralloidi 5. adde *
p. 48. Echinopo adde *
    variet 2 Elichryfi adde *
p. 49. Ericae 4 adde *
p. 50. variet. 4 Ericae adde *
p. 52. Filag. 5 adde *
p. 54. foenic. 5 adde *
p. 56. 2 variet. 1 fumar. adde *
    fumar. 5 adde *
p. 59. fungus 7 dele *
p. 64. 25 fungus dele *
p. 79. geran. 3 adde *
p. 97. hepat. 1 adde *
p. 98. hepat. 9 adde *
p. 99. hepat. 10 addde *
p. 109. Junco 3 adde *
p. 156. variet. 5 panici dele *
p. 175. 6 falici adde *
p. 203. 13 viciae adde *

Avis au relieur pour placer les figures.

Le Portrait doit étre placé au devant de l'ouvrage entre les feuilles *b. c.* vis à vis de la page VIII.
La carte doit être placée à la Page 1. de l'ouvrage.
On ne doit pas feparer les planches qui font imprimées fur la même feuille, mais toutes depuis la primiere jusque à la XXXIII. doivent être pliées de maniere, que chacune puiffe reponde à son explication, en les inferant entre les feuilles K.k.k. L.l.l. M.m.m. N.n.n. &c. jusques à la fin.

Avertiffement to the Book-binder.

The Portrait muſt be plac'd in the Preface between the sheets b. c. *againſt page* VIII.
The Mab muſt be plac'd before page 1.
The Tab. fig. 1. till XXXIII. *muſt not be divided, and be volded, that every Tab. muſt ſtand over againſt his own Explication, and muſt be plac'd in the sheets K.k.k. L.l.l. M.m.m. N.n.n. &c. to the end.*

Bericht aan den Boekbinder om de figuren te zetten.

't Portrait moet ſtaan in het voorwerk tuſchen de Bladen *b. c.* tegen pag. VIII.
De Caart moet gezet worden voor pag. 1.
De Tab. genommert 1. tot XXXIII. moeten niet van malkander gefneeden worden, maar aan een blyven, en dus worden gevouwen dat yder Tab. tegen zyn Explicatie overſtaat, en moeten gezet worden in de Bladen K.k.k. L.l.l. M.m.m. N.n.n. enz. tot aan het eynde.

www.ingramcontent.com/pod-product-compliance
Lightning Source LLC
LaVergne TN
LVHW021214170726
843501LV00003B/511